Ordnungen, Verbände und Relationen mit Anwendungen

Rudolf Berghammer

Ordnungen, Verbände und Relationen mit Anwendungen

2., durchgesehene und korrigierte Auflage

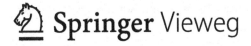 Springer Vieweg

Rudolf Berghammer
Kiel, Deutschland

ISBN 978-3-658-00618-1   ISBN 978-3-658-00619-8 (eBook)
DOI 10.1007/978-3-658-00619-8

Die Deutsche Nationalbibliothek verzeichnet diese Publikation in der Deutschen Nationalbibliografie; detaillierte bibliografische Daten sind im Internet über http://dnb.d-nb.de abrufbar.

Springer Vieweg
© Springer Fachmedien Wiesbaden 2012

Gedruckt auf säurefreiem und chlorfrei gebleichtem Papier.

Springer Vieweg ist eine Marke von Springer DE. Springer DE ist Teil der Fachverlagsgruppe Springer Science+Business Media
www.springer-vieweg.de

Einleitung

In dieser Ausarbeitung von Vorlesungen, welche in den letzten Jahren an der Christian-Albrechts-Universität zu Kiel abgehalten wurden, wird versucht, eine Einführung in die Ordnungs- und Verbandstheorie und den damit eng verbundenen algebraischen Kalkül der binären Relationen zu geben und Anwendungen insbesondere in der Informatik zu demonstrieren. Die eben erwähnten Gebiete spielen heute in vielen Bereichen der reinen und angewandten Mathematik und der Informatik eine große Rolle. Etwa haben sehr viele Sätze der Mathematik über auf- und absteigende Ketten, wie sie etwa bei auflösbaren Gruppen oder Noetherschen Ringen auftreten, einen ordnungstheoretischen Hintergrund. Gleiches gilt für die Methoden der Informatik zum Beweis von Terminierungen von Deduktionen und Programmen. Ein weiteres Beispiel ist die Boolesche Algebra, ein spezieller Zweig der Verbandstheorie. Durch sie ist die Algebraisierung der Aussagenlogik gegeben. Ihre Bedeutung für insbesondere die Informatik ergibt sich bei den Schaltabbildungen und den logischen Schaltungen. Als letztes Beispiel seien noch Fixpunkte genannt. Sehr viele praktisch bedeutende Probleme lassen sich als Fixpunktprobleme formulieren, etwa die Berechnung der relationalen transitiven und reflexiv-transitiven Hüllen oder das damit eng verbundene Erreichbarkeitsproblem auf Graphen. Algorithmische Lösungen dieser Probleme ergeben sich dann oft direkt aus den „konstruktiven" Fixpunktsätzen über vollständigen Verbänden. Fixpunkte spielen auch bei der sogenannten denotationellen Semantik von Programmiersprachen eine große Rolle.

Es gibt wahrscheinlich kein mathematisches Konzept, das so viele Anwendungen findet, wie das einer Ordnung. Diese wurden in der Mathematik schon sehr früh betrachtet. Einzelne der grundlegenden Gedanken gehen sogar sehr weit zurück, teilweise bis Aristoteles. Eine überragende Bedeutung kam den Ordnungen insbesondere zu Beginn des 20. Jahrhunderts zu, als die Grundlagen der Mathematik und hier insbesondere die der Mengenlehre intensiv diskutiert wurden. Untrennbar damit sind die Namen G. Cantor, E. Zermelo und F. Hausdorff verbunden. G. Cantor begründete die Mengenlehre. Von E. Zermelo stammt die Einsicht, daß das Auswahlaxiom ein wesentliches Beweismittel der Mathematik ist. Seine heutzutage mit Abstand am häufigsten verwendete Konsequenz – man sollte genauer sagen: äquivalente Formulierung – ist das bekannte Lemma von M. Zorn. Und F. Hausdorff hat wohl als erster die Ordnungsaxiome explizit formuliert. Sein sogenanntes Maximalkettenprinzip ist ebenfalls logisch äquivalent zum Zornschen Lemma.

Den Ursprung der Verbandstheorie kann man wohl bei G. Boole sehen, der schon im 19. Jahrhundert eine Algebraisierung der Aussagenlogik untersuchte, sowie bei R. Dedekind, der sich den Verbänden von den Idealen bei algebraischen Zahlen, also von der algebraischen Seite her näherte. Von R. Dedekind stammt auch die heute übliche algebraische Verbandsdefinition, von ihm auch als Dualgruppe bezeichnet, wie etwa in der grundlegenden Arbeit „Über die von drei Moduln erzeugte Dualgruppe" (Mathematische Annalen 53, 371-403, 1900). Die Untersuchungen von G. Boole wurden sehr bald von anderen Wissenschaftlern aufgegriffen, insbesondere um 1880 von C.S. Peirce in seiner „Algebra of Logic" und von E. Schröder, der von 1885 bis 1895 das umfassende Werk „Algebra der Logik" in drei Bänden publizierte. Eine Vereinheitlichung zu der Theorie, wie wir sie heutzutage kennen, ist in erster Linie das Werk von G. Birkhoff. Es sind aber noch eine Reihe von weiteren bekannten Mathematikern zu nennen, die zur Grundlegung und Weiterentwicklung der Verbandstheorie als einem Teilgebiet sowohl der modernen Algebra als auch der Ordnungstheorie beigetragen haben. Ohne Vollständigkeitsanspruch seien genannt R.P. Dilworth, O. Frink, P. Halmos, L. Kantorovik, K. Kuratowski, J. von Neumann, O. Ore und H.M. Stone.

Bei einer Historie der Relationenalgebra kann man ebenfalls bei den schon oben genannten Mathematikern A. de Morgan, C.S. Peirce und E. Schröder ansetzen. Diese gingen jedoch alle noch komponentenbehaftet vor, verwendeten also die Elementbeziehung (in verschiedensten Schreibweisen). Wichtige Daten für das komponentenfreie, algebraische Vorgehen, bei dem die Elementbeziehung vermieden wird und stattdessen nur mehr Operationen auf Relationen Verwendung finden, sind 1941, als A. Tarski eine Axiomatisierung der abstrakten Relationenalgebra publizierte, und 1955, als er zusammen mit L. Chin die grundlegendsten arithmetischen Gesetze der abstrakten Relationenalgebra veröffentlichte[1]. Nach und nach fand der Ansatz Anklang und vielfältige Anwendungen und im Jahr 1989 erschien, von G. Schmidt und T. Ströhlein und in Deutsch, das erste Lehrbuch über abstrakte Relationenalgebra. Eine erste gemeinsame Konferenz über relationale Methoden in der Informatik (Initiative RelMiCS, nun RAMiCS für „Relational and Algebraic Methods in Computer Science") fand 1994 statt. Bis heute folgten 12 weltweite weitere Treffen dieser Art, die bisher letzte RAMiCS-Konferenz fand in diesem Jahr in Cambridge (UK) statt. Weil Relationenalgebra als Gebiet wesentlich jünger als Verbandstheorie ist, verzichten wir hier auf die Nennung weiterer Namen von Wissenschaftlern, da eine Bewertung ihres endgültigen wissenschaftlichen Einflusses derzeit noch unmöglich erscheint.

Nach diesen knappen historischen Betrachtungen wird nun, ebenfalls sehr knapp, der Inhalt des Buchs skizziert. Er gliedert sich grob in drei Teile.

Der erste Teil ist den Ordnungen und Verbänden gewidmet. Hier werden zuerst die Grundlagen der Ordnungs- und Verbandstheorie vorgestellt. Darauf aufbauend werden dann spezielle Klassen von Ordnungen und Verbänden diskutiert, die wichtigsten Fixpunktsätze bewiesen und anhand von einigen exemplarischen Anwendungen vertieft, Vervollständigungs- und Darstellbarkeitsfragen geklärt und transfinite Zahlen mit dem Auswahlaxiom und wichtigen Folgerungen (genauer: dazu äquovalenten Formulierungen, wie etwa das Lemma von M. Zorn) und Anwendungen präsentiert. Ein Abschnitt über einige spezielle Anwen-

---

[1]Man vergleiche hierzu mit A. Tarski, *On the calculus of relations*, Journal of Symbolic Logic 6, 73-89, 1941. und mit L.H. Chin, A. Tarski, *Distributive and modular laws in the arithmetic of relation algebras*, University of California Publications in Mathematics (new series) 1, 341-384, 1951.

dungen von Ordnungen und Verbänden in der Informatik schließt den ersten Teil ab.

Der zweite Teil des Buchs ist relativ kurz. Zuerst werden hier die grundlegenden Begriffe von konkreten, also mengentheoretischen, Relationen eingeführt und dann im Rahmen von abstrakten Relationenalgebren algebraisiert. Ein Teil der Axiome einer Relationenalgebra ist rein verbandstheoretischer Natur; hierdurch wird die Brücke zum ersten Teil des Buchs hergestellt. Die algebraische Behandlung von Relationen beinhaltet insbesondere die algebraische Definition von bestimmten Klassen von Relationen bzw. von relationalen Operationen und den Beweis von wichtigen Eigenschaften. Nach dieser Einführung in die Algebra der Relationen und das Rechnen in ihr befassen wir uns noch mit den strukturerhaltenden Funktionen zwischen Relationen. Dies ist in unserem Rahmen insbesondere wichtig, um die „Eindeutigkeit" von axiomatisch definierten relationalen Strukturen festzulegen, welche später bei gewissen Anwendungen eine Rolle spielen.

Im dritten Teil des Buchs konzentrieren wir uns auf Anwendungen von Relationen beim Algorithmenentwurf. Dabei werden oftmals auch ordnungs- und verbandstheoretische Eigenschaften wesentlich mitverwendet und auch Fixpunkte spielen bei vielen dieser Anwendungen eine zentrale Rolle. Zuerst zeigen wir, wie man Datenstrukturen – insbesondere Mengen und einige der in der universellen Algebra bzw. der Semantik von Programmiersprachen wichtigen sogenannten Bereichskonstruktionen – mit relationenalgebraischen Mitteln beschreiben kann. Dann demonstrieren wir anhand von vielen Fallstudien, wie man konkrete Probleme durch relationale Programme löst, also durch Programme, die sich im wesentlichen nur auf einen Datentyp für Relationen mit all den früher vorgestellten Operationen stützen. Viele der Beispiele sind graphentheoretischer Natur, wie etwa die Bestimmung der erreichbaren Knoten, das Testen von Kreisfreiheit oder die Berechnung von Kernen. Wir betrachten aber auch Probleme aus anderen Bereichen, beispielsweise kombinatorische 2-Personen-Spiele oder die Bestimmung kanonischer Epimorphismen. Durch die relationale Behandlung von ordnungs- und verbandstheoretischen Problemen wird schließlich der Bogen wieder zurück zum ersten Teil des Buchs geschlagen. In dem dritten Teil wird auch ein seit 1993 an der Christian-Albrechts-Universität zu Kiel entwickeltes Computersystem zur Manipulation und Visualisierung von konkreten Relationen und zum relationalen Programmieren vorgestellt. Mit Hilfe des Systems, genannt RELVIEW, wurden insbesondere auch viele Beispiele des Buchs berechnet und entsprechende Bilder erstellt.

Wir wollen auch kurz auf begleitende und weiterführende Literatur eingehen. Die nachfolgend angegebenen Bücher gehen in der Regel bei speziellen Gebieten weit über das hinaus, was diese Vorlesungsausarbeitung an Stoff enthält. Bezüglich der Ordnungs- und Verbandstheorie sei insbesondere auf die folgenden Lehrbücher verwiesen.

- H. Gericke, Theorie der Verbände, 2. Auflage, Bibliographisches Institut, 1967.

- H. Hermes, Einführung in die Verbandstheorie, 2. Auflage, Springer Verlag, 1967.

- G. Birkhoff, Latice Theory, 3. Auflage, Amer. Math. Soc, 1967.

- M. Erné, Einführung in die Ordnungstheorie, Bibliographisches Institut, 1982.

- R. Freese, J. Jezek, J.B. Nation, Free Latices, Amer. Math. Soc, 1995.

- B.A. Davey, H.A. Priestley, Introduction to Lattices and Orders, 2. Auflage, Cambridge University Press, 2002.

Bezüglich der konkreten Relationen und der abstrakten Relationenalgebra verweisen wir auf das nachfolgende, schon oben erwähnte Lehrbuch.

- G. Schmidt, T. Ströhlein, Relationen und Graphen, Springer Verlag, 1989.

Eine überarbeitete englischsprachige Ausgabe dieses Buchs ist 1993 als „Relations and Graphs" ebenfalls beim Springer Verlag erschienen. Sowohl die deutsche als auch die englische Ausgabe des Buchs von G. Schmidt und T. Ströhlein enthalten einen Anhang, in dem die wichtigsten Begriffe und Aussagen der Verbandstheorie und der abstrakten Relationenalgebra zusammengestellt sind.

Im Gegensatz zur Verbandstheorie werden wir in diesem Buch bei Relationenalgebra des öfteren Stoff bringen, den man nur in Originalarbeiten, d.h. Zeitschriften und Tagungsbänden, nachlesen kann. Außer dem Buch von G. Schmidt und T. Ströhlein existiert derzeit kein weiteres *Lehrbuch* (dieser Ausdruck sei betont) über die algebraische, komponentenfreie Behandlung der binären Relationen. Es gibt jedoch das nachfolgend angegebene Buch, in dem sich einige führende Experten in Relationenalgebra vor einigen Jahren zusammengetan haben, und eine Reihe von sehr gut lesbaren Artikeln über die Anwendung von Relationen in verschiedensten Bereichen der Informatik (wie Semantik, Algorithmik, Datenstrukturen, Datenbanken und Linguistik) produzierten.

- C. Brink, W. Kahl, G. Schmidt (Herausgeber): Relational Methods in Computer Science, Springer Verlag, 1997.

Für Leser, die sich vertieft mit Relationenalgebra beschäftigen wollen, seien noch die drei nachfolgenden Monographien angegeben. Es muß an dieser Stelle jedoch bemerkt werden, daß es sich dabei um keine Lehrbücher handelt und das Verstehen dieser Bücher eine gute mathematische Ausbildung und teilweise auch einen beträchtlichen Aufwand erfordert.

- G. Birkhoff, S. Givant, A Formalization of Set Theory without Variables, Amer. Math. Soc, 1987.

- R. Maddux, Relation Algebras, Elsevier, 2006.

- G. Schmidt, Relational Mathematics, Cambridge University Press, 2011.

Weiterhin sei noch auf den Artikel „The origin of relation algebras in the development and axiomatization of the calculus of relations" von R.D. Maddux (Studia Logica 50. Seite 421-455, 1991) verwiesen. In ihm werden, sich orientierend an der geschichtlichen Entwicklung, die Grundlagen der axiomatischen Relationenalgebra dargelegt. Besonders interessant ist der Artikel für Leser, die an historischen Fakten interessiert sind, denn er enthält ein umfangreiches Literaturverzeichnis und eine Fülle interessanter wörtlicher Zitate aus den frühen Arbeiten von A. de Morgan, C.S. Peirce und anderen.

Das Lesen dieses Buchs, welches sich primär an Studierende der Informatik und Mathematik im Diplom-Hauptstudium, den letzten Semesters eines Bachelor-Studiums oder im

Master-Studium wendet, erfordert relativ wenig tiefgehende Voraussetzungen. Aus der Mathematik werden nur die Grundbegriffe der Mengenlehre und etwas klassische Algebra (wie Gruppen, Ringe und Körper), mathematische Logik (hier insbesondere Aussagenlogik und das Umformen von prädikatenlogischen Formeln) und grundlegendste Notationen der Graphentheorie (Wege, Erreichbarkeit, Kreise usw.) vorausgesetzt und aus der Informatik eine gewisse Vertrautheit mit Algorithmik (Datenstrukturen, Entwurfsmethoden, O-Notation, etwas Komplexitätstheorie), imperativen Programmiersprachen (wie C oder dem entsprechenden Umfang von Java) und den fundamentalsten Programmentwicklungstechniken (wie beispielsweise der Zusicherungsmethode mit Vorbedingung, Nachbedingung und Schleifeninvarianten von R. Floyd und C.A.R. Hoare). Da dies aber alles nicht über das hinausgeht, was man üblicherweise im Diplom-Grundstudium oder den ersten Semestern eines Bachelor-Studiums Informatik oder Mathematik lernt, verzichten wir hier auf die Angabe von entsprechender Literatur.

Die vorliegende zweite Auflage entspricht im Großen und Ganzen der ersten Auflage von 2008. Es wurden nur alle zwischenzeitlich gefundenen Fehler korrigiert, einige Beweise vereinfacht und einige Formulierungen verbessert. Viele Studierende, Mitarbeiter, Kollegen und Freunde haben in den letzten Jahren durch zahlreiche Vorschläge und Anregungen, konstruktive Kritik und auch aufwendiges Korrekturlesen an der Entstehung dieses Buchs mitgewirkt. Ihnen, die nicht alle namentlich genannt werden können, sei an dieser Stelle sehr herzlich gedankt. Danken möchte ich auch dem leider viel zu früh verstorbenen Kollegen Ingo Wegener für seine Unterstützung bei der Publikation des Werkes und dem Verlag Springer Vieweg für die sehr angenehme Zusammenarbeit.

Kiel, im September 2012   Rudolf Berghammer

Inhaltsverzeichnis

Kapitel 1

Ordnungen und Verbände

Es gibt zwei Arten, Verbände zu definieren. Die erste Art ist algebraisch und erklärt Verbände als spezielle algebraische Strukturen, die zweite Art ist relational und definiert Verbände als spezielle geordnete Mengen. Ein erstes Ziel dieses Kapitels ist es, beide Definitionsmöglichkeiten für Verbände einzuführen und sie als gleichwertig zu beweisen. Weiterhin studieren wir in beiden Fällen Unterstrukturen und die strukturerhaltenden Abbildungen, die sogenannten Homomorphismen. Als nächstes gehen wir auf Nachbarschaftsbeziehungen und die damit zusammenhängenden Hasse-Diagramme zur zeichnerischen Darstellung von Ordnungen ein. Schließlich stellen wir noch einige wichtige Konstruktionsmechanismen auf Ordnungen und Verbänden vor.

1.1 Algebraische Beschreibung von Verbänden

Wir behandeln Verbände zuerst als *algebraische Strukturen*, d.h. als Mengen mit inneren Verknüpfungen (d.h. Abbildungen auf ihnen). Der Hauptgrund dafür ist, daß ein Verband eine weniger geläufige algebraische Struktur ist als z.B. die Gruppe, der Ring, der Vektorraum oder der Körper. Weiterhin wäre bei einer ordnungstheoretischen Einführung – wegen der vielen von der Analysis und der linearen Algebra herrührenden Begriffe auf der speziellen geordneten Menge $(\mathbb{R}, \le)$ – die Gefahr sehr groß, daß wichtige Nuancen als offensichtlich erachtet und deshalb nicht formal aus den Axiomen des Verbands deduziert werden. Algebraisch werden Verbände wie folgt festgelegt:

1.1.1 Definition Ein *Verband* ist eine algebraische Struktur $(V, \sqcup, \sqcap)$, bestehend aus einer (Träger-)Menge $V \ne \emptyset$ und zwei Abbildungen $\sqcup, \sqcap : V \times V \to V$ (notiert in Infix-Schreibweise), so daß die folgenden Eigenschaften für alle $a, b, c \in V$ gelten:

- Kommutativität: $a \sqcup b = b \sqcup a$ und $a \sqcap b = b \sqcap a$

- Assoziativität: $(a \sqcup b) \sqcup c = a \sqcup (b \sqcup c)$ und $(a \sqcap b) \sqcap c = a \sqcap (b \sqcap c)$

- Absorptionen: $(a \sqcup b) \sqcap a = a$ und $(a \sqcap b) \sqcup a = a$ □

An Stelle des Tripels $(V, \sqcup, \sqcap)$ schreiben wir öfter nur die Menge V. Sind mehrere Verbände im Spiel, so indizieren wir auch die Trägermengen und Operationen, etwa zu $(V, \sqcup_V, \sqcap_V)$ oder $(V_1, \sqcup_1, \sqcap_1)$. Statt der Zeichen $\sqcup, \sqcap$ werden in der Literatur auch die Symbole $\vee$ und $\wedge$ bzw. $\cup$ und $\cap$ und die Namen Disjunktion / Vereinigung und Konjunktion / Durchschnitt verwendet. Dies rührt von den wichtigsten zwei Beispielen für Verbände her.

1.1.2 Beispiele (für Verbände) Im folgenden geben wir drei wichtige Beipiele für Verbände an, auf die wir später noch öfter zurückgreifen werden:

1. *Verband der Wahrheitswerte* $(\mathbb{B}, \vee, \wedge)$ mit $\mathbb{B} = \{tt, ff\}$, der Disjunktion $\vee$ und der Konjunktion $\wedge$.

2. *Potenzmengenverband* $(2^X, \cup, \cap)$ mit 2^X als der Potenzmenge von X, der Vereinigung $\cup$ und dem Durchschnitt $\cap$.

3. *Teilbarkeitsverband* $(\mathbb{N}, \mathrm{kgV}, \mathrm{ggT})$ mit $\mathbb{N} = \{0, 1, 2, \ldots\}$, dem kleinsten gemeinsamen Vielfachen kgV und dem größten gemeinsamen Teiler ggT:

$$\begin{aligned} \mathrm{kgV}(a, b) &= \min\{x \in \mathbb{N} \mid a \text{ teilt } x \wedge b \text{ teilt } x\} \\ \mathrm{ggT}(a, b) &= \max\{x \in \mathbb{N} \mid x \text{ teilt } a \wedge x \text{ teilt } b\} \end{aligned}$$

Dabei wird $y \in \mathbb{N}$ von $x \in \mathbb{N}$ geteilt, wenn es eine Zahl $z \in \mathbb{N}$ mit $x * z = y$ gibt. $\quad\square$

Im folgenden Satz werden erste, aber grundlegende, Eigenschaften für Verbände angegeben, die im Falle von $\mathbb{B}$ und 2^X aus dem Grundstudium geläufig sind.

1.1.3 Satz Ist V ein Verband, so gelten für $a, b \in V$ die folgenden Eigenschaften:

1. $a \sqcup a = a$ und $a \sqcap a = a$ (*Idempotenz*)

2. $a \sqcap b = a \iff a \sqcup b = b$.

3. $a \sqcap b = a \sqcup b \iff a = b$.

Beweis: Es seien $a, b \in V$ vorausgesetzt. Dann beweist man die Aussagen wie folgt:

1. Die linke Gleichung folgt aus der Rechnung

$$\begin{aligned} a \sqcup a &= a \sqcup ((a \sqcup a) \sqcap a) && \text{Absorption} \\ &= (a \sqcap (a \sqcup a)) \sqcup a && \text{Kommutativität} \\ &= a && \text{Absorption} \end{aligned}$$

und die rechte Gleichung folgt aus der Rechnung

$$\begin{aligned} a \sqcap a &= a \sqcap ((a \sqcap a) \sqcup a) && \text{Absorption} \\ &= (a \sqcup (a \sqcap a)) \sqcap a && \text{Kommutativität} \\ &= a && \text{Absorption.} \end{aligned}$$

2. „$\Longrightarrow$": Es sei $a \sqcap b = a$. Dann gilt

$$
\begin{aligned}
b &= (b \sqcap a) \sqcup b && \text{Absorption} \\
&= (a \sqcap b) \sqcup b && \text{Kommutativität} \\
&= a \sqcup b && \text{Voraussetzung.}
\end{aligned}
$$

„$\Longleftarrow$": Durch Dualisierung des eben erbrachten Beweises (Vertauschen von $\sqcup$ und $\sqcap$ und Umbenennung; genauer wird darauf in Abschnitt 1.4 eingegangen) erhält man die Implikation

$$a \sqcup b = b \implies a = a \sqcap b.$$

3. „$\Longrightarrow$": Es sei $a \sqcap b = a \sqcup b$. Dann gilt

$$
\begin{aligned}
a &= (a \sqcup b) \sqcap a && \text{Absorption} \\
&= (a \sqcap b) \sqcap a && \text{Voraussetzung} \\
&= a \sqcap b && \text{Assoz., Komm., (1)} \\
&= (b \sqcap a) \sqcap b && \text{Assoz., Komm., (1)} \\
&= (b \sqcup a) \sqcap b && \text{Komm., Assoz., Komm.} \\
&= b && \text{Absorption.}
\end{aligned}
$$

„$\Longleftarrow$": Diese Richtung folgt unmittelbar aus Gleichung (1). $\qquad\square$

Wir haben diesen Beweis in großem Detail durchgeführt. Später werden wir die Anwendungen der Axiome oft nicht mehr erwähnen, ebenso auch die Idempotenz.

Bei algebraischen Strukturen ist man an den *Unterstrukturen* interessiert, beispielsweise an Untergruppen (oder sogar Normalteilern) bei den Gruppen. Im Falle von Verbänden legt man Unterstrukturen wie folgt fest:

1.1.4 Definition Es seien V ein Verband und $W \subseteq V$ mit $W \neq \emptyset$. Gilt für alle $a, b \in W$ auch $a \sqcap b \in W$ und $a \sqcup b \in W$ (man sagt dann: W ist abgeschlossen bezüglich $\sqcup$ und $\sqcap$), so heißt die Menge W und auch das Tripel

$$(W, \sqcup_{|W \times W}, \sqcap_{|W \times W})$$

ein *Unterverband* (bzw. *Teilverband*) von V. $\qquad\square$

In Definition 1.1.4 bezeichnen die Symbole $\sqcup_{|W \times W}$ und $\sqcap_{|W \times W}$ die Restriktionen der beiden Operationen $\sqcup$ und $\sqcap$ auf den Argumentenbereich W. Normalerweise bezeichnet man aber aus Gründen der Einfachheit auch die Restriktionen mit den gleichen Symbolen, also mit $\sqcup$ und $\sqcap$; Fehlinterpretationen dürfte es dabei eigentlich nicht geben. Unterverbände sind Verbände. Offensichtlich induziert aber nicht jede nichtleere Teilmenge eines Verbands wiederum einen Verband, da die Abgeschlossenheitseigenschaft nicht immer gelten muß. Der Leser überlege sich dazu einige einfache Beispiele.

Neben den Unterstrukturen ist man bei algebraischen Strukturen an den *strukturerhaltenden Abbildungen*, den sogenannten Homomorphismen, interessiert; man kennt dies vom Grundstudium beispielsweise von den Gruppen oder Vektorräumen her. Verbandshomomorphismen definiert man wie folgt:

1.1.5 Definition Gegeben seien zwei Verbände $(V, \sqcup_V, \sqcap_V)$ und $(W, \sqcup_W, \sqcap_W)$.

1. Eine Abbildung $f : V \to W$ mit

$$f(a \sqcup_V b) \ = \ f(a) \sqcup_W f(b) \qquad f(a \sqcap_V b) \ = \ f(a) \sqcap_W f(b)$$

   für alle $a, b \in V$ heißt ein *Verbandshomomorphismus*.

2. Ein bijektiver Verbandshomomorphismus ist ein *Verbandsisomorphismus*. Wir sagen „V ist verbandsisomorph zu W" oder kürzer „V und W sind isomorph" genau dann, wenn es einen Verbandsisomorphismus von V nach W gibt. $\qquad\qquad$ □

Auch weitere Begriffe wie Verbandsmonomorphismus (injektiver Verbandshomomorphismus) und -epimorphismus (surjektiver Verbandshomomorphismus) gibt es analog zu den Begriffen bei Gruppen, Ringen usw. – wir benötigen sie aber im restlichen Text nicht.

Es gelten die in dem folgenden Satz aufgeführten Eigenschaften bezüglich der Komposition und der Inversenbildung. Der Beweis ergibt sich durch einfaches Nachrechnen; deshalb verzichten wir auf ihn.

1.1.6 Satz Für Verbandshomomorphismen und -isomorphismen gelten die beiden folgenden Aussagen:

1. Die Komposition von Verbandshomomorphismen (bzw. -isomorphismen) ist wiederum ein Verbandshomomorphismus (bzw. -isomorphismus).

2. Ist f ein Verbandsisomorphismus, so auch die inverse Abbildung f^{-1}. $\qquad$ □

Wir haben bei den Unterverbänden und bei den Verbandshomomorphismen auf Beispiele verzichtet, da die Begriffe sehr viel anschaulicher werden, wenn man Verbände ordnungstheoretisch betrachtet. Ordnungen werden im nächsten Abschnitt eingeführt, ihre Verbindung zu den Verbänden wird im übernächsten Abschnitt erklärt. Die Unterstrukturen und Homomorphismen stimmen aber nicht exakt überein. Deshalb werden wir auf die Vorsilben „Verband" und „Ordnung" nicht verzichten.

1.2 Geordnete Mengen

In diesem Abschnitt wiederholen wir die wichtigsten Grundbegriffe für geordnete Mengen. Sie müßten eigentlich alle vom Grundstudium her bekannt sein. Deshalb verzichten wir auch auf die formalen Definitionen der grundlegendsten Begriffe wie Reflexivität, Symmetrie usw. einer Relation.

1.2.1 Definition $\quad$ 1. Ist $\sqsubseteq$ eine reflexive, antisymmetrische und transitive Relation auf einer Menge $M \neq \emptyset$, so heißt $\sqsubseteq$ eine *Ordnungsrelation* auf M und das Paar $(M, \sqsubseteq)$ eine *geordnete Menge*.

2. Ist $\sqsubset$ eine irreflexive und transitive Relation auf einer Menge $M \neq \emptyset$, so heißt $\sqsubset$ *Striktordnungsrelation* auf M und das Paar $(M, \sqsubset)$ eine *striktgeordnete Menge*. $\square$

Etwas kürzer bezeichnet man in der Literatur sowohl die Relation $\sqsubseteq$ als auch die relationale Struktur $(M, \sqsubseteq)$ als *Ordnung* und sowohl die Relation $\sqsubset$ als auch die relationale Struktur $(M, \sqsubset)$ als *Striktordnung*. Auch wir werden in der Regel diese kürzere Sprechweise verwenden. Weiterhin schreiben wir manchmal nur M statt $(M, \sqsubseteq)$.

1.2.2 Satz   1. Ist $\sqsubseteq$ eine Ordnung und definiert man

$$a \sqsubset b \quad :\Longleftrightarrow \quad a \sqsubseteq b \wedge a \neq b,$$

so ist die Relation $\sqsubset$ eine Striktordnung.

2. Ist $\sqsubset$ eine Striktordnung und definiert man

$$a \sqsubseteq b \quad :\Longleftrightarrow \quad a \sqsubset b \vee a = b,$$

so ist die Relation $\sqsubseteq$ eine Ordnung. $\square$

Der Beweis des Satzes ergibt sich durch einfaches Nachrechnen. Deshalb verzichten wir auf ihn.

Man nennt die Relation $\sqsubset$ aus Satz 1.2.2.1 den *strikten Anteil* von $\sqsubseteq$ und die Relation $\sqsubseteq$ aus Satz 1.2.2.2 die *reflexive Hülle* von $\sqsubset$. Beide Begriffe werden wir später relationenalgebraisch noch einmal kennenlernen. In Zukunft werden wir allgemeine Ordnungen, d.h. solche ohne feste Interpretation, wie sie beispielsweise $\le$ auf $\mathbb{N}$ oder $\mathbb{R}$ darstellen, mit dem Symbol $\sqsubseteq$ bezeichnen. Für den strikten Anteil schreiben wir dann immer das Symbol $\sqsubset$.

Einige weitere bei Ordnungen sehr wichtige Begriffe werden nun eingeführt.

1.2.3 Definition Gegeben sei eine Ordnung $(M, \sqsubseteq)$.

1. Zwei Elemente $a, b \in M$ mit $a \sqsubseteq b$ oder $b \sqsubseteq a$ heißen *vergleichbar*.

2. Zwei Elemente $a, b \in M$ mit $a \not\sqsubseteq b$ und $b \not\sqsubseteq a$ heißen *unvergleichbar*.

3. Eine Teilmenge K von M mit $K \neq \emptyset$ heißt eine (mengentheoretische) *Kette*, falls für alle $a, b \in K$ gilt $a \sqsubseteq b$ oder $b \sqsubseteq a$. Ist M eine Kette, so heißt $(M, \sqsubseteq)$ eine *Totalordnung* oder *lineare Ordnung*.

4. Eine Teilmenge $A \subseteq M$ heißt *Antikette*, falls $A \neq \emptyset$ und für alle $a, b \in A$ die Beziehung $a \sqsubseteq b$ nur für $a = b$ möglich ist. $\square$

Im Falle einer (unendlichen) abzählbaren Kette $K = \{a_i \mid i \in \mathbb{N}\}$, bei der $a_i \sqsubset a_{i+1}$ für alle $i \in \mathbb{N}$ gilt, schreiben wir auch $a_0 \sqsubset a_1 \sqsubset a_2 \sqsubset \ldots$, da dies die Sache oft mehr verdeutlicht. Diese Schreibweise ist auch für andere (unendliche) Indexbereiche geläufig, beispielsweise in der Form $\ldots \sqsubset a_{-1} \sqsubset a_0 \sqsubset a_1 \sqsubset \ldots$ im Falle des Indexbereichs $\mathbb{Z}$ der ganzen Zahlen.

Wird eine Kette als Folge angegeben, so bildet die Menge der Kettenglieder eine Kette im Sinne der obigen Definition. Umgekehrt kann man jede abzählbare Kette auch als Folge $a_0 \sqsubseteq a_1 \sqsubseteq \ldots$ angeben. Bei überabzählbaren Ketten ist dies nicht mehr möglich. Hier muß man statt Folgen Familien $(a_i)_{i \in I}$ mit beliebigen Indexmengen benutzen.

Für das weitere Vorgehen setzen wir voraus, daß der Begriff der Äquivalenzrelation mit seinen definierenden Eigenschaften bekannt ist.

Verzichtet man auf die Forderung der Antisymmetrie, so erhält man sogenannte *Quasiordnungen*, also reflexive und transitive Relationen, für die das Symbol $\preccurlyeq$ oft Verwendung findet. Quasiordnungen induzieren Ordnungen. Ist nämlich das Paar $(M, \preccurlyeq)$ eine Quasiordnung, so definiert man durch

$$a \equiv b \quad :\Longleftrightarrow \quad a \preccurlyeq b \wedge b \preccurlyeq a$$

eine *Äquivalenzrelation*. Geht man nun zu den Äquivalenzklassen über und setzt

$$[a] \sqsubseteq [b] \quad :\Longleftrightarrow \quad a \preccurlyeq b,$$

so ist $(M/_\equiv, \sqsubseteq)$ offensichtlich eine Ordnung. Dabei bezeichnet $M/_\equiv$ die Menge aller Äquivalenzklassen.

Nun kommen wir zu den Unterstrukturen und strukturerhaltenden Abbildungen. Wir beginnen mit den Unterstrukturen.

1.2.4 Definition Es seien $(M, \sqsubseteq)$ eine Ordnung und $\emptyset \neq N \subseteq M$. Dann heißt $(N, \sqsubseteq_{|N})$ die durch N induzierte *Teilordnung*. $\qquad\qquad\Box$

In dieser Definition bezeichnet $\sqsubseteq_{|N}$ die Restriktion der Relation $\sqsubseteq$ auf die Teilmenge N, welche mengentheoretisch durch $\sqsubseteq_{|N} := \sqsubseteq \cap N \times N$ festgelegt ist. Die Restriktion einer Ordnung verhält sich auf der Teilmenge wie das Original: $a \sqsubseteq_{|N} b$ gilt genau dann, wenn $a \sqsubseteq b$. Wie beim Unterverband, so lassen wir auch bei einer Teilordnung die Restriktionskennzeichnung „$|N$" in der Regel weg, da sie sich aus dem Zusammenhang ergibt.

Die nächste Definition erklärt für die relationale Struktur einer Ordnung den entsprechenden Homomorphie- und Isomorphiebegriff.

1.2.5 Definition Gegeben seien zwei Ordnungen $(M_1, \sqsubseteq_1)$ und $(M_2, \sqsubseteq_2)$.

1. Eine Abbildung $f : M_1 \to M_2$ heißt ein *Ordnungshomomorphismus* oder *monoton*, falls für alle $a, b \in M_1$ gilt

$$a \sqsubseteq_1 b \quad \Longrightarrow \quad f(a) \sqsubseteq_2 f(b).$$

Gilt hingegen für alle $a, b \in M_1$ die Implikation

$$a \sqsubseteq_1 b \quad \Longrightarrow \quad f(b) \sqsubseteq_2 f(a),$$

d.h. ist f monoton bezüglich der Originalordnung $(M_1, \sqsubseteq_1)$ und der sogenannten Dualisierung der Ordnung $(M_2, \sqsubseteq_2)$, so nennt man f *antiton*.

2. Ein bijektiver Ordnungshomomorphismus heißt ein *Ordnungsisomorphismus*, falls auch die inverse Abbildung ein Ordnungshomomorphismus ist.

3. Wir sagen „M_1 ist ordnungsisomorph zu M_2" oder kürzer „M_1 und M_2 sind isomorph" genau dann, wenn es einen Ordnungsisomorphismus von M_1 nach M_2 gibt. □

Man beachte: In der Definition 1.2.5 wird für den Ordnungsisomorphismus explizit gefordert, daß die inverse Abbildung ein Ordnungshomomorphismus ist (vgl. Definition 1.1.5). Wir werden im restlichen Text fast immer die kürzere Bezeichnung „monotone Abbildung" statt Ordnungshomomorphismus verwenden.

Analog zu Satz 1.1.6 haben wir die folgende Aussage. Der Beweis ergibt sich durch einfaches Nachrechnen. Wir verzichten deshalb auf seine Durchführung.

1.2.6 Satz Die Komposition von monotonen Abbildungen ist monoton. □

Hingegen ist die Umkehrabbildung einer monotonen Abbildung im allgemeinen nicht monoton. Ein Gegenbeispiel ist in der nachfolgenden Abbildung graphisch anschaulich dargestellt. Offensichtlich ist die Abbildung f dieses Bildes monoton (wenn man die Graphiken als Ordnungen ansieht) und bijektiv.

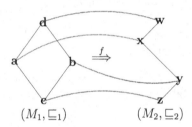

Abbildung 1.1: Gegenbeispiel für die Monotonie der Umkehrabbildung

Jedoch ist ihre Umkehrabbildung f^{-1} nicht monoton. Es gilt zwar $y \sqsubseteq x$. Demgegenüber sind die Bildwerte $f^{-1}(y) = b$ und $f^{-1}(x) = a$ unvergleichbar, also trifft insbesondere die für eine Monotonie notwendige Ordnungsbeziehung $f^{-1}(y) \sqsubseteq f^{-1}(x)$ nicht zu.

Bei relationalen Strukturen muß man bei Isomorphismen also fordern, was bei algebraischen Strukturen beweisbar ist, nämlich, daß Inverse bijektiver Abbildungen ebenfalls strukurerhaltend sind. In dem obigem Beispiel haben wir die beiden involvierten Ordnungen graphisch durch sogenannte *Ordnungsdiagramme* dargestellt, die auch Hasse-Diagramme genannt werden, und auf die wir im Abschnitt 1.5 noch zurückkommen. Diese Diagramme sind so selbsterklärend, daß man an dieser Stelle noch nicht weiter darauf eingehen muß.

Nun kommen wir zu speziellen Elementen in Ordnungen.

1.2.7 Definition Es sei $(M, \sqsubseteq)$ eine Ordnung. Weiterhin seien $N \subseteq M$ und $a \in M$. Dann heißt das Element $a \ldots$

- ... *obere Schranke* von N, falls für alle $b \in N$ gilt $b \sqsubseteq a$,

- ... *untere Schranke* von N, falls für alle $b \in N$ gilt $a \sqsubseteq b$,

- ... *maximales Element* von N, falls $a \in N$ und kein $b \in N$ existiert mit $a \sqsubset b$,

- ... *minimales Element* von N, falls $a \in N$ und kein $b \in N$ existiert mit $b \sqsubset a$,

- ... *größtes Element* von N, falls $a \in N$ und für alle $b \in N$ gilt $b \sqsubseteq a$,

- ... *kleinstes Element* von N, falls $a \in N$ und für alle $b \in N$ gilt $a \sqsubseteq b$. $\Box$

Solche extremen Elemente müssen nicht immer existieren. Beispielsweise hat die Menge der natürlichen Zahlen bezüglich der üblichen Ordnung kein größtes Element. Bei den Schranken und den maximalen/minimalen Elementen ist auch die Eindeutigkeit nicht immer gegeben. Betrachtet man etwa die Potenzmenge von $\{a, b\}$ und darin die Teilmenge $\{\{a\}, \{b\}\}$, so besitzt diese Teilmenge genau $\{a\}$ und $\{b\}$ als minimale und maximale Elemente. Hingegen sind größte und kleinste Elemente immer eindeutig, sofern sie existieren. Dies folgt sofort aus der Antisymmetrie der Ordnung.

Den folgenden einfachen Satz werden wir oft verwenden, ohne ihn explizit zu erwähnen. Sein Beweis stellt im Prinzip einen Algorithmus zur Bestimmung eines maximalen bzw. eines minimalen Elements durch eine lineare Suche dar.

1.2.8 Satz Ist $(M, \sqsubseteq)$ eine Ordnung, so besitzt jede endliche, nichtleere Teilmenge N ein maximales und ein minimales Element.

Beweis: Es sei $N = \{a_1, \ldots, a_n\}$ mit $n \geq 1$. Wir definieren eine aufsteigende Folge (deren Elemente eine Kette bilden) $x_1 \sqsubseteq \ldots \sqsubseteq x_n$ induktiv durch die folgenden zwei Gleichungen:

$$x_1 := a_1 \qquad\qquad x_{i+1} := \begin{cases} a_{i+1} & \text{falls } x_i \sqsubset a_{i+1} \\ x_i & \text{falls } x_i \not\sqsubset a_{i+1} \end{cases}$$

Dann ist x_n offensichtlich maximal in N. Analog zeigt man konstruktiv die Existenz eines minimalen Elements. $\Box$

Fallen die beiden Mengen M und N zusammen, so spricht man nur von einem maximalen, minimalen, größten bzw. kleinsten Element und unterstellt damit natürlich implizit „von der gesamten Ordnung". Obere Schranken und untere Schranken führen zu zwei mengenwertigen Abbildungen, die später noch eine Rolle spielen. Diese Abbildungen werden nun eingeführt.

1.2.9 Definition Zu einer Ordnung $(M, \sqsubseteq)$ sind durch die Festlegungen

$$\begin{aligned} \mathsf{Ma}(X) &= \{a \in M \mid a \text{ obere Schranke von } X\} \\ \mathsf{Mi}(X) &= \{a \in M \mid a \text{ untere Schranke von } X\} \end{aligned}$$

zwei Abbildungen $\mathsf{Ma}, \mathsf{Mi} : 2^M \to 2^M$ auf der Potenzmenge 2^M von M definiert. Man nennt die Mengen $\mathsf{Ma}(X)$ und $\mathsf{Mi}(X)$ den oberen bzw. den unteren *Konus* von X. $\qquad\square$

Die Bezeichnungen Ma und Mi stammen von den Worten „Majorante" und „Minorante" ab, welche man auch oft statt „obere Schranke" bzw. „untere Schranke" verwendet. Statt $\mathsf{Ma}(\{a\})$ schreiben wir kürzer $\mathsf{Ma}(a)$ und wir kürzen auch $\mathsf{Mi}(\{a\})$ zu $\mathsf{Mi}(a)$ ab. Der nachfolgende Satz stellt wichtige Eigenschaften der Abbildungen Ma und Mi zusammen.

1.2.10 Satz Für die beiden Abbildungen Ma und Mi von Definition 1.2.9 gelten die folgenden Eigenschaften:

1. Aus $N_1 \subseteq N_2$ folgt $\mathsf{Ma}(N_2) \subseteq \mathsf{Ma}(N_1)$ und $\mathsf{Mi}(N_2) \subseteq \mathsf{Mi}(N_1)$, d.h. Ma und Mi sind antitone Abbildungen.

2. Es ist $\mathsf{Ma}(\mathsf{Mi}(\mathsf{Ma}(N))) = \mathsf{Ma}(N)$ und $\mathsf{Mi}(\mathsf{Ma}(\mathsf{Mi}(N))) = \mathsf{Mi}(N)$.

Beweis: Wir gehen wie folgt vor:

1: Es sei also $N_1 \subseteq N_2$. Dann gilt

$$
\begin{aligned}
\mathsf{Ma}(N_2) \;&=\; \{a \in M \,|\, \forall\, b \in N_2 : b \sqsubseteq a\} && \text{Definition von } \mathsf{Ma} \\
&\subseteq\; \{a \in M \,|\, \forall\, b \in N_1 : b \sqsubseteq a\} && N_1 \subseteq N_2 \\
&=\; \mathsf{Ma}(N_1) && \text{Definition von } \mathsf{Ma}.
\end{aligned}
$$

Auf die gleiche Art und Weise verifiziert man die Antitonieeigenschaft von Mi.

2: Wir beweisen nur die erste Gleichung. Die andere Gleichung folgt analog.

Inklusion „$\subseteq$": Ist $a \in N$, so gilt $a \sqsubseteq b$ für alle $b \in \mathsf{Ma}(N)$, also $a \in \mathsf{Mi}(\mathsf{Ma}(N))$. Damit gilt $N \subseteq \mathsf{Mi}(\mathsf{Ma}(N))$ und mit Eigenschaft (1) folgt dann die Behauptung.

Inklusion „$\supseteq$": Es sei $X \subseteq M$ beliebig, und es sei $a \in X$. Dann gilt $b \sqsubseteq a$ für alle $b \in \mathsf{Mi}(X)$. Also gilt $a \in \mathsf{Ma}(\mathsf{Mi}(X))$ und damit $X \subseteq \mathsf{Ma}(\mathsf{Mi}(X))$. Für $X := \mathsf{Ma}(N)$ folgt dann die Behauptung. $\qquad\square$

Im Beweis dieses Satzes haben wir M als globale Ordnung vorausgesetzt. Die nächste Definition ist sehr wichtig. Durch die in ihr eingeführten Begriffe werden wir später in der Lage sein, die Brücke zwischen den Verbänden und den Ordnungen zu schlagen.

1.2.11 Definition Es seien $(M, \sqsubseteq)$ eine Ordnung, $N \subseteq M$ und $a \in M$. Dann heißt $a \ldots$

- $\ldots$ *Infimum* von N, falls a das größte Element von $\mathsf{Mi}(N)$ ist,

- $\ldots$ *Supremum* von N, falls a das kleinste Element von $\mathsf{Ma}(N)$ ist. $\qquad\square$

Wir bezeichnen mit $\bigsqcap N$ das Infimum von N und mit $\bigsqcup N$ das Supremum von N. Statt Infimum und Supremum verwendet man auch die Begriffe *größte untere Schranke* und *kleinste obere Schranke*. Ist N eine indizierte Menge, $N = \{a_i \,|\, i \in I\}$, so schreiben wir

$\bigsqcup_{i \in I} a_i$ und $\bigsqcap_{i \in I} a_i$ statt $\bigsqcup N$ und $\bigsqcap N$. Für ein Intervall $I = [m, n] \subseteq \mathbb{N}$ verwenden wir noch spezieller $\bigsqcup_{m \le i \le n} a_i$ und $\bigsqcap_{m \le i \le n} a_i$ als Schreibweisen. Bei nach oben unbeschränkten Intervallen $I = [m, \infty[$ von $\mathbb{N}$ sind auch $\bigsqcup_{i \ge m} a_i$ und $\bigsqcap_{i \ge m} a_i$ geläufig und werden von uns verwendet. Als kleinste bzw. größte Elemente sind Suprema und Infima eindeutig, sofern sie existieren. Dies führt zur Auffassung von $\bigsqcup, \bigsqcap : 2^M \to M$ als partielle Abbildungen. Wir werden später sehen, daß die Abbildungen $\bigsqcup$ und $\bigsqcap$ zu den Abbildungen $\sqcup$ und $\sqcap$ auf Verbänden in einer sehr ähnlichen Beziehung stehen wie $\sum$ zur zweistelligen Addition und $\prod$ zur zweistelligen Multiplikation im Fall der Arithmetik.

Die folgenden Aussagen sind trivial zu verifizieren. Wir werden sie im restlichen Text oft in Beweisen verwenden, ohne sie eigens zu erwähnen.

1.2.12 Satz Sind N_1 und N_2 Teilmengen einer Ordnung $(M, \sqsubseteq)$ mit $N_1 \subseteq N_2$, so gelten $\bigsqcup N_1 \sqsubseteq \bigsqcup N_2$ und $\bigsqcap N_2 \sqsubseteq \bigsqcap N_1$, falls diese Suprema und Infima existieren.   □

1.3   Verbände als spezielle geordnete Mengen

In diesem Abschnitt studieren wir die Wechselwirkung zwischen der algebraischen Struktur „Verband" und der relationalen Struktur „Ordnung". Es wird sich herausstellen, daß Verbände zu speziellen Ordnungen in einer eindeutig umkehrbaren Beziehung stehen. Wir beginnen mit der Konstruktion der Ordnung bei einem gegebenen Verband.

1.3.1 Satz (Charakterisierung einer Ordnung bzgl. eines Verbands) Es sei ein Verband $(V, \sqcup, \sqcap)$ gegeben. Definiert man auf seiner Trägermenge V eine Relation $\sqsubseteq$ durch

$$a \sqsubseteq b \quad :\Longleftrightarrow \quad a \sqcap b = a,$$

so ist $\sqsubseteq$ eine Ordnungsrelation auf V, und für alle Teilmengen der Form $\{a, b\} \subseteq V$ gelten die nachfolgenden Gleichungen:

$$\bigsqcup \{a, b\} = a \sqcup b \qquad \bigsqcap \{a, b\} = a \sqcap b$$

Beweis: Wir beweisen zuerst die Ordnungseigenschaften.

1. *„Reflexivität": Ist $a \in V$, so gilt:

$$
\begin{aligned}
a \sqsubseteq a \quad &\Longleftrightarrow \quad a \sqcap a = a && \text{Definition von } \sqsubseteq \\
&\Longleftrightarrow \quad a = a && \text{Satz 1.1.3.1}
\end{aligned}
$$

2. *„Antisymmetrie": Sind $a, b \in V$, so gilt:

$$
\begin{aligned}
a \sqsubseteq b \wedge b \sqsubseteq a \quad &\Longleftrightarrow \quad a \sqcap b = a \wedge && \text{Definition von } \sqsubseteq \\
& \qquad\qquad b \sqcap a = b \\
&\Longrightarrow \quad a = a \sqcap b = b && \text{Kommutativität}
\end{aligned}
$$

3. *„Transitivität"*: Sind $a, b, c \in V$, so gilt:

$$
\begin{aligned}
a \sqsubseteq b \wedge b \sqsubseteq c &\iff a \sqcap b = a \ \wedge && \text{Definition von } \sqsubseteq\\
& \quad\ b \sqcap c = b\\
&\implies a \sqcap c = a \sqcap b \sqcap c && a = a \sqcap b\\
&\quad = a && a \sqsubseteq b, b \sqsubseteq c\\
&\iff a \sqsubseteq c && \text{Definition von } \sqsubseteq
\end{aligned}
$$

Als nächstes beweisen wir die Gleichung $\bigsqcup \{a, b\} = a \sqcup b$. Das Element $a \sqcup b$ ist nach den folgenden Rechnungen eine obere Schranke von $\{a, b\}$.

$$
\begin{aligned}
a \sqsubseteq a \sqcup b &\iff a \sqcap (a \sqcup b) = a && \text{Definition } \sqsubseteq\\
&\iff (a \sqcup b) \sqcap a = a && \text{Kommutativität}\\
&\iff a = a && \text{Absorption}
\end{aligned}
$$

$$
\begin{aligned}
b \sqsubseteq a \sqcup b &\iff b \sqcap (a \sqcup b) = b && \text{Definition } \sqsubseteq\\
&\iff (b \sqcup a) \sqcap b = b && \text{Kommutativität}\\
&\iff b = b && \text{Absorption}
\end{aligned}
$$

Wegen der eben bewiesenen Eigenschaft ist folglich nur noch zu zeigen, daß $a \sqcup b$ das kleinste Element der Menge $\mathsf{Ma}(\{a, b\})$ ist. Es sei also ein beliebiges Element $x \in \mathsf{Ma}(\{a, b\})$ gegeben, d.h. es gelten $a \sqsubseteq x$ und $b \sqsubseteq x$. Dann haben wir die nachstehende Äquivalenz, welche die gewünschte Eigenschaft bringt:

$$
\begin{aligned}
a \sqcup b \sqsubseteq x &\iff (a \sqcup b) \sqcap x = a \sqcup b && \text{Definiton } \sqsubseteq\\
&\iff (a \sqcup b) \sqcup x = x && \text{Satz } 1.1.3.2\\
&\iff (a \sqcup x) \sqcup (b \sqcup x) = x && \text{Idempotenz}\\
&\iff x \sqcup x = x && a \sqsubseteq x, b \sqsubseteq x, \text{Satz } 1.1.3.2\\
&\iff x = x && \text{Idempotenz}
\end{aligned}
$$

Auf die gleiche Weise zeigt man $\bigsqcap \{a, b\} = a \sqcap b$. $\qquad\qquad\qquad\qquad\qquad\qquad$ □

Von Verbänden kommt man also zu speziellen Ordnungen. Im nächsten Satz zeigen wir die Umkehrung, also, daß man von den Ordnungen, wie sie in Satz 1.3.1 konstruiert wurden, wieder zu Verbänden kommt.

1.3.2 Satz (Charakterisierung eines Verbands bzgl. einer Ordnung) Gegeben sei eine Ordnung $(M, \sqsubseteq)$ mit der Eigenschaft, daß für $a, b \in M$ sowohl $\bigsqcup \{a, b\}$ als auch $\bigsqcap \{a, b\}$ existieren. Definiert man zwei Abbildungen

$$
\sqcup, \sqcap : M \times M \to M
$$

durch $a \sqcup b = \bigsqcup \{a, b\}$ und $a \sqcap b = \bigsqcap \{a, b\}$, so ist $(M, \sqcup, \sqcap)$ ein Verband.

Beweis: Wir müssen die sechs Verbandsaxiome für die Abbildungen $\sqcup$ und $\sqcap$ nachrechnen. Dies geschieht wie folgt:

1. *„Kommutativität"*: Wir behandeln nur die Abbildung $\sqcup$, da der Fall $\sqcap$ analog zu behandeln ist.

$$
\begin{aligned}
a \sqcup b &= \bigsqcup\{a, b\} && \text{Definition von } \sqcup \\
&= \bigsqcup\{b, a\} \\
&= b \sqcup a && \text{Definition von } \sqcup
\end{aligned}
$$

2. *„Assoziativität"*: Auch hier beschränken wir uns auf den Fall $\sqcup$:

$$
\begin{aligned}
(a \sqcup b) \sqcup c &= \bigsqcup\{\bigsqcup\{a, b\}, c\} && \text{Definition von } \sqcup \\
&= \bigsqcup\{a, b, c\} && \text{Eigenschaft Supremum} \\
&= \bigsqcup\{a, \bigsqcup\{b, c\}\} && \text{Eigenschaft Supremum} \\
&= a \sqcup (b \sqcup c) && \text{Definition von } \sqcup
\end{aligned}
$$

Der Beweis, daß das Supremum der Menge $\{a, b, c\}$ gleich ist dem (nach der Annahme existierenden) Supremum der Menge $\{\bigsqcup\{a, b\}, c\}$ und auch dem (ebenfalls nach der Annahme existierenden) Supremum der Menge $\{a, \bigsqcup\{b, c\}\}$, ergibt sich durch einfaches Nachrechnen und sei dem Leser zur Übung empfohlen.

3. *„Absorption"*: Es gilt $a \sqsubseteq \bigsqcup\{a, b\} = a \sqcup b$. Daraus folgt

$$
\begin{aligned}
(a \sqcup b) \sqcap a &= \bigsqcap\{a \sqcup b, a\} && \text{Definition von } \sqcap \\
&= a && x \sqsubseteq y \Rightarrow \bigsqcap\{x, y\} = x,
\end{aligned}
$$

also das erste Gesetz. Analog beweist man auch das zweite Absorptionsgesetz. $\square$

Nach diesen beiden Sätzen 1.3.1 und 1.3.2 ist die algebraische Definition 1.1.1 eines Verbands $(V, \sqcup, \sqcap)$ gleichwertig zur ordnungstheoretischen Beschreibung, bei der man für $(V, \sqsubseteq)$ die Existenz von $\bigsqcup\{a, b\}$ und $\bigsqcap\{a, b\}$ für $\{a, b\} \subseteq V$ fordert. Damit sind auch nachträglich die Bezeichnungen $\sqcup$ für das Supremum bzw. $\sqcap$ für das Infimum als Verallgemeinerungen von $\sqcup$ und $\sqcap$ gerechtfertigt.

1.3.3 Definition Die in Satz 1.3.1 eingeführte Relation $\sqsubseteq$ heißt die durch den Verband $(V, \sqcup, \sqcap)$ *induzierte Ordnung* oder die *Verbandsordnung* von V. $\square$

Wegen der Hinzunahme der Ordnung wird ein Verband eigentlich zu einer gemischt algebraisch-relationalen Struktur $(V, \sqcup, \sqcap, \sqsubseteq)$ mit den Axiomen von Definition 1.1.1 und der Ordnungsfestlegung von Satz 1.3.1 als den definierenden Gesetzen.

Wie verhalten sich nun die bisher eingeführten strukturerhaltenden Abbildungen zueinander? Diese Frage wird in den nachfolgenden zwei Sätzen geklärt. Wir beginnen mit der stärkeren Aussage.

1.3.4 Satz Sind $(V_1, \sqcup_1, \sqcap_1)$ und $(V_2, \sqcup_2, \sqcap_2)$ Verbände und ist $f : V_1 \to V_2$ ein Verbandshomomorphismus, so ist f monoton bezüglich der induzierten Ordnungen $\sqsubseteq_1$ und $\sqsubseteq_2$.

Beweis: Es seien $a, b \in V_1$ beliebig vorgegeben. Dann gilt

$$
\begin{aligned}
a \sqsubseteq_1 b \;\;&\Longleftrightarrow\;\; a \sqcap_1 b = a && \text{Definition von } \sqsubseteq_1 \\
&\Longrightarrow\;\; f(a \sqcap_1 b) = f(a) && \text{Anwendung von } f \\
&\Longleftrightarrow\;\; f(a) \sqcap_2 f(b) = f(a) && f \text{ ist Verbandshom.} \\
&\Longleftrightarrow\;\; f(a) \sqsubseteq_2 f(b) && \text{Definition von } \sqsubseteq_2,
\end{aligned}
$$

was die Monotonie der Abbildung f beweist. $\qquad\square$

Die Umkehrung von Satz 1.3.4 trifft nicht zu. Es gibt also monotone Abbildungen auf Verbänden, die keine Verbandshomomorphismen sind. Ein Gegenbeispiel wurde schon in Abbildung 1.1 angegeben, denn die dort graphisch dargestellten zwei Ordnungen sind derartig, daß sie zu Verbänden führen. Jedoch gelten statt der Umkehrung, welche ja die Gültigkeit von zwei Gleichungen verlangt, die folgenden abgeschwächten Tatsachen.

1.3.5 Satz Sind $(V_1, \sqcup_1, \sqcap_1)$ und $(V_2, \sqcup_2, \sqcap_2)$ zwei Verbände und ist die Abbildung $f : V_1 \to V_2$ monoton bezüglich der induzierten Verbandsordnungen $\sqsubseteq_1$ und $\sqsubseteq_2$, so gelten für alle $a, b \in V_1$ die folgenden zwei Abschätzungen:

1. $f(a \sqcap_1 b) \;\sqsubseteq_2\; f(a) \sqcap_2 f(b)$

2. $f(a \sqcup_1 b) \;\sqsupseteq_2\; f(a) \sqcup_2 f(b)$

Beweis: Es seien $a, b \in V_1$. Wir zeigen dann die beiden Behauptungen wie folgt:

1. Das Element $f(a \sqcap_1 b)$ ist eine untere Schranke der Menge $\{f(a), f(b)\}$, denn es gelten die folgenden zwei Implikationen:

$$
\begin{aligned}
& a \sqcap_1 b = \textstyle\bigsqcap_1 \{a, b\} \sqsubseteq_1 a && \text{Ordnungsth. vs. Verbandsth.} \\
\Longrightarrow\;\; & f(a \sqcap_1 b) \sqsubseteq_2 f(a) && f \text{ monoton}
\end{aligned}
$$

$$
\begin{aligned}
& a \sqcap_1 b = \textstyle\bigsqcap_1 \{a, b\} \sqsubseteq_1 b && \text{Ordnungsth. vs. Verbandsth.} \\
\Longrightarrow\;\; & f(a \sqcap_1 b) \sqsubseteq_2 f(b) && f \text{ monoton}
\end{aligned}
$$

Daraus folgt sofort $f(a \sqcap_1 b) \sqsubseteq_2 \bigsqcap_2 \{f(a), f(b)\} = f(a) \sqcap_2 f(b)$, also die gewünschte Eigenschaft.

2. Diese Behauptung beweist man vollkommen analog. $\qquad\square$

In diesem Satz haben wir die Notation $a \sqsupseteq b$ für $b \sqsubseteq a$ verwendet. Dies werden wir auch weiterhin tun, wenn damit die Abschätzungen besser die Dualität (genauer werden wir dies im Abschnitt 1.4 studieren) ausdrücken. Weiterhin haben wir die Abschätzung $a \sqcap b \sqsubseteq a$ für die Verbandsoperation $\sqcap$ verwendet, welche beim Beweis des Satzes 1.3.1 eigentlich hätte gezeigt werden müssen („das Infimum ist eine untere Schranke"), dort aber unterdrückt wurde. Die duale Beziehung $a \sqsubseteq b \sqcup a$ für das Supremum („das Supremum ist eine obere Schranke") wurde im Beweis von Satz 1.3.1 hingegen explizit gezeigt.

In einem Verband fallen die zwei Begriffe Verbandshomomorphismus und monotone Abbildung also nicht zusammen. Bei den Isomorphismen hat man hingegen Übereinstimmung.

1.3.6 Satz Sind $(V_1, \sqcup_1, \sqcap_1)$ und $(V_2, \sqcup_2, \sqcap_2)$ Verbände und $f : V_1 \to V_2$, so gilt: f ist ein Verbandsisomorphismus genau dann, wenn f ein Ordnungsisomorphismus bzgl. der beiden induzierten Ordnungen $\sqsubseteq_1$ und $\sqsubseteq_2$ ist.

Beweis: „$\Longrightarrow$": Die Monotonie von f folgt aus Satz 1.3.4. Es ist f^{-1} ein Verbandsisomorphismus (also auch -homomorphismus) nach Satz 1.1.6 und damit monoton nach Satz 1.3.4. Damit ist f ein Ordnungsisomorphismus.

„$\Longleftarrow$": Zu zeigen ist, daß die Eigenschaften (1) und (2) aus Satz 1.3.5 zu Gleichungen werden. Wir zeigen hier nur den Beweis für (2). Es seien also $a, b \in V_1$ und es bezeichne true die immer wahre Aussage. Da f surjektiv ist, finden wir ein Element $c \in V_1$ mit

$$f(a) \sqcup_2 f(b) \;=\; f(c). \tag{$*$}$$

Es gilt nun sowohl $a \sqsubseteq_1 c$ als auch $b \sqsubseteq_1 c$, denn wir haben die Äquivalenzen

$$
\begin{array}{llll}
\text{true} & \Longleftrightarrow & f(a) \sqsubseteq_2 f(c) & \qquad f(a) \sqsubseteq_2 f(a) \sqcup_2 f(b) \text{ und } (*) \\
& \Longleftrightarrow & a \sqsubseteq_1 c & \qquad f^{-1} \text{ monoton}
\end{array}
$$

$$
\begin{array}{llll}
\text{true} & \Longleftrightarrow & f(b) \sqsubseteq_2 f(c) & \qquad f(b) \sqsubseteq_2 f(a) \sqcup_2 f(b) \text{ und } (*) \\
& \Longleftrightarrow & b \sqsubseteq_1 c & \qquad f^{-1} \text{ monoton,}
\end{array}
$$

und deren rechte Seiten implizieren $a \sqcup_1 b \sqsubseteq_1 c$. Damit sind wir aber fertig, da

$$
\begin{array}{llll}
a \sqcup_1 b \sqsubseteq_1 c & \Longrightarrow & f(a \sqcup_1 b) \sqsubseteq_2 f(c) & \qquad f \text{ ist monoton} \\
& \Longleftrightarrow & f(a \sqcup_1 b) \sqsubseteq_2 f(a) \sqcup_2 f(b) & \qquad \text{Gleichung } (*)
\end{array}
$$

gilt. Mit Aussage (2) aus Satz 1.3.5 folgt dann die Gleichheit $f(a \sqcup_1 b) = f(a) \sqcup_2 f(b)$. Die Aussage (1) aus Satz 1.3.5 verschärft man analog zur Gleichheit. $\qquad\square$

1.4   Das Dualitätsprinzip der Verbandstheorie

Beim Beweisen der bisherigen Eigenschaften stellte sich heraus, daß viele Beweise ineinander überführbar sind, indem man die Operation $\sqcup$ mit der Operation $\sqcap$ und die Ordnung $\sqsubseteq$ mit der Ordnung $\sqsupseteq$ vertauscht. Dem liegt ein allgemeines Prinzip zugrunde, das wir nun beweisen wollen. Für das folgende werden einige Kenntnisse aus der Prädikatenlogik vorausgesetzt, die vom Grundstudium her eigentlich bekannt sein müßten. Wir betrachten drei Mengen syntaktischer Objekte, nämlich

$\mathfrak{L}$: die Sprache der (reinen) Verbandstheorie, also Bezeichner für die Operationen $\sqcup$ und $\sqcap$, für welche wir ebenfalls diese Symbole wählen,

$\mathfrak{T}_{\mathfrak{L}}$: die Terme (Ausdrücke) über $\mathfrak{L}$, gebildet aus $\sqcup, \sqcap$ und freien Variablen aus einer Variablenmenge; Beispiele sind $x \sqcup x$ und $(x \sqcup y) \sqcap z$ oder auch nur eine einzelne Variable x,

$\mathfrak{F}_{\mathfrak{L}}$: die Formeln der Prädikatenlogik erster Stufe über $\mathfrak{L}$ mit Gleichungen $t_1 = t_2$ (wobei $t_i \in \mathfrak{T}_{\mathfrak{L}}$) als Primformeln, wie üblich induktiv definiert; Beispiele sind $x \sqcup x = x$ und $\forall\, x : x \sqcup x = x$.

Zu $\varphi \in \mathfrak{F}_{\mathfrak{L}}$ sei $\varphi^d \in \mathfrak{F}_{\mathfrak{L}}$ diejenige Formel, die aus φ entsteht, indem $\sqcup$ und $\sqcap$ vertauscht werden. Man nennt dann φ^d die *duale Form* von φ. Auch dies kann man formal durch Induktion über den Aufbau von φ definieren.

Im Beweis des folgenden Dualitätsprinzips bezeichnen wir mit $\vdash$ die Beweisbarkeitsrelation und unterstellen, daß sie formal definiert ist mit Hilfe eines vollständigen und korrekten Hilbert-Kalküls (benannt nach dem Mathematiker D. Hilbert) für die Prädikatenlogik erster Stufe. Hier ist ein (formaler) Beweis ein Baum, dessen Blätter Axiome der Prädikatenlogik oder Hypothesen sind, dessen Wurzel die zu beweisende Formel ist und wo Übergänge nur den Modus ponens $\frac{\varphi,\varphi \to \psi}{\psi}$ als Deduktionsregel verwenden. Man findet eine genaue Definition in vielen Lehrbüchern der Logik. Mit $\models$ bezeichnen wir die semantische Konsequenz, d.h. es ist $\mathcal{A} \models \varphi$ falls die Formel φ in allen Modellen der Formelmenge $\mathcal{A}$ gilt

1.4.1 Satz (Dualitätsprinzip) Gilt die Formel $\varphi \in \mathfrak{F}_{\mathfrak{L}}$ in allen Verbänden, so auch die duale Formel φ^d.

Beweis: Es sei $\mathfrak{V} \subseteq \mathfrak{F}_{\mathfrak{L}}$ die Menge von Formeln, welche den formalen Hinschreibungen der Axiome der Verbandstheorie in der Prädikatenlogik erster Stufe entsprechen, also:

$$\mathfrak{V} = \{\, \forall x\, \forall y : x \sqcup y = y \sqcup x, \ldots, \forall x\, \forall y : (x \sqcap y) \sqcup x = x \,\}$$

Dann hat man folgende Rechnung:

$$
\begin{array}{lll}
 & \varphi \text{ gilt in allen Verbänden} & \\
\Longleftrightarrow & \mathfrak{V} \models \varphi & \text{Definition } \models \\
\Longrightarrow & \mathfrak{V} \vdash \varphi & \text{Vollständigkeit des Kalküls} \\
\Longrightarrow & \mathfrak{V} \vdash \varphi^d & \text{siehe unten} \\
\Longrightarrow & \mathfrak{V} \models \varphi^d & \text{Korrektheit des Kalküls} \\
\Longleftrightarrow & \varphi^d \text{ gilt in allen Verbänden} & \text{Definition } \models
\end{array}
$$

Die Begründung des dritten Schritts ist dabei wie folgt: Hat man einen Beweis für φ aus den Hypothesen $\mathfrak{V}$ und ersetzt man in ihm simultan jedes Vorkommen des Symbols $\sqcup$ durch das Symbol $\sqcap$ und umgekehrt, so hat man einen (dualen) Beweis für φ^d aus den Hypothesen $\mathfrak{V}$, denn die Dualisierung von einem Axiom der Prädikatenlogik ist wiederum ein Axiom der Prädikatenlogik und die Dualisierung einer Formel aus $\mathfrak{V}$ liegt wiederum in $\mathfrak{V}$. $\qquad\qquad\square$

Faßt man eine Beziehung $t_1 \sqsubseteq t_2$ mit Termen $t_1, t_2 \in \mathfrak{T}_{\mathfrak{L}}$ als Abkürzung für die Gleichung $t_1 \sqcap t_2 = t_1$ auf und bezeichnet t_i^d, analog zu φ^d, die duale Form von Termen, so bekommt man als Spezialfall die nachstehende Äquivalenz:

$$
\begin{aligned}
& t_1 \sqsubseteq t_2 \text{ gilt in allen Verbänden} \\
&\Longleftrightarrow\quad t_1 \sqcap t_2 = t_1 \text{ gilt in allen Verbänden} && \text{Definition von } \sqcup \\
&\Longleftrightarrow\quad (t_1 \sqcap t_2 = t_1)^d \text{ gilt in allen Verbänden} && \text{Dualitätsprinzip} \\
&\Longleftrightarrow\quad t_1^d \sqcup t_2^d = t_1^d \text{ gilt in allen Verbänden} && \text{Definition duale Formel} \\
&\Longleftrightarrow\quad t_2^d \sqsubseteq t_1^d \text{ gilt in allen Verbänden}
\end{aligned}
$$

Im folgenden betrachten wir zwei Beispiele für das Dualitätsprinzip. Dabei gehen wir aber von der Formelschreibweise der Prädikatenlogik wieder ab und verwenden die „freiere" gewohnte mathematische Notation. Das erste Beispiel führt wichtige Rechenregeln ein, das zweite Beispiel wird in einer Verschärfung später noch eine sehr große Rolle spielen.

1.4.2 Beispiele (für das Dualitätsprinzip) Es sei $(V, \sqcup, \sqcap)$ ein Verband mit der induzierten Verbandsordnung $(V, \sqsubseteq)$.

1. Für alle $a, b, c \in V$ gelten die folgenden Implikationen:

$$
\begin{aligned}
a \sqsubseteq b &\implies a \sqcup c \sqsubseteq b \sqcup c && \textit{Linksmonotonie von } \sqcup \\
a \sqsubseteq b &\implies c \sqcup a \sqsubseteq c \sqcup b && \textit{Rechtsmonotonie von } \sqcup
\end{aligned}
$$

Beweis: Wir beweisen zuerst die Linksmonotonie. Dazu seien $a, b, c \in V$ mit $a \sqsubseteq b$ vorausgesetzt. Dann gilt:

$$
\begin{aligned}
(a \sqcup c) \sqcup (b \sqcup c) &= a \sqcup b \sqcup c && \text{Idempotenz von } \sqcup \\
&= b \sqcup c && \text{Voraussetzung } a \sqsubseteq b
\end{aligned}
$$

Also gilt die Beziehung $a \sqcup c \sqsubseteq b \sqcup c$ nach der Definition der Ordnung $\sqsubseteq$. Der Beweis der Rechtsmonotonie folgt analog.

Die Dualisierungen der Links- und Rechtsmonotonie liefern uns sofort die folgenden Implikationen:

$$
\begin{aligned}
a \sqsupseteq b &\implies a \sqcap c \sqsupseteq b \sqcap c && \text{Linksmonotonie}^d \text{ von } \sqcap \\
a \sqsupseteq b &\implies c \sqcap a \sqsupseteq c \sqcap b && \text{Rechtsmonotonie}^d \text{ von } \sqcap
\end{aligned}
$$

Deren Umschreiben durch „Umdrehen" der Ordnungssymbole führt dann zu:

$$
\begin{aligned}
b \sqsubseteq a &\implies b \sqcap c \sqsubseteq a \sqcap c && \textit{Linksmonotonie von } \sqcap \\
b \sqsubseteq a &\implies c \sqcap b \sqsubseteq c \sqcap a && \textit{Rechtsmonotonie von } \sqcap
\end{aligned}
$$

2. Es ist durchaus möglich, daß eine allgemeingültige Aussage über Verbände (also eine Eigenschaft / Formel, die in allen Verbänden gilt) durch Dualisierung in sich selbst (genauer: in eine zu sich selbst äquivalente Aussage) übergeht. Als Beispiel betrachten wir für alle $a, b, c \in V$ die folgende Implikation:

$$
a \sqsubseteq c \implies a \sqcup (b \sqcap c) \sqsubseteq (a \sqcup b) \sqcap c \qquad \textit{Modulare Ungleichung}
$$

Beweis: Es seien $a, b, c \in V$ mit $a \sqsubseteq c$. Dann gilt:

$$
\begin{aligned}
a \;&=\; a \sqcap a &&\text{Idempotenz}\\
&\sqsubseteq\; (a \sqcup b) \sqcap a &&a \sqsubseteq a \sqcup b \text{ und Linksmonotonie}\\
&\sqsubseteq\; (a \sqcup b) \sqcap c &&\text{Voraussetzung } a \sqsubseteq c \text{ und Rechtsmonotonie}
\end{aligned}
$$

Weiterhin haben wir:

$$
b \sqcap c \;\sqsubseteq\; (a \sqcup b) \sqcap c \qquad\qquad \text{da } b \sqsubseteq a \sqcup b \text{ und Linksmonotonie}
$$

Aufgrund dieser zwei Abschätzungen ist $(a \sqcup b) \sqcap c$ eine obere Schranke der Menge $\{a, b \sqcap c\}$ und somit größer als das Supremum $a \sqcup (b \sqcap c)$ dieser Menge, was die Behauptung zeigt.

Eine Dualisierung der modularen Ungleichung liefert

$$
a \sqsupseteq c \;\implies\; a \sqcap (b \sqcup c) \sqsupseteq (a \sqcap b) \sqcup c
$$

und durch Umformung der Ordnungsbeziehungen erhalten wir die Implikation

$$
c \sqsubseteq a \;\implies\; (a \sqcap b) \sqcup c \sqsubseteq a \sqcap (b \sqcup c).
$$

Wenn wir nun in dieser Aussage (die Variable) a durch c und umgekehrt ersetzen und dann die Kommutativität des Verbands ausnutzen, so erhalten wir genau die ursprüngliche modulare Ungleichung.

Fordert man, daß die rechte Seite der modularen Ungleichung eine Gleichung ist, so gelangt man zur interessanten Klasse der modularen Verbände. Diese werden im ersten Abschnitt 2.1 des nächsten Kapitels genauer untersucht. □

Zum Schluß ist noch eine wichtige *Bemerkung zum Dualitätsprinzip* angebracht. Oft betrachtet man spezielle Klassen von Verbänden, die durch weitere Axiome (Gesetze, Eigenschaften, Forderungen; hier verwendet man mehrere Sprechweisen) bestimmt sind. Wie der Beweis des Dualitätsprinzips zeigt, gilt das Dualitätsprinzip nur dann für solche Verbandsklassen, wenn bei ihnen diese zusätzlichen Gesetze abgeschlossen gegenüber Dualisierung sind. Genauer heißt dies: Ist $\mathfrak{G}$ diese zusätzliche Gesetzesmenge, welche die betrachtete Verbandsklasse definiert, so muß es zu jedem Gesetz $\varphi_1 \in \mathfrak{G}$ ein Gesetz $\varphi_2 \in \mathfrak{G}$ geben, so daß φ_1^d und φ_2 logisch äquivalent sind. Beispielsweise gilt das Dualitätsprinzip für die schon erwähnte Klasse der modularen Verbände.

1.5 Nachbarschaft und Diagramme

In diesem Abschnitt werden einige Eigenschaften definiert, die mit Nachbarschaft zu tun haben. Dies führt in natürlicher Weise zu Diagrammen, deren bildliche Darstellung man oft als Darstellung für Ordnungen und/oder Verbände verwendet.

1.5.1 Definition Es seien V ein Verband und $a \in V$.

1. Ein Element $u \in V$ heißt *unterer Nachbar* von a, falls gilt

$$u \sqsubset a \wedge \forall b : u \sqsubseteq b \sqsubseteq a \Rightarrow (u = b \vee a = b).$$

2. Ein Element $o \in V$ heißt *oberer Nachbar* von a, falls gilt

$$a \sqsubset o \wedge \forall b : a \sqsubseteq b \sqsubseteq o \Rightarrow (o = b \vee a = b).$$

Wenn es auf die Richtung der Ordnungsbeziehung nicht ankommt, so spricht man auch nur von Nachbarn. □

Ein unterer Nachbar bezüglich $\sqsubseteq$ ist also ein oberer Nachbar bezüglich $\sqsupseteq$. In der Literatur stützen sich viele Untersuchungen auf beide Begriffe der Nachbarschaft. Beginnen wir mit der oberen Nachbarschaft eines kleinsten Elements in Verbänden.

1.5.2 Definition Es sei V ein Verband mit kleinstem Element $\mathsf{O} \in V$.

1. Jeder obere Nachbar von O wird ein *Atom* genannt. Mit $\mathsf{At}(V)$ ist die *Menge der Atome* von V bezeichnet.

2. V heißt *atomarer Verband*, falls es zu jedem $b \in V$ mit $b \neq \mathsf{O}$ ein Atom $a \in \mathsf{At}(V)$ mit $a \sqsubseteq b$ gibt. □

Der nächste Satz stellt eine große Klasse atomarer Verbände vor. Mit O ist wiederum das kleinste Element bezeichnet.

1.5.3 Satz Jeder endliche Verband V (das ist ein Verband mit einer endlichen Trägermenge) besitzt ein kleinstes Element O und ist atomar.

Beweis: Ist $V = \{a_1, \ldots, a_n\}$, so ist offensichtlich, daß das durch $a_1 \sqcap \ldots \sqcap a_n$ gegebene Element das kleinste Element O von V ist.

Wir kommen nun zum Beweis der Atomizität von V. Der Fall $|V| = 1$ ist trivial. Falls $|V| \geq 2$ gilt, so geht man wie folgt vor. Es sei V nicht atomar. Dann existiert ein $\mathsf{O} \neq b_0 \in V$, unter dem kein Atom liegt. Wegen $b_0 \sqsubseteq b_0$ kann insbesondere b_0 kein Atom sein. Also gibt es ein b_1 mit $\mathsf{O} \sqsubset b_1 \sqsubset b_0$. Wegen $b_1 \sqsubseteq b_0$ kann auch b_1 kein Atom sein. Auf diese Weise konstruiert man eine unendliche Kette (formal natürlich mittels Induktion!)

$$\ldots \sqsubset b_i \sqsubset \ldots \sqsubset b_1 \sqsubset b_0,$$

von paarweise verschiedenen Elementen von V, und dies ist ein Widerspruch zur Endlichkeit von V. □

Natürlich besitzt jeder endliche Verband auch ein größtes Element. Dieses ist gegeben durch $a_1 \sqcup \ldots \sqcup a_n$, wobei a_1 bis a_n die Elemente des Verbands sind. Atome sind unzerteilbare Elemente eines Verbands in dem folgenden Sinn.

1.5.4 Satz Sind $a, b \in \mathsf{At}(V)$ zwei verschiedene Atome eines Verbands $(V, \sqcup, \sqcap)$, so gilt die Gleichheit $a \sqcap b = \mathsf{O}$ (wobei O das kleinste Element von V ist).

Beweis: Es seien $a, b \in \mathsf{At}(V)$ mit $a \neq b$. Angenommen, es gilt $a \sqcap b \neq \mathsf{O}$. Dann haben wir die Implikation

$$
\begin{array}{lll}
& a \sqcap b \sqsubseteq a \ \wedge \ a \sqcap b \sqsubseteq b & \text{gültige Formel} \\
\Longrightarrow & a \sqcap b = a \ \wedge \ a \sqcap b = b & a, b \text{ Atome}, a \sqcap b \neq \mathsf{O} \\
\Longrightarrow & a = b & \text{Gleichheit transitiv,}
\end{array}
$$

und das ist ein Widerspruch zur Voraussetzung $a \neq b$. $\qquad\square$

Ein weiteres Beispiel für einen atomaren Verband ist der Potenzmengenverband $(2^X, \cup, \cap)$, hier sind genau die einelementigen Mengen $\{a\}$ die Atome. Auch der Teilbarkeitsverband $(\mathbb{N}, \mathrm{kgV}, \mathrm{ggT})$ ist atomar. Nun sind genau die Primzahlen die Atome. Vertauscht man bei einem Verband $\sqcup$ mit $\sqcap$, so erhält man den sogenannten *dualen Verband* $(V, \sqcap, \sqcup)$ mit revertierter (dualer) Ordnung. Der duale Verband $(\mathbb{N}, \mathrm{ggT}, \mathrm{kgV})$ des Teilbarkeitsverbands ist kein atomarer Verband. Sein graphisches Ordnungsdiagramm sieht man in Abbildung 1.2. Es zeigt, daß das kleinste Element, die Null, gar keinen oberen Nachbarn besitzt.

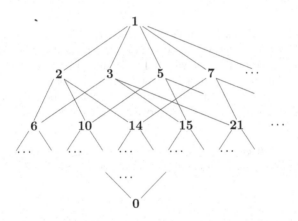

Abbildung 1.2: Der duale Verband des Teilbarkeitsverbands

Wir haben Ordnungen bisher graphisch dargestellt, indem wir die Elemente der Trägermenge zeichneten und durch Linien verbanden. Dabei wurde die Ordnungsbeziehung $a \sqsubset b$ dadurch ausgedrückt, daß das Element a unterhalb vom Element b in der Zeichenebene gezeichnet wurde (eventuell aus Darstellungsgründen auch versetzt) und eine Linie a mit b verband. Auf die Angabe von $a \sqsubseteq a$, also die Reflexivitätsbeziehungen, in solchen Bildern kann man verzichten. Ebenso muß man bei $a \sqsubseteq b$ und $b \sqsubseteq c$ nicht auch noch die Linie zwischen a und c zeichnen. Die Transitivität ist nämlich per Definition eine Ordnungseigenschaft und kann leicht aus den graphischen Darstellungen rekonstruiert werden. Durch das Weglassen der die Reflexivität anzeigenden Schlingen und der die Transitivität anzeigenden „Überbrückungspfeile" gewinnen solche Zeichnungen von Ordnungen immens an Übersichtlichkeit.

Die anschaulichen graphischen Darstellungen von Verbänden sind sehr gut dazu geeignet, extreme Elemente zu identifizieren, sich spezielle Eigenschaften zu verdeutlichen und mit neuen Konzepten zu experimentieren. Zu formalen Beweiszwecken dürfen sie natürlich nicht verwendet werden.

Zum Ende des Abschnitts wollen wir den bisher nur graphisch verwendeten Begriff des Ordnungsdiagramms mathematisch präziser erfassen.

1.5.5 Definition Zu einer Ordnung $(M, \sqsubseteq)$ heißt die Relation $H_\sqsubseteq$ der unteren Nachbarschaft das *Hasse-Diagramm*. D.h.

$$\langle a, b \rangle \in H_\sqsubseteq \quad :\Longleftrightarrow \quad a \text{ ist unterer Nachbar von } b.$$

Gilt für alle $a, b \in M$ die Beziehung $a \sqsubseteq b$ genau dann, wenn $\langle a, b \rangle \in H_\sqsubseteq^*$ (mit $H_\sqsubseteq^*$ als reflexiv-transitive Hülle von $H_\sqsubseteq$), so *besitzt M ein Hasse-Diagramm*.

Statt $\langle a, b \rangle \in H_\sqsubseteq$ schreibt man auch $a \prec b$ und sagt, daß a von b *überdeckt* wird. In diesem Zusammenhang heißt das Hasse-Diagramm dann die *Überdeckungs-Relation* und wird mit dem Symbol „$\prec$" bezeichnet.   □

In dieser Definition setzen wir die Kenntnis der reflexiv-transitiven Hülle aus dem Grundstudium voraus. Detailliert werden wir diese Hülle später im Rahmen abstrakter Relationenalgebra behandeln. Außerdem haben wir die Paarbildung bei einem zweifachen direkten Produkt mittels der Klammern „$\langle$" und „$\rangle$" bewerkstelligt. Hier werden in der Literatur oft auch die runden Klammern „(" und „)" verwendet. Wir bleiben aber bei den eckigen Klammern zur Paar- und Tupelbildung und verwenden die runden Klammern zu Strukturierungszwecken, zur Definition von Strukturen usw.

Es gilt die folgende grundlegende Eigenschaft, welche unseren bisherigen zeichnerischen Darstellungen zugrundeliegt auch anschaulich klar zu sein scheint:

1.5.6 Satz Jede endliche Ordnung besitzt ein Hasse-Diagramm.   □

Auf einen Beweis dieses Satzes verzichten wir an dieser Stelle, da er mit den bisherigen Mitteln nur sehr umständlich geführt werden kann. Relationenalgebraisch kann man Satz 1.5.6 sehr einfach beweisen. Dabei wird sogar zusätzlich die Voraussetzung der Endlichkeit zur sogenannten „Diskretheit" abgeschwächt. Letztere besagt anschaulich, daß man echte Ketten von Ungleichungen zwischen zwei verschiedenen Elementen durch das Einfügen von neuen Gliedern nicht beliebig verfeinern kann.

Wir werden Satz 1.5.6 nirgends beim Beweisen verwenden. Er dient nur zur Rechtfertigung der graphischen Darstellung von Ordnungen und Verbänden.

Hasse-Diagramme sind nach dem Algebraiker H. Hasse benannt, der sie intensiv benutzte, um Sachverhalte anschaulich darzustellen. Solch eine Verwendung ist heutzutage allgemein

Graphendarstellung   Hasse-Diagramm

Abbildung 1.3: Graphdarstellung vs. Hasse-Diagramm

üblich und wird durch moderne Computerprogramme zum schönen Zeichnen von Graphen noch unterstützt. Pioniere der Verbands- und Ordnungstheorie, wie etwa G. Boole, E. Schröder und R. Dedekind, scheinen keinerlei graphische Darstellungen von Ordnungen verwendet zu haben.

Statt der Ordung $\sqsubseteq$ betrachtet man nur ihr Hasse-Diagramm $H_\sqsubseteq$, das aus der diagrammatischen Darstellung („Graphdarstellung") von $\sqsubseteq$ entsteht, indem man alle Schlingen und „Umwegpfeile" entfernt. Per Konvention zeichnet man, wie auch schon erwähnt, auch kleinere Elemente unten und kann sich damit die Richtungsangabe mittels einer Pfeilspitze sparen. Für die Ordnung

$$\sqsubseteq \; = \; \{\langle a, a\rangle, \langle a, b\rangle, \langle a, c\rangle, \langle b, b\rangle, \langle b, c\rangle, \langle c, c\rangle\}$$

(angegeben in der mengentheoretischen Notation als Relation, d.h. als Menge von Paaren) auf der dreielementigen Menge $M = \{a, b, c\}$ bekommen wir so die zeichnerischen Darstellungen von Abbildung 1.3.

Unendliche Ordnungen müssen durchaus kein Hasse-Diagramm besitzen. Ein einfaches Beispiel ist die geordnete Menge $(\mathbb{R}, \leq)$ der reellen Zahlen. Da die reellen Zahlen dicht sind, also zwischen zwei reellen Zahlen immer noch eine dritte liegt, ist das Hasse-Diagramm der Ordnung $(\mathbb{R}, \leq)$ die leere Relation, denn es stehen keine zwei reellen Zahlen a und b in der Beziehung „a ist unterer Nachbar von b". Somit ist die reflexive-transitive Hülle des Hassediagramms die identische Relation auf $\mathbb{R}$ und damit ungleich der (nicht identischen) Ordnung auf $\mathbb{R}$.

1.6 Einige Konstruktionsmechanismen

Bisher haben wir als einzigen Mechanismus zur Konstruktion von neuen Verbänden die Beschränkung auf Unterverbände kennengelernt. Es gibt bei algebraischen Strukturen aber einige weitere solcher Mechanismen. Diesen wollen wir uns nun zuwenden. Betrachtet man die durch diese Mechanismen auf Verbänden hervorgerufenen Ordnungen, so trifft man, wie wir sehen werden, auch hier auf bekannte Konstruktionen. Wir beginnen die Vorstellung der Konstruktionsmechanismen mit dem direkten Produkt.

1.6.1 Definition Gegeben seien zwei Verbände $(V, \sqcup_V, \sqcap_V)$ und $(W, \sqcup_W, \sqcap_W)$. Man definiert auf dem direkten Produkt $V \times W$ zwei Abbildungen komponentenweise durch

$$\langle a,b \rangle \sqcup \langle c,d \rangle = \langle a \sqcup_V c, b \sqcup_W d \rangle \qquad \langle a,b \rangle \sqcap \langle c,d \rangle = \langle a \sqcap_V c, b \sqcap_W d \rangle.$$

Dann heißt $(V \times W, \sqcup, \sqcap)$ das *direkte Produkt* (oft auch der *Produktverband*) der beiden Verbände $(V, \sqcup_V, \sqcap_V)$ und $(W, \sqcup_W, \sqcap_W)$. □

Um die Wortwahl „Produktverband" zu rechtfertigen, haben wir natürlich den folgenden Satz zu beweisen:

1.6.2 Satz (Produktverband) Das direkte Produkt $(V \times W, \sqcup, \sqcap)$ von zwei Verbänden $(V, \sqcup_V, \sqcap_V)$ und $(W, \sqcup_W, \sqcap_W)$ ist wiederum ein Verband.

Beweis: Die zu zeigenden sechs Gleichungen ergeben sich direkt aus den entsprechenden Gleichungen der vorliegenden Verbände. Etwa zeigt, unter Verwendung der Bezeichnungen von Definition 1.6.1, die Gleichung

$$\begin{aligned} \langle a,b \rangle \sqcup \langle c,d \rangle &= \langle a \sqcup_V c, b \sqcup_W d \rangle \\ &= \langle c \sqcup_V a, d \sqcup_W b \rangle \qquad\qquad V, W \text{ Verbände} \\ &= \langle c,d \rangle \sqcup \langle a,b \rangle \end{aligned}$$

für alle $a, c \in V$ und $b, d \in W$ das erste Kommutativgesetz. Analog zeigt man auch die anderen Gesetze. □

Es ist offensichtlich, wie man die Definition des Produktverbands auf beliebige direkte Produkte verallgemeinert. Weiterhin ergibt sich aus der Definition sofort für die Ordnung eines Produktverbands $(V \times W, \sqcup, \sqcap)$, daß

$$\langle a,b \rangle \sqsubseteq \langle c,d \rangle \iff a \sqsubseteq_V c \wedge b \sqsubseteq_W d.$$

Die relationale Struktur $(V \times W, \sqsubseteq)$ bzw. deren Ordnungsrelation $\sqsubseteq$ entspricht also genau dem, was man üblicherweise eine *Produktordnung* nennt. Das Hasse-Diagramm der Ordnung eines Produktverbands $V \times W$ kann man zeichnerisch sehr einfach aus den Hasse-Diagrammen der Ordnungen von V und W erstellen. Man ersetzt zuerst im Hasse-Diagramm von V jeden Knoten durch eine Kopie des Hasse-Diagramms von W. Dann verbindet man jeden Knoten einer Kopie mit dem jeweiligen Knoten jeder anderen Kopie genau dann, wenn die den Kopien entsprechenden Knoten im Hasse-Diagramm von V verbunden sind. Schließlich streicht man noch die überflüssigen Linien. Der Leser mache sich diese Vorgehensweise an kleinen Beispielen klar.

Unsere nächste Verbandskonstruktion behandelt die Menge aller Abbildungen von einem Verband in einen anderen (oder auch den gleichen) Verband und zeigt dann, wie man auch in dieser Situation zu einem neuen Verband kommt. Die Konstruktion kann als eine Verallgemeinerung der Produktkonstruktion angesehen werden, wenn man die Elemente eines direkten Produkts $\prod_{i \in I} V_i$ mit beliebiger Indexmenge I als Abbildungen f von I in $\bigcup_{i \in I} V_i$ auffaßt, die $f(i) \in V_i$ für alle $i \in I$ erfüllen.

1.6.3 Definition Gegeben seien wiederum zwei Verbände $(V, \sqcup_V, \sqcap_V)$ und $(W, \sqcup_W, \sqcap_W)$. Man definiert auf der Menge W^V aller Abbildungen von V nach W zwei Operationen durch die Festlegungen

$$(f \sqcup g)(a) = f(a) \sqcup_W g(a) \qquad (f \sqcap g)(a) = f(a) \sqcap_W g(a).$$

Dann heißt $(W^V, \sqcup, \sqcap)$ der *Abbildungsverband* von $(V, \sqcup_V, \sqcap_V)$ und $(W, \sqcup_W, \sqcap_W)$. $\square$

Man beachte, daß bei der Definition des Abbildungsverbands nur die Operationen von W verwendet werden. V braucht eigentlich nur eine nichtleere Menge sein. Daß die Konstruktion wiederum einen Verband liefert, wird in dem folgenden Satz gezeigt.

1.6.4 Satz (Abbildungsverband) Der Abbildungsverband $(W^V, \sqcup, \sqcap)$ von zwei Verbänden $(V, \sqcup_V, \sqcap_V)$ und $(W, \sqcup_W, \sqcap_W)$ ist ebenfalls ein Verband.

Beweis: Wiederum ergeben sich die zu zeigenden sechs Gleichungen direkt aus den entsprechenden Gleichungen des Verbands des Bildbereiches. Mit den Bezeichnungen von Definition 1.6.3 haben wir

$$
\begin{aligned}
(f \sqcup g)(a) &= f(a) \sqcup_W g(a) \\
&= g(a) \sqcup_W f(a) \qquad\qquad W \text{ Verband} \\
&= (g \sqcup f)(a)
\end{aligned}
$$

für alle $a \in V$. Nach der Definition der Gleichheit von Abbildunge (durch Übereinstimmung für alle Bildwerte) zeigt dies die Gleichung $f \sqcup g = g \sqcup f$, also das erste Kommutativgesetz. Analog zeigt man auch die anderen Gesetze. $\square$

Wir betrachten nun die Ordnungsbeziehung zwischen zwei Abbildungen $f, g : V \to W$ eines Abbildungsverbands. Offensichtlich gilt

$$f \sqsubseteq g \iff \forall\, a \in V : f(a) \sqsubseteq_W g(a).$$

Eine so definierte Ordnung auf Abbildungen wird *Abbildungsordnung* genannt. Dieser Name ist in der Ordnungstheorie auch für die relationale Struktur $(W^V, \sqsubseteq)$ üblich. Leider gibt es keine einfache zeichnerische Möglichkeit, aus einem Hasse-Diagramm der Bildmenge das Hasse-Diagramm der Ordnung eines Abbildungsverbands zu erhalten.

Neben den allgemeinen Abbildungsverbänden sind auch einige der Unterverbände solcher Verbände von Bedeutung. Offensichtlich sind für monotone Abbildungen $f, g : V \to W$ auf Verbänden V und W auch $f \sqcup g, f \sqcap g : V \to W$ monoton. Die monotonen Funktionen bilden also einen Unterverband des Abbildungsverbands W^V. Gleiches gilt auch für andere Abbildungsklassen.

Die nächste Konstruktion betrifft die Quotientenbildung (oder Restklassenbildung). Man benötigt dazu eine Äquivalenzrelation auf der Trägermenge, die mit den Verbandsoperationen verträglich ist. Dies kennt man schon aus der klassischen Algebra, etwa bei Gruppen $(G, \cdot)$. Dort ist die durch $a \equiv b$ genau dann, wenn $ab^{-1} \in N$, definierte Äquivalenzrelation nur dann mit den Gruppenoperationen vertäglich, wenn N ein Normalteiler von G ist. Man nennt so eine Relation in der Gruppentheorie eine Gruppenkongruenz. Formal werden die entsprechenden Relationen für Verbände wie folgt festgelegt:

1.6.5 Definition Eine Äquivalenzrelation $\equiv$ auf einem Verband $(V, \sqcup, \sqcap)$ heißt eine *Verbandskongruenz*, falls die Implikation

$$a \equiv b \land c \equiv d \implies a \sqcup c \equiv b \sqcup d \land a \sqcap c \equiv b \sqcap d$$

für alle Elemente $a, b, c, d \in V$ gilt.   □

Nachfolgend geben wir ein (auch für die Theorie wichtiges) Beispiel für eine Verbandskongruenz an, die durch einen Verbandshomomorphismus induziert wird.

1.6.6 Beispiel (Kern eines Verbandshomomorphismus) Es sei $f : V \to W$ ein Verbandshomomorphismus von einem Verband $(V, \sqcup_V, \sqcap_V)$ nach einem Verband $(W, \sqcup_W, \sqcap_W)$. Man definiert eine Relation $\equiv_f$ auf der Trägermenge V durch die Festlegung

$$a \equiv_f b \iff f(a) = f(b)$$

für alle $a, b \in V$. Offensichtlich ist dies eine Äquivalenzrelation. Sie ist aber auch verträglich mit den Operationen auf dem Verband V. Es gilt nämlich für alle $a, b, c, d \in V$ mit $a \equiv_f b$ und $c \equiv_f d$, daß

$$
\begin{aligned}
a \sqcup_V c \equiv_f b \sqcup_V d &\iff f(a \sqcup_V c) = f(b \sqcup_V d) && \text{Definition } \equiv_f \\
&\iff f(a) \sqcup_W f(c) = f(b) \sqcup_W f(d) && f \text{ Homomorphismus} \\
&\iff f(a) \sqcup_W f(c) = f(a) \sqcup_W f(c) && a \equiv_f b \text{ und } c \equiv_f d,
\end{aligned}
$$

und auch, daß

$$
\begin{aligned}
a \sqcap_V c \equiv_f b \sqcap_V d &\iff f(a \sqcap_V c) = f(b \sqcap_V d) && \text{Definition } \equiv_f \\
&\iff f(a) \sqcap_W f(c) = f(b) \sqcap_W f(d) && f \text{ Homomorphismus} \\
&\iff f(a) \sqcap_W f(c) = f(a) \sqcap_W f(c) && a \equiv_f b \text{ und } c \equiv_f d.
\end{aligned}
$$

Man nennt die oben eingeführte Verbandskongruenz $\equiv_f$ auf der Menge V den *Kern* der Abbildung f.   □

Bezeichnet man die Äquivalenzklassen (Kongruenzklassen) bezüglich der Kongruenz $\equiv$ mit eckigen Klammern, so besagt die in der Definition 1.6.5 geforderte Eigenschaft, daß aus $[a] = [b]$ und $[c] = [d]$ folgt $[a \sqcup c] = [b \sqcup d]$ und $[a \sqcap c] = [b \sqcap d]$. Dies ist genau das, was erlaubt, auf den Äquivalenzklassen eine Verbandsstruktur festzulegen.

1.6.7 Definition Es sei $\equiv$ eine Verbandskongruenz auf dem Verband $(V, \sqcup_V, \sqcap_V)$. Weiterhin bezeichne $V/\equiv$ die Menge der Äquivalenzklassen $[a]$, $a \in V$. Auf $V/\equiv$ werden zwei Operationen wie folgt festgelegt:

$$[a] \sqcup [b] = [a \sqcup_V b] \qquad [a] \sqcap [b] = [a \sqcap_V b].$$

Dann heißt $(V/\equiv, \sqcup, \sqcap)$ der *Quotientenverband* von V modulo (oder: nach) $\equiv$. $\qquad\square$

Nach den bisherigen Ergebnissen zu direkten Produkten und Abbildungsmengen ist das nachfolgende Ergebnis teilweise sicher schon erwartet worden.

1.6.8 Satz (Quotientenverband) Der Quotientenverband $V/\equiv$ modulo einer Verbandskongruenz $\equiv$ ist wiederum ein Verband und die *kanonische Abbildung*

$$\psi : V \to V/\equiv \qquad \psi(a) = [a]$$

ist ein surjektiver Verbandshomomorphismus von $(V, \sqcup_V, \sqcap_V)$ nach $(V/\equiv, \sqcup, \sqcap)$.

Beweis: Wir setzen die Bezeichnungen von Definition 1.6.7 voraus. Aus der Bemerkung vor dieser Definition folgt, daß die Operationen des Quotientenverbands unabhängig von den Repräsentanten sind, also wohldefinierte Abbildungen darstellen. Die zu zeigenden Gleichungen bekommt man dann direkt aus denen von V. Beispielsweise zeigt

$$
\begin{aligned}
[a] \sqcup [b] &= [a \sqcup_V b] \\
&= [b \sqcup_V a] \qquad\qquad V \text{ Verband} \\
&= [b] \sqcup [a]
\end{aligned}
$$

für alle $a, b \in V$ das erste Kommutativgesetz; der Rest folgt in ähnlicher Weise.

Die Homomorphieeigenschaft von ψ für $\sqcup$ zeigt man für alle $a, b \in V$ wie folgt:

$$
\begin{aligned}
\psi(a \sqcup_V b) &= [a \sqcup_V b] \\
&= [a] \sqcup [b] \qquad\qquad \text{Definition Quotientenverband} \\
&= \psi(a) \sqcup \psi(b)
\end{aligned}
$$

Analog beweist man $\psi(a \sqcap_V b) = \psi(a) \sqcap \psi(b)$ für alle $a, b \in V$.

Die Surjektivität der Abbildung ψ ist klar, da jeder Bildwert (Äquivalenzklasse) $[a] \in V/\equiv$ ein Urbild (einen Repräsentanten) $a \in V$ hat. $\qquad\square$

Es sollte an dieser Stelle noch bemerkt werden, daß bei Quotientenverbänden die Ordnung auf den Klassen durch die Ordnung der jeweiligen Repräsentanten vorgegeben ist. Auch sollte noch erwähnt werden, daß der klassische Homomorphiesatz der Gruppen in übertragener Weise auch für Verbände gilt. Es wird dem Leser zur Übung empfohlen, diesen zu formulieren und zu beweisen.

Man kann leicht zeigen, daß im Fall einer Kongruenz $\equiv$ auf einem endlichen Verband V die Äquivalenzklassen $[a]$ immer ein größtes Element $\top \in [a]$ und ein kleinstes Element $\bot \in [a]$

besitzen und für alle Elemente $b \in V$ mit $\bot \sqsubseteq b \sqsubseteq \top$ gilt $\bot \equiv b \equiv \top$, also $b \in [a]$. Aus dem
Hasse-Diagramm der Ordnung von V bekommt man zeichnerisch das Hasse-Diagramm
der Ordnung von $V/\equiv$, indem man die jeweiligen Äuivalenzklassen zu einzelnen Knoten
„zusammenschrumpft" und dadurch entstehende Mehrfachpfeile entfernt. Auch dies mache
sich der Leser an kleinen Beispielen klar.

Alle bisherigen Konstruktionen stellen Spezialfälle von Konstruktionen der sogenannten
universellen Algebra für den Bereich Verbandstheorie dar. Was noch bleiben würde, sind
die Konstruktion von Summenverbänden (mit disjunkten Vereinigungen als Trägermengen)
und von inversen Limites von Verbänden. Eine natürliche Vorgehensweise bei Summenverbänden ist eigentlich nur im Fall von vollständigen Verbänden möglich (einer Verbandsklasse, die wir später behandeln werden). Wir verzichten aber auf ihre Behandlung. Auch
auf die inversen Limites gehen wir nicht ein, da diese doch zu weit vom eigentlichen Thema
wegführen würden.

Hingegen werden wir die folgende spezielle Konstruktion vereinzelt verwenden. Sie liefert
offensichtlich wieder einen Verband. Die Namensgebung stammt aus der Informatik, wo
die Konstruktion bei der denotationellen Semantik von Bedeutung ist.

1.6.9 Definition Fügt man an einen Verband $(V, \sqcup_V, \sqcap_V)$ ein nicht in V enthaltenes Element $\bot$ als neues kleinstes Element bezüglich der Verbandsordnung hinzu, so heißt der
entstehende Verband das *Lifting* von V.   □

Für die Operationen $\sqcup$ und $\sqcap$ des Liftings gilt offensichtlich: Sind beide Argumente a und
b ungleich $\bot$, so gelten $a \sqcup b = a \sqcup_V b$ und $a \sqcap b = a \sqcap_V b$. Ist eines der Argumente gleich
$\bot$, etwa a, so hat man hingegen $\bot \sqcup b = b$ und $\bot \sqcap b = \bot$.

Mittels Lifting kann man natürlich auch das Hinzufügen eines neuen größten Elements
realisieren. Man liftet den dualen Verband und dualisiert das Resultat des Liftings.

Das Lifting ist auch für (ungeordnete[1]) Mengen M gebräuchlich, um durch Hinzunahme
eines neuen Elements $\bot$ eine Ordnung $(M \cup \{\bot\}, \sqsubseteq)$ zu erhalten. Die Ordnungsrelation $\sqsubseteq$
auf dem Lifting $M \cup \{\bot\}$ von M ist dabei durch die Eigenschaft

$$a \sqsubseteq b \iff a = \bot \vee a = b$$

für alle Elemente $a, b \in M \cup \{\bot\}$ festgelegt. Man bezeichnet sie als *flache Ordnung*. Dieser
Name wird einem klar, wenn man sich etwa das Lifting einer endlichen Menge $\{a_1, \ldots, a_n\}$
als Hasse-Diagramm aufzeichnet. Es ist nämlich $\bot$ das kleinste Element und alle anderen
Elemente sind paarweise unvergleichbar. Zeichnerisch heißt dies, daß die einzigen Linien
im Diagramm die zwischen $\bot$ und den $a_i, 1 \le i \le n$, sind.

---

[1]Genaugenommen ist jede Menge geordnet, da die Gleichheitsrelation eine Ordnungsrelation ist. Statt
von ungeordneten Mengen spricht man deshalb auch von trivial geordneten Mengen.

Kapitel 2

Spezielle Klassen von Verbänden

In diesem Kapitel stellen wir einige wichtige Klassen von Verbänden vor, wie sie oft in der Mathematik und Informatik auftreten. Wir schreiten dabei in den ersten drei Abschnitten zu immer größerer Spezialisierung fort und lernen nacheinander modulare, distributive und Boolesche Verbände kennen. Im letzten Abschnitt betrachten wir schließlich noch vollständige Verbände. Es gibt noch weitere wichtige Verbandsklassen, etwa Heyting-Algebren, Brouwer'sche Verbände, bezüglich derer wir jedoch auf weiterführende Literatur verweisen müssen.

2.1 Modulare Verbände

In allen Verbänden gilt die modulare Ungleichung

$$a \sqsubseteq c \implies a \sqcup (b \sqcap c) \sqsubseteq (a \sqcup b) \sqcap c$$

für alle Elemente $a, b, c \in V$; siehe Beispiel 1.4.2.2. Fordert man rechts des Implikationspfeiles sogar Gleichheit, so definiert diese Verstärkung der modularen Ungleichung eine bedeutende Klasse von Verbänden, mit der wir uns nun beschäftigen.

2.1.1 Definition Ein Verband $(V, \sqcup, \sqcap)$ heißt *modular*, falls für alle a, b, $c \in V$ das *modulare Gesetz* (auch *Modulgesetz* oder *modulare Gleichung*)

$$a \sqsubseteq c \implies a \sqcup (b \sqcap c) = (a \sqcup b) \sqcap c$$

gilt, wobei $\sqsubseteq$ die Verbandsordnung ist. $\qquad\qquad\square$

Die Bezeichnung „Modulgesetz" wurde im Jahr 1897 vom Mathematiker R. Dedekind eingeführt, auf den auch die Definition der natürlichen Zahlen mittels der nun Peano-Axiome genannten Eigenschaften zurückgeht, sowie die Definition der reellen Zahlen mittels Schnitten. Man spricht deshalb in der Literatur manchmal auch von *Dedekindschen Verbänden*.

Weil die duale Form des Modulgesetzes, analog zur modularen Ungleichung, äquivalent zum Modulgesetz ist, haben wir sofort die folgende wichtige Eigenschaft:

2.1.2 Satz Das Dualitätsprinzip gilt auch für die Klasse der modularen Verbände.   □

Man kann das Modulgesetz auch als Gleichung ausdrücken, wie es im nachstehenden Satz geschieht.

2.1.3 Satz Über einem Verband $(V, \sqcup, \sqcap)$ ist die (implizit über $a, b, c \in V$ allquantifizierte) Implikation

$$a \sqsubseteq c \implies a \sqcup (b \sqcap c) = (a \sqcup b) \sqcap c$$

(also das Modulgesetz) äquivalent zur (wiederum implizit über $a, b, c \in V$ allquantifizierten) Gleichung

$$a \sqcap ((a \sqcap b) \sqcup c) = (a \sqcap b) \sqcup (a \sqcap c).$$

Beweis: „$\implies$": Es seien drei beliebige Elemente $a, b, c \in V$ gegeben. Dann haben wir die Beziehung $a \sqcap b \sqsubseteq a$ und wir können mit Hilfe des Modulgesetzes die gewünschte Gleichung wie folgt beweisen:

$$
\begin{aligned}
a \sqcap ((a \sqcap b) \sqcup c) &= ((a \sqcap b) \sqcup c) \sqcap a && \text{Kommutativität} \\
&= (a \sqcap b) \sqcup (c \sqcap a) && \text{Modulgesetz (von rechts)} \\
&= (a \sqcap b) \sqcup (a \sqcap c) && \text{Kommutativität}
\end{aligned}
$$

„$\impliedby$": Nun seien $a, b, c \in V$ mit $a \sqsubseteq c$ vorausgesetzt. Dann beweist man die rechte Seite des Modulgesetzes wie folgt:

$$
\begin{aligned}
(a \sqcup b) \sqcap c &= ((a \sqcap c) \sqcup b) \sqcap c && a \sqsubseteq c \\
&= c \sqcap ((c \sqcap a) \sqcup b) && \text{Kommutativität} \\
&= (c \sqcap a) \sqcup (c \sqcap b) && \text{Voraussetzung} \\
&= a \sqcup (c \sqcap b) && a \sqsubseteq c \\
&= a \sqcup (b \sqcap c) && \text{Kommutativität}
\end{aligned}
$$

Damit sind beide Richtungen der Äquivalenz gezeigt.   □

Modulare Verbände sind also algebraische Strukturen, die durch (allquantifizierte) Gleichungen definiert werden können. Solche Strukturen heißen in der Literatur des mathematischen Teilgebiets „Universelle Algebra" (einer Erweiterung der klassischen Algebra) auch *Varietäten*. Aus der Universellen Algebra ist bekannt, daß bei Varietäten die definierenden Gesetze auch für die Unterstrukturen, die direkten Produkte und die homomorphen Bilder gelten[1]. Als unmittelbare Konsequenz erhalten wir somit das folgende Resultat:

---

[1]Dies ist ein bekannter Satz von G. Birkhoff: Varietäten sind abgeschlossen bzgl. Unterstrukturen, direkten Produkten und homomorphen Bildern. Einen Beweis findet man im Anhang des in der Einleitung zitierten Buchs von H. Hermes. Er basiert unter anderem darauf, daß für einen Ausdruck $t(x_1, \ldots, x_n)$ über $x_1, \ldots, x_n$ das Bild unter einem Homomorphismus gegeben ist durch $t(f(x_1), \ldots, f(x_n))$.

2.1.4 Satz Jeder Unterverband, jeder Produktverband und jedes homomorphe Bild eines modularen Verbands (also jeder Verband V, zu dem es einen surjektiven Verbandshomomorphismus $f : W \to V$ mit einen modularen Verband W gibt) ist modular.   □

Bevor wir noch etwas genauer auf die Theorie modularer Verbände eingehen, insbesondere eine exakte Charakterisierung beweisen, wollen wir erst einige Beispiele behandeln.

2.1.5 Beispiele (für modulare/nicht-modulare Verbände) Nachfolgend sind einige Beispiele für modulare Verbände angeben, sowie ein Beispiel für einen Verband, der nicht modular ist.

1. Ist $(G, \cdot)$ eine Gruppe, so heißt eine Untergruppe N von G *Normalteiler*, falls $g^{-1}Ng \subseteq N$ für alle $g \in G$ gilt. Definiert man auf der Menge $\mathcal{N}(G)$ der Normalteiler von G zwei Operationen $\sqcup$ und $\sqcap$ durch

$$
\begin{aligned}
N \sqcup M &= \{xy \mid x \in N, y \in M\} & \qquad Komplexprodukt \\
N \sqcap M &= N \cap M & \qquad Durchschnitt,
\end{aligned}
$$

so ist $(\mathcal{N}(G), \sqcup, \sqcap)$ ein modularer Verband. Dies ist durch elementare Gruppentheorie relativ einfach nachzuweisen.

2. Weitere Beispiele für modulare Verbände, die aus der klassischen Algebra kommen, sind etwa die Untervektorräume eines Vektorraumes (mit $W + Z$ als der Supremumsbildung und $W \cap Z$ als der Infimumsbildung), die Ideale eines Ringes und die Teilmodule eines Moduls.

3. Als Beispiel für einen *nichtmodularen Verband* betrachten wir $(V_{\neg M}, \sqcup, \sqcap)$, wobei das Ordnungsdiagramm von $V_{\neg M}$ wie in der nachfolgenden Figur angegeben aussieht: Die drei Elemente, die das Modulgesetz[2] nicht erfüllen, sind a, b und c. Aus der

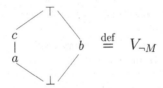

Abbildung 2.1: Beispiel für einen nicht-modularen Verband

Abschätzung $a \sqsubseteq c$ folgt nämlich sofort die Ungleichung

$$
\begin{aligned}
a \sqcup (b \sqcap c) &= a \sqcup \bot & \qquad \text{siehe Bild} \\
&= a & \qquad \bot \text{ kleinstes Element} \\
&\neq c & \qquad \text{siehe Bild} \\
&= \top \sqcap c & \qquad \top \text{ größtes Element} \\
&= (a \sqcup b) \sqcap c & \qquad \text{siehe Bild.} \quad \square
\end{aligned}
$$

---

[2]Man vergleiche mit Definition 2.1.1.

In der Literatur wird der zuletzt gezeigte Verband $V_{\neg M}$ auch als Pentagon-Verband N_5 bezeichnet. Durch das Beispiel $V_{\neg M}$ ist nicht nur ein zufälliger Verband angegeben, der nicht modular ist, sondern genau die Nichtmodularität von Verbänden getroffen. Dies ist der Inhalt des folgenden wichtigen Charakterisierungssatzes für modulare Verbände. Eine erste Formulierung mit Beweis findet man in der in der Einleitung zitierten grundlegenden Arbeit von R. Dedekind aus dem Jahr 1900; siehe das dortige Theorem IX auf Seite 389.

2.1.6 Satz (Charakterisierung modularer Verbände) Ein Verband $(V, \sqcup, \sqcap)$ ist genau dann nicht modular, wenn er einen Unterverband besitzt, der isomorph zum in Abbildung 2.1 angegebenen 5-elementigen Verband $V_{\neg M}$ ist.

Beweis: „$\Longleftarrow$": Diese Richtung wurde schon im Beispiel 2.1.5.3 mit der Angabe von $V_{\neg M}$ und der entsprechenden Rechnung begründet.

„$\Longrightarrow$": Es sei V ein nichtmodularer Verband. Also gibt es Elemente $a, b, c \in V$ mit den beiden folgenden Eigenschaften:

$$
\begin{aligned}
a &\sqsubseteq c & (*) \\
a \sqcup (b \sqcap c) &\sqsubset (a \sqcup b) \sqcap c & (**)
\end{aligned}
$$

Man beachte, daß in Eigenschaft $(**)$ die Beziehung „$\sqsubseteq$" immer gültig ist, da die modulare Ungleichung[3] stets gilt.

1. Es gilt die Ungleichheit $a \neq c$. Wäre nämlich $a = c$, so bekommt man einen Widerspruch zur Nichtmodularität wie folgt:

$$
\begin{aligned}
a \sqcup (b \sqcap c) &= a \sqcup (b \sqcap a) & \text{Annahme } a = c \\
&= a & \text{Absorption} \\
&= c & \text{Annahme } a = c \\
&= (c \sqcup b) \sqcap c & \text{Absorption} \\
&= (a \sqcup b) \sqcap c & \text{Annahme } a = c
\end{aligned}
$$

2. Die zwei Elemente a und b sind unvergleichbar, insbesondere gilt also auch $a \neq b$. Wäre nämlich $a \sqsubseteq b$, so impliziert dies

$$(a \sqcup b) \sqcap c = b \sqcap c \sqsubseteq a \sqcup (b \sqcap c)$$

und mit Hilfe der modularen Ungleichung folgt daraus die Gleichung

$$a \sqcup (b \sqcap c) = (a \sqcup b) \sqcap c,$$

was ein Widerspruch zur Eigenschaft $(**)$ ist. Analog zeigt man $b \not\sqsubseteq a$, d.h. man führt $b \sqsubseteq a$ zu einem Widerspruch.

3. Die Elemente b und c sind ebenfalls unvergleichbar. Hier folgt der Beweis analog zum Beweis von (2).

---

[3]Man vergleiche dazu mit dem Beispiel 1.4.2.2.

Nun betrachtet man die folgende Teilmenge von V:

$$\mathcal{N}_5 := \{b \sqcap c, b, a \sqcup (b \sqcap c), (a \sqcup b) \sqcap c, a \sqcup b\}$$

In dieser Teilmenge haben wir zwei Ketten, nämlich die Kette

$$\begin{array}{ll} b \sqcap c \quad \sqsubset \quad b & b \sqcap c = b \text{ wäre Widerspruch zu (3)} \\ \qquad\quad \sqsubset \quad a \sqcup b & b = a \sqcup b \text{ wäre Widerspruch zu (2)} \end{array}$$

mit drei Elementen und die Kette

$$\begin{array}{ll} b \sqcap c \quad \sqsubset \quad a \sqcup (b \sqcap c) & b \sqcap c = a \sqcup (b \sqcap c) \text{ impliziert } a \sqsubseteq b, \text{ Wsp. zu (2)} \\ \qquad\quad \sqsubset \quad (a \sqcup b) \sqcap c & \text{wegen } (\ast\ast) \\ \qquad\quad \sqsubset \quad a \sqcup b & (a \sqcup b) \sqcap c = a \sqcup b \text{ impliziert } b \sqsubseteq c, \text{ Wsp. zu (3)} \end{array}$$

mit vier Elementen. Weiterhin ist das Element b sowohl mit $a \sqcup (b \sqcap c)$ als auch mit $(a \sqcup b) \sqcap c$ unvergleichbar. Dazu sind nochmals vier Fälle zu überprüfen. Wir führen nur die zwei ersten Fälle als Beispiele durch: Es gilt

$$\begin{array}{ll} b \sqsubseteq a \sqcup (b \sqcap c) \quad \Longrightarrow \quad b \sqsubseteq (a \sqcup b) \sqcap c & \text{Modulare Ungleichung} \\ \qquad\qquad\qquad\quad \Longrightarrow \quad b \sqsubseteq c, \end{array}$$

also wir haben beim Vorliegen von $b \sqsubseteq a \sqcup (b \sqcap c)$ einen Widerspruch zu (3). Ferner gilt

$$a \sqcup (b \sqcap c) \sqsubseteq b \quad \Longrightarrow \quad a \sqsubseteq b,$$

und dadurch bekommen wir aus $a \sqcup (b \sqcap c) \sqsubseteq b$ somit einen Widerspruch zu (2). Die Behandlung der zwei verbleibenden Fälle $b \sqsubseteq (a \sqcup b) \sqcap c$ und $(a \sqcup b) \sqcap c \sqsubseteq b$ erfolgt in vollkommen analoger Weise.

Als unmittelbare Folgerung bekommt man für die Menge $\mathcal{N}_5$ das folgende Ordnungsdiagramm (welches zu einer Raute entarten würde, wenn a gleich c wäre):

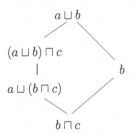

Damit ist es klar, wie der Isomorphismus f von $\mathcal{N}_5$ nach $V_{\neg M}$ aussieht. Es bleibt noch zu verifizieren, daß $\mathcal{N}_5$ ein Unterverband (d.h. abgeschlossen gegenüber $\sqcup$ und $\sqcap$) ist und f die Isomorphie-Gleichungen erfüllt.

Bei der Verifikation der Abgeschlossenheit müssen nur die Paare des obigen Diagramms betrachtet werden, die unvergleichbar sind; für die restlichen Paare ist offensichtlich das größere Element das Supremum und das kleinere Element das Infimum. Die Ergebnisse der Supremums- und Infimumsbildungen sind aus dem Diagramm ebenfalls ersichtlich. Hier kommen nun die entsprechenden formalen Beweise: Die Herleitungen

$$((a \sqcup b) \sqcap c) \sqcap b \;=\; b \sqcap c \qquad\qquad\qquad \text{Absorption}$$

$$
\begin{aligned}
((a \sqcup b) \sqcap c) \sqcup b \;&\sqsubseteq\; a \sqcup b \sqcup b \\
&=\; a \sqcup (b \sqcap c) \sqcup b \sqcup b \qquad\qquad \text{Absorption} \\
&\sqsubseteq\; ((a \sqcup b) \sqcap c) \sqcup b \qquad\qquad \text{Voraussetzung}
\end{aligned}
$$

zeigen, daß das Supremum $a \sqcup b$ und das Infimum $b \sqcap c$ von $(a \sqcup b) \sqcap c$ und b in der Menge $\mathcal{N}_5$ liegen und die Herleitungen

$$(a \sqcup (b \sqcap c)) \sqcup b \;=\; a \sqcup b \qquad\qquad\qquad \text{Absorption}$$

$$
\begin{aligned}
(a \sqcup (b \sqcap c)) \sqcap b \;&\sqsubseteq\; (a \sqcup b) \sqcap c \sqcap b \qquad\qquad \text{Voraussetzung} \\
&=\; b \sqcap c \sqcap b \qquad\qquad\qquad\quad \text{Absorption} \\
&\sqsubseteq\; (a \sqcup (b \sqcap c)) \sqcap b
\end{aligned}
$$

zeigen, daß das Supremum $a \sqcup b$ und das Infimum $b \sqcap c$ von $a \sqcup (b \sqcap c)$ und b ebenfalls in der gleichen Menge liegen.

Das konkrete Hinschreiben von f und das Nachrechnen der Isomorphie-Gleichungen ist trivial und wird deshalb unterdrückt.   □

In einem modularen Verband kann man zwei vergleichbare Elemente stets mittels eines beliebigen dritten Elements und $\sqcup, \sqcap$ auf Gleichheit testen. Dies ist sogar charakteristisch für modulare Verbände, wie der nachfolgende Satz zeigt.

2.1.7 Satz Es sei $(V, \sqcup, \sqcap)$ ein Verband. V ist genau dann modular, wenn für alle Elemente $a, b, c \in V$ die folgende Implikation gilt:

$$a \sqcap c = b \sqcap c, \; a \sqcup c = b \sqcup c, \; a \sqsubseteq b \;\;\Longrightarrow\;\; a = b$$

Beweis: „$\Longrightarrow$"; Es seien Elemente $a, b, c \in V$ mit $a \sqcap c = b \sqcap c$, $a \sqcup c = b \sqcup c$ und $a \sqsubseteq b$ gegeben. Die Annahme $a \sqsubseteq b$ macht das Modulgesetz anwendbar und bringt

$$
\begin{aligned}
a \;&=\; a \sqcup (c \sqcap a) \qquad\qquad\qquad \text{Absorption} \\
&=\; a \sqcup (c \sqcap b) \qquad\qquad\qquad a \sqcap c = b \sqcap c \\
&=\; (a \sqcup c) \sqcap b \qquad\qquad\qquad \text{Modulgesetz} \\
&=\; (b \sqcup c) \sqcap b \qquad\qquad\qquad a \sqcup c = b \sqcup c \\
&=\; b \qquad\qquad\qquad\qquad\qquad \text{Absorption.}
\end{aligned}
$$

„$\Longleftarrow$"; Diese Richtung kann man mit Hilfe von Satz 2.1.6 durch Widerspruch zeigen. Wäre, bei Gültigkeit der Implikation

$$a \sqcap c = b \sqcap c, \ a \sqcup c = b \sqcup c, \ a \sqsubseteq b \ \Longrightarrow \ a = b$$

für alle $a, b, c \in V$, der Verband V nämlich nicht modular, so gibt es einen Unterverband isomorph zu $V_{\neg M}$, und damit existieren $a, b, c \in V$ mit $a \sqcap c = b \sqcap c$, $a \sqcup c = b \sqcup c$, $a \sqsubseteq b$, aber auch $a \neq b$. Das ist ein Widerspruch zur vorausgesetzten Implikation! □

Die Richtung „$\Longleftarrow$" dieses Satzes ohne den Charakterisierungssatz 2.1.6 zu beweisen ist ebenfalls möglich, aber technisch wesentlich aufwendiger. Solch einen Beweis findet man beispielsweise in dem Lehrbuch L. Skornjakow, Elemente der Verbandstheorie, WTB Band 139, Akademie Verlag, 1973 auf den Seiten 114 und 115.

Als letzten Satz dieses Abschnitts beweisen wir nun noch das sogenannte Transpositions-prinzip, das ebenfalls auf R. Dedekind zurückgeführt werden kann (Theorem XVI seiner berühmten Arbeit in Band 53 der Mathematischen Annalen, Seite 393). Zu seiner Formu-lierung benötigen wir den Begriff des (abgeschlossenen) Intervalls, der die von den reellen Zahlen her bekannte Schreibweise $[a, b]$ auf beliebige Ordnungen verallgemeinert.

2.1.8 Definition Ist $(M, \sqsubseteq)$ eine Ordnung, so definiert man zu zwei Elementen $a, b \in M$ das *Intervall* von a nach b durch $[a, b] := \{x \in M \mid a \sqsubseteq x \sqsubseteq b\}$. □

Insbesondere ist das Intervall leer, falls a echt größer als b ist. Man nennt a und b auch die unteren und oberen Intervallgrenzen. Bei Verbänden bilden nichtleere Intervalle offensicht-lich Unterverbände. Nach dieser Festlegung können wir nun den folgenden wichtigen Satz beweisen. Er wird uns zwar im Laufe dieses Werks direkt nicht mehr begegnen, hat aber viele Anwendungen in der Mathematik, insbesondere bei Kettenbedingungen.

2.1.9 Satz (Transpositionsprinzip von R. Dedekind) Ist $(V, \sqcup, \sqcap)$ ein modularer Verband, so gilt für alle $a, b \in V$, daß die Abbildung

$$f_a : [b, a \sqcup b] \to [a \sqcap b, a] \qquad f_a(x) = x \sqcap a$$

und die Abbildung

$$g_b : [a \sqcap b, a] \to [b, a \sqcup b] \qquad g_b(y) = y \sqcup b$$

invers zueinander sind und die Verbandsstruktur der durch die (nichtleeren) Intervalle induzierten Unterverbände erhalten. Sie sind also Verbandsisomorphismen zwischen diesen Unterverbänden.

Beweis: Der Beweis des Satzes besteht aus den beiden folgenden Teilbeweisen:

1. Wir zeigen zuerst die Tatsache, daß die beiden Abbildungen f_a und g_b zueinander invers (d.h. also bijektiv) sind. Diese Tatsache findet dann später bei den beiden Homomorphie-Beweisen Verwendung. In dem nachfolgenden Bild ist das Abbildungs-verhalten der Abbildungen f_a und g_b auf Intervallen graphisch dargestellt:

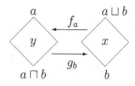

Die Abbildungen f_a und g_b sind zueinander invers. Dazu nimmt man $x \in [b, a \sqcup b]$ und $y \in [a \sqcap b, a]$ beliebig und zeigt die erforderlichen Gleichungen wie folgt (beachte bei der Anwendung des dualen Modulgesetzes, daß $x \sqsupseteq b$ wegen $x \in [b, a \sqcup b]$):

$$
\begin{aligned}
g_b(f_a(x)) &= g_b(x \sqcap a) && \text{Definition } f_a \\
&= (x \sqcap a) \sqcup b && \text{Definition } g_b \\
&= x \sqcap (a \sqcup b) && \text{Modulgesetz, duale Form} \\
&= x && x \in [b, a \sqcup b]
\end{aligned}
$$

$$
\begin{aligned}
f_a(g_b(y)) &= f_a(y \sqcup b) && \text{Definition } g_b \\
&= (y \sqcup b) \sqcap a && \text{Definition } f_a \\
&= y \sqcup (b \sqcap a) && \text{Modulgesetz, } y \sqsubseteq a \\
&= y && y \in [a \sqcap b, a]
\end{aligned}
$$

2. Beweis der Homomorphie-Gleichungen. Im Fall der Operation $\sqcap$ bekommen wir für die Abbildung f_a die Gleichung

$$
\begin{aligned}
f_a(x \sqcap y) &= x \sqcap y \sqcap a && \text{Definition } f_a \\
&= (x \sqcap a) \sqcap (y \sqcap a) && \text{Idempotenz} \\
&= f_a(x) \sqcap f_a(y) && \text{Definition } f_a
\end{aligned}
$$

und analog zeigt man für g_b die geforderte Gleichung für die duale Operation durch

$$
\begin{aligned}
g_b(x \sqcup y) &= x \sqcup y \sqcup b && \text{Definition } g_b \\
&= (x \sqcup b) \sqcup (y \sqcup b) && \text{Idempotenz} \\
&= g_b(x) \sqcup g_b(y) && \text{Definition } g_b
\end{aligned}
$$

Die restlichen beiden Fälle folgen durch die Anwendung dieser Gleichungen mit (1), d.h. in Verbindung mit der Bijektivität: Wir haben für f_a, daß

$$
\begin{aligned}
f_a(x \sqcup y) &= f_a(g_b(u) \sqcup g_b(v)) && \text{mit } x = g_b(u), y = g_b(v) \\
&= f_a(g_b(u \sqcup v)) && \text{siehe oben} \\
&= u \sqcup v && \text{nach (1) (Bijektivität)} \\
&= f_a(x) \sqcup f_a(y) && \text{mit } u = f_a(x), v = f_a(y),
\end{aligned}
$$

und für g_b, daß

$$
\begin{aligned}
g_b(x \sqcap y) &= g_b(f_a(u) \sqcap f_a(v)) && \text{mit } x = f_a(u), y = f_a(v) \\
&= g_b(f_a(u \sqcap v)) && \text{siehe oben} \\
&= u \sqcap v && \text{nach (1) (Bijektivität)} \\
&= g_b(x) \sqcap g_b(y) && \text{mit } u = g_b(x), v = g_b(y).
\end{aligned}
$$

Damit ist der Beweis des Transpositionsprinzips erbracht. $\square$

2.2 Distributive Verbände

Das Modulgesetz ist eine spezielle Eigenschaft, die für die „gängigen" Operationen auf Zahlen usw. nicht zutrifft. Ein viel bekannteres Gesetz ist beispielsweise das Distributivgesetz, wie es in Ringen $(R, +, \cdot, 0, 1)$ vorkommt. Dort distribuiert Multiplikation über Addition:

$$a \cdot (b + c) \; = \; a \cdot b + a \cdot c.$$

Dieses Gesetz zeichnet die Multiplikation gegenüber der Addition aus.

Bei Verbänden entfällt so eine Auszeichnung einer der beiden Operationen. Daß dies so sein muß, ergibt sich aus dem Dualitätsprinzip. Distributivität in Form von Ungleichungen gilt in Verbänden immer:

2.2.1 Satz In einem Verband $(V, \sqcup, \sqcap)$ gelten für alle Elemente $a, b, c \in V$ die folgenden distributiven Ungleichungen:

1. $a \sqcup (b \sqcap c) \; \sqsubseteq \; (a \sqcup b) \sqcap (a \sqcup c)$

2. $a \sqcap (b \sqcup c) \; \sqsupseteq \; (a \sqcap b) \sqcup (a \sqcap c).$

Beweis: Man beachte, daß (2) aus (1) und dem Dualitätsprinzip folgt. Wir zeigen deshalb nur (1). Seien also $a, b, c \in V$ vorausgesetzt. Dann gelten die folgenden Beziehungen:

$$a \sqcup (b \sqcap c) \; \sqsubseteq \; a \sqcup b \qquad\qquad a \sqcup (b \sqcap c) \; \sqsubseteq \; a \sqcup c$$

Daraus folgt, daß das Element $a \sqcup (b \sqcap c)$ eine untere Schranke der Menge $\{a \sqcup b, a \sqcup c\}$ ist. Nun bekommen wir die gewünschte Eigenschaft wie folgt:

$$a \sqcup (b \sqcap c) \; \sqsubseteq \; \bigsqcap\{a \sqcup b, a \sqcup c\} \; = \; (a \sqcup b) \sqcap (a \sqcup c) \qquad\qquad \square$$

Wird eine der beiden Ungleichungen (1) und (2) von Satz 2.2.1 zu einer Gleichung, so gilt dies auch für die andere. Dies wird nachfolgend gezeigt.

2.2.2 Satz Es sei $(V, \sqcup, \sqcap)$ ein Verband. Dann sind die folgenden (implizit allquantifizierten) Distributivgesetze äquivalent:

1. $a \sqcup (b \sqcap c) \; = \; (a \sqcup b) \sqcap (a \sqcup c)$

2. $a \sqcap (b \sqcup c) \; = \; (a \sqcap b) \sqcup (a \sqcap c).$

Beweis: Die Richtung „(1) $\Longrightarrow$ (2)" folgt aus der Rechnung

$$
\begin{aligned}
a \sqcap (b \sqcup c) \; &= \; (a \sqcap (a \sqcup c)) \sqcap (b \sqcup c) && \text{Absorption} \\
&= \; a \sqcap (c \sqcup a) \sqcap (c \sqcup b) && \text{Kommutativität} \\
&= \; a \sqcap (c \sqcup (a \sqcap b)) && \text{Gleichung (1)} \\
&= \; ((a \sqcap b) \sqcup a) \sqcap (c \sqcup (a \sqcap b)) && \text{Absorption} \\
&= \; ((a \sqcap b) \sqcup a) \sqcap ((a \sqcap b) \sqcup c) && \text{Kommutativität} \\
&= \; (a \sqcap b) \sqcup (a \sqcap c) && \text{Gleichung (1)}
\end{aligned}
$$

für alle $a, b, c \in V$ und die noch ausstehende Richtung „(2) $\implies$ (1)" folgt unmittelbar aus dem Dualitätsprinzip. $\square$

Man beachte, daß im Beweis dieses Satzes die implizite Allquantifizierung der beiden Distributivgesetze wichtig war. Dies gilt sowohl für die gezeigte Rechnung, wo für die Elemente a, b und c von (1) Terme eingesetzt wurden, als auch für die Anwendung des Dualitätsprinzips. Verschärft man die distributiven Ungleichungen zu den Distributivgesetzen, so führt dies auch zu einer wichtigen Klasse von Verbänden.

2.2.3 Definition Ein Verband heißt *distributiv*, falls eines der Distributivgesetze aus Satz 2.2.2 gilt (und somit beide gelten). $\square$

Die Distributivgesetze sind (allquantifizierte) Gleichungen und gehen durch Dualisierung ineinander über. Unmittelbare Folgerungen hiervon sind in dem folgenden Satz formuliert.

2.2.4 Satz   1. Jeder Unterverband, jeder Produktverband und jedes homomorphe Bild eines distributiven Verbands ist distributiv.

2. Das Dualitätsprinzip gilt auch für distributive Verbände.

Beweis: Wir argumentieren genau wie bei den modularen Verbänden: Distributive Verbände sind „gleichungsdefiniert" (Satz von G. Birkhoff) und das Dualitätsprinzip gilt nach Satz 2.2.2, da das duale Axiom äquivalent zum Originalaxiom ist. $\square$

Dies sind die Entsprechungen der Sätze 2.1.4 und 2.1.2 für modulare Verbände. Bei dieser Verbandsklasse hatten wir in Abschnitt 2.1 erst Beispiele angegeben, bevor wir genauer auf die Theorie eingingen. Hier wollen wir es genauso halten.

2.2.5 Beispiele (für distributive/nicht-distributive Verbände)   Nachstehend geben wir einige Beispiele für distributive Verbände an und auch ein Beispiel für einen nicht-distributiven Verband.

1. Alle in den Beispielen 1.1.2 angegebenen Verbände $(\mathbb{B}, \vee, \wedge)$, $(2^X, \cup, \cap)$ und $(\mathbb{N}, \mathrm{kgV}, \mathrm{ggT})$ sind distributiv. Beim Teilbarkeitsverband $(\mathbb{N}, \mathrm{kgV}, \mathrm{ggT})$ ist der Nachweis der Distributivgesetze jedoch sehr mühselig.

2. Es sei $(M, \sqsubseteq)$ eine Totalordnung und $(M, \sqcup, \sqcap)$ der induzierte Verband. Dann ist $(M, \sqcup, \sqcap)$ distributiv und wir haben:

$$a \sqcup b \;=\; \max(a, b) \;=\; \begin{cases} a & \text{falls } b \sqsubseteq a \\ b & \text{sonst} \end{cases} \qquad \text{„das größere der Elemente"}$$

$$a \sqcap b \;=\; \min(a, b) \;=\; \begin{cases} a & \text{falls } a \sqsubseteq b \\ b & \text{sonst} \end{cases} \qquad \text{„das kleinere der Elemente"}$$

3. Ein Beispiel für einen nicht-distributiven Verband ist $(V_{\neg D}, \sqcup, \sqcap)$, wobei das Ordnungsdiagramm für $V_{\neg D}$ wie folgt aussieht:

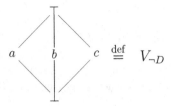

$$ a \quad b \quad c \overset{\text{def}}{=} V_{\neg D} $$

Abbildung 2.2: Beispiel für einen nicht-distributiven Verband

Die Elemente, die das Distributivgesetz (1), und damit auch (2), nicht erfüllen, sind $a, b, c \in V_{\neg D}$, wie die folgende einfache Rechnung zeigt:

$$
\begin{aligned}
a \sqcup (b \sqcap c) &= a \sqcup \bot & \text{siehe Bild} \\
&= a & \bot \text{ kleinstes Element} \\
&\neq \top & \text{siehe Bild} \\
&= \top \sqcap \top & \text{Idempotenz} \\
&= (a \sqcup b) \sqcap (a \sqcup c) & \text{siehe Bild} \quad \Box
\end{aligned}
$$

Die distributiven Verbände bilden eine (wie wir sogar zeigen werden echte) Teilklasse der Klasse der modularen Verbände, d.h. aus den Distributivgesetzen folgt das Modulgesetz. Wie dies geht, wird nachfolgend gezeigt.

2.2.6 Satz Ist ein Verband distributiv, so ist er auch modular.

Beweis: Es sei $(V, \sqcup, \sqcap)$ ein distributiver Verband. Wir haben das Modulgesetz zu zeigen. Seien also $a, b, c \in V$ mit $a \sqsubseteq c$. Dann gilt:

$$
\begin{aligned}
a \sqcup (b \sqcap c) &= (a \sqcup b) \sqcap (a \sqcup c) & \text{Distributivgesetz} \\
&= (a \sqcup b) \sqcap c & \text{da } a \sqsubseteq c,
\end{aligned}
$$

was den Beweis des Satzes beendet. $\Box$

Die Umkehrung von Satz 2.2.6 gilt nicht. Somit sind die distributiven Verbände, wie schon vor Satz 2.2.6 angegeben wurde, eine echte Teilklasse der Klasse der modularen Verbände. Zum Beweis dieser Eigenschaft betrachten wir die sogenannte *Klein'sche Vierergruppe* V_4 mit $V_4 = \{e, a, b, c\}$ und den folgenden Gruppentafeln für die Gruppenoperation und die Inversenbildung[4]:

---

[4]Ein in klassischer Algebra geübter Leser wird sicherlich erkennen, daß die Klein'sche Vierergruppe isomorph zur Gruppe $\mathbb{Z}_2 \times \mathbb{Z}_2$ ist. Sie ist, neben der $\mathbb{Z}_4$, bis auf Isomorphie die einzige Gruppe mit 4 Elementen.

·	e	a	b	c		-1	
e	e	a	b	c		e	e
a	a	e	c	b		a	a
b	b	c	e	a		b	b
c	c	b	a	e		c	c

Nach Beispiel 2.1.5.1 bildet die Menge $\mathcal{N}(V_4)$ der Normalteiler der Gruppe V_4 einen modularen Verband, mit der Durchschnittsbildung als Infimumsoperation und somit der Mengeninklusion als Ordnung. Die Normalteilermenge der V_4 besteht, wie man leicht sieht, aus genau fünf Mengen:

$$\mathcal{N}(V_4) = \{\{e\}, \{e,a\}, \{e,b\}, \{e,c\}, V_4\}$$

Für die Ordnungsrelation auf $\mathcal{N}(V_4)$, welche ja die Mengeninklusion ist, bekommen wir also sofort das nachfolgend angegebene Ordnungsdiagramm. Dies ist genau (formal: bis auf Isomorphie) das Ordnungsdiagramm des Verbands $V_{\neg D}$ aus dem Beispiel 2.2.5.3. Somit haben wir die Isomorphie-Beziehung $V_{\neg D} \cong \mathcal{N}(V_4)$, und damit ist der modulare Normalteilerverband der Klein'schen Vierergruppe nicht distributiv.

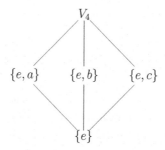

Man kann natürlich, durch Überprüfung aller möglichen Fälle, auch direkt zeigen, daß der Verband $V_{\neg D}$ modular ist.

Wie im Fall der modularen Verbände durch $V_{\neg M}$ ist im Fall der distributiven Verbände durch $V_{\neg D}$ genau die Nicht-Distributivität charakterisiert, wenn man Modularität annimmt. Wir formulieren diesen Sachverhalt nachfolgend als Satz. Auf einen Beweis des Satzes verzichten wir jedoch, da er sehr ähnlich zum Beweis von Satz 2.1.6 ist und wir dort schon im Detail demonstriert haben, wie man solche Charakterisierungssätze beweist.

2.2.7 Satz (Charakterisierung distributiver Verbände) Ein modularer Verband ist genau dann nicht distributiv, wenn er einen zum in Abbildung 2.2 angegebenen 5-elementigen Verband $V_{\neg D}$ isomorphen Unterverband enthält.   □

In der Literatur wird der spezielle Verband $V_{\neg D}$ auch als Diamant-Verband M_3 bezeichnet. Dabei spricht man allgemein von einem Diamant-Verband M_k, wenn eine Menge aus k Elementen dadurch zu einem Verband wird, daß man zwei Elemente $\top$ und $\bot$ so hinzufügt, daß $\top$ das größte Element ist, $\bot$ das kleinste Element ist, und alle restlichen Elemente paarweise unvergleichbar sind.

Insgesamt haben wir nach den vorangegangenen Resultaten das folgende Bild, welches die Hierarchie der bisher untersuchten Verbandsklassen graphisch darstellt. In dem Bild sind auch jeweils Vertreter aus den entsprechenden Klassen angegeben. Dadurch soll insbesondere auch die Echtheit der Klasseninklusionen angezeigt werden.

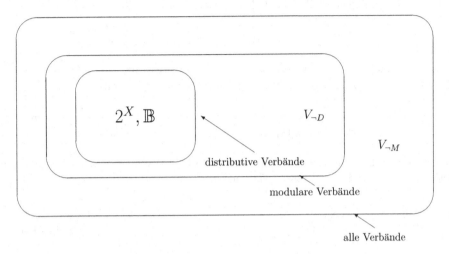

Abbildung 2.3: Hierarchie von Verbandsklassen

Bei den modularen Verbänden hatten wir in Satz 2.1.7 ein Kriterium formuliert, um eine Gleichheit $a = b$ testen zu können. Im distributiven Fall kann man auf die dritte Bedingung $a \sqsubseteq b$ von Satz 2.1.7 verzichten. Es gilt also:

2.2.8 Satz Ein Verband $(V, \sqcup, \sqcap)$ ist genau dann distributiv, wenn für alle $a, b, c \in V$ die nachfolgende Implikation gilt:

$$a \sqcap c = b \sqcap c, a \sqcup c = b \sqcup c \implies a = b$$

Beweis: „$\implies$": Es seien Elemente $a, b, c \in V$ mit $a \sqcap c = b \sqcap c$ und $a \sqcup c = b \sqcup c$ gegeben. Dann zeigen wir $a = b$ wie folgt:

$$
\begin{aligned}
a &= a \sqcup (a \sqcap c) && \text{Absorption} \\
&= a \sqcup (b \sqcap c) && \text{Voraussetzung} \\
&= (a \sqcup b) \sqcap (a \sqcup c) && \text{Distributivgesetz} \\
&= (a \sqcup b) \sqcap (b \sqcup c) && \text{Voraussetzung} \\
&= (b \sqcup a) \sqcap (b \sqcup c) && \text{Distributivgesetz} \\
&= b \sqcup (a \sqcap c) && \\
&= b \sqcup (b \sqcap c) && \text{Voraussetzung} \\
&= b && \text{Absorption}
\end{aligned}
$$

„$\impliedby$": Angenommen, V sei nicht-distributiv. Ist V modular, so ist der nach Satz 2.2.7 existierende Unterverband ein Widerspruch zur vorausgesetzten Implikation. Andernfalls führt der nach Satz 2.1.6 existierende Unterverband zu einem Widerspruch. □

Zum Schluß dieses Abschnitts formulieren wir noch eine Aussage über Atome in distributiven Verbänden, die wir im nächsten Abschnitt benötigen.

2.2.9 Satz Es seien $(V, \sqcup, \sqcap)$ ein distributiver Verband mit kleinstem Element O und $a \in \mathsf{At}(V)$ ein Atom. Dann gilt für alle $b_1, \ldots, b_n \in V$:

$$a \sqsubseteq \bigsqcup_{i=1}^{n} b_i \implies \exists\, j \in \{1, \ldots, n\} : a \sqsubseteq b_j$$

Beweis: Wir führen einen Widerspruchsbeweis, wobei wir am Anfang den Indexbereich von j unterdrücken. Zuerst haben wir die nachstehende Implikation:

$$
\begin{aligned}
\forall j : a \not\sqsubseteq b_j \;&\Longleftrightarrow\; \forall j : a \sqcap b_j \neq a && \text{Definition von } \sqsubseteq \\
&\Longrightarrow\; \forall j : a \sqcap b_j = \mathsf{O} && a \in \mathsf{At}(V), a \sqcap b_j \sqsubseteq a
\end{aligned}
$$

Aus der letzten Formel folgt mit Hilfe der endlichen Distributivgesetze (welche durch vollständige Induktion trivial beweisbar sind), daß

$$
\begin{aligned}
a \sqcap \bigsqcup_{i=1}^{n} b_i \;&=\; \bigsqcup_{i=1}^{n}(a \sqcap b_i) && \text{Distributivgesetz} \\
&=\; \bigsqcup_{i=1}^{n} \mathsf{O} && \text{siehe oben} \\
&=\; \mathsf{O}.
\end{aligned}
$$

Wir haben aber auch die Beziehung

$$a \sqcap \bigsqcup_{i=1}^{n} b_i \;=\; a \qquad\qquad \text{wegen der Voraussetzung,}$$

also insgesamt die Gleichung $a = \mathsf{O}$. Diese Gleichung ist aber ein Widerspruch zur Eigenschaft $a \in \mathsf{At}(V)$. $\qquad\square$

2.3   Komplemente und Boolesche Verbände

Die Booleschen Verbände, die in der Literatur auch *Boolesche Algebren* genannt werden, sind nach den modularen und distributiven Verbänden die dritte bedeutende Klasse, welche wir betrachten. Sie sind spezielle distributive Verbände, für die man die Existenz einer zusätzlichen Operation postuliert. Ihr Studium führt uns zurück zu den logischen Ausgangspunkten der Verbandstheorie im 19. Jahrhundert, wie wir sie schon in der Einleitung erwähnten. Um die Verbindung von den Verbänden zur Aussagenlogik herzustellen, wird genau die oben erwähnte zusätzliche Operation benötigt. Diese entspricht der *Negation* und wird auch so, oder *Komplement*, genannt.

2.3.1 Definition Es sei $(V, \sqcup, \sqcap)$ ein Verband mit dem kleinsten Element $\mathsf{O} \in V$ und dem größten Element $\mathsf{L} \in V$.

1. Zu $a \in V$ heißt $b \in V$ ein *Komplement*, falls $a \sqcup b = \mathsf{L}$ und $a \sqcap b = \mathsf{O}$.

2. Besitzt in V jedes Element ein Komplement, so heißt V *komplementär.* □

Komplemente müssen nicht immer existieren. In der Regel sind Komplemente nicht eindeutig, auch wenn sie existieren. Ein Beispiel für nicht-eindeutige Komplemente ist der nicht-modulare Verband $V_{\neg M}$ von Beispiel 2.1.5.3. Man beachte dazu die nachfolgend angegebene rechte Tabelle:

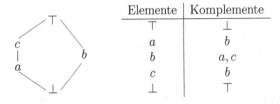

Elemente	Komplemente
$\top$	$\bot$
a	b
b	a, c
c	b
$\bot$	$\top$

Für distributive Verbände wird die Komplementbildung jedoch eindeutig, d.h. zu einer partiellen Abbildung. Dies wird im folgenden Satz gezeigt. In diesem Satz bezeichnet wiederum $O \in V$ das *kleinste Element* von V und $L \in V$ das *größte Element* von V. Diese Bezeichnungen werden *im restlichen Text immer* verwendet, sofern keine speziellen Symbole (wie etwa $\bot$ und $\top$ im Fall von $V_{\neg M}$ oder $V_{\neg D}$) explizit eingeführt werden.

2.3.2 Satz Es seien $(V, \sqcup, \sqcap)$ ein distributiver Verband und $a, b_1, b_2 \in V$, so daß b_1 und auch b_2 Komplemente von a sind. Dann gilt $b_1 = b_2$.

Beweis: Wir starten mit den folgenden zwei Gleichungen:

$$b_1 \sqcup a \;=\; L \;=\; b_2 \sqcup a \qquad\qquad b_1, b_2 \text{ Komplemente}$$
$$b_1 \sqcap a \;=\; O \;=\; b_2 \sqcap a \qquad\qquad b_1, b_2 \text{ Komplemente}$$

Also gelten die beiden Gleichungen $b_1 \sqcup a = b_2 \sqcup a$ und $b_1 \sqcap a = b_2 \sqcap a$. Satz 2.2.8 liefert uns dann sofort die gewünschte Eigenschaft $b_1 = b_2$. □

Hat man also einen komplementären, distributiven Verband, so ist die Komplementbildung eine Abbildung. Diese spezielle Situation definiert eine neue Verbandsklasse.

2.3.3 Definition Ein *Boolescher Verband* (auch: eine *Boolesche Algebra*) ist ein komplementärer, distributiver Verband mit $O \neq L$. Dabei bezeichnet $\overline{a}$ das (eindeutig existierende) Komplement (oder die *Negation*) von a. □

Ein Boolescher Verband stellt also genaugenommen eine spezielle algebraische Struktur der Form $(V, \sqcup, \sqcap, \overline{}, L, O)$ dar, mit zwei zweistelligen Operationen $\sqcup$ und $\sqcap$, einer einstelligen Operation $\overline{}$, und zwei Konstanten L und O, so daß $(V, \sqcup, \sqcap)$ ein Verband ist, für alle $a \in V$ die Gleichungen $a \sqcup \overline{a} = L$, $a \sqcap \overline{a} = O$, $O \sqcap a = O$, $a \sqcap L = a$ gelten und $O \neq L$ zutrifft. Wegen der letzten Forderung liegt keine Varietät vor und damit ist der Satz von G. Birkhoff nicht anwendbar. Es sollte an dieser Stelle erwähnt werden, daß es Autoren gibt, die auf die Forderung $O \neq L$ verzichten. Normalerweise wird sie aber dazugenommen, um den trivialen Fall auszuschließen.

2.3.4 Beispiele (für Boolesche Verbände) Nachfolgend sind zwei Beispiele für Boolesche Verbände angegeben.

1. Die Verbände von Beispiel 1.1.2.1 und 1.1.2.2 sind Boolesche Verbände, mit

$$\overline{tt} \;=\; ff \qquad\qquad \overline{ff} \;=\; tt$$

im Falle der Wahrheitswerte $(\mathbb{B}, \vee, \wedge)$ und

$$\overline{Y} \;=\; X \setminus Y \;=\; \complement_X Y$$

im Falle des Potenzmengenverbands $(2^X, \cup, \cap)$, wobei nun X nicht leer sein darf.

2. Sind V und W Boolesche Verbände, so ist auch der Abbildungsverband W^V ein Boolescher Verband, wenn man das Komplement einer Abbildung wie folgt definiert:

$$\overline{f} : V \to W \qquad\qquad \overline{f}(a) = \overline{f(a)}$$

Kleinstes Element im Booleschen Abbildungsverband ist die Abbildung, die alles nach O abbildet, und größtes Element im Booleschen Abbildungsverband ist die Abbildung, die alles nach L abbildet.

Ist der Urbildbereich ein n-stelliger Produktverband des Verbands der Wahrheitswerte und der Bildbereich der Wahrheitswerte-Verband, so nennt man eine solche Abbildung eine n-stellige Schaltabbildung. Diese sind z.B. in der Rechnerarchitektur von besonderer Bedeutung. Wir gehen in Abschnitt 6.1 etwas genauer darauf ein. $\square$

Weil Boolesche Verbände einen reicheren Vorrat an Operationen und Konstanten haben, betrachtet man, neben den bisherigen Unterverbänden, noch solche Unterstrukturen, die auch bezüglich der zusätzlichen Operation abgeschlossen sind. Die Konstanten braucht man nicht zu betrachten, wie wir später noch zeigen werden.

2.3.5 Definition Ist ein Unterverband U eines Booleschen Verbands V auch abgeschlossen bezüglich der Operation $^-$ von V, so heißt er ein *Boolescher Unterverband* oder eine *Boolesche Unteralgebra* von V. $\square$

Man beachte, daß die Elemente O und L eines Booleschen Verbands V in jedem Booleschen Unterverband U von V enthalten sind, da mit $a \in U$ auch $\overline{a} \in U$ zutrifft und somit auch $O = a \sqcap \overline{a} \in U$ und $L = a \sqcup \overline{a} \in U$.

Im Fall von Booleschen Verbänden muß man also zwischen einem Unterverband im ursprünglichem Sinne (der nicht auf das Komplement Bezug nimmt) und einem Booleschen Unterverband genau unterscheiden. Ein Boolescher Unterverband eines Booleschen Verbands ist natürlich auch ein Unterverband im ursprünglichen Sinn. Die Umkehrung gilt hingegen nicht. Beispielsweise ist in einem Potenzmengenverband jede einelementige Teilmenge ein Unterverband, der jedoch kein Boolescher Unterverband ist.

Auch Homomorphismen (und, analog dazu, Isomorphismen) werden im Fall von Booleschen Verbänden auf die Komplementoperation erweitert.

2.3.6 Definition Ein Verbandshomomorphismus $f : V \to W$ heißt im Fall von Booleschen Verbänden V und W ein *Boolescher Verbandshomomorphismus* oder *Boolescher Algebrenhomomorphismus*, falls $f(\overline{a}) = \overline{f(a)}$ für alle $a \in V$ gilt. Bijektive Boolesche Verbandshomomorphismen heißen *Boolesche Verbandsisomorphismen* oder *Boolesche Algebrenisomorphismen*. □

Wiederum ist natürlich ein jeder Boolescher Verbandshomomorphismus $f : V \to W$ zwischen Booleschen Verbänden V und W ein Verbandshomomorhismus im ursprünglichen Sinne und die Umkehrung gilt wiederum nicht. Hier sind konstantwertige Funktionen Gegenbeispiele. Sie sind offensichtlich Verbandshomomorphismen aber im allgemeinen keine Booleschen Verbandshomomorphismen, wie wir gleich zeigen werden.

Boolesche Verbandshomomorphismus $f : V \to W$ bilden kleinste auf kleinste und größte auf größte Elemete ab; man braucht diese Eigenschaft also nicht zu postulieren, wie es eigentlich nach dem Vorgehen der universellen Algebra erforderlich wäre. Hier ist der Beweis für den ersten Fall:

$$f(\mathsf{O}) = f(\mathsf{O} \sqcap \overline{\mathsf{O}}) = f(\mathsf{O}) \sqcap f(\overline{\mathsf{O}}) = f(\mathsf{O}) \sqcap \overline{f(\mathsf{O})} = \mathsf{O}$$

Analog zeigt man die Gleichung $f(\mathsf{L}) = \mathsf{L}$:

$$f(\mathsf{L}) = f(\mathsf{L} \sqcup \overline{\mathsf{L}}) = f(\mathsf{L}) \sqcup f(\overline{\mathsf{L}}) = f(\mathsf{L}) \sqcup \overline{f(\mathsf{L})} = \mathsf{L}$$

Der folgende Satz zeigt, daß die eben bewiesenen Gleichungen sogar charakteristisch für Boolesche Verbandshomomorphismen sind.

2.3.7 Satz Gegeben sei ein Verbandshomomorphismus $f : V \to W$ zwischen Booleschen Verbänden V und W. Dann gilt:

$$f \text{ Boolescher Verbandshomomorphismus} \iff f(\mathsf{O}) = \mathsf{O} \text{ und } f(\mathsf{L}) = \mathsf{L}$$

Beweis: Wir haben nur die Richtung „$\Longleftarrow$" zu beweisen. Dazu sei $a \in V$ beliebig vorgegeben. Dann gilt die Gleichheit

$$
\begin{aligned}
f(a) \sqcup f(\overline{a}) &= f(a \sqcup \overline{a}) && f \text{ Verbandshomomorphismus}\\
&= f(\mathsf{L}) \\
&= \mathsf{L} && \text{Voraussetzung}
\end{aligned}
$$

und auch die Gleichheit

$$
\begin{aligned}
f(a) \sqcap f(\overline{a}) &= f(a \sqcup \overline{a}) && f \text{ Verbandshomomorphismus}\\
&= f(\mathsf{O}) \\
&= \mathsf{O} && \text{Voraussetzung.}
\end{aligned}
$$

Nach Definition heißt dies aber, daß $f(\overline{a})$ das Komplement von $f(a)$ ist. Als Gleichung ist dies genau das, was wir wollen: $\overline{f(a)} = f(\overline{a})$. Die beiden anderen Eigenschaften gelten, weil f als Verbandshomomorphismus vorausgesetzt ist.   □

Will man Quotienten von Booleschen Verbänden bilden, so ist schließlich noch der Begriff einer Verbandskongruenz zum Begriff einer *Booleschen Verbandskongruenz* zu erweitern und dann die Komplementbildung von Äquivalenzklassen entsprechend festzulegen. Dies sei dem Leser als Übung überlassen.

Wir kommen nach diesen Bemerkungen zu Unterstrukturen, Homomorphismen und Kongruenzen nun zu einer der Hauptanwendungen für Boolesche Verbände. Durch die Booleschen Verbände stellt man nämlich die Verbindung zur Aussagenlogik her. Die Entsprechung ist in der nachfolgenden Tabelle angegeben:

Boolesche Verbände	Aussagenlogik
Trägermenge	Aussagenformen
$\sqcup$	$\vee$
$\sqcap$	$\wedge$
$\overline{}$	$\neg$
$\sqsubseteq$	$\Longrightarrow$
$=$	$\Longleftrightarrow$

Auch die Regeln der Aussagenlogik übertragen sich in die Verbandstheorie. Nachfolgend geben wir wichtige aussagenlogische Regeln als verbandstheoretische Gesetze an.

2.3.8 Satz In einem Booleschen Verband gelten die folgenden Gesetze:

1. $\overline{\overline{a}} = a$ *Involution*

2. $\overline{a \sqcup b} = \overline{a} \sqcap \overline{b}$ und $\overline{a \sqcap b} = \overline{a} \sqcup \overline{b}$ *de Morgan*

3. $a \sqsubseteq b \iff \overline{a} \sqcup b = \mathsf{L} \iff a \sqcap \overline{b} = \mathsf{O}$

4. $a \sqsubseteq b \sqcup c \iff a \sqcap \overline{b} \sqsubseteq c \iff \overline{b} \sqsubseteq \overline{a} \sqcup c$

Beweis: Es sei also $(V, \sqcup, \sqcap)$ ein Boolescher Verband.

1. Es sei $a \in V$. Dann gilt:

$$\overline{a} \text{ Komplement von } a \iff \overline{a} \sqcup a = \mathsf{L} \text{ und } \overline{a} \sqcap a = \mathsf{O} \qquad \text{Definition}$$
$$\iff a \text{ Komplement von } \overline{a} \qquad \text{Definition}$$
$$\iff \overline{\overline{a}} = a \qquad \text{Definition}$$

Da die erste Aussage dieser Kette nach Definition der Komplementoperation wahr ist, gilt dies auch für das letzte Glied. Dieses ist aber genau die gewünschte Gleichung.

2. Seien $a, b \in V$. Dann gelten die folgenden zwei Gleichungen:

$$
\begin{aligned}
(a \sqcup b) \sqcup (\overline{a} \sqcap \overline{b}) &= (a \sqcup b \sqcup \overline{a}) \sqcap (a \sqcup b \sqcup \overline{b}) &&\text{Distributivgesetz} \\
&= \mathsf{L} \sqcap \mathsf{L} \\
&= \mathsf{L}
\end{aligned}
$$

$$
\begin{aligned}
(a \sqcup b) \sqcap (\overline{a} \sqcap \overline{b}) &= (\overline{a} \sqcap \overline{b}) \sqcap (a \sqcup b) &&\text{Kommutativges.} \\
&= (\overline{a} \sqcap \overline{b} \sqcap a) \sqcup (\overline{a} \sqcap \overline{b} \sqcap b) &&\text{Distributivgesetz} \\
&= \mathsf{O} \sqcup \mathsf{O} \\
&= \mathsf{O}
\end{aligned}
$$

Damit haben wir, daß $\overline{a} \sqcap \overline{b}$ das Komplement von $a \sqcup b$ ist, d.h. es gilt

$$
\overline{a} \sqcap \overline{b} = \overline{a \sqcup b}.
$$

Die zweite de Morgan'sche Gleichung erhalten wir aus den folgenden Gleichungen:

$$
\begin{aligned}
(a \sqcap b) \sqcup (\overline{a} \sqcup \overline{b}) &= (\overline{a} \sqcup \overline{b}) \sqcup (a \sqcap b) &&\text{Kommutativges.} \\
&= (\overline{a} \sqcup \overline{b} \sqcup a) \sqcap (\overline{a} \sqcup \overline{b} \sqcup b) &&\text{Distributivgesetz} \\
&= \mathsf{L} \sqcap \mathsf{L} \\
&= \mathsf{L}
\end{aligned}
$$

$$
\begin{aligned}
(a \sqcap b) \sqcap (\overline{a} \sqcup \overline{b}) &= (a \sqcap b \sqcap \overline{a}) \sqcup (a \sqcap b \sqcap \overline{b}) &&\text{Distributivgesetz} \\
&= \mathsf{O} \sqcup \mathsf{O} \\
&= \mathsf{O}
\end{aligned}
$$

3. Seien $a, b \in V$. Wir zeigen zuerst die linke Äquivalenz: Die Richtung „$\Longrightarrow$" folgt aus der Rechnung

$$
\begin{aligned}
a \sqsubseteq b &\implies \overline{a} \sqcup a \sqsubseteq \overline{a} \sqcup b &&\text{Monotonie} \\
&\iff \mathsf{L} \sqsubseteq \overline{a} \sqcup b
\end{aligned}
$$

und die verbleibende Richtung „$\Longleftarrow$" beweist man durch

$$
\begin{aligned}
\overline{a} \sqcup b = \mathsf{L} &\implies a = a \sqcap \mathsf{L} \\
& = a \sqcap (\overline{a} \sqcup b) \\
& = (a \sqcap \overline{a}) \sqcup (a \sqcap b) \\
& = a \sqcap b \\
&\iff a \sqsubseteq b &&\text{Definition Ordnung.}
\end{aligned}
$$

Ein Beweis der rechten Äquivalenz verläuft wie folgt:

$$
\begin{aligned}
\overline{a} \sqcup b = \mathsf{L} &\iff \overline{\overline{a} \sqcup b} = \overline{\mathsf{L}} \\
&\iff \overline{\overline{a}} \sqcap \overline{b} = \mathsf{O} &&\text{nach (2)} \\
&\iff a \sqcap \overline{b} = \mathsf{O} &&\text{nach (1)}
\end{aligned}
$$

4. Dieser Beweis kann vollkommen analog zum Beweis von (3) erbracht werden. $\qquad$ $\square$

Für Ordnungen folgt aus der ersten und dritten Eigenschaft von Satz 2.3.8: $a \sqsubseteq b$ impliziert $\overline{b} \sqsubseteq \overline{a}$. Die Komplementabbildung $\overline{} : V \to V$ ist somit ein involutorischer Ordnungsisomorphismus von $(V, \sqsubseteq)$ nach $(V, \sqsupseteq)$, auch *dualer Isomorphismus* genannt. Dabei ist $\sqsupseteq$ die zu $\sqsubseteq$ konverse Ordnung, d.h. $a \sqsupseteq b$ ist äquivalent zu $b \sqsubseteq a$.

Endliche Boolesche Verbände können nicht von beliebiger Kardinalität sein, sondern haben immer eine Zweierpotenz als Kardinalität. Dies ist der Inhalt des nachfolgenden Hauptsatzes über endliche Boolesche Verbände, der aber noch mehr zeigt, nämlich, daß jeder endliche Boolesche Verband isomorph zu einem speziellen Potenzmengenverband ist.

2.3.9 Satz (Hauptsatz über endliche Boolesche Verbände) Es sei $(V, \sqcup, \sqcap, \overline{})$ ein endlicher Boolescher Verband. Dann ist die Abbildung

$$f : V \to 2^{\mathsf{At}(V)} \qquad f(x) = \{a \in \mathsf{At}(V) \mid a \sqsubseteq x\}$$

ein Boolescher Verbandsisomorphismus von $(V, \sqcup, \sqcap, \overline{})$ nach $(2^{\mathsf{At}(V)}, \cup, \cap, \overline{})$. Insbesondere gilt also die Kardinalitätsaussage $|V| = 2^{|\mathsf{At}(V)|}$.

Beweis: Da $2 \leq |V| < \infty$ gilt, ist nach Satz 1.5.3 $f(x) \neq \emptyset$ für alle $x \in V$ mit $x \neq \mathsf{O}$. Wir zeigen nun der Reihe nach die behaupteten Eigenschaften.

1. Die Abbildung f ist *injektiv*, d.h. es gilt für alle $x, y \in V$ die Implikation

    $$x \neq y \implies f(x) \neq f(y).$$

    Beweis: Es sei also $x \neq y$. Dann gilt $x \not\sqsubseteq y$ oder $y \not\sqsubseteq x$, denn $x \sqsubseteq y$ und $y \sqsubseteq x$ würde $x = y$ implizieren.

    Es sei o.B.d.A. $x \not\sqsubseteq y$. Dann gilt $x \sqcap \overline{y} \neq \mathsf{O}$, da aus $x \sqcap \overline{y} = \mathsf{O}$ nach Satz 2.3.8.4 $x \sqsubseteq y$ folgen würde.

    Nach Satz 1.5.3 ist V atomar. Folglich gibt es $a \in \mathsf{At}(V)$ mit $a \sqsubseteq x \sqcap \overline{y}$. Wir haben somit insbesondere $a \sqsubseteq x$, und dies impliziert $a \in f(x)$. Aus $a \sqsubseteq x \sqcap \overline{y}$ folgt aber auch $a \sqsubseteq \overline{y}$. Diese Ungleichung zeigt nun $a \not\sqsubseteq y$. Wäre nämlich $a \sqsubseteq y$, so würde dies $a \sqsubseteq \overline{y} \sqcap y = \mathsf{O}$ implizieren, und somit ein Widerspruch zu der Annahme, daß a ein Atom ist. Wegen $a \not\sqsubseteq y$ gilt nun $a \notin f(y)$. Konsequenterweise sind die beiden Mengen $f(x)$ und $f(y)$ verschieden.

2. Die Abbildung f ist *surjektiv*. Die Gleichung $f(\mathsf{O}) = \emptyset$ ist klar. Es sei also $A \in 2^{\mathsf{At}(V)}$ nicht leer mit $A = \{a_1, \ldots, a_n\}$. Es gilt

    $$f\left(\bigsqcup_{i=1}^{n} a_i\right) = \{a_1, \ldots, a_n\}.$$

    Beweis der Inklusion „$\subseteq$": Es sei $b \in f(\bigsqcup_{i=1}^{n} a_i)$, also $b \in \mathsf{At}(V)$ und $b \sqsubseteq \bigsqcup_{i=1}^{n} a_i$. Nach Satz 2.2.9 gibt es ein $i_0, 1 \leq i_0 \leq n$, mit $b \sqsubseteq a_{i_0}$. Wegen $b \in \mathsf{At}(V)$ und $a_{i_0} \in \mathsf{At}(V)$ gilt nun $b = a_{i_0}$, also auch $b \in \{a_1, \ldots, a_n\}$.

    Inklusion „$\supseteq$": Es sei $a_{i_0} \in \{a_1, \ldots, a_n\}$. Dann gilt $a_{i_0} \in \mathsf{At}(V)$. Es bleibt noch die Abschätzung $a_{i_0} \sqsubseteq \bigsqcup_{i=1}^{n} a_i$ zu verifizieren, welche aber offensichtlich gilt.

3. *Strukturerhaltung der Negation*, d.h. für alle $x \in V$ gilt

$$f(\overline{x}) \;=\; \overline{f(x)}.$$

Zum Beweis sei $b \in \mathsf{At}(V)$ beliebig angenommen. Dann gilt:

$$
\begin{aligned}
b \in f(\overline{x}) \;\; &\Longleftrightarrow \;\; b \sqsubseteq \overline{x} &&\text{Definition von } f \\
&\Longleftrightarrow \;\; b \not\sqsubseteq x &&(*) \\
&\Longleftrightarrow \;\; b \notin f(x) &&\text{Definition von } f \\
&\Longleftrightarrow \;\; b \in \overline{f(x)} &&\text{Mengentheorie}
\end{aligned}
$$

Es bleibt noch der Übergang $(*)$ zu verifizieren, d.h. die Äquivalenz von $b \sqsubseteq \overline{x}$ und $b \not\sqsubseteq x$. Wir spalten den Beweis in zwei Richtungen auf.

„$\Longrightarrow$": Wäre $b \sqsubseteq x$, so folgt daraus sofort die Abschätzung $b \sqsubseteq \overline{x} \sqcap x = \mathsf{O}$, was ein Widerspruch zur Eigenschaft $b \in \mathsf{At}(V)$ ist.

„$\Longleftarrow$": Es gilt offensichtlich $b \sqsubseteq \overline{x} \sqcup x$. Nach Satz 2.2.9 in Kombination mit der Annahme $b \not\sqsubseteq x$ folgt daraus $b \sqsubseteq \overline{x}$.

4. *Strukturerhaltung des Infimums*, d.h. für alle $x, y \in V$ gilt

$$f(x \sqcap y) \;=\; f(x) \cap f(y).$$

Zum Beweis sei wiederum $b \in \mathsf{At}(V)$ beliebig angenommen. Dann gilt:

$$
\begin{aligned}
b \in f(x \sqcap y) \;\; &\Longleftrightarrow \;\; b \sqsubseteq x \sqcap y &&\text{Definition von } f \\
&\Longleftrightarrow \;\; b \sqsubseteq x \wedge b \sqsubseteq y &&(*) \\
&\Longleftrightarrow \;\; b \in f(x) \wedge b \in f(y) &&\text{Definition von } f \\
&\Longleftrightarrow \;\; b \in f(x) \cap f(y) &&\text{Mengentheorie}
\end{aligned}
$$

Es verbleibt wiederum die Aufgabe, den Übergang $(*)$ zu verifizieren, d.h. zu zeigen, daß $b \sqsubseteq x \sqcap y$ und $b \sqsubseteq x \wedge b \sqsubseteq y$ äquivalent sind. Analog zu oben betrachten wir zwei Richtungen:

„$\Longrightarrow$": Es gelten die Abschätzungen $b \sqsubseteq x \sqcap y \sqsubseteq x$ und $b \sqsubseteq x \sqcap y \sqsubseteq y$ im Fall von $b \sqsubseteq x \sqcap y$.

„$\Longleftarrow$": Diese Richtung verifiziert man wie folgt:

$$
\begin{aligned}
b \sqsubseteq x \wedge b \sqsubseteq y \;\; &\Longleftrightarrow \;\; b \in \mathsf{Mi}(\{x, y\}) &&\text{Definition Minorante} \\
&\Longrightarrow \;\; b \sqsubseteq \bigsqcap\{x, y\} = x \sqcap y &&\text{Infimumseigenschaft}
\end{aligned}
$$

5. *Strukturerhaltung des Supremums*, d.h. für alle $x, y \in V$ gilt

$$f(x \sqcup y) \;=\; f(x) \cup f(y).$$

Der Beweis folgt aus der nachstehenden Gleichheit:

$$
\begin{aligned}
f(x \sqcup y) &= f(\overline{\overline{x} \sqcap \overline{y}}) & \text{de Morgan, Involution} \\
&= \overline{f(\overline{x} \sqcap \overline{y})} & \text{nach (3)} \\
&= \overline{f(\overline{x}) \cap f(\overline{y})} & \text{nach (4)} \\
&= \overline{f(\overline{x})} \cup \overline{f(\overline{y})} & \text{Mengentheorie} \\
&= f(x) \cup f(y) & \text{nach (3) und Involution}
\end{aligned}
$$

Durch diese Reihe von Beweisen ist schließlich der gesamte Beweis des Hauptsatzes für endliche Boolesche Verbände erbracht. □

Statt die Strukturerhaltung der Negation kann man in dem eben erbrachten Beweis auch die des Supremums analog zu der des Infimums „direkt" beweisen. Aus der so gezeigten Verbandsisomorphie und den offensichtlichen Gleichungen $f(\mathsf{O}) = \emptyset$ und $f(\mathsf{L}) = \mathsf{At}(V)$ folgt dann die Strukturerhaltung der Negation mit Hilfe von Satz 2.3.7.

Die Struktur eines endlichen Booleschen Verbands ist also nach diesem Hauptsatz immer im Prinzip eine Potenzmengenstruktur mit Vereinigung, Durchschnitt und Komplement als Operationen, der vollen und der leeren Menge als extremen Elementen, der Inklusion als Ordnung und einer Zweierpotenz als Mächtigkeit. Eine abgeschwächte Aussage gilt (natürlich ohne die Kardinalitätsgleichung) auch für beliebige atomare Boolesche Verbände, denn eine sorgfältige Analyse des Beweises des Hauptsatzes zeigt, daß eigentlich nur die Atomizität verwendet wurde: Jeder atomare Boolesche Verband ist isomorph zu einem Unterverband von $(2^{\mathsf{At}(V)}, \cup, \cap)$. Die Abgeschlossenheit von $\{f(x) \mid x \in V\}$ bezüglich Durchschnitt ist trivial, die bezüglich Vereinigung folgt aus Satz 2.2.9.

Aufgrund des Hauptsatzes kann man viele Eigenschaften endlicher Boolescher Verbände dadurch beweisen, daß man sie für Potenzmengenverbände verifiziert. Hier ist ein Beispiel für eine einfache Anwendung:

2.3.10 Satz In einem endlichen Booleschen Verband $(V, \sqcup, \sqcap, ^{-})$ mit 2^n Elementen gilt

$$
n + 1 = \max\{|K| \mid K \subseteq V \text{ ist Kette}\}
$$

und es gibt in V genau $n!$ Ketten der Kardinalität $n + 1$.

Beweis: Wir haben den Satz nur für den Potenzmengenverband $(2^A, \cup, \cap, ^{-})$ mit der Menge $A = \{1, \ldots, n\}$ von n natürlichen Zahlen zu zeigen. Offensichtlich ist durch

$$
\emptyset \subset \{1\} \subset \{1, 2\} \subset \ldots \subset \{1, 2, \ldots, n-1\} \subset \{1, 2, \ldots, n\}
$$

eine Kette $K \subset 2^A$ mit $|K| = n + 1$ gegeben. Größere Ketten kann es nicht geben und für jede Permutation der Menge A bekommt man eine Kette der Kardinalität $n + 1$. Also gibt es mindestens $n!$ Ketten der Kardinalität $n + 1$.

Jede Kette $K = \{M_0, \ldots, M_n\}$ in $(2^A, \cup, \cap, ^{-})$ mit $n + 1$ Elementen kann man in der speziellen Form $M_0 \subset M_2 \subset \ldots \subset M_n$ schreiben. Damit muß die Menge M_{i+1} aus der Menge M_i durch die Hinzunahme genau eines neuen Elements entstehen. Somit gibt es genau $n!$ Ketten der Kardinalität $n + 1$. □

Das nächste Beispiel ist von einer ähnlichen Schwierigkeit. Bei endlichen algebraischen Strukturen ist man oft daran interessiert, wie groß Unterstrukturen sind und für welche Größen sie existieren. Im Fall von Gruppen weiß man etwa, daß Größen $|U|$ von Untergruppen U von G immer die Kardinalität von G teilen (Satz von J.-L. Lagrange) und für jede größte Primzahlpotenz p^k, die $|G|$ teilt, Untergruppen der Kardinalitäten $p^i, 1 \leq i \leq k$ existieren (erster Satz von P.L. Sylow). Bei Booleschen Verbänden sind solche Fragen genau zu entscheiden. Es gilt nämlich das folgende Resultat:

2.3.11 Satz In einem endlichen Booleschen Verband V mit 2^n Elementen hat jeder Boolesche Unterverband die Größe 2^k, wobei $1 \leq k \leq n$, und für jedes k mit $1 \leq k \leq n$, existiert ein Boolescher Unterverband von V mit 2^k Elementen.

Beweis: Wir haben den Satz wiederum nur für den speziellen Potenzmengenverband $(2^A, \cup, \cap, {}^-)$ mit $A = \{1, \ldots, n\}$ zu zeigen. Es sei k mit $1 \leq k \leq n$ vorgegeben. Wir betrachten die folgende Partition von A in k Teilmengen:

$$\mathcal{M} := \{\{1\}, \ldots, \{k-1\}, \{k, k+1, \ldots, n\}\}$$

Wenn man $\mathcal{M}$ iterativ unter Vereinigungen abschließt und in diesen Abschluß – er sei mit $\mathcal{N}$ bezeichnet – noch $\emptyset$ einfügt, so bekommt man einen distributiven Unterverband $(\mathcal{N} \cup \{\emptyset\}, \cup, \cap)$ mit den k Atomen $\{1\}, \ldots, \{k-1\}, \{k, k+1, \ldots, n\}$. Man zeigt leicht, daß

$$N \in \mathcal{N} \implies A \setminus N \in \mathcal{N}$$

zutrifft. Folglich ist $(\mathcal{N} \cup \{\emptyset\}, \cup, \cap, {}^-)$ sogar ein Boolescher Unterverband von $(2^A, \cup, \cap, {}^-)$. Der erste Teil des Satzes gilt nach dem Hauptsatz. $\square$

Die Komplementabgeschlossenheit eines Unterverbands schränkt die Anzahl der Unterverbände drastisch ein. Von den 731 Unterverbänden von $2^{\{1,2,3,4\}}$ sind nur 15 Boolesche Unterverbände. Bei $2^{\{1,2,3,4,5\}}$ verändert sich die Anzahl sogar von 12084 auf 52.

Und hier ist schließlich noch ein komplizierteres Beispiel, der bekannte Satz von E. Sperner aus dem Jahr 1928 (Band 27 der Mathematischen Zeitschrift). In ihm verwenden wir Binomialkoeffizienten $\binom{n}{k}$, welche durch $\frac{n!}{k!(n-k)!}$ definiert sind und angeben, wie viele Teilmengen der Kardinalität k es in einer Menge der Kardinalität n gibt. Weiterhin verwenden wir $\lfloor n \rfloor$ als Bezeichnung für die größte natürliche Zahl k mit $k \leq n$. Dann gilt:

2.3.12 Satz (E. Sperner) In einem Booleschen Verband mit 2^n Elementen ist die Kardinalität jeder Antikette beschränkt durch $\binom{n}{\lfloor n/2 \rfloor}$.

Beweis: Nach dem Hauptsatz dürfen wir den Verband als Potenzmengenverband der Zahlen $\{1, \ldots, n\}$ annehmen und müssen zeigen, daß jede Teilmenge von $2^{\{1,\ldots,n\}}$, bei der keine verschiedenen Elemente in einer Inklusionsbeziehung stehen, maximal aus $\binom{n}{\lfloor n/2 \rfloor}$ Mengen besteht.

Im ersten Teil beweisen wir die folgende Zerlegungseigenschaft durch Induktion nach n: Es gibt eine Partition von $2^{\{1,\ldots,n\}}$ in (disjunkte) Ketten $K_1, \ldots, K_m$, wobei die folgenden Eigenschaften gelten:

a) Jede der Ketten K_i der Form $A_1 \subset \ldots \subset A_r$ mit $r \geq 2$ Gliedern erfüllt $|A_i| + 1 = |A_{i+1}|$ für alle $i, 1 \leq i \leq r - 1$, und auch $|A_1| + |A_r| = n$.

b) Jede der Ketten K_i der Form A_1 mit einem Glied erfüllt $|A_1| = \frac{n}{2}$. (Dies besagt, daß einelementige Ketten nur in der Partition vorkommen, wenn n eine gerade Zahl ist.)

Induktionsbeginn $n = 1$: Eine Kettenpartition von $2^{\{1\}} = \{\emptyset, \{1\}\}$ ist gegeben durch $\emptyset \subset \{1\}$ und es gilt für diese Kette offensichtlich auch die Eigenschaft a).

Induktionsschluß (von $n - 1$ nach n): Es sei $K_1, \ldots, K_m$ eine Partition von $2^{\{1,\ldots,n-1\}}$ in m Ketten, wobei die beiden Eigenschaften a) und b) gelten. Man konstruiert eine Kettenpartition $\mathcal{K}$ von $2^{\{1,\ldots,n\}}$ wie folgt:

1. Für jede Kette K_i die Form $A_1 \subset \ldots \subset A_r$ mit mindestens $r \geq 2$ Gliedern nimmt man die folgenden beiden Ketten in die Kettenpartition $\mathcal{K}$ von $2^{\{1,\ldots,n\}}$ auf:

$$A_1 \subset \ldots \subset A_r \subset A_r \cup \{n\} \qquad A_1 \cup \{n\} \subset \ldots \subset A_{r-1} \cup \{n\}$$

2. Für jede einelementige Kette K_i die Form A_1 nimmt man die folgende zweielementige Kette in die Kettenpartition $\mathcal{K}$ von $2^{\{1,\ldots,n\}}$ auf:

$$A_1 \subset A_1 \cup \{n\}$$

Unter Verwendung der Induktionsvoraussetzung bekommt man dadurch offensichtlich eine Menge $\mathcal{K}$ von Ketten, die $2^{\{1,\ldots,n\}}$ partitionieren. Auch der erste Teil der Eigenschaft a) gilt, denn (Induktionshypothese!) alle Glieder einer Kette von $\mathcal{K}$ wachsen wiederum um genau ein Element an. Den zweiten Teil der Eigenschaft a) der Ketten von $\mathcal{K}$ zeigt man für die drei vorkommenden Kettenformen (mit $r > 2$ bei der zweiten Form) wie folgt:

$$
\begin{aligned}
|A_1| + |A_r \cup \{n\}| &= |A_1| + |A_r| + 1 \\
&= n - 1 + 1 & \text{Induktionsvoraussetzung}
\end{aligned}
$$

$$
\begin{aligned}
|A_1 \cup \{n\}| + |A_{r-1} \cup \{n\}| &= |A_1| + |A_{r-1}| + 2 \\
&= |A_1| + |A_r| - 1 + 2 & \text{Induktionsvoraussetzung} \\
&= |A_1| + |A_r| + 1 \\
&= n - 1 + 1 & \text{Induktionsvoraussetzung}
\end{aligned}
$$

$$
\begin{aligned}
|A_1| + |A_1 \cup \{n\}| &= |A_1| + |A_1| + 1 \\
&= \tfrac{n-1}{2} + \tfrac{n-1}{2} + 1 & \text{Induktionsvoraussetzung} \\
&= n
\end{aligned}
$$

Trifft bei der zweiten Form $r = 2$ zu, d.h. $A_1 \cup \{n\}$ als neue Kette, so haben wir hier nach der Induktionshypothese $|A_1| + |A_2| = n - 1$, also $|A_1| + |A_1| + 1 = n - 1$, was $|A_1| = \frac{n-2}{2}$ bringt. Hieraus folgt $|A_1 \cup \{n\}| = |A_1| + 1 = \frac{n}{2}$, also genau die Eigenschaft b).

Nun sei $\mathcal{K} = \{K_1, \ldots, K_m\}$ eine Kettenpartition von $2^{\{1,\ldots,n\}}$, die a) und b) erfüllt. Im zweiten Beweisteil zeigen wir: Jede Kette von $\mathcal{K}$ enthält genau eine Menge der Kardinalität

$\lfloor \frac{n}{2} \rfloor$. Der Fall mit einem Glied A_1 ist, wegen $|A_1| = \frac{n}{2}$ (Eigenschaft b)) und dem daraus folgenden Geradesein von n, klar. Hat die Kette die Form $A_1 \subset \ldots \subset A_r$ mit $r \geq 2$, so haben wir (Eigenschaft a)) $|A_1| \leq \frac{n}{2} \leq |A_r|$, also auch $|A_1| \leq \lfloor \frac{n}{2} \rfloor \leq |A_r|$. Weil die Kardinalitäten der Kettenglieder von $|A_1|$ bis $|A_r|$ in Einerschritten zunehmen, kommt also genau eine Menge der Kardinalität $\lfloor \frac{n}{2} \rfloor$ vor.

Jetzt beenden wir den Gesamtbeweis wie folgt: Es gibt genau $\binom{n}{\lfloor n/2 \rfloor}$ Teilmengen von $\{1, \ldots, n\}$ der Kardinalität $\lfloor \frac{n}{2} \rfloor$ und somit höchstens $\binom{n}{\lfloor n/2 \rfloor}$ Ketten in der Kettenpartition $\mathcal{K}$ des zweiten Beweisteils. Jede Kette von $\mathcal{K}$ kann aber höchstens eine Menge einer Antikette $\mathcal{A}$ von $2^{\{1, \ldots, n\}}$ enthalten und damit kann die Antikette $\mathcal{A}$ maximal aus $\binom{n}{\lfloor n/2 \rfloor}$ Mengen bestehen. □

Natürlich gibt es im Potenzmengenverband $2^{\{1, \ldots, n\}}$ auch Antiketten der Größe $\lfloor \frac{n}{2} \rfloor$, nämlich genau die Teilmengen dieser Kardinalität. In der zeichnerischen Darstellung des Hasse-Diagramms befinden sich diese auf einer oder zwei Ebenen genau in der Mitte, je nachdem, ob n gerade oder ungerade ist.

2.3.13 Beispiel (zum Satz von E. Sperner) Wir wollen nachfolgend die schrittweise Konstruktion einer Kettenpartition im Beweis des letzten Satzes verdeutlichen. Imgrundegenommen stellt sie einen Algorithmus dar und kann in einer modernen Programmiersprache mit vorimplementierten Listen oder Mengen trivial implementiert werden.

Im Beweis von Satz 2.3.12 haben wir bereits die spezielle Kettenpartition

$$\emptyset \subset \{1\}$$

von $2^{\{1\}} = \{\emptyset, \{1\}\}$ mit einer Kette angegeben. Daraus erhalten wir die Kettenpartition

$$\emptyset \subset \{1\} \subset \{1, 2\} \qquad \{2\}$$

von $2^{\{1,2\}} = \{\emptyset, \{1\}, \{2\}, \{1, 2\}\}$ mit zwei Ketten. Wenden wir das Verfahren des Beweises auf diese beiden Ketten an, so erhalten wir

$$\emptyset \subset \{1\} \subset \{1, 2\} \subset \{1, 2, 3\} \qquad \{3\} \subset \{1, 3\} \qquad \{2\} \subset \{2, 3\}$$

als Partition von $2^{\{1,2,3\}} = \{\emptyset, \{1\}, \{2\}, \{3\}, \{1, 2\}, \{1, 3\}, \{2, 3\}, \{1, 2, 3\}\}$ mit Hilfe von drei Ketten. Der Leser mache sich die Lage der Ketten durch das Zeichnen der jeweiligen Hasse-Diagramme und entsprechende Markierungen klar. □

Der Satz von E. Sperner war der Ausgangspunkt bei der Untersuchung von Kettenpartitionen. Eines der bekanntesten Resultate in dieser Richtung ist ein Satz von R. Dilworth aus dem Jahr 1950. Er besagt, daß man jede Ordnung in n Ketten partitionieren kann, wobei n die Mächtigkeit der größten Antiketten ist.

Kehren wir nach diesen Anwendungen wieder zum Thema des Hauptsatzes zurück. Bei Nichtatomizität ergibt sich ein zum Hauptsatz bzw. der erwähnten Variante sehr ähnliches Resultat. Dies ist der bekannte Satz von M.H. Stone, den wir aber mit den bisher bereitgestellten Mitteln noch nicht beweisen können. Wir geben deshalb nachfolgend nur das Resultat ohne Beweis an. Dazu brauchen wir noch einen Begriff.

2.3.14 Definition Eine Menge von Teilmengen eines Universums U heißt ein *Mengenkörper*, wenn sie abgeschlossen ist unter der Bildung von *binären* Vereinigungen $A \cup B$, *binären* Durchschnitten $A \cap B$ und *unären* Komplementen $\overline{A} := U \setminus A$.   □

Ein Mengenkörper[5] ist also mit den entsprechenden Mengenoperationen ein Boolescher Unterverband in einem Booleschen Potenzmengenverband $(2^U, \cup, \cap, \overline{}, U, \emptyset)$. Im Gegensatz zur obigen Definition werden Unterverbände von $(2^U, \cup, \cap, \overline{}, U, \emptyset)$ im ursprünglichem Sinn (also ohne Komplement) *Mengenringe* genannt. Während Mengenkörper entscheidend bei der Darstellung von Booleschen Verbänden sind, ist der Anwendungsbereich der allgemeineren Mengenringe in Darstellungsfragen bei den allgemeineren distributiven Verbänden.

Nach diesen Vorbemerkungen kommen wir nun zum angekündigten Resultat von M.H. Stone. Im Jahre 1936 zeigte er das folgende weitreichende Resultat über die Darstellung beliebiger Boolescher Verbände:

2.3.15 Satz (Darstellungssatz von M.H. Stone) Jeder Boolesche Verband V ist isomorph zu einem Mengenkörper $\mathcal{K}$ und für den Verbandsisomorphismus $f : V \to \mathcal{K}$ gilt ebenfalls die Zusatzeigenschaft $f(\overline{x}) = \overline{f(x)}$, d.h. er ist ein Boolescher Verbandsisomorphismus.   □

Zum Abschluß dieses Abschnitts erwähnen wir noch ein Resultat, mit dem der Anschluß der Booleschen Algebra an die klassische Algebra geknüpft wird. Diese Resultat geht ebenfalls auf M.H. Stone zurück.

2.3.16 Satz   1. Es sei $(R, +, \cdot)$ ein Ring mit Nullelement 0, Einselement 1 und $r \cdot r = r$ für alle $r \in R$. Definiert man Operationen $\sqcup, \sqcap : R \times R \to R$ und $\overline{} : R \to R$ durch

$$r \sqcup s \;=\; r + s - r \cdot s \qquad r \sqcap s \;=\; r \cdot s \qquad \overline{r} \;=\; 1 - r,$$

so ist die algebraische Struktur $(R, \sqcup, \sqcap, \overline{})$ ein Boolescher Verband mit größtem Element 1 und kleinstem Element 0.

    2. Es sei $(V, \sqcup, \sqcap, \overline{})$ ein Boolescher Verband mit größtem Element L und kleinstem Element O. Definiert man Operationen $+, \cdot : V \times V \to V$ durch

$$a + b \;=\; (a \sqcap \overline{b}) \sqcup (\overline{a} \sqcap b) \qquad a \cdot b \;=\; a \sqcap b,$$

so ist die algebraische Struktur $(V, +, \cdot)$ ein Ring mit Nullelement O, Einselement L, in dem zusätzlich $a \cdot a = a$ für alle $a \in V$ gilt.

Beweis: Der Beweis ergibt sich durch relativ einfaches Nachrechnen der behaupteten Eigenschaften. Beim ersten Teil hat man als Vorbereitung zu zeigen, daß der Ring kommutativ ist.   □

---

[5]Wegen der Gleichung $B \setminus A = B \cap \overline{A}$ kann man in der Definition von Mengenkörpern auch binäre statt unäre Komplemente verwenden. Diese Festlegung findet sich manchmal ebenfalls in der Literatur.

Die in diesem Satze betrachteten Ringe mit $a \cdot a = a$ werden in der Literatur auch Boolesche Ringe genannt. Sie sind, in der etwas abgeschwächten Form der Booleschen Semiringe, etwa bei einer Verallgemeinerung von graphentheoretischen Wegealgorithmen bedeutend. Von M.H. Stone stammt schließlich auch noch eine topologische Charakterisierung Boolescher Verbände, auf die wir aber nicht eingehen können. Einzelheiten findet man in dem in der Einleitung zitiertem Buch von H. Hermes.

Boolesche Verbände stellen eine Algebraisierung der Aussagenlogik durch Mittel der Verbandstheorie dar. Genaugenommen handelt es sich um die Algebraisierung der klassischen Aussagenlogik, in der das sogenannte Gesetz vom „ausgeschlossenen Dritten" gilt. Die intuitionistische Aussagenlogik, in der dieses Gesetz nicht gilt, kann ebenfalls verbandstheoretisch algebraisiert werden. Man braucht dazu (relative und absolute) Pseudokomplemente, welche zu Heyting-Algebren, Brouwerschen Verbänden und ähnlichen Strukturen führen. Der interessierte Leser sei etwa auf das Buch von H. Hermes verwiesen.

2.4 Vollständige Verbände

Ist $(V, \sqcup, \sqcap)$ ein Verband, so existiert das Supremum $\bigsqcup N$ und das Infimum $\bigsqcap N$ für alle *endlichen* Teilmengen[6] N von V. Es gibt nun viele Beispiele, wo man auf die Endlichkeit verzichten kann, d.h. das Supremum $\bigsqcup N$ und das Infimum $\bigsqcap N$ für alle Teilmengen $N \subseteq V$ existieren. Dies führt zur wichtigen Klasse der vollständigen Verbände, die, in Kombination mit den Booleschen Verbänden, später bei den Relationen entscheidend sein wird. Wir beginnen diesen Abschnitt mit einer Abschwächung, den sogenannten Halbverbänden. Davon gibt es zwei Arten, die man wie folgt einführt.

2.4.1 Definition Ein Verband $(V, \sqcup, \sqcap)$ heißt *vollständiger oberer Halbverband*, falls $\bigsqcup N$ für alle $N \subseteq V$ mit $N \neq \emptyset$ existiert. Existiert dagegen $\bigsqcap N$ für alle $N \subseteq V$ mit $N \neq \emptyset$, so heißt $(V, \sqcup, \sqcap)$ *vollständiger unterer Halbverband*. $\qquad\square$

Offensichtlich gelten in einem Verband $(V, \sqcup, \sqcap)$, in dem die speziellen Suprema und Infima $\bigsqcup V, \bigsqcap V, \bigsqcup \emptyset$ und $\bigsqcap \emptyset$ existieren, die nachstehenden zwei Gleichheiten:

$$\bigsqcup V = \bigsqcap \emptyset = \mathsf{L} \qquad \bigsqcap V = \bigsqcup \emptyset = \mathsf{O}$$

(Dies folgt aus der Tatsache, daß eine Allquantifizierung mit der leeren Menge als Bereich des Quantors immer wahr ist.) Damit hat ein oberer vollständiger Halbverband immer ein größtes Element $\bigsqcup V$ und ein unterer vollständiger Halbverband immer ein kleinstes Element $\bigsqcap V$. Daß die Einschränkung $N \neq \emptyset$ in Definition 2.4.1 notwendig zur beabsichtigten Unterscheidung ist, wird durch nachfolgenden Satz demonstriert, der zwei sehr bekannte (und duale) Sätze der Verbandstheorie zusammenfaßt. Er scheint erstmals von E.F. Moore publiziert worden zu sein.

---

[6]Für eine unendliche Menge N brauchen weder $\bigsqcup N$ noch $\bigsqcap N$ zu existieren.

2.4.2 Satz (von der oberen bzw. unteren Grenze)

1. Satz von der oberen Grenze: Es sei $(V, \sqcup, \sqcap)$ ein vollständiger unterer Halbverband. Existiert zu einer gegebenen Teilmenge $N \subseteq V$ eine obere Schranke, d.h. ist $\mathsf{Ma}(N) \neq \emptyset$, so gilt $\bigsqcup N = \bigsqcap \mathsf{Ma}(N)$.

2. Satz von der unteren Grenze: Es sei $(V, \sqcup, \sqcap)$ ein vollständiger oberer Halbverband. Existiert zu einer gegebenen Teilmenge $N \subseteq V$ eine untere Schranke, d.h. ist $\mathsf{Mi}(N) \neq \emptyset$, so gilt $\bigsqcap N = \bigsqcup \mathsf{Mi}(N)$.

Beweis: Wir beweisen nur den Satz von der oberen Grenze, also die erste Aussage, da der Satz der unteren Grenze unmittelbar durch Dualisierung dieses Beweises gezeigt wird. Es sei $a \in V$ angenommen. Dann gilt:

$$a = \bigsqcap \mathsf{Ma}(N) \iff \underbrace{a \in \mathsf{Mi}(\mathsf{Ma}(N))}_{a \text{ untere Schranke von } \mathsf{Ma}(N)} \wedge \underbrace{a \in \mathsf{Ma}(\mathsf{Mi}(\mathsf{Ma}(N)))}_{\substack{a \text{ größer oder gleich allen anderen un-} \\ \text{teren Schranken von } \mathsf{Ma}(N)}}$$

Nach Satz 1.2.10 bekommen wir daraus die folgende Äquivalenz:

$$a = \bigsqcap \mathsf{Ma}(N) \iff \underbrace{a \in \mathsf{Ma}(N)}_{a \text{ obere Schranke von } N} \wedge \underbrace{a \in \mathsf{Mi}(\mathsf{Ma}(N))}_{\substack{a \text{ kleiner oder gleich allen an-} \\ \text{deren oberen Schranken von } N}}$$

Dies zeigt, daß $\bigsqcap \mathsf{Ma}(N)$ das Supremum von N ist, also $\bigsqcup N = \bigsqcap \mathsf{Ma}(N)$ gilt, und dies beendet den Beweis. $\square$

Existiert in einem vollständigen oberen (bzw. vollständigen unteren) Halbverband ein größtes Element $\bigsqcap \emptyset$ (bzw. ein kleinstes Element $\bigsqcup \emptyset$), so existieren $\bigsqcup N$ und $\bigsqcap N$ *für alle Teilmengen* N von V, auch die leere Teilmenge. Solche Verbände zeichnet man durch eine spezielle Namensgebung aus:

2.4.3 Definition Ein Verband $(V, \sqcup, \sqcap)$ heißt *vollständig*, falls für jede Teilmenge $N \subseteq V$ sowohl $\bigsqcup N$ als auch $\bigsqcap N$ existieren. $\square$

Vollständige Verbände haben zahlreiche Anwendungen in der Praxis und kommen auch zahlreich vor. Offensichtlich gilt etwa die folgende Eigenschaft, welche für das praktische Rechnen mit dem Computer sehr wichtig ist (da dieser im Regelfall eine endliche Beschreibung der Daten voraussetzt):

2.4.4 Satz Jeder endliche Verband V ist vollständig.

Beweis: Für eine endliche und nichtleere Teilmenge N des Verbands V der Form $N = \{a_1, \ldots, a_n\}$ gilt $\bigsqcup N = a_1 \sqcup \ldots \sqcup a_n$ und $\bigsqcap N = a_1 \sqcap \ldots \sqcap a_n$. Die Existenz des Supremums und des Infimums von N folgt nun aus der Totalität der binären Abbildungen $\sqcup$ und $\sqcap$.

Der Fall $N = \emptyset$ wird durch das kleinste Element $\bigsqcap V$ und das größte Element $\bigsqcup V$ abgedeckt. $\square$

Weiterhin haben wir: Ordnungen $(M, \sqsubseteq)$, in denen für alle Teilmengen $N \subseteq M$ sowohl $\bigsqcup N$ als auch $\bigsqcap N$ existieren, induzieren mit der Konstruktion von Satz 1.3.2 einen vollständigen Verband.

2.4.5 Beispiele (für vollständige/nicht–vollständige Verbände) Wir geben nachfolgend zwei Beispiele für vollständige Verbände an, aber auch zwei Beispiele für nicht-vollständige Verbände.

1. Der Wahrheitswerteverband $(\mathbb{B}, \vee, \wedge)$ ist vollständig, da endlich, und der Potenzmengenverband $(2^X, \cup, \cap)$ ist vollständig, auch, falls X unendlich ist.

2. Die relationale Struktur $(\mathbb{R}, \leq)$ ist eine totale Ordnung und induziert einen Verband $(\mathbb{R}, \min, \max)$. Dieser Verband ist nicht vollständig. Es gibt nämlich weder kleinste noch größte Elemente.

   Man beachte, daß das bekannte Vollständigkeitsaxiom der Analysis für die reellen Zahlen nicht ihre Vollständigkeit als Verband fordert. Es fordert nur, daß jede nach oben beschränkte nichtleere Menge von reellen Zahlen ein Supremum besitzt oder, gleichwertig dazu, daß jede nach unten beschränkte nichtleere Menge von reellen Zahlen ein Infimum besitzt.

3. Die Ordnung $(\mathbb{N}, \leq)$ bildet eine Kette mit kleinstem Element 0, aber keinem größten Element. $(\mathbb{N}, \leq)$ induziert einen vollständigen unteren Halbverband aber keinen vollständigen oberen Halbverband. $\square$

Wie im Fall der Booleschen Verbände kommen auch bei den vollständigen Verbänden zwei zusätzliche Operationen $\bigsqcup, \bigsqcap : 2^V \to V$ zur Bestimmung allgemeiner Suprema und Infima in das Spiel, die man bei den Unterstrukturen und den strukturerhaltenden Abbildungen manchmal zu berücksichtigen hat. Wir definieren nachfolgend nur den entsprechenden neuen Unterstrukturbegriff, da die analoge Einschränkung der bisher betrachteten Homomorphismen und Isomorphismen von den allgemeinen auf die vollständigen Verbände im Rest des Buchs nicht gebraucht werden.

2.4.6 Definition Es sei $(V, \sqcup, \sqcap)$ ein vollständiger Verband. Ein Unterverband U von V heißt ein *vollständiger Unterverband* von V, falls für alle Teilmengen $N \subseteq U$ die Eigenschaften $\bigsqcup N \in U$ und $\bigsqcap N \in U$ gelten. $\square$

Ein vollständiger Unterverband U ist also ein Unterverband eines vollständigen Verbands V, der, für sich selbst betrachtet, einen vollständigen Verband bildet und bei dem zusätzlich alle Suprema und Infima von Teilmengen bezüglich der durch U induzierten Teilordnung $(U, \sqsubseteq_{|U})$ mit denen bezüglich der Originalordnung $(V, \sqsubseteq)$ übereinstimmen.

So eine Übereinstimmung muß, wie man sich leicht klar macht, in der Allgemeinheit nicht immer vorliegen. Hier ist so ein Gegenbeispiel für einen Unterverband der ein vollständiger Verband ist, aber keinen vollständigen Unterverband darstellt.

2.4.7 Beispiel (für einen nicht vollständigen Unterverband) Wir betrachten die natürlichen Zahlen und erweitern sie zweimal um jeweils ein größtes Element. Dies führt somit zur folgenden Kette:

$$0 < 1 < 2 < \ldots < \top_1 < \top_2$$

Der durch diese Ordnung induzierte Verband ist vollständig. Man macht sich dies schnell durch die Überprüfung aller unendlichen Teilmengen der Menge $\mathbb{N} \cup \{\top_1, \top_2\}$ klar.

Nun betrachten wir die Teilmenge $\mathbb{N} \cup \{\top_2\}$. Auch sie induziert einen vollständigen Verband. Dieser ist ein Unterverband von $\mathbb{N} \cup \{\top_1, \top_2\}$. Er ist jedoch kein vollständiger Unterverband. Für die Teilmenge $\mathbb{N}$ ist das Supremum in $\mathbb{N} \cup \{\top_2\}$ nämlich das Element $\top_2$, während $\mathbb{N}$ in $\mathbb{N} \cup \{\top 1, \top_2\}$ offensichtlich $\top_1$ als Supremum besitzt. $\qquad\square$

Man hat also in der Wortwahl genau zu unterscheiden zwischen einem Unterverband, der vollständig ist (und dessen Suprema und Infima ggf. mit denen des Originals wenig oder nichts zu tun haben), und einem vollständigen Unterverband. Die Kurzform „vollständiger Unterverband" für die erste Klasse von Unterverbänden kommt leider in der Literatur vor, ist aber ungenau und irreführend.

Wenn man die Vollständigkeit eines Verbands V zu zeigen hat, verwendet man in der Regel Satz 2.4.2. Statt die Existenz von $\bigsqcup N$ und $\bigsqcap N$ für alle $N \subseteq V$ zu beweisen, genügt es beispielsweise nur $\bigsqcap N$ für alle $N \subseteq V$ zu verifizieren. Damit ist nämlich N ein vollständiger unterer Halbverband mit größtem Element $\mathsf{L} := \bigsqcap \emptyset$. Der Satz von der oberen Grenze zeigt nun die Existenz von $\bigsqcup N := \bigsqcap \mathsf{Ma}(N)$ für alle $N \subseteq V$, denn L ist trivialerweise eine obere Schranke für jede dieser Teilmengen.

Durch vollständige Induktion zeigt man leicht, daß die Distributivgesetze bzw. die Gesetze von de Morgan auf endliche Suprema bzw. Infima erweitert werden können. Wir haben das schon beim Beweis von Satz 2.2.9 verwendet. Als Verallgemeinerung gelten nun die in dem folgenden Satz angegebenen vier Gleichungen.

2.4.8 Satz In einem vollständigen und Booleschen Verband gelten die beiden verallgemeinerten Distributivgesetze

1. $a \sqcap \bigsqcup N \;=\; \bigsqcup \{a \sqcap b \,|\, b \in N\}$

2. $a \sqcup \bigsqcap N \;=\; \bigsqcap \{a \sqcup b \,|\, b \in N\}$

und, analog dazu, die beiden verallgemeinerten Gesetze von de Morgan

3. $\overline{\bigsqcup N} \;=\; \bigsqcap \{\overline{a} \,|\, a \in N\}$

4. $\overline{\bigsqcap N} \;=\; \bigsqcup \{\overline{a} \,|\, a \in N\}$.

Beweis: Es sei $(V, \sqcup, \sqcap)$ der vollständige und Boolesche Verband und es seien ein Element $a \in V$ und eine Teilmenge N von V gegeben.

a) Wir behandeln vom ersten Teil nur die Gleichung (1), denn die zweite Gleichung folgt dual dazu. Wir unterscheiden zwei Fälle.

Der erste Fall $N = \emptyset$ ist klar. Hier ist die zu zeigende Gleichung (1) äquivalent zur Gleichung $a \sqcap \mathsf{O} = \mathsf{O}$, welche gilt. Es sei nun $N \neq \emptyset$. Wir beweisen die Gleichheit durch zwei Abschätzungen:

Beweis der Abschätzung „$\sqsubseteq$": Es sei $u := \bigsqcup\{a \sqcap b \mid b \in N\}$. Dann gilt $u \sqcup \overline{a} \in \mathsf{Ma}(N)$, da für alle $b \in N$ die Beziehung

$$
\begin{aligned}
b &\sqsubseteq b \sqcup \overline{a} \\
&= \mathsf{L} \sqcap (b \sqcup \overline{a}) \\
&= (a \sqcup \overline{a}) \sqcap (b \sqcup \overline{a}) \\
&= (a \sqcap b) \sqcup \overline{a} &&\text{Distributivgesetz} \\
&\sqsubseteq u \sqcup \overline{a} &&\text{da } a \sqcap b \sqsubseteq u
\end{aligned}
$$

zutrifft. Aus $u \sqcup \overline{a} \in \mathsf{Ma}(N)$ folgt die Abschätzung $\bigsqcup N \sqsubseteq u \sqcup \overline{a}$ und Satz 2.3.8.4 bringt schließlich $a \sqcap \bigsqcup N \sqsubseteq u = \bigsqcup\{a \sqcap b \mid b \in N\}$.

Beweis der Abschätzung „$\sqsupseteq$": Für $b \in N$ gilt $b \sqsubseteq \bigsqcup N$, also auch $a \sqcap b \sqsubseteq a \sqcap \bigsqcup N$. Diese Ungleichung zeigt $a \sqcap \bigsqcup N \in \mathsf{Ma}(\{a \sqcap b \mid b \in N\})$, und der Rest ist die Definition des Supremums.

b) Von den beiden Gleichungen des zweiten Teils beweisen wir nur (3) und orientieren uns dabei direkt am Beweis des früheren Satzes 2.3.8.2. Es gilt

$$
\begin{aligned}
&(\textstyle\bigsqcup N) \sqcup \bigsqcap\{\overline{a} \mid a \in N\} \\
={}& \textstyle\bigsqcap\{(\bigsqcup N) \sqcup b \mid b \in \{\overline{a} \mid a \in N\}\} &&\text{nach (2)} \\
={}& \textstyle\bigsqcap\{(\bigsqcup N) \sqcup \overline{b} \mid b \in N\} \\
={}& \textstyle\bigsqcap\{\bigsqcup\{a \sqcup \overline{b} \mid a \in N\} \mid b \in N\} &&\text{Eigenschaft Supremum} \\
={}& \textstyle\bigsqcap\{\mathsf{L} \mid b \in N\} &&\text{weil } a = b \text{ vorkommt} \\
={}& \mathsf{L}
\end{aligned}
$$

und auch

$$
\begin{aligned}
&(\textstyle\bigsqcup N) \sqcap \bigsqcap\{\overline{a} \mid a \in N\} \\
={}& \textstyle\bigsqcap\{\overline{a} \mid a \in N\} \sqcap (\bigsqcup N) &&\text{Kommutativität} \\
={}& \textstyle\bigsqcup\{\bigsqcap\{\overline{a} \mid a \in N\} \sqcap b \mid b \in N\} &&\text{nach (1)} \\
={}& \textstyle\bigsqcup\{\bigsqcap\{\overline{a} \sqcap b \mid a \in N\} \mid b \in N\} &&\text{Eigenschaft Infimum} \\
={}& \textstyle\bigsqcup\{\mathsf{O} \mid b \in N\} &&\text{weil } a = b \text{ vorkommt} \\
={}& \mathsf{O}.
\end{aligned}
$$

Aus diesen beiden Gleichungen folgt $\overline{\bigsqcup N} = \bigsqcap\{\overline{a} \mid a \in N\}$ nach der Definition des Komplements. $\qquad\square$

Ein Verband, in dem die Gleichungen (1) und (2) von Satz 2.4.8 gelten, heißt *volldistributiv*. Vollständige Boolesche Verbände sind somit volldistributiv. Auf die Voraussetzungen „Boolesch", also die Komplementbildung, kann dabei nicht verzichtet werden. Es gibt vollständige nicht-komplementäre Verbände, in denen die endlichen, aber nicht die verallgemeinerten Distributivgesetze gelten. Das folgende Beispiel wird in dem Buche „Theorie der Verbände" von H. Gericke gegeben, das 1967 als BI Hochschultaschenbuch 38/38a erschienen ist.

2.4.9 Beispiel (für einen nicht volldistributiven Verband) Die natürlichen Zahlen bilden mit der üblichen Ordnung einen distributiven Verband. Der Verband der Wahrheitswerte ist ebenfalls distributiv. Somit ist der Produktverband $V := \mathbb{N} \times \mathbb{B}$ ein distributiver Verband.

Der eben angegebene Verband V bleibt distributiv, wenn man zu ihm ein neues Element $\top$ als größtes Element hinzunimmt. Dazu hat man beim Beweis eines Distributvgesetzes (die Verbandseigenschaft ist offensichtlich; man vergleiche mit den Bemerkungen zum Lifting in Abschnitt 1.6), etwa der Gleichung

$$a \sqcup (b \sqcap c) = (a \sqcup b) \sqcap (a \sqcup c)$$

für alle $a, b, c \in V \cup \{\top\}$, nur einige Fälle zu unterscheiden: Der Fall, daß keines der Elemente a, b, c gleich dem Element $\top$ ist, ist klar. Falls $a = \top$ gilt, dann haben wir

$$\top \sqcup (b \sqcap c) = \top = \top \sqcap \top = (\top \sqcup b) \sqcap (\top \sqcup c).$$

Analog behandelt man auch die restlichen Fälle $a \neq \top$, $b = \top$ und $a \neq \top$, $b \neq \top$ und $c = \top$.

Der erweiterte Verband $V \cup \{\top\}$ ist, wie man sich durch einige offensichtliche Fallunterscheidungen klar macht, auch vollständig. Am besten ist es, sich dazu das Hasse-Diagramm zu veranschaulichen. Es besteht (vergl. nachfolgende Skizze) aus zwei „fast" parallelen Ketten

$$\langle 0, f\!f \rangle \sqsubset \langle 1, f\!f \rangle \sqsubset \ldots \sqsubset \top \qquad\qquad \langle 0, tt \rangle \sqsubset \langle 1, tt \rangle \sqsubset \ldots \sqsubset \top$$

und allen Verbindungen zwischen ihnen der Form $\langle n, f\!f \rangle \sqsubset \langle n, tt \rangle$ für alle $n \in \mathbb{N}$.

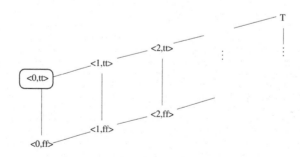

Abbildung 2.4: Hasse-Diagramm eines nicht volldistributiven Verbands

Am Ende dieses Abschnitts werden wir noch einen allgemeinen Satz angeben, aus dem ebenfalls die Vollständigkeit des erweiterten Verbands $V \cup \{\top\}$ folgt.

Der erweiterte Verband $V \cup \{\top\}$ ist jedoch nicht volldistributiv. Dazu betrachtet man die Menge N, definiert durch die Paare $\langle n, f\!f \rangle$ mit $n \in \mathbb{N}$, also die Elemente der „unteren" Kette $\langle 0, f\!f \rangle \sqsubset \langle 1, f\!f \rangle \sqsubset \ldots$, und das Element a, definiert als Paar $\langle 0, tt \rangle$, also als kleinstes Element der „oberen" Kette $\langle 0, tt \rangle \sqsubset \langle 1, tt \rangle \sqsubset \ldots \sqsubset \top$. In der obigen Skizze ist dieses Element umrandet.

Es ist offensichtlich das Element $\top$ das Supremum der unteren Kette und somit gilt die Gleichheit

$$a \sqcap \bigsqcup N = a \sqcap \top = a.$$

Auf der anderen Seite gilt aber auch die Gleichung

$$\bigsqcup \{ a \sqcap b \mid b \in N \} = \langle 0, f\!f \rangle,$$

weil die Eigenschaft $a \sqcap b = \langle 0, f\!f \rangle$ für alle $b \in N$ zutrifft. Also haben wir ein Gegenbeispiel für die bei Volldistributivität geltende Eigenschaft. $\qquad \square$

Im Hinblick auf die Vollständigkeit beschäftigten sich Verbandstheoretiker schon früh mit Fragen der Einbettbarkeit. Kann etwa jeder Verband W als Teilverband in einen vollständigen Verband V eingebettet werden, d.h. gibt es einen Unterverband V' von V, der verbandsisomorph zu W ist, und geht das eventuell sogar schon für geordnete Mengen, die keine Verbände sind? Die Antwort ist positiv und wird beispielsweise gegeben durch die Schnittvervollständigung, welche die Konstruktion der reellen Zahlen aus den rationalen Zahlen mittels Dedekind-Schnitte verallgemeinert. Zu Vervollständigungen von Ordnungen und Verbänden kommen wir später.

Wir wissen bisher, daß alle endlichen Verbände vollständig sind. Es gibt aber auch vollständige Verbände, die nicht endlich sind. Eben haben wir mit $V \cup \{\top\}$ ein Beispiel hierfür angegeben.

Die Vollständigkeit von Verbänden steht in einer sehr engen Beziehung zu Noetherschen Ordnungen (benannt nach E. Noether), welche außergewöhnlich wichtig in Mathematik und Informatik sind. Wir beginnen die Diskussion mit der formalen Festlegung, was es heißt, eine Noethersche Ordnung zu sein.

2.4.10 Definition Eine Ordnung $(M, \sqsubseteq)$ heißt *Noethersch geordnet* oder *Noethersche Ordnung*, falls jede Teilmenge $N \neq \emptyset$ von M ein minimales Element besitzt. $\qquad \square$

Auch eine Beschreibung von Noetherschen Ordnungen durch die sogenannte *absteigende Kettenbedingung* (im Englischen zu DCC abgekürzt) wird sehr oft in der Literatur verwendet, da sie für viele Menschen anschaulicher ist. Wir formulieren den Zusammenhang in dem nachfolgenden Satz. Dabei verwenden wir für abzählbar-unendliche Ketten die früher eingeführte einfach zugängliche Notation.

2.4.11 Satz Eine Ordnung $(M, \sqsubseteq)$ ist genau dann Noethersch geordnet, wenn für jede Kette der Form $\ldots \sqsubseteq a_2 \sqsubseteq a_1 \sqsubseteq a_0$ gilt: Es gibt ein $n \in \mathbb{N}$ mit $a_{n+k} = a_n$ für alle $k \in \mathbb{N}$.

Beweis: „$\Longrightarrow$": Gäbe es in M eine Kette der Form

$$\ldots \sqsubset a_2 \sqsubset a_1 \sqsubset a_0,$$

bei der also $a_{n+1} \sqsubset a_n$ für alle $n \in \mathbb{N}$ zutrifft, so besitzt offensichtlich die Teilmenge $N := \{a_n \mid n \in \mathbb{N}\}$ kein minimales Element. Das ist ein Widerspruch zur Voraussetzung.

„$\Longleftarrow$": Auch diese Richtung beweist man durch Widerspruch. Es sei N eine nichtleere Teilmenge von M ohne minimale Elemente. Man wählt $a_0 \in N$. Da a_0 nicht minimal ist, gibt es ein $a_1 \in N$ mit $a_1 \sqsubset a_0$. Auch a_1 ist nicht minimal. Also gibt es ein $a_2 \in N$ mit $a_2 \sqsubset a_1$, was $a_2 \sqsubset a_1 \sqsubset a_0$ impliziert. Auf diese Weise gelangt man, formal natürlich durch vollständige Induktion, zu einer Kette $\ldots \sqsubset a_2 \sqsubset a_1 \sqsubset a_0$, bei der $a_{n+1} \sqsubset a_n$ für alle $n \in \mathbb{N}$ zutrifft. Das ist ein Widerspruch.   □

Man nennt die in diesem Satz auftretenden Ketten $\ldots \sqsubseteq a_2 \sqsubseteq a_1 \sqsubseteq a_0$ abzählbar-absteigend und die Ketten $\ldots \sqsubset a_2 \sqsubset a_1 \sqsubset a_0$ echt abzählbar-absteigend. Die Bedingung, daß es ein $n \in \mathbb{N}$ gibt mit $a_{n+k} = a_n$ für alle $k \in \mathbb{N}$, heißt „die Kette wird stationär". Diesem Sprachgebrauch folgend ist eine Ordnung also genau dann Noethersch, wenn alle abzählbar-absteigenden Ketten stationär werden oder alle echt abzählbar-absteigenden Ketten endlich sind.

Ist die duale Ordnung $(M, \sqsupseteq)$ von $(M, \sqsubseteq)$ Noethersch, so nennt man die Originalordnung $(M, \sqsubseteq)$ manchmal auch *Artinsch* (nach dem östereichischen Mathematiker E. Artin). Wesentlich gebräuchlicher ist hier aber der Ausdruck „M erfüllt die *aufsteigende Kettenbedingung*" (im Englischen ACC). Sie besagt, daß es für jede Kette der Form $a_0 \sqsubseteq a_1 \sqsubseteq a_2 \ldots$ ein $n \in \mathbb{N}$ gibt mit $a_{n+k} = a_n$ für alle $k \in \mathbb{N}$. In einer Kurzversion liest sich dies wie folgt: Eine Ordnung ist genau dann Artinsch, wenn alle abzählbar-aufsteigenden Ketten stationär werden oder alle echt abzählbar-aufsteigenden Ketten endlich sind.

Man beachte, daß wir in „Folgendarstellungen" $a_0 \sqsubseteq a_1 \sqsubseteq \ldots$ bzw. $\ldots \sqsubseteq a_2 \sqsubseteq a_1 \sqsubseteq a_0$ von Ketten auch Wiederholungen zulassen, es sich eigentlich um einen etwas anderen Kettenbegriff als den ursprünglich eingeführten mengentheoretischen Kettenbegriff handelt. Wir sprechen deshalb in diesem Zusammenhang immer von abzählbar-aufsteigenden oder abzählbar-absteigenden Ketten.

Es sollte an dieser Stelle noch bemerkt werden, daß es eigentlich sinnvoller wäre, Ordnungen als Artinsch zu bezeichnen, wenn sie die absteigende Kettenbedingung erfüllen, und als Noethersch, wenn sie die aufsteigende Kettenbedingung erfüllen. Der Ursprung beider Begriffe liegt nämlich in der klassischen Ringtheorie und da sind die Artinschen Ringe (benannt nach E. Artin) genau die, bei denen jede absteigende Kette von Idealen stationär wird, und die Noetherschen Ringe (benannt nach E. Noether) sind genau die, bei denen jede aufsteigende Kette von Idealen stationär wird.

Obwohl die beiden Begriffe Noethersch und Artinsch bisher nur mit der Nichtexistenz von gewissen abzählbaren Ketten im Sinn von Folgen in Verbindung gebracht wurden, kann man durch sie auch die Nichtexistenz von allgemeinen Ketten im ursprünglichen mengentheoretischen Sinn behandeln. Dies geschieht im nachfolgenden Satz. Der Beweis dieses Satzes zeigt auch, wie vorteilhaft es ist, beide Beschreibungsmöglichkeiten (also die Definition und Satz 2.4.11) zur Verfügung zu haben.

2.4.12 Satz Gegeben sei eine Ordnung $(M, \sqsubseteq)$. Es ist $(M, \sqsubseteq)$ genau dann Noethersch und Artinsch, wenn jede Kette $K \subseteq M$ endlich ist.

Beweis: „$\Longrightarrow$": Wir führen einen Widerspruchsbeweis und nehmen an, daß K eine unendliche Kette in M sei.

Zuerst zeigen wir, daß jede nichtleere Teilmenge N von K ein kleinstes Element besitzt. Die Existenz eines minimalen Elements $a \in N$ folgt aus der Eigenschaft der Ordnung $(M, \sqsubseteq)$, Noethersch zu sein. Ist nun $b \in N$ ein beliebiges Element, so gilt $b \sqsubseteq a$ oder $a \sqsubseteq b$ wegen $N \subseteq K$ und der Ketteneigenschaft von K. Die Minimalität von a in N zeigt $a = b$ falls $b \sqsubseteq a$ zutrifft. Somit gilt für alle $b \in N$ entweder $a = b$ oder $a \sqsubseteq b$ und hierdurch ist a als kleinstes Element von N nachgewiesen.

Aufgrund dieser Eigenschaft können wir nun eine abzählbar-aufsteigende Kette $a_0 \sqsubseteq a_1 \sqsubseteq a_2 \sqsubseteq \ldots$ konstruieren, die nicht stationär wird. Man nimmt $a_0 \in K$ als kleinstes Kettenelement, a_1 als kleinstes Element der Teilkette $K \setminus \{a_0\}$, dann a_2 als kleinstes Element der Teilkette $K \setminus \{a_0, a_1\}$ und so weiter. Damit gilt offensichtlich:

$$a_0 \sqsubset a_1 \sqsubset a_2 \sqsubset \ldots$$

Möglich ist dieser Prozeß, weil die Kette K als unendlich angenommen wurde. Somit haben wir nach der Version von Satz 2.4.11 für Artinsch geordnete Mengen den gewünschten Widerspruch zur Voraussetzung „$(M, \sqsubseteq)$ ist Artinsch".

„$\Longleftarrow$": Ist jede Kette in $(M, \sqsubseteq)$ endlich, so muß jede abzählbar-absteigende Kette stationär werden. Gleiches gilt auch für jede abzählbar-aufsteigende Kette. Satz 2.4.11 bzw. seine Version für Artinsch geordnete Mengen bringt somit die Behauptung. $\square$

Analog zu der im Beweis gezeigten Hilfseigenschaft gilt natürlich auch: Jede nichtleere Teilmenge einer Kette $K \subseteq M$ einer Artinschen Ordnung $(M, \sqsubseteq)$ (und damit insbesondere die Kette K selbst) besitzt ein größtes Element.

In Satz 2.4.12 sind beide Eigenschaften notwendig. Gilt nur eine, so kann es durchaus unendliche Ketten geben. Ein Beispiel hierzu sind die natürlichen Zahlen mit der kanonischen Ordnung.

Bei Noetherschen Ordnungen gilt ein wichtiges Induktionsprinzip. Es wird in dem nachfolgenden Satz formuliert. In der Praxis wird es häufig auch bei Noetherschen Quasiordnungen eingesetzt, bei denen alles bisher Gesagte mit Ausnahme der Antisymmetrie gilt. Ein Beispiel für eine Noethersche Induktion mit einer Quasiordnung ist die Induktion nach der Länge von Sequenzen. Bezeichnet man mit M^* die Sequenzen mit Elementen aus M und mit $|s|$ die Länge von $s \in M^*$, so wird durch $s_1 \preccurlyeq s_2$ falls $|s_1| \leq |s_2|$ nämlich nur eine Noethersche Quasiordnung $(M^*, \preccurlyeq)$ festgelegt und keine Noethersche Ordnung.

2.4.13 Satz (Noethersche Induktion) Es sei P ein Prädikat auf einer Noetherschen Ordnung $(M, \sqsubseteq)$. Gilt $P(a)$ für alle minimalen Elemente a von M und folgt für alle nicht-minimalen Elemente a von M aus $P(b)$ für alle $b \in M$ mit $b \sqsubset a$ auch $P(a)$, so gilt $P(a)$ für alle Elemente a von M.

Beweis: Angenommen, es gäbe ein Element, für das die Eigenschaft P nicht gilt. Wir definieren eine nichtleere Menge $S \subseteq M$ durch

$$S := \{x \in M \mid P(x) \text{ gilt nicht}\}.$$

Dann hat S ein minimales Element a. Ist a minimal in M, so gilt nach der ersten Voraussetzung $P(a)$, was $a \in S$ widerspricht. Ist a nicht minimal in M, so gilt $b \notin S$ für alle $b \in M$ mit $b \sqsubset a$, d.h. $P(b)$ für alle $b \in M$ mit $b \sqsubset a$. Die zweite Voraussetzung zeigt nun $P(a)$, was ebenfalls $a \in S$ widerspricht.   □

Man nennt in Satz 2.4.13 die erste Voraussetzung den Induktionsbeginn und die zweite Voraussetzung den Induktionsschluß. Nach diesen fundamentalen Eigenschaften sind hier nun einige Beispiele für die eben eingeführten Begriffe.

2.4.14 Beispiele (zu Noethersch und Artinsch) Nachfolgend findet man Beispiele für Noethersche und Artinsche Ordnungen und auch entsprechende Gegenbeispiele.

1. Jede endliche Ordnung ist offensichtlich sowohl Noethersch als auch Artinsch geordnet.

2. Die natürlichen Zahlen sind bezüglich ihrer kanonischen Ordnung $0 < 1 < \ldots$ Noethersch aber nicht Artinsch geordnet.

3. Die reellen Zahlen sind bezüglich ihrer kanonischen Ordnung weder Noethersch noch Artinsch geordnet. Auch die ganzen Zahlen sind bezüglich ihrer kanonischen Ordnung

$$\ldots -2 < -1 < 0 < 1 < 2 < \ldots$$

weder Noethersch noch Artinsch geordnet. Sie können aber z.B. Noethersch geordnet werden, indem man Sie durch

$$0, 1, -1, 2, -2, 3, -3, \ldots$$

aufzählt und die Ordnung durch diese Aufzählung festlegt.   □

Bei einer nicht streng formalen mathematischen Vorgehensweise wird eine Menge M oft als endlich bezeichnet, wenn sie entweder leer ist oder es $n > 0$ Objekte $a_1, \ldots, a_n$ gibt, so daß M die explizite Darstellung $M = \{a_1, \ldots, a_n\}$ besitzt. Ohne die Verwendung von natürlichen Zahlen und expliziten Darstellungen kann man beispielsweise die Endlichkeit von M, einem Ansatz von B. Bolzano folgend, dadurch charakterisieren, daß es keine bijektive Abbildung von M in eine echte Teilmenge von M gibt. Mit den oben eingeführten Begriffen kann man die Endlichkeit von M ebenfalls ohne die Verwendung von natürlichen

Zahlen und expliziten Darstellungen beschreiben. Es ist M nämlich (im nicht streng formalen Sinn) genau dann endlich, wenn die Ordnung $(2^M, \subseteq)$ Noethersch ist. Zum Beweis dieser Aussage bedient man sich im Fall $M \neq \emptyset$ z.B. des Kontrapositionsprinzips der Logik, also indirekter Beweise, und der Charakterisierung von Noethersch geordneten Mengen durch das Stationärwerden von allen abzählbar-absteigenden Ketten. Nachfolgend ist so ein Beweis skizziert.

Es sei M eine Menge. Gilt $M = \emptyset$, so auch $2^M = \{\emptyset\}$ und in $(\{\emptyset\}, \subseteq)$ gibt es nur die abzählbar-absteigende Kette $\emptyset \supseteq \emptyset \supseteq \ldots$, die stationär wird. Nun sei M nicht leer. Ist M unendlich, so kann man durch Induktion in $(2^M, \subseteq)$ eine abzählbar-absteigende Kette $M \supseteq M \setminus \{a_0\} \supseteq M \setminus \{a_0, a_1\} \supseteq M \setminus \{a_0, a_1, a_2\} \supseteq \ldots$ konstruieren, bei der alle Objekte a_n, mit $n \in \mathbb{N}$, paarweise verschieden sind. Folglich wird die Kette nicht stationär. Gibt es umgekehrt in $(2^M, \subseteq)$ eine abzählbar-absteigende Kette $N_0 \supseteq N_1 \supseteq N_2 \supseteq \ldots$, die nicht stationär wird, so muß N_0 eine unendliche Menge sein. Wegen $N_0 \subseteq M$ ist dadurch auch M unendlich.

Wir beenden nun die allgemeinen Betrachtungen zu Noetherschen Ordnungen und wenden wir uns nun wieder den Verbänden zu. Wichtig ist die folgende Aussage. Sie zeigt, daß aufgrund der Kettenbedingungen beliebige Suprema und Infima auf endliche Suprema und Infima zurückgeführt werden können.

2.4.15 Satz Es seien $(V, \sqcup, \sqcap)$ ein Verband und $N \subseteq V$ eine nichtleere Teilmenge.

1. Ist die Verbandsordnung $(V, \sqsubseteq)$ eine Noethersche Ordnung, so gibt es eine endliche Teilmenge F von N, so daß $\sqcap F$ das Infimum von N ist.

2. Ist die Verbandsordnung $(V, \sqsubseteq)$ eine Artinsche Ordnung, so gibt gibt es eine endliche Teilmenge F von N, so daß $\sqcup F$ das Supremum von N ist.

Beweis: Nachfolgend verwenden wir die Eigenschaft, daß sich bei der Vergrößerung einer Menge das Infimum verkleinert.

1. In V ist offensichtlich für jede endliche und nichtleere Teilmenge das Infimum definiert. Somit ist auch die folgende Teilmenge von V definiert:

$$M := \{\sqcap X \mid X \subseteq N, X \text{ endlich und nichtleer}\}$$

Natürlich ist M nichtleer, denn die Menge enthält z.B. die Infima der einelementigen Teilmengen von N.

Wegen der Voraussetzung „die Ordnung auf V ist Noethersch" gibt es also ein minimales Element $a \in M$ und dieses sei das Infimum von F, wobei $F \subseteq N$ endlich und nichtleer ist. Dieses F erfüllt die Behauptung, wie wir nun zeigen.

Es sei $b \in N$ beliebig. Dann ist $F \cup \{b\}$ endlich und nichtleer, also $\sqcap(F \cup \{b\}) \in M$. Weiterhin haben wir

$$\begin{aligned} a &= \sqcap F & &\text{nach Annahme} \\ &\sqsupseteq \sqcap(F \cup \{b\}) & &\text{Eigenschaft Infimum} \end{aligned}$$

und dies impliziert $a = \bigsqcap(F \cup \{b\})$, denn es gilt $\bigsqcap(F \cup \{b\}) \in M$ und a ist minimal in M. Aus $a = \bigsqcap(F \cup \{b\})$ folgt nun $a \sqsubseteq b$. Weil dies für alle $b \in N$ zutrifft, ist damit a, also $\bigsqcap F$, eine untere Schranke von N.

Es ist $a = \bigsqcap F$ aber auch größer oder gleich jeder unteren Schranke von N. Zum Beweis sei $b \in V$ eine weitere untere Schranke von N. Dann haben wir:

$$
\begin{aligned}
a \;&=\; \bigsqcap F && \text{nach Annahme} \\
&\sqsupseteq\; b && b \text{ auch untere Schranke von } F
\end{aligned}
$$

2. Diese Aussage folgt sofort aus der ersten Aussage, indem man zum dualen Verband übergeht. $\qquad\Box$

Aufgrund dieser Aussagen können wir nun hinreichende Bedingungen für die Vollständigkeit eines Verbands angeben, die sich nicht mehr auf Suprema und Infima von Teilmengen beziehen, sondern auf Kettenbedingungen. Letztere sind in der Regel einfacher zu überprüfen.

2.4.16 Satz Es sei $(V, \sqcup, \sqcap)$ ein Verband.

1. Ist die Verbandsordnung $(V, \sqsubseteq)$ eine Noethersche Ordnung und hat V ein größtes Element, so ist V vollständig.

2. Ist die Verbandsordnung $(V, \sqsubseteq)$ eine Artinsche Ordnung, und hat V ein kleinstes Element, so ist V vollständig.

Beweis: Wir gehen der Reihe nach vor.

1. Nach Satz 2.4.15 besitzen alle nichtleeren Teilmengen von V ein Infimum. Es liegt also ein unterer Halbverband vor. Die Vollständigkeit folgt nun aus der Existenz des größten Elements und dem Satz von der oberen Grenze.

2. Auch diese Aussage folgt, wie in Satz 2.4.15, unmittelbar aus der ersten Aussage, indem man zum dualen Verband übergeht. $\qquad\Box$

Der erste Teil dieses Satzes zeigt, daß der Verband $V \cup \{\top\}$ von Beispiel 2.4.9 vollständig ist. Er besitzt nämlich $\top$ als größtes Element und alle absteigenden Ketten werden offensichtlich stationär. Es gilt allgemein: Ist die Verbandsordnung $(V, \sqsubseteq)$ eine Noethersche und Artinsche Ordnung, so ist $(V, \sqcup, \sqcap)$ ein vollständiger Verband. Dies folgt aus der Existenz von $\bigsqcap V = \mathsf{O}$ im ersten Fall bzw. aus der Existenz von $\bigsqcup V = \mathsf{L}$ im zweiten Fall.

Kapitel 3

Fixpunkttheorie mit Anwendungen

Fixpunkte spielen in vielen Teilen der Mathematik und Informatik eine herausragende Rolle. Beispielsweise lassen sich viele Algorithmen als Berechnungen von speziellen Fixpunkten auffassen. Auch bei der formalen Definition der Semantik von Programmiersprachen spielen Fixpunkte eine zentrale Rolle, da beispielsweise die Semantik einer Schleife mittels einer speziellen Fixpunktbildung erklärt werden kann. Die Fragestellungen dieses Kapitels betreffen Fixpunkte von monotonen und stetigen Abbildungen auf vollständigen Verbänden mit einigen Eigenschaften und Anwendungen.

3.1 Fixpunktsätze der Verbandstheorie

Ist $f : M \to M$ eine Abbildung, so heißt $a \in M$ ein *Fixpunkt* von f, falls $f(a) = a$ gilt. Falls M zusätzlich mit einer Ordnung $\sqsubseteq$ versehen ist und $(\mathsf{Fix}(f), \sqsubseteq)$ die angeordnete Menge der Fixpunkte darstellt, so stellt sich nicht nur die Frage, ob $\mathsf{Fix}(f) \neq \emptyset$ gilt, sondern zusätzlich noch, ob $\mathsf{Fix}(f)$ eine spezielle Struktur hat bzw. extreme Elemente besitzt. Das berühmteste Resultat über Fixpunkte in der Verbandstheorie ist der Satz von A. Tarski aus dem Jahr 1955, der aber schon auf gemeinsame Resultate mit B. Knaster aus den 20er Jahren des letzten Jahrhunderts zurückgeht. Wir formulieren den Fixpunktsatz von B. Knaster und A. Tarski in zwei Teilen. Der erste Teil ist der einfachere:

3.1.1 Satz (Fixpunktsatz von B. Knaster und A. Tarski, Teil 1) Gegeben seien ein vollständiger Verband $(V, \sqcup, \sqcap)$ und eine monotone Abbildung $f : V \to V$. Dann gelten die folgenden zwei Aussagen:

1. Die Abbildung f besitzt einen kleinsten Fixpunkt $\mu_f \in V$, der gegeben ist als

$$\mu_f = \bigsqcap \{a \in V \mid f(a) \sqsubseteq a\}.$$

2. Die Abbildung f besitzt einen größten Fixpunkt $\nu_f \in V$, der gegeben ist als

$$\nu_f = \bigsqcup \{a \in V \mid a \sqsubseteq f(a)\}.$$

Beweis: Es sind zwei Aussagen zu zeigen. Wir beginnen mit der ersten.

1. Wir bezeichnen mit $K_f = \{a \in V \mid f(a) \sqsubseteq a\}$ die Menge der von f kontrahierten Elemente. Wegen $\mathsf{L} \in K_f$ ist die Menge K_f nicht leer. Es sei nun $a \in K_f$ beliebig gewählt. Dann haben wir die folgende Implikation:

$$a \in K_f \;\;\Longrightarrow\;\; \textstyle\bigsqcap K_f \sqsubseteq a \qquad\qquad\qquad \text{Eigenschaft Infimum}$$
$$\Longrightarrow\;\; f(\textstyle\bigsqcap K_f) \sqsubseteq f(a) \sqsubseteq a \qquad\qquad f \text{ monoton}$$

Also ist der Bildpunkt $f(\bigsqcap K_f)$ eine untere Schranke von K_f, was die Beziehung $f(\bigsqcap K_f) \sqsubseteq \bigsqcap K_f$ beweist. Aus $f(\bigsqcap K_f) \sqsubseteq \bigsqcap K_f$ folgt $f(f(\bigsqcap K_f)) \sqsubseteq f(\bigsqcap K_f)$ wegen der Monotonie von f. Diese Eigenschaft zeigt $f(\bigsqcap K_f) \in K_f$ und somit erhalten wir $\bigsqcap K_f \sqsubseteq f(\bigsqcap K_f)$, d.h. die noch fehlende Abschätzung von $\bigsqcap K_f = f(\bigsqcap K_f)$.

Die Eigenschaft $\bigsqcap K_f \sqsubseteq x$ für jeden Fixpunkt x von f folgt aus $x \in K_f$.

2. Die Existenz und Darstellung des größten Fixpunkts ergibt sich aus (1), indem man von $(V, \sqcup, \sqcap, \sqsubseteq)$ zum dualen Verband $(V, \sqcap, \sqcup, \sqsupseteq)$ übergeht. $\qquad\square$

Aus diesem Satz ergeben sich sofort die folgenden Implikationen, welche auch als *Induktionsregeln* bezeichnet werden (im Büchern und Arbeiten zur denotationellen Semantik von Programmiersprachen nennt man die erste Eigenschaft auch Lemma von D. Park):

1. $f(a) \sqsubseteq a \;\;\Longrightarrow\;\; \mu_f \sqsubseteq a$

2. $a \sqsubseteq f(a) \;\;\Longrightarrow\;\; a \sqsubseteq \nu_f$

Wir kommen nun zum zweiten und schwierigeren Teil des Satzes von B. Knaster und A. Tarski, der eine Aussage über die Menge aller Fixpunkte macht. In ihm benötigen wir den in Definition 1.2.4 eingeführten Begriff der von N induzierten Teilordnung $\sqsubseteq_{|N}$. Weiterhin haben wir zwischen Supremum und Infimum in der gesamten Ordnung und in der Teilordnung gewissenhaft zu unterscheiden. Wir schreiben deshalb wie bisher die Symbole $\bigsqcup M$ und $\bigsqcap M$, wenn wir die gesamte Ordnung betrachten, sowie $\bigsqcup_N M$ und $\bigsqcap_N M$ für Supremums- und Infimumsbildung bezüglich der von N induzierten Teilordnung. Der nachfolgende Satz 3.1.2 wurde von A. Tarski im Jahr 1955 mit – bis auf notationelle Abweichungen – dem gleichen Beweis publiziert (A. Tarski, A lattice-theoretical fixpoint theorem and its applications, Pacific J. Math. 5, 285-309, 1955).

3.1.2 Satz (Fixpunktsatz von B. Knaster und A. Tarski, Teil 2) Es seien V und f wie in Satz 3.1.1 vorausgesetzt. Definiert man die Menge

$$\mathsf{Fix}(f) := \{a \in V \mid f(a) = a\},$$

so besitzt in der Ordnung $(\mathsf{Fix}(f), \sqsubseteq_{|\,\mathsf{Fix}(f)})$ jede Teilmenge von $\mathsf{Fix}(f)$ ein Supremum und ein Infimum, d.h. diese Ordnung induziert einen vollständigen Verband.

Beweis: Es sei $F \subseteq \mathsf{Fix}(f)$ eine Menge von Fixpunkten.

1. Wir haben zu zeigen, daß $\bigsqcup_{\mathsf{Fix}(f)} F$ existiert (und damit auch ein Fixpunkt ist). Dazu betrachten wir das Intervall von $\bigsqcup F$ bis zum größten Verbandselement, d.h. also

$$I := [\bigsqcup F, \mathsf{L}] = \{a \in V \mid \bigsqcup F \sqsubseteq a \sqsubseteq \mathsf{L}\}.$$

Da der Verband V vollständig ist, existiert das Supremum $\bigsqcup F$ in V immer, das Intervall ist also wohldefiniert. Nun beweisen wir der Reihe nach drei Aussagen, aus denen die Existenz des Supremums von F bezüglich der von $\mathsf{Fix}(F)$ induzierten Teilordnung folgt.

(a) Die Ordnung $(I, \sqsubseteq_{|I})$ induziert einen vollständigen Verband.

Beweis: Wir haben $\mathsf{L} \in I$. Nach Satz 2.4.2.1, dem Satz von der oberen Grenze, haben wir deshalb nur noch zu zeigen, daß jede nichtleere Teilmenge $Z \subseteq I$ ein Infimum $\bigsqcap_I Z$ besitzt. Wegen $\bigsqcap_I \emptyset = \mathsf{L}$ führt dies zu einem vollständigen Verband (vgl. mit der Bemerkung nach Satz 2.4.2). Wir beginnen wie folgt:

$$\begin{aligned}
\emptyset \neq Z \subseteq I &\implies \forall z \in Z : \bigsqcup F \sqsubseteq z && \text{Definition } I \\
&\implies \bigsqcup F \sqsubseteq \bigsqcap Z \sqsubseteq \mathsf{L} && \text{da } \bigsqcup F \in \mathsf{Mi}(Z) \\
&\implies \bigsqcap Z \in I && \text{Definition } I
\end{aligned}$$

Wegen der letzten Eigenschaft bekommen wir $\bigsqcap Z$ sofort als Infimum von Z in der Ordnung $(I, \sqsubseteq_{|I})$, da hier $a \sqsubseteq_{|I} b$ gleichwertig zu $a \sqsubseteq b$ ist.

(b) Die Menge I ist abgeschlossen unter Anwendung der Abbildung f (und damit ist offensichtlich die Restriktion $f_{|I} : I \to I$ von f auf das Intervall I nach der eben gezeigten ersten Eigenschaft eine monotone Abbildung auf einem vollständigen Verband).

Beweis: Für alle $a \in F$ haben wir

$$\begin{aligned}
a &= f(a) && a \text{ Fixpunkt} \\
&\sqsubseteq f(\bigsqcup F) && a \sqsubseteq \bigsqcup F, f \text{ monoton.}
\end{aligned}$$

Dies zeigt $f(\bigsqcup F) \in \mathsf{Ma}(F)$, also $\bigsqcup F \sqsubseteq f(\bigsqcup F)$. Aus dieser Abschätzung folgt nun für alle $a \in V$ die gewünschte Implikation:

$$\begin{aligned}
a \in I &\implies \bigsqcup F \sqsubseteq a && \text{Definition } I \\
&\implies f(\bigsqcup F) \sqsubseteq f(a) \sqsubseteq \mathsf{L} && f \text{ ist monoton} \\
&\implies \bigsqcup F \sqsubseteq f(a) \sqsubseteq \mathsf{L} && \text{da } \bigsqcup F \sqsubseteq f(\bigsqcup F) \\
&\iff f(a) \in I && \text{Definition } I
\end{aligned}$$

(c) Aufgrund von Satz 3.1.1 ist die Existenz von $\mu_{f_{|I}} \in I$ gesichert. Dieses Element ist auch ein Fixpunkt von f:

$$\begin{aligned}
f(\mu_{f_{|I}}) &= f_{|I}(\mu_{f_{|I}}) && \text{da } \mu_{f_{|I}} \in I \\
&= \mu_{f_{|I}} && \text{Fixpunkteigenschaft}
\end{aligned}$$

Wir zeigen nun die Existenz des gesuchten Supremums mittels der Gleichung $\mu_{f_{|I}} = \bigsqcup_{\mathsf{Fix}(f)} F$.

Beweis: Es sind zwei Punkte zu verifizieren. Es sei $a \in F$ beliebig. Dann gilt die Abschätzung

$$a \;\sqsubseteq\; \bigsqcup F \qquad\qquad\qquad \text{Definition Supremum}$$
$$\sqsubseteq\; \mu_{f_{|I}} \qquad\qquad\qquad\qquad \mu_{f_{|I}} \in I, \text{ Definition } I,$$

und da beide Elemente Fixpunkte sind, also in $\mathsf{Fix}(f)$ liegen, ist dies gleichwertig zu $a \sqsubseteq_{|\mathsf{Fix}(f)} \mu_{f_{|I}}$. Somit ist $\mu_{f_{|I}}$ eine $\sqsubseteq_{|\mathsf{Fix}(f)}$-obere Schranke von F.

Nun sei $b \in \mathsf{Fix}(f)$ mit $a \sqsubseteq_{|\mathsf{Fix}(f)} b$ für alle $a \in F$, also eine weitere $\sqsubseteq_{|\mathsf{Fix}(f)}$-obere Schranke von F. Dann gilt $a \sqsubseteq b$ für alle $a \in F$, denn alles sind Fixpunkte, also $\bigsqcup F \sqsubseteq b$, was $b \in I$ impliziert. Aus $b \in I$ und $b \in \mathsf{Fix}(f)$ folgt aber $b \in \mathsf{Fix}(f_{|I})$, also $\mu_{f_{|I}} \sqsubseteq b$. Wiederum sind beides Fixpunkte, so daß $\mu_{f_{|I}} \sqsubseteq b$ zu $\mu_{f_{|I}} \sqsubseteq_{|\mathsf{Fix}(f)} b$ gleichwertig ist. Damit ist $\mu_{f_{|I}}$ als $\sqsubseteq_{|\mathsf{Fix}(f)}$-kleinste obere Schranke von F nachgewiesen.

2. Durch eine Dualisierung des eben erbrachten Beweises zeigt man, daß der größte Fixpunkt $\nu_{f_{|J}}$ der Restriktion der Abbildung f auf das Intervall

$$J := [\mathsf{O}, \textstyle\bigsqcap F]$$

das Infimum von F in $(\mathsf{Fix}(f), \sqsubseteq_{|\mathsf{Fix}(f)})$ ist. $\square$

Ist V ein vollständiger Verband und $f : V \to V$ monoton, so erhalten wir also wieder einen vollständigen Verband $\mathsf{Fix}(f)$. Dieser Fixpunktverband ist im allgemeinen aber kein vollständiger Unterverband von V im Sinne von Definition 2.4.6. Etwa gilt (vergleiche mit Abschnitt 2.4) für die Verbandsordnung $(V, \sqsubseteq)$ die Gleichung

$$\bigsqcup \emptyset \;=\; \mathsf{O},$$

aber im Fixpunktverband mit der Ordnung $(\mathsf{Fix}(f), \sqsubseteq_{|\mathsf{Fix}(f)})$ gilt für jedes beliebige Element a die Äquivalenz

$$
\begin{aligned}
\textstyle\bigsqcup_{\mathsf{Fix}(f)} \emptyset = a \;\Longleftrightarrow\;\; & \forall x \in \emptyset : x \sqsubseteq_{|\mathsf{Fix}(f)} a \;\wedge\; \\
& \forall y \in \mathsf{Fix}(f) : (\forall x \in \emptyset : x \sqsubseteq_{|\mathsf{Fix}(f)} y) \Rightarrow a \sqsubseteq_{|\mathsf{Fix}(f)} y \\
\Longleftrightarrow\;\; & \forall y \in \mathsf{Fix}(f) : \text{true} \Rightarrow a \sqsubseteq_{|\mathsf{Fix}(f)} y \\
\Longleftrightarrow\;\; & \forall y \in \mathsf{Fix}(f) : a \sqsubseteq_{|\mathsf{Fix}(f)} y \\
\Longleftrightarrow\;\; & a = \mu_f,
\end{aligned}
$$

welche offensichtlich die folgende Gleichung impliziert:

$$\textstyle\bigsqcup_{\mathsf{Fix}(f)} \emptyset \;=\; \mu_f$$

Stimmen nun der kleinste Fixpunkt μ_f und das kleinste Verbandselement nicht überein, so gilt $\bigsqcup \emptyset \neq \bigsqcup_{\mathsf{Fix}(f)} \emptyset$, und es liegt kein vollständiger Unterverband vor.

Die Beschreibungen von μ_f und ν_f in Satz 3.1.1 sind nicht konstruktiv. Wie man diese Fixpunkte konstruktiv beschreiben und darauf aufbauend bei endlichen Verbänden iterativ berechnen kann, wird nachfolgend gezeigt. Wir beginnen mit einer Eingrenzung der extremen Fixpunkte durch ein spezielles Supremum von unten und ein spezielles Infimum von oben.

3.1.3 Satz Ist $f : V \to V$ eine monotone Abbildung auf einem vollständigen Verband $(V, \sqcup, \sqcap)$, so gilt die Abschätzung

$$\bigsqcup_{i \geq 0} f^i(\mathsf{O}) \sqsubseteq \mu_f \sqsubseteq \nu_f \sqsubseteq \bigsqcap_{i \geq 0} f^i(\mathsf{L}),$$

wobei die i-ten Potenzen einer Abbildung wie üblich induktiv definiert sind.

Beweis: Durch eine vollständige Induktion zeigt man $f^i(\mathsf{O}) \sqsubseteq \mu_f$ für alle $i \in \mathbb{N}$, was dann sofort die linkeste Abschätzung $\bigsqcup_{i \geq 0} f^i(\mathsf{O}) \sqsubseteq \mu_f$ impliziert:

Induktionsbeginn $i = 0$:

$$
\begin{aligned}
f^0(\mathsf{O}) \;&=\; \mathsf{O} && \text{Definition } f^0 \\
&\sqsubseteq\; \mu_f && \mathsf{O} \text{ kleinstes Element}
\end{aligned}
$$

Induktionsschluß $i \mapsto i + 1$:

$$
\begin{aligned}
f^i(\mathsf{O}) \sqsubseteq \mu_f \;&\Longrightarrow\; f\left(f^i(\mathsf{O})\right) \sqsubseteq f(\mu_f) && f \text{ ist monoton} \\
&\Longleftrightarrow\; f^{i+1}(\mathsf{O}) \sqsubseteq \mu_f && \text{Def. } f^{i+1}, \mu_f \in \mathsf{Fix}(f)
\end{aligned}
$$

Ebenso zeigt man $\nu_f \sqsubseteq f^i(\mathsf{L})$ für alle $i \in \mathbb{N}$ durch vollständige Induktion, was die rechteste Abschätzung $\nu_f \sqsubseteq \bigsqcap_{i \geq 0} f^i(\mathsf{L})$ beweist.

Die mittlere Abschätzung $\mu_f \sqsubseteq \nu_f$ folgt schließlich direkt aus der Definition von μ_f und ν_f als kleinstem bzw. größtem Element von $\mathsf{Fix}(f)$. $\qquad\qquad\square$

Um von den drei Abschätzungen dieses Satzes die linke und die rechte als Gleichungen, also als im Prinzip konstruktive Beschreibungen für die extremen Fixpunkte zu bekommen, braucht man zusätzliche Eigenschaften. Die folgenden Ergebnisse wurden von A. Tarski in der schon erwähnten Arbeit aus dem Jahr 1955 ohne Beweis zitiert. Heutzutage tritt in diesem Zusammenhang, insbesondere in der Informatik, oft der Name S. Kleene auf, der die Konstruktion des kleinsten Fixpunkts mittels eines Supremums von Abbildungsiterationen ebenfalls 1955 in seinem bekannten Buch „Introduction to Metamathematics" publizierte. In der folgenden Definition werden die oben erwähnten Eigenschaften eingeführt.

3.1.4 Definition Es seien $(V, \sqcup, \sqcap)$ ein vollständiger Verband und $f : V \to V$ eine Abbildung. Dann heißt f

1. $\sqcup$-*stetig* (oder *aufwärts stetig*), falls f monoton ist und für jede Kette $K \subseteq V$ gilt

$$f(\bigsqcup K) \;=\; \bigsqcup \{ f(a) \,|\, a \in K \},$$

2. $\sqcap$-*stetig* (oder *abwärts stetig*), falls f monoton ist und für jede Kette $K \subseteq V$ gilt

$$f(\bigsqcap K) \;=\; \bigsqcap \{ f(a) \,|\, a \in K \}. \qquad\qquad\square$$

In dieser Definition ist die Monotonie von f eigentlich nicht notwendig. Wir haben sie aber hinzugenommen, um erstens die Existenz von Fixpunkten gesichert zu haben und zweitens mit den in der Informatik geläufigen Definitionen konform zu sein. Dort werden schwächere Ordnungen verwendet, sogenannte CPOs, bei denen, neben der Existenz eines kleinsten Elements, die Existenz von Suprema für Ketten gefordert wird. Eine Stetigkeits-definition für Abbildungen auf CPOs muß nun die Monotonie sinnvollerweise beinhalten, damit das Bild einer Kette K wiederum eine Kette bildet, also in der ersten Gleichung obi-ger Definition neben $\bigsqcup K$ auch $\bigsqcup\{f(a)\,|\,a \in K\}$ existiert. Nach diesen Vorbemerkungen können wir nun den folgenden Satz beweisen:

3.1.5 Satz (Fixpunktsatz von B. Knaster, A. Tarski und S. Kleene) Es sei f : $V \to V$ eine Abbildung auf einem vollständigen Verband $(V, \sqcup, \sqcap)$. Dann gilt

1. $\mu_f = \bigsqcup_{i \geq 0} f^i(\mathsf{O})$,

falls die Abbildung f $\sqcup$-stetig ist, und

2. $\nu_f = \bigsqcap_{i \geq 0} f^i(\mathsf{L})$,

falls die Abbildung f $\sqcap$-stetig ist.

Beweis: Wir beginnen den Beweis mit der Gleichung für den kleinsten Fixpunkt.

1. Wegen Satz 3.1.3 genügt es zu zeigen, daß $\bigsqcup_{i \geq 0} f^i(\mathsf{O})$ ein Fixpunkt von f ist. Aus $\bigsqcup_{i \geq 0} f^i(\mathsf{O}) \in \mathsf{Fix}(f)$ und $\bigsqcup_{i \geq 0} f^i(\mathsf{O}) \sqsubseteq \mu_f$ folgt dann nämlich $\bigsqcup_{i \geq 0} f^i(\mathsf{O}) = \mu_f$. Die gewünschte Fixpunkteigenschaft beweist man wie folgt:

$$
\begin{aligned}
f(\textstyle\bigsqcup_{i \geq 0} f^i(\mathsf{O})) &= \textstyle\bigsqcup_{i \geq 0} f(f^i(\mathsf{O})) && \{f^i(\mathsf{O})\,|\,i \geq 0\} \text{ Kette, } f \text{ $\sqcup$-stetig} \\
&= \textstyle\bigsqcup_{i \geq 0} f^{i+1}(\mathsf{O}) && \text{Definition } f^{i+1} \\
&= \textstyle\bigsqcup_{i \geq 1} f^i(\mathsf{O}) && \text{Indextransformation} \\
&= \textstyle\bigsqcup\{\mathsf{O}, \bigsqcup_{i \geq 1} f^i(\mathsf{O})\} && \mathsf{O} \text{ kleinstes Element} \\
&= \textstyle\bigsqcup_{i \geq 0} f^i(\mathsf{O}) && f^0(\mathsf{O}) = \mathsf{O}
\end{aligned}
$$

2. Diese Gleichung beweist man analog zu (1), indem man zeigt, daß $\bigsqcap_{i \geq 0} f^i(\mathsf{L})$ ein Fixpunkt ist und anschließend wiederum den Satz 3.1.3 verwendet. $\square$

Aus Satz 3.1.5 ergeben sich sofort Algorithmen zur Berechnung von extremen Fixpunk-ten. Diese werden nachfolgend als `while`-Programme angegeben. Die Korrektheitsbeweise werden dann mittels des Zusicherungskalküls und der Invariantentechnik geführt. Wir set-zen deshalb voraus, daß dem Leser diese fundamentalen Begriffe der Programmverifikation vertraut sind. Im folgenden werden aber nur sehr einfache `while`-Programme auftreten, nämlich solche, die nur aus einer Initialisierung der Variablen gefolgt von einer `while`-Schleife bestehen. Hier ist auch die Verifikationstechnik einfach: Es ist zu zeigen, daß die Initialisierung die Invariante etabliert, falls die Vorbedingung gilt, die Abarbeitung des Schleifenrumpfs die Gültigkeit der Invariante aufrechterhält und aus der Negation der Schleifenbedingung (d.h. nach dem Ende der Schleife) und der Invariante die Nachbedin-gung folgt.

3.1.6 Anwendung (Berechnung von Fixpunkten) Es sei $f : V \to V$ eine monotone Abbildung auf einem vollständigen Verband $(V, \sqcup, \sqcap)$. Wir betrachten das folgende while-Programm mit zwei Variablen x, y für Elemente aus V:

$$x := \mathsf{O};$$
$$y := f(\mathsf{O});$$
$$\underline{\text{while }} x \neq y \underline{\text{ do}}$$
$$x := y;$$
$$y := f(y) \underline{\text{ od}}$$

Abbildung 3.1: Programm $\underline{\text{COMP}}_\mu$

Dann ist dieses Programm *partiell korrekt* bezüglich der Vorbedingung true (die keine Einschränkungen beschreibt) und der Nachbedingung $x = \mu_f$. Diese Aussage heißt nun konkret: Terminiert das Programm $\underline{\text{COMP}}_\mu$, so besitzt die Variable x nach seiner Abarbeitung den Wert μ_f. Wir betrachten zum (einfacheren) Beweis dieser Aussage eine Modifikation von $\underline{\text{COMP}}_\mu$ mit kollateralen statt sequentiellen Zuweisungen[1] und verwenden die Invariante

$$Inv(x, y) \iff x \sqsubseteq \mu_f \wedge y = f(x),$$

um dieses zu verifizieren. Offensichtlich gilt $Inv(\mathsf{O}, f(\mathsf{O}))$, also $Inv(x, y)$ nach der Initialisierung von x und y durch $x, y := \mathsf{O}, f(\mathsf{O})$. Der Schleifenrumpf $x, y := y, f(y)$ verändert die Gültigkeit von $Inv(x, y)$ nicht. Dies zeigt man durch

$$
\begin{aligned}
Inv(x, y) &\iff x \sqsubseteq \mu_f \wedge y = f(x) && \text{Definition } Inv \\
&\implies y = f(x) \sqsubseteq f(\mu_f) = \mu_f \wedge f(y) = f(y) && f \text{ ist monoton} \\
&\iff Inv(y, f(y)) && \text{Definition } Inv,
\end{aligned}
$$

wobei die übliche Voraussetzung, daß die Schleifenbedingung (hier: $x \neq y$) gilt, hier gar nicht benötigt wird. Aus der Gültigkeit von $Inv(x, y)$ und der Negation $x = y$ der Schleifenbedingung folgt nun aber sofort $x = \mu_f$, also die Nachbedingung.

Auf die gleiche Weise zeigt man, daß das Programm

$$x := \mathsf{L};$$
$$y := f(\mathsf{L});$$
$$\underline{\text{while }} x \neq y \underline{\text{ do}}$$
$$x := y;$$
$$y := f(y) \underline{\text{ od}}$$

Abbildung 3.2: Programm $\underline{\text{COMP}}_\nu$

partiell korrekt ist bezüglich der Vorbedingung true und der Nachbedingung $x = \nu_f$. Terminiert dieses Programm, so besitzt am Ende die Variable x Wert ν_f.

---

[1]Das Originalprogramm bekommt man dann durch eine Sequentialisierung der kollateralen Zuweisungen des verifizierten Programms.

Ist der Verband endlich, so terminieren beide Programme, da die abzählbar-aufsteigende Kette $O \sqsubseteq f(O) \sqsubseteq \ldots$ und die abzählbar-absteigende Kette $L \sqsupseteq f(L) \sqsupseteq \ldots$ nach endlich vielen Gliedern stationär werden. Damit sind beide Programme sogar *total korrekt* bezüglich der angegebenen Vor- und Nachbedingungen. $\square$

Wenn wir somit eine Problemspezifikation äquivalent zur Berechnung von μ_f oder ν_f beweisen können, haben wir in den entsprechenden Instantiierungen der Schemata COMP$_\mu$ und COMP$_\nu$ sofort Algorithmen zur Problemlösung vorliegend. Dies werden wir später bei den Relationen zur Programmentwicklung häufig anwenden.

Für Fixpunkte gibt es einige wichtige Rechenregeln neben den zwei Implikationen (1) und (2), die wir unmittelbar nach Satz 3.1.1 angegeben haben. Im folgenden beschränken wir uns auf kleinste Fixpunkte; die entsprechenden Aussagen gelten dual auch für größte Fixpunkte. Als erste wichtige Eigenschaft haben wir etwa die im folgenden Satz formulierte, die sich mit der Abbildung (dem Transfer, deshalb der Name des Satzes) eines kleinsten Fixpunktes auf einen anderen kleinsten Fixpunkt befaßt:

3.1.7 Satz (Transfer-Lemma) Es seien V und W vollständige Verbände. Weiterhin seien drei $\sqcup$-stetige Abbildungen $f : V \to V$, $g : W \to W$ und $h : V \to W$ gegeben. Dann gilt die Implikation

$$h \circ f = g \circ h, \, h(O) = O \quad \Longrightarrow \quad h(\mu_f) = \mu_g.$$

Beachte: Abbildungskomposition erfolgt von rechts nach links, d.h. $(h \circ f)(x) = h(f(x))$.

Beweis: Wir zeigen zuerst durch Induktion $h(f^i(O)) = g^i(O)$ für alle $i \in \mathbb{N}$.

Induktionsbeginn $i = 0$:

$$
\begin{aligned}
h(f^0(O)) &= h(O) & &\text{Definition } f^0 \\
&= g^0(O) & &h(O) = O, \text{ Definition } g^0
\end{aligned}
$$

Induktionsschluß $i \mapsto i + 1$:

$$
\begin{aligned}
h(f^{i+1}(O)) &= h(f(f^i(O))) & &\text{Definition } f^{i+1} \\
&= g(h(f^i(O))) & &h \circ f = g \circ h \\
&= g(g^i(O)) & &\text{Induktionsannahme} \\
&= g^{i+1}(O) & &\text{Definition } g^{i+1}
\end{aligned}
$$

Der Rest folgt nun aus der $\sqcup$-Stetigkeit von f, g und h:

$$
\begin{aligned}
h(\mu_f) &= h(\textstyle\bigsqcup_{i \geq 0} f^i(O)) & &\text{Fixpunktsatz 3.1.5} \\
&= \textstyle\bigsqcup_{i \geq 0} h(f^i(O)) & &h \text{ ist } \sqcup\text{-stetig} \\
&= \textstyle\bigsqcup_{i \geq 0} g^i(O) & &\text{siehe oben} \\
&= \mu_g & &\text{Fixpunktsatz 3.1.5}
\end{aligned}
$$

Damit ist der Beweis des Transfer-Lemmas beendet. $\square$

Eigentlich brauchen in diesem Satz die Abbildungen f und g nur monoton sein. Der Beweis dieser Verallgemeinerung ist jedoch etwas komplizierter. Wir haben die obige Formulierung gewählt, weil bei den Anwendungen später eigentlich immer zwei $\sqcup$-stetige Abbildungen f und g vorliegen. Auf die $\sqcup$-Stetigkeit der Transferabbildung h kann man hingegen nicht verzichten.

Als zweite wichtige Eigenschaft von kleinsten Fixpunkten beweisen wir noch die in dem folgenden Satz angegebene.

3.1.8 Satz (Roll-Regel) Es seien V und W vollständige Verbände. Dann gilt für monotone Abbildungen $f : V \to W$ und $g : W \to V$ die Gleichung

$$f(\mu_{g \circ f}) = \mu_{f \circ g}.$$

Beweis: Wir beweisen zwei Abschätzungen.

„$\sqsupseteq$": Unter Verwendung der nach Satz 3.1.1 aufgeführten Implikation (1) bekommen wir die Abschätzung wie folgt:

$$
\begin{aligned}
f(\mu_{g \circ f}) \sqsubseteq f(\mu_{g \circ f}) &\implies f(g(f(\mu_{g \circ f}))) \sqsubseteq f(\mu_{g \circ f}) && \mu_{g \circ f} \in \mathsf{Fix}(g \circ f) \\
&\implies \mu_{f \circ g} \sqsubseteq f(\mu_{g \circ f}) && \text{Implikation (1)}
\end{aligned}
$$

„$\sqsubseteq$": Da offensichtlich eine symmetrische Situation vorliegt, kann man (vollkommen wie im Beweis von „$\sqsupseteq$") zeigen, daß die Beziehung

$$\mu_{g \circ f} \sqsubseteq g(\mu_{f \circ g})$$

gilt, indem die beiden Abbildungen f und g vertauscht werden. Aus dieser Abschätzung folgt nun aber nun sofort die gewünschte Beziehung

$$
\begin{aligned}
f(\mu_{g \circ f}) &\sqsubseteq f(g(\mu_{f \circ g})) && \text{Monotonie von } f \\
&= \mu_{f \circ g} && \mu_{f \circ g} \in \mathsf{Fix}(f \circ g). \qquad \Box
\end{aligned}
$$

Die zu den Sätzen 3.1.7 und 3.1.8 dualen Aussagen für den größten Fixpunkt sind offensichtlich. Im ersten Fall benötigt man die $\sqcap$-Stetigkeit.

Zum Schluß dieses Abschnitts wollen wir noch ein überraschendes Resultat angeben. Aus dem Fixpunktsatz 3.1.1 folgt sofort: Ist ein Verband V vollständig, so besitzt jede monotone Abbildung auf V einen Fixpunkt. A. Davis, die eine Schülerin von A. Tarski war, hat auch die Umkehrung bewiesen und in dem gleichen Zeitschriftenband wie A. Tarski unmittelbar nach seinem Artikel publiziert. („A characterization of complete lattices", Pacific J. Math 5, 311-319, 1955.) Somit haben wir durch Kombination der beiden Sätze die folgende überraschende Charakterisierung von vollständigen Verbänden mittels der Existenz von Fixpunkten monotoner Abbildungen:

3.1.9 Satz (A. Davis) Es sei V ein Verband. Dann gilt: V ist genau dann vollständig, wenn jede monotone Abbildung $f : V \to V$ einen Fixpunkt besitzt. $\qquad \Box$

Beweisen können wir den Satz von A. Davis an dieser Stelle noch nicht, denn der Beweis erfordert, wie der Darstellungssatz von M.H. Stone, Mittel aus der Mengenlehre und der Theorie der transfiniten Zahlen (wie Auswahlaxiom, Zornsches Lemma usw.), die wir noch nicht zu Verfügung haben.

3.2   Anwendung: Schröder-Bernstein-Theorem

In diesem Abschnitt geben wir eine sehr bekannte Anwendung des ersten Teils des Fixpunktsatzes von B. Knaster und A. Tarski in der Mengenlehre an. Wir beweisen das bekannte und wichtige Schröder-Bernstein-Theorem, welches auf E. Schröder und F. Bernstein zurückgeht. Dazu brauchen wir einige Vorbereitungen.

3.2.1 Definition Gegeben seien zwei Mengen A und B.

1. Die Mengen A, B heißen *gleichmächtig* (oder *mengenisomorph* bzw. nur *isomorph*), i. Z. $A \approx B$, falls es eine bijektive Abbildung $f : A \to B$ gibt.

2. Die Menge A heißt *schmächtiger* (oder *von geringerer Kardinalität*) als die Menge B, i. Z. $A \preceq B$, falls es eine injektive Abbildung $f : A \to B$ gibt.   □

Einfache Eigenschaften der zwei Relationen $\approx$ und $\preceq$ sind in dem nachfolgenden Satz zusammengestellt. Die Beweise sind trivial und deshalb nicht durchgeführt.

3.2.2 Satz   1. Die Relation $\approx$ der Gleichmächtigkeit ist eine Äquivalenzrelation auf einer Menge $\mathcal{M}$ von Mengen, d.h. es gelten für alle $A, B, C \in \mathcal{M}$ die folgenden Eigenschaften:

   (a) $A \approx A$

   (b) $A \approx B \implies B \approx A$

   (c) $A \approx B$ und $B \approx C \implies A \approx C$

2. Die Relation $\preceq$ der Schmächtigkeit ist eine Quasiordnung auf einer Menge $\mathcal{M}$ von Mengen, d.h. es gelten für alle $A, B, C \in \mathcal{M}$ die folgenden Eigenschaften:

   (d) $A \preceq A$

   (e) $A \preceq B$ und $B \preceq C \implies A \preceq C$ □

In Abschnitt 1.2 hatten wir ein Verfahren angegeben, wie man von einer Quasiordnung $\preceq$ zu einer Äquivalenzrelation $\equiv$ kommt. Für die in Definition 3.2.1.2 eingeführte Quasiordnung stimmt diese Relation $\equiv$ mit der in Definition 3.2.1.1 eingeführte Relation $\approx$ überein, d.h.

$$A \preceq B \wedge B \preceq A \iff A \approx B.$$

Ein Beweis von „$\Longleftarrow$" ist trivial. Die nichttriviale Richtung „$\Longrightarrow$" ist auch als Schröder-Bernstein-Theorem bekannt. Seine Bedeutung liegt darin, daß es erlaubt, Kardinalzahlen und deren Ordnung mittels der Relationen $\approx$ und $\preceq$ zu definieren. Die Namensgebung rührt daher, daß ein erster Beweis unabhängig von E. Schröder und F. Bernstein gefunden wurde, obwohl G. Cantor 1883 der erste war, der die Aussage formulierte. F. Bernstein trug seinen Beweis im Jahr 1897 im Rahmen eines von G. Cantor geleiteten Seminars vor. Dies geschah alles, bevor der Fixpunktsatz von B. Knaster und A. Tarski publiziert wurde. Entsprechend kompliziert waren die Originalbeweis – verglichen mit dem nun folgenden.

3.2.3 Satz (Schröder-Bernstein) Gibt es eine injektive Abbildung $f : A \to B$ und eine injektive Abbildung $g : B \to A$, so sind A und B gleichmächtig.

Beweis: Wir betrachten den vollständigen Potenzmengenverband $(2^A, \cup, \cap)$ über A und definieren die folgende Abbildung:

$$\Phi : 2^A \to 2^A \qquad \Phi(X) = A \setminus g(B \setminus f(X))$$

Dabei ist das Bild einer Menge unter einer Abbildung wie üblich festgelegt, also etwa $f(X) = \{ f(a) \mid a \in X \}$. Die Abbildung Φ ist monoton bezüglich der Mengeninklusion; man verifiziert diese Eigenschaft wie folgt:

$$
\begin{aligned}
X \subseteq Y \quad &\implies \quad f(X) \subseteq f(Y) && \text{Bild einer Menge} \\
&\implies \quad B \setminus f(Y) \subseteq B \setminus f(X) && \text{Antitonie Komplement} \\
&\implies \quad g(B \setminus f(Y)) \subseteq g(B \setminus f(X)) && \text{Bild einer Menge} \\
&\implies \quad A \setminus g(B \setminus f(X)) \subseteq A \setminus g(B \setminus f(Y)) && \text{Antitonie Komplement} \\
&\iff \quad \Phi(X) \subseteq \Phi(Y) && \text{Definition } \Phi
\end{aligned}
$$

Also besitzt Φ nach dem Fixpunktsatz 3.1.1 einen Fixpunkt $X^* \in 2^A$. Für diesen Fixpunkt bekommen wir dann:

$$
\begin{aligned}
\Phi(X^*) = X^* \quad &\iff \quad A \setminus g(B \setminus f(X^*)) = X^* && \text{Definition } \Phi \\
&\implies \quad g(B \setminus f(X^*)) = A \setminus X^* && \text{Involution Komplement} \\
&\implies \quad B \setminus f(X^*) = g^{-1}(A \setminus X^*) && \text{Definition Urbild, } g \text{ injektiv}
\end{aligned}
$$

Bildlich stellt sich dieser Sachverhalt wie in Abbildung 3.3 skizziert dar:

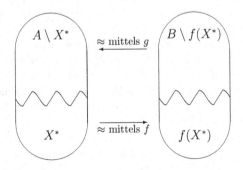

Abbildung 3.3: Zur Aufteilung der Mengen A und B

Weiterhin ist die Restriktion $(g_{|B \setminus f(X^*)})^{-1} : A \setminus X^* \to B \setminus f(X^*)$ eine bijektive Abbildung. Nun ist es auch klar, wie man die bijektive Abbildung $h : A \to B$ – in der Auffassung von Abbildungen als spezielle Relationen – zu definieren hat:

$$h := (f_{|X^*}) \cup (g_{|B \setminus f(X^*)})^{-1}$$

In der üblichen Schreibweise mit der punktweisen Definition von Abbildungen sieht dies wie folgt aus:

$$h(x) = \begin{cases} f(x) & \text{falls } x \in X^* \\ g^{-1}(x) & \text{falls } x \in A \setminus X^* \end{cases}$$

Die Vereinigung von disjunkten bijektiven Abbildungen ist wiederum eine bijektive Abbildung. Man kann die Bijektivität von h aber auch leicht direkt durch Fallunterscheidungen aus der punktweisen Definition beweisen. □

Das Schröder-Bernstein-Theorem ist eine rein mengentheoretische Aussage. Es sagt nichts darüber aus, ob im Falle von Operationen oder Relationen auf A und B gewisse Zusatzeigenschaften der Injektionen f und g, wie etwa Monotonie oder Stetigkeit, auf die Bijektion h übertragen werden. In der Informatik ist jedoch gerade die Übertragung von solchen Zusatzeigenschaften bei der Lösung sogenannter Bereichsgleichungen von fundamentaler Bedeutung. Auf Details kann an dieser Stelle aber nicht eingegangen werden.

3.3 Berechnungsinduktion

Dieser Abschnitt zeigt, wie man Eigenschaften von extremen Fixpunkten beweisen kann. Wir beschränken uns dabei auf den kleinsten Fixpunkt. Das angegebene Verfahren kann auch auf den größten Fixpunkt angewendet werden, wenn man zum dualen Verband übergeht.

Legt man etwa, wie bei denotationeller Semantik üblich, die Semantik einer Rechenvorschrift fest als den kleinsten Fixpunkt der durch den Rumpf induzierten stetigen Abbildung, so entsprechen Aussagen über die Rechenvorschrift Aussagen über den kleinsten Fixpunkt. Eine Möglichkeit, eine Aussage über μ_f zu beweisen, ist, sich an der Iteration des Fixpunktsatzes für stetige Abbildungen „hochzuhangeln". Das geht aber nicht für alle Eigenschaften, wie man leicht durch ein Beispiel zeigen kann. Von D. Scott und J.W. de Bakker wurde als einfacher Ausweg zur Umgehung dieses Problems der folgende gewählt: Sie forderten diese „Hochhangeleigenschaft" von Aussagen (leicht verallgemeinert) einfach als Voraussetzung, zeigten, darauf aufbauend, ein einfaches Beweisverfahren zum Nachweis von $P(\mu_f)$, und bewiesen schließlich, daß die Eigenschaft so allgemein ist, daß praktisch alle in der Praxis auftauchenden Fälle von Prädikaten P durch sie behandelbar sind. Und hier ist die entsprechende Festlegung.

3.3.1 Definition Es seien $(V, \sqcup, \sqcap)$ ein vollständiger Verband und P ein Prädikat (eine Eigenschaft) auf V. Dann heißt P *zulässig* (genauer: $\sqcup$-zulässig), falls für jede Kette K aus V gilt: Aus $P(a)$ für alle $a \in K$ folgt $P(\bigsqcup K)$.

Bei zulässigen Prädikaten vererbt sich also die Eigenschaft von allen Kettengliedern auf das Supremum der Kette. Diese Prädikate werden so genannt, weil sie zulässig für das auf D. Scott und J.W. de Bakker zurückgehende Prinzip der Berechnungsinduktion sind. Dieses Prinzip wird im folgenden Satz bewiesen.

3.3.2 Satz (Berechnungsinduktion) Es seien $(V, \sqcup, \sqcap)$ ein vollständiger Verband, $f : V \to V$ eine $\sqcup$-stetige Abbildung und P ein zulässiges Prädikat auf V. Dann folgt aus der Gültigkeit der beiden Formeln

(1) $P(\mathsf{O})$ (Induktionsbeginn)

(2) $\forall a \in V : P(a) \Rightarrow P(f(a))$ (Induktionsschluß)

die Eigenschaft $P(\mu_f)$.

Beweis: Aus (1) und (2) erhält man durch vollständige Induktion $P(f^i(\mathsf{O}))$ für alle Glieder der abzählbar-unendlichen Kette $\mathsf{O} \sqsubseteq f(\mathsf{O}) \sqsubseteq \ldots$ des Fixpunktsatzes für stetige Abbildungen.

Der Induktionsbeginn $i = 0$, d.h. $P(\mathsf{O})$, ist genau (1).

Zum Induktionsschluß $i \mapsto i + 1$ verwenden wir die Implikation (2) mit $f^i(\mathsf{O})$ als Element a und erhalten aus $P(f^i(\mathsf{O}))$ nun $P(f(f^i(\mathsf{O})))$, also genau $P(f^{i+1}(\mathsf{O}))$.

Nun verwenden wir die Zulässigkeit von P und bekommen $P(\bigsqcup_{i \geq 0} f^i(\mathsf{O}))$. Schließlich zeigt der Fixpunktsatz 3.1.5 die Behauptung. $\qquad\square$

In der obigen Definition haben wir eine Festlegung für zulässige Prädikate gegeben, die sich nicht so ohne weiteres nachprüfen läßt. Es wäre viel schöner, wenn man die Zulässigkeit von P am syntaktischen Aufbau von P erkennen könnte. Das wichtigste hinreichende syntaktische Kriterium für Zulässigkeit von Prädikaten wird in dem nachfolgenden Satz formuliert. In der Literatur wird – einschränkenderweise – dieses Kriterium auch manchmal bei der Definition der Zulässigkeit verwendet.

3.3.3 Satz (Syntaktisches Kriterium I) Ein Prädikat P auf V ist zulässig, falls es einen vollständigen Verband W und zwei $\sqcup$-stetige Abbildungen $f, g : V \to W$ gibt, so daß für alle $a \in V$ die Eigenschaft $P(a)$ äquivalent zu $f(a) \sqsubseteq g(a)$ ist.

Beweis: Es sei K eine Kette in V. Dann bekommen wir

$$
\begin{array}{lll}
\forall a \in K : P(a) & \Longleftrightarrow \forall a \in K : f(a) \sqsubseteq g(a) & \text{Voraussetzung} \\
& \Longrightarrow \forall a \in K : f(a) \sqsubseteq \bigsqcup\{g(b) \mid b \in K\} & \\
& \Longleftrightarrow \forall a \in K : f(a) \sqsubseteq g(\bigsqcup K) & g \ \sqcup\text{-stetig} \\
& \Longrightarrow \bigsqcup\{f(a) \mid a \in K\} \sqsubseteq g(\bigsqcup K) & \\
& \Longleftrightarrow f(\bigsqcup K) \sqsubseteq g(\bigsqcup K) & f \ \sqcup\text{-stetig} \\
& \Longleftrightarrow P(\bigsqcup K) & \text{Voraussetzung,}
\end{array}
$$

was den Beweis der Zulässigkeit von P beendet. $\qquad\square$

Man kann den Beweis dieses Satzes leicht dahin abändern, daß von der Abbildung g nur die Eigenschaft der Monotonie benutzt wird, indem man die für monotone Abbildungen immer gültige Beziehung $\bigsqcup\{g(b) \mid b \in K\} \sqsubseteq g(\bigsqcup K)$ verwendet.

Als eine weitere sehr nützliche Eigenschaft zulässiger Prädikate haben wir, daß Zulässigkeit unter Konjunktion erhalten bleibt. Formal gilt also:

3.3.4 Satz (Syntaktisches Kriterium II) Sind P und Q zwei zulässige Prädikate auf einem vollständigen Verband $(V, \sqcup, \sqcap)$, so ist auch ihre Konjunktion $P \wedge Q$ zulässig, wobei $(P \wedge Q)(a)$ genau dann gilt, wenn $P(a)$ und $Q(a)$ gelten.

Beweis: Es sei K eine Kette in V. Dann gilt:

$$
\begin{aligned}
\forall a \in K : (P \wedge Q)(a) \quad &\Longleftrightarrow \quad \forall a \in K : P(a) \wedge Q(a) && \text{Konjunktion} \\
&\Longrightarrow \quad (\forall a \in K : P(a)) \wedge (\forall a \in K : Q(a)) && \\
&\Longrightarrow \quad P(\bigsqcup K) \wedge Q(\bigsqcup K) && P, Q \text{ zulässig} \\
&\Longleftarrow \quad (P \wedge Q)(\bigsqcup K) && \text{Konjunktion}
\end{aligned}
$$

Nach der Definition ist dies also genau die Zulässigkeit der Konjunktion der zwei Prädikate P und Q. □

Man beachte, daß wir im Satz und seinem Beweis die Konjunktionsoperation auf den Prädikaten und die Konjunktion von Wahrheitswerten mit dem gleichen Symbol „$\wedge$" bezeichnet haben. Offensichtlich überträgt sich der Beweis dieses Satzes auf beliebige Konjunktionen $\bigwedge_{j \in J} P_j$ einer Familie $(P_j)_{j \in J}$, von zulässigen Prädikaten.

Man kann relativ einfach zeigen, daß das direkte Produkt $V \times W$ von zwei vollständigen Verbänden wiederum vollständig ist. Ist $K \subseteq V \times W$ eine Kette von Paaren, so gilt dabei

$$
\bigsqcup K \;=\; \langle \bigsqcup K_V, \bigsqcup K_W \rangle, \qquad\qquad (*)
$$

wobei die Mengen $K_V \subseteq V$ und $K_W \subseteq W$ definiert sind durch

$$
K_V = \{a \in V \mid \exists b \in W : \langle a, b \rangle \in K\} \qquad K_W = \{b \in W \mid \exists a \in V : \langle a, b \rangle \in K\}.
$$

In Worten besagt $(*)$, daß das Supremum einer Kette von Paaren das Paar der Suprema der ersten bzw. zweiten Komponenten der Paare ist. Diese Komponentenmengen K_V und K_W bilden wiederum Ketten, nun natürlich in V bzw. W. Eine unmittelbare Konsequenz von Gleichung $(*)$ ist die $\sqcup$-Stetigkeit der beiden Projektionen $p_1 : V \times W \to V$ und $p_2 : V \times W \to W$. Diese wiederum erlauben, den Gleichheitstest auf einem vollständigen Verband V (den man z.B. verwendet, um zwei kleinste Fixpunkte μ_f und μ_g als gleich zu verifizieren) als zulässig zu beweisen. Es gilt nämlich

$$
a = b \quad \Longleftrightarrow \quad p_1(a, b) \sqsubseteq p_2(a, b) \wedge p_2(a, b) \sqsubseteq p_1(a, b),
$$

und man hat dadurch eine Beschreibung von $a = b$ als Konjunktion von zwei zulässigen Prädikaten auf $V \times V$.

Der Gleichheitstest hängt von zwei Argumenten ab. Dieses Paar als ein Element aus einem Produkt-Verband aufzufassen ist für das praktische Arbeiten jedoch umständlich. Im folgenden betrachten wir deshalb noch kurz eine offensichtliche mehrstellige Variante des Prinzips der Berechnungsinduktion, die für viele der in der Praxis auftretenden Anwendungen oft einfacher anzuwenden ist.

3.3.5 Bemerkung (Simultane Berechnungsinduktion) Wir haben bisher die Berechnungsinduktion nur für einstellige Prädikate formuliert. Mehrstellige Prädikate stellen keine Erweiterung dar, da man durch die Interpretation von V als einen Produkt-Verband alles auf Einstelligkeit reduzieren kann. Insbesondere haben wir etwa im zweistelligen Fall für zwei vollständige Verbände V, W, zwei $\sqcup$-stetige Abbildungen $f : V \to V$, $g : W \to W$ und ein zulässiges Prädikat P auf $V \times W$, daß aus der Gültigkeit der Formeln

> (1) $\quad P(\mathsf{O},\mathsf{O})$ $\hspace{4cm}$ (Induktionsbeginn)
> (2) $\quad \forall a \in V, b \in W : P(a,b) \Rightarrow P(f(a),g(b))$ $\hspace{1cm}$ (Induktionsschluß)

die Eigenschaft $P(\mu_f, \mu_g)$ folgt. Diese Art von Berechnungsinduktion wird in der Literatur *simultane Berechnungsinduktion* genannt.

Zum Korrektheitsbeweis von simultaner Berechnungsinduktion definiert man das sogenannte *Abbildungsprodukt* $f \otimes g$ von f und g durch

$$f \otimes g : V \times W \to V \times W \qquad (f \otimes g)(a,b) = \langle f(a), g(b) \rangle$$

und bekommt dadurch eine $\sqcup$-stetige Abbildung $f \otimes g$ auf $V \times W$ und, daß der Induktionsschluß (2) von der simultanen Berechnungsinduktion genau dann gilt, falls

$$\forall \langle a,b \rangle \in V \times W : P(a,b) \Longrightarrow P((f \otimes g)(a,b))$$

zutrifft. Verwendet man nun die Originalform von Berechnungsinduktion, also Satz 3.3.2, mit dem Produkt-Verband $V \times W$, der obigen Eigenschaft $P(\mathsf{O},\mathsf{O})$ als Induktionsbeginn und dem eben angegebenen „neuen Induktionsschluß", so folgt daraus $P(\mu_{f \otimes g})$. Nun zeigt die recht einfach zu beweisende Gleichung $\mu_{f \otimes g} = \langle \mu_f, \mu_g \rangle$ sofort das Gewünschte.

Den allgemeineren Fall $n > 2$ behandelt man entsprechend mit einem n-stelligen Funktionsprodukt $f_1 \otimes \ldots \otimes f_n$ von Abbildungen. $\hfill \square$

Nachfolgend geben wir ein Beispiel für die Anwendung von simultaner Berechnungsinduktion an.

3.3.6 Beispiel (Abbildungskomposition) Es sei $f : V \to V$ eine $\sqcup$-stetige Abbildung auf einem vollständigen Verband $(V, \sqcup, \sqcap)$. Damit existieren die kleinsten Fixpunkte μ_f und $\mu_{f \circ f}$, denn mit f ist auch die Komposition $f \circ f$ monoton. Die Komposition $f \circ f$ ist, wie man leicht zeigt, sogar $\sqcup$-stetig. Wir wollen $\mu_f = \mu_{f \circ f}$ beweisen.

Wegen $f(f(\mu_f)) = \mu_f$ gilt die Abschätzung $\mu_{f \circ f} \sqsubseteq \mu_f$.

Die verbleibende Eigenscheft $\mu_f \sqsubseteq \mu_{f \circ f}$ beweisen wir durch Berechnungsinduktion unter Verwendung von

$$a \sqsubseteq b \;\wedge\; a \sqsubseteq f(a)$$

als Prädikat $P(a, b)$. Eine Anwendung von Berechnungsinduktion besteht immer aus drei Schritten:

Zulässigkeitstest: Das Prädikat P ist zulässig, denn wir können unter Verwendung der Projektionen p_1 und p_2 den ersten Teil als $p_1(a, b) \sqsubseteq p_2(a, b)$ schreiben und den zweiten Teil als $p_1(a, b) \sqsubseteq (f \circ p_2)(a, b)$. Die Behauptung folgt somit aus den syntaktischen Kriterien.

Induktionsbeginn: Trivialerweise gelten $\mathsf{O} \sqsubseteq \mathsf{O}$ und $\mathsf{O} \sqsubseteq f(\mathsf{O})$.

Induktionsschluß: Es seien zwei beliebige Elemente $a, b \in V$ mit $P(a, b)$, also $a \sqsubseteq b$ und $a \sqsubseteq f(a)$, vorgegeben. Dann haben wir

$$
\begin{array}{lll}
a \sqsubseteq b & \implies & f(a) \sqsubseteq f(b) \qquad\qquad\qquad\qquad\qquad f \text{ monoton}\\
& \implies & f(f(a)) \sqsubseteq f(f(b)) \qquad\qquad\qquad\qquad f \text{ monoton}\\
& \implies & f(a) \sqsubseteq f(f(b)) \qquad\quad f \text{ monoton und } a \sqsubseteq f(a)
\end{array}
$$

und auch

$$a \sqsubseteq f(a) \implies f(a) \sqsubseteq f(f(a)) \qquad\qquad\qquad\qquad\qquad f \text{ monoton.}$$

Diese beiden Rechnungen zeigen $P(f(a), (f \circ f)(b))$.

Aufgrund der Berechnungsinduktion haben wir somit $P(\mu_f, \mu_{f \circ f})$, insbesondere also die gewünschte Abschätzung $\mu_f \sqsubseteq \mu_{f \circ f}$. $\qquad\qquad\qquad\qquad\qquad\qquad\qquad\qquad\qquad\square$

Die Vorgehensweise dieses Beispiels ist typisch für viele Anwendungen von Berechnungsinduktion. Man hat die eigentlich interessante Eigenschaft, oben $a \sqsubseteq b$, um eine zusätzliche Eigenschaft zu verstärken, um die Invarianz der eigentlich interessanten Eigenschaft beweisen zu können. Die zusätzliche Eigenschaft entdeckt man dabei natürlich in der Regel erst während des Beweisversuchs. Man nimmt sie dann in das Prädikat auf und beginnt den Beweis von vorne.

Es ist an dieser Stelle noch eine Bemerkung zur Stetigkeit angebracht. In Satz 3.3.2 wird die Abbildung f als $\sqcup$-stetig vorausgesetzt, da der Beweis den Fixpunktsatz für stetige Abbildungen verwendet. Es ist überraschend, daß Satz 3.3.2 aber auch schon gilt, wenn die Abbildung f nur monoton ist. Ein Beweis dieser Verallgemeinerung ist mit den bisherigen Hilfsmitteln aber noch nicht möglich.

3.4 Hüllenbildungen und Hüllensysteme

Hüllenbildungen spielen in vielen Bereichen der Mathematik und der Informatik eine ausgezeichnete Rolle. Vom Grundstudium her bekannt sind sicher die transitive Hülle

$R^+ = \bigcup_{i \geq 1} R^i$ und die reflexiv-transitive Hülle $R^* = \bigcup_{i \geq 0} R^i$ einer Relation R. Diese beiden Konstruktionen werden wir später noch relationenalgebraisch genauer studieren. Die transitive Hülle einer Relation erfüllt die Gleichung $R^+ = R \cup RR^+$ und man kann sogar zeigen, daß R^+ die kleinste Lösung X von $X = R \cup RX$ ist, die R enthält. Dieses Beispiel zeigt, daß Hüllenbildungen und Fixpunkte etwas miteinander zu tun haben. Was, das will dieser Abschnitt klären. Wir beginnen mit den Hüllenbildungen, deren Axiome auf K. Kuratowski zurückgeführt werden können:

3.4.1 Definition Eine Abbildung $h : V \to V$ auf einem vollständigen Verband $(V, \sqcup, \sqcap)$ mit Verbandsordnung $(V, \sqsubseteq)$ heißt *Hüllenbildung*, falls für alle $a, b \in V$ gilt:

$$(a) \quad a \sqsubseteq b \implies h(a) \sqsubseteq h(b) \qquad\qquad\qquad \textit{Monotonie}$$

$$(b) \quad a \sqsubseteq h(a) \qquad\qquad\qquad\qquad \textit{Expansionseigenschaft}$$

$$(c) \quad h(h(a)) = h(a) \qquad\qquad\qquad\qquad \textit{Idempotenz}$$

Zu $a \in V$ nennt man den Bildpunkt $h(a)$ die *Hülle* von a. Ist a ein Fixpunkt von h, so heißt a auch bezüglich h *abgeschlossen*. □

Statt Hüllenbildung sagt man auch Hüllenoperator. Jeder Bildpunkt einer Hüllenbildung h, also jede Hülle, ist also ein Fixpunkt von h. Statt Idempotenz hätte es auch genügt, $h(h(a)) \sqsubseteq h(a)$ zu fordern, da $h(a) \sqsubseteq h(h(a))$ aus der Expansionseigenschaft folgt. Der folgende Satz zeigt, daß man Hüllenbildungen auch durch eine Äquivalenz beschreiben kann.

3.4.2 Satz Die Abbildung $h : V \to V$ auf einem vollständigen Verband $(V, \sqcup, \sqcap)$ ist genau dann eine Hüllenbildung, falls für alle $a, b \in V$ gilt

$$a \sqsubseteq h(b) \iff h(a) \sqsubseteq h(b)$$

Beweis: „$\Longrightarrow$" Es seien $a, b \in V$. Gilt $a \sqsubseteq h(b)$, so folgt daraus $h(a) \sqsubseteq h(h(b)) = h(b)$ nach der Monotonie in der Idempotenz.

Gilt hingegen die rechte Seite $h(a) \sqsubseteq h(b)$ der Äquivalenz, so bekommen wir ihre linke Seite $a \sqsubseteq h(b)$ wegen der Expansionseigenschaft.

„$\Longleftarrow$" Expansionseigenschaft: Es sei $a \in V$. Wegen $h(a) \sqsubseteq h(a)$ zeigt die Voraussetzung (von rechts nach links) $a \sqsubseteq h(a)$.

Monotonie: Seien $a, b \in V$ mit $a \sqsubseteq b$. Dann zeigt die eben bewiesene Expansionseigenschaft $a \sqsubseteq h(b)$ und die Voraussetzung (von links nach rechts) dann $h(a) \sqsubseteq h(b)$.

Idempotenz: Es sei $a \in V$ vorgegeben. Dann gilt $h(a) \sqsubseteq h(a)$ und die Voraussetzung (von links nach rechts) bringt $h(h(a)) \sqsubseteq h(a)$. Die andere Abschätzung brauchen wir ja nicht zu beweisen. □

Nach diesen Vorbereitungen zu Hüllenbildungen geben wir nun einige Beispiele für solche Abbildungen an.

3.4.3 Beispiele (für Hüllenbildungen) Wir stellen zuerst drei bekannte mathematische Beispiele für Hüllenbildungen vor; das vierte Beispiel kennen wir schon von früher.

1. Ist M eine Menge und $2^{M \times M}$ die Menge aller Relationen auf M, so bekommt man durch die *transitive Hülle*

$$h : 2^{M \times M} \to 2^{M \times M} \qquad h(R) = R^+$$

   eine Hüllenbildung im Potenzmengenverband $(2^{M \times M}, \cup, \cap)$.

2. Es sei $\mathbb{E} = \mathbb{R} \times \mathbb{R}$ die euklidische Ebene. Eine Menge $M \subseteq \mathbb{E}$ heißt konvex, falls zu $a, b \in M$ auch die Gerade $\overline{ab}$ in M enthalten ist. Offensichtlich ist auf dem Potenzmengenverband $(2^{\mathbb{E}}, \cup, \cap)$ die Abbildung

$$h : 2^{\mathbb{E}} \to 2^{\mathbb{E}} \qquad h(X) = \bigcap \{Y \mid X \subseteq Y, Y \text{ konvex}\}$$

   eine Hüllenbildung. Das Bild $h(X)$ von X heißt die *konvexe Hülle* von X.

3. Nun sei $(M, \mathcal{T})$ ein topologischer Raum, also $\mathcal{T}$ eine Menge von Teilmengen von M, welche den Axiomen einer *Topologie* genügt. Weiterhin sei mit X° der *offene Kern* von $X \in 2^M$ bezeichnet, das ist die größte in X enthaltene offene Menge, d.h. $X^{\circ} = \bigcup \{Y \mid Y \subseteq X, Y \text{ offen}\}$, wobei Y offen ist per Definition falls $Y \in \mathcal{T}$. Dann ist

$$h : 2^M \to 2^M \qquad h(X) = X^{\circ}$$

   eine Hüllenbildung auf dem dualen Potenzmengenverband $(2^M, \cap, \cup)$.

4. Die beiden Abbildungen Mi und Ma von Definition 1.2.9 führen zu

$$\mathsf{Mi} \circ \mathsf{Ma} : 2^M \to 2^M \qquad \mathsf{Ma} \circ \mathsf{Mi} : 2^M \to 2^M$$

   als Hüllenbildungen auf dem Potenzmengenverband $(2^M, \cup, \cap)$. Die Monotonie folgt jeweils aus Satz 1.2.10.1 und die Idempotenz jeweils aus Satz 1.2.10.2. Daß $\mathsf{Mi} \circ \mathsf{Ma}$ expandierend ist, wurde im Beweis von Satz 1.2.10.2 gezeigt. Auf die gleiche Art beweist man diese Eigenschaft für $\mathsf{Ma} \circ \mathsf{Mi}$. $\qquad \square$

Die Beispiele (2) und (3) lassen annehmen, daß bei einer Hüllenbildung oft ein allgemeines Prinzip vorliegt. Das Bild $h(X)$ ergibt sich als das Infimum (bezüglich der Verbandsordnung $\sqsubseteq$) einer Menge, deren definierende Eigenschaft durchschnittserblich ist. Dies führt zu folgender Festlegung, welche auf E.H. Moore zurückgeführt werden kann:

3.4.4 Definition Es sei $(V, \sqcup, \sqcap)$ ein vollständiger Verband. Eine Teilmenge H von V heißt ein *Hüllensystem*, falls für alle Teilmengen $M \subseteq H$ gilt $\sqcap M \in H$. $\qquad \square$

Wir betrachten die ersten drei Beispiele der Hüllenbildungen von den Beispielen 3.4.3 noch einmal unter dem Blickwinkel dieses neuen Begriffs. Das vierte Beispiel, die Komposition der beiden Abbildungen Ma und Mi, kann ebenso behandelt werden. Wir stellen dies aber zurück, da wir dem dadurch beschriebenen Hüllensystem später im Rahmen von Vervollständigungen einen eigenen Abschnitt widmen werden.

3.4.5 Beispiele (für Hüllensysteme) Den drei ersten Beispielen 3.4.3 entsprechen die folgenden Hüllensysteme.

1. In $(2^{M \times M}, \cup, \cap)$ ist die Menge der transitiven Relationen ein Hüllensystem, da der Durchschnitt von beliebig vielen transitiven Relationen wieder transitiv ist. Wenn wir später Transitivität relational beschrieben haben, ist dies eine einfache Konsequenz dieser Beschreibung.

2. Der Durchschnitt von konvexen Teilmengen der Euklidschen Ebene $\mathbb{E}$ ist trivialerweise auch konvex. Somit bekommt man durch diese Teilmengen ein Hüllensystem im Potenzmengenverband $(2^{\mathbb{E}}, \cup, \cap)$.

3. Die Vereinigung von (topologisch) offenen Mengen ist nach der Definition des Begriffs „Topologie" offen. Somit bildet die Topologie $\mathcal{T}$ (die Menge der offenen Mengen) eines topologischen Raums $(X, \mathcal{T})$ ein Hüllensystem im dualen Potenzmengenverband $(2^X, \cap, \cup)$ über X. $\qquad \square$

Aus den Beispielen 3.4.3 ist schon gut die Konstruktion ersichtlich, mit der man von den Hüllensystemen zu den Hüllenbildungen kommt. Im nächsten Satz wird dieser Übergang allgemein angegeben und als korrekt bewiesen. Es wird weiterhin gezeigt, daß auch der umgekehrte Übergang von den Hüllenbildungen zu den Hüllensystemen mittels Fixpunktmengen möglich ist und daß beide Transformationen gegenseitig invers zueinander sind.

3.4.6 Satz (Hauptsatz über Hüllen) Gegeben sei ein vollständiger Verband $(V, \sqcup, \sqcap)$. Dann gelten die drei folgenden Aussagen.

1. Jedes Hüllensystem $H \subseteq V$ induziert eine Hüllenbildung h_H durch die Festlegung

$$\mathsf{h}_H : V \to V \qquad \mathsf{h}_H(a) = \bigsqcap\{y \in H \mid a \sqsubseteq y\}.$$

2. Jede Hüllenbildung $h : V \to V$ induziert ein Hüllensystem H_h durch die Festlegung

$$\mathsf{H}_h := \mathsf{Fix}(h) = \{a \in V \mid h(a) = a\}.$$

3. Die so definierten Abbildungen $H \mapsto \mathsf{h}_H$ und $h \mapsto \mathsf{H}_h$ zwischen Hüllensystemen und Hüllenbildungen über V sind gegenseitig invers zueinander, d.h. erfüllen

$$\mathsf{h}_{(\mathsf{H}_h)} = h \qquad \mathsf{H}_{(\mathsf{h}_H)} = H,$$

und auch antiton bezüglich der Mengeninklusion und der Abbildungsordnung.

Beweis: Wir beweisen die drei Aussagen der Reihe nach.

1. Es sind die drei Eigenschaften einer Hüllenbildung zu zeigen. Dazu seien $a, b \in V$.

   Monotonie: Eine größere Menge führt offensichtlich zu einem kleineren Infimum. Dies erlaubt die zu zeigende Eigenschaft wie folgt zu verifizieren:

$$a \sqsubseteq b$$
$$\implies \{y \in H \mid b \sqsubseteq y\} \subseteq \{y \in H \mid a \sqsubseteq y\}$$
$$\implies \bigsqcap\{y \in H \mid a \sqsubseteq y\} \sqsubseteq \bigsqcap\{y \in H \mid b \sqsubseteq y\} \qquad \text{obige Bem.}$$
$$\iff h_H(a) \sqsubseteq h_H(b) \qquad \text{Definition } h_H$$

Expansion: Hier geht man wie folgt vor:

$$a \in \mathsf{Mi}(\{y \in H \mid a \sqsubseteq y\}) \qquad \text{wahre Aussage}$$
$$\implies a \sqsubseteq \bigsqcap\{y \in H \mid a \sqsubseteq y\} \qquad \text{Definition Infimum}$$
$$\iff a \sqsubseteq h_H(a) \qquad \text{Definition von } h_H$$

Idempotenz: Es genügt $h_H(h_H(a)) \sqsubseteq h_H(a)$ zu beweisen; man vergleiche dazu mit der Bemerkung nach Definition 3.4.1. Wir haben offensichtlich $\{y \in H \mid a \sqsubseteq y\} \subseteq H$ und somit auch

$$\begin{aligned} h_H(a) &= \bigsqcap\{y \in H \mid a \sqsubseteq y\} \qquad & \text{Definition von } h_H \\ &\in H & H \text{ ist Hüllensystem,} \end{aligned}$$

was die nachfolgende Element-Beziehung impliziert:

$$h_H(a) \in \{y \in H \mid h_H(a) \sqsubseteq y\} \qquad \text{da } h_H(a) \sqsubseteq h_H(a)$$

Damit sind wir aber fertig, denn wir bekommen nun:

$$\begin{aligned} h_H(h_H(a)) &= \bigsqcap\{y \in H \mid h_H(a) \sqsubseteq y\} \qquad & \text{Definition } h_H(a) \\ &\sqsubseteq h_H(a) & \text{da } h_H(a) \text{ in der Menge} \end{aligned}$$

2. Die Abbildung h ist monoton, also ist H_h nach dem Fixpunktsatz 3.1.1 nicht leer. Es sei nun $M \subseteq H_h$. Zu zeigen ist $\bigsqcap M \in H_h$, d.h. also $\bigsqcap M = h(\bigsqcap M)$ nach der Definition von H_h als Menge der Fixpunkte von h.

Abschätzung „$\sqsubseteq$": Die Ungleichung $\bigsqcap M \sqsubseteq h(\bigsqcap M)$ folgt aus der Expansionseigenschaft der Hüllenbildung h.

Abschätzung „$\sqsupseteq$": Zu deren Beweis schließt man wie folgt:

$$\forall a \in M : \bigsqcap M \sqsubseteq a \qquad \text{wahre Aussage}$$
$$\implies \forall a \in M : h(\bigsqcap M) \sqsubseteq h(a) = a \qquad h \text{ monoton}, M \subseteq \mathsf{Fix}(h)$$
$$\iff h(\bigsqcap M) \in \mathsf{Mi}(M) \qquad \text{Definition Mi}$$
$$\implies h(\bigsqcap M) \sqsubseteq \bigsqcap M \qquad \text{Eigenschaft Infimum}$$

3. Die linke Gleichung: Es sei $a \in V$. Dann gilt:

$$\begin{aligned} h_{(H_h)}(a) &= \bigsqcap\{y \in H_h \mid a \sqsubseteq y\} \qquad & \text{Definition } h_{(H_h)} \\ &= \bigsqcap\underbrace{\{y \in V \mid a \sqsubseteq y \wedge h(y) = y\}}_{:=M} & \text{Definition } H_h \end{aligned}$$

Es bleibt zu zeigen, daß $\bigsqcap M = h(a)$ gilt, dann haben wir $\mathsf{h}_{(\mathsf{H}_h)}(a) = h(a)$ für alle $a \in V$, also die Gleichheit $\mathsf{h}_{(\mathsf{H}_h)} = h$.

Abschätzung „$\sqsupseteq$": Ist $b \in M$, so gilt $a \sqsubseteq b$ und $h(b) = b$, also $h(a) \sqsubseteq b$ wegen der Monotonie von h. Dies zeigt $h(a) \in \mathsf{Mi}(M)$ und somit $h(a) \sqsubseteq \bigsqcap M$.

Abschätzung „$\sqsubseteq$": Wegen der Eigenschaft $a \sqsubseteq h(a)$ und $h(h(a)) = h(a)$ haben wir $h(a) \in M$, da es die die Menge M definierenden Eigenschaften erfüllt. Aus $h(a) \in M$ folgt aber $\bigsqcap M \sqsubseteq h(a)$.

Wir kommen nun zur rechten Gleichung von (3). Wir zeigen dazu erst für alle $a \in V$ die Äquivalenz[2].

$$a \in H \iff a = \bigsqcap\{y \in H \mid a \sqsubseteq y\} \tag{†}$$

Hier ist der Beweis für die Richtung „$\Longrightarrow$":

$$
\begin{aligned}
& a \in H && \\
\Longrightarrow\ & a \in \{y \in H \mid a \sqsubseteq y\} && \text{da } a \sqsubseteq a \\
\Longrightarrow\ & a \text{ kleinstes Element dieser Menge} && \\
\Longrightarrow\ & a = \bigsqcap\{y \in H \mid a \sqsubseteq y\} && \text{Kl. El. ist Infimum}
\end{aligned}
$$

Zum Beweis der anderen Richtung „$\Longleftarrow$" schließt man wie folgt

$$
\begin{aligned}
a = \bigsqcap\{y \in H \mid a \sqsubseteq y\} \ \Longrightarrow\ & a \text{ Inf. Teilmenge von } H \\
\Longrightarrow\ & a \in H && H \text{ Hüllensys.}
\end{aligned}
$$

Mit Hilfe der obigen Äquivalenz (†) beenden wir nun den Beweis der rechten Gleichung von (3) sehr einfach wie folgt:

$$
\begin{aligned}
\mathsf{H}_{(\mathsf{h}_H)} \ &= \ \{a \in V \mid \mathsf{h}_H(a) = a\} && \text{Definition } \mathsf{H}_{(\mathsf{h}_H)} \\
&= \ \{a \in V \mid \bigsqcap\{y \in H \mid a \sqsubseteq y\} = a\} && \text{Definition } \mathsf{h}_H \\
&= \ \{a \in V \mid a \in H\} && \text{nach (†)} \\
&= \ H
\end{aligned}
$$

Daß $H_1 \subseteq H_2$ impliziert $\mathsf{h}_{H_2}(a) \sqsubseteq \mathsf{h}_{H_1}(a)$ für alle $a \in V$, also $\mathsf{h}_{H_2} \sqsubseteq \mathsf{h}_{H_1}$, folgt aus der Tatsache, daß die Vergrößerung einer Menge das Infimum verkleinert. Gilt umgekehrt $h_2 \sqsubseteq h_1$, so ist jeder Fixpunkt b von h_1 auch einer von h_2 aufgrund von $b \sqsubseteq h_2(b) \sqsubseteq h_1(b) = b$. Dies zeigt $\mathsf{H}_{h_1} \subseteq \mathsf{H}_{h_2}$. $\square$

Offensichtlich ist der Durchschnitt von zwei Hüllensystemen H_1 und H_2 eines vollständigen Verbands V wiederum ein Hüllensystem in V. Leider ist jedoch, wie Gegenbeispiele zeigen, die Komposition von zwei beliebigen Hüllenbildungen $h_1, h_2 : V \to V$ nicht immer eine Hüllenbildung bezüglich V. Sie wird offensichtlich eine, falls $h_1 \circ h_2 = h_2 \circ h_1$ zutrifft. Wird unter der Gültigkeit dieser Gleichung nun h_1 von H_1 und h_2 von H_2 im Sinne des

---

[2]D.h. $a \in H$ gilt genau dann, wenn $a = \mathsf{h}_H(a)$. Man beachte, daß der Beweis die Hüllensystemeigenschaften von H nicht verwendet.

Hauptsatzes induziert, so kann man unter Verwendung des Hauptsatzes die Darstellung $h_1 \circ h_2 = \mathsf{h}_{H_1 \cap H_2}$ für die vom Durchschnitt induzierte Hüllenbildung beweisen.

Um einem oft vorkommenden Fehler bei Hüllenbildungen und -systemen vorzubeugen, soll an dieser Stelle nun noch ein Beispiel für ein Mengensystem angegeben werden, das kein Hüllensystem ist, aber durch eine kleine Abänderung auf ein solches führt.

3.4.7 Beispiel Es sei M eine unendliche Menge. Die Menge $\mathcal{E}$ der endlichen Teilmengen von M ist zwar abgeschlossen gegenüber *binären* Durchschnitten, bildet aber kein Hüllensystem im vollständigen Potenzmengenverband $(2^M, \cup, \cap)$. Für den Spezialfall $\emptyset \subseteq \mathcal{E}$, also *null-stelligen* Durchschnitten, gilt nämlich

$$\bigcap \emptyset \;=\; M \;\notin\; \mathcal{E}.$$

Die Abbildung $\mathsf{h}_{\mathcal{E}} : 2^M \to 2^M$ des Hauptsatzes 3.4.6, die einer Menge aus 2^M den Durchschnitt aller sie umfassenden endlichen Mengen aus 2^X zuordnet, bildet endliche Teilmengen von M auf sich selbst ab und unendliche Teilmengen von M auf M. Sie ist, wie man einfach verifiziert, eine Hüllenbildung, obwohl $\mathcal{E}$ kein Hüllensystem ist. Dies ist kein Widerspruch zum Hauptsatz, denn das von ihr induzierte Hüllensystem ist nicht $\mathcal{E}$, sondern die Erweiterung $\mathcal{E} \cup \{M\}$.

Von dem Hüllensystem $\mathcal{E} \cup \{M\}$ kommt man durch die Hauptsatz-Konstruktion wiederum exakt zur Hüllenbildung $\mathsf{h}_{\mathcal{E}}$ zurück.   □

Eine unmittelbare Folgerung des Hauptsatzes 3.4.6 ist die in dem folgenden Satz zuerst genannte Tatsache, daß Hüllensysteme vollständige Verbände sind. Wesentlich wichtiger für spätere Anwendungen ist aber der zweite Teil des Satzes, in dem angezeigt wird, wie in diesem vollständigen Verband Infima und gebildet werden.

3.4.8 Satz (Hüllensystemverband) Jedes Hüllensystem H eines vollständigen Verbands $(V, \sqcup, \sqcap)$ führt mit der durch H induzierten Teilordnung wieder zu einem vollständigen Verband $(H, \sqcup_H, \sqcap_H)$. In diesem Verband ist

1. das Infimum $\sqcap_H N$ von $N \subseteq H$ gleich dem Infimum $\sqcap N$ von N im Originalverband V, also insbesondere $a \sqcap_H b = a \sqcap b$ für alle $a, b \in H$, und

2. das Supremum $\sqcup_H N$ von $N \subseteq H$ gleich der Hülle $\mathsf{h}_H(\sqcup N)$ im Originalverband V, also insbesondere $a \sqcup_H b = \sqcap \{x \in H \mid a \sqcup b \sqsubseteq x\}$ für alle $a, b \in H$.

Beweis: Nach dem Hauptsatz ist H die Menge der Fixpunkte der Hüllenbildung (also monotonen Abbildung) $\mathsf{h}_H : V \to V$. Die Vollständigkeit von H folgt nun sofort aus dem zweiten Teil des Fixpunktsatzes von B. Knaster und A. Tarski.

Daß in diesem vollständigen Verband $(H, \sqcup_H, \sqcap_H)$ für alle $N \subseteq H$ das Infimum durch $\sqcap N$ gegeben ist, in Formelschreibweise also $\sqcap_H N = \sqcap N$ gilt, folgt aus der Infimumsabgeschlossenheit des Hüllensystems H. Hier ist der Beweis: Es sei $a \in N$. Dann gilt $\sqcap N \sqsubseteq a$, also $\sqcap N \sqsubseteq_{|H} a$ wegen $a \in N \subseteq H$ und $\sqcap N \in H$. Folglich ist $\sqcap N$ eine untere Schranke von N in $(H, \sqsubseteq_{|H})$. Das Element $\sqcap N$ ist sogar die größte untere Schranke von N in $(H, \sqsubseteq_{|H})$. Ist nämlich $b \in H$ eine weitere untere Schranke von N in $(H, \sqsubseteq_{|H})$, so gilt $b \sqsubseteq_{|H} a$ für alle $a \in N$, also $b \sqsubseteq a$ für alle $a \in N$ wegen $b \in H$. Dies bringt $b \sqsubseteq \sqcap N$ und $b \in H$ gemeinsam mit $\sqcap N \in H$ implizieren $b \sqsubseteq_{|H} \sqcap N$.

Das Supremum $\bigsqcup_H N$ von $N \subseteq H$ im Hüllensystemverband $(H, \sqcup_H, \sqcap_H)$ ist gleich dem Bildpunkt $\mathsf{h}_H(\bigsqcup N)$, wobei h_H die Hüllenbildung des Hauptsatzes 3.4.6 ist. Die folgende Rechnung verifiziert diese Tatsache:

$$
\begin{aligned}
\mathsf{h}_H(\textstyle\bigsqcup N) \;&=\; \textstyle\bigsqcap\{x \in H \mid \bigsqcup N \sqsubseteq x\} && \text{Definition } \mathsf{h}_H \\
&=\; \textstyle\bigsqcap\{x \in H \mid \forall y \in N : y \sqsubseteq x\} && \\
&=\; \textstyle\bigsqcap_H\{x \in H \mid \forall y \in N : y \sqsubseteq x\} && \text{siehe oben} \\
&=\; \textstyle\bigsqcap_H\{x \in H \mid \forall y \in N : y \sqsubseteq_{|H} x\} && x, y \in H \\
&=\; \textstyle\bigsqcap_H \mathsf{Ma}_H(N) && \text{Definition obere Schranken} \\
&=\; \textstyle\bigsqcup_H N && \text{Satz von der oberen Grenze}
\end{aligned}
$$

Dabei zeigt der Index H beim Supremumssymbol und der Abbildung Ma an, daß man sich im Hüllensystemverband $(H, \sqcup_H, \sqcap_H)$ mit der durch H induzierten Ordnung befindet. $\quad\square$

Der Hüllensystemverband ist jedoch kein vollständiger Unterverband. Wir zeigen das anhand eines wichtigen Beispiels auf.

3.4.9 Beispiel (Untergruppenverband) Die Menge $\mathcal{U}(G)$ aller Untergruppen einer Gruppe $(G, \cdot)$ bildet ein Hüllensystem im Potenzmengenverband $(2^G, \cup, \cap)$, da der Durchschnitt von beliebig vielen Untergruppen von G wieder eine Gruppe ist. Im entsprechenden Verband $(\mathcal{U}(G), \sqcup, \sqcap)$, genannt *Untergruppenverband*, ist, nach dem obigen Satz, das Supremum von zwei Untergruppen U_1 und U_2 von G die kleinste Untergruppe, die $U_1 \cup U_2$ umfaßt. Diese Gruppe wird die von $U_1 \cup U_2$ erzeugte Untergruppe genannt und normalerweise mit $\langle U_1 \cup U_2 \rangle$ bezeichnet.

Also haben wir im Untergruppenverband für die Bestimmung des Supremums und des Infimums von zwei Untergruppen U_1 und U_2 die folgenden zwei binären Operationen:

$$
U_1 \sqcup U_2 = \langle U_1 \cup U_2 \rangle \qquad U_1 \sqcap U_2 = U_1 \cap U_2
$$

Kleinstes Element ist die Menge $\{e\}$, wobei e das neutrale Element von G ist, größtes Element ist die Menge G und als Verbandsordnung ergibt sich die Inklusion.

Da die Vereinigung von Untergruppen einer Gruppe G im allgemeinen keine Untergruppe von G ist, ist der Untergruppenverband $(\mathcal{U}(G), \sqcup, \sqcap)$ zwar vollständig aber *kein vollständiger Unterverband* vom Potenzmengenverband $(2^G, \cup, \cap)$.

Der Untergruppenverband ist ein sehr wichtiges Hilfsmittel bei der Untersuchung von Gruppen, da viele gruppentheoretische Eigenschaften verbandstheoretischen Eigenschaften entsprechen. Beispielsweise ist eine endliche Gruppe genau dann zyklisch (wird also von einem

Element erzeugt), wenn der Untergruppenverband distributiv ist. Letzteres ist einfacher zu testen als die erste Eigenschaft. Aus der zeichnerischen Darstellung eines (nicht zu großen) Untergruppenverbands durch sein Hasse-Diagramm kann man oft viele interessante Untergruppen gewinnen, beispielsweise die maximalen Untergruppen und die wichtige *Frattini-Untergruppe* als deren Durchschnitt. Interessierte Leser seien auf die Monographie „Subgroup lattices of groups" von R. Schmidt verwiesen, die 1994 beim de Gruyter Verlag erschienen ist.

Normalteilerverbände sind spezielle Untergruppenverbände, denn jeder Normalteiler ist auch eine Untergruppe, und damit gilt auch hier die Gleichung $N_1 \sqcup N_2 = \langle N_1 \cup N_2 \rangle$ für alle Normalteiler N_1 und N_2. Wie in Beispiel 2.1.5.1 angegeben wurde, erlaubt die Normalteilereigenschaft jedoch eine wesentlich einfachere Beschreibung des Supremums in Form des Komplexprodukts.   □

Über das oben Gesagte hinausgehend kann man sogar jeden beliebigen vollständigen Verband V durch die Hüllen eines bestimmten Hüllensystems beschreiben, nämlich der Menge $\{[O, a] \in 2^V \mid a \in V\}$ der Intervalle von V als Hüllensystem im Potenzmengenverband 2^V. Wir wollen dies aber weiter nicht vertiefen, sondern uns zum Schluß dieses Abschnitts einer praktischen Anwendung von Hüllen widmen.

Hat man in der Praxis ein Hüllensystem vorliegen, so kann man die zugehörige Hüllenbildung oft beschreiben als

$$\mathsf{h}_H(a) \;=\; \textstyle\prod\{y \in H \mid a \sqsubseteq y\} = \mu_f,$$

wobei f eine $\sqcup$-stetige Abbildung (also insbesondere monoton) ist. Damit gilt nach dem Fixpunktsatz 3.1.5

$$\mathsf{h}_H(a) \;=\; \textstyle\bigsqcup_{i \geq 0} f^i(\mathsf{O}) \tag{‡}$$

und man kann, darauf aufbauend, den Wert $\mathsf{h}_H(a)$ mittels des Programms `COMP`$_\mu$ von Anwendung 3.1.6 iterativ berechnen. Dies werden wir später insbesondere bei den Berechnungen von relationalen Hüllen noch öfter sehen. Die obige Gleichung (‡) tritt aber auch bei induktiven Definitionen auf, wie sie etwa in der Logik, bei Datenstrukturen, formalen Sprachen oder der Semantik von Programmiersprachen zur Einführung von bestimmten Mengen mittels einer sogenannten Basis und gewissen Konstruktorabbildungen oft verwendet werden. Nachfolgend geben wir dazu ein Beispiel aus der Logik an und betrachten die Formeln der Aussagenlogik

3.4.10 Beispiel (Aussageformen) Gegeben sei eine Menge V von Aussagenvariablen. Dann sind die Aussageformen $\mathfrak{A}$ über den beiden Junktoren $\neg$ (Negation) und $\rightarrow$ (Implikation) normalerweise durch die folgenden Regeln definiert:

1. $\forall x \in V : x \in \mathfrak{A}$

2. $\forall \varphi \in \mathfrak{A} : (\neg \varphi) \in \mathfrak{A}$

3. $\forall \varphi, \psi \in \mathfrak{A} : (\varphi \to \psi) \in \mathfrak{A}$

4. Es gibt keine weiteren Aussageformen in $\mathfrak{A}$

Dadurch wird die Menge V der Aussagevariablen als Basis erklärt und die beiden Konstruktorabbildungen sind $c_\neg : \mathfrak{A} \to \mathfrak{A}$, mit $c_\neg(\varphi) = (\neg\varphi)$, bzw. $c_\to : \mathfrak{A} \times \mathfrak{A} \to \mathfrak{A}$, mit $c_\to(\varphi, \psi) = (\varphi \to \psi)$. Oft läßt man Regel (4) auch weg und sagt dann, daß die Menge $\mathfrak{A}$ mittels der Regeln (1), (2) und (3) *induktiv definiert* ist. Formal heißt dies, daß man die Regeln (1), (2) und (3) als Prädikat $P(\mathfrak{A})$ auffaßt und $\mathfrak{A}$ durch

$$\mathfrak{A} = \bigcap\{X \in 2^{3^*} \mid P(X)\}$$

festlegt. In dieser Gleichung ist 3 der Zeichenvorrat $V \cup \{(,), \neg, \to\}$ aus dem die Aussageformen gebildet werden und 3^* die Menge der (endlichen) Zeichenreihen (Worte, Sequenzen) über der Menge 3. Man kann die Menge $\mathfrak{A}$ der Aussageformen auch noch anders beschreiben. Dazu betrachtet man die Abbildung $h : 2^{3^*} \to 2^{3^*}$ mit

$$h(X) = V \cup \{(\neg\varphi) \mid \varphi \in X\} \cup \{(\varphi \to \psi) \mid \varphi, \psi \in X\}.$$

Diese Abbildung ist leicht als monoton nachweisbar, und wir erhalten mit ihrer Hilfe die Menge $\mathfrak{A}$ wie folgt:

$$
\begin{aligned}
\mathfrak{A} &= \bigcap\{X \in 2^{3^*} \mid V \subseteq X, \{\ldots\} \subseteq X, \{\ldots\} \subseteq X\} && \text{obige Regeln}\\
&= \bigcap\{X \in 2^{3^*} \mid V \cup \{\ldots\} \cup \{\ldots\} \subseteq X\} && \\
&= \bigcap\{X \in 2^{3^*} \mid h(X) \subseteq X\} && \text{Definition } h\\
&= \mu_h && \text{Knaster-Tarski}
\end{aligned}
$$

Die Abbildung h ist, wie man ebenfalls leicht zeigt, sogar $\cup$-stetig und die Festlegung von $\mathfrak{A}$ durch (1) bis (3) entspricht genau der Beschreibung $\mu_h = \bigcup_{i \geq 0} h^i(\emptyset)$. $\quad\square$

In der Regel sind die grammatikalischen Bildungsgesetze bei solchen rekursiven Definitionen von Mengen so, daß die entsprechende Kleinste-Fixpunkt-Bildung zu einer Hüllenbildung führt und, neben Monotonie, sogar $\cup$-Stetigkeit vorliegt. Die Verwendung von Negationen (auf der Metaebene) führt zu Nichtmonotonie und damit zu sinnlosen rekursiven Definitionen. Deshalb tauchen Klauseln wie

$$\ldots x \notin M \ldots \implies \ldots$$

bei induktiven bzw. rekursiven Definitionen von Mengen M niemals auf.

3.5 Galois-Verbindungen

Im letzten Abschnitt dieses Kapitels wollen wir nun noch einen Begriff studieren, der in einer engen Beziehung zu Hüllenbildungen und -systemen steht, und damit auch in einer engen Beziehung zu Fixpunkten. Es handelt sich um Galois-Verbindungen, die oft auch Galois-Korrespondenzen genannt werden. Wie Hüllen besitzen sie zahlreiche Anwendungen. Wir beginnen mit der Definition des Begriffs, die auf O. Ore zurückgeht.

3.5.1 Definition Es seien $(M, \sqsubseteq_1)$ und $(N, \sqsubseteq_2)$ zwei Ordnungen. Ein Paar von Abbildungen

$$f : M \to N \qquad g : N \to M$$

heißt eine *Galois-Verbindung* zwischen M und N, falls für alle $a \in M$ und $b \in N$ die folgende Eigenschaft zutrifft:

$$a \sqsubseteq_1 g(b) \iff b \sqsubseteq_2 f(a)$$

Die beiden Abbildungen f und g nennt man dann zueinander *dual adjungiert*.   □

Statt der Äquivalenz von $a \sqsubseteq_1 g(b)$ und $b \sqsubseteq_2 f(a)$ unserer Festlegung von Galois-Verbindungen wird in der Literatur manchmal auch die Äquivalenz

$$g(b) \sqsubseteq_1 a \iff b \sqsubseteq_2 f(a)$$

für alle $a \in M$ und $b \in N$ gefordert. Offenbar kann man diese Variante auf die originale Festlegung reduzieren, indem man in Definition 3.5.1 die Ordnung $(M, \sqsubseteq_1)$ dualisiert. Damit übertragen sich alle Eigenschaften, die wir im folgenden zeigen werden, entsprechend auf die Variante. Zur Unterscheidung wird die Variante manchmal auch *Paar von residuierten Abbildungen* genannt.

Wir erinnern an den schon früher bei den Abbildungen Mi und Ma benutzten Begriff der Antitonie von Abbildungen: $f : M \to N$ ist *antiton*, falls für alle $a, b \in M$ aus $a \sqsubseteq_1 b$ folgt $f(b) \sqsubseteq_2 f(a)$. Es gilt:

3.5.2 Satz Ein Paar von Abbildungen $f : M \to N$ und $g : N \to M$ auf Ordnungen $(M, \sqsubseteq_1)$ und $(N, \sqsubseteq_2)$ ist genau dann eine Galois-Verbindung zwischen M und N, falls f und g antiton sind und die Beziehungen

$$a \sqsubseteq_1 g(f(a)) \qquad b \sqsubseteq_2 f(g(b))$$

für alle $a \in M$ und $b \in N$ gelten (d.h. die beiden Abbildungskompositionen $g \circ f$ und $f \circ g$ expandierend sind).

Beweis: „$\Longrightarrow$“: Expansionseigenschaften: Es sei $a \in M$. Dann gilt $f(a) \sqsubseteq_2 f(a)$, also auch die Beziehung $a \sqsubseteq_1 g(f(a))$ nach der Äquivalenz von Definition 3.5.1. Analog beweist man auch $b \sqsubseteq_2 f(g(b))$ für alle $b \in N$.

Antitonie: Gegeben seien $a, b \in M$ mit $a \sqsubseteq_1 b$. Dann bringt die Expansionseigenschaft auf b angewendet, daß $a \sqsubseteq_1 g(f(b))$ gilt, und dies wiederum zeigt $f(b) \sqsubseteq_2 f(a)$ unter Anwendung von Definition 3.5.1. Analog behandelt man die zweite Abbildung.

„$\Longleftarrow$“: Es seien $a \in M$ und $b \in N$ vorgegeben. Dann haben wir

$$
\begin{aligned}
b \sqsubseteq_2 f(a) &\implies g(f(a)) \sqsubseteq_1 g(b) && \text{Antitonie} \\
&\implies a \sqsubseteq_1 g(b) && \text{Expansion.}
\end{aligned}
$$

und auf die gleiche Weise folgt $b \sqsubseteq_2 f(a)$ aus $a \sqsubseteq_1 g(b)$. Insgesamt erhalten wir somit die nach Definition 3.5.1 zu beweisende Äquivalenz. □

Die Eigenschaften von Satz 3.5.2 haben wir schon bei den beiden Abbildungen Ma und Mi kennengelernt. Daß beide Abbildungen antiton sind, ist genau Satz 1.2.10.1, und daß etwa Mi ∘ Ma expandierend ist, wurde im Beweis von Satz 1.2.10.2 gezeigt. Folglich bilden diese Abbildungen im entsprechenden Potenzmengenverband eine Galois-Verbindung.

3.5.3 Beispiele (für Galois-Verbindungen) Ein Paar von identischen Abbildungen ist das einfachste Beispiel für eine Galois-Verbindung. Einige weitere Beispiele sind nachfolgend aufgeführt.

1. Es sei y eine beliebige positive reelle Zahl. Dann gilt für alle $a, b \in \mathbb{R}$ offensichtlich die nachfolgende Äquivalenz:

$$b * y \leq a \iff b \leq \frac{a}{y}$$

   Diese führt zu einer Galois-Verbindung $f : \mathbb{R} \to \mathbb{R}$ und $g : \mathbb{R} \to \mathbb{R}$ zwischen der Ordnung $(\mathbb{R}, \geq)$ und der dualen Ordnung $(\mathbb{R}, \leq)$ mittels der beiden Abbildungen $f(x) = \frac{x}{y}$ und $g(x) = x * y$, da

$$a \geq g(b) \iff b * y \leq a \iff b \leq \frac{a}{y} \iff b \leq f(a).$$

2. Ist ein Boolescher Verband $(V, \sqcup, \sqcap, \overline{})$ vorliegend, so gilt, wie früher schon gezeigt, für alle Elemente $a, b, c \in V$ die nachstehende Eigenschaft:

$$a \sqsubseteq b \sqcup c \iff a \sqcap \overline{c} \sqsubseteq b$$

   Dualisiert man eine der beiden Verbandsordnungen und nimmt man ein festes $c \in V$, so führt diese Äquivalenz offensichtlich, wie beim ersten Beispiel, wieder zu einer Galois-Verbindung, etwa zu $f, g : V \to V$ mit $f(x) = x \sqcap \overline{c}$ und $g(x) = x \sqcup c$ zwischen $(V, \sqsubseteq)$ und $(V, \sqsupseteq)$.

3. Das klassische Beispiel für eine Galois-Verbindung, welches auch zur Namensgebung führte, stammt aus einem Teilgebiet der Algebra, nämlich dem zu Ehren von E. Galois heutzutage Galois-Theorie genannten.

   Es sei K ein Unterkörper eines Körpers L und $G(L : K)$ die Galoisgruppe dieser Körpererweiterung, d.h. die Gruppe der Automorphismen[3] von L, die die Elemente von K als Fixpunkte besitzen, mit der Komposition als Verknüpfung. Man betrachtet die Mengen $\mathcal{G}(L : K)$ der Untergruppen der Galoisgruppe und $\mathcal{K}(L : K)$ der Zwischenkörper der Körpererweiterung, sowie die beiden Abbildungen

$$f : \mathcal{G}(L : K) \to \mathcal{K}(L : K) \qquad f(U) = \{x \in L \mid \forall \, \sigma \in U : \sigma(x) = x\}$$

---

[3]Zur Erinnerung: Ein Körperautomorphismus ist ein bijektiver Körperhomomorphismus, dessen Urbild- und Bildbereich gleich sind.

von den Untergruppen in die Zwischenkörper und

$$g : \mathcal{K}(L : K) \to \mathcal{G}(L : K) \qquad g(M) = G(L : M) = \{\sigma \in \mathrm{Aut}_L \mid \sigma_{|M} = id\}$$

von den Zwischenkörpern in die Untergruppen. Dann bilden diese Abbildungen eine Galois-Verbindung zwischen $(\mathcal{G}(L : K), \subseteq)$ und $(\mathcal{K}(L : K), \subseteq)$.   □

Auch die nachfolgenden Eigenschaften kennen wir schon von den Abbildungen Mi und Ma. Ihre Verallgemeinerung auf beliebige Galois-Verbindungen ist eine unmittelbare Konsequenz des letzten Satzes. Wir verzichten deshalb auf einen Beweis.

3.5.4 Satz Ist das Paar von Abbildungen $f : M \to N$ und $g : N \to M$ auf den Ordnungen $(M, \sqsubseteq_1)$ und $(N, \sqsubseteq_2)$ eine Galois-Verbindung zwischen M und N, so gelten die Gleichungen

$$f(g(f(a))) = f(a) \qquad g(f(g(b))) = g(b)$$

für alle $a \in M$ und $b \in N$.   □

Es gelten somit, in einer Notation mit Kompositionen und Gleichheit von Abbildungen, die Eigenschaften $f \circ g \circ f = f$ und $g \circ f \circ g = g$.

Durch den nachfolgenden Satz wird die Verbindung zwischen den Hüllen und den Galois-Verbindungen hergestellt. In ihm sind die Ordnungen natürlich die der Verbände. Wir versehen im weiteren nur die Ordnungen mit verschiedenen Indizes, um sie gemäß der Festlegung von Galois-Verbindungen in Definition 3.5.1 zu unterscheiden. Die Verbandsoperationen bleiben der Einfachheit halber ohne Indizes.

3.5.5 Satz Es seien $(V, \sqcup, \sqcap)$ und $(W, \sqcup, \sqcap)$ zwei vollständige Verbände. Ist das Paar $f : V \to W$ und $g : W \to V$ eine Galois-Verbindung zwischen den Ordnungen $(V, \sqsubseteq_1)$ und $(W, \sqsubseteq_2)$, so ist $g \circ f : V \to V$ eine Hüllenbildung auf V und $f \circ g : W \to W$ eine Hüllenbildung auf W.

Beweis: Wir betrachten nur den Fall der Abbildungskomposition $g \circ f$, da der verbleibende Fall $f \circ g$ auf die vollkommen gleiche Weise behandelt werden kann.

Die Monotonie von $g \circ f$ folgt aus der Antitonie von f und von g, welche beide nach Satz 3.5.2 gelten.

Die Expansionseigenschaft von $g \circ f$ wurde direkt in Satz 3.5.2 bewiesen.

Nun sei $a \in V$ vorausgesetzt. Dann gilt $f(a) \sqsubseteq_2 f(g(f(a)))$ wegen der Expansionseigenschaft von $f \circ g$. Aufgrund der Antitonie von g folgt daraus $g(f(g(f(a)))) \sqsubseteq_1 g(f(a))$, also die für die Idempotenz zu verifizierende Abschätzung $(g \circ f)((g \circ f)(a)) \sqsubseteq_1 (g \circ f)(a)$.   □

Dieser Satz zeigt noch einmal, daß die Kompositionen der beiden Abbildungen Ma und Mi im entsprechenden Potenzmengenverband Hüllenbildungen sind

Damit eine Abbildung zu einer Galois-Verbindung ergänzt werden kann, muß sie mindestens antiton sein. Man kann im Fall von vollständigen Verbänden aber sogar genau angeben, wann eine Ergänzung möglich ist und wie die dual-adjungierte Abbildung aussieht. Der folgende Satz gibt das Kriterium und die Konstruktion an. In seinem Beweis verwenden wir die folgende Äquivalenz, um zu zeigen, daß zwei Elemente $a, b \in M$ einer Ordnung $(M, \sqsubseteq)$ gleich sind:

$$a = b \iff \forall x \in M : x \sqsubseteq a \leftrightarrow x \sqsubseteq b$$

Die Richtung von links nach rechts ist offensichtlich. Zum Beweis der Umkehrung verwenden wir einmal die Äquivalenz für $x = a$ und erhalten daraus $a \sqsubseteq b$ und dann noch einmal für $x = b$ und erhalten daraus $b \sqsubseteq a$. Wegen der Antisymmetrie impliziert dies $a = b$. Und hier ist nun das angekündigte Resultat:

3.5.6 Satz Es seien $(V, \sqcup, \sqcap)$ und $(W, \sqcup, \sqcap)$ zwei vollständige Verbände und $f : V \to W$. Es gibt genau dann eine Abbildung $g : W \to V$, so daß f und g eine Galois-Verbindung zwischen V und W darstellen, wenn für alle $X \subseteq V$ gilt $f(\bigsqcup X) = \bigsqcap \{f(a) \mid a \in X\}$.

Beweis: „$\Longrightarrow$" Es sei $g : W \to V$ so, daß f und g eine Galois-Verbindung zwischen V und W darstellen. Weiterhin sei $X \subseteq V$ beliebig gewählt. Dann haben wir für alle $b \in W$ die folgende Äquivalenz:

$$
\begin{aligned}
b \sqsubseteq_2 \bigsqcap \{f(a) \mid a \in X\} &\iff \forall a \in X : b \sqsubseteq_2 f(a) \\
&\iff \forall a \in X : a \sqsubseteq_1 g(b) \qquad f, g \text{ Galois-Verbindung} \\
&\iff \bigsqcup X \sqsubseteq_1 g(b) \\
&\iff b \sqsubseteq_2 f(\bigsqcup X) \qquad f, g \text{ Galois-Verbindung}
\end{aligned}
$$

Aus der Bemerkung vor dem Satz folgt also $\bigsqcap \{f(a) \mid a \in X\} = f(\bigsqcup X)$.

„$\Longleftarrow$" Wir definieren die Abbildung g wie folgt:

$$g : W \to V \qquad g(a) = \bigsqcup \{x \in V \mid a \sqsubseteq_2 f(x)\}$$

Um zu zeigen, daß f und g eine Galois-Verbindung zwischen V und W bilden, verwenden wir die Kriterien von Satz 3.5.2. Es sind vier Eigenschaften zu verifizieren:

Antitonie von f: Es gelte $a \sqsubseteq_1 b$ für $a, b \in V$. Dann erhalten wir

$$
\begin{aligned}
f(b) \sqsubseteq_2 f(a) &\iff f(b) \sqcap f(a) = f(b) \\
&\iff f(b \sqcup a) = f(b) \qquad \text{Voraussetzung} \\
&\iff f(b) = f(b) \qquad\qquad \text{da } a \sqsubseteq_1 b
\end{aligned}
$$

und somit die gewünschte Eigenschaft.

Antitonie von g: Es gelte nun $a \sqsubseteq_2 b$ für $a, b \in W$. Dann haben wir:

$$
\begin{aligned}
g(b) &= \bigsqcup \{x \in V \mid b \sqsubseteq_2 f(x)\} \\
&\sqsubseteq \bigsqcup \{x \in V \mid a \sqsubseteq_2 f(x)\} \qquad b \sqsubseteq_2 f(x) \text{ impliziert } a \sqsubseteq_2 f(x) \\
&= g(a)
\end{aligned}
$$

Diese Herleitung verwendet, daß die Vergrößerung einer Menge auch das Supremum vergrößert.

Expansionseigenschaft von $g \circ f$: Es sei $a \in V$. Dann gilt:

$$
\begin{aligned}
a \;\sqsubseteq_1\; & \bigsqcup\{x \in V \mid f(a) \sqsubseteq_2 f(x)\} && \text{da } a \in \{x \in V \mid f(a) \sqsubseteq_2 f(x)\} \\
= \; & g(f(a))
\end{aligned}
$$

Expansionseigenschaft von $f \circ g$: Es sei $a \in W$. In diesem Fall gehen wir wie folgt vor:

$$
\begin{aligned}
a \;\sqsubseteq_2\; & \bigsqcap\{f(x) \mid x \in V \wedge a \sqsubseteq_2 f(x)\} && \text{siehe unten} \\
= \; & f(\bigsqcup\{x \in V \mid a \sqsubseteq_2 f(x)\}) && \text{Eigenschaft } f \\
= \; & f(g(a))
\end{aligned}
$$

Dabei folgt die erste Abschätzung aus der Tatsache, daß man das Infimum einer Menge betrachtet, deren Elemente sämtliche obere Schranken von a sind. Damit ist a nämlich eine untere Schranke der betrachteten Menge und folglich kleiner oder gleich der größten unteren Schranke dieser Menge.   □

Unter Verwendung der Schreibweise für das Bild einer Menge bekommen wir die folgende prägnantere Form: Es gibt zu f genau dann ein g, so daß f und g eine Galois-Verbindung zwischen V und W darstellen, wenn für alle $X \subseteq V$ gilt $f(\bigsqcup X) = \bigsqcap f(X)$. Aus der Äquivalenz vor dem letzten Satz folgt weiterhin unmittelbar: Sind f, g und f, h zwei Galois-Verbindungen zwischen den vollständigen Verbänden $(V, \sqcup, \sqcap)$ und $(W, \sqcup, \sqcap)$, so gilt die Gleichheit $g = h$. Der letzte Satz zeigt nun, wie die dadurch eindeutig zu f existierende Abbildung durch f bestimmt ist.

Liegen nur Ordnungen vor, so ist das Kriterium des letzten Satzes natürlich nicht anwendbar. Aber auch hier kann man genau sagen, wann eine Ergänzung von $f : M \to N$ durch $g : N \to M$ zu einer Galois-Verbindung zwischen $(M, \sqsubseteq_1)$ und $(N, \sqsubseteq_2)$ möglich ist und wie die eindeutig bestimmte dual-adjungierte Abbildung aussieht. Es gibt genau dann das gewünschte g, wenn f antiton ist und für alle $b \in N$ die Menge $\{a \in M \mid b \sqsubseteq_2 f(a)\}$ ein größtes Element besitzt. Der Beweis der Richtung „$\Longrightarrow$" ist einfach: Ist f, g eine Galois-Verbindung, so ist f nach Satz 3.5.2 antiton. Weiterhin ist für alle $b \in N$ das Bild $g(b)$ das größte Element von $\{a \in M \mid b \sqsubseteq_2 f(a)\}$. Wegen $b \sqsubseteq_2 f(g(b))$ liegt es in der Menge und für alle $a \in M$ mit $b \sqsubseteq_2 f(a)$ gilt $a \sqsubseteq_1 g(b)$ nach der definierenden Eigenschaft von Galois-Verbindungen. Die andere Richtung „$\Longleftarrow$" ist nicht ganz so einfach zu beweisen. Hier zeigt man zuerst, daß es zu jedem $b \in N$ genau ein $a \in M$ gibt, so daß $\{x \in M \mid f(x) \in \mathsf{Ma}(b)\}$ die Menge der unteren Schranken von a ist. Dann definiert man $g : N \to M$, indem man $b \in N$ dieses eindeutige $a \in N$ zuordnet. Für Einzelheiten verweisen wir auf die Literatur, etwas das Buch von M. Erné.

Kapitel 4

Vervollständigung und Darstellung mittels Vervollständigung

Bei einer beliebigen Ordnung und einem beliebigen Verband hat man keinerlei Aussagen über die Existenz von Suprema und Infima nichtendlicher Teilmengen. Deshalb erscheint es wünschenswert, diese Strukturen in umfassende vollständige Verbände einzubetten, da hier Suprema und Infima für alle Teilmengen existieren. In diesem Kapitel werden einige Methoden besprochen, die es erlauben, Ordnungen und Verbände in vollständige Verbände einzubetten. Man spricht in diesem Zusammenhang auch von einer Vervollständigung von Ordnungen bzw. Verbänden. Eng verbunden mit diesen Vervollständigungs- und Einbettungsfragen sind auch Darstellungsfragen, da sie in der Regel unter Zuhilfenahme von Potenzmengen, also speziellen vollständigen Verbänden, angegangen werden. Die Darstellung von endlichen Booleschen Verbänden als Potenzmengen haben wir im vorletzten Kapitel durch den entsprechenden Hauptsatz genau geklärt. Im letzten Abschnitt dieses Kapitels beweisen wir ein Darstellungsresultat für die allgemeinere Klasse der endlichen distributiven Verbände, welches auf G. Birkhoff zurückgeht.

4.1 Vervollständigung durch Ideale

Der Idealbegriff der Verbandstheorie ist dem der Ringtheorie der klassischen Algebra nachgebildet, wobei das Supremum der Addition und das Infimum der Multiplikation entspricht. Bei Ringen sind Ideale nichtleere Teilmengen, die abgeschlossen sind unter Addition und einseitiger beliebiger Multiplikation (etwa von rechts). Übertragen auf Verbände führt dies zur folgenden Festlegung, welche auf G. Birkhoff und O. Frink zurückgeht:

4.1.1 Definition Es sei $(V, \sqcup, \sqcap)$ ein Verband. Eine nichtleere Teilmenge I von V heißt ein *Ideal* (genauer: *Verbandsideal*) von V, falls für alle $a, b \in V$ die folgenden zwei Eigenschaften gelten:

   1. Aus $a \in I$ und $b \in I$ folgt $a \sqcup b \in I$.

2. Aus $a \in I$ und $b \in V$ folgt $a \sqcap b \in I$. $\square$

Ist I ein Ideal von V, so gilt insbesondere für alle $a \in I$ und $b \in V$, daß $b \sqsubseteq a$ impliziert $b \in I$. Es ist nämlich in diesem Fall $b = a \sqcap b \in I$ nach der ersten Forderung der obigen Definition. Weil wir diese Eigenschaft später noch mehrmals verwenden werden, wollen wir sie auch in Form eines Satzes herausstellen.

4.1.2 Satz Es seien I ein Ideal eines Verbands $(V, \sqcup, \sqcap)$ und $a, b \in V$ mit $b \sqsubseteq a$. Ist $a \in I$, so gilt auch $b \in I$. $\square$

Man sagt auch: Ideale sind nach unten (oder abwärts) abgeschlossene Teilmengen von Verbänden. Insbesondere enthalten sie das kleinste Verbandselement, falls ein solches existiert. Der nachfolgend angegebene Satz zeigt, wie man Ideale nur mittels der binären Supremumsoperation charakterisieren kann.

4.1.3 Satz Es seien $(V, \sqcup, \sqcap)$ ein Verband und I eine nichtleere Teilmenge von V. Es ist I genau dann ein Ideal von V, falls für alle $a, b \in V$ gilt

$$a, b \in I \iff a \sqcup b \in I.$$

Beweis: „$\Longrightarrow$": Es sei I ein Ideal von V. Weiterhin seien $a, b \in V$. Dann zeigt Definition 4.1.1.1 sofort die Implikation

$$a, b \in I \implies a \sqcup b \in I.$$

Zum Beweis der umgekehrten Richtung sei nun $a \sqcup b \in I$ vorausgesetzt. Dann gelten die beiden zu zeigenden Beziehungen

$$a = (a \sqcup b) \sqcap a \in I \qquad b = (a \sqcup b) \sqcap b \in I$$

wegen der Absorption und Definition 4.1.1.2.

„$\Longleftarrow$": Wir zeigen zuerst die erste Forderung von Definition 4.1.1. Es seien $a, b \in I$. Dann ist, nach Richtung „$\Longrightarrow$" der Voraussetzung, auch $a \sqcup b \in I$.

Zum Beweis der zweiten Forderung von Definition 4.1.1 seinen $a \in I$ und $b \in V$ gegeben. Dann gilt $a \sqcup (a \sqcap b) = a \in I$ nach dem Absorptionsgesetz und $a \in I$ und dies impliziert $a \sqcap b \in I$ nach der Richtung „$\Longleftarrow$" der Voraussetzung. $\square$

Insbesondere ist also die gesamte Trägermenge V eines jeden Verbands $(V, \sqcup, \sqcap)$ ein Ideal in ihm. Man spricht hier von einem trivialen Ideal. Auch $\{O\}$ ist ggf. ein triviales Ideal.

4.1.4 Beispiele (für Ideale) Nachfolgend geben wir weitere Beispiele für Ideale an.

1. Wir betrachten zuerst den Verband der Wahrheitswerte $\mathbb{B}$ mit der Ordnungsbeziehung $f\!f < tt$. Von den vier Teilmengen $\emptyset$, $\{f\!f\}$, $\{tt\}$ und $\mathbb{B}$ von $\mathbb{B}$ sind, wie man sofort nachprüft, nur $\{f\!f\}$ und $\mathbb{B}$ Ideale.

2. Nun sei V ein beliebiger Verband und es sei $(V, \sqsubseteq)$ die dazugehörende Verbandsordnung. Zu einem Element $a \in V$ definieren wir die Menge $(a) \subseteq V$ durch

$$(a) := \{b \in V \mid b \sqsubseteq a\}.$$

Dann ist (a) ein Ideal von V. Wegen der Reflexivität der Ordnung gilt nämlich $a \in (a)$ und somit ist die Menge (a) nichtleer. Weiterhin gilt für alle $b, c \in V$ außerdem, daß

$$
\begin{array}{llll}
b, c \in (a) & \Longleftrightarrow & b \sqsubseteq a \wedge c \sqsubseteq a & \text{Definition } (a) \\
& \Longrightarrow & b \sqcup c \sqsubseteq a & \\
& \Longleftrightarrow & b \sqcup c \in (a) & \text{Definition } (a)
\end{array}
$$

(also die erste Bedingung von Definition 4.1.1), und auch, daß

$$
\begin{array}{llll}
b \in (a) & \Longleftrightarrow & b \sqsubseteq a & \text{Def. Hauptideal} \\
& \Longrightarrow & b \sqcap c \sqsubseteq a & \text{da } b \sqcap c \sqsubseteq b \\
& \Longleftrightarrow & b \sqcap c \in (a) & \text{Def. Hauptideal}
\end{array}
$$

(also die zweite Bedingung von Definition 4.1.1). $\qquad\square$

Die speziellen Ideale (a) von Beispiel 4.1.4.2 hängen nur vom Element a ab. Sie spielen in der Verbandstheorie eine ausgezeichnete Rolle. Analog zur Sprechweise bei den Ringen legt man fest:

4.1.5 Definition Zu einem Verband $(V, \sqcup, \sqcap)$ und einem Element $a \in V$ heißt die Menge (a) das von a erzeugte *Hauptideal* von V. $\qquad\square$

Nachdem wir Ideale eingeführt haben, zeigen wir nun, wie man durch ihre Hilfe einen Verband in einen vollständigen Verband einbettet. Einbetten heißt hier, einen vollständigen Verband zu konstruieren, der einen Unterverband besitzt, welcher verbandsisomorph zum einzubettenden Verband ist. Leider kann man durch Ideale nicht jeden Verband V direkt in einen vollständigen Verband einbetten. Voraussetzung ist, daß V ein kleinstes Element besitzt. Dies ist jedoch keine schwerwiegende Einschränkung. Man kann sie umgehen, indem man in einem ersten Schritt ein Lifting von V bildet und dann in einem zweiten Schritt den gelifteten Verband einbettet. Wir konzentrieren uns im folgenden nur auf den zweiten Schritt, setzen also immer ein kleinstes Element voraus.

Grundlegend für eine Vervollständigung mittels Idealen sind die in der folgenden Definition eingeführten Mengen.

4.1.6 Definition Es sei $(V, \sqcup, \sqcap)$ ein Verband. Dann bezeichnen wir mit

$$\mathcal{I}(V) := \{I \in 2^V \mid I \text{ ist Ideal von } V\}$$

die *Menge der Ideale* von V und mit

$$\mathcal{H}(V) := \{(a) \mid a \in V\}$$

die *Menge der Hauptideale* von V. $\qquad\square$

Zur Einbettung eines Verbands $(V, \sqcup, \sqcap)$ mit kleinstem Element in den Verband der Ideale von V sind die folgenden Schritte durchzuführen. Zuerst ist $\mathcal{I}(V)$ mit zwei Operationen zu versehen, so daß $(\mathcal{I}(V), \sqcup_i, \sqcap_i)$ einen vollständigen Verband bildet. Dann ist zu zeigen, daß $\mathcal{H}(V)$ einen Unterverband von $\mathcal{I}(V)$ darstellt. Und schließlich ist ein Verbandsisomorphismus vom gegebenen Verband $(V, \sqcup, \sqcap)$ in den Unterverband der Hauptideale von V anzugeben.

Wir beginnen in dem folgenden Satz mit dem ersten Schritt, der Angabe der Verbandsoperationen.

4.1.7 Satz Es sei $(V, \sqcup, \sqcap)$ ein Verband mit kleinstem Element O. Dann gelten für die Ordnung $(\mathcal{I}(V), \subseteq)$ die folgenden Eigenschaften:

1. Jede Teilmenge von $\mathcal{I}(V)$ der Form $\{I, J\}$ besitzt ein Supremum, nämlich die Menge

$$\{a \in V \mid \exists\, i \in I, j \in J : a \sqsubseteq i \sqcup j\}.$$

2. Jede nichtleere Teilmenge $\mathcal{M}$ von $\mathcal{I}(V)$ besitzt ein Infimum, nämlich den Durchschnitt

$$\bigcap \{I \mid I \in \mathcal{M}\}.$$

3. Ist der Verband V distributiv, so ist das Supremum einer Teilmenge von $\mathcal{I}(V)$ der Form $\{I, J\}$ gegeben durch

$$\{a \in V \mid \exists\, i \in I, j \in J : a = i \sqcup j\},$$

also durch die Menge $\{i \sqcup j \mid i \in I, j \in J\}$ von Suprema.

Beweis: Der Nachweis der Supremumseigenschaft ist der langwierigste Teil des gesamten Beweises. Im ersten der folgenden Punkte beginnen wir damit.

1. Wir setzen M als Abkürzung für die Menge, von der wir zeigen wollen, daß sie das Supremum von I und J ist:

$$M := \{a \in V \mid \exists\, i \in I, j \in J : a \sqsubseteq i \sqcup j\}$$

Nun gehen wir direkt Punkt für Punkt nach der Definition des Supremums vor.

Es gelten $I \subseteq M$ und $J \subseteq M$: Ist $i \in I$, so gibt es ein $j \in J$ mit $i \sqsubseteq i \sqcup j$, denn $i \sqsubseteq i \sqcup j$ gilt für alle $j \in J$. Also gilt $i \in M$. Dies zeigt $I \subseteq M$, und auf die gleiche Weise zeigt man $J \subseteq M$.

M ist ein Ideal von V: Die Menge M ist nichtleer, weil z.B. $\emptyset \neq I \subseteq M$. Nun seien $a, b \in V$. Dann gilt die erste Forderung der Idealdefinition wegen

$$\begin{aligned}
a, b \in M \quad &\Longrightarrow \quad a \sqsubseteq i_1 \sqcup j_1 \wedge b \sqsubseteq i_2 \sqcup j_2 \qquad && \text{mit } i_1, i_2 \in I \text{ und } j_1, j_2 \in J \\
&\Longrightarrow \quad a \sqcup b \sqsubseteq i_1 \sqcup i_2 \sqcup j_1 \sqcup j_2 \\
&\Longrightarrow \quad a \sqcup b \in M \qquad && \text{weil } i_1 \sqcup i_2 \in I \text{ und } j_1 \sqcup j_2 \in J
\end{aligned}$$

und die zweite Forderung der Idealdefinition wegen

$$
\begin{aligned}
a \in M &\implies a \sqsubseteq i \sqcup j && \text{mit } i \in I \text{ und } j \in J \\
&\implies a \sqcap b \sqsubseteq i \sqcup j && \text{da } a \sqcap b \sqsubseteq a \\
&\implies a \sqcap b \in M.
\end{aligned}
$$

Unter Verwendung der oben gezeigten Inklusionen $I \subseteq M$ und $J \subseteq M$ ist damit insbesondere M auch eine obere Schranke von I und J in $(\mathcal{I}(V), \subseteq)$.

Es sei nun K eine weitere obere Schranke von I und J in $(\mathcal{I}(V), \subseteq)$, also K ein Ideal von V mit $I \subseteq K$ und $J \subseteq K$. Es sei $a \in M$ beliebig angenommen. Dann gibt es $i \in I \subseteq K$ und $j \in J \subseteq K$ mit $a \sqsubseteq i \sqcup j$. Es ist aber $i \sqcup j \in K$, denn K ist ein Ideal. Also gilt $a \in K$, denn Ideale sind nach unten abgeschlossen. Insgesamt haben wir also $M \subseteq K$ bewiesen und folglich ist M die kleinste obere Schranke.

2. Wir haben $\mathsf{O} \in I$ für alle $I \in \mathcal{M}$. Somit ist der Durchschnitt $\bigcap \{I \mid I \in \mathcal{M}\}$ nichtleer. Es seien nun $a, b \in V$. Dann gilt die folgende Äquivalenz:

$$
\begin{aligned}
a, b \in \bigcap \{I \mid I \in \mathcal{M}\} &\iff \forall I \in \mathcal{M} : a, b \in I \\
&\iff \forall I \in \mathcal{M} : a \sqcup b \in I && \text{Satz 4.1.3} \\
&\iff a \sqcup b \in \bigcap \{I \mid I \in \mathcal{M}\}
\end{aligned}
$$

Nach Satz 4.1.3 ist somit der Durchschnitt $\bigcap \{I \mid I \in \mathcal{M}\}$ ebenfalls ein Ideal von V. Weil die Ordnung die Inklusion ist, folgt aus dieser Durchschnittsabgeschlossenheit, daß der Durchschnitt aller Mengen von $\mathcal{M}$ das Infimum von $\mathcal{M}$ darstellt.

3. Offensichtlich gilt für alle $a \in V$ die Implikation

$$
\exists i \in I, j \in J : a = i \sqcup j \implies \exists i \in I, j \in J : a \sqsubseteq i \sqcup j.
$$

Für distributive Verbände gilt auch die Umkehrung. Sind nämlich $i \in I$ und $j \in J$ mit $a \sqsubseteq i \sqcup j$ vorausgesetzt, so gilt

$$
\begin{aligned}
a &= a \sqcap (i \sqcup j) && \text{Voraussetzung, Ordnung} \\
&= (a \sqcap i) \sqcup (a \sqcap j) && \text{Distributivität}
\end{aligned}
$$

und, wegen $a \sqcap i \in I$ und $a \sqcap j \in J$, findet man die gesuchte Darstellung von a als Supremum zweier Elemente von I und J. Dies zeigt

$$
\{a \in V \mid \exists i \in I, j \in J : a \sqsubseteq i \sqcup j\} = \{a \in V \mid \exists i \in I, j \in J : a = i \sqcup j\}
$$

und mit dem ersten Teil des Satzes folgt die Behauptung. Die weiterhin angegebene Darstellung ist nur eine vereinfachte Schreibweise.   □

Unter Verwendung der bisherigen Notation für Infima gilt natürlich in diesem Satz die Gleichung $\bigcap \{I \mid I \in \mathcal{M}\} = \bigcap \mathcal{M}$. Wir haben die ausführliche Schreibweise $\bigcap \{I \mid I \in \mathcal{M}\}$ nur gewählt, um das Verstehen der Infimums-Konstruktion zu erleichtern. Auch in der Zukunft werden wir in der Regel die ausführliche Schreibweise verwenden.

Nach dem zweiten Teil dieses Satzes bilden die Ideale einen vollständigen unteren Halb-verband. Dieser hat ein größtes Element, denn die Trägermenge des Verbands ist natürlich auch ein Ideal. Somit bilden die Ideale nach dem Satz von der oberen Grenze sogar einen vollständigen Verband. Damit haben wir den ersten Schritt beendet. Wir halten das Re-sultat noch einmal fest, und spezialisieren dabei auch die allgemeine Infimumsbildung auf den binären Fall:

4.1.8 Satz (Idealverband) Ist ein Verband $(V, \sqcup, \sqcap)$ mit kleinstem Element gegeben und definiert man auf $\mathcal{I}(V)$ zwei Abbildungen mittels

$$I \sqcup_i J := \{a \in V \mid \exists\, i \in I, j \in J : a \sqsubseteq i \sqcup j\} \qquad I \sqcap_i J := I \cap J,$$

so ist $(\mathcal{I}(V), \sqcup_i, \sqcap_i)$ ein vollständiger Verband, genannt *Idealverband* von V, mit der Men-geninklusion als Verbandsordnung.   □

Die Hauptarbeit des zweiten Schritts der Idealvervollständigung wird in dem folgenden Satz bewerkstelligt: Es wird gezeigt, wie die Operationen des Idealverbands auf den Hauptidea-len mittels der originalen Verbandsoperationen beschrieben werden können.

4.1.9 Satz Es seien $(V, \sqcup, \sqcap)$ ein Verband mit kleinstem Element und $(\mathcal{I}(V), \sqcup_i, \sqcap_i)$ sein Idealverband. Dann gilt für alle $a, b \in V$:

$$(a) \sqcup_i (b) = (a \sqcup b) \qquad (a) \sqcap_i (b) = (a \sqcap b)$$

Beweis: Wir verwenden zweimal den eben angegebenen Satz 4.1.8, in dem, aufbauend auf den entscheidenden Satz 4.1.7, die Operationen des Idealverbands für den zweistelligen Fall definiert werden.

Es sei $x \in V$. Dann gilt:

$$
\begin{aligned}
x \in (a) \sqcup_i (b) &\iff \exists\, i \in (a), j \in (b) : x \sqsubseteq i \sqcup j && \text{Satz 4.1.8}\\
&\iff \exists\, i, j \in V : i \sqsubseteq a \wedge j \sqsubseteq b \wedge x \sqsubseteq i \sqcup j\\
&\iff x \sqsubseteq a \sqcup b\\
&\iff x \in (a \sqcup b) && \text{Def. Hauptideal}
\end{aligned}
$$

Dies zeigt die linke Gleichung.

Es sei nun $x \in V$. Dann gilt:

$$
\begin{aligned}
x \in (a) \sqcap_i (b) &\iff x \in (a) \cap (b) && \text{Satz 4.1.8}\\
&\iff x \in (a) \wedge x \in (b)\\
&\iff x \sqsubseteq a \wedge x \sqsubseteq b && \text{Definition Hauptideal}\\
&\iff x \sqsubseteq a \sqcap b\\
&\iff x \in (a \sqcap b) && \text{Definition Hauptideal}
\end{aligned}
$$

Damit ist auch die rechte Gleichung bewiesen.   □

Nach diesem Satz sind im Idealverband binäre Suprema und Infima von Hauptidealen wieder Hauptideale. Folglich ist die Menge der Hauptideale abgeschlossen unter den Operationen des Idealverbands. Es gilt also der nachstehende Satz, der den zweiten Schritt der Idealvervollständigung beendet.

4.1.10 Satz In einem Verband mit einem kleinstem Element bilden die Hauptideale einen Unterverband des Idealverbands. □

Der nachfolgende Satz gibt schließlich noch den Verbandsisomorphismus zwischen dem einzubettenden Verband und dem Hauptidealverband an. Er beendet damit den dritten Teil der Idealvervollständigung.

4.1.11 Satz (Idealvervollständigung) Gegeben seien ein Verband $(V, \sqcup, \sqcap)$ mit einem kleinsten Element und sein Idealverband $(\mathcal{I}(V), \sqcup_i, \sqcap_i)$. Dann ist die Abbildung

$$e_i : V \to \mathcal{H}(V) \qquad e_i(a) = (a)$$

ein Verbandsisomorphismus zwischen V und dem Unterverband $\mathcal{H}(V)$ der Hauptideale vom Idealverband $(\mathcal{I}(V), \sqcup_i, \sqcap_i)$ von V.

Beweis: Die Homomorphieeigenschaft folgt direkt aus Satz 4.1.9. Sind $a, b \in V$ vorgegeben, so gilt nämlich deswegen die Gleichung

$$e_i(a \sqcup b) \;=\; (a \sqcup b) \;=\; (a) \sqcup_i (b) \;=\; e_i(a) \sqcup_i e_i(b)$$

und analog zeigt man auch die zweite Gleichung $e_i(a \sqcap b) = e_i(a) \sqcap_i e_i(b)$.

Offensichtlich ist die Abbildung e_i surjektiv, denn jedes Hauptideal (a) besitzt $a \in V$ als Urbild.

Nun seien noch $a, b \in V$ mit $e_i(a) = e_i(b)$, also $(a) = (b)$. Dann haben wir $a \in (a) = (b)$, also $a \sqsubseteq b$, und auch $b \in (b) = (a)$, also $b \sqsubseteq a$. Insgesamt gilt somit $a = b$ und dies zeigt die noch fehlende Injektivität von e_i. □

Man muß sich davor hüten, den eben bewiesenen Satz zu weit zu interpretieren. Wir haben nur gezeigt, wie man mittels Idealen einen Verband V mit einem kleinsten Element als Unterverband des vollständigen Verbands $(\mathcal{I}(V), \sqcup_i, \sqcap_i)$ seiner Ideale auffassen kann. Ist der Verband V schon vollständig, so muß der ihm zugeordnete vollständige Verband $\mathcal{H}(V)$ jedoch *kein vollständiger Unterverband* von $\mathcal{I}(V)$ im Sinne von Definition 2.4.6 sein. Wir kommen darauf später in Abschnitt 4.3 noch zurück.

Noch eine weitere Bemerkung ist angebracht: Alle Idealmengen eines Verbands V sind abgeschlossen bezüglich beliebiger Durchschnitte. Damit bilden sie ein Hüllensystem im Potenzmengenverband $(2^V, \cup, \cap)$ und folglich einen vollständigen Verband. Aus der Hüllensystemeigenschaft von $\mathcal{I}(V)$ bekommt man auch die Darstellung des Supremums beliebiger Teilmengen. Dies war für das Vorgehen aber nicht wichtig. Wesentlich bei vielen Beweisen war hingegen die Beschreibung der binären Suprema von Idealen.

Eine ähnliche Situation liegt auch beim Ansatz zur Vervollständigung vor, den wir im nächsten Abschnitt besprechen werden. Wiederum werden wir es mit einem Hüllensystem zu tun haben. Neben den dadurch gegebenen allgemeinen Eigenschaften wird aber die Verwendung von speziellen Gegebenheiten auch zur Beweisführung benötigt werden.

4.2 Vervollständigung durch Schnitte

Neben der Idealvervollständigung ist die Schnittvervollständigung die zweite wichtige Vervollständigungsmethode. Sie geht auf R. Dedekind zurück, der sie verwendete, um die reellen Zahlen (genaugenommen deren Abschluß durch Hinzunahme von $+\infty$ und $-\infty$) aus den rationalen Zahlen zu konstruieren. Dedekind verwendete damals zwei Mengensysteme, genannt Unter- und Oberklassen. Später wurde die Konstruktion von H. MacNeille vereinfacht, so daß ein Mengensystem ausreichte, und sie dabei gleichzeitig auch auf beliebige Ordnungen bzw. Verbände verallgemeinert. Man spricht deshalb heutzutage auch oft von der Dedekind-MacNeille-Vervollständigung.

Im Gegensatz zur Idealvervollständigung ist die Schnittvervollständigung / Dedekind-MacNeille-Vervollständigung schon für beliebige Ordnungen anwendbar. Sie baut auf Schnitten auf, die wie folgt definiert sind.

4.2.1 Definition Es sei $(M, \sqsubseteq)$ eine Ordnung. Eine Teilmenge S von M heißt ein *Schnitt* von M, falls $S = \mathsf{Mi}(\mathsf{Ma}(S))$ gilt. $\square$

Für jede Teilmenge X einer Ordnung gilt $\mathsf{Mi}(X) = \mathsf{Mi}(\mathsf{Ma}(\mathsf{Mi}(X)))$; siehe Satz 1.2.10.2. Somit existieren Schnitte[1]. Der Spezialfall $X = \emptyset$ zeigt sogar, daß die gesamte Trägermenge M einer Ordnung ein Schnitt ist. Für alle $a \in M$ gilt nämlich die Äquivalenz

$$a \in \mathsf{Mi}(\emptyset) \iff \forall\, b \in \emptyset : a \sqsubseteq b.$$

Deren rechte Seite ist offensichtlich wahr. Somit ist für alle $a \in M$ auch $a \in \mathsf{Mi}(\emptyset)$ wahr, was $M \subseteq \mathsf{Mi}(\emptyset)$ liefert. Die andere Inklusion $\mathsf{Mi}(\emptyset) \subseteq M$ ist trivial.

4.2.2 Definition Es sei $(M, \sqsubseteq)$ eine Ordnung Dann bezeichnen wir mit

$$\mathcal{S}(M) := \{S \in 2^M \mid S \text{ ist Schnitt von } M\}$$

die *Menge der Schnitte* von M. $\square$

Der folgende wichtige Satz zeigt, daß im Fall von Verbänden die Hauptideale Schnitte sind. Auch wird eine Darstellung dieser Hauptideale mittels der Abbildunskomposition $\mathsf{Mi} \circ \mathsf{Ma}$ angegeben.

---

[1] Man kann an dieser Stelle natürlich auch mittels der Monotonie von $\mathsf{Mi} \circ \mathsf{Ma}$ und dem Fixpunktsatz von B. Knaster und A. Tarski argumentieren.

4.2.3 Satz Es sei $(M, \sqsubseteq)$ eine Ordnung. Dann gilt für alle $a \in M$ die Gleichung

$$\mathsf{Mi}(\mathsf{Ma}(a)) = \{b \in M \mid b \sqsubseteq a\} = \mathsf{Mi}(a).$$

Insbesondere ist die Menge $\{b \in M \mid b \sqsubseteq a\}$ auch ein Schnitt.

Beweis: Es sei $b \in M$ beliebig gewählt. Dann gilt:

$$
\begin{aligned}
b \in \mathsf{Mi}(\mathsf{Ma}(a)) &\iff \forall\, x \in \mathsf{Ma}(a) : b \sqsubseteq x && \text{Definition Minorante} \\
&\iff b \sqsubseteq a && a \in \mathsf{Ma}(a) \text{ zeigt } \text{"} \Longrightarrow \text{"}
\end{aligned}
$$

Diese Äquivalenz zeigt die Gleichung $\mathsf{Mi}(\mathsf{Ma}(a)) = \{b \in M \mid b \sqsubseteq a\} = \mathsf{Mi}(a)$.

Die für die zweite Behauptung zu zeigende Gleichung

$$\mathsf{Mi}(\mathsf{Ma}(a)) = \mathsf{Mi}(\mathsf{Ma}(\mathsf{Mi}(\mathsf{Ma}(a))))$$

folgt nun, indem man in der für alle $X \subseteq M$ geltenden Gleichung $\mathsf{Mi}(X) = \mathsf{Mi}(\mathsf{Ma}(\mathsf{Mi}(X)))$ speziell X als $\mathsf{Ma}(a)$ wählt. $\qquad\Box$

Im Falle eines Verbands $(V, \sqcup, \sqcap)$ stimmen also die Hauptideale (a) von V mit den Schnitten $\mathsf{Mi}(\mathsf{Ma}(a)) = \{b \in V \mid b \sqsubseteq a\}$ bezüglich der Verbandsordnung $(V, \sqsubseteq)$ überein. Man bezeichnet in diesem Zusammenhang diese speziellen Schnitte (a) auch als die von a erzeugten *Hauptschnitte*. Wir werden im folgenden die bisherigen Bezeichnungen auch für Ordnungen $(M, \sqsubseteq)$ verwenden, d.h. (a) für die Menge $\{b \in M \mid b \sqsubseteq a\}$ und $\mathcal{H}(M)$ für die Menge $\{(a) \mid a \in M\}$.

Die Mengen der Schnitte und Ideale stehen (unter einer kleinen Vorbedingung) in einer (oftmals echten) Inklusionsbeziehung. Es gilt nämlich die nachfolgende Eigenschaft:

4.2.4 Satz Ist $(V, \sqcup, \sqcap)$ ein Verband mit kleinstem Element O, so ist jeder Schnitt der Verbandsordnung $(V, \sqsubseteq)$ ein Ideal von V.

Beweis: Es sei $S \subseteq V$ ein Schnitt. Wegen $\mathsf{Mi}(\mathsf{Ma}(\emptyset)) = \mathsf{Mi}(M) = \{\mathsf{O}\}$ gilt $\emptyset \notin \mathcal{S}(V)$ und folglich $S \neq \emptyset$. Weiterhin gilt für alle $a, b \in V$ die Implikation

$$
\begin{aligned}
a, b \in S &\implies \forall\, x \in \mathsf{Ma}(\{a,b\}) : a \sqcup b \sqsubseteq x \\
&\implies a \sqcup b \in \mathsf{Mi}(\mathsf{Ma}(\{a,b\})) && \text{Definition Minoranten} \\
&\implies a \sqcup b \in \mathsf{Mi}(\mathsf{Ma}(S)) && \{a,b\} \subseteq S \text{ und Satz 1.2.10.1} \\
&\implies a \sqcup b \in S && S \text{ ist Schnitt,}
\end{aligned}
$$

was die erste Bedingung für Ideale zeigt, und auch die Implikation

$$
\begin{aligned}
a \in S &\implies \forall\, x \in \mathsf{Ma}(a) : a \sqcap b \sqsubseteq x \\
&\implies a \sqcap b \in \mathsf{Mi}(\mathsf{Ma}(a)) && \text{Definition Minoranten} \\
&\implies a \sqcap b \in \mathsf{Mi}(\mathsf{Ma}(S)) && \{a\} \subseteq S \text{ und Satz 1.2.10.1} \\
&\implies a \sqcap b \in S && S \text{ ist Schnitt,}
\end{aligned}
$$

was die zweite Bedingung für Ideale zeigt.   □

Der letzte Teil des Beweises zeigt auch: *Alle Schnitte von beliebigen Verbänden sind nach unten abgeschlossen.* Wie schon erwähnt, ist die Inklusion oftmals echt, die Umkehrung dieses Satzes gilt also nicht. Das folgende Beispiel wird dies belegen.

4.2.5 Beispiel (Ideal, das kein Schnitt ist) Wir betrachten die Menge

$$ M := \{ \frac{k}{k+1} \mid k \geq 0 \} \cup \{1\} = \{0, \frac{1}{2}, \frac{2}{3}, \ldots, 1\} $$

von rationalen Zahlen und erweitern diese um ein zusätzliches Symbol a. Als Ordnung definieren wir auf M die übliche Ordnung $0 < \frac{1}{2} < \frac{2}{3} < \ldots < 1$. Dann erweitern wir diese auf die Menge $M \cup \{a\}$, indem wir zusätzlich $0 < a < 1$ festlegen. Alle anderen Elemente von M bleiben mit a unvergleichbar. Bildlich sieht dies wie folgt aus:

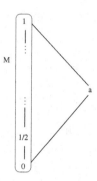

Abbildung 4.1: Beispiel eines Ideals, das kein Schnitt ist

Wie das skizzierte Hasse-Diagramm von Abbildung 4.1 zeigt ist die Menge $I := M \setminus \{1\}$ eine Kette im Verband $M \cup \{a\}$. Auch ist I offensichtlich ein Ideal in diesem Verband. Hingegen gilt, weil 1 das größte Element der Kette $I \cup \{1\}$ ist, die Gleichung $\mathsf{Mi}(\mathsf{Ma}(I)) = \mathsf{Mi}(1) = M \cup \{a\}$. Folglich ist das Ideal I kein Schnitt in $M \cup \{a\}$.   □

Nach diesen Vorbereitungen gehen wir nun die Vervollständigung einer Ordnung bzw. eines Verbands mit Hilfe von Schnitten an. Es sind im Prinzip die gleichen drei Schritte wie bei der Idealvervollständigung durchzuführen. Hier ist der erste davon. Der folgende Satz ist die Entsprechung von Satz 4.1.7.

4.2.6 Satz Es sei $(M, \sqsubseteq)$ eine Ordnung. Dann gelten für die Ordnung $(\mathcal{S}(M), \subseteq)$ die folgenden Eigenschaften:

1. Jede Teilmenge von $\mathcal{S}(M)$ der Form $\{S, T\}$ besitzt ein Supremum, nämlich den Durchschnitt

$$ \bigcap \{U \in \mathcal{S}(M) \mid S \cup T \subseteq U\}. $$

2. Jede (auch die leere) Teilmenge $\mathcal{M}$ von $\mathcal{S}(M)$ besitzt ein Infimum, nämlich den Durchschnitt

$$\bigcap \{S \mid S \in \mathcal{M}\}.$$

Beweis: Der Beweis des ersten Teils stützt sich auf den zweiten Teil. Wir gehen aber der Reihe nach vor und nehmen für den ersten Teil den zweiten Teil des Satzes als schon bewiesen an. Ein Zirkelschluß wird dabei vermieden, da im zweiten Beweisteil die Aussage des ersten Teils keine Verwendung finden wird.

1. Nach dem zweiten Teil ist der Durchschnitt $W := \bigcap \{U \in \mathcal{S}(M) \mid S \cup T \subseteq U\}$ ein Schnitt, da $\{U \in \mathcal{S}(M) \mid S \cup T \subseteq U\}$ eine Menge von Schnitten ist,

   Offensichtlich gelten auch $S \subseteq W$ und $T \subseteq W$. Damit ist W eine obere Schranke von S und T in $(\mathcal{S}(M), \subseteq)$.

   Nun sei $X \in \mathcal{S}(M)$ eine weitere obere Schranke von S und T. Aus $S \subseteq X$ und $T \subseteq X$ folgt $S \cup T \subseteq X$. Folglich gilt $X \in \{U \in \mathcal{S}(M) \mid S \cup T \subseteq U\}$ und damit $W \subseteq X$.

2. Die Komposition $\mathsf{Mi} \circ \mathsf{Ma} : 2^M \to 2^M$ ist eine Hüllenbildung im Potenzmengenverband $(2^M, \cup, \cap)$. Nach Definition eines Schnitts gilt weiterhin

$$\mathcal{S}(M) = \mathsf{Fix}(\mathsf{Mi} \circ \mathsf{Ma})$$

   Aufgrund des Hauptsatzes über Hüllen ist somit $\mathcal{S}(M)$ das von $\mathsf{Mi} \circ \mathsf{Ma}$ induzierte Hüllensystem $\mathsf{H}_{\mathsf{Mi} \circ \mathsf{Ma}}$ und folglich liegt mit $\mathcal{M} \subseteq \mathcal{S}(M)$ auch $\bigcap \{S \mid S \in \mathcal{M}\}$ als Infimum von $\mathcal{M}$ in $\mathcal{S}(M)$. □

Wie die Ideale, so bilden also auch die Schnitte nach dem zweiten Teil dieses Satzes einen vollständigen Verband. Mit dem folgenden Satz, der dies eigentlich nur mehr anders formuliert, ist somit der erste Schritt der Schnittvervollständigung beendet.

4.2.7 Satz (Schnittverband) Ist eine Ordnung $(M, \subseteq)$ gegeben und definiert man auf $\mathcal{S}(M)$ zwei Abbildungen mittels

$$S \sqcup_s T := \bigcap \{U \in \mathcal{S}(M) \mid S \cup T \subseteq U\} \qquad S \sqcap_s T := S \cap T,$$

so ist $(\mathcal{S}(M), \sqcup_s, \sqcap_s)$ ein vollständiger Verband, genannt Schnittverband von M, mit der Mengeninklusion als Verbandsordnung. □

Die binäre Supremumsbildung $S \sqcup_s T = \bigcap \{U \in \mathcal{S}(M) \mid S \cup T \subseteq U\}$ von Satz 4.2.7 entspricht genau der Anwendung der induzierten Hüllenbildung $\mathsf{h}_{\mathcal{S}(M)}$ des Hüllensystems $\mathcal{S}(M)$ auf $S \cup T$. Man vergleiche mit dem Hauptsatz über Hüllen. Diese induzierte Hüllenbildung stimmt aber mit der Abbildungskomposition $\mathsf{Mi} \circ \mathsf{Ma}$ überein. Aus $\mathcal{S}(M) = \mathsf{H}_{\mathsf{Mi} \circ \mathsf{Ma}}$ folgt nämlich durch die Anwendung von h auf beide Seiten zusammen mit der dritten Aussage des Hauptsatzes über Hüllen die Gleichheit $\mathsf{h}_{\mathcal{S}(M)} = \mathsf{Mi} \circ \mathsf{Ma}$. Insbesondere gilt

$$S \sqcup_s T = \mathsf{Mi}(\mathsf{Ma}(S \cup T))$$

nach der Beschreibung des Supremums im Hüllensystemverband (siehe Beweis von Satz 3.4.8). Weil wir die Verallgemeinerung auf beliebige Mengen, welche genau im Beweis von Satz 3.4.8 bewiesen wird, später an entscheidender Stelle brauchen, halten wir sie an dieser Stelle in Form eines Satzes fest.

4.2.8 Satz Im Schnittverband $(\mathcal{S}(M), \sqcup_s, \sqcap_s)$ einer Ordnung $(M, \sqsubseteq)$ gilt

$$\textstyle\bigsqcup_s \{S \mid S \in \mathcal{M}\} = \mathsf{Mi}(\mathsf{Ma}(\bigcup \{S \mid S \in \mathcal{M}\}))$$

für alle Teilmengen $\mathcal{M} \subseteq \mathcal{S}(M)$. $\qquad\qquad\qquad\square$

In diesem Satz zeigt der Index die allgemeine Supremumsbildung im Schnittverband an. Die gleiche Indexnotation werden wir später auch für die allgemeine Infimumsbildung im Schnittverband verwenden.

Wenn wir die Schnittvervollständigung für Ordnungen betrachten, so ist der zweite Schritt schon durch Satz 4.2.3 erledigt worden, denn alle Mengen (a) sind Schnitte. Wir können also direkt zum dritten Schritt übergehen, welcher durch den nachfolgenden Satz bewerkstelligt wird.

4.2.9 Satz (Schnittvervollständigung, Ordnung) Es seien eine Ordnung $(M, \sqsubseteq)$ und ihr Schnittverband $(\mathcal{S}(M), \sqcup_s, \sqcap_s)$ gegeben. Dann ist die Abbildung

$$e_s : M \to \mathcal{H}(M) \qquad e_s(a) = (a) = \mathsf{Mi}(\mathsf{Ma}(a))$$

ein Ordnungsisomorphismus zwischen M und der Ordnung $(\mathcal{H}(M), \subseteq)$ der Hauptschnitte von M.

Beweis: Beim Beweis der Injektivität von e_s könnten wir, mit $e_s(a) = \mathsf{Mi}(a)$, genau wie beim Beweis von e_i vorgehen. Der folgende alternative Beweis der Injektivität verwendet die Darstellung $e_s(a) = \mathsf{Mi}(\mathsf{Ma}(a))$ und die Hüllen-Eigenschaft von $\mathsf{Mi} \circ \mathsf{Ma}$. Es seien also $a, b \in M$ mit $e_s(a) = e_s(b)$ vorgegeben. Dann gelten die folgenden Implikationen, welche zusammen die Gleichung $a = b$ zeigen.

$$
\begin{array}{lll}
e_s(a) \subseteq e_s(b) & \Longleftrightarrow \mathsf{Mi}(\mathsf{Ma}(a)) \subseteq \mathsf{Mi}(\mathsf{Ma}(b)) & \\
& \Longrightarrow \{a\} \subseteq \mathsf{Mi}(\mathsf{Ma}(b)) & \text{da } \{a\} \subseteq \mathsf{Mi}(\mathsf{Ma}(a)) \\
& \Longrightarrow \forall x \in \mathsf{Ma}(b) : a \sqsubseteq x & \text{Definition Minorante} \\
& \Longrightarrow a \sqsubseteq b & \text{da } b \in \mathsf{Ma}(b) \\[2mm]
e_s(b) \subseteq e_s(a) & \Longleftrightarrow \mathsf{Mi}(\mathsf{Ma}(b)) \subseteq \mathsf{Mi}(\mathsf{Ma}(a)) & \\
& \Longrightarrow \{b\} \subseteq \mathsf{Mi}(\mathsf{Ma}(a)) & \text{da } \{b\} \subseteq \mathsf{Mi}(\mathsf{Ma}(b)) \\
& \Longrightarrow \forall x \in \mathsf{Ma}(a) : b \sqsubseteq x & \text{Definition Minorante} \\
& \Longrightarrow b \sqsubseteq a & \text{da } a \in \mathsf{Ma}(a)
\end{array}
$$

Die Surjektivität von e_s ist klar.

Zum Beweis der Monotonie von e_s und ihrer Umkehrabbildung zeigen wir zuerst für alle $a, b \in M$ die nachstehende Äquivalenz:

$$a \sqsubseteq b \iff \forall x \in M : x \sqsubseteq a \Rightarrow x \sqsubseteq b \qquad\qquad (*)$$

Dier Richtung „$\Longrightarrow$" ist trivial und die Richtung „$\Longleftarrow$" folgt aus der Tatsache, daß für die Spezialisierung $x := a$ die Eigenschaft $x \sqsubseteq a$ wahr wird, also auch $x \sqsubseteq b$.

Der Rest des Beweises ist nun trivial. Sind $a, b \in M$ gegeben, so gilt

$$
\begin{aligned}
a \sqsubseteq b &\iff \forall x \in M : x \sqsubseteq a \Rightarrow x \sqsubseteq b && \text{nach } (*) \\
&\iff \{x \in M \mid x \sqsubseteq a\} \subseteq \{x \in M \mid x \sqsubseteq b\} \\
&\iff \mathsf{Mi}(\mathsf{Ma}(a)) \subseteq \mathsf{Mi}(\mathsf{Ma}(b)) && \text{Satz 4.2.3} \\
&\iff e_s(a) \subseteq e_s(b) && \text{Definition } e_s(a), e_s(b),
\end{aligned}
$$

was sowohl die Monotonie von e_s als auch, wegen $a = e_s^{-1}(e_s(a))$ und $b = e_s^{-1}(e_s(b))$, die der Umkehrabbildung e_s^{-1} bringt. $\qquad\square$

Damit ist der Fall der Ordnungen beendet. Liegt hingegen ein Verband vor, so hat man zwei Dinge zusätzlich zu zeigen, nämlich, daß die Hauptschnitte einen Unterverband der Schnitte bilden und daß die Abbildung e_s von Satz 4.2.9 sogar ein Verbandsisomorphismus ist. Wie dies geht, wird in dem nachfolgenden Satz gezeigt, mit dem wir die Konstruktion der Schnittvervollständigung schließlich beenden.

4.2.10 Satz (Schnittvervollständigung, Verband) Ist ein Verband $(V, \sqcup, \sqcap)$ mit Verbandsordnung $(V, \sqsubseteq)$ vorliegend, so ist $\mathcal{H}(V)$ ein Unterverband von $(\mathcal{S}(V), \sqcup_s, \sqcap_s)$ und die Abbildung e_s von Satz 4.2.9 sogar ein Verbandsisomorphismus zwischen V und $\mathcal{H}(V)$.

Beweis: Es gelten für alle $a, b \in V$ die beiden folgenden Gleichungen:

$$(a \sqcup b) = (a) \sqcup_s (b) \qquad\qquad (a \sqcap b) = (a) \sqcap_s (b)$$

Bei den Beweisen beginnen wir mit der linken Gleichung: Dazu sei $x \in V$ beliebig gegeben. Dann gilt die Eigenschaft

$$
\begin{aligned}
x \in (a) &\iff x \sqsubseteq a && \text{Definition Hauptschnitt} \\
&\Longrightarrow x \sqsubseteq a \sqcup b \\
&\iff x \in (a \sqcup b) && \text{Definition Hauptschnitt.}
\end{aligned}
$$

Dies impliziert $(a) \subseteq (a \sqcup b)$. Analog zeigt man $(b) \subseteq (a \sqcup b)$. Folglich ist $(a \sqcup b)$ eine obere Schranke von (a) und (b) in $(\mathcal{S}(V), \subseteq)$.

Nun sei $S \in \mathcal{S}(V)$ eine weitere obere Schranke von (a) und (b). Wir zeigen zuerst die Inklusion $\mathsf{Ma}(S) \subseteq \mathsf{Ma}(a \sqcup b)$. Dazu sei $x \in V$ wiederum beliebig gewählt. Dann gilt:

$$
\begin{aligned}
x \in \mathsf{Ma}(S) &\Longrightarrow \forall y \in S : y \sqsubseteq x \\
&\Longrightarrow \forall y \in (a) : y \sqsubseteq x && \text{da } (a) \subseteq S \\
&\Longrightarrow a \sqsubseteq x && \text{da } a \in (a)
\end{aligned}
$$

Weiterhin haben wir

$$x \in \mathsf{Ma}(S) \implies b \sqsubseteq x \qquad\qquad \text{analog mit Hilfe von } (b) \subseteq S.$$

Beide Eigenschaften zusammengenommen implizieren nun für alle $x \in S$ auch $a \sqcup b \sqsubseteq x$, was $x \in \mathsf{Ma}(a \sqcup b)$ liefert. Folglich ist $\mathsf{Ma}(S) \subseteq \mathsf{Ma}(a \sqcup b)$ bewiesen.

Nun gehen wir wie folgt vor: Aus der Inklusion

$$
\begin{aligned}
\{a \sqcup b\} \;&\subseteq\; \mathsf{Mi}(\mathsf{Ma}(a \sqcup b)) && X \subseteq \mathsf{Mi}(\mathsf{Ma}(X)) \\
&\subseteq\; \mathsf{Mi}(\mathsf{Ma}(S)) && \mathsf{Ma}(S) \subseteq \mathsf{Ma}(a \sqcup b), \text{ Satz } 1.2.10.1 \\
&=\; S && S \text{ ist Schnitt}
\end{aligned}
$$

folgt $a \sqcup b \in S$, also für alle $x \in V$ auch

$$
\begin{aligned}
x \in (a \sqcup b) \;&\implies\; x \sqsubseteq a \sqcup b && \text{Definition Hauptschnitt} \\
&\implies\; x \in S && a \sqcup b \in S,\ S \text{ nach unten abgeschlossen,}
\end{aligned}
$$

was die Inklusion $(a \sqcup b) \subseteq S$ beweist.

Insgesamt haben wir also $(a \sqcup b)$ als kleinste obere Schranke von den beiden Hauptschnitten (a) und (b) in der Ordnung $(\mathcal{S}(V), \subseteq)$ nachgewiesen, was sich unter Verwendung der binären Operation als die zu zeigende Gleichung $(a \sqcup b) = (a) \sqcup_s (b)$ schreibt.

Die rechte Gleichung $(a \sqcap b) = (a) \sqcap_s (b)$ wurde schon im Beweis von Satz 4.1.9 bei den Hauptidealen gezeigt. Man beachte, daß die Infima von Mengen bei den Idealen und den Schnitten übereinstimmen, weil alle Durchschnitte sind.

Aus den eben gezeigten Gleichungen folgt, daß die Hauptschnitte abgeschlossen sind bezüglich der binären Supremums- und Infimumsbildung. Damit sind sie ein Unterverband des Schnittverbands.

Wir kommen nun zum zweiten Teil. Dies geht aber sehr rasch. Die Bijektivität von e_s wurde nämlich schon im Beweis von Satz 4.2.9 gezeigt und die beiden Gleichungen

$$e_s(a \sqcup b) = e_s(a) \sqcup_s e_s(b) \qquad\qquad e_s(a \sqcap b) = e_s(a) \sqcap_s e_s(b)$$

sind eine unmittelbare Folgerung der obigen Gleichungen. $\qquad\qquad\qquad\qquad\square$

4.3   Vergleich der beiden Methoden

In den letzten beiden Abschnitten verwendeten wir Ideale und Schnitte, um einen Verband (bei Idealen mit kleinstem Element vorausgesetzt) oder (bei Schnitten) sogar eine Ordnung jeweils in einen vollständigen Verband einzubetten. Beide Verfahren benutzen den gleichen Unterverband, nämlich den der Hauptideale, welcher gleich dem der Hauptschnitte ist. Die Oberverbände sind jedoch im allgemeinen verschieden. Weil die Menge der Schnitte (wiederum unter der Annahme eines kleinsten Elements, welches den leeren Schnitt verhindert) in der Menge der Ideale enthalten ist, wird die Schnittvervollständigung nie echt größer als die Idealvervollständigung. Diese Minimalität ist zweifelsohne ein Vorteil der Schnittvervollständigung. Aber auch die Idealvervollständigung hat gegenüber der Schnittvervollständigung gewisse Vorteile. In diesem Abschnitt wollen wir einige Vor- und Nachteile beider Vervollständigungsmethoden angeben und die entsprechenden Sätze beweisen.

Ein großer Vorteil der Idealvervollständigung ist, daß sie bei der Einbettung zwei sehr wichtige verbandstheoretische Eigenschaften erhält. Dies wird in den beiden folgenden Sätzen gezeigt. Wir beginnen mit der Modularität.

4.3.1 Satz (Modularität) Ist $(V, \sqcup, \sqcap)$ ein modularer Verband mit einem kleinsten Element, so ist auch der Idealverband $(\mathcal{I}(V), \sqcup_i, \sqcap_i)$ modular.

Beweis: Gegeben seien drei Ideale I, J und K mit $I \subseteq K$. Es ist die Inklusion

$$(I \sqcup_i J) \sqcap_i K \subseteq I \sqcup_i (J \sqcap_i K)$$

nachzuweisen, denn die andere Inklusion „$\supseteq$"ist die modulare Ungleichung, und diese gilt bekanntlich immer.

Es sei also $a \in (I \sqcup_i J) \sqcap_i K = (I \sqcup_i J) \cap K$. Dann gilt $a \in K$ und, nach Definition des Supremums im Idealverband, auch $a \sqsubseteq i \sqcup j$ für zwei Elemente $i \in I$ und $j \in J$. Nun schätzen wir wie folgt ab:

$$\begin{aligned} a &\sqsubseteq (i \sqcup a) \sqcap (i \sqcup j) && a \sqsubseteq i \sqcup a \text{ und } a \sqsubseteq i \sqcup j \\ &= i \sqcup ((i \sqcup a) \sqcap j) && V \text{ modular, duale Form Satz 2.1.3} \end{aligned}$$

Um $a \in I \sqcup_i (J \sqcap_i K) = I \sqcup_i (J \cap K)$ zu zeigen, genügt es nach der Definition des Supremums im Idealverband also die folgenden zwei Beziehungen nachzuweisen:

$$i \in I \qquad (i \sqcup a) \sqcap j \in J \cap K$$

Die Eigenschaft $i \in I$ gilt nach der Annahme an i.

Um $(i \sqcup a) \sqcap j \in J \cap K$ zu zeigen, verwenden wir, daß alle Ideale abgeschlossen gegenüber binären Suprema und auch nach unten sind (vergl. Satz 4.1.2). Dann gilt: Aus $j \in J$ und $(i \sqcup a) \sqcap j \sqsubseteq j$ folgt $(i \sqcup a) \sqcap j \in J$ und aus $i \in I \subseteq K$ und $a \in K$ folgt $i \sqcup a \in K$, was mit $(i \sqcup a) \sqcap j \sqsubseteq i \sqcup a$ die Beziehung $(i \sqcup a) \sqcap j \sqsubseteq K$ beweist. $\square$

Neben der Modularität vererbt sich auch die Distributivität eines Verbands bei der Idealvervollständigung. Es gilt also:

4.3.2 Satz (Distributivität) Ist der Verband $(V, \sqcup, \sqcap)$ distributiv und hat er ein kleinstes Element, so ist auch der Idealverband $(\mathcal{I}(V), \sqcup_i, \sqcap_i)$ distributiv.

Beweis: Wiederum seien drei Ideale I, J und K vorausgesetzt. Wegen der distributiven Ungleichungen genügt es, beispielsweise

$$I \sqcap_i (J \sqcup_i K) \subseteq (I \sqcap_i J) \sqcup_i (I \sqcap_i K)$$

als eine der zwei äquivalenten Abschätzungen zu verifizieren.

Es sei also $a \in I \sqcap_i (J \sqcup_i K) = I \cap (J \sqcup_i K)$. Dann gilt $a \in I$ und es gibt, wegen $a \in J \sqcup_i K$ und Satz 4.1.7.3, zwei Elemente $j \in J$ und $k \in K$ mit $a = j \sqcup k$. Daraus folgt nun:

$$
\begin{aligned}
a &= a \sqcap a \\
&= a \sqcap (j \sqcup k) && \text{siehe oben} \\
&= (a \sqcap j) \sqcup (a \sqcap k) && V \text{ ist distributiv}
\end{aligned}
$$

Um $a \in (I \sqcap_i J) \sqcup_i (I \sqcap_i K) = (I \cap J) \sqcup_i (I \cap K)$ nachzuweisen, genügt es also, wiederum wegen Satz 4.1.7.3, die folgenden vier Eigenschaften zu zeigen:

$$
a \sqcap j \in I \qquad a \sqcap j \in J \qquad a \sqcap k \in I \qquad a \sqcap k \in K
$$

Auch hier spielt die Abgeschlossenheit von Idealen nach unten die entscheidende Rolle: Aus $a \sqcap j \sqsubseteq a$, $a \sqcap k \sqsubseteq a$ und $a \in I$ folgen $a \sqcap j \in I$ und $a \sqcap k \in I$. Nach $a \sqcap j \sqsubseteq j$ und $j \in J$ bekommen wir $a \sqcap j \in J$. Und $a \sqcap k \sqsubseteq k$ und $k \in K$ zeigt schließlich die letzte Bedingung $a \sqcap k \in K$. □

Hingegen muß der Schnittverband eines modularen Verbands normalerweise nicht modular und der Schnittverband eines distributiven Verbands normalerweise nicht distributiv sein. Die Beispiele hierzu sind jedoch zu umfangreich, um an dieser Stelle präsentiert zu werden. Sie wurden erstmals in den Jahren 1944 (von Y. Funayama, Proc. Imp. Acad. Tokyo, Band 20) und 1952 (von R.P. Dilworth und J.E. McLaughlin, Duke Math. Journal, Band 19) publiziert. Der interessierte Leser sei auf diese beiden Arbeiten verwiesen.

Wir haben schon früher erwähnt, daß im Falle eines vollständigen Verbands der ihm zugeordnete vollständige Verband $\mathcal{H}(V)$ im allgemeinen kein vollständiger Unterverband der Idealvervollständigung ist. Man sagt auch, daß die Idealvervollständigung keine vollständige Einbettung darstellt. Hier ist das entsprechende Gegenbeispiel.

4.3.3 Beispiel (Nichtvollständige Einbettung) Wir erweitern die übliche Ordnung der rationalen Zahlen $(\mathbb{Q}, \leq)$ um ein kleinstes Element $-\infty$ und erhalten so einen gelifteten Verband $V := \mathbb{Q} \cup \{-\infty\}$ mit einem kleinsten Element, der als Kette auch distributiv ist. Nun betrachten wir die Menge

$$
W := \{-\frac{1}{n} \mid n > 0\} = \{-1, -\frac{1}{2}, -\frac{1}{3}, \ldots\}
$$

und die durch sie gegebene Menge (wir benutzen zur Vereinfachung der Darstellung die Intervall-Schreibweise der Analysis)

$$
\mathcal{M} := \{(a) \mid a \in W\} = \{[-\infty, -1], [-\infty, -\frac{1}{2}], [-\infty, -\frac{1}{3}], \ldots\}
$$

von Hauptidealen. Für diese Menge existiert das allgemeine Supremum im Idealverband $\mathcal{I}(V)$ und man kann beweisen, daß

$$
\bigsqcup_i \mathcal{M} = \bigsqcup_i \{(a) \mid a \in W\} = \{a \in V \mid a < 0\}
$$

gilt. Damit ist das Supremum einer Menge von Hauptidealen aber kein Hauptideal, was zeigt, daß kein vollständiger Unterverband des Idealverbands vorliegt. □

Die letzte Gleichung in diesem Beispiel basiert auf der Tatsache, daß das Supremum einer Kette von Idealen bezüglich der Mengeninklusion durch die Vereinigung der Ideale der Kette gegeben ist.

Hingegen ist die Schnittvervollständigung eine vollständige Einbettung. Dies wird auf eine erste Weise im Prinzip durch den nächsten Satz 4.3.4 gezeigt. Er verallgemeinert die Gleichungen von Satz 4.2.10 vom binären auf den beliebigen Fall – vorausgesetzt, daß die entsprechenden Suprema und Infima existieren.. Diese verallgemeinerten Gleichungen implizieren insbesondere, daß bei einem vollständigen Verband die Menge der Hauptschnitte einen vollständigen Unterverband im vollständigen Schnittverband bildet. Wenn wir gleich anschließend die Minimalität der Schnittvollständigung zeigen, werden wir diese Eigenschaft auf einem anderen Weg noch einmal erhalten.

4.3.4 Satz (Vollständige Einbettung) Gegeben seien eine Ordnung $(M, \sqsubseteq)$ und eine Teilmenge $N \subseteq M$. Dann gelten im Schnittverband $(\mathcal{S}(V), \sqcup_s, \sqcap_s)$ die Gleichungen

$$\textstyle\bigsqcup_s\{(a) \mid a \in N\} = (\bigsqcup N) \qquad \bigsqcap_s\{(a) \mid a \in N\} = (\bigsqcap N),$$

falls $\bigsqcup N$ bzw. falls $\bigsqcap N$ in der Ordnung $(M, \sqsubseteq)$ existieren.

Beweis: Wir beginnen mit einer Hilfsaussage (bei der weder die Existenz eines Supremums noch eines Infimums vorausgesetzt wird):

$$\mathsf{Ma}(\textstyle\bigcup\{(a) \mid a \in N\}) \;=\; \mathsf{Ma}(N) \qquad\qquad (*)$$

Die Inklusion „$\subseteq$" von $(*)$ folgt aus $N \subseteq \bigcup\{(a) \mid a \in N\}$ und der Antitonie der Abbildung Ma. Zum Beweis von „$\supseteq$" sei $x \in \mathsf{Ma}(N)$ beliebig vorgegeben. Dann gilt für alle $y \in M$:

$$
\begin{aligned}
y \in \textstyle\bigcup\{(a) \mid a \in N\} &\iff \exists a \in N : y \in (a) \\
&\iff \exists a \in N : y \sqsubseteq a \qquad && \text{Definition Hauptschnitt} \\
&\implies y \sqsubseteq x && a \sqsubseteq x \text{ für alle } a \in N
\end{aligned}
$$

Dies zeigt $x \in \mathsf{Ma}(\bigcup\{(a) \mid a \in N\})$. Damit ist die Hilfsaussage verifiziert.

Vor dem Beweis der behaupteten linken Gleichung erwähnen wir noch einmal, daß $\mathsf{Mi} \circ \mathsf{Ma}$ die Hüllenbildung darstellt, welche die Menge der Schnitte als induziertes Hüllensystem besitzt. Eine Konsequenz war Satz 4.2.8, der besagt, daß das Supremum einer Menge $\mathcal{M}$ von Schnitten im Schnittverband $(\mathcal{S}(V), \sqcup_s, \sqcap_s)$ die Darstellung $\bigsqcup_s\mathcal{M} = \mathsf{Mi}(\mathsf{Ma}(\bigcup\mathcal{M}))$ hat. Nun beweisen wir die linke Gleichung mittels folgender Rechnung:

$$
\begin{aligned}
\textstyle\bigsqcup_s\{(a) \mid a \in N\} &= \mathsf{Mi}(\mathsf{Ma}(\textstyle\bigcup\{(a) \mid a \in N\})) \qquad && \text{Satz 4.2.8} \\
&= \mathsf{Mi}(\mathsf{Ma}(N)) && \text{wegen } (*) \\
&= \mathsf{Mi}(\textstyle\bigsqcup N) && \\
&= (\textstyle\bigsqcup N) && \text{da } (a) = \mathsf{Mi}(a)
\end{aligned}
$$

Der Beweis der behaupteten rechten Gleichung folgt aus

$$
\begin{aligned}
x \in \textstyle\bigsqcap_s \{(a) \mid a \in N\} \quad &\Longleftrightarrow\quad x \in \textstyle\bigcap \{(a) \mid a \in N\} && \text{Satz 4.2.6.2} \\
&\Longleftrightarrow\quad \forall\, a \in N : x \in (a) && \\
&\Longleftrightarrow\quad \forall\, a \in N : x \sqsubseteq a && \text{Definition Hauptschnitt} \\
&\Longleftrightarrow\quad x \sqsubseteq \textstyle\bigsqcap N && \\
&\Longleftrightarrow\quad x \in (\textstyle\bigsqcap N) && \text{Definition Hauptschnitt}
\end{aligned}
$$

für alle $x \in V$ und ist eine offensichtliche Verallgemeinerung der entsprechenden Gleichung von Satz 4.1.9. □

Jeder nichtleere Schnitt ist ein Ideal und damit sind Schnittvervollständigungen immer in den Idealvervollständigungen enthalten. In anderen Worten stehen also eine Schnitt- und eine Idealvervollständigung eines Verbands V immer in der Relation „kleiner-gleich", wenn man diese durch die Inklusionsordnung interpretiert. V (genauer: ein isomorphes Bild) kann natürlich noch Teil anderer vollständiger Verbände sein. Der folgende Satz zeigt nun, daß die Schnittvervollständigung (natürlich bis auf Isomorphie) in einem gewissen Sinne der kleinste vollständige Verband ist, der V enthält.

4.3.5 Satz (Minimalität) Gegeben seien ein Verband $(V, \sqcup_1, \sqcap_1)$ und ein vollständiger Verband $(W, \sqcup_2, \sqcap_2)$. Ist $f : V \to W$ ein injektiver Verbandshomomorphismus von V nach W, so ist die Abbildung

$$
g : \mathcal{S}(V) \to W \qquad g(S) = \textstyle\bigsqcup_2 \{f(x) \mid x \in S\}
$$

injektiv, also die Schnittvervollständigung $\mathcal{S}(V)$ schmächtiger (im Sinne von Definition 3.2.1.2) als die Vervollständigung W.

Beweis: Es seien $S, T \in \mathcal{S}(V)$ mit $g(S) = g(T)$ gegeben.

„$S \subseteq T$": Es sei $a \in S$. Dann gilt für alle $b \in \mathsf{Ma}(T)$, daß

$$
\begin{aligned}
f(a) \quad &\sqsubseteq_2 \quad \textstyle\bigsqcup_2 \{f(x) \mid x \in S\} && \\
&= \quad g(S) && \text{Definition } g \\
&= \quad g(T) && \text{nach Annahme} \\
&= \quad \textstyle\bigsqcup_2 \{f(x) \mid x \in T\} && \text{Definition } g \\
&\sqsubseteq_2 \quad f(b) && f \text{ monoton, also } f(x) \sqsubseteq_2 f(b) \text{ für } x \in T.
\end{aligned}
$$

Da f ein injektiver Verbandshomomorphismus ist, existiert auf dem f-Bild von V die monotone Umkehrabbildung und deren Anwendung zeigt:

$$
a \quad \sqsubseteq_1 \quad b \tag{$*$}
$$

Aus der Gültigkeit von $(*)$ für alle $b \in \mathsf{Ma}(T)$ bekommen wir also, daß $a \in \mathsf{Mi}(\mathsf{Ma}(T))$ zutrifft. Dies impliziert nun $a \in T$, weil T ein Schnitt ist.

„$T \subseteq S$": Dies zeigt man auf genau die gleiche Weise. □

Die Abbildung g des letzten Satzes ist monoton, da für alle $S, T \in \mathcal{S}(V)$ (die Ordnung auf den Schnitten ist die Inklusion)

$$
\begin{aligned}
S \subseteq T \quad &\Longrightarrow \quad \{f(x) \,|\, x \in S\} \subseteq \{f(x) \,|\, x \in T\} \\
&\Longrightarrow \quad \bigsqcup_2 \{f(x) \,|\, x \in S\} \sqsubseteq_2 \bigsqcup_2 \{f(x) \,|\, x \in T\} \\
&\Longleftrightarrow \quad g(S) \sqsubseteq_2 g(T) \qquad\qquad\qquad\qquad\qquad \text{Definition } g
\end{aligned}
$$

zutrifft. Man kann weiterhin zeigen, daß aus $g(S) \sqsubseteq_2 g(T)$ folgt $S \subseteq T$, also insgesamt die Äquivalenz von $S \subseteq T$ und $g(S) \sqsubseteq_2 g(T)$. Dazu geht man fast wie im Beweis von Satz 4.3.5 vor: Für alle $a \in S$ und alle $b \in \mathsf{Ma}(T)$ gilt

$$
\begin{aligned}
f(a) \quad &\sqsubseteq_2 \quad \bigsqcup_2 \{f(x) \,|\, x \in S\} \\
&= \quad g(S) & \text{Definition } g \\
&\sqsubseteq_2 \quad g(T) & \text{nach Annahme} \\
&= \quad \bigsqcup_2 \{f(x) \,|\, x \in T\} & \text{Definition } g \\
&\sqsubseteq_2 \quad f(b) & f \text{ monoton, also } f(x) \sqsubseteq_2 f(b) \text{ für } x \in T.
\end{aligned}
$$

Dies bringt, genau wie bei der obigen Argumentation, letztendlich die zu zeigende Beziehung $a \in T$, weil T ein Schnitt ist.

Folglich ist g bei einer Beschränkung seines Bildbereichs auf W_1 ein Ordnungsisomorphismus zwischen $(\mathcal{S}(V), \subseteq)$ und $(W_1, \sqsubseteq_2)$, wobei W_1 das Bild $\{g(S) \,|\, S \in \mathcal{S}(V)\}$ von $\mathcal{S}(V)$ unter g in W ist. Es ist W_1 sogar ein Verband und als solcher isomorph zum Schnittverband $(\mathcal{S}(V), \sqcup_s, \sqcap_s)$. Weiterhin haben wir für alle $a \in V$:

$$
\begin{aligned}
g(e_s(a)) \quad &= \quad \bigsqcup_2 \{f(x) \,|\, x \in (a)\} & \text{Definitionen } g, e_s \\
&= \quad \bigsqcup_2 \{f(x) \,|\, x \sqsubseteq_1 a\} \\
&\sqsubseteq_2 \quad f(a) & f \text{ monoton} \\
&\sqsubseteq_2 \quad \bigsqcup_2 \{f(x) \,|\, x \in (a)\} & a \in (a) \\
&= \quad g(e_s(a)) & \text{Definitionen } g, e_s
\end{aligned}
$$

Man kann die gegebene Abbildung $f : V \to W$ also zerlegen in $f(a) = g(e_s(a))$, d.h. in die Berechnung der Einbettung von $a \in V$ in $\mathcal{S}(V)$ mittels $a \mapsto (a)$ gefolgt von der Einbettung von $(a) \in \mathcal{S}(V)$ in W mittels einer Anwendung von g.

Der letzte Satz 4.3.5 gilt auch schon, wenn statt dem Verband $(V, \sqcup_1, \sqcap_1)$ nur eine Ordnung $(M, \sqsubseteq_1)$ vorliegt und die Abbildung $f : M \to W$ nur eine Ordnungseinbettung im Sinne der nun folgenden Definition ist (welche die obigen Betrachtungen für Schnitte verallgemeinert).

4.3.6 Definition Eine Abbildung $f : M \to N$ zwischen Ordnungen $(M, \sqsubseteq_1)$ und $(N, \sqsubseteq_2)$ heißt eine *Ordnungseinbettung* von M in N, falls die Äquivalenz

$$
a \sqsubseteq_1 b \iff f(a) \sqsubseteq_2 f(b)
$$

für alle Elemente $a, b \in M$ zutrifft. $\qquad\qquad\qquad\qquad\qquad\qquad\qquad\qquad\qquad$ $\square$

Ordnungseinbettungen sind trivialerweise injektiv und die Urbildordnung $(M, \sqsubseteq_1)$ ist ordnungsisomorph zum Bild $\{f(a) \mid a \in M\}$ von M unter der Abbildung f, natürlich mit der Restriktion der Ordnung von $(N, \sqsubseteq_2)$ auf die Teilmenge $\{f(a) \mid a \in M\}$. Ist die Urbildordnung sogar ein Verband $(M, \sqcup_1, \sqcap_1)$, so ist offensichtlich auch das Bild $\{f(a) \mid a \in M\}$ ein Verband. Für alle $f(a), f(b)$ im Bild ist nämlich $f(a \sqcup_1 b)$ das Supremum und $f(a \sqcap_1 b)$ das Infimum. Beide Verbände $(M, \sqcup_1, \sqcap_1)$ und $(\{f(a) \mid a \in M\}, \sqcup_2, \sqcap_2)$ sind dann verbandsisomorph, denn Verbands- und Ordnungsisomorphismen fallen nach Satz 1.3.6 zusammen. In diesem Sinne verallgemeinert sich Satz 4.3.5 aufgrund der ihm nachfolgenden Berechnungen wie folgt:

4.3.7 Satz Ist $f : M \to W$ eine Ordnungseinbettung von $(M, \sqsubseteq_1)$ in den vollständigen Verband $(W, \sqcup_2, \sqcap_2)$, so ist auch

$$g : \mathcal{S}(M) \to W \qquad g(S) = \bigsqcup_2 \{f(x) \mid x \in S\}$$

eine Ordnungseinbettung, also der Verband $(\mathcal{S}(M), \sqcup_s, \sqcap_s)$ verbandsisomorph zu seinem Bild in W, und es gilt weiterhin $f(a) = g(e_s(a))$ für alle $a \in V$. $\qquad \square$

Nun betrachten wir einen Spezialfall und nehmen an, daß die Ordnung dieses Satzes schon ein vollständiger Verband V ist und der vollständige Verband W mit V übereinstimmt, mit der Ordnungseinbettung f des Satzes als der Identität auf V. Dann folgt aus $a = f(a) = g(e_s(a))$ für alle $a \in V$ die Surjektivität der Abbildung g des Satzes, da sie $a \mapsto (a)$ als Rechtsinverse besitzt. Zusammenfassend haben wir somit:

4.3.8 Satz Jeder vollständige Verband $(V, \sqcup, \sqcap)$ ist isomorph zu seiner Schnittvervollständigung $(\mathcal{S}(V), \sqcup_s, \sqcap_s)$ mittels der Abbildung von $a \in V$ in $(a) \in \mathcal{H}(V)$. In diesem Fall fallen Schnitte und Hauptschnitte zusammen. $\qquad \square$

Die Schnittvervollständigung einer Ordnung ist schmächtiger als jede andere Vervollständigung. Es kann aber durchaus die Situation vorkommen, daß sie gleichmächtig zu einer anderen Vervollständigung ist (in der dann, laut der obigen Resultate, auch ein isomorphes Bild von ihr vorhanden ist), beide Verbände aber nicht isomorph sind.

4.3.9 Beispiel (Nichtisomorphe minimale Vervollständigungen) Wir betrachten als Ordnung $(M, \sqsubseteq_1)$ die natürlichen Zahlen mit der üblichen Ordnung:

$$0 < 1 < 2 < \ldots$$

Die Schnittvervollständigung ist dann gegeben durch die Menge aller Hauptschnitte (a), wobei $a \in \mathbb{N}$, vereinigt mit der Menge $\mathbb{N}$. Da die Ordnung die Inklusion ist, haben wir also die folgende Situation vorliegen:

$$\{0\} \subset \{0, 1\} \subset \{0, 1, 2\} \subset \ldots \subset \mathbb{N}$$

Nun betrachten wir als vollständigen Verband $(W, \sqcup_2, \sqcap_2)$ denjenigen, der $\mathbb{N} \cup \{\infty, a\}$ als Trägermenge besitzt und von der folgenden Ordnung induziert wird: Die erweiterten natürlichen Zahlen sind wie üblich mittels $0 < 1 < 2 < \ldots < \infty$ angeordnet. Weitehin gilt $0 < a < \infty$. Und schließlich sind alle anderen natürlichen Zahlen $1, 2, \ldots$ mit a unvergleichbar. Es ist offensichtlich W eine Vervollständigung von M, der Schnittverband von M ist isomorph zu einem Unterverband von W und die zwei Verbände $\mathcal{S}(M)$ und W sind gleichmächtig. Sie sind jedoch nicht isomorph. □

Wir beenden diesen Abschnitt mit einem konkreten Beispiel, welches zu einem Verband die Idealvervollständigung und die Schnittvervollständigung angibt, und einigen interessanten Eigenschaften, welche durch das Beispiel aufzeigt werden.

4.3.10 Beispiel (Ideal- und Schnittvervollständigung) Wir betrachten den in Beispiel 2.1.5.3 eingeführten nichtmodularen Verband $V_{\neg M}$ mit der folgenden Trägermenge:

$$V_{\neg M} = \{\bot, a, b, c, \top\}$$

Die Potenzmenge von $V_{\neg M}$ besteht aus $2^5 = 32$ Teilmengen von $V_{\neg M}$. Aus dem im Beispiel angegebenen Hasse-Diagramm erhalten wir

$$\mathcal{S}(V_{\neg M}) = \{\{\bot\}, \{\bot, a\}, \{\bot, b\}, \{\bot, a, c\}, V_{\neg M}\}$$

für die Menge der Schnitte in $V_{\neg M}$. Weiterhin erhalten wir

$$\mathcal{M} = \{\{\bot\}, \{\bot, a\}, \{\bot, b\}, \{\bot, a, b\}, \{\bot, a, c\}, \{\bot, a, b, c\}, V_{\neg M}\}$$

als die Menge der nichtleeren und nach unten abgeschlossenen Teilmengen von $V_{\neg M}$. Von diesen Teilmengen sind aber $\{\bot, a, b\}$ und $\{\bot, a, b, c\}$ keine Ideale, weil sie bezüglich der Supremumsbildung nicht abgeschlossen sind. Folglich haben wir $\mathcal{S}(V_{\neg M}) = \mathcal{I}(V_{\neg M})$.

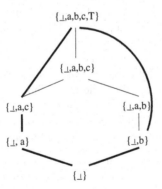

Abbildung 4.2: Schnitt- und Idealvervollständigung von $V_{\neg M}$

In Abbildung 4.2 ist die eben beschriebene Situation graphisch dargestellt, wobei die fett gezeichneten Linien das Hasse-Diagramm des zum Verband $V_{\neg M}$ isomorphen Teilverband angeben und die restlichen Linien das Hasse-Diagramm der inklusionsgeordneten Menge $\mathcal{M}$ andeuten. Wir werden auf diese Abbildung später noch einmal zurückkommen □

Die Gleichheit von $\mathcal{S}(V_{\neg M})$ und $\mathcal{I}(V_{\neg M})$ in dem letzten Beispiel ist durch die Endlichkeit der Menge V bedingt – genauer durch das Artinschsein der Ordnung. Ist $(V, \sqcup, \sqcap)$ nämlich ein Verband mit Artinscher Verbandsordnung, so ist jedes Ideal $I \in \mathcal{I}(V)$ auch ein Schnitt in $(V, \sqsubseteq)$. Die Inklusion $I \subseteq \mathsf{Mi}(\mathsf{Ma}(I))$ kennen wir bereits. Weil $(V, \sqsubseteq)$ Artinsch ist und $I \neq \emptyset$, existiert nach Satz 2.4.15.2 eine endliche Teilmenge $F = \{a_1, \ldots, a_n\} \subseteq I$, so daß $\bigsqcup F$ das Supremum von I ist. Aus $a_1 \sqcup \ldots \sqcup a_n \in I$ folgt $\bigsqcup I \in I$. Nun sei $a \in \mathsf{Mi}(\mathsf{Ma}(I))$ beliebig. Dann gilt $a \sqsubseteq b$ für alle $b \in \mathsf{Ma}(I)$, also insbesondere $a \sqsubseteq \bigsqcup I$. Aus $\bigsqcup I \in I$ und $a \sqsubseteq \bigsqcup I$ folgt $a \in I$. Dies beweist die noch fehlende Inklusion $\mathsf{Mi}(\mathsf{Ma}(I)) \subseteq I$. Wir halten dieses wichtige Resultat in Form eines Satzes fest.

4.3.11 Satz In Verbänden $(V, \sqcup, \sqcap)$ mit einem kleinsten Element und einer Artinschen Verbandsordnung $(V, \sqsubseteq)$ gilt $\mathcal{S}(V) = \mathcal{I}(V)$, d.h. Schnitte und Ideale sind identisch ☐

Man kann diese Aussage noch verschärfen. Weil für jedes Ideal I eines Verbands $(V, \sqcup, \sqcap)$ mit Artinscher Verbandsordnung $(V, \sqsubseteq)$ gilt $\bigsqcup I \in I$, ist I offensichtlich gleich dem Hauptideal $(\bigsqcup I)$. Damit gilt in so einem Fall sogar $\mathcal{S}(V) = \mathcal{I}(V) = \mathcal{H}(V)$. Für Schnitte kann man folgendes Resultat herleiten: Ist S ein Schnitt der Ordnung $(M, \sqsubseteq)$ und existiert $\bigsqcup S$, so ist S, wegen $S = \mathsf{Mi}(\mathsf{Ma}(S)) = \mathsf{Mi}(\mathsf{Ma}(\bigsqcup S)) = \mathsf{Mi}(\bigsqcup S) = (\bigsqcup S)$, ein Hauptschnitt.

4.4 Darstellung durch Schnitte

Bei Darstellungsfragen ist man daran interessiert, abstrakt definierte algebraische Strukturen, also solche, die normalerweise durch gewisse Eigenschaften (Axiome) definiert sind, durch konkrete (oder konkretere) Strukturen darzustellen. Da man konkrete Strukturen in der Regel besser kennt als abstrakte, hofft man auf diese Weise neue Einsichten in die dargestellten abstrakten Strukturen zu gewinnen. Ein Beispiel für diese Vorgehensweise haben wir schon bei den endlichen Booleschen Verbänden kennengelernt. Hier haben wir im Hauptsatz die Darstellung eines endlichen Booleschen Verbands als Potenzmengenverband seiner Atome bewiesen. Dies erlaubte anschließend, einige weitere Sätze zu formulieren und zu beweisen, deren Formulierungen ohne die Darstellung nicht so ohne weiteres einsichtig sind (wie kommt man etwa auf das Lemma von E. Sperner ohne das Hasse-Diagramm einer Potenzmenge zu betrachten?) und deren Beweise ohne die Darstellung wahrscheinlich wesentlich komplizierter sind als die von uns angegebenen.

Im folgenden zeigen wir, wie man jeden *endlichen* Verband $(V, \sqcup, \sqcap)$ durch eine Schnittvervollständigung darstellen kann. Konkret heißt dies: Wir geben eine geeignete Teilmenge M der Trägermenge V an, ordnen diese durch die induzierte Verbandsordnung und zeigen, daß die Schnittvervollständigung $(\mathcal{S}(M), \sqcup_s, \sqcap_s)$ dieser Ordnung $(M, \sqsubseteq)$ isomorph zum Ausgangsverband ist[2]. Die Schnittvervollständigung ist vollständig, also muß auch der Ausgangsverband vollständig sein. Dies ist aber wegen seiner Endlichkeit erfüllt. Es wird sich

---

[2]Wegen Satz 4.3.8 könnte man M etwa als gesamte Trägermenge V wählen. Diese Wahl ist aber nicht sehr gut, denn man möchte M natürlich möglichst klein haben.

zum Ende dieses Abschnitts noch zeigen, daß das Vorgehen sogar für gewisse unendliche vollständige Verbände möglich ist. Für Anwendungen der Darstellung von Verbänden durch Schnittvervollständigung sind die endlichen Verbände aber der wichtigste Spezialfall.

Die Wahl der oben erwähnten Teilmenge M von V stützt sich entscheidend auf die folgenden beiden dualen Begriffe:

4.4.1 Definition Gegeben sei ein Verband $(V, \sqcup, \sqcap)$. Dann heißt $a \in V$ ...

- ... ein $\sqcup$-*irreduzibles Element* von V, falls für alle $b, c \in V$ gilt

$$a = b \sqcup c \implies a = b \vee a = c,$$

- ... ein $\sqcap$-*irreduzibles Element* von V, falls für alle $b, c \in V$ gilt

$$a = b \sqcap c \implies a = b \vee a = c.$$

Besitzt V ein kleinstes Element O und/oder ein größtes Element L, so wird im ersten Fall noch $a \neq \mathsf{O}$ und im zweiten Fall noch $a \neq \mathsf{L}$ gefordert. Mit $\mathsf{Sirr}(V)$ bzw. $\mathsf{Iirr}(V)$ bezeichnen wir die Menge der $\sqcup$-irreduziblen bzw. $\sqcap$-irreduziblen Elemente von V. $\qquad \square$

Die ersten Buchstaben S bzw. I der Bezeichnungen $\mathsf{Sirr}(V)$ bzw. $\mathsf{Iirr}(V)$ sollen an „Supremum" bzw. „Infimum" erinnern. In der englischsprachigen Literatur werden oft auch $\mathsf{J}(V)$ und $\mathsf{M}(V)$ statt $\mathsf{Sirr}(V)$ und $\mathsf{Iirr}(V)$ verwendet, da hier in der Regel „Join" das Supremum und „Meet" das Infimum bezeichnet.

Im Fall von endlichen Verbänden kann man irreduzible Elemente sehr einfach mittels des Hasse-Diagramms identifizieren. Ein Element ist genau dann $\sqcup$-irreduzibel, wenn es genau einen Vorgänger besitzt (im Sinne von Definition 1.5.1 also genau ein Element überdeckt), und genau dann $\sqcap$-irreduzibel, wenn es genau einen Nachfolger besitzt (also genau von einem Element überdeckt wird). Beispielsweise sind also im Verband $V_{\neg M}$ genau die Elemente a, b, c $\sqcup$-irreduzibel und auch die Menge der $\sqcap$-irreduziblen Elemente ist $\{a, b, c\}$. Als ein weiteres Beispiel sind in endlichen Booleschen Verbänden genau die Atome die $\sqcup$-irreduziblen Elemente.

Im folgenden Satz geben wir eine anschaulichere Beschreibung der Hauptbedingung für die $\sqcup$-irreduziblen Elemente eines Verbands an. Der nicht sehr schwierige Beweis sei dem Leser als Übungsaufgabe überlassen. Die duale Variante des Satzes trifft natürlich für die $\sqcap$-irreduziblen Elemente zu.

4.4.2 Satz Es sei ein Verband $(V, \sqcup, \sqcap)$ gegeben. Dann sind für alle $a, b, c \in V$ die folgenden beiden Implikationen äquivalent:

1. Aus $a = b \sqcup c$ folgt $a = b$ oder $a = c$.

2. Aus $b \sqsubseteq a$ und $c \sqsubseteq a$ folgt $b \sqcup c \sqsubseteq a$. $\qquad \square$

Es wird sich später zeigen, daß man exakt die $\sqcup$-irreduziblen oder $\sqcap$-irreduziblen Elemente eines endlichen Verbands als die oben erwähnte Menge M nehmen kann, um den Verband dann durch die Schnittvervollständigung im Prinzip wieder aus $(M, \sqsubseteq)$ zurück zu erhalten. Dies ist, wie am Anfang des Abschnitts erwähnt, sogar für gewisse unendliche vollständige Verbände möglich. Wesentlich ist nur, daß bezüglich der entsprechenden Verbandsordnungen keine echten unendlichen auf- und absteigenden Ketten existieren, diese also Noethersch und Artinsch sind.

Die entscheidenden Eigenschaften der $\sqcup$-irreduziblen oder $\sqcap$-irreduziblen Elemente zur Rückgewinnung sind die nachfolgenden.

4.4.3 Definition Gegeben seien ein vollständiger Verband $(V, \sqcup, \sqcap)$ und eine Teilmenge $M \subseteq V$. Dann heißt die Teilmenge M ...

- ...$\sqcup$-*dicht*, falls für alle $a \in V$ gilt $a = \bigsqcup\{x \in M \mid x \sqsubseteq a\}$,

- ...$\sqcap$-*dicht*, falls für alle $a \in V$ gilt $a = \bigsqcap\{x \in M \mid a \sqsubseteq x\}$. $\square$

Beispielsweise sind im Einheitsintervall $[0, 1]$ der reellen Zahlen mit der üblichen Ordnung die rationalen Zahlen sowohl $\sqcup$-dicht als auch $\sqcap$-dicht. In einem Potenzmengenverband 2^M sind die einelementigen Mengen $\{a\}, a \in M$, $\sqcup$-dicht, da man jede Menge $N \in 2^M$ als Vereinigung $\bigcup\{\{a\} \mid \{a\} \subseteq N\}$ darstellen kann. Man beachte dabei, daß für N als die leere Menge die Gleichheit $N = \bigcup\{\{a\} \mid \{a\} \subseteq N\}$ wegen $\bigcup\{\{a\} \mid \{a\} \subseteq \emptyset\} = \bigcup \emptyset = \emptyset$ gilt.

Die beiden oben eingeführten Konzepte „Irreduziblität" und „Dichtheit" werden nun im folgenden Satz für den Fall des Supremums verbunden. Voraussetzung hierzu ist die erste der beiden oben erwähnten Kettenbedingungen.

4.4.4 Satz Es sei ein vollständiger Verband $(V, \sqcup, \sqcap)$ gegeben, dessen Ordnung Noethersch ist. Dann gelten für alle $a, b \in V$ die folgenden Aussagen:

1. Ist $a \not\sqsubseteq b$, so gibt es ein $x \in \mathsf{Sirr}(V)$ mit $x \sqsubseteq a$ und $x \not\sqsubseteq b$.

2. Es ist $a = \bigsqcup\{x \in \mathsf{Sirr}(V) \mid x \sqsubseteq a\}$.

Beweis: Es seien also $a, b \in V$ vorgegeben.

1. Wir betrachten, unter der Voraussetzung $a \not\sqsubseteq b$, die folgende Menge, die a enthält:

$$N := \{x \in V \mid x \sqsubseteq a \wedge x \not\sqsubseteq b\}$$

Da die Ordnung $(V, \sqsubseteq)$ nach Voraussetzung Noethersch ist, gibt es in der Menge N ein minimales Element $x \in N$.

Es ist x $\sqcup$-irreduzibel: Wir verwenden die Charakterisierung von Satz 4.4.2.2. Es seien $y, z \in V$ mit $y \sqsubset x$ und $z \sqsubset x$ gegeben. Dann folgt daraus $y \sqcup z \sqsubseteq x$. Angenommen, es gelte $y \sqcup z = x$. Weil x in N minimal ist, haben wir $y, z \notin N$. Weiterhin gelten

$y \sqsubset x \sqsubseteq a$ und $z \sqsubset x \sqsubseteq a$, also müssen $y \sqsubseteq b$ und $z \sqsubseteq b$ zutreffen (sonst wären beide Elemente y und z in N enthalten). Dies bringt aber $x = y \sqcup z \sqsubseteq b$, was ein Widerspruch zu $x \in N$ ist.

Wegen der Beziehung $x \not\sqsubseteq b$ (vergleiche mit der Definition von N) kann x auch nicht das kleinste Verbandselement sein.

Es gelten $x \sqsubseteq a$ und $x \not\sqsubseteq b$: Diese Eigenschaften treffen zu, weil x nach seiner Wahl ein Element der Menge N ist.

2. Auch zu diesem Beweis definieren wir eine Hilfsmenge:

$$N := \{x \in \mathsf{Sirr}(V) \mid x \sqsubseteq a\}$$

Wir haben $a = \bigsqcup N$ zu verifizieren. Die Schrankeneigenschaft $a \in \mathsf{Ma}(N)$ folgt direkt aus der Definition von N.

Es sei nun $c \in \mathsf{Ma}(N)$ eine weitere obere Schranke von N. Angenommen, es gelte $a \not\sqsubseteq c$. Dann folgt daraus $a \not\sqsubseteq a \sqcap c$, denn $a \sqsubseteq a \sqcap c$ würde $a \sqcap a \sqcap c = a$ implizieren, also $a \sqsubseteq c$. Nun wenden wir den ersten Teil an und erhalten ein Element $x \in \mathsf{Sirr}(V)$ mit $x \sqsubseteq a$ und $x \not\sqsubseteq a \sqcap c$. Nach Definition liegt somit x in N und folglich gilt $x \sqsubseteq c$ wegen $c \in \mathsf{Ma}(N)$. Insgesamt haben wir also $x \in \mathsf{Mi}(\{a, c\})$, was den Widerspruch $x \sqsubseteq a \sqcap c$ bringt. $\square$

Nach dem zweiten Punkt dieses Satzes ist die Menge $\mathsf{Sirr}(V)$ der $\sqcup$-irreduziblen Elemente in einem Verband mit Noetherscher Ordnung $\sqcup$-dicht. Durch Dualisierung erhalten wir: In einem Verband mit Artinscher Ordnung ist die Menge $\mathsf{lirr}(V)$ der $\sqcap$-irreduziblen Elemente $\sqcap$-dicht. Nun fassen wir diese beiden Resultate zusammen und bekommen die folgende wichtige Aussage über die Dichtheit der $\sqcup$-irreduziblen oder $\sqcap$-irreduziblen Elemente:

4.4.5 Satz Ist $(V, \sqcup, \sqcap)$ ein Verband, dessen Ordnung Noethersch und Artinsch ist, so ist $\mathsf{Sirr}(V) \cup \mathsf{lirr}(V)$ eine $\sqcup$-dichte und $\sqcap$-dichte Teilmenge von V.

Beweis: Offensichtlich ist V vollständig. Es sei nun $a \in V$. Dann gilt

$$
\begin{aligned}
a &= \bigsqcup\{x \in \mathsf{Sirr}(V) \mid x \sqsubseteq a\} && \text{Satz 4.4.4.2}\\
&\sqsubseteq \bigsqcup\{x \in \mathsf{Sirr}(V) \cup \mathsf{lirr}(V) \mid x \sqsubseteq a\}\\
&\sqsubseteq a,
\end{aligned}
$$

also $a = \bigsqcup\{x \in \mathsf{Sirr}(V) \cup \mathsf{lirr}(V) \mid x \sqsubseteq a\}$. Die Dualisierung von Satz 4.4.4.2 zeigt die noch fehlende Gleichung $a = \bigsqcap\{x \in \mathsf{Sirr}(V) \cup \mathsf{lirr}(V) \mid a \sqsubseteq x\}$. $\square$

An dieser Stelle kommt nun die Schnittvervollständigung ins Spiel. Der nachfolgende Satz 4.4.8 zeigt, wie dies vor sich geht. Zuvor brauchen wir aber noch Hilfseigenschaften, um den Beweis zu vereinfachen. In den folgenden Sätzen verwenden wir die Beschränkungen von Majoranten- und Minorantenmengen auf eine Teilmenge M eines Verbands V. Wir definieren diese zwei Beschränkungen allgemein für Ordnungen wie folgt:

4.4.6 Definition Gegeben sei eine Teilmenge $N \subseteq M$ einer Ordnung $(M, \sqsubseteq)$. Dann sind die *relativen Majoranten- und Minoranten-Abbildungen* $\mathsf{Ma}_N, \mathsf{Mi}_N : 2^M \to 2^N$ festgelegt durch $\mathsf{Ma}_N(X) = \mathsf{Ma}(X) \cap N$ und $\mathsf{Mi}_N(X) = \mathsf{Mi}(X) \cap N$. $\square$

Und hier sind nun die zum Beweis von Satz 4.4.8 benötigten Hilfseigenschaften. Sie betreffen die relativen Majoranten- und Minoranten-Abbildungen. (Für die absoluten Majoranten- und Minoranten-Abbildungen sind die Eigenschaften offensichtlich wahr.)

4.4.7 Satz Es seien $(V, \sqcup, \sqcap)$ ein vollständiger Verband und $M \subseteq V$. Dann sind die folgenden drei Eigenschaften gültig.

1. Ist M $\sqcup$-dicht, so gilt $\mathsf{Ma}_M(\mathsf{Mi}_M(a)) = \mathsf{Ma}_M(a)$ für alle $a \in V$.

2. Ist M $\sqcap$-dicht, so gilt $\mathsf{Mi}_M(\mathsf{Ma}_M(a)) = \mathsf{Mi}_M(a)$ für alle $a \in V$.

3. Ist M $\sqcap$-dicht, so gilt $\mathsf{Mi}_M(\mathsf{Ma}_M(N)) = \mathsf{Mi}_M(\sqcup N)$ für alle $N \subseteq M$.

Beweis: Wir zeigen nur die erste und dritte Eigenschaft, die zweite Eigenschaft folgt vollkommen analog zur ersten Eigenschaft durch Verwendung der $\sqcap$-Dichtheit.

1. Es sei also ein beliebiges Element $b \in V$ gegeben. Dann gilt:

$$
\begin{array}{lll}
& b \in \mathsf{Ma}_M(\mathsf{Mi}_M(a)) & \\
\iff & b \in M \wedge \forall\, x \in \mathsf{Mi}_M(a) : x \sqsubseteq b & \text{Def. } \mathsf{Ma}_M \\
\iff & b \in M \wedge \forall\, x \in M : x \sqsubseteq a \Rightarrow x \sqsubseteq b & \text{Def. } \mathsf{Mi}_M \\
\iff & b \in M \wedge \{x \in M \mid x \sqsubseteq a\} \subseteq \{x \in M \mid x \sqsubseteq b\} & \\
\iff & b \in M \wedge \bigsqcup\{x \in M \mid x \sqsubseteq a\} \sqsubseteq \bigsqcup\{x \in M \mid x \sqsubseteq b\} & \\
\iff & b \in M \wedge a \sqsubseteq b & M \text{ } \sqcup\text{-dicht} \\
\iff & b \in \mathsf{Ma}_M(a) & \text{Def. } \mathsf{Ma}_M,
\end{array}
$$

was $\mathsf{Ma}_M(\mathsf{Mi}_M(a)) = \mathsf{Ma}_M(a)$ zeigt. Man beachte, daß die Äquivalenz dadurch gegeben ist, daß $b \in M \wedge a \sqsubseteq b$ wieder die dritte Formel der Rechnung impliziert.

3. Hier teilen wir den Beweis in zwei Inklusionsbeweise auf und starten mit „$\subseteq$": Wegen der $\sqcap$-Dichtheit von M haben wir für das Supremum von N in V die folgende Darstellung, wobei D definiert ist als Menge $\{x \in M \mid \bigsqcup N \sqsubseteq x\}$:

$$
\bigsqcup N \;=\; \bigsqcap\{x \in M \mid \textstyle\bigsqcup N \sqsubseteq x\} \;=\; \bigsqcap D
$$

Es gilt $D \subseteq \mathsf{Ma}_M(N)$, weil für alle $x \in D$ sowohl $x \in M$ als auch $y \sqsubseteq \bigsqcup N \sqsubseteq x$ für alle $y \in N$ zutrifft. Daraus folgt für alle $a \in \mathsf{Mi}_M(\mathsf{Ma}_M(N))$:

$$
\begin{array}{lll}
a & \sqsubseteq\ \bigsqcap \mathsf{Ma}_M(N) & \text{da } a \in \mathsf{Mi}_M(\mathsf{Ma}_M(N)) \\
& \sqsubseteq\ \bigsqcap D & \text{weil } D \subseteq \mathsf{Ma}_M(N) \\
& =\ \bigsqcup N & \text{Definition } D
\end{array}
$$

Wegen $a \in M$ haben wir somit insgesamt $a \in \mathsf{Mi}_M(\bigsqcup N)$.

Inklusion „$\supseteq$": Wiederum sei $a \in V$ gegeben. Hier gilt

$$
\begin{aligned}
&a \in \mathsf{Mi}_M(\bigsqcup N) \\
\implies &a \in M \wedge a \sqsubseteq \bigsqcup N && \text{Definition } \mathsf{Mi}_M \\
\implies &a \in M \wedge \forall b \in \mathsf{Ma}(N) : a \sqsubseteq b \\
\implies &a \in M \wedge \forall b \in \mathsf{Ma}_M(N) : a \sqsubseteq b && \mathsf{Ma}_M(N) \subseteq \mathsf{Ma}(N) \\
\implies &a \in \mathsf{Mi}_M(\mathsf{Ma}_M(N)) && \text{Definition } \mathsf{Mi}_M,
\end{aligned}
$$

was den gesamten Beweis der Hilfseigenschaften beendet. □

Natürlich gilt auch die zu Satz 4.4.7.2 duale Aussage

$$
\mathsf{Ma}_M(\mathsf{Mi}_M(N)) \;=\; \mathsf{Ma}_M(\bigsqcap N)
$$

für alle $N \subseteq M$, falls die Menge M $\bigsqcup$-dicht ist. Diese Tatsache wird im folgenden Satz 4.4.8 aber nicht benötigt.

Nach diesen Vorbereitungen können wir nun endlich den angekündigten Satz über die Darstellung von gewissen vollständigen (z.B. endlichen) Verbänden durch Schnittvervollständigung angeben und auch beweisen (siehe Satz 4.4.9). Sein eigentlicher Hintergrund ist das folgende wichtige Resultat (der schon erwähnte Satz 4.4.8) über die Ordnungseinbettung eines Verbands in die Schnittvervollständigung einer sowohl $\bigsqcup$-dichten als auch $\bigsqcap$-dichten Teilmenge, denn dieses impliziert unmittelbar den gewünschten Darstellungssatz. Man kann die Aussage von Satz 4.4.8 auch als eine weitere Charakterisierung der Schnittvervollständigung ansehen. Ist der Verband sogar vollständig, wie in Satz 4.4.8 vorausgesetzt, so erhalten wir durch die dadurch zu beweisende Surjektivität der Ordnungseinbettung sogar eine Verbandsisomorphie.

4.4.8 Satz Es sei $(V, \sqcup, \sqcap)$ ein vollständiger Verband. Weiterhin sei $\emptyset \neq M \subseteq V$ eine $\bigsqcup$-dichte und $\bigsqcap$-dichte Teilmenge von V. Dann ist die Schnittvervollständigung $(\mathcal{S}(M), \sqcup_s, \sqcap_s)$ von $(M, \sqsubseteq)$ isomorph zu $(V, \sqcup, \sqcap)$.

Beweis: Wir betrachten die folgende Abbildung:

$$
f : V \to \mathcal{S}(M) \qquad f(a) = \mathsf{Mi}_M(a) = \{x \in M \mid x \sqsubseteq a\}
$$

Durch eine Reihe von Teilbeweisen verifizieren wir nachfolgend, daß mit f ein Verbandsisomorphismus vorliegt. Wir erinnern daran, daß die Ordnung auf den Schnitten die Mengeninklusion ist.

1. Alle Bildwerte von f sind Schnitte in der Ordnung $(M, \sqsubseteq)$, d.h. f ist wohldefiniert. Zum Beweis sei ein Element $a \in V$ gegeben. Wir haben die Gleichung $\mathsf{Mi}_M(\mathsf{Ma}_M(f(a))) = f(a)$ zu verifizieren, was nachfolgend geschieht[3]:

$$
\begin{aligned}
\mathsf{Mi}_M(\mathsf{Ma}_M(f(a))) &= \mathsf{Mi}_M(\mathsf{Ma}_M(\mathsf{Mi}_M(a))) && \text{Definition } f \\
&= \mathsf{Mi}_M(\mathsf{Ma}_M(a)) && \text{Satz } 4.4.7.1 \\
&= \mathsf{Mi}_M(a) && \text{Satz } 4.4.7.2 \\
&= f(a) && \text{Definition } f
\end{aligned}
$$

---

[3]Man beachte, daß $f(a)$ eine Teilmenge von M ist und die Abbildungen $\mathsf{Ma}_M, \mathsf{Mi}_M$, bei den Argumenten auf die Menge 2^M beschränkt, mit der Majoranten- bzw. Minorantenabbildung bezüglich $(M, \sqsubseteq)$ übereinstimmen. Hieraus ergibt sich die zu verifizierende Schnitte-Gleichung $\mathsf{Mi}_M(\mathsf{Ma}_M(f(a))) = f(a)$.

Es ist nicht erlaubt, $\mathsf{Mi}_M(\mathsf{Ma}_M(\mathsf{Mi}_M(a))) = \mathsf{Mi}_M(a)$ aus Satz 1.2.10.2 zu schließen. Diese Gleichung gilt nämlich nur, wenn man die beiden Abbildungen auch urbildsmäßig auf 2^M beschränkt, was im vorliegenden Fall, wegen $\{a\} \in 2^V$, nicht möglich ist.

2. Es ist f eine Ordnungseinbettung: Zum Beweis seien seien $a, b \in V$. Eine triviale Konsequenz der zweiten Darstellung von f ist, daß $a \sqsubseteq b$ impliziert $f(a) \subseteq f(b)$. Die umgekehrte Richtung zeigt man wie folgt:

$$
\begin{aligned}
f(a) \subseteq f(b) &\iff \{x \in M \mid x \sqsubseteq a\} \subseteq \{x \in M \mid x \sqsubseteq b\} && \text{Def. } f \\
&\implies \bigsqcup\{x \in M \mid x \sqsubseteq a\} \sqsubseteq \bigsqcup\{x \in M \mid x \sqsubseteq b\} \\
&\iff a \sqsubseteq b && M \sqcup\text{-dicht}
\end{aligned}
$$

3. Die Abbildung f ist surjektiv: Es sei $S \in \mathcal{S}(M)$ ein Schnitt. Dann ist, nach der folgenden Rechnung, das existierende Supremum $\bigsqcup S \in V$ sein Urbild bezüglich f.

$$
\begin{aligned}
f(\bigsqcup S) &= \mathsf{Mi}_M(\bigsqcup S) && \text{Definition } f \\
&= \mathsf{Mi}_M(\mathsf{Ma}_M(S)) && S \subseteq M \text{ und Satz 4.4.7.3} \\
&= S && \text{Schnitteigenschaft}
\end{aligned}
$$

Als Ordnungseinbettung ist f monoton und injektiv, also, aufgrund der Surjektivität, insgesamt eine monotone bijektive Abbildung. Die Umkehrabbildung $f^{-1} : \mathcal{S}(M) \to M$ von f ist, wiederum wegen der Ordnungseinbettungseigenschaft von f, ebenfalls monoton und bijektiv. Per Definition ist die Abbildung f somit ein Ordnungsisomorphismus. Da Ordnungs- und Verbandsisomorphismen nach Satz 1.3.6 zusammenfallen, haben wir damit das behauptete Resultat gezeigt. $\qquad\square$

Eine unmittelbare Folgerung dieser Eigenschaft ist der nachfolgende Satz, der das Hauptresultat dieses Abschnitts darstellt.

4.4.9 Satz (Darstellung durch Schnitte) Es sei ein Verband $(V, \sqcup, \sqcap)$ vorliegend, der mindestens ein $\sqcup$- oder $\sqcap$-irreduzibles Element besitzt und dessen Ordnung sowohl Noethersch als auch Artinsch ist. Weiterhin sei definiert $M := \mathsf{Sirr}(V) \cup \mathsf{Iirr}(V)$. Dann ist V isomorph zur Schnittvervollständigung $(\mathcal{S}(M), \sqcup_s, \sqcap_s)$ von $(M, \sqsubseteq)$.

Beweis: Offensichtlich ist V vollständig. Nach Satz 4.4.5 ist $M := \mathsf{Sirr}(V) \cup \mathsf{Iirr}(V)$ eine Teilmenge von V, die $\sqcup$-dicht und $\sqcap$-dicht ist, und nach Satz 4.4.8 ist somit die Schnittvervollständigung $(\mathcal{S}(M), \sqcup_s, \sqcap_s)$ von $(M, \sqsubseteq)$ isomorph zu $(V, \sqcup, \sqcap)$. $\qquad\square$

Insbesondere gilt Satz 4.4.9 für endliche Verbände, da diese sowohl vollständig sind als auch eine Noethersche und Artinsche Ordnung besitzen. Damit haben wir unser anfänglich angegebenes Ziel erreicht.

An dieser Stelle ist noch eine Bemerkung zu den beiden Einschränkungen $M \neq \emptyset$ in Satz 4.4.8 und $\mathsf{Sirr}(V) \cup \mathsf{Iirr}(V) \neq \emptyset$ in Satz 4.4.9 angebracht. Sie sind rein formaler Natur und verhindern nur, daß die Trägermenge der Ordnung $(M, \sqsubseteq)$ leer wird. Per Definition haben

Ordnungen nämlich nichtleere Trägermengen. Ist z.B. die Trägermenge V eines Verbands eine einelementige Menge, so gibt es keine ⊔-irreduziblen und auch keine ⊓-irreduziblen Elemente, weil diese nicht das kleinste bzw. nicht das größte Element sein dürfen.

Auf die Voraussetzungen „Noethersch" und „Artinsch" in Satz 4.4.9 kann nicht verzichtet werden. Man kann sich dies durch geeignete Gegenbeispiele verdeutlichen.

4.5 Darstellung durch Abwärtsmengen

Nachdem wir bisher, aufgrund des letzten Abschnitts, insbesondere alle endlichen Verbände $(V, \sqcup, \sqcap)$ aus der Menge $\mathsf{Sirr}(V) \cup \mathsf{Iirr}(V)$ der ⊔-irreduziblen oder ⊓-irreduziblen Elemente durch Schnittvervollständigung (natürlich nur bis auf Isomorphis) wiedergewinnen können, betrachten wir nun die Teilklasse der endlichen distributiven Verbände. Um so einen Verband V durch eine Vervollständigung wiederzugewinnen, benötigt man nicht die gesamte Menge $\mathsf{Sirr}(V) \cup \mathsf{Iirr}(V)$. Es reichen die ⊔-irreduziblen Elemente aus. Dafür bedarf es aber einer anderen Art von Vervollständigung, nämlich der durch sogenannte Abwärtsmengen. Das gesamte Resultat geht auf G. Birkhoff zurück und hat mittlerweile zahlreiche Anwendungen in der Mathematik und der Informatik gefunden. Wir werden eine Informatikanwendung später bei der Analyse von verteilten Systemen kennenlernen.

Wir beginnen unsere Darstellung der Birkhoffschen Vorgehensweise mit der Definition der Abwärtsmengen.

4.5.1 Definition Es sei $(M, \sqsubseteq)$ eine Ordnung. Eine Teilmenge A von M heißt eine *Abwärtsmenge* von M, falls für alle $a, b \in M$ aus $a \in A$ und $b \sqsubseteq a$ folgt $b \in A$. Mit $\mathcal{A}(M)$ bezeichnen wir die Menge der Abwärtsmengen von M. □

Statt $\mathcal{A}(M)$ wird in der Literatur oft auch $\mathcal{O}(M)$ als Bezeichnung für die Menge der Abwärtsmengen von M verwendet. Dies rührt daher, daß man Abwärtsmengen manchmal auch *Ordnungsideale* nennt. Wir haben Abwärtsmengen als Übersetzung des englischen Worts „Downset" gewählt, um Verwechslungen mit dem früher eingeführten Idealbegriff zu verhindern[4]. Jetzt wird auch im nachhinein klar, warum wir in Definition 4.1.1 noch die genauere Namensgebung *Verbandsideal* erwähnt haben.

Abwärtsmengen sind im Fall von Verbänden noch etwas allgemeiner als Ideale. Im folgenden Satz fassen wir die Beziehungen zwischen Schnitten, Idealen und Abwärtsmengen für Verbände und Ordnungen noch einmal zusammen, wobei wir den größten Teil der Ergebnisse schon aus den letzten Abschnitten kennen. Die Existenz des kleinsten Elements braucht man genaugenommen nur bei der linken Inklusion der ersten Aussage.

4.5.2 Satz 1. Für alle Verbände $(V, \sqcup, \sqcap)$ mit kleinstem Element gilt $\mathcal{S}(V) \subseteq \mathcal{I}(V) \subseteq \mathcal{A}(V)$ und für alle Ordnungen $(M, \sqsubseteq)$ gilt $\mathcal{S}(M) \subseteq \mathcal{A}(M)$.

---

[4]Leider ist die Bezeichnungsweise nicht eindeutig. Statt „Downset" wird im Englischen auch „Lower set" verwendet.

2. Die eben genannten Beziehungen sind nicht umkehrbar, d.h. es gibt Verbände bzw. Ordnungen, wo die Inklusionen echt sind.

Beweis: Wir gehen der Reihe nach vor.

1. Schnitte in Verbänden mit kleinstem Element $\mathsf{O} \in V$ sind Ideale (man vergleiche mit Satz 4.2.4) und Ideale sind nach unten abgeschlossen (wie Satz 4.1.2 zeigt). Dies liefert $\mathcal{S}(V) \subseteq \mathcal{I}(V) \subseteq \mathcal{A}(V)$ für alle Verbände V.

Nun sei $(M, \sqsubseteq)$ eine Ordnung. Weiterhin seien $a, b \in M$ und $S \in \mathcal{S}(M)$ ein Schnitt mit $a \in S$. Dann kann man zeigen, daß

$$
\begin{aligned}
b \sqsubseteq a &\implies \forall\, x \in \mathsf{Ma}(a) : b \sqsubseteq x \\
&\iff b \in \mathsf{Mi}(\mathsf{Ma}(a)) \\
&\implies b \in \mathsf{Mi}(\mathsf{Ma}(S)) &&\quad \{a\} \subseteq S,\ \mathsf{Mi} \circ \mathsf{Ma}\ \text{monoton} \\
&\iff b \in S &&\quad S\ \text{Schnitt.}
\end{aligned}
$$

Folglich gilt auch $\mathcal{S}(M) \subseteq \mathcal{A}(M)$.

2. Die echte Inklusion $\mathcal{S}(V) \subset \mathcal{I}(V)$ gilt beispielsweise für den Verband von Beispiel 4.2.5. Man vergleiche hierzu mit Abbildung 4.1.

Als Beispiel für die echte Inklusion $\mathcal{I}(V) \subset \mathcal{A}(V)$ betrachten wir den Verband $V_{\neg M}$ bzw. die dadurch induzierte Ordnung. In Beispiel 4.3.10 haben wir bereits

$$
\mathcal{S}(V_{\neg M}) \;=\; \{\{\bot\}, \{\bot, a\}, \{\bot, b\}, \{\bot, a, c\}, V_{\neg M}\}
$$

als Mengte $\mathcal{S}(V_{\neg M})$ der Schnitte angegeben und auch, daß diese Menge identisch mit der Menge $\mathcal{I}(V_{\neg M})$ der Ideale ist. Als Menge $\mathcal{A}(V_{\neg M})$ der Abwärtsmengen bekommen wir, ebenfalls aufgrund von Beispiel 4.3.10, die folgende:

$$
\mathcal{A}(V_{\neg M}) \;=\; \{\emptyset, \{\bot\}, \{\bot, a\}, \{\bot, b\}, \{\bot, a, b\}, \{\bot, a, c\}, \{\bot, a, b, c\}, V_{\neg M}\}
$$

Damit ist insgesamt gezeigt, daß es jeweils einen Verband bzw. eine Ordnung gibt, wo die Inklusionen echt sind. $\Box$

Aufgrund von $\emptyset \in \mathcal{A}(V)$ und $\emptyset \notin \mathcal{I}(V)$ gilt sogar allgemein $\mathcal{I}(V) \subset \mathcal{A}(V)$ für alle Verbände V. Abwärtsmengen erlauben, neben den Schnitten, allgemeine Ordnungen zu vervollständigen. Dies wird nachfolgend gezeigt. Der erste Schritt der gesamten Prozedur wird durch den folgenden Satz bewerkstelligt; man vergleiche diesen mit dem entsprechenden Satz 4.2.7 für die Schnittvervollständigung.

4.5.3 Satz (Abwärtsmengenverband) Es sei $(M, \sqsubseteq)$ eine Ordnung. Dann ist das Tripel $(\mathcal{A}(M), \cup, \cap)$ ein vollständiger und distributiver Verband, genannt Abwärtsmengenverband von M, mit der Mengeninklusion als Verbandsordnung.

Beweis: Wir zeigen am Anfang, daß $\mathcal{A}(M)$ ein Hüllensystem im Potenzmengenverband $(2^M, \cup, \cap)$ bildet.

Für $\emptyset \subseteq \mathcal{A}(M)$ bekommen wir $\bigcap \emptyset = M$. Die gesamte Trägermenge der Ordnung ist natürlich eine Abwärtsmenge. Es sei also nun noch $\mathcal{M} \subseteq \mathcal{A}(M)$ eine nichtleere Menge von Abwärtsmengen von M und $A := \bigcap \{X \mid X \in \mathcal{M}\}$. Weiterhin seien $a, b \in M$ mit $a \in A$. Dann gilt

$$
\begin{aligned}
b \sqsubseteq a \;&\Longrightarrow\; \forall X \in \mathcal{M} : b \in X && a \text{ in allen Abwärtsmengen } X \\
&\Longrightarrow\; b \in \bigcap \{X \mid X \in \mathcal{M}\} \\
&\Longleftrightarrow\; b \in A && \text{Definition } A,
\end{aligned}
$$

was zeigt, daß auch A eine Abwärtsmenge ist.

Nach Satz 3.4.8 ist somit das Tripel $(\mathcal{A}(M), \sqcup_a, \cap)$ ein vollständiger Verband, bei dem die binäre Supremumsoperation gegeben ist durch

$$
A \sqcup_a B \;=\; \mathsf{h}_{\mathcal{A}(M)}(A \cup B),
$$

mit $\mathsf{h}_{\mathcal{A}(M)} : 2^M \to 2^M$ als die durch das Hüllensystem $\mathcal{A}(M)$ induzierte Hüllenbildung

$$
\mathsf{h}_{\mathcal{A}(M)}(X) \;=\; \bigcap \{U \in \mathcal{A}(M) \mid X \subseteq U\}.
$$

Weil $\mathsf{h}_{\mathcal{A}(M)}$ expandierend ist, trifft die Inklusion $A \cup B \subseteq A \sqcup_a B$ zu. Nun verifizieren wir noch, daß $\mathcal{A}(M)$ abgeschlossen ist gegenüber binären Vereinigungen. Es seien dazu $A, B \in \mathcal{A}(M)$, $a, b \in M$ mit $a \in A \cup B$ vorgegeben. Dann haben wir

$$
\begin{aligned}
b \sqsubseteq a \;&\Longrightarrow\; b \in A \vee b \in B && \text{da } A, B \in \mathcal{A}(M) \\
&\Longleftrightarrow\; b \in A \cup B.
\end{aligned}
$$

Aus der $\cup$-Abgeschlossenheit von $\mathcal{A}(M)$ folgt sofort $A \cup B \in \{U \in \mathcal{A}(M) \mid A \cup B \subseteq U\}$, also $\mathsf{h}_{\mathcal{A}(M)}(A \cup B) \subseteq A \cup B$, was die noch fehlende Inklusion $A \sqcup_a B \subseteq A \cup B$ impliziert.

Das Zusammenfallen von $\sqcup_a$ mit der Vereinigung zieht unmittelbar die Distributivität des Verbands $(\mathcal{A}(M), \cup, \cap)$ nach sich. $\qquad\square$

Nach dem früheren Satz 4.5.2.1 sind in einer Ordnung $(M, \sqsubseteq)$ für alle Elemente $a \in M$ die Hauptschnitte (a) auch Abwärtsmengen. Damit bekommen wir durch die Abbildung $a \mapsto (a) = \mathsf{Mi}(\mathsf{Ma}(a))$ der Schnittvervollständigung (siehe Satz 4.2.9) sofort die Einbettung der Ordnung M in die durch den vollständigen Abwärtsmengenverband $(\mathcal{A}(M), \cup, \cap)$ gegebene Ordnung $(\mathcal{A}(M), \subseteq)$. Dies beendet die Prozedur der Vervollständigung von Ordnungen durch Abwärtsmengen. Wir halten das Resultat noch einmal fest.

4.5.4 Satz (Abwärtsmengenvervollständigung) Es seien eine Ordnung $(M, \sqsubseteq)$ und ihr Abwärtsmengenverband $(\mathcal{A}(M), \cup, \cap)$ gegeben. Dann ist die Abbildung

$$
e_s : M \to \mathcal{H}(M) \qquad e_s(a) = (a) = \mathsf{Mi}(\mathsf{Ma}(a))
$$

ein Ordnungsisomorphismus zwischen M und der Ordnung $(\mathcal{H}(M), \subseteq)$ der Hauptschnitte von M. $\qquad\square$

Man hätte die Aussage dieses Satzes auch folgendermaßen formulieren können: Die Abbildung $e_s : M \to \mathcal{A}(M)$, definiert durch $e_s(a) = (a) = \mathsf{Mi}(\mathsf{Ma}(a))$, ist eine Ordnungseinbettung von $(M, \sqsubseteq)$ in $(\mathcal{A}(M), \subseteq)$.

Der folgende Satz gibt noch eine einfache Eigenschaft von $\sqcup$-irreduziblen Elementen in distributiven Verbänden an. Eine entsprechende Aussage für Atome haben wir schon als Satz 2.2.9 bewiesen.

4.5.5 Satz Es seien $(V, \sqcup, \sqcap)$ ein distributiver Verband und $a \in V$ $\sqcup$-irreduzibel. Dann gilt für alle $b_1, \ldots, b_n \in V$:

$$a \sqsubseteq \bigsqcup_{i=1}^{n} b_i \quad \Longrightarrow \quad \exists i \in \{1, \ldots, n\} : a \sqsubseteq b_i$$

Beweis: Wir rechnen wie folgt:

$$
\begin{aligned}
a \sqsubseteq \bigsqcup_{i=1}^{n} b_i \quad &\Longleftrightarrow \quad a \sqcap \left(\bigsqcup_{i=1}^{n} b_i\right) = a \\
&\Longleftrightarrow \quad \bigsqcup_{i=1}^{n} (a \sqcap b_i) = a && \text{Distributivität} \\
&\Longrightarrow \quad \exists i \in \{1, \ldots, n\} : a \sqcap b_i = a && a \text{ ist } \sqcup\text{-irreduzibel} \\
&\Longleftrightarrow \quad \exists i \in \{1, \ldots, n\} : a \sqsubseteq b_i
\end{aligned}
$$

Dabei erfordert der die $\sqcup$-Irreduziblität von a verwendende Schritt formal natürlich eine Induktion. $\square$

Nach allen diesen Vorbereitungen können wir nun das schon am Beginn des Abschnitts angekündigte Resultat von G. Birkhoff beweisen. Aus formalen Gründen müssen wir dabei den Verband wiederum als nicht-trivial annehmen. Es sollte an dieser Stelle unbedingt noch bemerkt werden, daß aufgrund der Distributivität von Abwärtsmengenverbänden man durch solche Verbände auch nur distributive Verbände darstellen kann; andernfalls erreicht man nie die angestrebte Isomorphie.

4.5.6 Satz (Darstellung durch Abwärtsmengen; G. Birkhoff) Es sei ein endlicher distributiver Verband $(V, \sqcup, \sqcap)$ mit $|V| > 1$ gegeben. Weiterhin sei die Teilmenge M von V definiert mittels $M := \mathsf{Sirr}(V)$. Dann ist V isomorph zur Abwärtsmengenvervollständigung $(\mathcal{A}(M), \cup, \cap)$ von $(M, \sqsubseteq)$.

Beweis: Wir betrachten die gleiche Abbildung wie bei der Darstellung vollständiger Verbände durch $\sqcup$-dichte und $\sqcap$-dichte Teilmengen, d.h. wie im Beweis von Satz 4.4.8:

$$f : V \to \mathcal{A}(M) \qquad\qquad f(a) = \{x \in M \mid x \sqsubseteq a\}$$

Diese Abbildung ist wohldefiniert. Sind nämlich $b, c \in M$ mit $b \in f(a)$, so gilt

$$
\begin{aligned}
c \sqsubseteq b \quad &\Longrightarrow \quad c \sqsubseteq b \sqsubseteq a && \text{weil } b \in f(a) \\
&\Longrightarrow \quad c \sqsubseteq a \\
&\Longleftrightarrow \quad c \in f(a) && \text{Definition von } f.
\end{aligned}
$$

Also sind alle Bildwerte von f auch tatsächlich Abwärtsmengen $\sqcup$-irreduzibler Elemente.

Der Beweis des Satzes von G. Birkhoff ist beendet, wenn wir gezeigt haben, daß f eine surjektive Ordnungseinbettung ist. Dies impliziert nämlich, vollkommen analog zum letzten Schluß im Beweis von Satz 4.4.8, daß f ein Verbandsisomorphismus ist.

1. Die Abbildung f ist eine Ordnungseinbettung: Es seien $a, b \in V$ beliebige Elemente. Dann ist die Implikation

$$a \sqsubseteq b \implies f(a) \subseteq f(b)$$

trivial und die umgekehret Implikation

$$f(a) \subseteq f(b) \implies a \sqsubseteq b$$

wurde schon im Beweis von Satz 4.4.8 gezeigt. Man beachte, daß dort nur die $\sqcup$-Dichtheit von M verwendet wurde. Daß die Menge der $\sqcup$-irreduziblen Menge $\sqcup$-dicht ist, ist genau Satz 4.4.4.2

2. Es ist f surjektiv: Zum Beweis sei $A := \{a_1, \ldots, a_n\}$ aus $\mathcal{A}(M)$, also A eine endliche Abwärtsmenge von $\sqcup$-irreduziblen Elementen. Die Darstellung von A ist eine Folge der Endlichkeit von V. Wir behaupten nun, daß das Supremum $a_1 \sqcup \ldots \sqcup a_n$ ein Urbild von A ist, also die folgende Gleichheit gilt:

$$A = f(a_1 \sqcup \ldots \sqcup a_n)$$

Inklusion „$\subseteq$": Es sei $a \in A$. Dann gibt es ein i, $1 \leq i \leq n$, mit $a = a_i$. Folglich gelten $a \in M$ und $a \sqsubseteq a_1 \sqcup \ldots \sqcup a_n$. Nach Definition von f heißt dies $a \in f(a_1 \sqcup \ldots \sqcup a_n)$.

Inklusion „$\supseteq$": Nun sei $a \in f(a_1 \sqcup \ldots \sqcup a_n)$, also a $\sqcup$-irreduzibel mit $a \sqsubseteq a_1 \sqcup \ldots \sqcup a_n$. Nach Satz 4.5.5 gibt es ein i, $1 \leq i \leq n$, mit $a \sqsubseteq a_i$. Weil A eine Abwärtsmenge ist, folgt daraus $a \in A$. $\qquad\square$

Ist V ein endlicher Verband mit mindestens zwei Elementen, so ist die Menge $\mathsf{Sirr}(V)$ nicht leer, denn insbesondere jedes Atom (und es gibt mindestens eines) ist $\sqcup$-irreduzibel Weiterhin gilt nach dem Satz von G. Birkhoff: V ist distributiv genau dann, wenn V isomorph zu einem Verband von Mengen ist, also genau dann, wenn V isomorph zu einem Unterverband eines Potenzmengenverbands ist. Satz 4.5.6 ist auch der Ausgangspunkt für eine Theorie, die zwischen endlichen distributiven Verbänden und endlichen Ordnungen eine enge Verbindung herstellt. Nach dem Satz von G. Birkhoff gilt die Verbandsisomorphie

$$(V, \sqcup, \sqcap) \cong (\mathcal{A}(\mathsf{Sirr}(V)), \cup, \cap)$$

und die entsprechende Ordnungsisomorphie

$$(M, \sqsubseteq) \cong (\mathsf{Sirr}(\mathcal{A}(M)), \subseteq)$$

zeigt man unter Verwendung der Abbildung $f : M \to \mathsf{Sirr}(\mathcal{A}(M))$, welche definiert ist mittels $f(x) = \{a \in M \mid a \sqsubseteq x\}$. Die Auffassung von Sirr und $\mathcal{A}$ als zwei Abbildungen

$(V, \sqcup, \sqcap) \mapsto (\mathsf{Sirr}(V), \sqsubseteq)$ und $(M, \sqsubseteq) \mapsto (\mathcal{A}(M), \cup, \cap)$ von einer Menge von endlichen distributiven Verbänden in die entsprechende Menge von endlichen Ordnungen bzw. von den Ordnungen zurück in die Verbände stellt die (bis auf Isomorphie) bijektive Verbindung her. Insbesondere kann man die Untersuchung von endlichen distributiven Verbänden auf die Untersuchung der viel kleineren Mengen ihrer $\sqcup$-irreduziblen Elemente zurückführen. In der Literatur nennt man $\mathsf{Sirr}(V)$ auch den *Dual* von V.

Mit zwei Beispielen wollen wir diesen Abschnitt beenden.

4.5.7 Beispiele (zum Satz von G. Birkhoff) Zum Schluß dieses Abschnitts geben wir nachfolgend noch zwei Beispiele zu Satz 4.5.6 an.

1. Es sei $(V, \sqcup, \sqcap, {}^{-})$ ein endlicher Boolescher Verband mit Atomen $a_1, \ldots, a_n$. Dann besteht die Menge $\mathsf{Sirr}(V)$ genau aus den Atomen und die Ordnung auf $M := \mathsf{Sirr}(V)$ ist die Identität, da verschiedene Atome unvergleichbar sind. Folglich wird die Potenzmenge der Atome zur Menge $\mathcal{A}(M)$ und der Abwärtsmengenverband zum Potenzmengenverband der Atome.

   Wir erhalten somit aus dem Satz von G. Birkhoff sofort den wesentlichen der Teil der Aussage des Hauptsatzes über endliche Boolesche Verbände. Nur die Strukturerhaltung der Negation wird durch ihn nicht gezeigt.

2. In Satz 4.5.6 kann auf die Distributivität des vorgegebenen endlichen Verbands V nicht verzichtet werden. Dazu betrachten wir den nicht-distributiven Verband $V_{\neg D}$ von Abbildung 2.2 in Abschnitt 2.2. Hier gilt offensichtlich

$$\mathsf{Sirr}(V_{\neg D}) = \{a, b, c\}$$

   und die Ordnung auf $\mathsf{Sirr}(V_{\neg D})$ ist, weil a, b, c Atome sind, wiederum die Identität.

   Als Abwärtsmengenverband dieser Ordnung bekommen wir wiederum einen Potenzmengenverband, nämlich den von $\{a, b, c\}$. Dieser hat 8 Elemente und ist somit nicht isomorph zu $\mathsf{Sirr}(V_{\neg D})$.   □

   Wendet man hingegen die Darstellung durch Schnittvervollständigung auf den Verband $V_{\neg D}$ an, so bekommt man

$$\mathsf{Sirr}(V_{\neg D}) \cup \mathsf{Iirr}(V_{\neg D}) = \{a, b, c\}.$$

Die Schnitte von $\{a, b, c\}$ mit der Identität als Ordnung sind jedoch $\emptyset, \{a\}, \{b\}, \{c\}$ und $\{a, b, c\}$. Ordnet man diese durch die Inklusion, so ist der entstehende Verband offensichtlich isomorph zu $V_{\neg D}$.   □

Kapitel 5

Wohlgeordnete Mengen und das Auswahlaxiom

Die gegenwärtige Art und Weise Mathematik zu betreiben ist ohne Mengen nicht denkbar, da die Mengenlehre den begrifflichen Rahmen darstellt. Normalerweise wird Mengenlehre, so wie auch in dieser Vorlesungsausarbeitung, naiv betrieben. Dies erlaubt Antinomien, wie beispielsweise die Menge aller Mengen, die sich nicht selbst als Element enthalten. E. Zermelo kannte diese bereits 1901. Um Antinomien zu verhindern, wurde die (typfreie) axiomatische Mengenlehre begründet. Das entsprechende Axiomensystem geht auf E. Zermelo und A. Fraenkel zurück. Ein entscheidendes Axiom ist dabei das *Auswahlaxiom*. Obwohl in seiner Formulierung kein mit Ordnungen verwandter Begriff vorkommt, hat es viel mit speziellen Ordnungen zu tun. Dies wird am Anfang dieses Kapitels gezeigt. Aufgrund dieser Resultate sind wir dann in der Lage, für bisher unbewiesene Sätze, wie den Darstellungssatz von M.H. Stone und den Satz von A. Davis, die Beweise zu erbringen.

5.1 Wohlordnungen und Transfinite Zahlen

Wir haben in Abschnitt 3.2 die Gleichmächtigkeit von Mengen als Relation $\approx$ eingeführt und gezeigt, daß diese Relation die Gesetze einer Äquivalenzrelation erfüllt. Die Äquivalenzklassen dieser Relation heißen *Kardinalzahlen*. Dabei ist man nicht an Endlichkeit gebunden. Beispielsweise liegen $\mathbb{N}$ und $\mathbb{Q}$ in der gleichen (ersten unendlichen) Kardinalzahl, genannt $\aleph_0$, während $\mathbb{R}$ in einer anderen Kardinalzahl, genannt $\aleph$, liegt. Kardinalzahlen kann man ordnen, indem man die Ordnung durch die Klassenvertreter definiert (siehe Abschnitt 1.2). Wegen $\mathbb{N} \preceq \mathbb{R}$ und $\mathbb{N} \not\approx \mathbb{R}$ ist beispielsweise $\aleph_0$ echt kleiner als $\aleph$. Die Antisymmetrie der Ordnung auf Kardinalzahlen ist dabei eine Folge des Satzes von Schröder-Bernstein.

Neben den Kardinalzahlen gibt es noch die Ordinalzahlen. Diese orientieren sich an der Position eines Elements beim Zählen und werden normalerweise durch Zahlwörter „erstes, zweites, ...Element" angegeben. G. Cantor zeigte, wie man auch dieses Konzept mittels

Mengen vom Endlichen in das Unendliche verallgemeinern kann. Wesentlich dazu ist der folgende Begriff.

5.1.1 Definition Eine Ordnung $(M, \sqsubseteq)$ heißt eine *Wohlordnung* oder *wohlgeordnet*, wenn sie Noethersch ist und eine Totalordnung (also eine Kette) bildet. Die Elemente einer Wohlordnung werden auch *transfinite Zahlen* genannt. □

Endliche Mengen kann man aufzählen und solche Aufzählungen $\{a_1, \ldots, a_n\}$ induzieren offensichlich Wohlordnungen. Je zwei endliche Wohlordnungen mit $n \in \mathbb{N}$ Elementen sind isomorph (Beweis durch Induktion). Es gibt auch Wohlordnungen mit unendlicher Trägermenge. Beispielsweise ist $(\mathbb{N}, \leq)$ eine Wohlordnung. Hingegen ist $(\mathbb{Z}, \leq)$ keine Wohlordnung. Man kann die ganzen Zahlen jedoch wohlordnen, indem man die Ordnung gemäß der Aufzählung $0, 1, -1, 2, -2, 3, -3, \ldots$ von $\mathbb{Z}$ festlegt. Auch $(\mathbb{R}, \leq)$ ist offensichtlich keine Wohlordnung. Nachfolgend geben wir noch eine Nichtstandard-Wohlordnung auf den positiven natürlichen Zahlen an.

5.1.2 Beispiel (für eine Wohlordnung auf Zahlen) Wir betrachten auf der unendlichen Menge $\mathbb{N} \setminus \{0\}$ der positiven natürlichen Zahlen die Ordnungsrelation $\sqsubseteq$, welche für alle $a, b \in \mathbb{N} \setminus \{0\}$ festgelegt ist mittels

$$a \sqsubseteq b \quad :\Longleftrightarrow \quad (a \leq b \wedge a + b \text{ gerade}) \vee (a \text{ ungerade} \wedge b \text{ gerade}).$$

Anschaulich kann man diese Ordnung wie folgt darstellen:

$$1 \sqsubset 3 \sqsubset 5 \sqsubset \ldots \sqsubset 2 \sqsubset 4 \sqsubset 6 \sqsubset \ldots$$

Aus dieser informellen Kettendarstellung ergibt sich, daß $(\mathbb{N} \setminus \{0\}, \sqsubseteq)$ eine Wohlordnung ist. Dies formal nachzurechnen ist etwas mühsam. Diese Wohlordnung ist nicht isomorph zur „natürlichen Wohlordnung" $(\mathbb{N} \setminus \{0\}, \leq)$. Erstere hat unendlich viele Hauptideale (a) unendlicher Kardinalität, nämlich für alle positiven geraden natürlichen Zahlen a, letztere hat kein einziges unendliches Hauptideal. □

Die Eigenschaft, wohlgeordnet zu sein, kann man auch anders beschreiben, wie der nachfolgende Satz zeigt.

5.1.3 Satz Eine Ordnung $(M, \sqsubseteq)$ ist genau dann eine Wohlordnung, wenn jede nichtleere Teilmenge ein kleinstes Element besitzt.

Beweis: „$\Longrightarrow$": Diese Richtung wurde schon im Beweis von Satz 2.4.12 bewiesen, wo wir zeigten, daß bei Noetherschen Ordnungen jede nichtleere Teilmenge einer Kette ein kleinstes Element besitzt.

„$\Longleftarrow$": Besitzt jede nichtleere Teilmenge ein kleinstes Element, so besitzt sie auch ein minimales Element. Also ist somit $(M, \sqsubseteq)$ Noethersch. Zum Beweis der Ketteneigenschaft seien $a, b \in M$ gegeben. Weil $\{a, b\}$ nach Voraussetzung ein kleinstes Element besitzt, muß entweder $a \sqsubseteq b$ gelten, wenn a das kleinste Element ist, oder $b \sqsubseteq a$, wenn b das kleinste Element ist. □

Insbesondere besitzen Wohlordnungen also jeweils ein kleinstes Element O. Die Beschreibung von Wohlordnungen in Satz 5.1.3 ist sehr ähnlich zur früheren Definition von Noetherschen Ordnungen. Nur das Wort „minimales" in Definition 2.4.10 ist durch das Wort „kleinstes" ersetzt. Durch diese kleine Ersetzung ändert sich die Bedeutung der Definition jedoch wesentlich. Dies zeigt noch einmal, daß man zwischen den Begriffen „Minimalität" und „Kleinstsein" bei allgemeinen Ordnungen sehr genau zu unterscheiden hat.

Bezeichnet O das kleinste Element einer Wohlordnung $(M, \sqsubseteq)$, so gilt $\{b \in M \mid b \sqsubset a\} = \{b \in M \mid \mathsf{O} \sqsubseteq b \sqsubset a\}$. In Analogie zum früher eingeführten Intervallbegriff $[a, b]$ definieren wir deshalb zu $a \in M$

$$[\mathsf{O}, a[\; := \; \{b \in M \mid \mathsf{O} \sqsubseteq b \sqsubset a\}$$

und nennen die Menge $[\mathsf{O}, a[$ ein (rechts-offenes) *Anfangsintervall* von $(M, \sqsubseteq)$. Damit sind Anfangsintervalle insbesondere auch Abwärtsmengen. Im derzeitigen Kontext gilt aber auch die folgende Umkehrung.

5.1.4 Satz Jede Abwärtsmenge $N \neq M$ einer Wohlordnung $(M, \sqsubseteq)$ ist ein Anfangsintervall.

Beweis: Nach Satz 5.1.3 besitzt die nichtleere Menge $M \setminus N$ ein kleinstes Element a. Wir zeigen nun, daß $N = [\mathsf{O}, a[$ gilt. Dazu sei $b \in M$ beliebig gewählt.

Inklusion „$\subseteq$": Es gelte $b \in N$. Dann gilt $a \not\sqsubseteq b$, denn $a \sqsubseteq b$ würde $a \in N$ implizieren (N ist Abwärtsmenge). In Ketten ist $a \not\sqsubseteq b$ äquivalent zu $b \sqsubset a$, was $b \in [\mathsf{O}, a[$ beweist.

Inklusion „$\supseteq$": Nun gelte $b \in [\mathsf{O}, a[$. Wäre $b \notin N$, so gilt $b \in M \setminus N$ und damit ist a nicht mehr das kleinste Element von $M \setminus N$. Widerspruch! $\quad\square$

Bei einer Wohlordnung $(M, \sqsubseteq)$ hat jedes Element $a \in M$, bis auf ein möglicherweise vorhandenes größtes Element, einen eindeutigen oberen Nachbarn. Er ist das kleinste Element der nichtleeren Menge $\{b \in M \mid a \sqsubset b\}$ und wird mit a^+ bezeichnet. Wir können diesen *Nachfolger* auch wie folgt darstellen: $a^+ = \bigsqcap \{b \in M \mid a \sqsubset b\}$. Nach der Festlegung gilt $a \sqsubset a^+$. Jedoch muß es nicht immer einen unteren Nachbarn einer transfiniten Zahl geben, wie die Zahl 2 in Beispiel 5.1.2 zeigt. Hier besitzt das Anfangsintervall $[1, 2[$ kein größtes Element. Solche Grenzelemente zeichnet man aus.

5.1.5 Definition Ein Element $a \in M$ einer Wohlordnung heißt eine *transfinite Limeszahl*, falls $a \neq \mathsf{O}$ und das Anfangsintervall $[\mathsf{O}, a[$ kein größtes Element besitzt. $\quad\square$

Ist a in der Wohlordnung $(M, \sqsubseteq)$ eine transfinite Limeszahl, so gilt auch $a = \bigsqcup [\mathsf{O}, a[$. Trivialerweise ist a eine obere Schranke von $[\mathsf{O}, a[$. Ist $c \in M$ eine weiter obere Schranke von $[\mathsf{O}, a[$, so gilt auch $a \sqsubseteq c$. Aus $a \not\sqsubseteq c$ würde nämlich $c \sqsubset a$ folgern, also $c \in [\mathsf{O}, a[$, und damit hätte dieses Anfangsintervall c als größtes Element. Man kann die transfiniten Zahlen also einteilen in die kleinste Zahl O, die Nachfolgerzahlen a^+ mit einem eindeutigen unteren Nachbarn a und die transfiniten Limeszahlen. Eine anschaulichere Beschreibung von transfiniten Limeszahlen wird durch den nachfolgenden Satz gegeben.

5.1.6 Satz Ein Element $\mathsf{O} \neq a \in M$ ist eine transfinite Limeszahl in der Wohlordnung $(M, \sqsubseteq)$ genau dann, wenn für alle $b \in M$ aus $b \sqsubset a$ folgt $b^+ \sqsubset a$.

Beweis: „$\Longrightarrow$": Angenommen, es gäbe $b \in M$ mit $b \sqsubset a$ und $b^+ \not\sqsubset a$. Letzteres heißt $a \sqsubseteq b^+$, denn wir befinden uns ja in einer Kette. Eine Konsequenz ist $b \sqsubset a \sqsubseteq b^+$. Da b^+ der obere Nachbar von b ist, folgt daraus $a = b^+$. Aus dieser Eigenschaft bekommen wir, daß b maximal in $[\mathsf{O}, a[$ ist, denn für alle $c \in [\mathsf{O}, a[$ mit $b \sqsubseteq c$ gilt $b \sqsubseteq c \sqsubset a = b^+$ und damit $b = c$, weil b^+ der obere Nachbar von b ist. Bei Ketten sind maximale Elemente aber größte Elemente und damit haben wir einen Widerspruch zu der Tatsache, daß a eine transfinite Limeszahl ist.

„$\Longleftarrow$": Angenommen, a sei keine transfinite Limeszahl und $b \in M$ das größte Element von $[\mathsf{O}, a[$. Nach Voraussetzung gilt dann auch $b^+ \in [\mathsf{O}, a[$ und dies ist, zusammen mit $b \sqsubset b^+$, ein Widerspruch zur Tatsache, daß b das größte Element von $[\mathsf{O}, a[$ ist. □

Da Wohlordnungen insbesondere Noethersch geordnet sind, kann man zum Beweisen das Prinzip der *Noetherschen Induktion* verwenden. Will man zeigen, daß die Eigenschaft P allen Elementen einer Wohlordnung $(M, \sqsubseteq)$ zukommt, so genügt es, die folgenden zwei Eigenschaften zu verifizieren:

(1) $P(\mathsf{O})$ ist wahr.

(2) Ist $\mathsf{O} \neq a$ beliebig, so daß $P(b)$ wahr ist für alle $b \sqsubset a$, dann ist auch $P(a)$ wahr.

Der zweite Teil, genannt Induktionsschritt, wird beim Vorliegen von transfiniten Limeszahlen oft in zwei Teile zerlegt. Ist keine transfinite Limeszahl vorliegend, so genügt es, für den eindeutigen unteren Nachbarn anzunehmen, daß für ihn P gilt. Im Fall einer transfiniten Limeszahl verwendet man den Originalschritt (2). Insgesamt hat man also statt (2) die folgenden Eigenschaften zu verifizieren:

(2′) Ist $a^+ \neq \mathsf{O}$ eine beliebige Nachfolgerzahl, so daß $P(a)$ wahr ist, dann ist auch $P(a^+)$ wahr.

(2″) Ist $a \neq \mathsf{O}$ eine beliebige transfinite Limeszahl, so daß $P(b)$ wahr ist für alle $b \sqsubset a$, dann ist auch $P(a)$ wahr.

Die durch die drei Schritte (1), (2′) und (2″) beschriebene Variante der Noetherschen Induktion auf Wohlordnungen wird *transfinite Induktion* genannt, wobei (2′) der Nachfolgerschritt und (2″) der Limesschritt ist. Und hier ist nun die Rechtfertigung für dieses Prinzip.

5.1.7 Satz (Transfinite Induktion) Das Prinzip der transfiniten Induktion ist korrekt, d.h. eine Eigenschaft P gilt für alle Elemente einer Wohlordnung $(M, \sqsubseteq)$, falls (1), (2′) und (2″) gelten.

Beweis: Gibt es ein Element in M, das P nicht erfüllt, so gibt es auch ein kleinstes Element $a \in M$ mit dieser Eigenschaft; man vergleiche mit Satz 5.1.3. Dies ist aber ein Widerspruch, denn wegen (1) kann a nicht O sein, wegen (2′) kann a keine Nachfolgerzahl sein und wegen (2″) kann a auch keine transfinite Limeszahl sein. □

Auf Wohlordnungen kann man nicht nur Induktion betreiben, um Eigenschaften zu verifizieren, sondern auch induktiv/rekursiv definieren. Beispielsweise legt man zur Definition einer Abbildung $f : M \to M$ auf einer Wohlordnung oft erst den Wert $f(0)$ fest, definiert dann $f(a^+)$ in Abhängigkeit von $f(a)$ und definiert schließlich für eine transfinite Limeszahl $a \in M$ noch $f(a)$ mittels der Werte $f(b)$ mit $b \sqsubset a$. Wir werden demnächst ähnlich vorgehen.

Nach der Induktion befassen wir uns nun mit dem Vergleich von Wohlordnungen. Mengen von Wohlordnungen kann man anordnen. Wie dies möglich ist, wird im folgenden Satz gezeigt. Wir beginnen mit der Festlegung einer Relation auf Wohlordnungen. Dabei verwenden wir, wie schon am Ende des letzten Kapitels, das Symbol $\cong$, um die Isomorphie von Ordnungen darzustellen.

5.1.8 Definition Für Wohlordnungen $(M, \sqsubseteq_1)$ und $(N, \sqsubseteq_2)$ definieren wir $(M, \sqsubseteq_1) \trianglelefteq (N, \sqsubseteq_2)$, falls $(M, \sqsubseteq_1) \cong (N, \sqsubseteq_2)$ oder es ein $a \in N$ mit $(M, \sqsubseteq_1) \cong ([0, a[, \sqsubseteq_2)$ gibt. $\qquad\square$

Man nennt oft die Wohlordnung $(M, \sqsubseteq_1)$ *kürzer* als die Wohlordnung $(N, \sqsubseteq_2)$, falls $(M, \sqsubseteq_1)$ zu einem Anfangsintervall von $(N, \sqsubseteq_2)$ isomorph ist. Inhalt des folgenden Satzes 5.1.9 sind Ordnungseigenschaften der Relation von Definition 5.1.8. Dabei wird bei der Antisymmetrie nicht Gleichheit, sondern nur Ordnungsisomorphie gezeigt. Formal ist $\trianglelefteq$ deshalb nur eine Quasiordnung auf Wohlordnungen. Sie induziert, nach dem dritten Punkt des Satzes, in der bekannten Weise jedoch eine Ordnung auf Klassen isomorpher Wohlordnungen, da die Richtung „$\Longleftarrow$" des dritten Punkts von Satz 5.1.9 trivialerweise zutrifft.

5.1.9 Satz Die Relation $\trianglelefteq$ erfüllt für alle Wohlordnungen $(M, \sqsubseteq_1)$, $(N, \sqsubseteq_2)$ und $(P, \sqsubseteq_3)$ die folgenden Eigenschaften:

1. $(M, \sqsubseteq_1) \trianglelefteq (M, \sqsubseteq_1)$.

2. $(M, \sqsubseteq_1) \trianglelefteq (N, \sqsubseteq_2)$ und $(N, \sqsubseteq_2) \trianglelefteq (P, \sqsubseteq_3) \implies (M, \sqsubseteq_1) \trianglelefteq (P, \sqsubseteq_3)$

3. $(M, \sqsubseteq_1) \trianglelefteq (N, \sqsubseteq_2)$ und $(N, \sqsubseteq_2) \trianglelefteq (M, \sqsubseteq_1) \implies (M, \sqsubseteq_1) \cong (N, \sqsubseteq_2)$

Beweis: Die Verifikationen von Reflexivität und Transitivität sind trivial, denn die identische Abbildung und die Komposition von Ordnungsisomorphismen sind Ordnungsisomorphismen.

Zum Beweis der Antisymmetrie (bis auf Isomorphie) nehmen wir an, daß $(M, \sqsubseteq_1) \trianglelefteq (N, \sqsubseteq_2)$ und $(N, \sqsubseteq_2) \trianglelefteq (M, \sqsubseteq_1)$ gelten, $(M, \sqsubseteq_1) \cong (N, \sqsubseteq_2)$ jedoch nicht. Dann ist $(M, \sqsubseteq_1)$ isomorph zu einem Anfangsintervall von $(N, \sqsubseteq_2)$ und $(N, \sqsubseteq_2)$ isomorph zu einem Anfangsintervall von $(M, \sqsubseteq_1)$. Die Komposition der beiden Isomorphismen liefert einen Ordnungsisomorphismus zwischen M und einem Anfangsintervall von M. Dieser sei (mit $a \in M$)

$$f : M \to [0, a[.$$

Wir führen nun die Existenz von f zu einem Widerspruch. Dazu betrachten wir die Menge

$$C := \{b \in M \mid f(b) \neq b\}.$$

Wegen $f(a) \in [\mathsf{O}, a[$ gilt $f(a) \sqsubset_1 a$, also $a \in C$. Folglich ist die Menge C nichtleer. Aufgrund von Satz 5.1.3 gibt es somit in C ein kleinstes Element $c \in C$. Es gilt $c \sqsubset_1 f(c)$. Wäre dem nicht so, so gilt $f(c) \sqsubset_1 c$, denn wir sind in einer Kette und haben $f(c) \neq c$. Daraus würde, nach der Wahl von c als kleinstem Element, $f(c) \notin C$ folgen, also $f(f(c)) = f(c)$, was (wegen $c \neq f(c)$) der Injektivität von f widerspricht.

Für alle $b \in M$ gilt nun:

$$b \sqsubset_1 c \quad \Longrightarrow \quad f(b) = b \sqsubset_1 c \qquad\qquad\qquad \text{weil } b \notin C$$

$$b = c \quad \Longrightarrow \quad f(b) \neq c \qquad\qquad\qquad \text{nach Wahl gilt } c \in C$$

$$c \sqsubset_1 b \quad \Longrightarrow \quad c \sqsubset_1 f(c) \sqsubseteq_1 f(b) \qquad\qquad\qquad f \text{ monoton, } c \sqsubset_1 f(c)$$

Diese drei Eigenschaften widersprechen aber der Surjektivität von f, denn $c \in [\mathsf{O}, a[$ hat kein Urbild (wobei $c \in [\mathsf{O}, a[$ aus $c \sqsubset_1 f(c)$ und $f(c) \in [\mathsf{O}, a[$ folgt). $\qquad\qquad \square$

Die im letzten Teil des Beweises gezeigte Eigenschaft wird üblicherweise wie folgt formuliert: *Eine Wohlordnung ist zu keinem ihrer Anfangsintervalle isomorph.* Als nächstes vergleichen wir die Quasiordnung $\trianglelefteq$ auf Wohlordnungen noch mit der früher eingeführten Quasiordnung zum Kardinalitätsvergleich. Wir erhalten das folgende einfache Ergebnis.

5.1.10 Satz Sind $(M, \sqsubseteq_1)$ und $(N, \sqsubseteq_2)$ zwei Wohlordnungen mit $(M, \sqsubseteq_1) \trianglelefteq (N, \sqsubseteq_2)$, so gilt $M \preceq N$.

Beweis: Gilt $(M, \sqsubseteq_1) \cong (N, \sqsubseteq_2)$ so gibt es eine bijektive Abbildung zwischen M und N, also auch eine injektive Abbildung von M nach N. So eine Abbildung existiert auch, wenn $(M, \sqsubseteq_1)$ zu einem Anfangsintervall $([\mathsf{O}, a[, \sqsubseteq_2)$ von $(N, \sqsubseteq_2)$ isomorph ist. $\qquad\qquad \square$

Der nachfolgende fundamentale Satz besagt, daß zwei Wohlordnungen bezüglich der oben eingeführten Quasiordnung immer vergleichbar sind. Entweder eine ist kürzer als die andere, oder beide sind isomorph. Eine Anwendung der im Beweis verwendeten partiellen Operation min liefert dabei das kleinste Element einer Menge, falls ein solches existiert. Andernfalls ist das Ergebnis als undefiniert erklärt.

5.1.11 Satz (Hauptsatz über Wohlordnungen) Sind $(M, \sqsubseteq_1)$ und $(N, \sqsubseteq_2)$ zwei Wohlordnungen, so gilt $(M, \sqsubseteq_1) \trianglelefteq (N, \sqsubseteq_2)$ oder $(N, \sqsubseteq_2) \trianglelefteq (M, \sqsubseteq_1)$.

Beweis: Wir definieren eine *partielle* Abbildung $f : M \to N$ durch die folgende Rekursion[1] (wobei der Index angibt, daß das kleinste Element bezüglich $\sqsubseteq_2$ gebildet wird):

$$f(a) = \min_2(N \setminus \{f(x) \mid x \sqsubset_1 a\})$$

Man beachte, daß $f(a)$ undefiniert ist, falls $f(x)$ für ein $x \sqsubseteq_1 a$ undefiniert ist.

---

[1]Man beachte, daß zur Definition von $f(a)$ nur die Werte für echt kleinere Argumente als a verwendet werden. Damit ist die Rekursion terminierend, denn in Wohlordnungen gibt es keine unendlichen echt absteigenden Ketten. Diese Wohldefiniertheit von f muß aber nicht heißen, daß f auch immer definierte Werte liefert. Die Menge, deren kleinstes Element eigentlich geliefert werden soll, kann ja leer sein. Wir werden dies später noch anhand eines Beispiels zeigen.

Es bezeichne $D(f) \subseteq M$ den Definitionsbereich und $W(f) \subseteq N$ den Wertebereich von f. Wir zeigen nun die folgenden Punkte, wobei wir mit dem totalen Teil von f die Restriktion von f zur (totalen und surjektiven) Abbildung von $D(f)$ nach $W(f)$ meinen.

1. $D(f)$ ist eine Abwärtsmenge: Ist $f(a)$ definiert, so müssen alle $f(x)$ für $x \sqsubset_1 a$ ebenfalls definiert sein. Also liegen alle Elemente x mit $x \sqsubset_1 a$ auch in $D(f)$.

2. $W(f)$ ist eine Abwärtsmenge: Es sei $f(a) \in W(f)$ und es sei weiterhin $b \sqsubset_2 f(a)$. Dann muß b in der Menge $\{f(x) \mid x \sqsubset_1 a\}$ liegen, weil $b \in N \setminus \{f(x) \mid x \sqsubset_1 a\}$ in Kombination mit $b \sqsubset_2 f(a)$ und der Definition von $f(a)$ zu $f(a) \sqsubseteq_2 b \sqsubset_2 f(a)$ führen würde. Folglich ist b Wert eines Elements von M unter f, d.h. $b \in W(f)$.

3. Der totale Teil von f ist injektiv: Es seien $a, b \in D(f)$ mit $a \neq b$. Wir nehmen o.B.d.A. $a \sqsubset_1 b$ an. Weil $f(b)$ das kleinste Element ist, das nicht in $\{f(x) \mid x \sqsubset_1 b\}$ liegt, kann $f(a) = f(b)$ nicht gelten. Wegen $a \sqsubset_1 b$ wäre ja sonst $f(b) = f(a) \in \{f(x) \mid x \sqsubset_1 b\}$, was ein Widerspruch wäre.

4. Der totale Teil von f ist monoton: Es seien $a, b \in D(f)$ mit $a \sqsubseteq_1 b$. Ist $a = b$, so folgt daraus sofort $f(a) = f(b) \sqsubseteq_2 f(b)$. Es sei nun $a \sqsubset_1 b$. Dann gilt $f(a) \sqsubset_2 f(b)$. Andernfalls hätten wir (N ist Kette) nämlich $f(b) = f(a)$ oder $f(b) \sqsubset_2 f(a)$. Die Gleichheit kann wegen der Injektivität nicht gelten. Der verbleibende Fall $f(b) \sqsubset_2 f(a)$ führt mit $f(a) = \min_2(N \setminus \{f(x) \mid x \sqsubset_1 a\})$ zu $f(b) \in \{f(x) \mid x \sqsubset_1 a\}$), also zu $b \sqsubset_1 a$, was $a \sqsubset_1 b$ widerspricht.

5. Der totale Teil von f ist eine Ordnungseinbettung von $(D(f), \sqsubseteq_1)$ nach $(W(f), \sqsubseteq_2)$: Wir haben nur mehr die revertierte Monotonie-Implikation zu verifizieren. Es seien $a, b \in D(f)$ mit $f(a) \sqsubseteq_2 f(b)$. Aus $f(a) = f(b)$ bekommen wir $a \sqsubseteq_1 a = b$ unter Verwendung der Injektivität. Gilt hingegen $f(a) \sqsubset_2 f(b)$, so bringt dies $a \sqsubset_1 b$. Die Ungleichung $a \neq b$ ist eine Folge der Eindeutigkeit von f und $b \sqsubset_1 a$ kann auch nicht gelten, weil sonst die eben gezeigte (strenge) Monotonie den Widerspruch $f(b) \sqsubset_2 f(a)$ implizieren würde.

Insbesondere ist also $(D(f), \sqsubseteq_1)$ isomorph zu $(W(f), \sqsubseteq_2)$, weil der totale Teil von f sogar eine surjektive Ordnungseinbettung ist. Nun unterscheiden wir die vier möglichen Fälle.

Es sei $D(f) = M$ und $W(f) = N$. Dann sind die beiden Wohlordnungen $(M, \sqsubseteq_1)$ und $(N, \sqsubseteq_2)$ via der (totalen) Abbildung f isomorph.

Nun gelte $D(f) \neq M$ und $W(f) = N$. Nach Satz 5.1.4 ist die Abwärtsmenge $D(f)$ ein Anfangsintervall von $(M, \sqsubseteq_1)$ und dieses ist isomorph zu $(N, \sqsubseteq_2)$ via dem totalen Teil von f. Folglich bekommen wir in diesem Fall die Beziehung $(N, \sqsubseteq_2) \trianglelefteq (M, \sqsubseteq_1)$.

Beim dritten Fall $D(f) = M$ und $W(f) \neq N$ folgt, analog zu eben, die Eigenschaft $(M, \sqsubseteq_1) \trianglelefteq (N, \sqsubseteq_2)$.

Der verbleibende Fall $D(f) \neq M$ und $W(f) \neq N$ kann schließlich nicht auftreten. Falls $D(f) \neq M$ und $W(f) \neq N$ gelten, sind diese beiden Abwärtsmengen nach Satz 5.1.4 Anfangsintervalle $D(f) = [\mathsf{0}, a[$ von $(M, \sqsubseteq_1)$ bzw. $W(f) = [\mathsf{0}, b[$ von $(N, \sqsubseteq_2)$. Wegen $W(f) = [\mathsf{0}, b[$ ist b das kleinste Element von N mit $b \notin W(f)$. Nun haben wir:

$$
\begin{aligned}
f(a) \;&=\; \min_2(N \setminus \{f(x) \mid x \sqsubset_1 a\}) && \text{Definition } f \\
&=\; \min_2(N \setminus \{f(x) \mid x \in D(f)\}) && D(f) = [\mathsf{0}, a[\\
&=\; \min_2(N \setminus W(f)) && \\
&=\; b && \text{siehe oben}
\end{aligned}
$$

Daraus folgt aber $a \in D(f)$, also der Widerspruch $a \in [\mathsf{0}, a[$.   □

Identifizert man isomorphe Ordnungen, so bildet (nach dem Hauptsatz) jede nichtleere Menge von Wohlordnungen bezüglich $\trianglelefteq$ eine Kette. Man kann sogar zeigen, daß so eine Menge wiederum eine Wohlordnung ist, indem man verifiziert, daß jede abzählbar-absteigende Kette $\ldots \trianglelefteq (M_2, \sqsubseteq_2) \trianglelefteq (M_1, \sqsubseteq_1) \trianglelefteq (M_0, \sqsubseteq_0)$ in der vorgegebenen Menge stationär wird. Es muß an dieser Stelle jedoch ausdrücklich betont werden, daß es keinen Sinn macht, von der Menge aller Wohlordnungen zu sprechen, da so eine Menge im Widerspruch zu den Axiomen von E. Zermelo und A. Fraenkel steht.

Wir wollen die Definition der partiellen Abbildung f in dem obigen Hauptsatz anhand eines Beispiels noch etwas verdeutlichen.

5.1.12 Beispiel (zum Haupsatz über Wohlordnungen) Wir betrachten die beiden folgenden Wohlordnungen, die jeweils in einer anschaulichen Kettendarstellung beschrieben sind und die wir beide in Beispiel 5.1.2 schon erwähnt haben. Die Fettschrift in der linken Ordnung soll nur die Unterscheidung erleichtern.

$$
M : \mathbf{1} < \mathbf{2} < \mathbf{3} < \ldots \qquad\qquad N : 1 \sqsubset 3 \sqsubset 5 \sqsubset \ldots \sqsubset 2 \sqsubset 4 \sqsubset 6 \sqsubset \ldots
$$

Definieren wir $f : M \to N$ wie im Hauptsatz von M nach N, so bekommen wir $f(\mathbf{1}) = \min_2 N = 1$, $f(\mathbf{2}) = \min_2(N \setminus \{1\}) = 3$, $f(\mathbf{3}) = \min_2(N \setminus \{1,3\}) = 5$ und so fort. Damit gelten $D(f) = M$ und $W(f) = [1,2[\neq N$, also: $(M, \leq)$ ist kürzer als $(N, \sqsubseteq)$.

Betrachten wir hingegen die partielle Abbildung $f : N \to M$, also in der umgekehrten Richtung, so bekommen wir $f(1) = \min_1 M = \mathbf{1}$, $f(3) = \min_1(M \setminus \{\mathbf{1}\}) = \mathbf{2}$, $f(5) = \min_1(M \setminus \{\mathbf{1}, \mathbf{2}\}) = \mathbf{3}$ und so weiter, was zeigt, daß $f(a)$ für alle $a \in [1,2[$ definiert ist. Hingegen ist $f(2)$ nicht definiert, denn die Menge, deren kleinstes Element zur Definition von $f(2)$ verwendet wird, ist leer. Somit gelten hier $D(f) \neq N$ und $W(f) = M$ und konsequenterweise ist wiederum $(M, \leq)$ kürzer als $(N, \sqsubseteq)$.

Ändert man das obige Beispiel ab zu

$$
M : \mathbf{1} < \mathbf{2} < \mathbf{3} < \ldots \qquad\qquad N : 1 \sqsubset 3 \sqsubset 5 \sqsubset \ldots,
$$

so bekommt man für die Abbildung $f : M \to N$ des Hauptsatzes $D(f) = M$ und $W(f) = N$ und damit einen Isomorphismus zwischen den beiden Wohlordnungen.   □

Nach den Wohlordnungen kommen wir nun zu den Ordinalzahlen, die von G. Cantor eingeführt wurden und eine Verallgemeinerung der natürlichen Zahlen darstellen. Es gibt verschiedene Möglichkeiten, diese einzuführen; man vergleiche mit gängigen Lehrbüchern über Mengenlehre. Wir legen sie wie nachfolgend beschrieben fest und nehmen dabei gleich Bezug auf den Wohlordnungsbegriff.

5.1.13 Definition Eine Menge $\mathcal{O}$ von Mengen heißt eine *Ordinalzahl*, wenn die beiden folgenden Eigenschaften gelten:

1. Für alle $N \in \mathcal{O}$ und $P \in N$ gilt $P \in \mathcal{O}$.

2. Definiert man auf $\mathcal{O}$ eine Ordnung $\sqsubseteq$ durch $X \sqsubseteq Y$ falls $X \in Y$ oder $X = Y$ für alle $X, Y \in \mathcal{O}$, so ist $(\mathcal{O}, \sqsubseteq)$ eine Wohlordnung. $\qquad \square$

Ordinalzahlen sind per Definition also Mengen von Mengen. Die erste Eigenschaft der Definition 5.1.13 wird auch *Transitivität* der Menge $\mathcal{O}$ genannt. Dies wird deutlicher, wenn man sie als „$P \in N \in \mathcal{O}$ impliziert $P \in \mathcal{O}$" schreibt. Die zweite Eigenschaft von Definition 5.1.13 besagt, daß durch die Elementbeziehung $\in$ der Mengenlehre eine Striktordnung auf $\mathcal{O}$ definiert ist, deren reflexive Hülle zu einer Wohlordnung führt.

5.1.14 Beispiel (für eine Ordinalzahl) Beispielsweise bekommt man eine Ordinalzahl $\mathcal{O} := \{\mathcal{O}_i \mid i \in \mathbb{N}\}$, indem man setzt $\mathcal{O}_0 := \emptyset$ und die restlichen Elemente induktiv durch $\mathcal{O}_{i+1} := \mathcal{O}_i \cup \{\mathcal{O}_i\}$ definiert. Diese Konstruktion führt zur folgenden Kette, an der man auch die Eigenschaft $\mathcal{O}_i = \{\mathcal{O}_0, \ldots, \mathcal{O}_{i-1}\}$ erkennt.

$$\emptyset \subset \{\emptyset\} \subset \{\emptyset, \{\emptyset\}\} \subset \{\emptyset, \{\emptyset\}, \{\emptyset, \{\emptyset\}\}\} \subset \ldots$$

Man kann diese Kette aber auch anders angeben:

$$\emptyset \in \{\emptyset\} \in \{\emptyset, \{\emptyset\}\} \in \{\emptyset, \{\emptyset\}, \{\emptyset, \{\emptyset\}\}\} \in \ldots$$

Daß diese spezielle Ordinalzahl existiert, ist genau die Aussage des *Unendlichkeitsaxioms*[2] der Zermelo-Fraenkel-Mengenlehre.

Die geordnete Ordinalzahl $(\{\mathcal{O}_i \mid i \in \mathbb{N}\}, \sqsubseteq)$ ist isomorph zur Wohlordnung $(\mathbb{N}, \leq)$ und, bis auf Isomorphie, die kleinste unendliche Ordinalzahl. Sie wird mit ω bezeichnet. Damit haben wir nun drei Sichtweisen der natürlichen Zahlen: als reine Menge (bezeichnet mit dem Symbol $\mathbb{N}$), als Klassenvertreter der kleinsten unendlichen Kardinalzahl (angedeutet durch die Schreibweise $|\mathbb{N}|$ oder das Symbol $\aleph_0$ („Aleph Null")) und als Klassenvertreter der kleinsten unendlichen Ordinalzahl (bezeichnet mit dem griechischen Buchstaben ω). $\square$

An diesem Beispiel erkennt man schon einige Eigenschaften von Ordinalzahlen. Etwa ist zu jedem $N \in \mathcal{O}$ das Anfangsintervall $\{X \mid X \in N\}$ einer Ordinalzahl $\mathcal{O}$ wieder eine Ordinalzahl und es gilt weiterhin $N = \{X \mid X \in N\}$. Wir wollen dies aber nicht weiter vertiefen, sondern nun zum Abschluß des Abschnitts die Verbindung zum Auswahlaxiom so herstellen, wie sie sich historisch ergab. Das Axiom selbst werden wir erst im nächsten Abschnitt formulieren.

Weil Ordinalzahlen Wohlordnungen sind, kann man nach Satz 5.1.11 zwei Ordinalzahlen bezüglich der Quasiordnung $\trianglelefteq$ immer vergleichen. G. Cantors Wunsch war es, zu zeigen,

---

[2]In Worten besagt das Unendlichkeitsaxiom: Es gibt eine Menge M, die die leere Menge und mit jedem Element a auch $a \cup \{a\}$ enthält. Die Liste aller Zermelo-Fraenkel-Axiome findet man in formalisierter Schreibweise etwa in: A. Oberschelp, Allgemeine Mengenlehre, BI-Wissenschaftsverlag, 1994.

daß auch zwei Kardinalzahlen jeweils bezüglich der durch die Quasiordnung $\preceq$ induzierten Ordnung $\leq$ vergleichbar sind. Der Beweis gelang E. Zermelo im Jahr 1904. Hier kommt nun das Auswahlaxiom ins Spiel. Er führte dieses ein und bewies mit dessen Hilfe, daß auf jeder nichtleeren Menge M eine Ordnung $\sqsubseteq$ so definiert werden kann, daß $(M, \sqsubseteq)$ eine Wohlordnung ist. Insbesondere kann man also zu zwei Kardinalzahlen $\mathcal{K} = \{X \mid X \cong M\}$ und $\mathcal{L} = \{X \mid X \cong N\}$ deren Repräsentantenmengen M und N zu $(M, \sqsubseteq_1)$ und $(N, \sqsubseteq_2)$ wohlordnen und bekommt dann entweder $(M, \sqsubseteq_1) \trianglelefteq (N, \sqsubseteq_2)$ oder $(N, \sqsubseteq_2) \trianglelefteq (M, \sqsubseteq_1)$. Nach Satz 5.1.10 gilt im ersten Fall $M \preceq N$ (also $\mathcal{K} \leq \mathcal{L}$) und im zweiten Fall $N \preceq M$ (also $\mathcal{L} \leq \mathcal{K}$).

5.2 Auswahlaxiom und wichtige Folgerungen

Die Zermelo-Fraenkel-Axiome der Mengenlehre werden heutzutage von fast allen Mathematikern als Grundlage ihrer Wissenschaft anerkannt. Das Auswahlaxiom ist eines dieser Axiome. Wenn auch wir uns also auf E. Zermelo und A. Fraenkels Axiomatisierung berufen, so erhalten wir sofort:

5.2.1 Satz (Auswahlaxiom) Ist $\mathcal{M}$ eine Menge von nichtleeren Mengen, dann gibt es eine Auswahlabbildung $f : \mathcal{M} \to \bigcup \{X \mid X \in \mathcal{M}\}$ mit $f(X) \in X$ für alle $X \in \mathcal{M}$.   □

Dieses Axiom[3] ist ganz anders als die restlichen Zermelo-Fraenkel-Axiome. Jene beschreiben die Existenz von postulierten Mengen (z.B. der Potenzmenge im *Potenzmengenaxiom* oder der Paarmenge im *Paarmengenaxiom*) eindeutig. Das Auswahlaxiom hingegen verzichtet auf diese eindeutige Beschreibung. Oft kann man die Auswahlabbildung nicht einmal konstruktiv beschreiben. Darum ist an dem Axiom auch Kritik geübt worden und es gibt durchaus ernstzunehmende Mathematiker, die mit ihm nichts zu tun haben wollen. Ohne das Auswahlaxiom kommt man jedoch heutzutage in der Mathematik nicht mehr weit. Das folgende Beispiel zeigt, daß es schon in den Grundvorlesungen vorkommt, ohne daß dies in der Regel natürlich explizit erwähnt wird.

5.2.2 Beispiel (zur Verwendung des Auswahlaxioms) Eine Abbildung $f : \mathbb{R} \to \mathbb{R}$ heißt in $x_0 \in \mathbb{R}$ *ε-δ-stetig*, falls für alle $\varepsilon > 0$ ein $\delta > 0$ existiert mit $|f(x) - f(x_0)| < \varepsilon$ für alle $x \in \mathbb{R}$ mit $|x - x_0| < \delta$. Hingegen heißt f *folgenstetig*, falls für jede Folge $(a_n)_{n \geq 0}$, welche gegen x_0 konvergiert, die Bildfolge $(f(a_n))_{n \geq 0}$ gegen $f(x_0)$ konvergiert. Beide Begriffe sind gleichwertig. Beim Beweis der ε-δ-Stetigkeit aus der Folgenstetigkeit wird normalerweise das Auswahlaxiom verwendet. Hier ist ein solcher Beweis.

Angenommen, f sei in $x_0 \in \mathbb{R}$ folgenstetig und nicht ε-δ-stetig. Dann gibt es ein $\varepsilon > 0$, so daß für alle $\delta > 0$ ein $x \in \mathbb{R}$ mit den folgenden Eigenschaften existiert:

$$|x - x_0| < \delta \qquad\qquad |f(x) - f(x_0)| \geq \varepsilon$$

---

[3]E. Zermelo wählte eine andere, aber offensichtlich äquivalente Formulierung. Er schreibt (Mathematische Annalen, Band 59, Seite 516) „...daß das Produkt einer unendlichen Gesamtheit von Mengen, deren jede mindestens ein Element enthält, selbst von Null verschieden ist."

Wir wählen nun zu jedem $n \in \mathbb{N}$ ein δ_n als $\delta_n := \frac{1}{n+1}$. Somit gibt es zu allen $n \geq 0$ ein a_n mit $|a_n - x_0| < \frac{1}{n+1}$. Damit konvergiert die Folge $(a_n)_{n \geq 0}$ dieser Zahlen gegen x_0. Jedoch konvergiert die Bildfolge $(f(a_n))_{n \geq 0}$ nicht gegen $f(x_0)$, weil der Abstand von jedem $f(a_n)$ zu $f(x_0)$ nach der zweiten Forderung mindestens ε beträgt. Das ist ein Widerspruch zur Folgenstetigkeit.

In diesem Beweis geht das Auswahlaxiom bei der Auswahl der Folge der a_n aus den Mengen $\{x \in \mathbb{R} \mid |x - x_0| < \frac{1}{n+1}\}$ ein. Man kann nun natürlich die Frage stellen, ob es vielleicht einen anderen Beweis gibt, der ohne das Auswahlaxiom oder eine dazu äquivalente Formulierung auskommt. Die Antwort ist „nein"; eine Begründung ist im Rahmen dieser Vorlesungsausarbeitung aber nicht möglich. $\qquad\qquad\square$

Es wurde zu Beginn des 20. Jahrhunderts von einer Reihe von Mathematikern gezeigt, daß das Auswahlaxiom mit anderen wichtigen Sätzen der Mathematik, z.B. dem oben erwähnten *Wohlordnungssatz* (jede nichtleere Menge kann wohlgeordnet werden), in dem Sinne gleichwertig ist, daß mit Hilfe der restlichen Axiome der Zermelo-Fraenkel-Mengenlehre die Äquivalenz des Auswahlaxioms mit diesen Sätzen bewiesen werden kann. In vielen Lehrbüchern findet man so eine Darstellung, beispielsweise auch in dem Buch von B.A. Davey und H.A. Priestley (siehe Einleitung) und dem Buch von L. Skornjakow (zitiert in Abschnitt 2.1). Wir wählen einen direkten Weg und verwenden im Rest dieses Abschnitts Satz 5.2.1 nur zum Beweis des Wohlordnungssatzes und derjenigen zu ihm eigentlich gleichwertigen Sätze, die dann im restlichen Kapitel noch Verwendung finden. Wie man vom Wohlordnungssatz auf das Auswahlaxiom schließen kann, ist offensichtlich.

Grundlegend für das weitere Vorgehen ist der nachfolgende Satz 5.2.6, der, ohne das Auswahlaxiom zu verwenden, die Existenz von Fixpunkten unter bestimmten Voraussetzungen beweist. In seinem Beweis, welchen wir aus Gründen der Übersichtlichkeit, in einzelne Schritte aufspalten, spielen gewisse Mengen eine zentrale Rolle, die wir in der folgenden Definition einführen.

5.2.3 Definition Gegeben sei eine Ordnung $(M, \sqsubseteq)$ mit kleinstem Element O, in der jede Kette ein Supremum besitzt. Weiterhin sei eine Abbildung $f : M \to M$ vorliegend. Wir nennen eine Teilmenge T von M einen *Turm* bezüglich f in M, kurz: einen f-Turm in M, falls die folgenden drei Eigenschaften gelten:

1. $\mathsf{O} \in T$.

2. Aus $a \in T$ folgt $f(a) \in T$.

3. Ist $K \subseteq T$ eine Kette in $(M, \sqsubseteq)$, so gilt $\bigsqcup K \in T$. $\qquad\qquad\square$

Das im dritten Punkt der Definition hingeschriebene Supremum existiert nach der zweiten Voraussetzung an die Ordnung $(M, \sqsubseteq)$. Jeder f-Turm ist nichtleer, da er O enthält. Unter den gemachten Voraussetzungen an die Ordnung gibt es offensichtlich auch mindestens einen f-Turm, nämlich die gesamte Trägermenge M. Sie ist bezüglich der Inklusion von Mengen der größte f-Turm in M. Der folgende Satz zeigt, daß der Durchschnitt aller f-Türme bezüglich der Inklusion der kleinste f-Turm in M ist.

5.2.4 Satz (Kleinster f-Turm) Es seien $(M, \sqsubseteq)$ eine Ordnung, so daß ein kleinstes Element O existiert und jede Kette ein Supremum hat, und $f : M \to M$. Dann ist der Durchschnitt aller f-Türme in M wieder ein f-Turm, und somit der kleinste f-Turm in M bezüglich der Inklusion von Mengen.

Beweis: Wir definieren $D := \bigcap\{T \mid T \; f\text{-Turm in } M\}$ und haben für D die drei Bedingungen nachzuweisen, die ein f-Turm zu erfüllen hat. Daraus folgt auch sofort, daß D der kleinste f-Turm in M bezüglich der Inklusion ist.

Die Verifikation der ersten Eigenschaft von Definition 5.2.3 ist trivial. Da $\mathsf{O} \in T$ für alle f-Türme T in M gilt, liegt O auch in deren Durchschnitt, also in D.

Nun sei $a \in D$. Dann gilt $a \in T$ für alle f-Türme T in M. Folglich ist $f(a) \in T$ für alle f-Türme T in M. Dies bringt schließlich $f(a) \in D$, also die zweite Eigenschaft von Definition 5.2.3.

Auf die gleiche Weise prüft man auch die dritte Eigenschaft nach. $\square$

Die Hauptarbeit des Beweises von Satz 5.2.6 wird in dem nächsten Satz geleistet, welcher die entscheidende Eigenschaft des kleinsten f-Turms angibt.

5.2.5 Satz Unter den Voraussetzungen von Satz 5.2.4 ist der kleinste f-Turm in M eine Kette in der Ordnung $(M, \sqsubseteq)$, falls die Abbildung f expandierend ist.

Beweis: Wir betrachten den bezüglich der Inklusion von Mengen kleinsten f-Turm D in M, dessen Existenz wir in Satz 5.2.4 gezeigt haben. Aufbauend auf D definieren wir

$$A := \{a \in D \mid \forall x \in D : x \sqsubset a \Rightarrow f(x) \sqsubseteq a\}$$

und für alle Elemente $a \in A$ dieser eben definierten Menge noch die Mengen

$$B_a := \{x \in D \mid x \sqsubseteq a \vee f(a) \sqsubseteq x\}.$$

Für die so eingeführten Mengen A und $B_a, a \in A$, zeigen wir nun der Reihe nach die folgenden vier aufeinander aufbauenden Punkte.

1. Für alle $a \in A$ ist B_a ein f-Turm in M: Es sind die drei Eigenschaften von Definition 5.2.3 zu überprüfen.

   Die erste Eigenschaft $\mathsf{O} \in B_a$ ist wegen $\mathsf{O} \sqsubseteq a$ klar.

   Nun sei $x \in B_a$. Dann gilt $x \sqsubseteq a$ oder $f(a) \sqsubseteq x$. Wir spalten dies wie folgt auf.

$$
\begin{array}{llll}
x \sqsubset a & \Longrightarrow & f(x) \sqsubseteq a & \text{wegen } a \in A \text{ und } x \in D \\
 & \Longrightarrow & f(x) \in B_a & \text{Definition } B_a \\
x = a & \Longrightarrow & f(a) \sqsubseteq f(x) & \text{da } f(a) = f(x) \\
 & \Longrightarrow & f(x) \in B_a & \text{Definition } B_a \\
f(a) \sqsubseteq x & \Longrightarrow & f(a) \sqsubseteq f(x) & f \text{ ist expandierend} \\
 & \Longrightarrow & f(x) \in B_a & \text{Definition } B_a
\end{array}
$$

Damit ist die zweite Eigenschaft gezeigt.

Schließlich sei zum Beweis der dritten Eigenschaft noch $K \subseteq B_a$ eine Kette. Wir unterscheiden zwei Fälle. Gilt $x \sqsubseteq a$ für alle $x \in K$, so zieht dies $\bigsqcup K \sqsubseteq a$ nach sich, also $\bigsqcup K \in B_a$. Gibt es hingegen ein $x \in K$ mit $x \not\sqsubseteq a$, dann muß für dieses Element $f(a) \sqsubseteq x$ zutreffen, was $f(a) \sqsubseteq x \sqsubseteq \bigsqcup K$ und somit ebenfalls $\bigsqcup K \in B_a$ bringt.

2. Für alle $a \in A$ gilt $B_a = D$: Nach dem ersten Punkt sind für alle $a \in A$ die Mengen $B_a \subseteq D$ f-Türme in M. Der Rest folgt nun aus der Tatsache, daß D der kleinste f-Turm in M ist.

3. A ist ein f-Turm in M: Wir haben wiederum die drei Eigenschaften von Definition 5.2.3 zu testen.

   Die erste Eigenschaft $\mathsf{O} \in A$ trifft zu, weil die Abschätzung $x \sqsubset \mathsf{O}$ für alle Elemente $x \in D$ falsch ist.

   Zum Beweis der zweiten Eigenschaft sei $a \in A$ vorausgesetzt. Um $f(a) \in A$ zu verifizieren, setzen wir $x \in D$ mit $x \sqsubset f(a)$ beliebig voraus und zeigen $f(x) \sqsubseteq f(a)$. Wegen $x \in D = B_a$ (zweiter Punkt) gilt $x \sqsubseteq a$, denn der verbleibende Fall $f(a) \sqsubseteq x$ ist aufgrund der Annahme $x \sqsubset f(a)$ ausgeschlossen. Wir unterscheiden zwei Fälle.

$$
\begin{array}{llll}
x \sqsubset a & \Longrightarrow & f(x) \sqsubseteq a & \text{da } a \in A \text{ und } x \in D \\
& \Longrightarrow & f(x) \sqsubseteq f(a) & f \text{ ist expandierend} \\
x = a & \Longrightarrow & f(x) \sqsubseteq f(a) & \text{da } f(x) = f(a) \sqsubseteq f(a)
\end{array}
$$

Schließlich sei noch $K \subseteq A$ eine Kette. Um $\bigsqcup K \in A$ (also die dritte Eigenschaft) zu zeigen, setzen wir $x \in D$ mit $x \sqsubset \bigsqcup K$ voraus und beweisen, daß dies $f(x) \sqsubseteq \bigsqcup K$ impliziert. Wir starten mit dem oben bewiesenen zweiten Punkt wie folgt:

$$
\begin{array}{llll}
\forall a \in A : B_a = D & \Longrightarrow & \forall a \in K : B_a = D & \text{da } K \subseteq A \\
& \Longrightarrow & \forall a \in K : x \in B_a & \text{da } x \in D \\
& \Longrightarrow & \forall a \in K : x \sqsubseteq a \vee f(a) \sqsubseteq x & \text{Definition } B_a
\end{array}
$$

Nun unterscheiden wir zwei Fälle.

Es gilt $f(a) \sqsubseteq x$ für alle $a \in K$: Aufgrund der Expansionseigenschaft von f folgt daraus $a \sqsubseteq f(a) \sqsubseteq x$ für alle $a \in K$. Dies bringt $x \in \mathsf{Ma}(K)$, also $\bigsqcup K \sqsubseteq x$, was aber der Annahme $x \sqsubset \bigsqcup K$ widerspricht. Der Fall kann also nicht eintreten.

Es gibt folglich ein $a \in K$ mit $f(a) \not\sqsubseteq x$: Für dieses a muß dann, nach oben, $x \sqsubseteq a$ gelten. Nun unterscheiden wir nochmals zwei Unterfälle.

$$
\begin{array}{llll}
x \sqsubset a & \Longrightarrow & f(x) \sqsubseteq a & \text{da } a \in K \subseteq A \text{ und } x \in D \\
& \Longrightarrow & f(x) \sqsubseteq \bigsqcup K & \text{da } a \in K \\
x = a & \Longrightarrow & a \sqsubset \bigsqcup K & \text{Voraussetzung } x \sqsubset \bigsqcup K \\
& \Longrightarrow & f(x) = f(a) \sqsubseteq \bigsqcup K & \bigsqcup K \in D = B_a \text{ und } \bigsqcup K \not\sqsubseteq a
\end{array}
$$

4. $A = D$: Die Inklusion „$\subseteq$" gilt nach der Definition von A als Teilmenge von D und die Inklusion „$\supseteq$" folgt aus dem dritten Punkt und der Tatsache, daß D der kleinste f-Turm in M ist.

Nach dem vierten Punkt sind also sogar für alle $a \in D$ die Mengen B_a erklärt und nach dem zweiten Punkt sind sie alle identisch zu D.

Nun seien $a, b \in D$ beliebig gegeben. Wegen $D = B_a$ gilt dann $b \in B_a$. Dies bringt $b \sqsubseteq a$ oder $f(a) \sqsubseteq b$. Aus $f(a) \sqsubseteq b$ folgt aber $a \sqsubseteq b$ wegen der Expansionseigenschaft von f. Also gilt $b \sqsubseteq a$ oder $a \sqsubseteq b$ und damit ist schließlich D als Kette in $(M, \sqsubseteq)$ nachgewiesen. $\square$

Nun endlich können wir das eigentliche Resultat zeigen. Es geht auf N. Bourbaki zurück. Dies ist ein Pseudonym, unter dem eine Gruppe von vorwiegend französischen Mathematikern seit dem Jahr 1934 eine sich durch besondere Strenge auszeichnende Lehrbuchreihe über die Grundlagen der Mathematik erstellte.

5.2.6 Satz (Fundamentallemma von N. Bourbaki) Es sei $(M, \sqsubseteq)$ eine Ordnung, so daß ein kleinstes Element O existiert und jede Kette ein Supremum hat. Ist die Abbildung $f : M \to M$ expandierend, so besitzt sie einen Fixpunkt.

Beweis: Es bezeichne wiederum D den kleinsten f-Turm in M. Nach Satz 5.2.5 ist D eine Kette in $(M, \sqsubseteq)$. Aufgrund der Voraussetzung existiert somit $a := \bigsqcup D$. Von diesem Element zeigen wir nun, daß es ein Fixpunkt von f ist.

Die Eigenschaft $a \sqsubseteq f(a)$ folgt aus der vorausgesetzten Expansionseigenschaft von f.

Nach Satz 5.2.4 ist D ein f-Turm in M. Da D natürlich eine Kette in sich selbst ist, gilt $a = \bigsqcup D \in D$ nach der dritten Forderung an f-Türme und somit auch $f(a) \in D$ nach der zweiten Forderung an f-Türme. Aus $f(a) \in D$ folgt schließlich die noch fehlende Abschätzung $f(a) \sqsubseteq \bigsqcup D = a$. $\square$

Aufbauend auf diesen Satz beweisen wir nun das Lemma von M. Zorn und das Maximalkettenprinzip von F. Hausdorff. Verglichen mit dem eben durchgeführten Beweis des Fundamentallemmas (inklusive der vorbereitenden Sätze 5.2.4 und 5.2.5) geht dies relativ einfach. Wir beginnen mit der folgenden Variante des Lemmas von M. Zorn.

5.2.7 Satz (Variante des Lemmas von M. Zorn) Es sei $(M, \sqsubseteq)$ eine Ordnung mit kleinstem Element, in der jede Kette ein Supremum besitzt. Dann gibt es in M ein maximales Element.

Beweis: Für die Ordnung $(M, \sqsubseteq)$ gelten die Vorausetzungen des Fundamentallemmas 5.2.6. Der Beweis wird nun durch Widerspruch geführt. Angenommen, in M gibt es kein maximales Element. Wenn wir dann die Menge

$$\mathcal{M} := \{\{b \in M \mid a \sqsubset b\} \mid a \in M\}$$

von Mengen betrachten, so ist jedes Element von $\mathcal{M}$ nichtleer, weil kein Element $a \in M$ maximal ist. Aufgrund des Auswahlaxioms 5.2.1 existiert folglich eine Auswahlabbildung

f von $\mathcal{M}$ in die Vereinigung ihrer Elemente mit $f(\{b \in M \mid a \sqsubset b\}) \in \{b \in M \mid a \sqsubset b\}$, also

$$a \sqsubset f(\{b \in M \mid a \sqsubset b\}),$$

für alle $a \in M$. Nun definieren wir mit Hilfe von f eine Abbildung auf M wie folgt:

$$g : M \to M \qquad g(a) = f(\{b \in M \mid a \sqsubset b\})$$

Dann gilt $a \sqsubset g(a)$ für alle $a \in M$. Wegen dieser Eigenschaft ist die Abbildung g expandierend, kann aber auch keinen Fixpunkt haben. Dies widerspricht dem Fundamentallemma 5.2.6. □

Das nun folgende Maximalkettenprinzip ist eine relativ einfache Konsequenz der eben bewiesenen Variante des Lemmas von M. Zorn. Sein Beweis verwendet das Auswahlaxiom nicht mehr.

5.2.8 Satz (Maximalkettenprinzip von F. Hausdorff) Es sei eine Ordnung $(M, \sqsubseteq)$ gegeben. Dann ist jede Kette K von M Teilmenge einer maximalen Kette von M.

Beweis: Wir definieren zu einer vorgegebenen Kette K in $(M, \sqsubseteq)$ die folgende nichtleere Menge von Mengen:

$$\mathcal{N} := \{X \subseteq M \mid X \text{ Kette mit } K \subseteq X\}$$

Weiterhin ordnen wir $\mathcal{N}$ durch Inklusion. Dann ist K das kleinste Element von $(\mathcal{N}, \subseteq)$. Wie wir nun zeigen, besitzt in der Ordnung $(\mathcal{N}, \subseteq)$ jede Kette $\mathcal{K} \subseteq \mathcal{N}$ mit $S := \bigcup\{X \mid X \in \mathcal{K}\}$ ein Supremum.

S ist eine Kette: Es seien $a, b \in S$. Dann gibt es $X_a, X_b \in \mathcal{K}$ mit $a \in X_a$ und $b \in X_b$. Weil $\mathcal{K}$ eine Kette in $(\mathcal{N}, \subseteq)$ ist, gilt $X_a \subseteq X_b$ oder $X_b \subseteq X_a$. Falls $X_a \subseteq X_b$ zutrifft, dann folgt daraus $a, b \in X_b$ und beide Elemente sind somit nach der Ketteneigenschaft von X_b in $(M, \sqsubseteq)$ vergleichbar. Analog schließt man auch im Fall $X_b \subseteq X_a$ auf die Vergleichbarkeit von a und b.

$K \subseteq S$: Es gilt $K \subseteq X$ für alle $X \in \mathcal{K}$, also auch $K \subseteq \bigcup\{X \mid X \in \mathcal{K}\} = S$.

S ist offensichtlich als Vereinigung der Mengen von $\mathcal{K}$ auch die kleinste obere Schranke von $\mathcal{K}$ bezüglich der Inklusion von Mengen.

Folglich sind für die Ordnung $(\mathcal{N}, \subseteq)$ die Voraussetzungen des Lemmas von M. Zorn erfüllt und das somit existierende maximale Element von $\mathcal{N}$ ist eine maximale Kette in $(M, \sqsubseteq)$, die K enthält. □

Wir verwenden nun das Maximalkettenprinzip, um die Originalversion des Lemmas von M. Zorn zu beweisen. Das nachfolgende Resultat ist eigentlich K. Kuratowski zuzuschreiben, denn es wurde von ihm schon vor M. Zorn publiziert.

5.2.9 Satz (Lemma von M. Zorn, Originalform) Besitzt in einer Ordnung $(M, \sqsubseteq)$ jede Kette eine obere Schranke, so gibt es in M ein maximales Element.

Beweis: Es sei K eine nach dem Maximalkettenprinzip existierende maximale Kette in $(M, \sqsubseteq)$. Nach Annahme gibt es eine obere Schranke $a \in M$ von K.

Angenommen, a sei nicht maximal in M. Dann gibt es ein $b \in M$ mit $a \sqsubset b$. Es gilt $b \notin K$, denn $b \in K$ würde $b \sqsubseteq a$ bedeuten (weil $a \in \mathsf{Ma}(K)$). Andererseits ist, wie man leicht verifiziert, $K \cup \{b\}$ eine Kette. Dies widerspricht jedoch der Maximalität von K. $\square$

Und hier ist schließlich noch der Wohlordnungssatz, mit dessen Beweis durch E. Zermelo, wie schon im letzten Abschnitt bemerkt, die Geschichte des Auswahlaxioms eigentlich begann. Auch die Vorgeschichte des Wohlordnungssatzes ist interessant. G. Cantor hielt den Satz für ein „grundlegendes Denkgesetz", J. König glaubte 1904, den Wohlordnungssatz widerlegen zu können, aber F. Hausdorff fand einen Fehler in Königs Argumentation. E. Zermelo glückte im gleichen Jahr schließlich der Beweis, den er in Band 59 der Mathematischen Annalen publizierte. Weil dieser Beweis nicht von allen Mathematikern sofort anerkannt wurde, gab er einige Jahre später in Band 68 der Mathematischen Annalen noch einen zweiten Beweis an.

5.2.10 Satz (Wohlordnungssatz von E. Zermelo) Ist M eine nichtleere Menge, dann existiert eine Ordnungsrelation $\sqsubseteq$ auf M, so daß $(M, \sqsubseteq)$ eine Wohlordnung ist.

Beweis: Wir betrachten die folgende Menge von Paaren:

$$\mathcal{M} := \{(X, \leq_X) \mid X \subseteq M \text{ und } (X, \leq_X) \text{ ist Wohlordnung } \}$$

Wegen der einelementigen Teilmengen von M gilt $\mathcal{M} \neq \emptyset$, denn für alle $a \in M$ ist das Paar $(\{a\}, \{\langle a, a \rangle\})$ eine Wohlordnung mit $\{a\} \subseteq M$. Weiterhin ist relativ einfach nachzurechnen, daß die Menge $\mathcal{M}$ zu einer Ordnung wird, wenn wir eine Relation $\leq$ auf $\mathcal{M}$ wie folgt festlegen: Es gilt $(X, \leq_X) \leq (Y, \leq_Y)$ per Definition genau dann, wenn die folgenden drei Eigenschaften zutreffen:

$$X \subseteq Y \tag{1}$$
$$\forall a, b \in X : a \leq_X b \Rightarrow a \leq_Y b \tag{2}$$
$$\forall a \in X, b \in Y \setminus X : a <_Y b \tag{3}$$

Diese drei Eigenschaften besagen in Worten, daß entweder die Wohlordnungen $(X, \leq_X)$ und $(Y, \leq_Y)$ identisch sind, oder $(X, \leq_X)$ mit einem Anfangsstück von $(Y, \leq_Y)$ übereinstimmt und die restlichen Elemente von Y in der Ordnung echt danach kommen[4].

Wir demonstrieren nur den Beweis der Antisymmetrie: Es gelte $(X, \leq_X) \leq (Y, \leq_Y)$ und $(Y, \leq_Y) \leq (X, \leq_X)$. Aufgrund von (1) bekommen wir dann $X = Y$ und (2) zeigt die Äquivalenz von $a \leq_X b$ und $a \leq_Y b$ für alle $a, b \in X = Y$. Folglich sind die Paare $(X, \leq_X)$ und $(Y, \leq_Y)$ identisch.

Für die Ordnung $(\mathcal{M}, \leq)$ gilt die Voraussetzung der Originalversion des Lemmas von M. Zorn. Ist nämlich $\mathcal{K}$ eine Kette in $(\mathcal{M}, \leq)$, so hat diese eine obere Schranke $(K_*, \leq_*)$, wobei die Trägermenge

$$K_* := \bigcup \{X \mid (X, \leq_X) \in \mathcal{K}\}$$

---

[4]In der Literatur wird diese Relation deshalb auch Fortsetzungsordnung genannt.

die Vereinigung der Trägermengen der Kettenglieder von $\mathcal{K}$ ist und die Relation $\leq_*$ auf der Menge K_* durch die Beziehung

$$a \leq_* b \quad :\Longleftrightarrow \quad \exists\, (X, \leq_X) \in \mathcal{K} : a, b \in X \wedge a \leq_X b$$

für alle $a, b \in K_*$ festgelegt ist. Wir verifizieren zuerst durch eine Reihe von Teilbeweisen, daß das Paar $(K_*, \leq_*)$ tatsächlich in der Menge $\mathcal{M}$ liegt.

1. Die Inklusion $K_* \subseteq M$ gilt trivialerweise.

2. Das Paar $(K_*, \leq_*)$ ist eine Ordnung: Die Reflexivität gilt offensichtlich. Zum Beweis der Antisymmetrie seien $a, b \in K_*$ mit $a \leq_* b$ und $b \leq_* a$ gegeben. Also gibt es $(X, \leq_X), (Y, \leq_Y) \in \mathcal{K}$ mit den folgenden Eigenschaften:

$$a, b \in X \qquad a \leq_X b \qquad a, b \in Y \qquad b \leq_Y a$$

Gilt $(X, \leq_X) \leq (Y, \leq_Y)$, so folgen daraus $a, b \in Y$, $a \leq_Y b$ und $b \leq_Y a$, also $a = b$. Analog zeigt man $a = b$ falls $(Y, \leq_Y) \leq (X, \leq_X)$ zutrifft. Auf eine ähnliche Weise verifiziert man auch die Transitivität.

3. $(K_*, \leq_*)$ ist eine Totalordnung: Dazu seien $a, b \in K_*$ beliebig gewählt. Dann gibt es $(X, \leq_X), (Y, \leq_Y) \in \mathcal{K}$ mit $a \in X$ und $b \in Y$. Gilt $(X, \leq_X) \leq (Y, \leq_Y)$, so folgt daraus $a, b \in Y$ und beide Elemente sind bezüglich $\leq_Y$, also auch bezüglich $\leq_*$, vergleichbar; im anderen Fall $(Y, \leq_Y) \leq (X, \leq_X)$ argumentiert man analog.

4. Die Totalordnung $(K_*, \leq_*)$ ist auch Noethersch: Zum Beweis verwenden wir die Kettencharakterisierung von Noetherschsein und nehmen an, es sei eine abzählbar-unendliche Kette

$$\ldots \leq_* a_2 \leq_* a_1 \leq_* a_0$$

in der Ordnung $(K_*, \leq_*)$ vorliegend. Nach der Definition der Ordnungsrelation $\leq_*$ gibt es folglich Kettenglieder $(X_k, \leq_{X_k}) \in \mathcal{K}$, $k \in \mathbb{N}$, die zur Kette

$$\ldots \leq_{X_2} a_2 \leq_{X_1} a_1 \leq_{X_0} a_0$$

führen. Wir zeigen nun für alle $k \in \mathbb{N}$ durch Induktion, daß auch die folgenden drei Eigenschaften für die Kettenglieder zutreffen:

$$a_{k+1} \in X_0 \qquad a_k \in X_0 \qquad a_{k+1} \leq_{X_0} a_k$$

Der Induktionsbeginn $k = 0$ ist vorgegeben; man vergleiche nochmals mit oben.

Zum Induktionsschluß sei $k \neq 0$ vorausgesetzt und für $k-1$ gelte die Induktionshypothese. Damit treffen die Eigenschaften $a_{k-1+1} \in X_0$, $a_{k-1} \in X_0$ und $a_{k-1+1} \leq_{X_0} a_{k-1}$ zu, welche sich zu $a_k \in X_0$, $a_{k-1} \in X_0$ und $a_k \leq_{X_0} a_{k-1}$ vereinfachen.

Es bleiben die obigen Eigenschaften zu zeigen. Die mittlere ist eine Konsequenz der Induktionshypothese. Nach der allgemeinen Annahme gelten $a_{k+1} \in X_k$, $a_k \in X_k$ und $a_{k+1} \leq_{X_k} a_k$. Nun unterscheiden wir zwei Fälle:

Es gelte $(X_k, \leq_{X_k}) \leq (X_0, \leq_{X_0})$. Unter dieser Annahme folgen sofort $a_{k+1} \in X_0$ und $a_{k+1} \leq_{X_0} a_k$ aufgrund der Punkte (1) und (2) der Definition von $\leq$.

Nun gelte der verbleibende Fall $(X_0, \leq_{X_0}) \leq (X_k, \leq_{X_k})$. Hier ist $a_{k+1} \notin X_0$ nicht möglich, weil diese Annahme, zusammen mit $a_k \in X_0$ und Bedingung (3), die Eigenschaft $a_k <_{X_k} a_{k+1}$ impliziert – im Widerspruch zu $a_{k+1} \leq_{X_k} a_k$. Folglich haben wir $a_{k+1} \in X_0$. Auch $a_k <_{X_0} a_{k+1}$ ist nicht möglich, weil dies mit Punkt (2) wiederum zum Widerspruch $a_k <_{X_k} a_{k+1}$ führt. Somit muß $a_{k+1} \leq_{X_0} a_k$ gelten.

Aus den eben gezeigten Eigenschaften $a_{k+1} \in X_0$, $a_k \in X_0$ und $a_{k+1} \leq_{X_0} a_k$ für alle $k \in \mathbb{N}$ folgt die Existenz der abzählbar-unendlichen Kette

$$\ldots \leq_{X_0} a_2 \leq_{X_0} a_1 \leq_{X_0} a_0$$

in der Wohlordnung $(X_0, \leq_{X_0})$. Weil aber die Ordnung $(X_0, \leq_{X_0})$ nach Annahme Noethersch ist, wird diese Kette stationär. Somit wird auch die Originalkette $\ldots \leq_*$ $a_2 \leq_* a_1 \leq_* a_0$ stationär, was zu beweisen war.

Nun zeigen wir, daß die Wohlordnung $(K_*, \leq_*)$ eine obere Schranke der Kette $\mathcal{K}$ ist. Dazu sei $(X, \leq_X)$ ein beliebiges Kettenglied aus $\mathcal{K}$. Es sind die Eigenschaften $(1), (2)$ und (3) nachzuweisen:

1. Inklusion (1): $X \subseteq K_*$ gilt trivialerweise.

2. Eigenschaft (2): Es seinen $a, b \in X$ mit $a \leq_X b$ vorgegeben. Dann folgt nach Definition sofort $a \leq_* b$.

3. Eigenschaft (3): Schließlich seinen noch $a \in X$ und $b \in K_* \setminus X$ vorliegend. Wegen $b \in K_* \setminus X$ gibt es ein Kettenglied $(Y, \leq_Y)$ mit $b \in Y \setminus X$. Aus $b \in Y \setminus X$ folgt $(X, \leq_X) \leq (Y, \leq_Y)$ und dies bringt $a <_Y b$, was $a <_* b$ impliziert.

Aufgrund des Zornschen Lemmas gibt es in $(\mathcal{M}, \leq)$ ein maximales Element $(N, \leq_N)$. Insbesondere ist $(N, \leq_N)$ eine Wohlordnung mit $N \subseteq M$. Es muß aber sogar $N = M$ gelten. Sonst gäbe es nämlich ein Element $a \in M \setminus N$ und man könnte $(N, \leq_N)$ echt zu $(N', \leq_{N'})$ vergrößern, indem man a als größtes Element neu zu N hinzufügt. $\qquad \square$

Man kann in dem Fundamentallemma 5.2.6 auf das kleinste Element verzichten, wenn man statt Ketten wohlgeordnete Teilmengen betrachtet. Diese Originalversion des Lemmas wird beispielsweise im Buch von M. Erné (siehe Einleitung) bewiesen. Mit ihr kann man dann die Originalform des Lemmas von M. Zorn ohne den Umweg über die Variante und das Maximalkettenprinzip direkt aus dem Auswahlaxiom herleiten. Diese Originalform wird heutzutage, wie auch von uns, in der Regel zum Beweis des Wohlordnungssatzes herangezogen. E. Zermelo bezog sich hingegen noch direkt auf das Auswahlaxiom.

5.3   Fixpunkte von Abbildungen auf CPOs

Die in den Sätzen 5.2.6 und 5.2.7 vorausgesetzten Ordnungen $(M, \sqsubseteq)$, welche ein kleinstes Element besitzen und in denen jede Kette ein Supremum hat, stellen eine Abschwächung der vollständigen Verbände dar, denn jeder vollständige Verband erfüllt offensichtlich diese Eigenschaften. Sie haben in den letzten Jahren stark an Bedeutung gewonnen. Dies gilt insbesondere für die Informatik, wo sie mittlerweile die ordnungstheoretische Grundlage der sogenannten denotationellen Semantik darstellen. Den Namen dieser speziellen Ordnungen haben wir früher auch schon erwähnt, nämlich vor dem Fixpunktsatz von B. Knaster, A. Tarski und S. Kleene. Hier ist nun sozusagen die „offizielle" Namensgebung.

5.3.1 Definition Eine Ordnung $(M, \sqsubseteq)$ heißt eine *CPO* (nach „complete partial order"), wenn sie ein kleinstes Element besitzt und jede Kette ein Supremum hat. $\qquad\square$

Bei CPOs wird das kleinste Element üblicherweise mit dem Symbol $\perp$ (Sprechweise: Bottom) bezeichnet. Wir bleiben jedoch im folgenden beim bisher verwendeten Symbol O. Unter Verwendung des neuen Begriffs lautet das Fundamentallemma wie folgt: *Expandierende Abbildungen auf CPOs besitzen Fixpunkte.* Auch die Variante des Lemmas von M. Zorn kann man nun prägnanter formulieren: *Jede CPO besitzt ein maximales Element.* Im Hinblick auf Anwendungen ist die Existenz von kleinsten Fixpunkten von Abbildungen auf CPOs von besonderer Bedeutung. Sie werden beispielsweise bei der denotationellen Semantik von Programmiersprachen verwendet, um die Semantik von Schleifen und rekursiven Programmen zu erklären. Wir werden das im nächsten Kapitel zeigen. Die Eigenschaft, welche dabei für die verwendeten Abbildungen in natürlicher Weise immer vorausgesetzt werden kann, ist Monotonie. In der Regel liegt sogar $\sqcup$-Stetigkeit vor, wenn man die Definition 3.1.4.1 für vollständige Verbände direkt auf CPOs überträgt. In diesem Fall kann man auch den Beweis der ersten Gleichung des Fixpunktsatzes von B. Knaster, A. Tarski und S. Kleene wörtlich übernehmen. Dies bringt:

5.3.2 Satz (Fixpunkte bei CPOs, stetiger Fall) Ist $f : M \to M$ eine $\sqcup$-stetige Abbildung auf einer CPO $(M, \sqsubseteq)$, so ist $\mu_f := \bigsqcup_{i \geq 0} f^i(O)$ ihr kleinster Fixpunkt. $\qquad\square$

Auch monotone Abbildungen f auf CPOs haben kleinste Fixpunkte. Hier kann man jedoch den verbandstheoretischen Beweis von Satz 3.1.1.1 nicht übernehmen, da sich jener auf das Infimum der von f kontrahierten Elemente bezieht, welches in CPOs jedoch nicht existieren muß. Stattdessen kommt die beim Beweis des Fundamentallemmas verwendete Konstruktion des kleinsten f-Turms in Kombination mit dem Lemma von M. Zorn (genauer: dessen Variante) und dem Maximalkettenprinzip zum Einsatz. Wir bereiten den Beweis des Fixpunktsatzes für monotone Abbildungen auf CPOs etwas vor.

5.3.3 Satz Es sei $f : M \to M$ eine monotone Abbildung auf einer CPO $(M, \sqsubseteq)$, Dann ist die Menge der von f expandierten Elemente von M ein f-Turm in M.

Beweis: Wir haben für $E := \{x \in M \mid x \sqsubseteq f(x)\}$ die drei Eigenschaften von Definition 5.2.3 nachzuweisen.

1. Offensichtlich gilt die erste Eigenschaft $O \in E$ von Definition 5.2.3

2. Aus $x \sqsubseteq f(x)$ folgt $f(x) \sqsubseteq f(f(x))$ aufgrund der Monotonie, so daß $x \in E$ impliziert $f(x) \in E$. Dies ist die zweite Eigenschaft.

3. Zum Beweis der dritten Eigenschaft sei $K \subseteq E$ eine Kette. Weil f monoton ist, gilt $f(a) \sqsubseteq f(\bigsqcup K)$ für alle $a \in K$ und folglich $\bigsqcup\{f(a) \mid a \in K\} \sqsubseteq f(\bigsqcup K)$. Diese Abschätzung wenden wir nun an und bekommen für alle $x \in K$

$$
\begin{aligned}
x \;\; &\sqsubseteq \;\; f(x) && \text{da } K \subseteq E \\
&\sqsubseteq \;\; \textstyle\bigsqcup\{f(a) \mid a \in K\} \\
&\sqsubseteq \;\; f(\textstyle\bigsqcup K) && \text{eben gezeigt,}
\end{aligned}
$$

was $\bigsqcup K \sqsubseteq f(\bigsqcup K)$ impliziert. Letzteres heißt aber genau $\bigsqcup K \in E$.   □

Und hier ist nun der angekündigte Fixpunktsatz, der die Existenz eines kleinsten Fixpunktes im Fall von monotonen Abbilungen angibt.

5.3.4 Satz (Fixpunkte bei CPOs, monotoner Fall) Es sei $f : M \to M$ eine monotone Abbildung auf einer CPO $(M, \sqsubseteq)$ und D der kleinste f-Turm. Dann hat D ein größtes Element, und dieses ist der kleinste Fixpunkt μ_f von f.

Beweis: Nach der ersten und dritten Eigenschaft von f-Türmen ist die durch D induzierte Ordnung $(D, \sqsubseteq)$ auch eine CPO[5] und hat damit (nach der oben prägnant formulierten Variante des Lemmas von M. Zorn) mindestens ein maximales Element. Wir zeigen nun die folgenden zwei Eigenschaften:

1. Jedes maximale Element $a \in D$ ist ein Fixpunkt von f: Nach Satz 5.3.3 gilt, mit E als der Menge der von f expandierten Elemente, die Beziehung $a \in D \subseteq E$, also insbesondere $a \sqsubseteq f(a)$. Aus $a \in D$ folgt aber auch $f(a) \in D$ und dies bringt, zusammen mit $a \sqsubseteq f(a)$ und der Maximalität von a in D, die Gleichheit $a = f(a)$.

2. Für jeden Fixpunkt $a \in M$ von f ist die Menge $\mathsf{Mi}(a)$ ein f-Turm.

   Klar ist wiederum die erste Eigenschaft $\mathsf{O} \in \mathsf{Mi}(a)$.

   Gilt $x \sqsubseteq a$, so auch $f(x) \sqsubseteq f(a) = a$ aufgrund der Monotonie von f und der Fixpunkteigenschaft von a. Folglich trifft auch die zweite Eigenschaft zu.

   Zum Beweis der dritten Eigenschaft sei $K \subseteq \mathsf{Mi}(a)$ eine Kette. Dann gilt offensichtlich $\bigsqcup K \sqsubseteq a$, also $\bigsqcup K \in \mathsf{Mi}(a)$.

Nun seien $a, b \in D$ maximale Elemente. Nach dem ersten Punkt sind beide Fixpunkte und nach dem zweiten Punkt bekommen wir deswegen $a \in D \subseteq \mathsf{Mi}(b)$ und $b \in D \subseteq \mathsf{Mi}(a)$. Dies zeigt die Eindeutigkeit des maximalen Elements.

Das einzige maximale Element von D, nennen wir es a, ist auch das größte Element von D. Jedes Element $b \in D$ bildet nämlich eine Kette $\{b\}$ in der Ordnung $(D, \sqsubseteq)$ und diese Kette ist, nach dem Maximalkettenprinzip 5.2.8, in einer maximalen Kette K von $(D, \sqsubseteq)$

---

[5]Weil für jede Kette K in D gilt $\bigsqcup K \in D$, ist das Supremum von K in $(M, \sqsubseteq)$ offensichtlich gleich dem Supremum von K in $(D, \sqsubseteq)$ und wir brauchen deshalb zwischen beiden Suprema bezeichnungsmäßig nicht zu unterscheiden. Die vorliegende Situation wird formalisiert durch den analog zu den Verbänden definierten Begriff einer *Unter-CPO*, auf den wir aber nicht weiter eingehen wollen.

enthalten. Es muß $\bigsqcup K$ in D maximal sein, denn sonst könnte man die Kette K in $(D, \sqsubseteq)$ um ein echt über $\bigsqcup K$ liegendes Element vergrößern. Folglich gilt also $\bigsqcup K = a$ und dies zeigt $b \sqsubseteq \bigsqcup K = a$.

Ist schließlich $c \in M$ ein weiterer Fixpunkt von f, so gilt für das eindeutige maximale Element $a \in D$ nach dem zweiten Punkt $a \in D \subseteq \mathsf{Mi}(c)$, was $a \sqsubseteq c$ impliziert. Also ist a der kleinste Fixpunkt. $\square$

Man beachte, daß wir im letzten Beweis nirgends verwendet haben, daß der kleinste f-Turm eine Kette ist. Diese Eigenschaft gilt zwar für alle expandierenden Abbildungen f auf CPOs, aber aus der Monotonie von f kann man nicht auf die Expansionseigenschaft von f schließen.

Im Buch von B.A. Davey und H.A. Priestley findet man einen Beweis des eben präsentierten Fixpunktsatzes, der ebenfalls das Fundamentallemma von N. Bourbaki verwendet, nicht aber das Auswahlaxiom. Die Idee ist, die Menge der Elemente zu betrachten, die von f expandiert werden und eine untere Schranke der Fixpunktmenge von f bilden, und dann nachzuweisen, daß sie ein f-Turm ist. Man erreicht damit jedoch nicht die schöne prägnante Formulierung „der kleinste f-Turm besitzt ein größtes Element und dieses ist der kleinste Fixpunkt von f" von Satz 5.3.4.

Mit Hilfe des eben bewiesenen Fixpunktsatzes kann man nun sehr elegant zeigen, daß für alle monotonen Abbildungen auf CPOs das Prinzip der Berechnungsinduktion (welches wir in Satz 3.3.2 schon für vollständige Verbände formulierten) gilt, wenn man den Begriff des zulässigen Prädikats in offensichtlicher Weise auf CPOs überträgt. Hier ist das entsprechende Resultat.

5.3.5 Satz (Berechnungsinduktion auf CPOs) Gegeben seien eine CPO $(M, \sqsubseteq)$, eine monotone Abbildung $f : M \to M$ und ein zulässiges Prädikat P auf M. Dann folgt aus

(1) $P(\mathsf{O})$ (Induktionsbeginn)

(2) $\forall\, a \in M : P(a) \Rightarrow P(f(a))$ (Induktionsschluß)

die Eigenschaft $P(\mu_f)$.

Beweis: Wir betrachten die Menge $N := \{a \in M \mid P(a) \text{ gilt}\}$. Dann ist, unter den Voraussetzungen (1), (2) und der Zulässigkeit von P, die Menge N ein f-Turm in M. Der Induktionsbeginn zeigt $\mathsf{O} \in N$, der Induktionsschluß entspricht genau der zweiten Bedingung von Definition 5.2.3 und die Zulässigkeit von P entspricht genau der dritten Bedingung von Definition 5.2.3.

Da nach Satz 5.3.4 der kleinste Fixpunkt μ_f von f das größte Element des kleinsten f-Turms D ist, gilt $\mu_f \in D \subseteq N$ und somit auch $P(\mu_f)$. $\square$

Weil vollständige Verbände insbesondere CPOs sind, gilt nach diesem Satz das Prinzip der Berechnungsinduktion bei vollständigen Verbänden auch schon im Fall von monotonen Abbildungen, wie wir schon am Ende von Abschnitt 3.3 angemerkt hatten. Weiterhin ist auch bei monotonen Abbildungen $f : M \to M$ auf CPOs $(M, \sqsubseteq)$ für alle $a \in M$ die bei vollständigen Verbänden offensichtlich erlaubte Schlußweise „$f(a) \sqsubseteq a$ impliziert $\mu_f \sqsubseteq a$" (erste Induktionsregel, siehe Abschnitt 3.1) zulässig. Sie wird in der Informatik-Literatur manchmal das Lemma von D. Park (oder die Park'sche Regel) genannt und kann sehr einfach mittels der Berechnungsinduktion 5.3.5 bewiesen werden.

Es sollte an dieser Stelle auch noch bemerkt werden, daß bei monotonen Abbildungen f, die nicht $\sqcup$-stetig sind, das Supremum der Iteration $\bigsqcup_{i \geq 0} f^i(\mathsf{O})$ des stetigen Falls sowohl bei den Verbänden als auch bei den CPOs echt unter dem kleinsten Fixpunkt liegen kann. Der Leser sei hierzu etwa auf Abschnitt 6.3 des Buchs von G. Schmidt und T. Ströhlein verwiesen, wo diese Situation anhand des Unterschieds zwischen den graphentheoretischen Begriffen „progressiv-finit" und „progressiv-endlich" herausgearbeitet wird.

5.4 Darstellung unendlicher Boolescher Verbände

Nachdem wir in den vergangenen drei Abschnitten dieses Kapitels das Thema Verbände ziemlich verlassen hatten, kehren wir nun wieder zu ihm zurück und widmen uns dem Darstellungsproblem für den allgemeinen (also auch nichtendlichen) Fall. Bei Booleschen Verbänden haben wir hier schon in Abschnitt 2.3 als Verallgemeinerung des Hauptsatzes 2.3.9 den Darstellungssatz 2.3.15 von M.H. Stone formuliert, aber noch nicht bewiesen. Nun haben wir die Mittel der Mengenlehre zur Hand, den Beweis zu erbringen. Wir erinnern an den Begriff eines Ideals, den wir bei den Vervollständigungen eingeführt haben. Spezielle Ideale werden beim Beweis des Darstellungssatzes eine entscheidende Rolle spielen. Diese werden in der folgenden Definition eingeführt.

5.4.1 Definition Es sei $(V, \sqcup, \sqcap)$ ein Verband. Dann heißt ein Ideal $I \subseteq V$ ein ...

- ... *echtes Ideal*, falls es ungleich V ist,

- ... *maximales Ideal*, falls es ein echtes Ideal ist und V das einzige Ideal ist, das I echt enthält,

- ... *Primideal*, falls es ein echtes Ideal ist und für alle $a, b \in V$ aus $a \sqcap b \in I$ folgt $a \in I$ oder $b \in I$.

Mit $\mathcal{I}_M(V)$ bezeichnen wir die *Menge aller maximalen Ideale* von V und mit $\mathcal{I}_P(V)$ die *Menge aller Primideale* von V. $\qquad\square$

Die Menge $\mathcal{I}_M(V)$ besteht also genau aus den maximalen Elementen von $\mathcal{I}(V) \setminus \{V\}$ bezüglich der Mengeninklusion als Ordnung. Schon daran sieht man, daß die eben eingeführten Ideale nicht immer existieren müssen.

5.4.2 Beispiel (für maximale Ideale und Primideale) Wir betrachten noch einmal die Idealmenge des Verbands $V_{\neg M}$. Wegen Beispiel 4.3.10 wissen wir:

$$\mathcal{I}(V_{\neg M}) = \{\{\bot\}, \{\bot, a\}, \{\bot, b\}, \{\bot, a, c\}, V_{\neg M}\}$$

Die dort angegebene Abbildung 4.2 liefert auch sofort $\{\bot, a, c\}$ und $\{\bot, b\}$ als einzige maximale Ideale. Diese Ideale sind auch Primideale. Hingegen ist $\{\bot, a\}$ kein Primideal. Für $b, c \in V_{\neg M}$ gilt zwar $\bot = b \sqcap c \in \{\bot, a\}$, aber weder $b \in \{\bot, a\}$ noch $c \in \{\bot, a\}$. $\quad\square$

Es besteht eine gewisse Ähnlichkeit der Definition der Primideale mit der Definition der $\sqcup$-irreduziblen Elemente. Und in der Tat werden beim Beweis des Darstellungssatzes von M.H. Stone die Primideale die Rolle der $\sqcup$-irreduziblen Elemente im Beweis des Darstellungssatzes von G. Birkhoff für endliche distributive Verbände übernehmen.

Bei allgemeinen Verbänden besteht zwischen maximalen Idealen und Primidealen keinerlei Inklusionsbeziehung; bei distributiven Verbänden mit L ist hingegen jedes maximale Ideal auch ein Primideal und bei Booleschen Verbänden gilt sogar noch die Umkehrung dieser Beziehung, also die Gleichheit $\mathcal{I}_M(V) = \mathcal{I}_P(V)$. Dies wird nachfolgend gezeigt. Wir beginnen mit der erstgenannten Inklusion.

5.4.3 Satz Gegeben sei ein distributiver Verband $(V, \sqcup, \sqcap)$ mit einem größten Element L. Dann gilt die Inklusion $\mathcal{I}_M(V) \subseteq \mathcal{I}_P(V)$.

Beweis: Es sei I ein maximales Ideal. Weiterhin seien $a, b \in V$ mit $a \sqcap b \in I$ beliebig vorgegeben.

Ist a in I, so sind wir fertig; ist a hingegen nicht in I, so haben wir $b \in I$ nachzuweisen. Letzteres wird nachfolgend demonstriert. Wir betrachten dazu zu $a \notin I$ die Menge

$$J := \{x \in V \,|\, \exists c \in I : x \sqsubseteq c \sqcup a\}.$$

Die nachfolgenden Punkte zeigen, daß J ein Ideal ist, welches I und a enthält:

1. J ist ein Ideal: Es seien $x, y \in J$. Also gibt es $c, d \in I$ mit $x \sqsubseteq c \sqcup a$ und $y \sqsubseteq d \sqcup a$. Dies bringt $x \sqcup y \sqsubseteq c \sqcup d \sqcup a$ und damit $x \sqcup y \in J$, denn es ist ja $c \sqcup d \in I$.

   Nun seien $x \in J$ und $y \in V$. Hier gibt es $c \in I$ mit $x \sqsubseteq c \sqcup a$. Daraus folgt

$$
\begin{aligned}
x \sqcap y \;&\sqsubseteq\; (c \sqcup a) \sqcap y && \text{siehe oben} \\
&=\; (c \sqcap y) \sqcup (a \sqcap y) && \text{Distributivität} \\
&\sqsubseteq\; (c \sqcap y) \sqcup a
\end{aligned}
$$

   und dies bringt $x \sqcap y \in J$ weil $c \sqcap y \in I$.

2. $I \subseteq J$: Dies folgt aus $x \sqsubseteq x \sqcup a$ für alle $x \in I$.

3. $a \in J$: Hier verwendet man $a \sqsubseteq O \sqcup a$ und $O \in I$.

Wegen $a \notin I$ und $a \in J$ zeigt $I \subseteq J$ sogar $I \subset J$ und aus der Maximalität von I folgt nun $J = V$. Dies bringt $L \in J$. Nach der Definition von J gibt es also ein $c \in I$ mit $L \sqsubseteq c \sqcup a$, also $L = c \sqcup a$. Daraus folgt:

$$
\begin{aligned}
c \sqcup b \;&=\; L \sqcap (c \sqcup b) \\
&=\; (c \sqcup a) \sqcap (c \sqcup b) \\
&=\; c \sqcup (a \sqcap b) && \text{Distributivität} \\
&\in\; I && \text{da } c \in I \text{ und } a \sqcap b \in I
\end{aligned}
$$

Wegen $b \sqsubseteq c \sqcup b$ folgt somit nach der Abgeschlossenheit von Idealen nach unten $b \in I$ wie gewünscht. □

Boolesche Verbände haben ein größtes Element. Aufgrund von Satz 5.4.3 genügt es daher, beim Beweis des folgenden Satzes nur mehr die Inklusion „$\supseteq$" zu verifizieren. Es sollte noch erwähnt werden, daß für den Beweis des Darstellungssatzes der Satz 5.4.3 bereits genügt. Satz 5.4.4 hat aber wegen seiner schärferen Aussage natürlich auch seine eigene Bedeutung und auch zahlreiche Anwendungen, auf die wir aber nicht eingehen können.

5.4.4 Satz Ist $(V, \sqcup, \sqcap, \overline{})$ ein Boolescher Verband, so haben wir $\mathcal{I}_M(V) = \mathcal{I}_P(V)$.

Beweis:　Es sei I ein Primideal von V. Um zu zeigen, daß I auch ein maximales Ideal von V ist, verwenden wir, daß für alle $a \in V$ die folgende Beziehung zutrifft:

$$a \in I \quad \Longleftrightarrow \quad \overline{a} \notin I \tag{$*$}$$

Da I ein Primideal ist, muß $a \in I$ oder $\overline{a} \in I$ gelten, denn wir haben ja $a \sqcap \overline{a} = \mathsf{O} \in I$. Weil Primideale echte Ideale sind, können aber $a \in I$ und $\overline{a} \in I$ gleichzeitig nicht gelten (sonst wäre ja L in I). Damit ist $(*)$ bewiesen.

Nun sei J ein weiteres Ideal mit $I \subset J$. Wir wählen $\overline{\overline{a}} = a \in J \setminus I$ und bekommen, nach $(*)$, daß $\overline{a} \in I$. Insgesamt haben wir also $a \in J$ und $\overline{a} \in I \subseteq J$, so daß $\mathsf{L} = a \sqcup \overline{a} \in J$. Dies bringt $J = V$ und somit ist I als maximal nachgewiesen. □

Das folgende wichtige Resultat, genannt *Primideal-Theorem* (für Boolesche Verbände), zeigt im Fall von Booleschen Verbänden die Existenz gewisser Primideale auf. Es ist der Schlüssel zum späteren Beweis des Darstellungssatzes und auch genau die Stelle, wo das Auswahlaxiom in Form des Lemmas von M. Zorn gebraucht wird. Solche Primideal-Theoreme sind übrigens bei Darstellungsfragen und auch sonst in vielen anderen algebraischen Bereichen von sehr großer Bedeutung.

5.4.5 Satz (Primideal-Theorem für Boolesche Verbände) Es sei $(V, \sqcup, \sqcap, \overline{})$ ein Boolescher Verband und $I \subset V$ ein echtes Ideal. Dann gibt es ein Primideal $J \in \mathcal{I}_P(V)$ mit $I \subseteq J$.

Beweis:　Wir betrachten die Menge der echten Ideale von V, die I umfassen, d.h.:

$$\mathcal{M} := \{J \in \mathcal{I}(V) \mid I \subseteq J \wedge J \neq V\}$$

Wegen $I \in \mathcal{M}$ gilt $\mathcal{M} \neq \emptyset$ und es ist $(\mathcal{M}, \subseteq)$ offensichtlich eine Ordnung.

Nun zeigen wir, daß $\mathcal{M}$ die Voraussetzung der Originalform des Lemmas von M. Zorn erfüllt. Es sei also $\mathcal{K} \subseteq \mathcal{M}$ eine Kette in $(\mathcal{M}, \subseteq)$. Wir definieren

$$K := \bigcup \{X \mid X \in \mathcal{K}\}$$

und zeigen, daß K eine obere Schranke von $\mathcal{K}$ bezüglich der Inklusion in $\mathcal{M}$ ist. Dazu ist nur zu verifizieren, daß $K \in \mathcal{M}$ gilt (denn damit wird die Vereinigung sogar zum Supremum von $\mathcal{K}$ bezüglich der Inklusion). Das geschieht in den folgenden Punkten:

1. $I \subseteq K$: Nach Definition gilt $I \subseteq X$ für alle $X \in \mathcal{K}$, also auch die Inklusion $I \subseteq \bigcup \{X \mid X \in \mathcal{K}\} = K$.

2. $K \neq V$: Aus $K = V$ würde folgen, daß es ein $X \in \mathcal{K}$ mit $\mathsf{L} \in X$ gibt. Dies resultiert aber in dem Widerspruch $X = V$ (Primideale sind echte Ideale).

3. $a, b \in K$ impliziert $a \sqcup b \in K$: Wegen $a, b \in K$ gibt es $X_a \in \mathcal{K}$ mit $a \in X_a$ und $X_b \in \mathcal{K}$ mit $b \in X_b$. Es gilt $X_a \subseteq X_b$ oder $X_b \subseteq X_a$, denn $\mathcal{K}$ ist eine Kette. Im ersten Fall haben wir $a, b \in X_b$, also $a \sqcup b \in X_b$ wegen der Idealeigenschaft von X_b, also $a \sqcup b \in K$, im zweiten Fall folgt $a \sqcup b \in K$ in analoger Weise.

4. $a \in K, b \in V$ impliziert $a \sqcap b \in K$: Wiederum gibt es ein $X_a \in \mathcal{K}$ mit $a \in X_a$. Die Idealeigenschaft von X_a zeigt $a \sqcap b \in X_a \subseteq K$.

Nach dem Lemma von M. Zorn gibt es in $(\mathcal{M}, \subseteq)$ ein maximales Element, also ein maximales Ideal J, welches I umfaßt. Nach Satz 5.4.4 ist J ein Primideal. $\qquad\square$

Bevor wir den Darstellungssatz nun endlich beweisen können, brauchen wir noch ein kleines Hilfsresultat. Es sieht zwar bescheiden aus, benutzt aber das Primideal-Theorem an entscheidender Stelle.

5.4.6 Satz Es seien $a, b \in V$ zwei verschiedene Elemente eines Booleschen Verbands $(V, \sqcup, \sqcap, {}^{-})$. Dann gibt es ein Primideal $J \in \mathcal{I}_P(V)$, welches entweder a oder b enthält, aber nicht beide Elemente.

Beweis: Aus $a \neq b$ folgt $a \not\sqsubseteq b$ oder $b \not\sqsubseteq a$, denn die Gültigkeit von $a \sqsubseteq b$ und $b \sqsubseteq a$ würde $a = b$ implizieren.

Es gelte o.B.d.A. $a \not\sqsubseteq b$. Dann folgt daraus $\overline{a} \sqcup b \neq \mathsf{L}$. Wir betrachten nun das Hauptideal $(\overline{a} \sqcup b)$, welches ein echtes Ideal ist, da es L nicht enthält. Nach dem Primideal-Theorem 5.4.5 gibt es ein Primideal $J \in \mathcal{I}_P(V)$ mit $(\overline{a} \sqcup b) \subseteq J$.

Wegen $b \sqsubseteq \overline{a} \sqcup b$ gilt $b \in (\overline{a} \sqcup b) \subseteq J$. Hingegen kann $a \in J$ nicht gelten. Aufgrund von $\overline{a} \sqsubseteq \overline{a} \sqcup b$ gilt nämlich $\overline{a} \in (\overline{a} \sqcup b) \subseteq J$. Aus $a \in J$ und $\overline{a} \in J$ würde nun $\mathsf{L} = a \sqcup \overline{a} \in J$ (erste Idealbedingung) impliziert und folglich $V = J$ (Abgeschlossenheit nach unten) gelten. Das wäre ein Widerspruch zur Tatsache, daß Primideale echte Ideale sind. $\qquad\square$

Einfache Umformungen zeigen, daß $J \in \mathcal{I}_P(V)$ entweder a oder b aber nicht beide zugleich genau dann enthält, wenn $a \in J$ und $b \notin J$ äquivalent sind. Man kann damit den Satz 5.4.6 kurz so formulieren: Zwei verschiedene Elemente eines Booleschen Verbands können immer durch ein Primideal getrennt werden. Und hier ist nun mit dem Stone'schen Satz und seinem Beweis das Hauptresultat dieses Abschnitts. Im Vergleich zur früheren Version ist zwar die Formulierung des Satzes etwas geändert, die Aussage bleibt aber die gleiche.

5.4.7 Satz (Darstellungssatz von M.H. Stone) Gegeben sei ein Boolescher Verband $(V, \sqcup, \sqcap, {}^{-})$. Dann gibt es einen Mengenkörper, der zu ihm (mittels eines Booleschen Verbandsisomorphismus) isomorph ist.

Beweis: Wir betrachten die folgende Abbildung von V in die Potenzmenge der Primideale von V, welche einem Element die Primideale zuordnet, die es nicht enthalten:

$$f : V \to 2^{\mathcal{I}_P(V)} \qquad f(a) = \{I \in \mathcal{I}_P(V) \mid a \notin I\}$$

Diese Abbildung ist injektiv: Es seien $a, b \in V$. Dann haben wir:

$$
\begin{aligned}
f(a) = f(b) &\iff \{I \in \mathcal{I}_P(V) \mid a \notin I\} = \{I \in \mathcal{I}_P(V) \mid b \notin I\} \qquad \text{Definition } f \\
&\iff \forall I \in \mathcal{I}_P(V) : a \notin I \iff b \notin I \\
&\iff \forall I \in \mathcal{I}_P(V) : a \in I \iff b \in I
\end{aligned}
$$

Nach Satz 5.4.6 folgt aus der letzten Zeile dieser Rechnung $a = b$, denn $a \neq b$ würde dem Satz widersprechen. Wir haben nun für alle $a, b \in V$ die folgenden drei Gleichungen:

1. $f(a \sqcup b) = f(a) \cup f(b)$: Zum Beweis von „$\subseteq$" sei $I \in f(a \sqcup b)$, also I ein Primideal mit $a \sqcup b \notin I$. Dann gilt $a \notin I$ oder $b \notin I$, denn $a \in I$ und $b \in I$ würden $a \sqcup b \in I$ implizieren. Folglich haben wir $I \in f(a)$ oder $I \in f(b)$, also $I \in f(a) \cup f(b)$. Um „$\supseteq$" nachzuweisen, gelte nun $I \in f(a) \cup f(b)$, d.h. I ist ein Primideal mit $a \notin I$ oder $b \notin I$. Falls $a \notin I$, dann gilt auch $a \sqcup b \notin I$, denn $a \sqcup b \in I$ und $a \sqsubseteq a \sqcup b \in I$ würden den Widerspruch $a \in I$ bringen. Analog zeigt man auch im Fall $b \notin I$, daß $a \sqcup b \notin I$ zutrifft. Insgesamt haben wir also $I \in f(a \sqcup b)$.

2. $f(a \sqcap b) = f(a) \cap f(b)$: Gilt $I \in f(a \sqcap b)$ für das Primideal I, so impliziert dies $a \sqcap b \notin I$, also $a \notin I$ und $b \notin I$, was „$\subseteq$" zeigt. Umgekehrt folgen $a \notin I$ und $b \notin I$ aus $I \in f(a) \cap f(b)$, was $a \sqcap b \notin I$ wegen der Primidealeigenschaft von I nach sich zieht. Dies bringt die noch fehlende Inklusion „$\supseteq$".

3. $f(\overline{a}) = \overline{f(a)}$: Es sei $a \in V$. Dann gilt für alle Primideale I, daß

$$
\begin{aligned}
I \in f(\overline{a}) &\iff \overline{a} \notin I && \text{Definition } f \\
&\iff a \in I && (*) \text{ im Beweis von Satz 5.4.4} \\
&\iff I \notin f(a) && \text{Definition } f \\
&\iff I \in \overline{f(a)}.
\end{aligned}
$$

Wenn also mit $\mathcal{R} := \{f(a) \mid a \in V\}$ das Bild der Trägermenge V unter der Abbildung f bezeichnet wird, dann ist $\mathcal{R}$ nach diesen drei Gleichungen ein Mengenkörper im Potenzmengenverband $(2^{\mathcal{I}_P(V)}, \cup, \cap, \overline{})$. Für $A = f(a) \in \mathcal{R}$ und $B = f(b) \in \mathcal{R}$ gilt nämlich $A \cup B = f(a) \cup f(b) = f(a \sqcup b) \in \mathcal{R}$ und analog zeigt man $A \cap B \in \mathcal{R}$ und $\overline{A} \in \mathcal{R}$.

Die Injektivität von f in Verbindung mit den obigen Gleichungen zeigt schließlich die Isomorphie des Booleschen Verbands $(V, \sqcup, \sqcap, \overline{})$ mit dem Mengenkörper $(\mathcal{R}, \cup, \cap, \overline{})$ vermöge des Booleschen Verbandsisomorphismus $g : V \to \mathcal{R}$, welcher definiert ist mittels $g(a) = f(a)$. $\qquad \square$

Bei dem durch die Bildmenge der Abbildung f definierten Mengenkörper des Darstellungssatzes 5.4.7 muß es sich (natürlich nur im unendlichen Fall) nicht immer um einen Potenzmengenverband handeln. Dies wird in dem folgenden Beispiel gezeigt.

5.4.8 Beispiel (zum Satz von M.H. Stone) Wir betrachten die folgende Teilmenge der Potenzmenge der natürlichen Zahlen (deren Elemente finit-kofinit genannt werden):

$$\mathcal{M} := \{X \subseteq \mathbb{N} \mid X \text{ endlich oder } \mathbb{N} \setminus X \text{ endlich}\}$$

Es kann leicht durch eine Reihe von Fallunterscheidungen gezeigt werden, daß mit $X, Y \in \mathcal{M}$ auch $X \cup Y \in \mathcal{M}$, $X \cap Y \in \mathcal{M}$ und $\overline{X} \in \mathcal{M}$ gelten, also die Struktur $(\mathcal{M}, \cup, \cap, \overline{})$ als Mengenkörper ein Boolescher Verband (genauer: ein Boolescher Unterverband des Potenzmengenverbands $(2^{\mathbb{N}}, \cup, \cap)$) ist.

Dieser Verband ist jedoch nicht vollständig. Dazu betrachten wir zu $n \in \mathbb{N}$ die folgende Menge X_n von $\mathcal{M}$, die aus $\mathbb{N}$ entsteht, indem man die ersten n geraden Zahlen entfernt (was zu einem endlichen Komplement $\mathbb{N} \setminus X_n$ führt).

$$X_n = \mathbb{N} \setminus \{2, 4, 6, \ldots, 2 * n\}$$

Es gilt $X_0 \supseteq X_1 \supseteq \ldots$ und offensichtlich besteht das Infimum $\bigcap\{X_n \mid n \in \mathbb{N}\}$ dieser Kette genau aus den ungeraden natürlichen Zahlen. Weder diese Menge noch ihr Komplement (die geraden natürlichen Zahlen) ist endlich und damit ist das Infimum $\bigcap\{X_n \mid n \in \mathbb{N}\}$ der Teilmenge $\{X_n \mid n \in \mathbb{N}\}$ von $\mathcal{M}$ nicht aus $\mathcal{M}$.

Als eine Konsequenz kann der Boolesche Verband $(\mathcal{M}, \cup, \cap, \overline{})$ nicht isomorph zu einem Potenzmengenverband sein, da solch ein Verband immer vollständig ist. $\square$

Zum Schluß des Abschnitts ist noch eine Bemerkung zum Beweis des Darstellungssatzes 5.4.7 angebracht. Dem Leser ist sicherlich aufgefallen, daß man den Beweis „stromlinienförmiger" formulieren könnte, wenn man nur mit maximalen Idealen arbeiten würde. Damit kann man Primideale einsparen und auch auf Satz 5.4.4 verzichten. Wir haben den Ansatz über die Primideale gewählt, weil er sich auf die allgemeinere Klasse der distributiven Verbände übertragen läßt. Der Isomorphismus ist dabei der gleiche wie in Satz 5.4.7. Es bedarf aber nun wirklich der Primideale, d.h. maximale Ideale genügen nicht mehr, und eines allgemeineren Primideal-Theorems für distributive Verbände, bei dem auch noch der Begriff eines *Filters* (ist: Ideal im dualen Verband) Verwendung findet. Details findet man beispielsweise in dem eingangs zitierten Buch von B.A. Davey und H.A. Priestley. In diesem Buch wird auch die topologische Struktur des Mengenkörpers des Stoneschen Satzes beschrieben, welche der eigentliche Inhalt des von M.H. Stone publizierten Satzes ist[6].

5.5 Fixpunktcharakterisierung von Vollständigkeit

Dieser letzte Abschnitt des Kapitels ist dem Beweis des Satzes von A. Davis gewidmet, der auch noch aussteht. Wie beim Beweis des Satzes von M.H. Stone werden wir wiederum das Auswahlaxiom verwenden, diesmal aber nicht nur in der Form des Lemmas von M.

---

[6]Für Leser, die mit den Grundbegriffen der mengentheoretischen Topologie vertraut sind, sei folgendes angemerkt: Der Mengenkörper besteht aus allen Teilmengen des Primidealraums, welche bezüglich der durch die Basis V erzeugte Topologie zugleich offen und abgeschlossen sind.

Zorn, sondern auch noch in der Form des Maximalkettenprinzips. Auch Wohlordnungen werden zum Beweis herangezogen. Wir starten den Beweis des Satzes von A. Davis mit der Definition einer wichtigen Klasse von Teilmengen.

5.5.1 Definition Es seien $(M, \sqsubseteq)$ eine Ordnung und $N \subseteq M$. Die Teilmenge $N' \subseteq N$ heißt *konfinal*, falls für alle $a \in N$ ein $b \in N'$ mit $a \sqsubseteq b$ existiert. □

Konfinale Teilmengen haben ihre Bedeutung etwa beim Beweis der Existenz von Suprema. Ist N' eine konfinale Teilmenge von N in der Ordnung $(M, \sqsubseteq)$ und existiert das Supremum einer der beiden Mengen N' oder N, so ist dieses, wie man ohne großen Aufwand nachrechnet, auch das Supremum der jeweils anderen Menge.

In der Kette $(\mathbb{N}, \leq)$ aller natürlichen Zahlen bilden etwa die geraden natürlichen Zahlen eine konfinale Teilkette, da über jeder natürlichen Zahl noch eine gerade natürliche Zahl liegt. Eine Menge, die das größte Element der vorliegenden Ordnung enthält, ist immer eine konfinale Teilmenge, sofern sie nur eine Teilmenge ist.

Zu jeder Kette K in einer endlichen Ordnung $(M, \sqsubseteq)$ ist K offensichtlich eine konfinale Teilkette von sich selbst. Diese Teilkette ist sogar wohlgeordnet, wenn man Wohlgeordnetsein einer Teilmenge N von M als abkürzende Sprechweise dafür verwendet, daß die durch N induzierte Teilordnung eine Wohlordnung bildet. Der folgende Satz zeigt unter Verwendung des Lemmas von M. Zorn, daß wohlgeordnete konfinale Teilketten von Ketten sogar bei beliebigen Ordnungen immer existieren.

5.5.2 Satz (von den konfinalen Wohlordnungen) Vorausgesetzt sei $K \subseteq M$ als Kette in der Ordnung $(M, \sqsubseteq)$. Dann existiert eine wohlgeordnete konfinale Teilmenge von K.

Beweis: Wir definieren zur Kette K die folgende Menge von Mengen:

$$\mathcal{N} := \{X \subseteq K \mid X \text{ ist wohlgeordnet bezüglich } \sqsubseteq \}$$

Es gilt $\mathcal{N} \neq \emptyset$, denn für alle Kettenglieder $a \in K$ ist die einelementige Menge $\{a\}$ eine wohlgeordnete Teilmenge von K. Nun definieren wir eine Relation $\leq$ auf $\mathcal{N}$, indem wir für alle $A, B \in \mathcal{N}$ festlegen:

$$A \leq B \quad :\Longleftrightarrow \quad A \subseteq B \land \forall b \in B \setminus A : b \in \mathsf{Ma}(A)$$

Es seien $A, B, C \in \mathcal{N}$ beliebig gewählt. Die folgenden drei Punkte zeigen dann, daß das Paar $(\mathcal{N}, \leq)$ eine Ordnung bildet.

1. „*Reflexivität*": $A \leq A$ gilt, weil $A \subseteq A$ trivialerweise zutrifft und $\forall b \in \emptyset : b \in \mathsf{Ma}(A)$ wegen des leeren Quantorbereichs auch wahr ist.

2. „*Antisymmetrie*": Es gelte $A \leq B$ und $B \leq A$. Dann gelten insbesondere die Inklusionen $A \subseteq B$ und $B \subseteq A$. Folglich gilt $A = B$.

3. „*Transitivität*": Es sei $A \leq B$ und $B \leq C$. Aus der Transitivität der Inklusion folgt dann $A \subseteq C$. Weiterhin gilt für alle $c \in C \setminus A$ entweder $c \in C \setminus B$ oder $c \in B \setminus A$ und die Fallunterscheidung

$$c \in C \setminus B \implies c \in \mathsf{Ma}(B) \subseteq \mathsf{Ma}(A) \qquad B \leq C \text{ und } \mathsf{Ma} \text{ antiton}$$
$$c \in B \setminus A \implies c \in \mathsf{Ma}(A) \qquad\qquad\qquad A \leq B$$

beendet den Beweis von $A \leq C$.

Nun beweisen wir, daß die Ordnung $(\mathcal{N}, \leq)$ die Voraussetzungen der Originalform des Lemmas von M. Zorn erfüllt. Es sei also $\mathcal{K} \subseteq \mathcal{N}$ eine Kette in $(\mathcal{N}, \leq)$. Wir definieren

$$S := \bigcup \{X \mid X \in \mathcal{K}\}$$

und zeigen, daß S eine obere Schranke von $\mathcal{K}$ bezüglich der Ordnung $\leq$ ist.

1. $S \subseteq K$: Jedes Kettenglied $X \in \mathcal{K}$ ist nach Definition von $\mathcal{N}$ in K enthalten, also gilt diese Eigenschaft auch für S.

2. S ist wohlgeordnet bezüglich $\sqsubseteq$: Zur Verifikation der Ketteneigenschaft seien $a, b \in S$ gegeben. Dann gibt es $X_a, X_b \in \mathcal{K}$ mit $a \in X_a$ und $b \in X_b$. Da $\mathcal{K}$ eine Kette ist, gilt $X_a \leq X_b$ oder $X_b \leq X_a$. Im ersten Fall haben wir $a, b \in X_b$ und beide sind vergleichbar, denn X_b ist eine Kette; im zweiten Fall geht man analog vor.

   Jede abzählbar-absteigende Kette $\ldots \sqsubseteq a_2 \sqsubseteq a_1 \sqsubseteq a_0$ aus S wird auch stationär. Dazu sei $a_0 \in X_0 \in \mathcal{K}$. Dann folgt daraus auch $a_i \in X_0$ für alle $i \in \mathbb{N}$. Wäre nämlich $a_i \notin X_0$ mit $a_i \in X_i \in \mathcal{K}$, so impliziert dies die Eigenschaften $X_0 \subset X_i$ (weil $X_i \leq X_0$ nicht möglich ist) und $a_i \in X_i \setminus X_0$. Dies wiederum bringt (wegen $X_0 \leq X_i$) auch $a_0 \sqsubseteq a_i$, was zum Widerspruch $a_i = a_0 \in X_0$ führt. Also liegt jedes Kettenglied a_i in X_0 und und das Wohlgeordnetsein von X_0 zeigt nun die Behauptung.

Damit liegt S in $\mathcal{N}$ und wir können nun mit dem Schrankenbeweis fortfahren. Dazu sei $X \in \mathcal{K}$ ein beliebiges Kettenglied. Die folgenden beiden Punkte zeigen $X \leq S$.

3. $X \subseteq S$: Dies ist trivial.

4. $b \in S \setminus X$ impliziert $b \in \mathsf{Ma}(X)$:

$$\begin{aligned} b \in S \setminus X &\implies X \subset X_b & \text{mit } b \in X_b \in \mathcal{K}; \mathcal{K} \text{ ist Kette} \\ &\implies X \leq X_b & \text{weil } X \subset X_b \text{ und } \mathcal{K} \text{ Kette} \\ &\implies b \in \mathsf{Ma}(X) & X \leq X_b \text{ und } b \in X_b \setminus X \end{aligned}$$

Nun wenden wir die Originalversion des Lemmas von M. Zorn an und erhalten ein maximales Element W in $(\mathcal{N}, \leq)$. Diese Menge W ist nach Definition von $\mathcal{N}$ eine wohlgeordnete Teilmenge von K.

Es bleibt noch die Konfinalität von W zu verifizieren. Dazu sei $a \in K$ vorausgesetzt. Dann zeigen die Implikationen

$$a \in W \implies \exists b \in W : a \sqsubseteq b \qquad\qquad\qquad \text{wähle } b \text{ als } a$$

$$\begin{aligned} a \notin W &\implies a \notin \mathsf{Ma}(W) & a \in \mathsf{Ma}(W) \Rightarrow W \subset W \cup \{a\} \in \mathcal{N}; \text{ Wsp.} \\ &\implies \exists b \in W : b \not\sqsubseteq a & \\ &\Longleftrightarrow \exists b \in W : a \sqsubseteq b & a, b \in K \text{ und } K \text{ Kette} \end{aligned}$$

das Gewünschte und beenden den Beweis.   □

Der übernächste Satz 5.5.4 formuliert einen Spezialfall des Satzes von A. Davis, nämlich
für maximale Ketten. Sein Beweis ist wahrscheinlich einer der kompliziertesten in diesem
an komplizierten Beweisen nicht gerade armen Kapitel. Er wird vorbereitet durch den
nächsten Satz 5.5.3, in dem zum ersten Mal die Voraussetzung des Satzes von A. Davis
auftaucht.

5.5.3 Satz Es sei $(V, \sqcup, \sqcap)$ ein Verband mit der Eigenschaft, daß jede monotone Abbildung
auf V einen Fixpunkt besitzt. Dann gelten $\mathsf{Ma}(K) \neq \emptyset$ und $\mathsf{Mi}(K) \neq \emptyset$ für alle Ketten
$K \subseteq V$.

Beweis: Wir beweisen zuerst die Existenz einer oberen Schranke. Aufgrund von Satz
5.5.2 existiert in K eine konfinale wohlgeordnete Menge $W \subseteq K$.

Wir zeigen nun durch einen Widerspruch, daß ein Element $a \in V$ mit der Eigenschaft
$W \subseteq \mathsf{Mi}(a)$ existiert. Angenommen, es gelte $W \not\subseteq \mathsf{Mi}(a)$ für alle $a \in V$. Dann bringt dies
$W \setminus \mathsf{Mi}(a) \neq \emptyset$ für alle $a \in V$, und als nichtleere Teilmengen von wohlgeordneten Mengen
haben alle $W \setminus \mathsf{Mi}(a)$ somit kleinste Elemente $\min(W \setminus \mathsf{Mi}(a))$ (siehe Satz 5.1.3). Nun
definieren wir eine Abbildung auf dem Verband wie folgt:

$$f : V \to V \qquad f(x) = \min(W \setminus \mathsf{Mi}(x))$$

Dann ist f monoton, denn für alle $a, b \in V$ gilt:

$$
\begin{aligned}
a \sqsubseteq b &\implies \mathsf{Mi}(a) \subseteq \mathsf{Mi}(b) & \text{Eigenschaft Mi}\\
&\implies W \setminus \mathsf{Mi}(b) \subseteq W \setminus \mathsf{Mi}(a)\\
&\implies \min(W \setminus \mathsf{Mi}(a)) \sqsubseteq \min(W \setminus \mathsf{Mi}(b)) & \text{Eigenschaft min}\\
&\iff f(a) \sqsubseteq f(b) & \text{Definition } f
\end{aligned}
$$

Sie hat aber keinen Fixpunkt, denn alle $a \in V$ erfüllen $a \in \mathsf{Mi}(a)$, wohingegen definitionsgemäß $f(a) = \min(W \setminus \mathsf{Mi}(a)) \notin \mathsf{Mi}(a)$ zutrifft. Das ist ein Widerspruch zur Voraussetzung,
daß jede monotone Abbildung einen Fixpunkt besitzt.

Es sei nun $a \in V$ ein Element mit $W \subseteq \mathsf{Mi}(a)$. Weil W in K konfinal ist, gibt es für alle
$b \in K$ ein $c \in W$ mit $b \sqsubseteq c$, und aus $W \subseteq \mathsf{Mi}(a)$ folgt $c \sqsubseteq a$, also $b \sqsubseteq a$. Das ist genau
$a \in \mathsf{Ma}(K)$.

Um die Existenz einer unteren Schranke von K zu beweisen, betrachten wir K als Kette
im dualen Verband $(V, \sqcap, \sqcup)$. In diesem hat K, nach den obigen Rechnungen, eine obere
Schranke. Diese ist eine unteren Schranke von K im Originalverband.   □

Und hier ist nun der angekündigte Spezialfall. Weil es entscheidend für einzelne Schritte
ist, geben wir im Beweis, wenn nötig, als unteren Index die Trägermenge der Ordnung an,
in der wir uns jeweils bewegen. In Analogie zur schon früher eingeführten min-Operation
verwenden wir weiterhin eine max-Operation zur Kennzeichnung des größten Elements
einer nichtleeren Menge.

5.5.4 Satz (von A. Kogalowskij) Es sei $(V, \sqcup, \sqcap)$ ein Verband, der die Voraussetzung von Satz 5.5.3 erfüllt. Weiterhin sei $K \subseteq V$ eine maximale Kette. Dann besitzt in der Ordnung $(K, \sqsubseteq_{|K})$ jede Teilmenge ein Supremum und ein Infimum, d.h. diese Ordnung induziert einen vollständigen Verband.

Beweis: Aufgrund von Satz 5.5.3 haben wir $\mathsf{Ma}(K) \neq \emptyset$. Weiterhin gilt $\mathsf{Ma}(K) \subseteq K$. Gäbe es nämlich ein $a \in \mathsf{Ma}(K)$ mit $a \notin K$, so wäre $K \cup \{a\}$ eine K echt umfassende Kette, was der Maximalität von K widerspricht. Somit besteht $\mathsf{Ma}(K)$ genau aus einem Element, und dieses ist das größte Element von K. Durch eine analoge Argumentation weist man nach, daß die maximale Kette K auch ein kleinstes Element besitzt.

Wir nehmen nun an, daß in der Ordnung $(K, \sqsubseteq_{|K})$ eine nichtleere Teilmenge N von K existiert, die kein Infimum $\sqcap_K N$ besitzt, und leiten aus dieser Tatsache mittels einer Folge von vier Beweisschritten einen Widerspruch her. Folglich hat also jede nichtleere Teilmenge ein Infimum und aufgrund des größten Elements in der Ordnung $(K, \sqsubseteq_{|K})$ zeigt der Satz von der oberen Grenze die Behauptung.

Im ersten Beweisschritt definieren wir eine Teilmenge U von K wie folgt:

$$ U \quad := \quad K \cap \mathsf{Mi}(N) \qquad\qquad \text{Minoranten von } N \text{ in } (K, \sqsubseteq_{|K}) $$

Da $(K, \sqsubseteq_{|K})$ ein kleinstes Element besitzt und dieses auch eine untere Schranke von N ist, gilt $U \neq \emptyset$. Wir betrachten nun die beiden Ordnungen $(U, \sqsubseteq_{|U})$ und $(N, \sqsupseteq_{|N})$ (hierbei ist $(N, \sqsupseteq_{|N})$ die zu $(N, \sqsubseteq_{|N})$ duale Ordnung). Deren Trägermengen U und N sind Ketten in $(K, \sqsubseteq_{|K})$ bzw. $(K, \sqsupseteq_{|K})$. Nach dem Satz 5.5.2 von den konfinalen Wohlordnungen gibt es konfinale wohlgeordnete Teilmengen S von U in $(K, \sqsubseteq_{|K})$ bzw. T von N in $(K, \sqsupseteq_{|K})$.

Aufbauend auf den beiden Mengen S und T definieren wir nun im zweiten Beweisschritt eine Abbildung auf dem gesamten Verband V wie folgt:

$$ f : V \to V \qquad\qquad f(x) = \begin{cases} \min(S \setminus \mathsf{Mi}(x)) & : \ S \not\subseteq \mathsf{Mi}(x) \\ \max(T \setminus \mathsf{Ma}(x)) & : \ S \subseteq \mathsf{Mi}(x) \end{cases} $$

Es ist natürlich zu verifizieren, daß dadurch tatsächlich eine Abbildung definiert wird. Dazu sei $x \in V$ beliebig gewählt. Wir unterscheiden zwei Fälle:

1. $S \not\subseteq \mathsf{Mi}(x)$: In diesem Fall ist $S \setminus \mathsf{Mi}(x)$ eine nichtleere Teilmenge der Wohlordnung $(S, \sqsubseteq_{|S})$ und das kleinste Element $\min(S \setminus \mathsf{Mi}(x))$ existiert somit.

2. $S \subseteq \mathsf{Mi}(x)$: Hier zeigen wir, daß $T \not\subseteq \mathsf{Ma}(x)$ gilt, indem wir aus $T \subseteq \mathsf{Ma}(x)$ die Eigenschaft $x = \sqcap_K N$ herleiten, was einen Widerspruch zur Annahme an N darstellt. Weil damit also $T \setminus \mathsf{Ma}(x)$ eine nichtleere Teilmenge der Wohlordnung $(T, \sqsupseteq_{|T})$ ist, gibt es das kleinste Element dieser Menge und dieses Element ist das größte Element $\max(T \setminus \mathsf{Ma}(x))$ bezüglich der Originalordnung $\sqsubseteq$, genau wie in der Definition der Abbildung f hingeschrieben. Der Infimumsbeweis besteht aus drei Teilbeweisen.

Es ist x mit allen Elementen $a \in K$ vergleichbar: Gilt $a \in \mathsf{Mi}(N)$, so haben wir $a \in U$. Da S in U konfinal ist, gibt es ein $c \in S$ mit $a \sqsubseteq_{|K} c$, also

$$
\begin{array}{ll}
a \ \sqsubseteq \ c & \qquad a \sqsubseteq_{|K} c \Leftrightarrow a \sqsubseteq c \\
 \ \sqsubseteq \ x & \qquad c \in S \subseteq \mathsf{Mi}(x).
\end{array}
$$

Gilt hingegen $a \notin \mathsf{Mi}(N)$, so gibt es (wir sind in der Kette K) ein $b \in N$ mit $a \sqsupset b$. Weil T in N bezüglich $\sqsupseteq_{|K}$ konfinal ist, gibt es ein $c \in T$ mit $b \sqsupseteq_{|K} c$ und dies zeigt

$$
\begin{array}{ll}
a \ \sqsupset \ b & \qquad \text{siehe oben} \\
 \ \sqsupseteq \ c & \qquad b \sqsupseteq_{|K} c \Leftrightarrow b \sqsupseteq c \\
 \ \sqsupseteq \ x & \qquad c \in T \subseteq \mathsf{Ma}(x).
\end{array}
$$

Die Maximalität von K impliziert nun $x \in K$, denn andernfalls könnte man K zur echt größeren Kette $K \cup \{x\}$ machen.

Es ist x eine untere Schranke von N in $(K, \sqsubseteq_{|K})$: Es sei $a \in N$ beliebig. Weil T in N bezüglich $\sqsupseteq_{|K}$ konfinal ist, gibt es ein $c \in T$ mit

$$
\begin{array}{ll}
a \ \sqsupseteq_{|K} \ c & \\
 \ \sqsupseteq_{|K} \ x & \qquad c, x \in K \text{ und } c \in T \subseteq \mathsf{Ma}(x).
\end{array}
$$

Weitergehend ist x sogar die größte untere Schranke von N in $(K, \sqsubseteq_{|K})$: Es sei $a \in K$ eine weitere untere Schranke von N in $(K, \sqsubseteq_{|K})$. Nach Definition von U gilt dann $a \in U$. Da S in U konfinal ist, gibt es ein $c \in S$ mit

$$
\begin{array}{ll}
a \ \sqsubseteq_{|K} \ c & \\
 \ \sqsubseteq_{|K} \ x & \qquad c, x \in K \text{ und } c \in S \subseteq \mathsf{Mi}(x).
\end{array}
$$

Im dritten Beweisschritt verifizieren wir, daß die Abbildung f monoton ist. Dazu seien zwei Elemente $x, y \in V$ mit $x \sqsubseteq y$ vorgegeben. Offensichtlich impliziert diese Voraussetzung, daß $\mathsf{Ma}(y) \subseteq \mathsf{Ma}(x)$ und $\mathsf{Mi}(x) \subseteq \mathsf{Mi}(y)$. Nun unterscheiden wir drei Fälle:

1. $S \subseteq \mathsf{Mi}(x)$: Hier bekommen wir $f(x) \sqsubseteq f(y)$ wie folgt.

$$
\begin{array}{ll}
f(x) \ = \ \max(T \setminus \mathsf{Ma}(x)) & \qquad \text{Definition } f \\
 \ \sqsubseteq \ \max(T \setminus \mathsf{Ma}(y)) & \qquad T \setminus \mathsf{Ma}(x) \subseteq T \setminus \mathsf{Ma}(y), \text{ Eig. max} \\
 \ = \ f(y) & \qquad S \subseteq \mathsf{Mi}(x) \subseteq \mathsf{Mi}(y), \text{ Definition } f
\end{array}
$$

2. $S \nsubseteq \mathsf{Mi}(x)$ und $S \subseteq \mathsf{Mi}(y)$: In diesem Fall erhalten wir die folgenden beiden Eigenschaften, welche $f(x) \sqsubseteq f(y)$ implizieren.

$$
\begin{array}{ll}
f(x) \ = \ \min(S \setminus \mathsf{Mi}(x)) & \qquad \text{Definition } f \\
 \ \in \ S & \qquad \text{Eigenschaft min} \\
 \ \subseteq \ U & \qquad S \text{ konfinale Teilmenge von } U \\
 \ \subseteq \ \mathsf{Mi}(N) & \qquad \text{Definition von } U
\end{array}
$$

$$
\begin{array}{ll}
f(y) \ = \ \max(T \setminus \mathsf{Ma}(y)) & \qquad \text{Definition } f \\
 \ \in \ T & \qquad \text{Eigenschaft min} \\
 \ \subseteq \ N & \qquad T \text{ konfinale Teilmenge von } N
\end{array}
$$

3. $S \not\subseteq \mathsf{Mi}(x)$ und $S \not\subseteq \mathsf{Mi}(y)$: Diese Annahme erlaubt es ebenfalls, die gewünschte Abschätzung zu verifizieren. Hier ist eine entsprechende Rechnung.

$$
\begin{aligned}
f(x) &= \min(S \setminus \mathsf{Mi}(x)) && \text{Definition } f \\
&\sqsubseteq \min(S \setminus \mathsf{Mi}(y)) && S \setminus \mathsf{Mi}(y) \subseteq S \setminus \mathsf{Mi}(x), \text{ Eig. min} \\
&= f(y) && \text{Definition } f
\end{aligned}
$$

Im vierten Beweisschritt stellen wir nun den gewünschten Widerspruch her. Weil nach Voraussetzung jede monotone Abbildung einen Fixpunkt hat, gibt es ein $a \in V$ mit $f(a) = a$. Die folgende Fallunterscheidung beendet den Beweis:

1. $S \subseteq \mathsf{Mi}(a)$: Hier folgt der Widerspruch aus $a = f(a) = \max(T \setminus \mathsf{Ma}(a)) \notin \mathsf{Ma}(a)$, da natürlich $a \in \mathsf{Ma}(a)$ wegen der Reflexivität der Ordnungsrelation gilt.

2. $S \not\subseteq \mathsf{Mi}(a)$: Diese Annahme impliziert in genau der selben Weise den Widerspruch $a \notin \mathsf{Mi}(a)$ zur wahren Aussage $a \in \mathsf{Mi}(a)$. $\qquad\square$

Durch den nächsten Satz kommen wir unserem Ziel wieder ein Stück näher. Er bezieht sich schon auf die gesamte Ordnung $(V, \sqsubseteq)$ und nicht nur, wie der letzte Satz, auf eine durch eine maximale Kette induzierte Teilordnung. Die Existenz von beliebigen Suprema und Infima werden aber noch nicht behandelt. Hier besteht durch die Ketteneigenschaft noch eine wesentliche Einschränkung.

Im Beweis des nachstehenden Satzes findet das Maximalkettenprinzip von F. Hausdorff Verwendung.

5.5.5 Satz Der Verband $(V, \sqcup, \sqcap)$ erfülle wiederum die Voraussetzung von Satz 5.5.3. Dann gelten die folgenden Aussagen:

1. Jede Kette K in V besitzt ein Supremum und ein Infimum.

2. V besitzt ein größtes und ein kleinstes Element.

Beweis: Wir beginnen mit dem Beweis der ersten Behauptung, da diese im Beweis der zweiten Behauptung verwendet wird.

1. Nach dem Maximalkettenprinzip 5.2.8 existiert eine maximale Kette L in V mit $K \subseteq L$. Die Ordnung $(L, \sqsubseteq_{|L})$ induziert nach Satz 5.5.4 einen vollständigen Verband. Somit existiert $a := \bigsqcup_L K \in L$. Wir zeigen nachfolgend, daß a auch das Supremum von K in V ist.

   Aus $a = \bigsqcup_L K \in L$ folgt $b \sqsubseteq_{|L} a$ für alle $b \in K$. Weil $b \sqsubseteq_{|L} a$ mit $b \sqsubseteq a$ übereinstimmt, haben wir somit $a \in \mathsf{Ma}(K)$.

   Nun sei $k \in V$ eine weitere obere Schranke von K in V. Für das Element $a \sqcap k$ gelten dann die folgenden Eigenschaften:

   Es ist mit allen Elementen $b \in L$ vergleichbar: Gilt $a \sqsubseteq b$, so haben wir $a \sqcap k \sqsubseteq a \sqsubseteq b$. Im anderen Fall $b \sqsubset a$ gibt es ein $c \in K$ mit $b \sqsubseteq c$. Wäre nämlich $b \not\sqsubseteq c$ für alle

$c \in K$, so impliziert dies $c \sqsubseteq b$ für alle $c \in K$ und damit ist b eine obere Schranke von K in $(L, \sqsubseteq_{|L})$. Dies bringt $a \sqsubseteq_{|L} b$, also $a \sqsubseteq b$, was $b \sqsubset a$ widerspricht. Aus $c \in K$ folgt $b \sqsubseteq c \sqsubseteq a$ und $k \in \mathsf{Ma}(K)$ bringt $b \sqsubseteq k$. Insgesamt gilt also hier $b \sqsubseteq a \sqcap k$.

Es gilt $a \sqcap k \in L$: Aufgrund der eben gezeigten Vergleichbarkeit könnte man sonst die maximale Kette L zu der echt größeren Kette $L \cup \{a \sqcap k\}$ erweitern.

Es ist $a \sqcap k$ eine obere Schranke von K in $(L, \sqsubseteq_{|L})$: Zum Beweis sei $b \in K$ vorgegeben. Dann gilt (wegen $b, a \in L$ sind $b \sqsubseteq_{|L} a$ und $b \sqsubseteq a$ äquivalent)

$$
\begin{aligned}
b &= b \sqcap b \\
  &\sqsubseteq k \sqcap a \qquad\qquad\qquad\qquad\qquad k \in \mathsf{Ma}(K) \text{ und } b \sqsubseteq_{|L} a.
\end{aligned}
$$

und aus $b, k \sqcap a \in L$ folgt $b \sqsubseteq_{|L} k \sqcap a$.

Aus $a \sqcap k \in L$, der eben gezeigten Schrankeneigenschaft $a \sqcap k \in \mathsf{Ma}_L(K)$ und der Definition von a folgt $a \sqsubseteq_{|L} a \sqcap k$, also $a \sqsubseteq a \sqcap k$. Eine Konsequenz ist $a = a \sqcap k$. Dies bringt $a \sqsubseteq k$, was die Verifikation von $a = \bigsqcup K$ beendet.

Mittels des dualen Verbands folgt aus den bisherigen Betrachtungen, daß K auch ein Infimum in V besitzt.

2. Wiederum impliziert das Maximalkettenprinzip die Existenz einer maximalen Kette L in V. Nach dem ersten Teil existieren $\bigsqcup L$ und $\bigsqcap L$.

Es ist $\bigsqcup L$ das größte Element von V: Angenommen, es gebe $a \in V$ mit $a \not\sqsubseteq \bigsqcup L$. Allgemein gilt $\bigsqcup L \sqsubseteq a \sqcup \bigsqcup L$ und $a \not\sqsubseteq \bigsqcup L$ zeigt nun sogar $\bigsqcup L \sqsubset a \sqcup \bigsqcup L$. Daraus folgt $a \sqcup \bigsqcup L \notin L$ und man kann L um dieses Element echt zu einer neuen Kette vergrößern. Das ist ein Widerspruch zur Maximalität von L.

Durch Dualisierung weist man nach, daß $\bigsqcap L$ das kleinste Element von V ist. $\square$

Nach diesen Vorbereitungen haben wir nun endlich alle Hilfsmittel bei der Hand, um mit relativ geringem Aufwand den Satz von A. Davis beweisen zu können. Im nachfolgenden Beweis wird noch einmal das Maximalkettenprinzip angewendet. Von den vorbereitenden Sätzen geht nur mehr Satz 5.5.5 ein. Wie schon im Beweis der Sätze 5.5.4 und 5.5.5 wird die entscheidende Voraussetzung „jede monotone Abbildung besitzt einen Fixpunkt" nicht explizit erwähnt. Sie geht nur implizit durch Satz 5.5.3 in den Beweis ein.

5.5.6 Satz (von A. Davis) Es sei $(V, \sqcup, \sqcap)$ ein Verband mit der Eigenschaft, daß jede monotone Abbildung auf ihm einen Fixpunkt besitzt. Dann ist V vollständig.

Beweis: Es sei $M \subseteq V$ eine beliebige nichtleere Teilmenge. Es genügt zu zeigen, daß M ein Infimum besitzt. Aus der Existenz des größten Elements $\mathsf{L} \in V$ (Satz 5.5.5.2) und dem Satz von der oberen Grenze folgt dann nämlich die Behauptung.

Satz 5.5.5.2 zeigt auch die Existenz des kleinsten Elements $\mathsf{O} \in V$ und wegen $\mathsf{O} \in \mathsf{Mi}(M)$ existiert nach dem Maximalkettenprinzip 5.2.8 in der Ordnung $(\mathsf{Mi}(M), \sqsubseteq_{|\,\mathsf{Mi}(M)})$ eine $\{\mathsf{O}\}$ enthaltende maximale Kette K. Diese ist natürlich auch eine Kette in der Ordnung $(V, \sqsubseteq)$ und hat damit (wegen Satz 5.5.5.1) ein Supremum.

Die folgende Rechnung zeigt, daß das Supremum $\bigsqcup K$, dessen Existenz eben bewiesen wurde, eine untere Schranke von M ist:

$$
\begin{aligned}
K \subseteq \mathsf{Mi}(M) &\implies M \subseteq \mathsf{Ma}(\mathsf{Mi}(M)) \subseteq \mathsf{Ma}(K) && \text{Eigenschaften } \mathsf{Ma} \text{ und } \mathsf{Mi} \\
&\implies M \subseteq \mathsf{Ma}(\bigsqcup K) && a \in \mathsf{Ma}(K) \Rightarrow \bigsqcup K \sqsubseteq a \\
&\implies \bigsqcup K \in \mathsf{Mi}(M)
\end{aligned}
$$

Nun sei $a \in \mathsf{Mi}(M)$ eine weitere untere Schranke von M. Dann gilt, wegen $\bigsqcup K \in \mathsf{Mi}(M)$, auch $a \sqcup \bigsqcup K \in \mathsf{Mi}(M)$. Weiterhin haben wir:

$$
\bigsqcup K = a \sqcup \bigsqcup K \tag{$*$}
$$

Hier ist $\bigsqcup K \sqsubseteq a \sqcup \bigsqcup K$ klar und die Beziehung $\bigsqcup K \sqsubset a \sqcup \bigsqcup K$ kann nicht gelten, weil sonst $K \cup \{a \sqcup \bigsqcup K\}$ eine echt größer als K seiende Kette in der Ordnung $(\mathsf{Mi}(M), \sqsubseteq_{\mid \mathsf{Mi}(M)})$ wäre. Die Eigenschaft $(*)$ entspricht aber genau $a \sqsubseteq \bigsqcup K$ und konsequenterweise ist $\bigsqcup K$ somit sogar das Infimum von M. $\qquad\square$

Der präsentierte Beweis des Satzes von A. Davis, welcher sich an dem im schon öfter erwähnten Buch von L. Skornjakow angegebenen orientiert, ist insgesamt gesehen technisch sicherlich nicht als einfach zu bezeichnen. Er ist aber elementar in der Hinsicht, daß in ihm keine sehr komplizierten mathematischen Begriffe verwendet werden. A. Davis' Originalbeweis aus dem Jahr 1955 baut auf Ordinalzahlen auf und ist damit weniger elementar. Als wesentliche Eigenschaft verwendet er, daß bei einem nicht vollständigen Verband $(V, \sqcup, \sqcap)$ zwei unendliche Ordinalzahlen $\mathcal{O}$ und $\mathcal{P}$ existieren und zwei mit ihren Elementen indizierte Ketten $(a_i)_{i \in \mathcal{O}}$ und $(b_j)_{j \in \mathcal{P}}$ in V, so daß die erste Kette echt aufsteigend ist, die zweite Kette echt absteigend ist, die Beziehungen $a_i \sqsubseteq b_j$ für alle $i \in \mathcal{O}$ und $j \in \mathcal{P}$ zutreffen und $\bigsqcup\{a_i \mid i \in \mathcal{O}\}$ und $\bigsqcap\{b_i \mid j \in \mathcal{P}\}$ verschieden sind.

Mit einem Beispiel wollen wir diesen Abschnitt beenden. Durch dieses Beispiel wird auch eine Verbindung zu den monotonen Abbildungen auf CPOs hergestellt, sowie eine Verallgemeinerung des Satzes von A. Davis.

5.5.7 Beispiel (zum Satz von A. Davis) In Abbildung 5.1 ist das Hasse-Diagramm einer Ordnung mit drei Elementen $\bot$, a, und b dargestellt.

Abbildung 5.1: Beispiel für eine dreielementige Ordnung

Von den 27 Abbildungen auf dieser Ordnung sind genau 11 monoton. Diese 11 monotonen Abbildunge f_1 bis f_{11} sind in der folgenden Tabelle durch deren Spalten repräsentiert. Die erste Spalte beschreibt dabei etwa die Abbildung f_1, die alle Elemente auf $\bot$ abbildet, und für die durch die zweite Spalte beschriebene Abbildung f_2 gilt beispielsweise $f_2(\bot) = \bot$, $f_2(a) = a$ und $f_2(b) = \bot$.

	f_1	f_2	f_3	f_4	f_5	f_6	f_7	f_8	f_9	f_{10}	f_{11}
$\bot$	$\bot$	$\bot$	$\bot$	$\bot$	$\bot$	a	$\bot$	$\bot$	$\bot$	$\bot$	b
a	$\bot$	a	b	$\bot$	a	a	b	$\bot$	a	b	b
b	$\bot$	$\bot$	$\bot$	a	a	a	a	b	b	b	b

Wie diese Tabelle zeigt, besitzt jede Abbildung einen Fixpunkt. Dies ist nach dem Fixpunktsatz klar. Aufgrund der Endlichkeit ist die Ordnung auch eine CPO. Folglich gilt für dieses Beispiel

$(M, \sqsubseteq)$ ist CPO $\iff$ jede monotone Abbildung $f : M \to M$ hat einen Fixpunkt.

Diese Äquivalenz gilt sogar allgemein. Man kann den gegebenen Beweis des Satzes von A. Davis nämlich auf CPOs übertragen und bekommt dann die obige Aussage. Diese wird beispielsweise, wie auch der Satz von A. Davis, im Buch von B.A. Davey und H.A. Priestley ohne Beweis erwähnt.   □

Kapitel 6

Einige Informatik-Anwendungen von Ordnungen und Verbänden

Bisher haben wir uns auf die Vorstellung von wichtigen Konzepten der Ordnungs- und Verbandstheorie und die für das Gebiet typischen Denk- und Schlußweisen konzentriert. Die wenigen gebrachten Anwendungen waren rein mathematischer Natur, wie etwa das Schröder-Bernstein-Theorem oder die Konsequenzen des Auswahlaxioms. Ordnungen und Verbände sind jedoch so grundlegende Begriffe, daß sie fortwährend auch in anderen Disziplinen Verwendung finden. In der Informatik treten sie beispielsweise bei Ersetzungssystemen, der Semantik von Programmiersprachen, den logischen Schaltungen, der Programmanalyse und in der Algorithmik auf. Einigen dieser Anwendungen ist dieses Kapitel gewidmet, weitere werden später bei den Relationen noch folgen. Auf Anwendungen in anderen Disziplinen, etwa die Verwendung von Ordnungen in den Ingenieurwissenschaften bei Meßverfahren und der Aufdeckung von Präferenzstrukturen, können wir leider nicht eingehen.

6.1 Schaltabbildungen und logische Schaltungen

Betrachtet man das Verhalten eines Rechners aus logischer Sicht und unter einer starken Idealisierung, so kann man darunter eine „Black Box" verstehen, die einer bestimmten Eingabe I eine eindeutige Ausgabe O zuordnet. Heutige Rechner sind digital, d.h. sie arbeiten (im Gegensatz zu den früher oft verwendeten Analogrechnern) nur mit endlich vielen Zeichen. Genaugenommen hat man es sogar nur mit zwei Werten zu tun, die elektrotechnisch „Strom fließt" und „Strom fließt nicht" entsprechen. Es macht deshalb Sinn, I und O als Bitsequenzen (Binärzahlen usw.) und folglich einen Rechner abstrakt als eine Abbildung $f : \mathbb{B}^m \to \mathbb{B}^n$ aufzufassen. Solch eine Abbildung kann offensichtlich in der Art

$$f(x_1, \ldots, x_m) = \langle f_1(x_1, \ldots, x_m), \ldots, f_n(x_1, \ldots, x_m) \rangle$$

beschrieben werden, mit n Abbildungen $f_i : \mathbb{B}^m \to \mathbb{B}$ für alle $i, 1 \leq i \leq n$. Wegen ihrer Bedeutung haben diese Abbildungen f_i einen eigenen Namen.

6.1.1 Definition Eine Abbildung $f : \mathbb{B}^m \to \mathbb{B}$ heißt eine n-stellige *Schaltabbildung*. □

Wir wissen bereits aufgrund von Satz 1.6.4, daß die Menge aller Abbildungen zwischen zwei Verbänden mit den komponentenweise definierten Operationen $f \sqcup g$ und $f \sqcap g$ wiederum einen Verband bildet. Sind die beiden Verbände sogar Boolesch und definiert man auch eine Negation auf den Abbildungen komponentenweise durch $\overline{f}(x) = \overline{f(x)}$, so erhält man sogar einen Booleschen Abbildungsverband. Damit kann man insbesondere mit den Schaltabbildungen wie in einem Booleschen Verband rechnen.

6.1.2 Bemerkung (zur Schreibweise) Nachfolgend bezeichnen wir, zur Vereinfachung, die Elemente des Verbands der Wahrheitswerte mit O und L statt mit *tt* und *ff*. Insbesondere in der Elektrotechnik werden auch noch $a + b$, ab und $\overline{a}$ statt $a \vee b$, $a \wedge b$ und $\neg a$ geschrieben. Wir verwenden bei den Operationen aber auch in Zukunft die aussagenlogischen Schreibweisen. □

Es gibt $2^4 = 16$ zweistellige Schaltabbildungen. Die Disjunktion und Konjunktion kennen wir schon. Zwei weitere wichtige zweistellige Schaltabbildungen sind durch die nachfolgenden Tabellen angegeben:

$\bigtriangledown$	O	L
O	L	O
L	O	O

$\bigtriangleup$	O	L
O	L	L
L	L	O

Offensichtlich gelten die Gleichungen $a \bigtriangledown b = \neg(a \vee b)$ und $a \bigtriangleup b = \neg(a \wedge b)$ für alle $a, b \in \mathbb{B}$. Man nennt deshalb $\bigtriangledown$ auch Nor- und $\bigtriangleup$ auch Nand-Operation. Der Vorteil dieser zwei Operationen in der praktischen Schaltungstechnik ist ihre sehr einfache und effiziente Realisierung mittels Transistoren. Mit Nor und Nand kann man auch alle Schaltabbildungen darstellen. Dies folgt aus dem nachfolgenden Satz und den einfach herzuleitenden Darstellungen von Negation, Disjunktion und Konjunktion mittels Nor und Nand. Die theoretische Bedeutung des Satzes liegt in der Aussage, daß man alle Schaltabbildungen mittels der Operationen des Verbands der Wahrheitswerte darstellen kann.

6.1.3 Satz (Disjunktive Normalform) Jede n-stellige Schaltabbildung f (mit $n > 0$) ist mittels Negation, Disjunktion und Konjunktion in der Form

$$f(x_1, \ldots, x_n) = \bigvee_{I \subseteq \{1, \ldots, n\}} (\bigwedge_{i \in I} x_i) \wedge (\bigwedge_{i \notin I} \neg x_i) \wedge f(a_1^I, \ldots, a_n^I)$$

darstellbar, wobei die Wahrheitswerte $a_1^I, \ldots, a_n^I \in \mathbb{B}$ festgelegt sind durch $a_i^I = L$ falls $i \in I$ und $a_i^I = O$ falls $i \notin I$.

Beweis: Der Beweis erfolgt durch Induktion nach n. Hierbei ist der Induktionsbeginn $n = 1$ gegeben durch

$$f(x_1) = (x_1 \wedge f(L)) \vee (\neg x_1 \wedge f(O)).$$

Zum Induktionsschluß sei $n > 1$. Dann gilt

$$f(x_1, \ldots, x_n) = (f(x_1, \ldots, x_{n-1}, L) \wedge x_n) \vee (f(x_1, \ldots, x_{n-1}, O) \wedge \neg x_n),$$

denn ist $x_n = O$, so fällt der erste Teil der Disjunktion weg, und im Fall $x_n = L$ fällt der zweite Teil der Disjunktion weg. Der verbleibende Rest ist jeweils gleich $f(x_1, \ldots, x_n)$.

Nun wenden wir die eben bewiesene Gleichung an und erhalten

$$f(x_1, \ldots, x_n) = (f_L(x_1, \ldots, x_{n-1}) \wedge x_n) \vee (f_O(x_1, \ldots, x_{n-1}) \wedge \neg x_n),$$

wobei $f_L(x_1, \ldots, x_{n-1}) = f(x_1, \ldots, x_{n-1}, L)$ und $f_O(x_1, \ldots, x_{n-1}) = f(x_1, \ldots, x_{n-1}, O)$ zwei Schaltabbildungen der Stelligkeit $n-1$ definieren. Auf diese können wir die Induktionsvoraussetzung anwenden und erhalten

$$f_L(x_1, \ldots, x_{n-1}) = \bigvee_{I \subseteq \{1, \ldots, n-1\}} (\bigwedge_{i \in I} x_i) \wedge (\bigwedge_{i \notin I} \neg x_i) \wedge f_L(a_1^I, \ldots, a_{n-1}^I)$$

im ersten Fall und

$$f_O(x_1, \ldots, x_{n-1}) = \bigvee_{I \subseteq \{1, \ldots, n-1\}} (\bigwedge_{i \in I} x_i) \wedge (\bigwedge_{i \notin I} \neg x_i) \wedge f_O(a_1^I, \ldots, a_{n-1}^I)$$

im zweiten Fall. Dabei gelten wiederum $a_i^I = L$ falls $i \in I$ und $a_i^I = O$ falls $i \notin I$. Die erste Gleichung zeigt nun

$$f(x_1, \ldots, x_{n-1}, L) = \bigvee_{I \subseteq \{1, \ldots, n\}} (\bigwedge_{i \in I} x_i) \wedge (\bigwedge_{i \notin I} \neg x_i) \wedge f(a_1^I, \ldots, a_n^I)$$

mit $a_i^I = L$ falls $i \in I$ und $a_i^I = O$ falls $i \notin I$. Ist nämlich $I \subseteq \{1, \ldots, n\}$ eine Menge mit $n \in I$, so ist $\bigwedge_{i \in I} x_i$ gleichwertig zu $\bigwedge_{i \in I \setminus \{n\}} x_i$ und $\bigwedge_{i \notin I} \neg x_i$ gleichwertig zu $\bigwedge_{i \notin I \setminus \{n\}} \neg x_i$, und weiterhin trifft $a_n^I = L$ zu.

Aus der zweiten obigen Gleichung folgt das gleiche Resultat für $f(x_1, \ldots, x_{n-1}, O)$. $\qquad \Box$

Rechnet man $f(x_1, \ldots, x_n)$ gemäß Satz 6.1.3 aus, so fallen natürlich alle Disjunktionsglieder mit $f(a_1^I, \ldots, a_n^I) = O$ weg. In den verbleibenden Disjunktionsgliedern kann man, wegen $x \wedge L = x$, die Ausdrücke $f(a_1^I, \ldots, a_n^I)$ weglassen. Wir erhalten also eine *Disjunktion von Konjunktionen*, wobei jedes Konjunktionsglied eine Variable x_i oder eine negierte Variable $\neg x_i$ ist. Die Konjunktionen heißen auch *Min-Terme* und ihre Glieder *Literale*.

6.1.4 Beispiel (für eine disjunktive Normalform) Wir betrachten die folgende, tabellarisch gegebene dreistellige Schaltabbildung f:

x	O	O	O	O	L	L	L	L
y	O	O	L	L	O	O	L	L
z	O	L	O	L	O	L	O	L
$f(x, y, z)$	O	L	L	O	L	O	O	L

Die Abbildung f nimmt genau viermal den Wert L an und somit besteht ihre disjunktive Normalform aus der Disjunktion von genau vier Min-Termen, nämlich von $\neg x \wedge \neg y \wedge z$

(zweite Spalte), $\neg x \wedge y \wedge \neg z$ (dritte Spalte), $x \wedge \neg y \wedge \neg z$ (fünfte Spalte) und $x \wedge y \wedge z$ (achte Spalte). Insgesamt haben wir also

$$f(x, y, z) \;=\; (\neg x \wedge \neg y \wedge z) \vee (\neg x \wedge y \wedge \neg z) \vee (x \wedge \neg y \wedge \neg z) \vee (x \wedge y \wedge z)$$

als die disjunktive Normalform der Schaltabbildung f. □

Als *Schaltglied* (oder *Gatter*) bezeichnet man die gerätemäßige Realisierung einer Schaltabbildung. Für die gängigsten Schaltglieder wurden einige Sinnbilder eingeführt. Die Negation wird in der Regel dadurch dargestellt, daß man auf der Leitung einen dicken schwarzen Punkt anbringt. In der nachfolgenden Abbildung sind die Sinnbilder für die Konjunktion, Disjunktion, Nand-Operation und Nor-Operation angegeben.

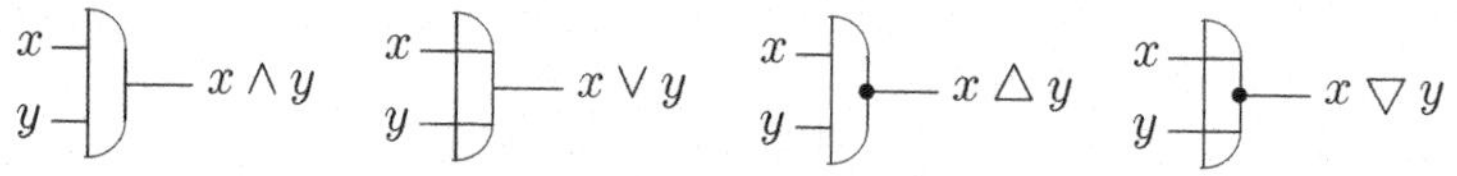

Abbildung 6.1: Sinnbilder für Schaltglieder

Als *Schaltnetz* bezeichnet man die gerätemäßige Realisierung einer Abbildung $f : \mathbb{B}^m \mapsto \mathbb{B}^n$. Oft spricht man genauer von m-n-Schaltnetzen. Ein n-stelliges Schaltglied ist also ein n-1-Schaltnetz. Graphisch werden beliebige Schaltnetze durch rechteckige Kästen dargestellt. Neben dieser Auffassung von Schaltnetzen als Dingen, deren Innenleben nicht erkennbar ist, hat man oft Interesse an der Zurückführung von Schaltnetzen auf bestimmte schon vorhandene Schaltnetze, etwa auf Schaltglieder. Dies entspricht einem modularen Entwurf von Schaltnetzen. Die graphische Darstellung ergibt sich, indem man die Terme der Abbildungen zuerst baumartig darstellt, an Stelle der Bezeichnungen die entsprechenden Sinnbilder einführt und gleiche vorkommende Teilbäume identifiziert. Wir wollen dies in dem nachfolgenden Beispiel anhand einfacher Schaltungen demonstrieren.

6.1.5 Beispiel (Schaltnetzentwurf) Wir wollen zuerst die Äquivalenz als zweistellige Schaltabbildung f auf den Wahrheitswerten mittels der oben angegebenen Schaltglieder realisieren, also ein entsprechendes Schaltnetz entwerfen. Dabei starten wir mit der folgenden Definition, wobei die Operation $\rightarrow$ die Implikation auf den Wahrheitswerten bezeichnet.

$$f : \mathbb{B}^2 \rightarrow \mathbb{B} \qquad\qquad f(x, y) = (x \rightarrow y) \wedge (y \rightarrow x)$$

Aus dieser Definition bekommen wir:

$$\begin{aligned}
f(x, y) \;&=\; (x \rightarrow y) \wedge (y \rightarrow x) &&\text{Definition } f \\
&=\; (\neg x \vee y) \wedge (\neg y \vee x) &&\text{Aussagenlogik}
\end{aligned}$$

Also haben wir als graphische Darstellung den sich direkt aus der letzten Zeile von f ergebenden nachfolgenden Baum, mit den beiden Blättern x und y, je zweimal, und fünf weiteren Knoten für die vorkommenden Operationen.

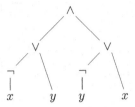

Nach Einführung der Sinnbilder ergibt sich (bei einer gleichzeitigen Drehung um 90°, wie beim Zeichnen von Schaltungen üblich) das untenstehende Bild, die graphische Darstellung der durch obigen Baum beschriebenen logischen Schaltung zur Realisierung von f.

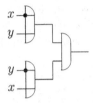

Schließlich werden noch die zwei x- und die zwei y-Eingänge zu jeweils einer Eingangsleitung zusammengefaßt und es wird ein Rahmen um die Zeichnung gezogen, um die Abgeschlossenheit zu betonen. Dies führt zu dem folgenden 2-1-Schaltnetz:

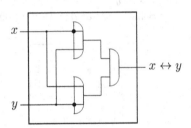

Abbildung 6.2: Ein Schaltnetz für die Äquivalenz

Wir haben somit ein Schaltnetz für die Äquivalenzoperation auf den Wahrheitswerten mit Hilfe von fünf Schaltgliedern realisiert: zwei Negationsgliedern, zwei Disjunktionsgliedern und einem Konjunktionsglied. Es geht aber auch mit weniger Schaltgliedern. Wir verwenden Gesetze der Booleschen Verbände und bekommen

$$
\begin{aligned}
f(x,y) &= (\neg x \vee y) \wedge (\neg y \vee x) \\
&= (x \vee \neg x) \wedge (y \vee \neg x) \wedge (x \vee \neg y) \wedge (y \vee \neg y) \\
&= ((x \wedge y) \vee \neg x) \wedge ((x \wedge y) \vee \neg y) \qquad \text{Distributivität} \\
&= (x \wedge y) \vee (\neg x \wedge \neg y) \qquad\qquad\qquad \text{Distributivität} \\
&= (x \wedge y) \vee \neg(x \vee y) \qquad\qquad\qquad\quad \text{de Morgan,}
\end{aligned}
$$

was auf die nachfolgende Realisierung von f mit Hilfe von drei Schaltgliedern für die Operationen $\wedge$, $\triangledown$ und $\vee$ führt.

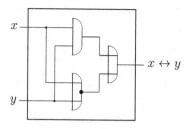

Abbildung 6.3: Ein effizienteres Schaltnetz für die Äquivalenz

Die eben entwickelte Schaltung ist die Grundlage des Halbaddierers $HA : \mathbb{B}^2 \to \mathbb{B}$. Dieser wird zur stellenweisen Addition von zwei Binärzahlen gleicher Länge gebraucht und errechnet für jede Stelle die Summe $s_{HA}(x,y)$ von x und y und den entsprechenden Übertrag $ü_{HA}(x,y)$. Seine tabellarische Festlegung sieht also wie folgt aus:

x	O	O	L	L
y	O	L	O	L
$s_{HA}(x,y)$	O	L	L	O
$ü_{HA}(x,y)$	O	O	O	L

Nach Satz 6.1.3, dem Satz von der disjunktiven Normalform, folgt aus der dritten und vierten Zeile dieser Tafel, daß $s_{HA}(x,y) = (\neg x \wedge y) \vee (x \wedge \neg y)$ und $ü_{HA}(x,y) = x \wedge y$. Wir bekommen somit das folgende Schaltnetz für den Halbaddierer mit sechs Schaltgliedern:

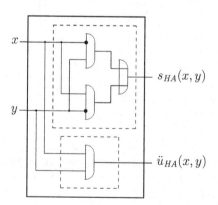

Abbildung 6.4: Ein Schaltnetz für den Halbaddierer

Wie im Fall des Schaltnetzes von Abbildung 6.2 für f ist auch dieses Schaltnetz noch verbesserbar. Einfache Anwendungen der de Morganschen Gesetze zeigen nämlich die Gleichung $\neg f(x,y) = s_{HA}(x,y)$ und damit kann man statt des gestrichelt eingerahmten Teilnetzes für $s_{HA}(x,y)$ das Schaltnetz von Abbildung 6.3 verwenden, bei dem das Oder-Schaltglied durch ein Nor-Schaltglied ersetzt ist. Dies führt zu einer Realisierung des Halbaddierers mit nur vier Schaltgliedern.

Aus dem Schaltnetz für den Halbaddierer kann man nun ein Schaltnetz für den Volladdierer konstruieren. Dieser addiert zwei Werte x und y jeweils an der n-ten Stelle von Binärzahlen unter Berücksichtigung eines Übertrags c aus der Addition der Werte an der jeweils $n-1$-ten Stelle und berechnet auch noch den entstehenden neuen Übertrag. Wenn wir den Halbaddierer durch einen Kasten mit der Aufschrift *HA* darstellen, so bekommen wir aus der tabellarischen Definition des Volladdierers (welche zu erstellen wir dem Leser überlassen) unter Verwendung der disjunktiven Normalformen der beiden Abbildungen $s_{VA} : \mathbb{B}^3 \to \mathbb{B}$ für die Addition bzw. $\ddot{u}_{VA} : \mathbb{B}^3 \to \mathbb{B}$ für den Übertrag das folgende Bild.

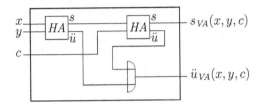

Abbildung 6.5: Ein Schaltnetz für den Volladdierer

Mit genau n Volladdierern kann man nun offensichtlich durch ein geeignetes Zusammenschalten n-stellige Binärzahlen addieren. $\square$

Bezüglich weiterer Details zum Schaltungsentwurf müssen wir auf entsprechende Spezialliteratur verweisen, etwa auf „Rechneraufbau und Rechnerstrukturen" von W. Oberschelp und G. Vossen (Oldenburg-Verlag, 9. Auflage 2003). In dem eben angegebenen Buch wird auch auf das Vereinfachen von Schaltungen eingegangen, bei der die Theorie der Booleschen Verbände ebenfalls (wie in Beispiel 6.1.5 schon angedeutet) als ein wesentliches Hilfsmittel Anwendung findet.

6.2 Denotationelle Semantik

Die denotationelle Semantikdefinition einer Programmiersprache abstrahiert von den konkreten Berechnungen und beschreibt nur das funktionale Verhalten. Sie ist kompositional über den Aufbau der Programme definiert. Diese wichtige Eigenschaft, welche sie von der Logik übernommen hat, bedeutet, daß die Semantik eines Programms durch die Semantik seiner Komponenten bestimmt ist. Dadurch werden Beweise sehr oft induktiv über den syntaktischen Aufbau möglich, was in der Regel einfacher ist, als Beweise, die sich an operativen Berechnungen orientieren. Die in der Praxis derzeit immer noch wichtigsten und am häufigsten verwendeten Programmiersprachen sind von imperativer Art. Solche Programmiersprachen bauen auf Programmvariablen auf, deren Inhalte durch Zuweisungen oder allgemein durch Anweisungen geändert werden können. Eine Programmabarbeitung liefert also keinen Wert, sondern transformiert einen gegebenen Speicherzustand in einen anderen. Dieser Abschnitt ist der denotationellen Semantik von imperativen Programmiersprachen unter Verwendung von CPOs, Konstruktionen auf CPOs und Fixpunkten gewidmet.

Zur syntaktischen Beschreibung der Programme setzen wir eine Menge S von Typen (auch Sorten genannt) voraus, sowie drei weitere Mengen X von Programmvariablen, K von Konstantensymbolen und O von Operationssymbolen. Von der Menge S verlangen wir, daß sie mindestens den Typ *bool* für die Wahrheitswerte enthält. Weiterhin verlangen wir, daß jeder Programmvariablen $x \in X$ und jedem Konstantensymbol $c \in K$ genau ein Element von S als sein Typ zugeordnet ist[1]. Wir notieren dies als $x : s$ bzw. $c : s$, falls $s \in S$ der x bzw. c zugeordnete Typ ist. Schließlich verlangen wir noch, daß jedem Operationssymbol $f \in O$ genau ein Element aus $S^+ \times S$ als seine Funktionalität zugeordnet ist. Hierbei bezeichnet S^+ die Menge der nichtleeren Sequenzen von Typen aus S. Ist $\langle s_1 \cdots s_k, s \rangle$ die f zugeordnete Funktionalität, so drücken wir dies mittels $f : s_1 \cdots s_k \to s$ aus.

Die beiden folgenden Definitionen legen die Syntax der Programmiersprache fest, deren Semantik wir später in denotationeller Weise definieren wollen.

6.2.1 Definition (Syntax der Terme) Die Familie $(EXP_s)_{s \in S}$ der *Terme jeweils des Typs* $s \in S$ ist induktiv wie folgt definiert:

1. (Programmvariable) Für alle $s \in S$ und $x \in X$ mit $x : s$ gilt $x \in EXP_s$.

2. (Konstantensymbole) Für alle $s \in S$ und $c \in K$ mit $c : s$ gilt $c \in EXP_s$.

3. (Zusammengesetzte Terme) Für alle $s_1, \ldots, s_k, s \in S$, $f \in O$ mit $f : s_1 \cdots s_k \to s$ und $t_i \in EXP_{s_i}$, $1 \leq i \leq k$, gilt $f(t_1, \ldots, t_k) \in EXP_s$.   □

Die Terme bilden die erste syntaktische Kategorie unserer imperativen Programmiersprache. Aufbauend auf den Termen haben wir noch die Anweisungen als zweite syntaktische Kategorie. Diese sind die eigentlichen Programme und werden induktiv wie folgt festgelegt. In der Literatur spricht man auch von der Sprache der while-Programme.

6.2.2 Definition (Syntax der Anweisungen) Die Menge $STAT$ der *Anweisungen* ist induktiv wie folgt definiert:

1. (Leere Anweisung) Es gilt `skip` $\in STAT$.

2. (Zuweisung) Für alle $s \in S$, $x \in X$ mit $x : s$ und $t \in EXP_s$ gilt $(x := t) \in STAT$.

3. (Bedingte Anweisung) Für alle $b \in EXP_{bool}$ und $a_1, a_2 \in STAT$ gilt `if` b `then` a_1 `else` a_2 `fi` $\in STAT$.

4. (Schleife) Für alle $b \in EXP_{bool}$ und $a_1 \in STAT$ gilt `while` b `do` a_1 `od` $\in STAT$.

5. (Sequentielle Komposition) Für alle $a_1, a_2 \in STAT$ gilt $(a_1; a_2) \in STAT$.   □

---

[1]Formal haben wir es hier mit einer sogenannten Signatur $\Sigma = (S, K, O)$ zu tun, welche gemeinsam mit der Variablenmenge die syntaktische Basis der Programmiersprache bildet. Im üblichen Jargon handelt es sich um die vordefinierten Typen (wie *bool* oder *int*), Konstanten (wie *true* oder 0) und Operationen (wie *or* oder +).

Die durch die Definition 6.2.2 beschriebenen Anweisungen sind vollständig geklammert und deshalb syntaktisch eindeutig zerlegbar. Dies ist formal notwendig, um ihre Semantik kompositional definieren zu können. Aus Gründen der Lesbarkeit lassen wir im folgenden bei Zuweisungen jedoch stets die umgebenden Klammern weg, d.h. nehmen an, daß das Zuweisungszeichen := stärker bindet als die anderen Anweisungs-Konstruktoren. Wie wir später sehen werden, ist das Semikolon bezüglich der semantischen Gleichwertigkeit von Anweisungen assoziativ, d.h. die Semantik der Anweisung $(a_1; (a_2; a_3))$ wird sich als gleich der Semantik der Anweisung $((a_1; a_2); a_3)$ herausstellen. Deshalb werden wir auch bei sequentieller Komposition die Klammerung zur Verbesserung der Lesbarkeit weglassen.

Zur Definition der Semantik setzen wir eine Interpretation I voraus, die jedem Typ $s \in S$ genau eine nichtleere Menge s^I zuordnet. Mit $\mathbb{O}$ bezeichnen wir die Vereinigung aller Mengen s^I, $s \in S$. Weiterhin setzen wir voraus, daß die Interpretation jedem Konstantensymbol $c \in K$ genau ein Element c^I aus $\mathbb{O}$ zuordnet und jedem Operationssymbol $f \in O$ genau eine partielle Abbildung f^I über den Mengen s^I, $s \in S$. Dabei muß die Typisierung respektiert werden, d.h. $c : s$ impliziert $c^I \in s^I$ und $f : s_1 \cdots s_k \to s$ impliziert $f^I : \prod_{i=1}^{k} s_i^I \to s^I$. Weil *bool* als Typ der Wahrheitswerte erklärt ist, muß natürlich $bool^I = \mathbb{B}$ gelten[2].

Bevor wir CPOs bei der Semantikdefinition verwenden, haben wir zwei Konstruktionsprinzipien auf ihnen einzuführen, die wir in Abschnitt 1.6 schon für Ordnungen und Verbände betrachteten.

6.2.3 Satz 1. Sind $(M, \sqsubseteq_M)$ und $(N, \sqsubseteq_N)$ CPOs und $\sqsubseteq$ die Abbildungsordnung auf N^M, so ist $(N^M, \sqsubseteq)$ eine CPO.

    2. Sind $(M_i, \sqsubseteq_i)$, $1 \le i \le n$, CPOs und $\sqsubseteq$ die auf n Komponenten verallgemeinerte Produktordnung, so ist $(\prod_{i=1}^{n} M_i, \sqsubseteq)$ eine CPO.

Beweis: Wir beweisen nur den ersten Teil, da man den zweiten Teil in analoger Weise behandeln kann. Daß die Abbildungsordnung eine Ordnung ist, haben wir schon erwähnt; daß sie die Abbildung $\Omega : M \to N$ mit $\Omega(x) = \mathsf{O}_N$ (mit O_N als dem kleinsten Element von N) als kleinstes Element besitzt, ist trivial.

Es sei nun noch $K \subseteq N^M$ eine Kette von Abbildungen. Dann ist für alle $a \in M$ die Menge $\{f(a) \mid f \in K\}$ eine Kette in $(N, \sqsubseteq_N)$. Sind nämlich $g(a), h(a) \in \{f(a) \mid f \in K\}$, so gilt $g(a) \sqsubseteq_N h(a)$ falls $g \sqsubseteq h$ und $h(a) \sqsubseteq_N g(a)$ falls $h \sqsubseteq g$. Wegen der CPO-Eigenschaft von N ist folglich die Abbildung

$$f^* : M \to N \qquad f^*(a) = \bigsqcup \{f(a) \mid f \in K\}$$

wohldefiniert. Sie ist eine obere Schranke von K, weil für alle $g \in K$ und $a \in M$

$$
\begin{aligned}
g(a) &\sqsubseteq \bigsqcup \{f(a) \mid f \in K\} && \text{da } g(a) \in \{f(a) \mid f \in K\} \\
&= f^*(a) && \text{Definition } f^*
\end{aligned}
$$

---

[2]Wir interpretieren nun die Signatur $\Sigma = (S, K, O)$ durch eine Σ-Algebra. Bei so einer Interpretation wird immer angenommen, daß sich die syntaktischen Symbole und Namen und die üblichen mathematischen Bezeichnungen entsprechen, also etwa $true^I = tt$, $0^I = 0$ und $a +^I b = a + b$ gelten. Aus diesem Grund unterscheidet man hier oft nicht (oder höchstens durch verschiedene Zeichensätze bei Verwendung eines Textformatierungssystems wie LATEX) zwischen Syntax und Semantik.

zutrifft. Ist $h : M \to N$ eine weitere obere Schranke von K, so gilt

$$\begin{aligned} h(a) &\sqsupseteq \bigsqcup\{f(a) \mid f \in K\} && \text{da } h(a) \sqsupseteq f(a) \text{ für alle } a \in M \\ &= f^*(a) && \text{Definition } f^*. \end{aligned}$$

Also gilt $f^* \sqsubseteq h$ und damit hat die Kette K die Abbildung f^* als Supremum. $\qquad\square$

Die folgende Definition der Semantik der Basis unserer imperativen Programmiersprache verwendet im ersten Punkt das Lifting einer Menge zu einer flachen Ordnung, wie es am Ende von Abschnitt 1.6 beschrieben wurde. Durch so ein Lifting entsteht offensichtlich eine CPO mit einer flachen Ordnung und aufgrund von Satz 6.2.3.2 sind folglich die im dritten Punkt der Definition eingeführten (totalen) Abbildungen als Abbildungen auf CPOs erklärt.

6.2.4 Definition (Semantik der Basis)   1. Für alle Typen $s \in S$ definieren wir eine CPO $(I[s], \leq_s)$ durch das Lifting der Menge s^I unter der Hinzunahme eines neuen kleinsten Elements O_s.

2. Für alle Konstantensymbole $c \in K$ mit $c : s$ definieren wir $I[c]$ als Element $c^I \in I[s]$. (Damit gilt $I[c] \neq \mathsf{O}_s$.)

3. Für alle Operationssymbole $f \in O$ mit $f : s_1 \cdots s_k \to s$ definieren wir eine Abbildung $I[f] : \prod_{i=1}^{k} I[s_i] \to I[s]$ durch $I[f](a_1, \ldots, a_k) = f^I(a_1, \ldots, a_k)$ falls $a_i \neq \mathsf{O}_{s_i}$ für alle $i, 1 \leq i \leq k$, und $f^I(a_1, \ldots, a_k)$ definiert ist, und $I[f](a_1, \ldots, a_k) = \mathsf{O}_s$ sonst. $\qquad\square$

Das Element O_s wird im dritten Punkt dieser Definition dazu benutzt, die Abbildung zu totalisieren. Aufgrund dieser Vorgehensweise stehen die kleinsten Elemente der bei denotationeller Semantik verwendeten CPOs im Regelfall für „undefiniert". Somit kann man den dritten Punkt auch so lesen: Einem Operationssymbol wird eine Abbildung zugeordnet, die immer „undefiniert" als Resultat liefert, falls mindestens eines ihrer Argument undefiniert ist. Diese Eigenschaft bezeichnet man als Striktheit. Sie hat die folgende Konsequenz:

6.2.5 Satz Es sei $f \in O$ ein Operationssymbol mit $f : s_1 \cdots s_k \to s$. Dann ist die Abbildung $I[f] : \prod_{i=1}^{k} I[s_i] \to I[s]$ monoton.

Beweis: Es seien $\langle a_1, \ldots, a_k \rangle, \langle b_1, \ldots, b_k \rangle \in \prod_{i=1}^{k} I[s_i]$ zwei k-Tupel mit $\langle a_1, \ldots, a_k \rangle \sqsubseteq \langle b_1, \ldots, b_k \rangle$. Dann impliziert die Produktordnung $a_i \leq_{s_i} b_i$ für alle $i, 1 \leq i \leq k$.

Gilt $a_i \neq \mathsf{O}_{s_i}$ für alle $i, 1 \leq i \leq k$, so liefert die flache Ordnung $a_i = b_i$ für alle $i, 1 \leq i \leq k$, also $I[f](a_1, \ldots, a_k) = I[f](b_1, \ldots, b_k)$. Gibt es hingegen ein i mit $a_i = \mathsf{O}_{s_i}$, so haben wir $I[f](a_1, \ldots, a_k) = \mathsf{O}_s \leq_s I[f](b_1, \ldots, b_k)$. $\qquad\square$

Es ist eine relativ einfache Übung zu zeigen, daß monotone Abbildungen auf Artinschen CPOs (und Argument- und Resultat-CPO von $I[f]$ sind offensichtlich Artinsch) sogar $\sqcup$-stetig sind. Wir gehen aber nicht genauer auf diesen Sachverhalt ein, da er später nicht mehr benötigt wird.

Durch die nächste Definition modellieren wir Speicherzustände. Ein aktueller Speicherzustand entspricht einer Abbildung σ von den Programmvariablen in $\mathbb{O}$, welche natürlich wiederum die Typisierung respektieren muß. Bei dieser Vorgehensweise kann man sich zu $x \in X$ das Element $\sigma(x)$ als Inhalt oder Wert der Programmvariablen x zum gegebenen Zeitpunkt vorstellen. Programme können fehlschlagen, beispielsweise wenn der Wert der rechten Seite einer Zuweisung undefiniert ist oder eine Schleife nicht terminiert. Diesen Fehlerzustand modellieren wir wiederum durch ein Lifting.

6.2.6 Definition 1. Mit $(\mathbb{S}, \sqsubseteq)$ bezeichnen wir das Lifting der Menge aller Abbildungen $\sigma : X \to \mathbb{O}$, die $\sigma(x) \in s^I$ für alle $s \in S$ und $x \in X$ mit $x : s$ erfüllen, durch die Hinzunahme eines neuen kleinsten Elements O.

2. Eine Abbildung $\sigma : X \to \mathbb{O}$ aus $\mathbb{S}$ heißt ein *Speicherzustand* und das kleinste Element O aus $(\mathbb{S}, \sqsubseteq)$ heißt der *Fehlerzustand*.

3. Zu einem Speicherzustand $\sigma \in \mathbb{S}$ definieren wir durch

$$\sigma[x/u](y) \;=\; \left\{ \begin{array}{lll} \sigma(y) & : & y \neq x \\ u & : & y = x \end{array} \right.$$

seine *Abänderung* $\sigma[x/u] : X \to \mathbb{O}$ an der Stelle $x \in X$ mit $x : s$ zu $u \in s^I$. $\qquad\square$

Aufgrund der beiden Typrestriktionen $x : s$ und $u \in s^I$ ist die Abbildung $\sigma[x/u]$ offensichtlich wieder ein Speicherzustand (respektiert also die Typisierung). Nach all diesen Vorbereitungen können wir nun die Semantik der Programmiersprache angeben. Den üblichen Gepflogenheiten folgend, bezeichnen wir die denotationelle Semantik eines syntaktischen Konstrukts durch das Einschließen mittels der sogenannten Semantikklammern $[\![$ und $]\!]$. Wir beginnen mit der Termsemantik.

6.2.7 Definition (Semantik der Terme) Die denotationelle Semantik ordnet jedem Term $t \in EXP_s$ eine Abbildung $[\![t]\!] : \mathbb{S} \to I[s]$ zu. Für Speicherzustände σ ist $[\![t]\!](\sigma)$ induktiv wie folgt über den Aufbau von t definiert:

1. Ist t eine Programmvariable $x \in X$, so ist $[\![x]\!](\sigma) = \sigma(x)$.

2. Ist t ein Konstantensymbol $c \in K$, so ist $[\![c]\!](\sigma) = I[c]$.

3. Ist t von der Form $f(t_1, \ldots, t_k)$, so ist $[\![f(t_1, \ldots, t_k)]\!](\sigma) = I[f]([\![t_1]\!](\sigma), \ldots, [\![t_k]\!](\sigma))$.

Für den Fehlerzustand O legen wir fest $[\![t]\!](\mathsf{O}) = \mathsf{O}_s$. $\qquad\square$

Die Monotonie der Abbildung $[\![t]\!] : \mathbb{S} \to I[s]$ für alle Terme $t \in EXP_s$ ist eine unmittelbare Konsequenz der letzten Festlegung und der Flachheit der Ordnung auf $\mathbb{S}$. Sind nämlich $\sigma_1, \sigma_2 \in \mathbb{S}$ mit $\sigma_1 \sqsubseteq \sigma_2$ vorgegeben, so impliziert $\sigma_1 = \mathsf{O}$, daß $[\![t]\!](\sigma_1) = \mathsf{O}_s \leq_s [\![t]\!](\sigma_2)$. Im Fall $\sigma_1 \neq \mathsf{O}$ bekommen wir $\sigma_1 = \sigma_2$ wegen der flachen Ordnung auf $\mathbb{S}$ und dies bringt $[\![t]\!](\sigma_1) = [\![t]\!](\sigma_2)$. Wir halten das Ergebnis fest:

6.2.8 Satz (Monotonie der Termsemantik) Für alle Terme $t \in EXP_s$ ist $[\![t]\!] : \mathbb{S} \to I[s]$ eine monotone Abbildung von der CPO $(\mathbb{S}, \sqsubseteq)$ zur CPO $(I[s], \leq_s)$. □

Der letzte Teil der denotationellen Semantikdefinition für unsere Programmiersprache besteht in der Festlegung der Semantik der Anweisungen. Beim Fall der Schleife wird hier ein kleinster Fixpunkt verwendet.

6.2.9 Definition (Semantik der Anweisungen) Die denotationelle Semantik ordnet jeder Anweisung $a \in STAT$ eine Abbildung $[\![a]\!] : \mathbb{S} \to \mathbb{S}$ zu. Für $\sigma \in \mathbb{S}$ ist $[\![a]\!](\sigma)$ induktiv wie folgt über den Aufbau von a definiert:

1. Ist a die leere Anweisung, so ist

$$[\![\texttt{skip}]\!](\sigma) = \sigma.$$

2. Ist a eine Zuweisung $x := t$ mit $x : s$, so ist

$$[\![x := t]\!](\sigma) = \begin{cases} \sigma[x/[\![t]\!](\sigma)] & : \ [\![t]\!](\sigma) \neq \mathsf{O}_s \\ \mathsf{O} & : \ [\![t]\!](\sigma) = \mathsf{O}_s. \end{cases}$$

3. Ist a eine bedingte Anweisung `if b then` a_1 `else` a_2 `fi`, so ist

$$[\![\texttt{if } b \texttt{ then } a_1 \texttt{ else } a_2 \texttt{ fi}]\!](\sigma) = \begin{cases} [\![a_1]\!](\sigma) & : \ [\![b]\!](\sigma) = t\!t \\ [\![a_2]\!](\sigma) & : \ [\![b]\!](\sigma) = f\!\!f \\ \mathsf{O} & : \ [\![b]\!](\sigma) = \mathsf{O}_{bool}. \end{cases}$$

4. Ist a eine Schleife `while b do` a_1 `od`, so ist

$$[\![\texttt{while } b \texttt{ do } a_1 \texttt{ od}]\!](\sigma) = \mu_F(\sigma),$$

wobei die Abbildung $F : \mathbb{S}^{\mathbb{S}} \to \mathbb{S}^{\mathbb{S}}$ für $f : \mathbb{S} \to \mathbb{S}$ und $\rho \in \mathbb{S}$ definiert ist durch

$$F(f)(\rho) = \begin{cases} f([\![a_1]\!](\rho)) & : \ [\![b]\!](\rho) = t\!t \\ \rho & : \ [\![b]\!](\rho) = f\!\!f \\ \mathsf{O} & : \ [\![b]\!](\rho) = \mathsf{O}_{bool}. \end{cases}$$

5. Ist a eine bedingte Anweisung $a_1; a_2$, so ist

$$[\![a_1; a_2]\!](\sigma) = [\![a_2]\!]([\![a_1]\!](\sigma)). \qquad \square$$

Wegen $[\![t]\!](\mathsf{O}) = \mathsf{O}_s$ trifft im Fall $\sigma = \mathsf{O}$ bei einer Zuweisung immer der untere Fall der Semantikdefinition zu. Dies ist notwendig, da O keine Abbildung darstellt und somit auch die Abänderung an einer Stelle nicht erklärt ist. Weiterhin wird durch diese Festlegung auch zugesichert, daß $\mathbb{O}$ der Resultatbereich der Speicherzustände bleibt. An dieser Stelle ist auch noch eine Bemerkung zur Semantik der Schleife angebracht. Geht man davon aus, daß für alle Konstruktionen mit Ausnahme der Schleife die Semantik wie eben definiert ist, und verwendet man die gängige semantische Gleichwertigkeit von while b do a_1 od und ihrer „gestreckten Version"

if b then a_1; while b do a_1 od
else skip fi,

so erhält man für die Semantik der Schleife eine Rekursionsbeziehung, welche besagt, daß zu allen $\sigma \in \mathbb{S}$ die Semantik $[\![$while b do a_1 od$]\!](\sigma)$ eine Lösung f^* der Gleichung

$$f^*(\sigma) \;=\; \begin{cases} f^*([\![a_1]\!](\sigma)) & : & [\![b]\!](\sigma) = tt \\ \sigma & : & [\![b]\!](\sigma) = ff \\ \mathsf{O} & : & [\![b]\!](\sigma) = \mathsf{O}_{bool} \end{cases}$$

ist. Schreibt man nun diese Gleichung mit Hilfe einer durch ihre rechte Seite definierten Abbildung F auf $\mathbb{S}^{\mathbb{S}}$ in eine Fixpunktform $f^* = F(f^*)$ um, und beachtet man weiterhin, daß unter operationellen Gesichtspunkten die Semantik der Schleife die am wenigsten definierte Lösung dieser Fixpunktgleichungen zu sein hat, so erhält man genau die in der Semantikdefinition 6.2.9.4 getroffene Festlegung.

In der Semantikdefinition der Schleife verwenden wir, daß die Abbildung F einen kleinsten Fixpunkt μ_F besitzt. Daß sie auf einer CPO definiert ist, folgt aus Satz 6.2.3.1 und der CPO-Eigenschaft des Liftings $(\mathbb{S}, \sqsubseteq)$. Um die Existenz von μ_F zu erhalten, müssen wir zumindest noch zeigen, daß F monoton ist. Der folgende Satz demonstriert, daß für die Abbildung F sogar $\sqcup$-Stetigkeit gilt.

6.2.10 Satz Die in der Semantikdefinition 6.2.9.4 verwendete Abbildung F ist monoton und sogar $\sqcup$-stetig.

Beweis: Wir beweisen zuerst die Monotonie von F. Dazu seien $f_1, f_2 : \mathbb{S} \to \mathbb{S}$ zwei Abbildungen mit der Eigenschaft $f_1 \sqsubseteq f_2$. Weiterhin sei $\sigma \in \mathbb{S}$ beliebig gegeben. Wir haben $F(f_1)(\sigma) \sqsubseteq F(f_2)(\sigma)$ zu zeigen, dann folgt aus der Definition der Abbildungsordnung $F(f_1) \sqsubseteq F(f_2)$. Geleitet durch die Form von F unterscheiden wir drei Fälle.

1. Es sei $[\![b]\!](\sigma) = \mathsf{O}_{bool}$. Dann gilt $F(f_1)(\sigma) = \mathsf{O} = F(f_2)(\sigma)$ nach der Definition von F.

2. Nun gelte $[\![b]\!](\sigma) = ff$. In diesem Fall haben wir $F(f_1)(\sigma) = \sigma = F(f_2)(\sigma)$, wobei wiederum nur die Definition von F verwendet wurde.

3. Schließlich gelte $[\![b]\!](\sigma) = tt$. Wegen $f_1 \sqsubseteq f_2$ haben wir $f_1(\rho) \sqsubseteq f_2(\rho)$ für alle $\rho \in \mathbb{S}$. Daraus folgt:

$$\begin{array}{rcll} F(f_1)(\sigma) & = & f_1([\![a_1]\!](\sigma)) & \text{Definition } F \\ & \sqsubseteq & f_2([\![a_1]\!](\sigma)) & \text{wähle } \rho \text{ speziell als } [\![a_1]\!](\sigma) \\ & = & F(f_2)(\sigma) & \text{Definition } F \end{array}$$

Wir kommen nun zum Beweis der Stetigkeit. Es sei $K \subseteq \mathbb{S}^{\mathbb{S}}$ eine Kette von Abbildungen von $\mathbb{S}$ nach $\mathbb{S}$. Dann haben wir, nach der Festlegung der Gleichheit von Abbildungen, die Gleichung $F(\bigsqcup K)(\sigma) = (\bigsqcup\{F(f) \mid f \in K\})(\sigma)$ für alle $\sigma \in \mathbb{S}$ zu verifizieren. Man beachte dabei, daß die Ketteneigenschaft von K und die Monotonie von F die Ketteneigenschaft von $\{F(f) \mid f \in K\}$ implizieren, also das Supremum $\bigsqcup\{F(f) \mid f \in K\}$ von Abbildungen existiert.

Zum Beweis der Gleichung $F(\bigsqcup K)(\sigma) = (\bigsqcup\{F(f) \mid f \in K\})(\sigma)$ unterscheiden wir wiederum die drei Fälle des Monotoniebeweises.

1. Zuerst sei $[\![b]\!](\sigma) = O_{bool}$. Dann bekommen wir:

$$
\begin{aligned}
F(\bigsqcup K)(\sigma) &= \bigsqcup\{O\} & \text{Definition } F \\
&= \bigsqcup\{F(f)(\sigma) \mid f \in K\} & \text{Definition } F \\
&= (\bigsqcup\{F(f) \mid f \in K\})(\sigma) & \text{siehe Beweis Satz 6.2.3.1}
\end{aligned}
$$

2. Den Fall $[\![b]\!](\sigma) = f\!f$ behandelt man vollkommen analog.

3. Der verbleibende Fall $[\![b]\!](\sigma) = f\!f$ wird durch die Rechnung

$$
\begin{aligned}
F(\bigsqcup K)(\sigma) &= (\bigsqcup K)([\![a_1]\!](\sigma)) & \text{Definition } F \\
&= \bigsqcup\{f([\![a_1]\!](\sigma)) \mid f \in K\} & \text{siehe Beweis Satz 6.2.3.1} \\
&= \bigsqcup\{F(f)(\sigma) \mid f \in K\} & \text{Definition } F \\
&= (\bigsqcup\{F(f) \mid f \in K\})(\sigma) & \text{siehe Beweis Satz 6.2.3.1}
\end{aligned}
$$

schließlich auch noch bewiesen. $\square$

Als eine erste Konsequenz aus diesem Satz und dem Fixpunktsatz 5.3.2 erhalten wir die Darstellung $\mu_F = \bigsqcup_{i \geq 0} F^i(\Omega)$, mit der Abbildung Ω als dem kleinsten Element von $(\mathbb{S}^{\mathbb{S}}, \sqsubseteq)$, also definiert mittels $\Omega(\sigma) = O$ für alle $\sigma \in \mathbb{S}$. Eine weitere Konsequenz ist die folgende Eigenschaft, die einer Übertragung der Aussage bei der Termsemantik auf die Semantik der Anweisungen entspricht.

6.2.11 Satz (Monotonie der Anweisungssemantik) Für alle Anweisungen $a \in STAT$ ist $[\![a]\!] : \mathbb{S} \to \mathbb{S}$ eine monotone Abbildung auf der CPO $(\mathbb{S}, \sqsubseteq)$.

Beweis: Es genügt, $[\![a]\!](O) = O$ zu beweisen; die Monotonie folgt dann aus der Flachheit von $(\mathbb{S}, \sqsubseteq)$ analog zum Vorgehen bei der Termsemantik. Wir verwenden Induktion nach dem Aufbau von a.

1. Beim Induktionsbeginn ist a gleich `skip` oder eine Zuweisung $x := t$. In beiden Fällen gilt offensichtlich $[\![a]\!](O) = O$.

2. Beim Induktionsschluß haben wir drei Fälle. Der Fall, daß a eine bedingte Anweisung `if b then` a_1 `else` a_2 `fi` ist, folgt aus $[\![b]\!](O) = O_{bool}$.

   Nun sei a eine Schleife `while b do` a_1 `od`. Dann erhalten wir für die Abbildung F von Definition 6.2.9.4 und die kleinste Abbildung Ω von $(\mathbb{S}^{\mathbb{S}}, \sqsubseteq)$ die Eigenschaft

$$
F^i(\Omega)(O) = O \tag{$*$}
$$

für alle $i \in \mathbb{N}$. Der Fall $i = 0$ ist klar und den Fall $i > 0$ zeigt man wie folgt:

$$
\begin{aligned}
F^i(\Omega)(\mathsf{O}) \;&=\; F(F^{i-1}(\Omega))(\mathsf{O}) && \text{da } i > 0 \\[4pt]
&=\; \begin{cases} F^{i-1}(\Omega)(\llbracket a_1 \rrbracket(\mathsf{O})) &:\; \llbracket b \rrbracket(\mathsf{O}) = tt \\ \mathsf{O} &:\; \llbracket b \rrbracket(\mathsf{O}) = f\!f \\ \mathsf{O} &:\; \llbracket b \rrbracket(\mathsf{O}) = \mathsf{O}_{bool} \end{cases} && \text{Definition } F \\[4pt]
&=\; \mathsf{O} && \llbracket b \rrbracket(\mathsf{O}) = \mathsf{O}_{bool}
\end{aligned}
$$

Als Anwendung der Gleichung $(*)$ bekommen wir nun das gewünschte Resultat:

$$
\begin{aligned}
\llbracket \texttt{while } b \texttt{ do } a_1 \texttt{ od} \rrbracket(\mathsf{O}) \;&=\; \mu_F(\mathsf{O}) && \text{Semantik der Schleife} \\
&=\; (\textstyle\bigsqcup_{i \geq 0} F^i(\Omega))(\mathsf{O}) && \text{Sätze 6.2.10 und 5.3.2} \\
&=\; \textstyle\bigsqcup_{i \geq 0}(F^i(\Omega)(\mathsf{O})) && \text{siehe Beweis Satz 6.2.3.1} \\
&=\; \textstyle\bigsqcup\{\mathsf{O}\} && \text{Gleichung } (*) \\
&=\; \mathsf{O}
\end{aligned}
$$

Beim Fall einer sequentiellen Komposition $a_1; a_2$ als a wird schließlich doch noch die Induktionsvoraussetzung verwendet: $\llbracket a_1; a_2 \rrbracket(\mathsf{O}) = \llbracket a_2 \rrbracket(\llbracket a_1 \rrbracket(\mathsf{O})) = \llbracket a_2 \rrbracket(\mathsf{O}) = \mathsf{O}$. $\quad\square$

Wir beenden diesen Abschnitt mit einem Beispiel. Es soll demonstrieren, wie man mit Hilfe der denotationellen Semantik und ordnungstheoretischen Hilfsmitteln formal Aussagen über Programme beweisen kann.

6.2.12 Beispiel (zum Rechnen mit Semantik) Wir setzen einen Typ *nat* für die natürlichen Zahlen voraus (d.h. $nat^I = \mathbb{N}$) und die grundlegendsten Konstanten- und Operationssymbole der Typen *bool* und *nat*. Zu einem Konstantensymbol c und zwei Programmvariablen x und y, alle vom Typ *nat*, betrachten wir die folgende Anweisung a:

$$
\begin{aligned}
&x := c; y := 1; \\
&\texttt{while } x \neq 0 \texttt{ do} \\
&\qquad x := x - 1; y := 2 * y \texttt{ od}
\end{aligned}
$$

Um zu zeigen, daß a in y den Wert 2^{c^I} berechnet, behandeln wir zunächst die Schleife. Ist $\sigma \in \mathbb{S}$, so gilt $\llbracket \texttt{while } \ldots \texttt{ od} \rrbracket(\sigma) = \mu_F$, wobei für die iterierte Anwendung der Abbildung $F : \mathbb{S}^{\mathbb{S}} \to \mathbb{S}^{\mathbb{S}}$ auf $f : \mathbb{S} \to \mathbb{S}$ und $\rho \in \mathbb{S}$ sich die folgende Fallunterscheidung ergibt:

$$
F(f)(\rho) \;=\; \begin{cases} f(\rho[x/\rho(x) - 1][y/2 * \rho(y)]) &:\; \rho \neq \mathsf{O} \text{ und } \rho(x) \neq 0 \\ \rho &:\; \rho \neq \mathsf{O} \text{ und } \rho(x) = 0 \\ \mathsf{O} &:\; \rho = \mathsf{O} \end{cases}
$$

Als erste Eigenschaft beweisen wir $\mu_F(\sigma) \neq \mathsf{O}$ für alle $\sigma \neq \mathsf{O}$, was in Worten besagt, daß die Schleife fehlerfrei terminiert, falls sie in keinem Fehlerzustand gestartet wird. Zum Beweis verwenden wir eine Induktion nach $\sigma(x)$. Hier ist der Induktionsbeginn[3] $\sigma(x) = 0$:

---

[3]Genaugenommen führen wir eine Noethersche Induktion in einer Noetherschen Quasiordnung durch. Deren Elemente sind alle Speicherzustände ρ und es ist $\rho_1 \preccurlyeq \rho_2$ durch $\rho_1(x) \leq \rho_2(x)$ festgelegt. Minimal sind somit alle ρ mit $\rho(x) = 0$ und beim Induktionschritt darf man bei gegebenem ρ die Eigenschaft für alle ρ' mit $\rho'(x) < \rho(x)$ voraussetzen.

$$\begin{aligned}
\mu_F(\sigma) &= F(\mu_F)(\sigma) & \mu_F \text{ ist Fixpunkt} \\
&= \sigma & \text{Definition } F \\
&\neq \mathsf{O} & \text{Voraussetzung}
\end{aligned}$$

Die nachstehende Rechnung beweist den Induktionsschluß $\sigma(x) > 0$, wobei im letzten Schritt $\sigma[x/\sigma(x) - 1][y/2 * \sigma(y)](x) = \sigma(x) - 1 < \sigma(x)$ verwendet wird:

$$\begin{aligned}
\mu_F(\sigma) &= F(\mu_F)(\sigma) & \mu_F \text{ ist Fixpunkt} \\
&= \mu_F(\sigma[x/\sigma(x) - 1][y/2 * \sigma(y)]) & \text{Definition } F \\
&\neq \mathsf{O} & \text{Induktionsvoraussetzung}
\end{aligned}$$

Um mittels der Semantikdefinition zu verifizieren, daß die Schleife bei einem Start in einem Speicherzustand σ nicht nur fehlerfrei terminiert, sondern als neuen Wert der Variablen y auch noch $\sigma(y) * 2^{\sigma(x)}$ berechnet (d.h. das richtige Ergebnis), kann man wie folgt vorgehen. Man beweist zuerst für die Abbildung $g : \mathbb{S} \to \mathbb{S}$ mit

$$g(\rho) = \begin{cases} \rho[x/0][y/\rho(y) * 2^{\rho(x)}] & : \ \rho \neq \mathsf{O} \\ \mathsf{O} & : \ \rho = \mathsf{O} \end{cases}$$

durch Fallunterscheidungen $F(g)(\sigma) = g(\sigma)$ für alle $\sigma \in \mathbb{S}$, also die Fixpunktgleichung $F(g) = g$. Interessant ist nur der Fall $\sigma \neq \mathsf{O}$ und $\sigma(x) \neq 0$. Hier gilt:

$$\begin{aligned}
F(g)(\sigma) &= g(\sigma[x/\sigma(x) - 1][y/2 * \sigma(y)]) & \text{Definition } F \\
&= \sigma[\ldots][\ldots][x/0][y/\sigma[\ldots][\ldots](y) * 2^{\sigma[\ldots][\ldots](x)}] & \text{Definition } g \\
&= \sigma[x/0][y/2 * \sigma(y) * 2^{\sigma(x)-1}] \\
&= \sigma[x/0][y/\sigma(y) * 2^{\sigma(x)}] \\
&= g(\sigma) & \text{Definition } g
\end{aligned}$$

Aus $F(g) = g$ folgt $\mu_F \sqsubseteq g$, also $\mu_F(\sigma) \sqsubseteq g(\sigma)$ für alle $\sigma \in \mathbb{S}$ nach Definition der Funktionsordnung. Es gilt aber sogar $\mu_F(\sigma) = g(\sigma)$ für alle $\sigma \in \mathbb{S}$. Der Fall $\sigma = \mathsf{O}$ ist klar und im Fall $\sigma \neq \mathsf{O}$ verwenden wir $\mu_F(\sigma) \sqsubseteq g(\sigma)$, $\mu_F(\sigma) \neq \mathsf{O}$ und daß das Lifting $(\mathbb{S}, \sqsubseteq)$ flach geordnet ist. Insgesamt haben wir also $\mu_F = g$.

Nach dieser Analyse der Schleife ist es einfach, die Semantik des gesamten Programms zu bestimmen. Im Fall $\sigma \neq \mathsf{O}$ bekommen wir

$$\begin{aligned}
[\![a]\!](\sigma) &= \mu_F(\sigma[x/c^I][y/1]) \\
&= g(\sigma[x/c^I][y/1]) & \mu_F = g \\
&= \sigma[x/c^I][y/1][x/0][y/\sigma[x/c^I][y/1](y) * 2^{\sigma[x/c^I][y/1](x)}] & \text{Definition } g \\
&= \sigma[x/0][y/2^{c^I}]
\end{aligned}$$

und im verbleibenden Fall gilt offensichtlich $[\![a]\!](\mathsf{O}) = \mathsf{O}$. $\square$

Wie schon dieses sehr kleine Beispiel demonstriert, ist die denotationelle Semantik nicht sehr gut dazu geeignet, mit konkreten größeren imperativen Programmen zu arbeiten –

im Gegensatz zur denotationellen Semantik von funktionalen Programmen, wo dies viel besser geht. Ihre eigentliche Stärke beim imperativen Paradigma liegt in der Beschreibungsmächtigkeit und den Möglichkeiten, grundlegende Aussagen über schematische Programme im Vergleich zu anderen Ansätzen (insbesondere operativen) relativ einfach beweisen zu können. Zu den letzteren gehören etwa fundamentale Transformationsregeln, welche Programmierwissen kodifizieren, oder die Korrektheit von gewissen Beweissystemen zur Verifikation von imperativen Programmen. Der Leser sei hierzu auf die reichhaltige Literatur zur Programmiersprachensemantik verwiesen, etwa auf die Bücher „Semantics with Applications. A Formal Introduction" von H. Nielson und F. Nielson (Wiley, 1992) und „Semantik: Theorie sequentieller und paralleler Programmierung" von E. Best (Vieweg-Verlag, 1995).

6.3 Nachweis von Terminierung

Ersetzungssysteme (oft auch Reduktionssysteme genannt) bestehen abstrakt aus einer Menge E und einer Einschritt-Ersetzungsrelation auf E, welche in der Regel durch einen Pfeil $\rightarrow$ in Infix-Notation angegeben wird. Sie haben in der Informatik eine Reihe von wichtigen Anwendungen. Textersetzungssysteme eignen sich etwa besonders gut für das Rechnen in Halbgruppen, Termersetzungssysteme werden oft zur Festlegung von operationeller Semantik und zum Schließen in (gleichungsdefinierten) algebraischen und logischen Strukturen verwendet und Ersetzungssysteme auf Polynomen haben in den letzten Jahren durch ihre Anwendungen bei der Berechnung von Gröbner-Basen sehr an Bedeutung gewonnen.

Bei Ersetzungssystemen $(E, \rightarrow)$ konstruiert man zu einem Startelement $a_0 \in E$ eine Folge $a_0, a_1, a_2, \ldots$ so, daß $a_i \rightarrow a_{i+1}$ für alle Folgenglieder gilt. Als anschaulichere Notation hierfür wird normalerweise, analog zu den abzählbaren Ketten bei Ordnungen, $a_0 \rightarrow a_1 \rightarrow a_2 \rightarrow \ldots$ verwendet, und man spricht in diesem Zusammenhang dann auch von einer Berechnung mit Startpunkt a_0. Gibt es eine Berechnung $a_0 \rightarrow a_1 \rightarrow \ldots \rightarrow a_i$, so schreibt man dafür auch $a_0 \overset{*}{\rightarrow} a_i$. Bei der so definierten *Berechnungsrelation* $\overset{*}{\rightarrow}$ auf E handelt es sich nämlich um die reflexiv-transitive Hülle der Einschritt-Ersetzungsrelation und der Stern wird in der Regel zur Kennzeichnung dieser Hülle verwendet. Zentral für das Arbeiten mit Ersetzungssystemen ist der Begriff Terminierung.

6.3.1 Definition Ein Ersetzungssystem $(E, \rightarrow)$ heißt *terminierend*, wenn jede Berechnung $a_0 \rightarrow a_1 \rightarrow a_2 \rightarrow \ldots$ endlich ist, es also $i \in \mathbb{N}$ mit $\{b \in E \,|\, a_i \rightarrow b\} = \emptyset$ gibt. Man nennt dann a_i das Ergebnis der Berechnung oder eine Normalform. $\qquad\square$

Wie man leicht zeigen kann, wird durch die Abbildung

$$h : 2^E \rightarrow 2^E \qquad h(X) = \{b \in E \,|\, \exists\, a \in X : a \overset{*}{\rightarrow} b \wedge b \text{ Normalform}\},$$

die einer Teilmenge X von E die von ihr aus berechenbaren Normalformen zuordnet, eine Hüllenbildung im Potenzmengenverband $(2^E, \cup, \cap)$ erklärt. Damit ist eine Verbindung zu den Verbänden hergestellt. Es stehen uns somit alle in diesem Zusammenhang bewiesenen Resultate bei Ersetzungssystemen zur Verfügung.

Speziell für einelementige Teilmengen $\{a\}$ bekommt man $|h(\{a\})| \geq 1$ im Fall von terminierenden Ersetzungssystemen. Man ordnet a also mindestens ein Ergebnis zu. Ein anderer Wunsch ist oft $|h(\{a\})| \leq 1$. Ist man an solchen eindeutigen Ergebnissen interessiert, so spielt der Begriff *Konfluenz* eine Rolle. Er besagt, daß man zwei „auseinanderlaufende" Berechnungen $a_0 \to a_1 \to a_2 \to \ldots \to a_m$ und $a_0 \to a_1' \to a_2' \to \ldots \to a_n'$ durch „Verlängerungen" $a_m \to a_{m+1} \to a_{m+2} \to \ldots \to b$ und $a_n' \to a_{n+1}' \to a_{n+2}' \to \ldots \to b$ wieder zusammenführen kann. Bei terminierenden und konfluenten Ersetzungssystemen gilt $|h(\{a\})| = 1$ und dadurch wird durch die Berechnungsrelation offensichtlich eine Abbildung auf E definiert.

Wir konzentrieren uns im folgenden auf die Terminerung. Es kann gezeigt werden, daß es kein allgemeines Verfahren gibt, welches für ein beliebiges Ersetzungssystem $(E, \to)$ als Eingabe entscheiden kann, ob es terminierend oder nichtterminierend ist. In der Praxis kommt man beim Problem der Terminierung unter Zuhilfenahme von Ordnungen jedoch oft zum Ziel. Dem liegt der nachfolgende Satz zugrunde, dessen Beweis sich direkt aus Satz 2.4.11 ergibt.

6.3.2 Satz (Terminierungskriterium) Ein Ersetzungssystem $(E, \to)$ ist terminierend, falls es eine Abbildung $t : E \to M$ in eine Noethersche Ordnung $(M, \sqsubseteq)$ gibt, so daß für alle $a, b \in E$ gilt: $a \to b$ impliziert $t(b) \sqsubset t(a)$. $\qquad\square$

Die Abbildung t von Satz 6.3.2 wird auch *Terminierungsabbildung* genannt. Es wurden in den letzten Jahrzehnten beträchtliche Erfolge bei der Konstruktion geeigneter Noetherscher Ordnungen und Terminierungsabbildungen erzielt, insbesondere bei Terminierungsbeweisen von Termersetzungssystemen. Wir wollen im folgenden einen kleinen Einblick in die entsprechenden Vorgehensweisen geben. Aus Platzgründen beschränken wir uns dabei auf die einfacher zu behandelnden Textersetzungssysteme, bezüglich allgemeiner Ersetzungssysteme sei beispielsweise auf das Buch „Reduktionssysteme" von J. Avenhaus (Springer, 1995) verwiesen. Dazu brauchen wir ein paar vorbereitende Notationen.

Wir kennen schon die Menge S^+ der nichtleeren Sequenzen von Elementen aus S. Als S^* notieren wir nun die Menge aller Sequenzen von Elementen aus S. Es gilt also $S^* = S^+ \cup \{\varepsilon\}$, wobei ε die leere Sequenz $\langle\rangle$ benennt. Bei Textersetzung sind die Bezeichnungen „Zeichen" statt „Element" und „Wort" statt „Sequenz" geläufig; wir werden deshalb diese auch im folgenden verwenden. Die Konkatenation von zwei Wörtern $v, w \in S^*$ notieren wir als vw und auch für das Anfügen eines Zeichens $a \in S$ an ein Wort $w \in S^*$ schreiben wir aw (Anfügen von links) bzw. wa (Anfügen von rechts). Mit $|w|$ bezeichnen wir die Länge von $w \in S^*$ und w_i bezeichnet das i-te Zeichen von w. Schließlich sei $|w|_a$ die Anzahl der Vorkommen von $a \in S$ in w, also die Mächtigkeit von $\{i \in \mathbb{N} \mid w_i = a\}$.

6.3.3 Definition Ein *Textersetzungssystem* ist ein Paar (S, R), wobei S eine nichtleere Menge von Zeichen und R eine Relation auf S^* ist. Ein Paar $(l, r) \in R$ wird als $l \mapsto r$

notiert und *Textersetzungsregel* mit linker Seite l und rechter Seite r genannt. Durch

$$v \to w \quad :\Longleftrightarrow \quad \exists\, l \mapsto r \in R, x, y \in S^* : v = xly \wedge w = xry$$

für alle $v, w \in S^*$ wird die Einschritt-Ersetzungsrelation auf S^* festgelegt. $\square$

Durch diese Definition erhält man ein Ersetzungssystem $(S^*, \to)$ im Sinne der am Anfang des Abschnitts gegebenen abstrakten Beschreibung und somit übertragen sich alle bisherigen Begriffe auf die Konkretisierung „Textersetzungssystem". Es sollte noch erwähnt werden, daß man aus algorithmischen Gründen bei einem Textersetzungssystem (S, R) normalerweise annimmt, daß S endlich ist. Dadurch kann man die Elemente von S der Reihe nach aufzählen. Ordnungstheoretisch heißt dies, daß man es mit einer Totalordnung $(S, \leq)$ zu tun hat. Man nennt S dann ein Alphabet.

6.3.4 Beispiel (für eine Textersetzung) Wir betrachten die Menge $S = \{a, b, c, \Diamond\}$ und die folgenden drei Textersetzungsregeln, welche wir mit (1) bis (3) durchnumerieren.

$$(1) \quad a\Diamond b\Diamond \mapsto \Diamond \qquad\qquad (2) \quad a\Diamond \mapsto \Diamond \qquad\qquad (3) \quad c \mapsto \Diamond$$

Die vom Wort $aacbc$ ausgehenden Berechnungen kann man als Diagramm wie in Abbildung 6.6 angegeben darstellen. An den Pfeilen steht dabei jeweils die Regelnummer, die zum entsprechenden Berechnungsschritt führt.

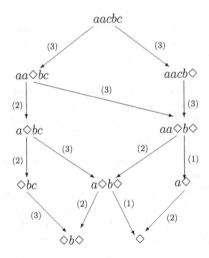

Abbildung 6.6: Graphische Darstellung von Berechnungen

Aufgrund dieses Diagramms erhalten wir für die obige Hüllenabbildung h insbesondere, wenn wir es von oben nach unten durchgehen, daß $h(\{aacbc\}) = \{\Diamond b\Diamond, \Diamond\}$ zutrifft. Die Menge $\{\Diamond b\Diamond, \Diamond\}$ kann man also als (nichtdeterministische) Ausgabe des Textersetzungsalgorithmus zur Eingabe $aacbc$ auffassen. $\square$

Die Terminierungsabbildung eines allgemeinen Ersetzungssystems hat bei jedem Ersetzungsschritt ihrem Wert in der entsprechenden Noetherschen Ordnung echt zu verkleinern. Bei Textersetzungssystemen ist jeder Ersetzungsschritt durch eine Regelanwendung festgelegt. Man wird deshalb versuchen, die Terminierungsabbildung auf die Textersetzungsregeln einzuschränken. Damit wird die Anwendbarkeit wesentlich vereinfacht. Zur Einschränkung auf die Regeln bedarf es natürlich einer gewissen Verträglichkeit mit der Wortstruktur, welche wir nun präzisieren.

6.3.5 Definition Eine Abbildung $t : S^* \to M$ in eine Ordnung $(M, \sqsubseteq)$ heißt *verträglich mit der Wortstruktur*, falls für alle $v, w \in S^*$ und $a, b \in S$ gilt: Aus $t(v) \sqsubset t(w)$ folgt $t(avb) \sqsubset t(awb)$ und $t(v) = t(w)$ impliziert $t(avb) = t(awb)$. $\qquad\qquad\square$

Als Spezialisierung von Satz 6.3.2 auf die Regeln von Textersetzungssystemen erhalten wir nun das folgende Kriterium:

6.3.6 Satz (Terminierungskriterium für Textersetzung) Ein Textersetzungssystem (S, R) ist terminierend, falls es eine mit der Wortstruktur verträgliche Abbildung $t : S^* \to M$ in eine Noethersche Ordnung $(M, \sqsubseteq)$ gibt, so daß $t(r) \sqsubset t(l)$ für alle $l \mapsto r \in R$ gilt.

Beweis: Es sei $l \mapsto r \in R$ eine beliebige Textersetzungsregel, Nach Voraussetzung gilt dann $t(r) \sqsubset t(l)$. Durch eine Induktion nach den Längen von x und y in Kombination mit der Verträglichkeit von t mit der Wortstruktur folgt daraus $t(xry) \sqsubset t(xly)$ für alle $x, y \in S^*$.

Liegt nun eine Beziehung $v \to w$ vor, so gibt es $l \mapsto r \in R$ und $x, y \in S^*$ mit $v = xly$ und $w = xry$. Aus $t(r) \sqsubset t(l)$ folgt, wie eben gezeigt, $t(xry) \sqsubset t(xly)$, also $t(w) \sqsubset t(v)$. Den Rest erledigt Satz 6.3.2. $\qquad\qquad\square$

Um die Terminierung eines Textersetzungssystems zu beweisen, genügt es also, eine mit der Wortstruktur verträgliche Abbildung t in eine Noethersche Ordnung so zu finden, daß für jede Textersetzungsregel der t-Wert der rechten Seite echt kleiner als der t-Wert der linken Seite ist.

Eine wichtige Klasse von solchen Terminierungsabbildungen, die mit der Wortstruktur verträglich sind, ist die Klasse der *Gewichtsabbildungen* $t : S^* \to \mathbb{N}$ in die gewöhnliche Noethersche Ordnung $(\mathbb{N}, \leq)$ der natürlichen Zahlen. Hierbei wird zuerst jedem Zeichen $a \in S$ ein Gewicht $g(a) \in \mathbb{N} \setminus \{0\}$ zugeordnet und dann t rekursiv mittels $t(\varepsilon) = 0$ und $t(aw) = g(a) + t(w)$ definiert. Dies bringt $t(w) = \sum_{i=1}^{|w|} g(w_i)$, womit man sofort die beiden Forderungen von Definition 6.3.5 verifiziert.

6.3.7 Beispiel (Terminierung durch Gewichtsabbildung) Mit Hilfe einer Gewichtsabbildung kann man etwa die Terminierung des Textersetzungssystems von Beispiel 6.3.4 nachweisen. Eine mögliche Wahl der Gewichte bei der Festlegung $t(w) = \sum_{i=1}^{|w|} g(w_i)$ ist

$$g(a) = 1 \qquad g(b) = 1 \qquad g(\lozenge) = 1 \qquad g(c) = 2,$$

weil dies $t(\lozenge) = 1 < 4 = t(a\lozenge b\lozenge)$, $t(\lozenge) = 1 < 2 = t(a\lozenge)$ und $t(\lozenge) = 1 < 2 = t(c)$

impliziert. Also ist für jede Textersetzungsregel der t-Wert der rechten Seite echt kleiner als der t-Wert der linken Seite. Satz 6.3.6 zeigt nun die Terminierung. $\square$

Weitere wichtige Terminierungsabbildungen, die mit der Wortstruktur verträglich sind, sind $t(w) = |w|$ (Längenabbildung) und $t_a(w) = |w|_a$ (Anzahl der Vorkommen eines Zeichens). Beide sind, für sich allein genommen, nicht auf das Textersetzungssystem von Beispiel 6.3.4 anwendbar. Durch eine Kombination kommt man hingegen zum Erfolg. Sie stützt sich auf eine spezielle Ordnung auf Tupeln gleicher Länge, die man beispielsweise vom Telefonbuch her kennt. Aus Gründen der Vereinfachung beschränken wir uns auf Paare.

6.3.8 Satz Es seien $(M, \sqsubseteq_1)$ und $(N, \sqsubseteq_2)$ Ordnungen. Dann ist die durch die Festlegung

$$\langle a, b \rangle <_{lex} \langle c, d \rangle \quad :\Longleftrightarrow \quad a \sqsubset_1 c \vee (a = c \wedge b \sqsubset_2 d)$$

für alle Paare $\langle a, b \rangle$ und $\langle c, d \rangle$ aus $M \times N$ definierte Relation $<_{lex}$ eine Striktordnung auf dem direkten Produkt $M \times N$.

Beweis: Es ist $\langle a, b \rangle <_{lex} \langle a, b \rangle$ äquivalent zu $b \sqsubset_2 b$, kann also nicht gelten. Damit ist die Irreflexivität nachgewiesen.

Nun gelte $\langle a, b \rangle <_{lex} \langle c, d \rangle$ und $\langle c, d \rangle <_{lex} \langle e, f \rangle$ für die Paare $\langle a, b \rangle, \langle c, d \rangle, \langle e, f \rangle \in M \times N$. Dann kann man die Transitivität $\langle a, b \rangle <_{lex} \langle e, f \rangle$ durch eine Reihe von Fallunterscheidungen nachweisen.

Es gelte $a \sqsubset_1 c$. Gilt auch noch $c \sqsubset_1 e$, so bringt dies $a \sqsubset_1 e$, also $\langle a, b \rangle <_{lex} \langle e, f \rangle$. Treffen hingegen $c = e$ und $d \sqsubset_2 f$ zu, so bringt dies wiederum $a \sqsubset_1 e$, also $\langle a, b \rangle <_{lex} \langle e, f \rangle$.

Den Fall, daß $a = c$ und $b \sqsubset_1 d$ gelten, und seine beiden sich aus $\langle c, d \rangle <_{lex} \langle e, f \rangle$ ergebenden Unterfälle behandelt man in analoger Weise. $\square$

Aufgrund von Satz 1.2.2.2 wissen wir, daß Striktordnungsrelationen mittels der Bildung von reflexiven Hüllen zu Ordnungsrelationen führen. Die aus Satz 6.3.8 sich ergebende ist in der Literatur unter dem nachfolgenden Namen bekannt.

6.3.9 Definition Die durch die Striktordnung $<_{lex}$ von Satz 6.3.8 definierte Ordnung $(M \times N, \leq_{lex})$ heißt die *lexikographische Ordnung* von $(M, \sqsubseteq_1)$ und $(N, \sqsubseteq_2)$. $\square$

Terminierungsbeweise von Ersetzungssystemen stützen sich aufgrund von Satz 6.3.2 auf Noethersche Ordnungen. Wesentlich in unserem Zusammenhang ist nun die in dem folgenden Satz angegebene Vererbungseigenschaft.

6.3.10 Satz Sind $(M, \sqsubseteq_1)$ und $(N, \sqsubseteq_2)$ Noethersche Ordnungen, so ist auch $(M \times N, \leq_{lex})$ eine Noethersche Ordnung.

Beweis: Wir betrachten das folgende Prädikat $P(a_0)$ auf M: Es gibt kein $b_0 \in N$, so daß in $\langle a_0, b_0 \rangle$ eine echt abzählbar-absteigende Kette

$$\ldots \langle a_2, b_2 \rangle <_{lex} \langle a_1, b_1 \rangle <_{lex} \langle a_0, b_0 \rangle \qquad\qquad (*)$$

startet. Aufgrund von Satz 2.4.11 ist der Beweis erbracht, wenn wir die Gültigkeit von P für alle Elemente von M gezeigt haben. Wir verwenden dazu eine Noethersche Induktion auf $(M, \sqsubseteq_1)$.

Der Induktionsanfang $P(a_0)$ mit einem minimalen Element a_0 aus M ist trivial.

Zum Induktionsschluß sein nun $a_0 \in M$ ein nicht-minimales Element. Wir nehmen an, daß es eine echt abzählbar absteigende Kette der Form $(*)$ gibt, und leiten daraus einen Widerspruch her.

Es kann nicht $a_0 = a_i$ für alle $i \in \mathbb{N}$ gelten, denn dies würde die echt abzählbar-absteigende Kette $\ldots \sqsubseteq_2 b_2 \sqsubseteq_2 b_1 \sqsubseteq_2 b_0$ nach sich ziehen, was, wiederum nach Satz 2.4.11, dem Noetherschsein der Ordnung $(N, \sqsubseteq_2)$ widerspricht.

Nun wählen wir i als den kleinsten Index mit $a_i \sqsubset_1 a_0$. Nach der Induktionsvoraussetzung $P(a_i)$ gibt es kein $c_i \in N$, so daß in dem Paar $\langle a_i, c_i \rangle$ eine eine echt abzählbarabsteigende Kette startet. Das ist aber ein Widerspruch zur Teilkette $\ldots \langle a_{i+2}, b_{i+2} \rangle <_{lex} \langle a_{i+1}, b_{i+1} \rangle <_{lex} \langle a_i, b_i \rangle$ von $(*)$. $\qquad \square$

Sind die Ordnungen $(M, \sqsubseteq_1)$ und $(N, \sqsubseteq_2)$ sogar Wohlordnungen, so ist auch die lexikographische Ordnung $(M \times N, \le_{lex})$ eine Wohlordnung. Gilt nämlich $\langle a, b \rangle = \langle c, d \rangle$, so auch $\langle a, b \rangle \le_{lex} \langle c, d \rangle$. Im Fall $\langle a, b \rangle \ne \langle c, d \rangle$ bestimmt bei $a \ne c$ die Anordnung von a und c in M die Anordnung der Paare $\langle a, b \rangle$ und $\langle c, d \rangle$ in $(M \times N, \le_{lex})$. Trifft hingegen $a = c$ zu, so muß $b \ne d$ gelten. Nun bestimmt die Anordnung von b und d in N, wie die Paare in $(M \times N, \le_{lex})$ angeordnet sind.

Bei der Anwendung von Terminierungsabbildungen in lexikographische Ordnungen spielt eine spezielle Paarbildung eine ausgezeichnete Rolle. Glücklicherweise erhält diese die wichtige Voraussetzung von Satz 6.3.6, wie der nachstehende Satz zeigt.

6.3.11 Satz Sind $t_1 : S^* \to M$ und $t_2 : S^* \to N$ zwei Abbildungen in Ordnungen $(M, \sqsubseteq_1)$ und $(M, \sqsubseteq_2)$, die verträglich mit der Wortstruktur sind, so ist auch die Abbildung

$$t : S^* \to M \times N \qquad\qquad t(w) = \langle t_1(w), t_2(w) \rangle$$

in die lexikographische Ordnung $(M \times N, \le_{lex})$ verträglich mit der Wortstruktur.

Beweis: Es seien $v, w \in S^*$ und $a, b \in S$ vorgegeben. Dann haben wir

$$
\begin{aligned}
t(avb) <_{lex} t(awb) \iff\ & \langle t_1(avb), t_2(avb) \rangle <_{lex} \langle t_1(awb), t_2(awb) \rangle \\
\iff\ & t_1(avb) \sqsubset_1 t_1(awb)\ \vee \\
& (t_1(avb) = t_1(awb) \wedge t_2(avb) \sqsubset_2 t_2(awb)) \\
\Longleftarrow\ & t_1(v) \sqsubset_1 t_1(w)\ \vee \\
& (t_1(v) = t_1(w) \wedge t_2(v) \sqsubset_2 t_2(w)) \qquad\qquad \text{Vor.} \\
\iff\ & \langle t_1(v), t_2(v) \rangle <_{lex} \langle t_1(w), t_2(w) \rangle \\
\iff\ & t(v) <_{lex} t(w),
\end{aligned}
$$

was die erste Forderung von Definition 6.3.5 beweist. Die Rechnung

$$
\begin{aligned}
t(avb) = t(awb) \quad &\Longleftrightarrow\quad \langle t_1(avb), t_2(avb)\rangle = \langle t_1(awb), t_2(awb)\rangle\\
&\Longleftrightarrow\quad t_1(avb) = t_1(awb) \wedge t_2(avb) = t_2(awb)\\
&\Longleftarrow\quad t_1(v) = t_1(w) \wedge t_2(v) = t_2(w) \qquad\qquad \text{Vor.}\\
&\Longleftrightarrow\quad \langle t_1(v), t_2(v)\rangle = \langle t_1(w), t_2(w)\rangle\\
&\Longleftrightarrow\quad t(v) = t(w)
\end{aligned}
$$

zeigt schließlich noch die zweite Forderung von Definition 6.3.5.   □

Nun kombinieren wir die Längenabbildung und die Abbildung, welche die Anzahl der Vorkommen eines Zeichens liefert, um das Textersetzungssystem von Beispiel 6.3.4 als terminierend nachzuweisen.

6.3.12 Beispiel (Terminierung durch lexikographische Ordnung) Wir definieren eine Terminierungsabbildung t von der Zeichenmenge $\{a, b, c, \diamond\}$ des Textersetzungssystems von Beispiel 6.3.4 in die Ordnung $(\mathbb{N} \times \mathbb{N}, \leq_{lex})$ wie folgt:

$$
t : \{a, b, c, \diamond\} \to \mathbb{N} \times \mathbb{N} \qquad\qquad t(w) = \langle |w|, |w|_c\rangle
$$

Damit haben wir die Darstellung $t(w) = \langle t_1(w), t_2(w)\rangle$, mit $t_1(w) = |w|$ und $t_2(w) = |w|_c$. Nach Satz 6.3.11 ist t mit der Wortstruktur verträglich, weil es die Abbildungen t_1 und t_2 sind, und nach Satz 6.3.10 ist der Bildbereich von t Noethersch geordnet. Zur letzten Aussage haben wir unterstellt, daß $(\mathbb{N} \times \mathbb{N}, \leq_{lex})$ die lexikographische Ordnung ist, wie sie aus der gewöhnlichen Ordnung der natürlichen Zahlen entsteht.

Es gelten $t(\diamond) <_{lex} t(a\diamond b\diamond)$ und $t(\diamond) <_{lex} t(a\diamond)$ wegen $|\diamond| < |a\diamond b\diamond|$ und $|\diamond| < |a\diamond|$. Weiterhin gilt auch $t(\diamond) <_{lex} t(c)$, weil $|\diamond| = |c|$ und $|\diamond|_c < |c|_c$. Satz 6.3.6 zeigt nun wiederum die Terminierung.   □

Zum Schluß des Abschnitts wollen wir noch eine weitere Anwendung von Terminierungsbeweisen skizzieren, die für die praktische Programmierung von großer Bedeutung ist. Wir beginnen mit einem motivierenden Beispiel.

6.3.13 Beispiel (für eine Programmentwicklung) Bei funktionaler Programmierung besteht eine Programmentwicklung oft aus dem Beweis einer Rekursionsgleichung für die gegebene Spezifikation. Das in Informatik-Grundvorlesungen am häufigsten benutzte Beispiel ist sicherlich die Fakultätsabbildung

$$
fac : \mathbb{N} \to \mathbb{N} \qquad\qquad fac(n) = n! := \prod_{i=1}^{n} i.
$$

Sie erfüllt für alle $n \in \mathbb{N}$ die Rekursionsgleichung

$$
fac(n) = \begin{cases} 1 & : \ n = 0\\ n * fac(n-1) & : \ n \neq 0. \end{cases}
$$

Ein funktionales Programm besteht nun in der Übertragung dieser Rekursion in Programmiersprachennotation, beispielsweise in

```
fun fac(n) = if n = 0 then 1
                 else n * fac(n-1),
```

wenn man die funktionale Sprache Standard ML verwendet.   □

So einleuchtend die eben beschriebene Vorgehensweise ist, sie hat doch ihre Tücken. Das funktionale Programm nimmt nämlich nur noch auf die Rekursionsgleichung Bezug, in der nun die ursprüngliche Abbildung f für eine Unbekannte steht. Etwas formalisierter heißt dies, daß sie eine Lösung einer Gleichung $h = F_f(h)$ ist, wobei die Definition der Abbildung F_f auf partiellen Abbildungen[4] in der Form $f_f(h)(a) = \ldots$ sich direkt aus der rechten Seite der Rekursion von f ergibt. Im Fakultätsbeispiel sieht die Definition von F_{fac} für $h : \mathbb{N} \to \mathbb{N}$ und $n \in \mathbb{N}$ wie folgt aus:

$$F_{fac} : \mathbb{N}^{\mathbb{N}} \to \mathbb{N}^{\mathbb{N}} \qquad F_{fac}(h)(n) = \left\{ \begin{array}{ccc} 1 & : & n = 0 \\ n * h(n-1) & : & n \neq 0. \end{array} \right.$$

Offensichtlich ist die oben definierte Fakultätsabbildung fac die einzige Lösung von $h = F_{fac}(h)$, d.h. der einzige Fixpunkt von F_{fac}. Dies muß aber nicht immer so sein. Ändert man z.B. die Typisierung von F_{fac} ab zu $F_{fac} : \mathbb{Z}^{\mathbb{Z}} \to \mathbb{Z}^{\mathbb{Z}}$, so bekommt man mindestens zwei Fixpunkte. Einer entsteht, aus fac, indem man diese Abbildung auf negative Eingaben n durch $fac(n) = 0$ konstant fortsetzt. Der andere entsteht auch durch eine Erweiterung von fac auf die negativen Zahlen. Hier spezifiziert man aber alle Resultate $fac(n)$ für $n < 0$ als undefiniert.

Um zu zeigen, daß die ursprünglich betrachtete Abbildung $f : M \to N$ der einzige Fixpunkt der durch ihre Rekursionsgleichung induzierte Abbildung $F_f : N^M \to N^M$ ist, hat man zu verifizieren, daß für alle $a \in M$ aus der Definiertheit von $f(a)$ die Definiertheit von $\mu_{F_f}(a)$ folgt. Im Prinzip besteht die eben beschriebene Aufgabe aus einem Terminierungsbeweis für die Rekursion. Dies kann man in vielen Fällen wiederum durch eine Terminierungsabbildung t in eine Noethersche Ordnung bewerkstelligen. Dazu hat man nachzuweisen, daß in der rechten Seite der Gleichung $F_f(h)(a) = \ldots$ für alle $a \in M$, für die $f(a)$ definiert ist, unter Beachtung der entsprechenden Bedingungen der Fallunterscheidungen die t-Werte der Argumente aller Aufrufe von h echt kleiner als $t(a)$ sind.

Bei der Fakultätsrekursion ist dies trivial. Hier wählt man $(\mathbb{N}, \leq)$ als Noethersche Ordnung und $t : \mathbb{N} \to \mathbb{N}$ als Identität. Dann gilt im Fall $n \neq 0$ für das Argument $n-1$ des rekursiven Aufrufs die Eigenschaft $t(n-1) < t(n)$. Nachfolgend geben wir ein Beispiel für einen wesentlich komplizierteren Terminierungsbeweis an.

---

[4]Diese Verallgemeinerung ist wichtig. Rekursive funktionale Programme können ja nicht terminieren und damit muß die ihnen zugeordnete Abbildung auch Undefiniertheitsstellen haben dürfen. Außerdem sichert sie die Existenz des kleinsten Fixpunkts μ_{F_f} von F_f zu, welcher – unter dem Gesichtspunkt der operationellen Berechnung – die mathematische Bedeutung der Rekursionsgleichung ist. Die partiellen Abbildungen auf einer Menge bilden nämlich eine CPO, wenn man sie in der Auffassung als Relationen durch die Inklusion ordnet.

6.3.14 Beispiel (Programmterminierungsbeweis) Wir betrachten das nachfolgende funktionale Programm in Standard ML Syntax, wobei die vordefinierten ML-Operationen div und mod den Teiler bzw. den Rest bei einer ganzzahligen Division berechnen:

```
fun P(n) = if n mod 2 = 1 then P((3*n + 1) div 2)
                         else n div 2
```

Die durch dieses Programm induzierte Abbildung $F_P : \mathbb{N}^\mathbb{N} \to \mathbb{N}^\mathbb{N}$ ist für alle partiellen Abbildungen $h : \mathbb{N} \to \mathbb{N}$ und alle $n \in \mathbb{N}$ wie folgt festgelegt:

$$F_P(h)(n) = \begin{cases} h(\frac{3*n+1}{2}) & : & n \text{ ungerade} \\ \frac{n}{2} & : & n \text{ gerade} \end{cases}$$

Um die Terminierung von P für alle Eingaben $n \in \mathbb{N}$ zu beweisen, betrachten wir die folgende Terminierungsabbildung in die gewöhnliche Ordnung der natürlichen Zahlen:

$$t : \mathbb{N} \to \mathbb{N} \qquad t(n) = \begin{cases} 1 + t(\frac{n-1}{2}) & : & n \text{ ungerade} \\ 0 & : & n \text{ gerade} \end{cases}$$

Offensichtlich terminiert die Rekursion von t, diese Terminierungsabbildung ist also total. Durch sie wird jeder natürlichen Zahl n die Anzahl des Zeichens L zugeordnet, die man antrifft, indem man die Binärdarstellung von n von rechts nach links bis zum ersten Vorkommen des Zeichens O oder ggf. bis zum Wortanfang liest. Dies zu verifizieren ist trivial. Eine ganz andere Frage ist natürlich, wie man so eine ungewöhnliche Terminierungsabbildung findet. Hier spielt Erfahrung eine große Rolle. Oft hilft auch systematisches Experimentieren mit symbolischen Auswertungen.

Es bleibt nach dem eben Gesagten noch zu zeigen, daß für alle ungeraden $n \in \mathbb{N}$ die Abschätzung $t(\frac{3*n+1}{2}) < t(n)$ gilt. Der Beweis erfolgt durch eine Noethersche Induktion auf der Menge der ungeraden natürlichen Zahlen.

Zum Induktionsanfang sei $n = 1$, also minimal. Dann gilt:

$$\begin{aligned} t(\tfrac{3*1+1}{2}) &= t(2) \\ &= 0 && \text{Definition } t \\ &< 1 \\ &= 1 + t(0) && \text{Definition } t \\ &= t(1) && \text{Definition } t \end{aligned}$$

Zum Induktionsschluß sei nun $n > 1$ ungerade. Es gibt zwei Fälle. Ist $\frac{3*n+1}{2}$ gerade, so folgt ohne Verwendung der Induktionsvoraussetzung

$$\begin{aligned} t(\tfrac{3*n+1}{2}) &= 0 && \text{Definition } t \\ &< 1 \\ &\leq 1 + t(\tfrac{n-1}{2}) \\ &= t(n) && \text{Definition } t. \end{aligned}$$

Nun sei $\frac{3*n+1}{2}$ ungerade. Hier schließen wir wie folgt:

$$
\begin{aligned}
t(\tfrac{3*n+1}{2}) &= 1 + t(\tfrac{\frac{3*n+1}{2}-1}{2}) && \text{Definition } t \\
&= 1 + t(\tfrac{3*\frac{n-1}{2}+1}{2}) && \\
&< 1 + t(\tfrac{n-1}{2}) && \text{Induktionshypothese } \tfrac{n-1}{2} < n \\
&= t(n) && \text{Definition } t
\end{aligned}
$$

Wesentlich bei dieser Rechnung ist das Ungeradesein von $\frac{n-1}{2}$. Dies folgt aber aus der Annahme an $\frac{3*n+1}{2}$. Gäbe es nämlich ein $k \in \mathbb{N}$ mit $\frac{n-1}{2} = 2 * k$, so folgt daraus der Widerspruch $\frac{3*n+1}{2} = 2 * (3 * k + 1)$ zum Ungeradesein von $\frac{3*n+1}{2}$. $\Box$

Ein seit mehreren Jahrzehnten ungelöstes Terminierungsproblem geht auf den Mathematiker L. Collatz zurück. Die entsprechende partielle Abbildung f auf den natürlichen Zahlen ist rekursiv wie folgt definiert: $f(0) = 0$, $f(n) = f(3 * n + 1)$ falls n ungleich Null und ungarade ist und $f(n) = f(\frac{n}{2})$ für alle anderen natürlichen Zahlen n. Es ist bisher unbekannt, ob diese Rekursion für alle natürlichen Zahlen terminiert, d.h. die durch sie festgelegte partielle Abbildung total ist.

6.4   Kausalität in verteilten Systemen

Ein auf einem Rechner ablaufendes Programm mit allen seinen dazu benötigten Ressourcen wird als Prozeß bezeichnet. Früher hatten Rechner nur eine CPU und damit war es nicht möglich, daß mehrere Prozesse gleichzeitig abliefen. Heutzutage haben Rechner mehrere CPUs und sind sogar zu Rechnernetzen zusammengeschlossen. Damit können Prozesse parallel ablaufen. Im Vergleich zu den früheren sequentiellen Prozessen bedingt aber so ein verteiltes System paralleler Prozesse die Beachtung von zusätzlichen Nebenbedingungen. Diese betreffen etwa Koordinierungsfragen, Kommunikationskonzepte und die kausalen Beziehungen zwischen den ausgeführten Aktionen. Insbesondere bei der Klärung von Kausalität spielen Ordnungen und Verbände eine große Rolle.

Das im folgenden von uns verwendete Modell eines verteilten Systems ist das einer Ansammlung von einzelnen sequentiellen Prozessen $P_1, \ldots, P_n$ in einem Netzwerk aus unidirektionalen Kommunikationskanälen zwischen Prozeßpaaren zum Austausch von Nachrichten. Die *Aktionsstruktur* des verteilten Systems ist gegeben durch eine Menge E von Ereignissen, eine jedem Prozeß P_i zugeordnete Totalordnung $(E_i, \leq_i)$ mit $E_i \subseteq E$ und eine *Kausalitätsrelation* $\leadsto$ auf der Menge $\bigcup_{i=1}^{n} E_i$. Dabei gilt $d <_i e$ wenn d und e Ereignisse des Prozesses P_i sind und d zeitlich vor e stattfindet. Ereignisse eines Prozesses, die nichts mit der Kommunikation zwischen Prozessen zu tun haben, heißen intern. Als nichtinterne Ereignisse betrachtet man nur das Senden und Empfangen von Nachrichten. Die Kausalitätsrelation $d \leadsto e$ auf den nichtinternen Ereignissen trifft zu, wenn $d \in E_i$ das Senden einer Nachricht von P_i nach P_j ist und $e \in E_j$ das Empfangen dieser Nachricht von P_i durch P_j. Graphisch werden Aktionsstrukturen durch kreisfreie gerichtete Graphen dargestellt, mit den Hasse-Diagrammen der Ordnungen $(E_i, \leq_i)$ jeweils in einer Ebene und den Pfeilen für die Kausalitätsrelation zwischen diesen Ebenen. Solche Strukturen beschreiben Ordnungen. Formalisiert wurde dies erstmals durch L. Lamport.

6.4.1 Definition Die Aktionsstruktur eines verteilten Systems sei gegeben durch die Ereignismenge E, die Totalordnungen $(E_i, \leq_i)$, $1 \leq i \leq n$, und die Kausalitätsrelation $\rightsquigarrow$. Die Relation $\Rightarrow$ auf $\bigcup_{i=1}^{n} E_i$ sei definiert durch

$$d \Rightarrow e \quad :\Longleftrightarrow \quad d \rightsquigarrow e \vee \exists i \in \{1, \ldots, n\} : d, e \in E_i \wedge d \leq_i e$$

für alle $d, e \in \bigcup_{i=1}^{n} E_i$. Dann heißt die reflexiv-transitive Hülle $\overset{*}{\Rightarrow}$ von $\Rightarrow$ die *Happened-before-Ordnung* und wird mit dem Symbol $\rightarrow$ bezeichnet. $\qquad\square$

Zur Vereinfachung nehmen wir nachfolgend immer $E = \bigcup_{i=1}^{n} E_i$ an. Dies heißt, daß wir nur jene Ereignisse in Betracht ziehen, die in der Aktionsstruktur eines gegebenen verteilten Systems gemäß der obigen Festlegung vorkommen. Wenn man dann die einzelnen Prozesse nicht mehr in Betracht zieht, kann man ein verteiltes System somit abstrakt als die durch die Happened-before-Ordnung angeordnete Menge ihrer Ereignisse darstellen, also als Ordnung $(E, \rightarrow)$. Die Reflexivität und Transitivität der Happened-before-Ordnung ergeben sich direkt aus der Beschreibung als reflexiv-transitive Hülle. Weil der die Aktionsstruktur darstellende gerichtete Graph kreisfrei ist, bekommen wir auch die Antisymmetrie der Happened-before-Ordnung.

6.4.2 Beispiel (für ein verteiltes System) Das folgende Bild zeigt die Aktionsstruktur eines verteilten Systems, sein sogenanntes Raum-Zeit-Diagramm.

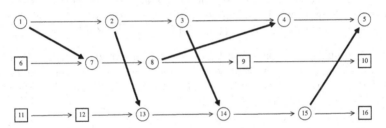

Abbildung 6.7: Aktionsstruktur eines verteilten Systems

Die drei Ebenen (die Zeitlinien) zeigen an, daß das System aus drei Prozessen besteht. Die Ereignisse des ersten Prozesses tragen die Nummern 1 bis 5, die des zweiten Prozesses tragen die Nummern 6 bis 10 und die des dritten Prozesses tragen die Nummern 11 bis 16. Interne Ereignisse sind durch Quadrate markiert und die Pfeile der Kausalitätsrelation sind fett gezeichnet. Beispielsweise ist das erste Ereignis eine Sendeaktion von P_1 nach P_2 und das siebte Ereignis die entsprechende Empfangsaktion von P_2. $\qquad\square$

Beim Management von verteilten Systemen ist es wichtig, alle Kausalitätsbedingungen einzuhalten, damit insbesondere Kommunikationsfehler zwischen den parallel ablaufenden Prozessen vermieden werden. Insbesondere ist darauf zu achten, daß keine Nachrichten „aus der Zukunft empfangen werden". Um dies sicherzustellen, bedient man sich der folgenden zwei Begriffe, wobei beim ersten Begriff – dem wichtigeren – Ordnungen (und später auch mittelbar Verbände) herangezogen werden.

6.4.3 Definition Es seien $(E_i, \leq_i)$, $1 \leq i \leq n$, die Totalordnungen der Aktionsstruktur eines verteilten Systems.

1. Eine Menge $S \subseteq E$ heißt ein *globaler Zustand* (oder auch konsistenter Schnitt), falls sie eine Abwärtsmenge der Ordnung $(E, \rightarrow)$ ist.

2. Ein Tupel $\langle e_1, \ldots, e_n \rangle \in \prod_{i=1}^{n} E_i$ heißt eine *konsistente Schnittlinie*, falls $\{e_1, \ldots, e_n\}$ die Menge der maximalen Elemente eines globalen Zustands ist. $\square$

Eine konsistente Schnittlinie erlaubt in einer Aktionsstruktur eines verteilten Systems zu einem bestimmten Zeitpunkt die Trennung in echte Vorgeschichte, letztmalig feststellbaren konsistenten Systemzustand und Zukunft. In der Aktionsstruktur von Abbildung 6.7 ist etwa $\langle 3, 7, 12 \rangle$ eine konsistente Schnittlinie. Sie gibt an, daß zum gewählten Zeitpunkt bei P_1 bisher die Ereignisse 1 und 2 in dieser Reihenfolge auftraten, bei P_2 bisher das Ereignis 6 auftrat, bei P_3 bisher das Ereignis 11 auftrat und, als Beispiel für die Zukunft, bei P_1 noch die Ereignisse 4 und 5 in dieser Reihenfolge auftreten werden. Um sich das klarzumachen, kann man ein Gummiband-Modell verwenden und die Ereignisse einer konsistenten Schnittlinie in der jeweiligen Ebene so verschieben, daß sie genau übereinander angeordnet sind. Dann ist links die Vergangenheit und rechts die Zukunft. Solche Trennungen kann man auch als Schnappschüsse ansehen, welche oft die Analyse eines Systems erleichtern. Hingegen ist etwa $\{1, 6, 7, 11, 12, 13\}$ kein globaler Zustand des durch Abbildung 6.7 dargestellten verteilten Systems. Die maximalen Elemente 1, 7 und 13 dieser Menge trennen zwar die drei Zeitlinien in Vergangenheit und Zukunft auf, aber nicht in konsistenter/vernünftiger Weise, da z.B. das Ereignis 13 von P_3 eine Nachricht aus der Zukunft empfängt.

Wenden wir uns nun den globalen Zuständen selbst zu. Aufgrund von Satz 4.5.3 bilden sie einen vollständigen und distributiven Verband, genannt den Verband der globalen Zustände. Um seine wesentliche Bedeutung beschreiben zu können, brauchen wir einen weiteren Begriff aus der Theorie der Ordnungen.

6.4.4 Definition Es seien $(M, \leq)$ eine Ordnung und $(M, \sqsubseteq)$ eine Totalordnung. Folgt $a \sqsubseteq b$ aus $a \leq b$ für alle $a, b \in M$ (d.h. ist $\leq$ in $\sqsubseteq$ enthalten), so heißt $(M, \sqsubseteq)$ eine *lineare Erweiterung* von $(M, \leq)$. $\square$

Faßt man eine Ordnung als gerichteten Graphen auf, so spricht man, der graphentheoretischen Sprechweise folgend, statt von einer linearen Erweiterung von einer topologischen Sortierung. Eine lineare Erweiterung $(M, \sqsubseteq)$ einer Ordnung $(M, \leq)$ wird normalerweise als eine Sortierung der Trägermenge M gemäß der Ordnungsrelation $\sqsubseteq$ angegeben. Ist $a_1, a_2, \ldots, a_n$ die dadurch entstehende lineare Liste, gilt also $a_1 \sqsubset a_2 \sqsubset \ldots \sqsubset a_n$, so wird aus der Forderung, daß die Relation $\leq$ in der Relation $\sqsubseteq$ enthalten ist, die Implikation

$$a_i \leq a_j \implies i \leq j$$

für alle Indizes $i, j \in \{1, \ldots, n\}$. Die lineare Liste heißt dann mit der Ordnung $(M, \leq)$ kompatibel. Etwa stellt die Liste

$$11, 6, 1, 12, 7, 2, 13, 8, 3, 14, 9, 4, 15, 16, 10, 5$$

eine lineare Erweiterung des Beispiels von Abbildung 6.7 dar. Eine davon verschiedene lineare Erweiterung ist z.B. angegeben durch

$$1, 2, 3, 6, 7, 8, 4, 9, 10, 11, 12, 13, 14, 15, 5, 18.$$

Im endlichen Fall beweist man die Existenz einer linearen Erweiterung für jede Ordnung $(M, \leq)$ einfach durch eine Induktion nach der Größe der Trägermenge. Der Induktionsbeginn $|M| = 1$ ist trivial. Zum Induktionsschluß $|M| > 1$ entfernt man ein minimales Element a aus M und liftet dann, durch das Anfügen von a als neues kleinstes Element, die nach der Induktionshypothese existierende lineare Erweiterung von $(M \setminus \{a\}, \leq_{|M \setminus \{a\}})$ zu einer von $(M, \leq)$. Aber sogar beliebige Ordnungen besitzen eine lineare Erweiterung. Dies ist die Aussage eines Satzes von E. Szpilrajn aus dem Jahr 1930. Obwohl es etwas vom derzeitigen Thema wegführt, beweisen wir nachfolgend diesen Satz. Wir werden die Idee am Ende des Beweises nämlich sowohl am Abschnittsende als auch später bei den Relationen im Rahmen einer Programmentwicklung wieder aufgreifen.

6.4.5 Satz (von E. Szpilrajn) Zu jeder beliebigen Ordnung $(M, \leq)$ existiert eine lineare Erweiterung $(M, \sqsubseteq)$.

Beweis: Wir definieren die folgende Menge von Ordnungsrelationen auf M:

$$\mathcal{M} := \{O \,|\, O \text{ ist Ordnungsrelation auf } M, \text{ welche } \leq \text{ enthält}\}$$

Es ist $\leq$ ein Element von $\mathcal{M}$, also $\mathcal{M} \neq \emptyset$. Weiterhin ist $(\mathcal{M}, \subseteq)$ eine Ordnung. Diese Ordnung erfüllt die Voraussetzung des Lemmas von M. Zorn, denn jede Kette $\mathcal{K}$ von Ordnungsrelationen aus $\mathcal{M}$ hat, wie man analog zum Beweis des Wohlordnungssatzes zeigt, die Vereinigung $\bigcup \{O \,|\, O \in \mathcal{K}\}$ als obere Schranke in $(\mathcal{M}, \subseteq)$.

Nach dem Lemma von M. Zorn gibt es also eine (die Relation $\leq$ enthaltende) maximale Ordnungsrelation $\sqsubseteq$ in $\mathcal{M}$. Es ist dann aber $(M, \sqsubseteq)$ sogar eine Totalordnung. Wären nämlich $a, b \in M$ mit $a \not\sqsubseteq b$ und $b \not\sqsubseteq a$, so bekommt man mittels der folgenden Festlegung für alle $x, y \in M$ eine Ordnungsrelation auf M:

$$x \sqsubseteq_* y \;:\Longleftrightarrow\; x \sqsubseteq y \vee (x \sqsubseteq a \wedge b \sqsubseteq y)$$

Die Reflexivität von $\sqsubseteq_*$ ist offensichtlich.

Zum Beweis der Antisymmetrie seien $x, y \in M$ mit $x \sqsubseteq_* y$ und $y \sqsubseteq_* x$ vorgegeben. Gelten $x \sqsubseteq y$ und $y \sqsubseteq x$, so impliziert dies $x = y$. Die anderen Fälle können nicht vorkommen. Aus $x \sqsubseteq y$, $y \sqsubseteq a$ und $b \sqsubseteq x$ folgt der Widerspruch $b \sqsubseteq a$, aus $x \sqsubseteq a$, $b \sqsubseteq y$ und $y \sqsubseteq x$ folgt ebenfalls der Widerspruch $b \sqsubseteq a$ und auch $x \sqsubseteq a$, $b \sqsubseteq y$, $y \sqsubseteq a$ und $b \sqsubseteq x$ impliziert diese widersprüchliche Eigenschaft.

Es bleibt noch die Transitivität zu zeigen. Dazu seien $x, y, z \in M$ mit $x \sqsubseteq_* y$ und $y \sqsubseteq_* z$ gegeben. Gelten $x \sqsubseteq y$ und $y \sqsubseteq z$, so gilt $x \sqsubseteq z$, also auch $x \sqsubseteq_* z$. Treffen $x \sqsubseteq y$, $y \sqsubseteq a$ und $b \sqsubseteq z$ zu, so zeigt dies $x \sqsubseteq a$ und $b \sqsubseteq z$, also $x \sqsubseteq_* z$. Auf die gleiche Weise behandelt man die restlichen beiden Fälle $x \sqsubseteq a$, $b \sqsubseteq y$ und $y \sqsubseteq z$ bzw. $x \sqsubseteq a$, $b \sqsubseteq y$, $y \sqsubseteq a$, $b \sqsubseteq z$.

Die Ordnungsrelation $\sqsubseteq_*$ enthält die Ordnungsrelation $\sqsubseteq$ und ist, wegen $a \not\sqsubseteq b$ und $a \sqsubseteq_* b$, aber von ihr verschieden. Das ist ein Widerspruch zur Maximalität von $\sqsubseteq$. $\qquad\square$

Es sei nun E, wie oben verabredet, die Menge der in der Aktionsstruktur eines verteilten Systems vorkommenden Ereignisse. Dann heißt jede mit der Happened-before-Ordnung kompatible Sortierung von E ein *Lauf* (oder eine Ausführung) des Systems. Eine wesentliche Bedeutung des Verbands der globalen Zustände ist nun, daß er bei einer endlichen Menge E in kompakter Form alle Läufe enthält. Zumindest in kleinen Fällen kann man sich dadurch einen Überblick über alle Abarbeitungsmöglichkeiten verschaffen. Das kann dem Management, der Analyse und der Fehlersuche sehr dienlich sein. Der folgende ordnungstheoretische Satz zeigt, wie man aus jedem Lauf $a_1, a_2, \ldots, a_n$ eines verteilten Systems eine maximale Kette im Verband der globalen Zustände bekommt.

6.4.6 Satz Es seien $(M, \leq)$ eine endliche Ordnung mit $|M| = n$ und $(\mathcal{A}(M), \cup, \cap)$ der Verband ihrer Abwärtsmengen. Gibt die lineare Liste $a_1, a_2, \ldots, a_n$ eine lineare Erweiterung $(M, \sqsubseteq)$ von $(M, \leq)$ an, so ist

$$\emptyset \subset \{a_1\} \subset \{a_1, a_2\} \subset \{a_1, a_2, a_3\} \subset \ldots \subset \{a_1, a_2, \ldots, a_n\}$$

eine maximale Kette in $(\mathcal{A}(M), \subseteq)$.

Beweis: Wir zeigen zuerst, daß jede Menge $\{a_1, a_2, \ldots, a_i\}$, $0 \leq i \leq n$, tatsächlich eine Abwärtsmenge ist. Der Fall $i = 0$ der leeren Menge ist klar. Im Fall $i > 0$ sei $a \in \{a_1, a_2, \ldots, a_i\}$, also $a = a_k$ mit $1 \leq k \leq i$. Weiterhin sei $b \in M$. Dann gilt:

$$
\begin{aligned}
b \leq a_k &\implies b \sqsubseteq a_k && (M, \sqsubseteq) \text{ lineare Erweiterung} \\
&\implies \exists\, r, 1 \leq r \leq k : b = a_r && \text{Listenangabe lin. Erweiterung} \\
&\implies b \in \{a_1, a_2, \ldots, a_i\} && \text{da } r \leq k \leq i
\end{aligned}
$$

Die Ketteneigenschaft der Menge

$$\mathcal{K} := \{\emptyset, \{a_1\}, \{a_1, a_2\}, \{a_1, a_2, a_3\}, \ldots, \{a_1, a_2, \ldots, a_n\}\}$$

bezüglich der Inklusion ist klar. Da die Kette $\mathcal{K}$ genau $n + 1$ Elemente besitzt, ist sie bezüglich der Kardinalität eine größte Kette in $(\mathcal{A}(M), \subseteq)$ und folglich auch maximal bezüglich der Inklusion. $\qquad\Box$

Nach Satz 6.4.6 findet man jeden Lauf eines verteilten Systems im Verband der globalen Zustände als eine spezielle Kette wieder. Diese Kette erstreckt sich in maximaler Länge vom leeren globalen Zustand zum vollen globalen Zustand und sammelt dabei nacheinander die Ereignisse des Laufs auf. Wir sagen, daß der Lauf diese Kette induziert. Was noch abgeht, ist die Umkehrung von Satz 6.4.6. In der konkreten Situation eines verteilten Systems besagt sie: Betrachtet man im Verband der globalen Zustände eine maximale Kette vom kleinsten zum größten Element, so gibt es einen Lauf des verteilten Systems, der genau diese Kette induziert. Abstrakt besagt der entsprechende ordnungstheoretische Satz, daß jede maximale Kette in der Ordnung $(\mathcal{A}(M), \subseteq)$ die spezielle Form $\emptyset \subset \{a_1\} \subset \{a_1, a_2\} \subset \{a_1, a_2, a_3\} \subset \ldots \subset \{a_1, a_2, \ldots, a_n\}$ hat, wobei die lineare Liste $a_1, a_2, \ldots, a_n$ eine lineare Erweiterung $(M, \sqsubseteq)$ von $(M, \leq)$ angibt. Zum Beweis dieser Aussage brauchen wir ein berühmtes Resultat bezüglich der Kardinalität von Ketten in modularen Verbänden, welches auf R. Dedekind zurückgeht (Theorem XVI seiner schon mehrmals zitierten Arbeit in Band 53 der Mathematischen Annalen).

6.4.7 Satz (Kettensatz für modulare Verbände) Es seien $(V, \sqcup, \sqcap)$ ein modularer Verband und $a, b \in V$ so, daß die Menge

$$\mathcal{K} = \{K \subseteq V \mid K \text{ Kette mit kleinstem Element } a \text{ und größtem Element } b\}$$

von Ketten nicht leer und jedes Element von $\mathcal{K}$ endlich ist. Dann haben alle maximalen Elemente von $(\mathcal{K}, \subseteq)$ die gleiche Kardinalität. □

Die in diesem Satz verwendete Notation „K Kette mit kleinstem Element a und größtem Element b" formalisiert die Sprechweise „K ist eine Kette von a nach b". Einen Beweis des Satzes findet man etwa in dem Buch von H. Hermes (aufgeführt in der Einleitung) auf den Seiten 72 und 73. Seine Idee ist wie folgt: Man nimmt eine maximale Kette aus $\mathcal{K}$; diese sei etwa $a = x_1 \sqsubset x_2 \sqsubset \ldots \sqsubset x_n = b$. Dann zeigt man durch eine Induktion nach n, daß für jede weitere Kette $K \in \mathcal{K}$ gilt $|K| \leq n$, woraus sofort der Dedekindsche Kettensatz folgt. Der Induktionsbeginn $n = 1$ ist trivial. Beim Induktionsschluß wird verwendet, daß in einem modularen Verband $x \sqcup y$ ein oberer Nachbar von x genau dann ist, wenn $x \sqcap y$ ein unterer Nachbar von y ist (Nachbarschaftssatz).

In etwas anderen Worten ausgedrückt besagt der Kettensatz 6.4.7 insbesondere, daß in jedem endlichen modularen Verband alle maximalen Ketten vom kleinsten zum größten Verbandselement die gleiche Kardinalität haben[5]. Weil distributive Verbände aufgrund von Satz 2.2.6 modular sind, gilt diese Eigenschaft insbesondere für alle (distributiven) Abwärtsmengenverbände endlicher Ordnungen. Nach diesen Vorbereitungen können wir nun die gewünschte Umkehrung von Satz 6.4.6 zeigen.

6.4.8 Satz Es seien $(M, \leq)$ eine endliche Ordnung mit $|M| = n$ und $(\mathcal{A}(M), \cup, \cap)$ der Verband ihrer Abwärtsmengen. Dann besteht jede maximale Kette in $(\mathcal{A}(M), \subseteq)$ aus genau $n + 1$ Mengen und hat die Form

$$\emptyset \subset \{a_1\} \subset \{a_1, a_2\} \subset \{a_1, a_2, a_3\} \subset \ldots \subset \{a_1, a_2, \ldots, a_n\},$$

wobei die lineare Liste $a_1, a_2, \ldots, a_n$ von paarweise verschiedenen Elementen eine lineare Erweiterung $(M, \sqsubseteq)$ von $(M, \leq)$ angibt.

Beweis: Nach dem Satz von E. Szpilrajn besitzt die Ordnung $(M, \leq)$ eine lineare Erweiterung und nach Satz 6.4.6 führt diese zu einer maximalen Kette von $\emptyset$ nach M in $(\mathcal{A}(M), \subseteq)$ der Kardinalität $n + 1$. Folglich hat, nach dem Kettensatz 6.4.7, jede maximale Kette von $\emptyset$ nach M in $(\mathcal{A}(M), \subseteq)$ die Kardinalität $n + 1$, also die folgende spezielle Form mit paarweise verschiedenen Elementen $a_1, a_2, \ldots, a_n \in M$:

$$\emptyset \subset \{a_1\} \subset \{a_1, a_2\} \subset \{a_1, a_2, a_3\} \subset \ldots \subset \{a_1, a_2, \ldots, a_n\} \qquad (*)$$

Es bleibt noch zu zeigen, daß durch $a_1 \sqsubset a_2 \sqsubset \ldots \sqsubset a_n$ eine lineare Erweiterung $(M, \sqsubseteq)$ von $(M, \leq)$ gegeben ist. Offensichtlich ist $(M, \sqsubseteq)$ eine Totalordnung.

---

[5] Auch hieraus folgt etwa, daß der Verband $V_{\neg M}$ nicht modular ist. Es gibt nämlich zwei maximale Ketten von $\bot$ zu $\top$. Eine Kette besteht aus vier Elementen und die andere Kette besteht aus nur drei Elementen.

Angenommen, es gibt $a_i, a_j \in M$ mit $a_i \leq a_j$ und $a_i \not\sqsubseteq a_j$. Dann folgt $a_j \sqsubset a_i$ aus der zweiten Bedingung und der Linearität von $\sqsubseteq$, was $j < i$ aufgrund der Listenangabe der linearen Erweiterung impliziert. Nun betrachten wir die Menge $A := \{a_1, a_2, \ldots, a_j\}$. Es gilt $a_j \in A$ und $a_i \leq a_j$, jedoch auch $a_i \notin A$ wegen $j < i$. Damit ist A keine Abwärtsmenge mehr. Dies ist ein Widerspruch zur Voraussetzung an die Mengen der Kette $(\ast)$. $\qquad\square$

Ist $(M, \sqsubseteq)$ eine lineare Erweiterung der endlichen Ordnung $(M, \leq)$, so kann man die maximale Kette der Sätze 6.4.6 und 6.4.8 auch in der Form

$$\mathcal{K} := \{\emptyset\} \cup \{\{x \in M \mid x \sqsubseteq a\} \mid a \in M\}$$

notieren. Durch die Mengen der Kette $\mathcal{K}$ sind genau die Abwärtsmengen von $(M, \sqsubseteq)$ gegeben. Es ist nämlich $\emptyset$ eine Abwärtsmenge von $(M, \sqsubseteq)$ und auch alle Mengen $\{x \in M \mid x \sqsubseteq a\}$ sind Abwärtsmengen von $(M, \sqsubseteq)$. Ist umgekehrt A eine Abwärtsmenge von $(M, \sqsubseteq)$, so gilt entweder $A = \emptyset$ oder A besitzt bezüglich $\sqsubseteq$ ein größtes Element a. Im letzten Fall gilt offensichtlich $A = \{x \in M \mid x \sqsubseteq a\}$. Somit kann man die beiden Sätze 6.4.6 und 6.4.8 wie folgt zusammenfassen: Ist $(M, \leq)$ eine endliche Ordnung, $\mathcal{L}_\leq(M)$ die Menge der linearen Erweiterungen von $(M, \leq)$ und $\mathcal{K}_m(\mathcal{A}_\leq(M))$ die Menge der maximalen Ketten im Verband der Abwärtsmengen[6] von $(M, \leq)$, so ist die Abbildung $f : \mathcal{L}_\leq(M) \to \mathcal{K}_m(\mathcal{A}_\leq(M))$, die einer linearen Erweiterung $(M, \sqsubseteq) \in \mathcal{L}_\leq(M)$ die Menge ihrer Abwärtsmengen $\mathcal{A}_\sqsubseteq(M)$ zuordnet, bijektiv. Dieses Resultat geht auf R. Bonnet und M. Bouzet (1969) zurück.

Nach diesen abstrakten ordnungstheoretischen Resultaten kehren wir im folgenden Beispiel wieder zu dem Ausgangspunkt dieses Abschnitts, den verteilten Systemen, zurück. Dabei greifen wir das einführende Beispiel noch einmal auf.

6.4.9 Beispiel (Weiterführung von Beispiel 6.4.2) Wenn wir zur Aktionsstruktur von Beispiel 6.4.2 den Verband der globalen Zustände bestimmen, so besteht dieser aus genau 117 Mengen und damit einer riesigen Menge von Ketten vom kleinsten zum größten Element (genau: 351 532 Ketten). Um die Komplexität zu meistern, bietet es sich an, nur mehr die für die Kommunikation wesentlichen Ereignisse zu betrachten und alle internen Ereignisse aus der Ordnung zu entfernen.

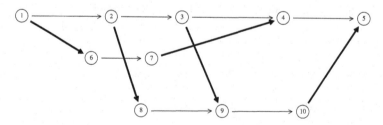

Abbildung 6.8: Reduktion des verteilten Systems von Beispiel 6.4.2

---

[6]Aus Gründen der Einfachheit haben wir bisher bei Mengen wie $\mathcal{I}(V)$ und $\mathcal{A}(M)$ immer die Ordnungsrelation unterdrückt. Weil wir nun Abwärtsmengen bezüglich verschiedener Ordnungen betrachten, müssen wir sie explizit angeben. Wir tun dies in Form eines unteren Index.

Graphisch sieht dann die durch diese Reduktion entstehende Aktionsstruktur wie in Abbildung 6.8 angegeben aus. Wie schon das Bild von Abbildung 6.7, so wurde auch dieses Bild mit Hilfe des in der Einleitung erwähnten Computersystems RELVIEW erstellt. Da RELVIEW Knoten von Graphen immer lückenlos und mit 1 beginnend durchnumeriert, haben sich, im Vergleich zum früheren Bild, die Nummern der Prozesse 7, 8, 13, 14 und 15 in 6, 7, 8, 9 und 10 verändert.

In der nachfolgenden Abbildung 6.9 ist der Verband der globalen Zustände zum verteilten System mit der Aktionsstruktur von Abbildung 6.8 angegeben. Dabei entspricht jeder der 27 Knoten dieses RELVIEW-Bildes genau einem globalen Zustand. Beispielsweise sind die Ereignismengen $\emptyset$, $\{1\}$, $\{1,2\}$, $\{1,2,3\}$, $\{1,2,3,6\}$, $\{1,2,3,6,7\}$, $\{1,2,3,4,6,7\}$, $\{1,2,3,4,6,7,8\}$, $\{1,2,3,4,6,7,8,9\}$, $\{1,2,3,4,6,7,8,9,10\}$ und $\{1,2,3,4,5,6,7,8,9,10\}$ die globalen Zustände der fett eingezeichneten Kette.

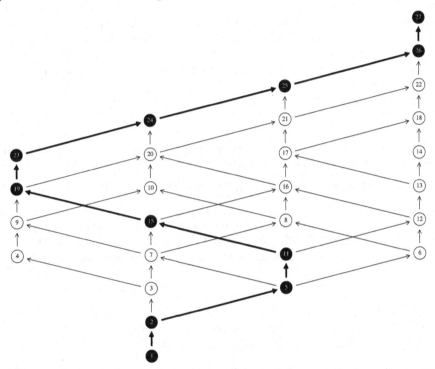

Abbildung 6.9: Verband der globalen Zustände der Reduktion

Aufgrund von Satz 6.4.8 und der obigen Kette ist damit

$$1,2,3,6,7,4,8,9,10,5$$

ein Lauf des verteilten Systems mit der Aktionsstruktur von Abbildung 6.8. Insgesamt berechnete RELVIEW genau 38 maximale Ketten vom leeren globalen Zustand zum vollen globalen Zustand. $\square$

Der Verband der globalen Zustände ist auch von Bedeutung, wenn man ein verteiltes System unter dem Gesichtspunkt der Beobachtbarkeit analysiert. Hierbei ist die Grundannahme, daß ein Beobachter nicht gleichzeitig Ereignisse beobachten kann, sondern nur hintereinander. Parallel stattfindende Ereignisse werden in eine zufällige Reihenfolge gebracht. Die so erfaßten Ereignisse/Aktionen werden dann in einem sequentiellen Ablaufprotokoll festgehalten.

So ein Ablaufprotokoll entspricht damit genau einem Lauf des beobachteten verteilten Systems. Existiert eine genügend große Menge von Ablaufprotokollen, so kann man die Happened-before-Ordnung (und damit auch die Aktionsstruktur) des Systems teilweise rekonstruieren. Kennt man alle Läufe, so läßt sich die Happened-before-Ordnung sogar eindeutig rekonstruieren. Dazu könnte man etwa, aufbauend auf die bisherigen Resultate des Skriptums, zuerst den Verband der globalen Zustände in naheliegender Weise aus allen Läufen aufbauen und dann, wie nach Satz 4.5.6 (dem Darstellungssatz von G. Birkhoff) angemerkt, daraus die ihn induzierende Happened-before-Ordnung durch die Restriktion auf die $\sqcup$-irreduziblen Elemente bekommen. Dieses Verfahren liefert die Happened-before-Ordnung jedoch nur bis auf Isomorphie. Um sie wirklich zu bekommen, müßte man auch noch den Isomorphismus rückgängig machen. Es gibt jedoch ein viel einfacheres Verfahren, die Happened-before-Ordnung direkt aus allen Läufen zu erhalten. Wie dies möglich ist, wird durch den nachfolgenden ordnungstheoretischen Satz gezeigt, der ebenfalls auf E. Szpilrajn zurückgeht.

6.4.10 Satz Es seien $(M, \leq)$ eine Ordnung und $\mathcal{L}_\leq(M)$ die Menge der linearen Erweiterungen von $(M, \leq)$. Dann ist die Ordnungsrelation $\leq$ identisch zu $\bigcap \{\sqsubseteq \mid (M, \sqsubseteq) \in \mathcal{L}_\leq(M)\}$.

Beweis: „$\subseteq$": Offensichtlich ist $\leq$ in $\bigcap \{\sqsubseteq \mid (M, \sqsubseteq) \in \mathcal{L}_\leq(M)\}$ enthalten.

„$\supseteq$": Zum Beweis dieser Inklusion seien $a, b \in M$ vorgegeben, so daß $a \sqsubseteq b$ für jede lineare Erweiterung $(M, \sqsubseteq) \in \mathcal{L}_\leq(M)$ gilt. Angenommen, es gelte $a \not\leq b$. Dann trifft auch $b \not\leq a$ zu, denn $b \leq a$ impliziert $b \sqsubseteq a$ für jede lineare Erweiterung $(M, \sqsubseteq)$, also den Widerspruch $b = a$ zu $a \not\leq b$. Analog zum Beweis des Satzes 6.4.5 bekommt man mittels der Festlegung

$$x \leq_* y \quad :\Longleftrightarrow \quad x \leq y \vee (x \leq b \wedge a \leq y)$$

für alle $x, y \in M$ eine Ordnung $(M, \leq_*)$, so daß $\leq$ in $\leq_*$ enthalten ist und $b \leq_* a$ gilt. Die Ordnung $(M, \leq_*)$ besitzt aufgrund des Satzes von E. Szpilrajn eine lineare Erweiterung $(M, \sqsubseteq_*)$. Diese ist auch eine lineare Erweiterung von $(M, \leq)$.

Wegen $b \leq_* a$ gilt $b \sqsubseteq_* a$ und somit, da $a \neq b$, die Beziehung $a \not\sqsubseteq_* b$. Diese ist aber ein Widerspruch dazu, daß $a \sqsubseteq b$ für jede lineare Erweiterung $(M, \sqsubseteq) \in \mathcal{L}_\leq(M)$ gilt. $\square$

Man kann im endlichen Fall sogar zeigen, daß man nicht alle linearen Erweiterungen schneiden muß, um die Originalordnung $(M, \leq)$ wieder zu erhalten, sondern maximal d Stück genügen, wobei diese eindeutige Zahl d (die Dimension der Ordnung) aufgrund eines bekannten Satzes von R. Dilworth aus dem Jahr 1950 kleiner oder gleich der Kardinalität einer größten Antikette von $(M, \leq)$ ist. Welche d Elemente aus $\mathcal{L}_\leq(M)$ man jedoch zu wählen hat, ist vermutlich nicht effizient feststellbar.

Kapitel 7

Relationenalgebraische Grundlagen

Relationen beschreiben umgangssprachlich Beziehungen zwischen Objekten, wie etwa „Kiel *liegt an* der Ostsee" oder. „die Zugspitze *ist höher als* der Watzmann". In ihrer mathematischen Formulierung als Mengen von Paaren[1] bilden sie eine der Grundlagen dieser Wissenschaft und haben auch zahlreiche Anwendungen in anderen Disziplinen gefunden. Wir haben im Verlauf dieses Buchs bisher schon öfter den Begriff „Relation" und Eigenschaften sowie Operationen auf Relationen, wie beispielsweise die transitive Hülle R^+, verwendet. Dabei wurde entsprechendes Wissen aus der Schule und dem Grundstudium vorausgesetzt. In den folgenden Kapiteln werden wir uns nun mit dem sogenannten komponentenfreien algebraischen Rechnen mit Relationen beschäftigen, d.h. mit der (wie sie oft auch genannt wird) abstrakten Relationenalgebra oder dem Relationenkalkül. Dieses Kapitel stellt dazu die Grundlagen bereit.

7.1   Konkrete Relationen

Wir rekapitulieren nachfolgend ganz kurz bekannte Begriffe und fixieren etwas an Notation. Sind M und N zwei Mengen, so heißt eine Teilmenge R vom direkten Produkt $M \times N$, also eine Menge von Paaren $\langle x, y \rangle$ mit $x \in M$ und $y \in N$, eine *Relation* (genaugenommen: eine binäre Relation) auf M und N mit *Argumentbereich* (oder Urbildbereich) M und *Resultatbereich* (oder Bildbereich) N. Man nennt M und N auch die Trägermengen der Relation R. Üblicherweise schreibt man mengentheoretisch $R \subseteq M \times N$ oder $R \in 2^{M \times N}$, falls R eine binäre Relation) auf M und N ist. Wir wählen in diesem Buch aber eine andere Schreibweise für Relationen, die sich an die Spezifikationssprache Z anlehnt:

1. Die *Menge aller Relationen* mit Argumentbereich M und Bildbereich N bezeichnen wir mit $[M \leftrightarrow N]$.

---

[1]Es sollte an dieser Stelle betont werden, daß wir uns auf binäre Relationen beschränken. Betrachtet man statt Paaren allgemeiner Tupel mit $k > 0$ Komponenten, so spricht man bei einer Menge von solchen Tupeln von einer k-stelligen Relation. Diese Verallgemeinerung ist insbesondere in der Datenbanktechnik von großer Bedeutung.

2. Statt $R \in [M \leftrightarrow N]$ schreiben wir $R : M \leftrightarrow N$ und nennen dann $[M \leftrightarrow N]$ den *Typ* von R.

Durch diese Schreibweisen verhindern wir Konflikte, wie sie in der originalen Schreibweise beispielsweise in $\in \in 2^{M \times 2^M}$ auftreten. Hierin ist durch das erste Symbol „$\in$" eine Relation bezeichnet, nämlich die mengentheoretische Ist-Element-von-Beziehung, das zweite Symbol „$\in$" ist hingegen ein Metazeichen. Die neue Schreibweise $\in : M \leftrightarrow 2^M$ ist hier wesentlich einleuchtender und trennt die Objektebene, also die Ebene der mit mathematischen Mitteln zu untersuchenden Objekte „Relationen und deren Operationen", von der dazu notwendigen mengentheoretischen und logischen (d.h. der mathematischen) Metaebene.

Üblicherweise schreibt man in der Mathematik auch $(x, y) \in R, \langle x, y \rangle \in R$ oder xRy. Wir wählen jedoch bei der Beschäftigung mit Relationen auf der Objektebene nachfolgend im Regelfall eine Schreibweise, die sich an Matrizen orientiert, und schreiben R_{xy}, falls, wie man normalerweise sagt, x und y in der Relation R stehen. Manchmal sind die Indizes x und y einer solchen relationalen Beziehung nicht nur Bezeichner, sondern Terme. In so einem Fall trennen wir sie durch ein Komma, wie etwa das Beispiel R_{x+1,y^2} zeigt. Die Vorteile der eben eingeführten Schreibweisen werden im Laufe des Buchs hoffentlich klar werden. Wir kommen nach diesen Vorbemerkungen nun zum ersten Teil der algebraischen Auffassung von Relationen.

7.1.1 Definition Der *verbandstheoretische Anteil* der Relationenalgebra ist für zwei Mengen M und N definiert durch

1. die *Nullrelation* (oder *leere Relation*) $\emptyset : M \leftrightarrow N$, welche im folgenden mit O bezeichnet wird,

2. die *Allrelation* (oder *Universalrelation*, auch *volle Relation*) $M \times N : M \leftrightarrow N$, welche im folgenden mit L bezeichnet wird,

3. die drei mengentheoretischen Operationen

$$
\begin{array}{lll}
\cup & : & [M \leftrightarrow N] \times [M \leftrightarrow N] \to [M \leftrightarrow N] \qquad\qquad \textit{Vereinigung} \\
\cap & : & [M \leftrightarrow N] \times [M \leftrightarrow N] \to [M \leftrightarrow N] \qquad\qquad \textit{Durchschnitt} \\
\overline{} & : & [M \leftrightarrow N] \to [M \leftrightarrow N] \qquad\qquad\qquad\qquad\quad \textit{Komplement}
\end{array}
$$

(wobei $\overline{R} = \mathsf{L} \setminus R = \complement_{\mathsf{L}} R$ das Komplement in der üblichen Mengenschreibweise im Potenzmengenverband $(2^{M \times N}, \cup, \cap)$ darstellt). $\qquad\qquad\qquad\qquad\qquad\qquad$ □

Wie bei den Booleschen Verbänden spricht man auch von der Negation statt dem Komplement. Somit haben wir für alle $x \in M$ und $y \in N$, daß $\neg \mathsf{O}_{xy}$ und L_{xy} gelten, sowie, für alle Relationen $R, S : M \leftrightarrow N$, die Äquivalenz von $(R \cup S)_{xy}$ mit $R_{xy} \vee S_{xy}$, von $(R \cap S)_{xy}$ mit $R_{xy} \wedge S_{xy}$ und von $\overline{R}_{xy}$ mit $\neg R_{xy}$. Man beachte weiterhin, daß aus der Definition der Inklusion $R \subseteq S$ mittels der verbandstheoretischen Operationen sofort die Äquivalenz von $R \subseteq S$ und $R_{xy} \to S_{xy}$ für alle x aus dem Argumentbereich M und y aus dem Bildbereich N folgt. Wie Vereinigung und Durchschnitt ist auch die Inklusion nur erklärt, wenn die Argumentbereiche und die Bildbereiche der zu vergleichenden Relationen übereinstimmen. Für das gesamte weitere Vorgehen während dieses Buchs legen wir fest:

Bei Schreibweisen wie $[M \leftrightarrow N]$ und $R : M \leftrightarrow N$ setzen wir immer nichtleere Mengen M und N voraus.

Diese Forderung impliziert die Ungleichung $\mathsf{O} \neq \mathsf{L}$, welche hilft, manche Komplikationen zu vermeiden, die sonst auftreten würden. Weiterhin gilt damit die folgende wichtige Eigenschaft:

7.1.2 Satz (Boolescher Verband) Die Menge der Relationen $[M \leftrightarrow N]$ bildet mit den Operationen $\cup, \cap, ^{-}$ einen vollständigen, Booleschen und atomaren Verband mit kleinstem Element O und größtem Element L. Atome haben genau die Form $\{\langle x, y \rangle\}$. $\qquad\square$

Man beachte, daß Boolesche Verbände nach der früher gegebenen Definition mindestens zwei Elemente haben müssen. Für die Relationenmenge $[M \leftrightarrow N]$ wäre dies bei $M = \emptyset$ oder $N = \emptyset$ aber nicht mehr der Fall, da hier alle Relationen $R : M \leftrightarrow N$ zur leeren Relation $\mathsf{O} : M \leftrightarrow N$ gleich sind. Dies würde zu Komplikationen führen, die wir durch die obige Festlegung vermeiden.

Als nächstes führen wir nun die nicht-verbandstheoretischen Konstanten und Operationen der Relationenalgebra ein, die über den bisher in dem Buch behandelten verbandstheoretischen Stoff hinausführen.

7.1.3 Definition Der *nicht-verbandstheoretische Anteil* der Relationenalgebra ist für drei Mengen M, N und P definiert durch

1. die *identische Relation* $\mathsf{I} : M \leftrightarrow M$, welche für alle $x, y \in M$ festgelegt ist durch

$$\mathsf{I}_{xy} \iff x = y,$$

2. und die beiden Operationen

$$
\begin{aligned}
\circ &: \; [M \leftrightarrow N] \times [N \leftrightarrow P] \to [M \leftrightarrow P] && \textit{Komposition} \\
^{\mathsf{T}} &: \; [M \leftrightarrow N] \to [N \leftrightarrow M] && \textit{Transposition},
\end{aligned}
$$

welche für alle $x \in M$, $y \in P$ und $z \in N$ festgelegt sind durch

$$
\begin{aligned}
(R \circ S)_{xy} &\iff \exists z \in N : R_{xz} \wedge S_{zy} \\
(R^{\mathsf{T}})_{xz} &\iff R_{zx}.
\end{aligned}
$$

Bei der Komposition schreiben wir im folgenden immer RS statt $R \circ S$. Statt von der Komposition spricht man auch vom Produkt oder von der Multiplikation von Relationen und die transponierte Relation wird manchmal auch die konverse Relation genannt. $\qquad\square$

In der Literatur findet man für die Komposition von zwei Relationen auch die Schreibweise $R; S$. Die Kompositionsoperation bindet nach Verabredung stärker als Vereinigung und Durchschnitt. Man beachte, daß auch die Kompositionsoperation nicht auf alle Paare von Relationen anwendbar ist. Offensichtlich gilt:

7.1.4 Satz (Halbgruppe) Die Komposition von Relationen ist eine assoziative Operation. Weiterhin gilt für alle Relationen $R : M \leftrightarrow N$, daß

1. $R\mathsf{I} = R$ für die identische Relation $\mathsf{I} : N \leftrightarrow N$,

2. $\mathsf{I}R = R$ für die identische Relation $\mathsf{I} : M \leftrightarrow M$.   □

Im weiteren Verlauf des Buchs werden wir die Typisierung, d.h. die Angabe von Argumentbereich und Bildbereich, sehr oft unterdrücken und die Zeichen O, L und I überlagern. Weiterhin werden wir annehmen, daß bei hingeschriebenen relationalen Termen und Formeln die Verknüpfbarkeit der in ihnen enthaltenen Relationen immer gegeben ist. Damit vereinfachen sich viele Aussagen. Im folgenden Satz tauchen etwa drei verschiedene Allrelationen auf, die alle mit dem gleichen Symbol bezeichnet sind. In seiner Formulierung nehmen wir also z.B. implizit an, daß der Urbildbereich des linkesten L mit dem Urbildbereich des rechtesten L übereinstimmt und der Bildbereich des linkesten L der Urbildbereich von R ist. Der Beweis des Satzes ist so einfach, daß wir ihn nicht bringen.

7.1.5 Satz (Tarski–Regel) Für alle Relationen R gilt die Äquivalenz der Ungleichung $R \neq \mathsf{O}$ mit der Gleichung $\mathsf{L}R\mathsf{L} = \mathsf{L}$.   □

Endliche Relationen (also Relationen, deren Trägermengen endlich sind) kann man auf vielerlei Weisen graphisch darstellen. Eine sehr gut geeignete Darstellungsweise ist die Repräsentation durch Boolesche Matrizen. Nachfolgend ist ein kleines Beispiel angegeben: Wir betrachten, zu $M = \{1, 2, 3\}$ und $N = \{a, b, c\}$ die Relation

$$R = \{\langle 1, a \rangle, \langle 1, b \rangle, \langle 3, c \rangle\} : M \leftrightarrow N.$$

Dann sieht die Boolesche Matrix zu R wie folgt aus, wobei 1 für den Wahrheitswert *tt* und 0 für den Wahrheitswert *ff* steht:

	a	b	c
1	1	1	0
2	0	0	0
3	0	0	1

Bei solchen Booleschen Matrizen sind die Zeilen immer mit dem Argumentbereich und die Spalten immer mit dem Bildbereich markiert. Stimmen Argumentbereich und Bildbereich überein, so gelangt man zu einer weiteren Darstellung durch gerichtete Graphen (d.h. Pfeildiagramme). Diese Darstellung kennen wir schon von den Ordnungsdiagrammen her. Weil Graphem später noch oft auftauchen werden, wollen wir auf die Verbindung zu den Relationen etwas genauer eingehen.

7.1.6 Bemerkung (Relationen und Graphen) Bildlich besteht ein Graph aus Knoten (oft als Kreise gezeichnet) und Pfeilen oder Kanten (normalerweise mittels Geraden, Polygonzügen oder Kurvenbögen dargestellt). Von Pfeilen spricht man in der Regel, wenn eine Richtung vorgegeben ist, also die Geraden, Polygonzüge oder Kurvenbögen mit einer Pfeilspitze enden. Ansonsten spricht man von Kanten.

Die wichtigste Klasse von Graphen bilden diejenigen, bei denen Pfeile vorliegen und zwischen einem Paar von Knoten höchstens ein Pfeil in eine Richtung existiert (also „parallele Pfeile" zwischen Knotenpaaren verboten sind). Hier ist ein kleines Beispiel mit $\{1, \ldots, 10\}$ als Knotenmenge, welches durch das RELVIEW-System erstellt wurde.

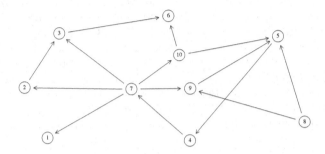

Abbildung 7.1: Bildliche Darstellung eines gerichteten Graphen

Bei so einem Graphen, der gerichteter 1-Graph oder kürzer nur *gerichteter Graph* genannt wird, ist ein Pfeil durch ein Knotenpaar bestimmt – durch den Anfangsknoten und den Endknoten. Man kann Pfeile also mit Knotenpaaren identifizieren, somit Mengen von Pfeilen mit Mengen von Knotenpaaren, also mit Relationen auf der Knotenmenge. Deshalb ist ein gerichteter Graph nichts anderes als ein Paar $g = (V, R)$ mit einer Knotenmenge $V \neq \emptyset$ und einer Relation $R : V \leftrightarrow V$ als Pfeilmenge. Weil in der Typisierung von R die Knotenmenge bereits enthalten ist, würde eigentlich die Schreibweise $R : V \leftrightarrow V$ genügen. Wir halten uns im folgenden aber immer an die gebräuchlichere Notation $g = (V, R)$.

Auch allgemeinere Klassen von Graphen kann man mit Relationen einfach modellieren. Wir wollen an dieser Stelle aber noch nicht näher darauf eingehen, da uns die geeigneten relationenalgebraischen Mittel noch nicht zur Verfügung stehen □

Mit Relationen kann man, wie wir später sehen werden, nicht nur gut algebraisch rechnen (d.h. entsprechende Umformungen durchführen), sondern auch Probleme spezifizieren und Lösungsalgorithmen formulieren. Will man diese mit einem Rechner ausführen, so bedarf es dazu einer Computerimplementierung von Relationen. Wie sich aus der obigen Bemerkung ergibt, kann diese auch dazu verwendet werden, Graphen darzustellen. Wir wollen uns hier mit der Computerimplementierung von Relationen nur kurz beschäftigen.

7.1.7 Bemerkung (Implementierung von Relationen) Eine Darstellung von endlichen Relationen im Rechner kann sich direkt auf die Darstellung durch Boolesche Matrizen stützen und zweidimensionale Felder verwenden. Der Vorteil hierbei ist, daß die Implementierung der Konstanten O, L und I und auch der relationenalgebraischen Operationen sehr einfach ist. Nachteilig bei dieser Darstellung ist der hohe Verbrauch an Speicherplatz. Relationen des Typs $[M \leftrightarrow N]$ benötigen immer $|M| * |N|$ Boolesche Speicherplätze.

Für sogenannte „dünn besetzte" Relationen, also solche mit wenigen Paaren (was vielen Nullen in der Matrixdarstellung entspricht), bieten sich insbesondere Listendarstellungen an. Man kann z.B. die Liste aller Paare abspeichern. Eine andere Möglichkeit ist, in einem mit den Elementen von M indizierten Feld unter dem Index $x \in M$ jeweils die mit x in der Beziehung R_{xy} stehenden Elemente y von N in Form einer Liste (genauer: eines Verweises auf eine entsprechende Liste) aufzuführen.

Sehr effizient ist auch die Darstellung von Relationen durch sogenannte reduzierte, geordnete binäre Entscheidungsdiagramme (englisch: reduced, ordered binary decision diagrams, kurz ROBDDs), welche beispielsweise im Kieler RELVIEW-System Verwendung finden. Genaueres findet man z.B. in den Doktorarbeiten „ROBDD-basierte Implementierung von Relationen und relationalen Operationen mit Anwendungen" von B. Leoniuk und „Zur Implementierung eines ROBDD-basierten Systems für die Manipulation und Visualisierung von Relationen" und U. Milanese. Beide entstanden am Institut für Informatik und Praktische Mathematik der Christian-Albrechts-Universität zu Kiel und wurden in den Jahren 2001 als Institutsbericht bzw. 2003 beim Logos-Verlag in Berlin publiziert.   □

Nach dieser kurzen Abschweifung in die Praxis kommen wir nun zur Theorie zurück und entwickeln im Konkreten das weiter, was später im Abstrakten zu den Axiomen der Relationenalgebra führt. Von den Matrizen her bekannt sind viele Formeln für Komposition und Transposition. Diese übertragen sich auch auf Relationen, so daß wir etwa $(RS)^{\mathsf{T}} = S^{\mathsf{T}} R^{\mathsf{T}}$ und $R^{\mathsf{T}^{\mathsf{T}}} = R$ haben. Wenn man auf eine Axiomatisierung der Relationenalgebra hinzielt, so ist die folgende Tatsache dafür grundlegend. In ihrem Beweis verwenden wir, daß eine logische Formel $(\exists a : \varphi) \Rightarrow \psi$, in der a in ψ nicht vorkommt, zu $\forall a : \varphi \Rightarrow \psi$ äquivalent ist. Diese Tatsache folgt aus der Beschreibung der Implikation mittels Komplementbildung und Disjunktion, einer Regeln von A. de Morgan, der Gleichwertigkeit von ψ und $\forall a : \psi$ aufgrund der Voraussetzung und der Distributivität der Disjunktion über den Allquantor.

7.1.8 Satz (Schröder–Äquivalenzen) Für drei Relationen Q, R und S (die entsprechenden Verknüpfbarkeiten vorausgesetzt) gelten die Äquivalenzen

$$QR \subseteq S \iff \overline{S} R^{\mathsf{T}} \subseteq \overline{Q} \iff Q^{\mathsf{T}} \overline{S} \subseteq \overline{R}.$$

Beweis: Wir haben zwei Äquivalenzen zu zeigen und beginnen die Rechnungen mit der linken Äquivalenz.

1. Für die linke Äquivalenz berechnen wir:

$$
\begin{array}{llll}
QR \subseteq S & \iff & \forall\, x, y : (\exists z : Q_{xz} \wedge R_{zy}) \Rightarrow S_{xy} & \text{Def. Operat.} \\
& \iff & \forall\, x, y, z : Q_{xz} \wedge R_{zy} \Rightarrow S_{xy} & \text{siehe oben} \\
& \iff & \forall\, x, y, z : \overline{Q}_{xz} \vee \overline{R}_{zy} \vee S_{xy} &
\end{array}
$$

$$
\begin{array}{llll}
\overline{S} R^{\mathsf{T}} \subseteq \overline{Q} & \iff & \forall\, x, y : (\exists z : \overline{S}_{xz} \wedge R^{\mathsf{T}}_{zy}) \Rightarrow \overline{Q}_{xy} & \text{Def. Operat.} \\
& \iff & \forall\, x, y, z : \overline{S}_{xz} \wedge R^{\mathsf{T}}_{zy} \Rightarrow \overline{Q}_{xy} & \text{siehe oben} \\
& \iff & \forall\, x, y, z : \overline{\overline{S}}_{xz} \vee \overline{R^{\mathsf{T}}}_{zy} \vee \overline{Q}_{xy} & \\
& \iff & \forall\, x, y, z : \overline{Q}_{xy} \vee \overline{R}_{yz} \vee S_{xz} & \text{Def. Operat.}
\end{array}
$$

Benennt man nun in der letzten Formel der zweiten Äquivalenz y in z und z in y konsistent um, so erhält dies die Äquivalenz und resultiert in der letzten Formel der ersten Äquivalenz.

2. Auf genau die gleiche Weise zeigt auch man die Äquivalenz von $\overline{S}R^{\mathsf{T}} \subseteq \overline{Q}$ und $Q^{\mathsf{T}}\overline{S} \subseteq \overline{R}$. $\qquad\qquad\qquad\qquad\qquad\qquad\qquad\qquad$ □

Satz 7.1.8 wird normalerweise auf E. Schröder (1895) zurückgeführt. Er war jedoch schon A. de Morgan um 1845 bekannt und wurde von ihm als „Theorem K" publiziert. Man kann sich die Schröder-Äquivalenzen wie folgt sehr einfach merken. Ein Faktor der linken Seite wird transponiert, der verbleibende Faktor mit der rechten Seite unter gleichzeitiger Komplementbildung der beiden Relationen vertauscht. Weitere Eigenschaften von Relationen stellen wir zurück, bis wir über die Axiomatisierung gesprochen haben. Wir werden dann nämlich auf „komponentenbehaftete" Beweise, d.h. Beweise, welche die mengentheoretische („komponentenbehaftete") Definition der Konstanten und Operationen verwenden und in denen somit Ausdrücke der Form R_{xy} auftreten (also Relationsbeziehungen zwischen Elementen von Trägermengen von konkreten Relationen), verzichten und, wie bei den Verbänden in den vorhergegangenen Kapiteln, nur mehr algebraisch schließen.

7.2 Abstrakte Relationenalgebra

Es hat sich gezeigt, daß man mit den komponentenbehaftet bewiesenen Sätzen 7.1.2 (vollständiger, Boolescher und atomarer Verband), 7.1.4 (Assoziativität und neutrale Elemente), 7.1.5 (Tarski-Regel) und 7.1.8 (Schröder-Äquivalenzen) fast alle Eigenschaften von Relationen beweisen kann, indem man algebraisch vorgeht. Solche algebraischen Beweise haben, wie man bei der Verbandstheorie schon gesehen hat, gewisse Vorzüge:

1. Sie sind oft wesentlich kürzer als komponentenbehaftete Beweise.

2. Sie sind weniger fehleranfällig (da Quantoren und Bindungen fehlen) und lassen die verwendeten Schlüsse klar erkennen.

3. Sie sind, mittels geeigneter Softwaresysteme, einfacher zu mechanisieren.

Ihr mnemotechnischer Wert bleibt hingegen erhalten. Wir nennen eine algebraische Struktur, in der die obigen Sätze gelten, eine abstrakte Relationenalgebra. Formal haben wir die folgende Definition, welche noch die Typisierung der Operationen analog zu den Definitionen 7.1.1 und 7.1.3 berücksichtigt.

7.2.1 Definition Es sei T eine Menge, deren Elemente Sorten genannt seien. Eine *abstrakte Relationenalgebra* ist eine $T \times T$ sortierte Familie[2] $\mathfrak{R} = \{\mathfrak{R}_{mn} \mid m, n \in T\}$ mit den folgenden Eigenschaften:

[2] $T \times T$ sortiert heißt, daß $\langle m, n \rangle \neq \langle m', n' \rangle$ impliziert $\mathfrak{R}_{mn} \cap \mathfrak{R}_{m'n'} = \emptyset$.

1. Jede der Mengen $\mathfrak{R}_{mn}$, $m, n \in T$, ist ein vollständiger, Boolescher und atomarer Verband $(\mathfrak{R}_{mn}, \cup, \cap, \overline{}, \mathsf{O}, \mathsf{L}, \subseteq)$.

2. Für alle $m, n, p \in T$ gibt es eine assoziative Abbildung

$$\circ : \mathfrak{R}_{mn} \times \mathfrak{R}_{np} \to \mathfrak{R}_{mp}$$

mit genau einem linksneutralen Element aus $\mathfrak{R}_{mm}$ und genau einem rechtsneutralen Element aus $\mathfrak{R}_{pp}$, welche beide mit I bezeichnet werden.

3. Für alle $m, n \in T$ gibt es eine Abbildung

$$^\mathsf{T} : \mathfrak{R}_{mn} \to \mathfrak{R}_{nm}.$$

4. Es gelten (bei der unterstellten passenden Typisierung) die Tarski-Regel und die Schröder-Äquivalenzen. $\qquad\square$

Die Elemente von $\mathfrak{R}_{mn}$ bezeichnet man als *abstrakte Relationen* des Typs (m, n) und nennt, zur Verdeutlichung, $R : M \leftrightarrow N$ auch eine *konkrete oder mengentheoretische Relation* des Typs $[M \leftrightarrow N]$.

In Definition 7.2.1 haben wir alle Konstanten und Operationen aus den Verbänden $\mathfrak{R}_{mn}$ gleich bezeichnet, d.h. die Symbole O, L und I wiederum überlagert. Im Rest des Buchs verwenden wir für abstrakte und konkrete Relationen die gleichen Bezeichnungen – mit Ausnahme der Typisierung. Hier schreiben wir $R \in \mathfrak{R}_{mn}$ (Sorten „klein") für abstrakte Relationen und $R : M \leftrightarrow N$ (Mengen „groß") für konkrete Relationen. In der Regel werden wir die Typisierung jedoch unterdrücken. Es gilt:

7.2.2 Satz Die konkreten Relationen $[M \leftrightarrow M]$ auf einer Menge M bilden mit den oben eingeführten Konstanten und Operationen eine abstrakte Relationenalgebra. $\qquad\square$

Man nennt ein Modell, das aus *allen* konkreten Relationen auf einer Menge M besteht, also aus $[M \leftrightarrow M]$, eine *volle konkrete Algebra von Relationen*. Von einer *konkreten Algebra von Relationen* spricht man hingegen bei einer beliebigen Menge von Relationen aus $[M \leftrightarrow M]$, die alle Konstanten enthält, abgeschlossen unter den Operationen ist, und die Gesetze einer Relationenalgebra erfüllt. Ein Beispiel, in Matrizendarstellung, ist

$$\mathfrak{R} = \left\{ \begin{pmatrix} 0 & 0 \\ 0 & 0 \end{pmatrix}, \begin{pmatrix} 1 & 0 \\ 0 & 1 \end{pmatrix}, \begin{pmatrix} 0 & 1 \\ 1 & 0 \end{pmatrix}, \begin{pmatrix} 1 & 1 \\ 1 & 1 \end{pmatrix} \right\}$$

(alsp $\mathfrak{R} = \{\mathsf{O}, \mathsf{I}, \overline{\mathsf{I}}, \mathsf{L}\}$) auf einem zweielementigen Argument- und Bildbereich. Die erste Matrix beschreibt die Nullrelation, die zweite Matrix die identische Relation, die dritte Matrix deren Komplement und die vierte Matrix die Allrelation. Es ist trivial zu zeigen, daß keine der relationalen Operationen aus der Menge dieser vier Matrizen herausführt. Da die Menge aller 2×2-Matrizen die obigen Axiome einer Relationenalgebra erfüllen, werden diese auch von den Matrizen aus der Menge $\mathfrak{R}$ erfüllt.

Kann man die Elemente einer abstrakten Relationenalgebra $\mathfrak{R}$ als konkrete, also mengentheoretische Relationen auffassen[3], so heißt $\mathfrak{R}$ *darstellbar*. Es gibt *nicht darstellbare* abstrakte Relationenalgebren; das einfachste Beispiel findet man in dem eingangs zitiertem Buch von Schmidt und Ströhlein in der englischen Ausgabe. Wir wollen aber auf diese Thematik nicht näher eingehen, insbesondere, da wir es in der Praxis normalerweise nur mit mengentheoretischen Relationen zu tun haben.

Wir beweisen nun die wichtigsten Rechenregeln der abstrakten Relationenalgebren, die sogenannte *Arithmetik der Relationen*, aus den Axiomen. Für die Operationen $\cup, \cap$ und $\overline{}$ kennen wir schon viele Regeln aus der Verbandstheorie. Für Komposition und Transposition haben wir:

7.2.3 Satz (Rechenregeln)

1. Für die Kompositionsoperation gelten die folgenden Rechenregeln:

   (a) $R\mathsf{O} = \mathsf{O}R = \mathsf{O}$

   (b) $R \subseteq S \implies QR \subseteq QS$ und $R \subseteq S \implies RQ \subseteq SQ$

   (c) $Q(R \cap S) \subseteq QR \cap QS$ und $(R \cap S)Q \subseteq RQ \cap SQ$

   (d) $Q(R \cup S) = QR \cup QS$ und $(R \cup S)Q = RQ \cup SQ$

2. Für die Transpositionsoperation gelten die folgenden Rechenregeln:

   (e) $R^{\mathsf{T}^{\mathsf{T}}} = R$

   (f) $(RS)^{\mathsf{T}} = S^{\mathsf{T}} R^{\mathsf{T}}$

   (g) $\overline{R^{\mathsf{T}}} = \overline{R}^{\mathsf{T}}$

   (h) $(R \cup S)^{\mathsf{T}} = R^{\mathsf{T}} \cup S^{\mathsf{T}}$

   (i) $(R \cap S)^{\mathsf{T}} = R^{\mathsf{T}} \cap S^{\mathsf{T}}$

   (j) $R \subseteq S \implies R^{\mathsf{T}} \subseteq S^{\mathsf{T}}$

Beweis: Wir zeigen nur eine Auswahl der Rechenregeln, um die Beweistechnik zu demonstrieren. Dabei muß man auf die Reihenfolge, in der man die Aussagen beweist, etwas achtgeben:

(e): Die Inklusion „$\subseteq$" beweist man wie folgt:

$$
\begin{aligned}
R\mathsf{I} \subseteq R \quad &\Longleftrightarrow \quad R^{\mathsf{T}} \overline{R} \subseteq \overline{\mathsf{I}} \qquad && \text{Schröder} \\
&\Longleftrightarrow \quad R^{\mathsf{T}^{\mathsf{T}}} \overline{\mathsf{I}} \subseteq \overline{\overline{R}} \qquad && \text{Schröder} \\
&\Longleftrightarrow \quad R^{\mathsf{T}^{\mathsf{T}}} \subseteq R \qquad && \text{Verbandstheorie, I neutral}
\end{aligned}
$$

Ein Beweis für die Inklusion „$\supseteq$" ist:

---

[3]Formal hat man dazu wiederum einen Isomorphiebegriff zu definieren.

$$R^{\mathsf{T}\mathsf{T}} \subseteq R^{\mathsf{T}\mathsf{T}} \iff R^{\mathsf{T}\mathsf{T}}\,\overline{\mathsf{I}} \subseteq \overline{R^{\mathsf{T}\mathsf{T}}}$$
Verbandstheorie, I neutral

$$\iff R^{\mathsf{T}}\,\overline{R^{\mathsf{T}\mathsf{T}}} \subseteq \overline{\mathsf{I}}$$
Schröder

$$\iff R\mathsf{I} \subseteq R^{\mathsf{T}\mathsf{T}}$$
Schröder

$$\iff R \subseteq R^{\mathsf{T}\mathsf{T}}$$
I neutral

(a): Die Gleichung $\mathsf{O}R = \mathsf{O}$ folgt aus:

$$\overline{\mathsf{O}}\,R^{\mathsf{T}} \subseteq \mathsf{L} \iff \overline{\mathsf{O}}\,R^{\mathsf{T}} \subseteq \overline{\mathsf{O}}$$
Verbandstheorie

$$\iff \mathsf{O}R \subseteq \mathsf{O}$$
Schröder

$$\iff \mathsf{O}R = \mathsf{O}$$
Verbandstheorie

Die Gleichung $R\mathsf{O} = \mathsf{O}$ folgt analog:

$$R^{\mathsf{T}}\,\overline{\mathsf{O}} \subseteq \mathsf{L} \iff R^{\mathsf{T}}\,\overline{\mathsf{O}} \subseteq \overline{\mathsf{O}}$$
Verbandstheorie

$$\iff R\mathsf{O} \subseteq \mathsf{O}$$
Schröder

$$\iff R\mathsf{O} = \mathsf{O}$$
Verbandstheorie

(b): Aus der Inklusion $R \subseteq S$ folgt die Inklusion $\overline{S} \subseteq \overline{R}$ nach den Regeln der Booleschen Verbände. Dies verwenden wir im folgenden Beweis:

$$QS \subseteq QS \iff Q^{\mathsf{T}}\,\overline{QS} \subseteq \overline{S}$$
Schröder

$$\implies Q^{\mathsf{T}}\,\overline{QS} \subseteq \overline{R}$$

$$\iff QR \subseteq QS$$
Schröder

Die Inklusion $RQ \subseteq SQ$ zeigt man analog.

(f): Wir beginnen mit der Inklusion „$\supseteq$":

$$(RS)^{\mathsf{T}} \subseteq (RS)^{\mathsf{T}} \iff (RS)^{\mathsf{T}}\mathsf{I} \subseteq (RS)^{\mathsf{T}}$$

$$\iff (RS)^{\mathsf{T}\mathsf{T}}\,\overline{(RS)^{\mathsf{T}}} \subseteq \overline{\mathsf{I}}$$
Schröder

$$\iff RS\,\overline{(RS)^{\mathsf{T}}} \subseteq \overline{\mathsf{I}}$$
(e)

$$\iff R^{\mathsf{T}}\,\overline{\overline{\mathsf{I}}} \subseteq \overline{S\,\overline{(RS)^{\mathsf{T}}}}$$
Schröder

$$\iff S\,\overline{(RS)^{\mathsf{T}}} \subseteq \overline{R^{\mathsf{T}}}$$
Verbandstheorie, I neutral

$$\iff S^{\mathsf{T}}R^{\mathsf{T}} \subseteq (RS)^{\mathsf{T}}$$
Schröder

Und hier ist der Beweis für die noch ausstehende Inklusion „$\subseteq$":

$$S^{\mathsf{T}}R^{\mathsf{T}} \subseteq S^{\mathsf{T}}R^{\mathsf{T}} \iff S^{\mathsf{T}\mathsf{T}}\,\overline{S^{\mathsf{T}}R^{\mathsf{T}}} \subseteq \overline{R^{\mathsf{T}}}$$
Schröder

$$\iff \overline{\overline{R^{\mathsf{T}}}} \subseteq \overline{S^{\mathsf{T}\mathsf{T}}\,\overline{S^{\mathsf{T}}R^{\mathsf{T}}}}$$
Verbandstheorie

$$\iff R^{\mathsf{T}}\mathsf{I} \subseteq \overline{S\,\overline{S^{\mathsf{T}}R^{\mathsf{T}}}}$$
(e), Verbandsth., I neutral

$$\iff R^{\mathsf{T}\mathsf{T}}\,S\,\overline{S^{\mathsf{T}}R^{\mathsf{T}}} \subseteq \overline{\mathsf{I}}$$
Schröder

$$\iff RS\,\overline{S^{\mathsf{T}}R^{\mathsf{T}}} \subseteq \overline{\mathsf{I}}$$
(e)

$$\iff (RS)^{\mathsf{T}}\mathsf{I} \subseteq S^{\mathsf{T}}R^{\mathsf{T}}$$
Schröder

$$\iff (RS)^{\mathsf{T}} \subseteq S^{\mathsf{T}}R^{\mathsf{T}}$$
I neutral   □

In abstrakten Relationenalgebren oder konkreten Algebren von Relationen bilden die Mengen von Relationen eines gleichen Typs einen vollständigen Veband. Damit existieren beliebige Vereinigungen und Durchschnitte. Es ist eine gute Übung für den Leser, zu zeigen, daß sich die obigen Rechenregeln (c), (d), (h) und (i) auf den beliebigen Fall verallgemeinern, also beispielsweise (korrekte Typisierung vorausgesetzt) die Eigenschaften

$$Q \bigcap \mathcal{M} \subseteq \bigcap \{QR \mid R \in \mathcal{M}\} \qquad Q \bigcup \mathcal{M} = \bigcup \{QR \mid R \in \mathcal{M}\}$$

für jede Relation Q und jede Menge $\mathcal{M}$ von Relationen gelten.

Für die konstanten Elemente O und L eines jeden beliebigen Typs einer Relationenalgebra gelten die Gleichungen $\overline{\mathsf{O}} = \mathsf{L}$ und $\overline{\mathsf{L}} = \mathsf{O}$, da wir uns in Booleschen Verbänden bewegen. Man vergleiche mit den entsprechenden früher bewiesenen Eigenschaften. Es gelten jedoch auch wichtige Eigenschaften für die konstante Relationen O, L und I im Hinblick auf die Transposition, wofür jedoch hier die Typisierung „stimmen" muß. Diese Forderung führt zum nachfolgenden Begriff:

7.2.4 Definition Eine Relation $R \in \mathfrak{R}_{mm}$ heißt *homogen* (oder *quadratisch*). Im Unterschied dazu nennt man beliebige Relationen auch *heterogen*. □

Für homogene Relationen (im konkreten Fall also der Form $R : M \leftrightarrow M$, d.h. R entspricht einer quadratischen Booleschen Matrix) sind die folgenden drei Ausdrücke offensichtlich definiert: $R^2 := RR$, $R \cup R^{\mathsf{T}}$, $R \cap R^{\mathsf{T}}$. Identische Relationen sind nach Definition immer homogen. Es gelten weiterhin die folgenden Eigenschaften:

7.2.5 Satz   1. Es gilt $\mathsf{I} = \mathsf{I}^{\mathsf{T}}$.

2. Falls O und L homogen sind, dann gelten die Gleichungen $\mathsf{O} = \mathsf{O}^{\mathsf{T}}$ und $\mathsf{L} = \mathsf{L}^{\mathsf{T}}$.

Beweis: Sehr wesentlich für die folgenden Rechnungen sind wiederum die Schröder-Äquivalenzen.

1. Es ist $\mathsf{I}^{\mathsf{T}} \subseteq \mathsf{I}$ wegen

$$\mathsf{I}\overline{\mathsf{I}} \subseteq \overline{\mathsf{I}} \iff \mathsf{I}^{\mathsf{T}}\overline{\mathsf{I}} \subseteq \overline{\mathsf{I}} \qquad \qquad \text{Schröder}$$
$$\iff \mathsf{I}^{\mathsf{T}} \subseteq \mathsf{I} \qquad \qquad \text{Verbandstheorie, } \mathsf{I} \text{ neutral}$$

und Satz 7.2.3 bringt $\mathsf{I}^{\mathsf{T}^{\mathsf{T}}} \subseteq \mathsf{I}^{\mathsf{T}}$, woraus mit Satz 7.2.3 auch die Inklusion $\mathsf{I} \subseteq \mathsf{I}^{\mathsf{T}}$ folgt.

2. Wir behandeln nur die Nullrelation. Die Inklusion $\mathsf{O} \subseteq \mathsf{O}^{\mathsf{T}}$ trifft zu, da O das kleinste Element ist, und die andere Inklusion $\mathsf{O}^{\mathsf{T}} \subseteq \mathsf{O}$ folgt aus:

$$\mathsf{OL} = \mathsf{O} \subseteq \overline{\mathsf{I}} \iff \mathsf{O}^{\mathsf{T}}\overline{\mathsf{I}} \subseteq \overline{\mathsf{L}} = \mathsf{O} \qquad \qquad \text{Satz 7.2.3, Schröder}$$
$$\iff \mathsf{O}^{\mathsf{T}} \subseteq \mathsf{O} \qquad \qquad \text{Verbandstheorie, } \mathsf{I} \text{ neutral} \quad □$$

Als letzte fundamentale Rechenregel für Relationen beweisen wir nun noch die sogenannte Dedekind-Regel.

7.2.6 Satz (Dedekind–Regel) Für alle Relationen Q, R, S gilt die Inklusion

$$QR \cap S \subseteq (Q \cap SR^{\mathsf{T}})(R \cap Q^{\mathsf{T}}S).$$

Beweis: Wir behandeln zuerst den linken Teil QR des Durchschnitts $QR \cap S$. Dazu stellen wir das Produkt QR wie folgt dar:

$$
\begin{aligned}
QR \;=\;& ((Q \cap SR^{\mathsf{T}}) \cup (Q \cap \overline{SR^{\mathsf{T}}}))((R \cap Q^{\mathsf{T}}S) \cup (R \cap \overline{Q^{\mathsf{T}}S})) \\
=\;& (Q \cap SR^{\mathsf{T}})(R \cap Q^{\mathsf{T}}S) \\
& \cup (Q \cap SR^{\mathsf{T}})(R \cap \overline{Q^{\mathsf{T}}S}) && (2) \\
& \cup (Q \cap \overline{SR^{\mathsf{T}}})(R \cap Q^{\mathsf{T}}S) && (3) \\
& \cup (Q \cap \overline{SR^{\mathsf{T}}})(R \cap \overline{Q^{\mathsf{T}}S}) && (4)
\end{aligned}
$$

Nun zeigen wir, daß die Produkte (2), (3) und (4) alle in $\overline{S}$ enthalten sind. Wir haben dazu drei Teilbeweise zu führen.

(2): Es gilt $Q^{\mathsf{T}} \overline{S} \subseteq \overline{Q^{\mathsf{T}}S}$ und damit auch $Q\overline{Q^{\mathsf{T}}S} \subseteq \overline{S}$ nach den Schröder-Äquivalenzen. Der Rest folgt nun aus

$$(Q \cap SR^{\mathsf{T}})(R \cap \overline{Q^{\mathsf{T}}S}) \subseteq Q\overline{Q^{\mathsf{T}}S} \subseteq \overline{S}.$$

(3): Diese Aussage behandelt man analog zur Inklusion (2) mit Hilfe der Schröder-Äquivalenzen. Hier ist der Beweis:

$$(Q \cap \overline{SR^{\mathsf{T}}})(R \cap Q^{\mathsf{T}}S) \subseteq \overline{SR^{\mathsf{T}}}R \subseteq \overline{S}$$

(4): Auch diese Aussage behandelt man analog zur Aussage (2) mittels der Schröder-Äquivalenzen. Wir verzichten aber an dieser Stelle auf den Beweis.

Damit erhalten wir schließlich:

$$
\begin{aligned}
QR \cap S \;&\subseteq\; ((Q \cap SR^{\mathsf{T}})(R \cap Q^{\mathsf{T}}S) \cup \overline{S}) \cap S && \text{siehe oben} \\
&=\; ((Q \cap SR^{\mathsf{T}})(R \cap Q^{\mathsf{T}}S) \cap S) \cup (\overline{S} \cap S) && \text{Verbandstheorie} \\
&=\; (Q \cap SR^{\mathsf{T}})(R \cap Q^{\mathsf{T}}S) \cap S && \text{Verbandstheorie} \\
&\subseteq\; (Q \cap SR^{\mathsf{T}})(R \cap Q^{\mathsf{T}}S) && \square
\end{aligned}
$$

Wir haben bis jetzt die Beweise sehr detailliert geführt und insbesondere viele Hinweise gegeben, warum eine Inklusion, Gleichheit usw. gilt. In Zukunft werden wir etwas weniger Hinweise geben und auch mehrere Beweisschritte zusammenfassen, sofern dies nicht zu sehr komplizierten Schritten führt.

Bezüglich der Axiomatik von Relationenalgebren in Definition 7.2.1 ist noch zu bemerken, daß man die Schröder-Äquivalenzen durch die Dedekind–Regel ersetzen kann. Es können nämlich die Schröder-Äquivalenzen aus den restlichen Axiomen und der Dedekind–Regel bewiesen werden. Solch einen Beweis findet man etwa in dem in der Einleitung angegebenen Buch von G. Schmidt und T. Ströhlein.

7.3   Spezielle homogene Relationen

In diesem Abschnitt behandeln wir einige spezielle Klassen von homogenen Relationen, die im Grundstudium bzw. im mengentheoretischen Umfeld normalerweise – mehr oder weniger formal – mittels prädikatenlogischen Formeln und komponentenbehafteten Ausdrücken definiert werden. Im Gegensatz hierzu geben wir nachfolgend algebraische (auch: „komponentenfrei" genannte) Definitionen an. Die Vorzüge einer solchen algebraischen Vorgehensweise wurden schon am Anfang von Abschnitt 7.2 aufgeführt.

7.3.1 Definition Eine homogene Relation R heißt ...

- ... *reflexiv*, falls $\mathsf{I} \subseteq R$,

- ... *antisymmetrisch*, falls $R \cap R^\mathsf{T} \subseteq \mathsf{I}$,

- ... *transitiv*, falls $RR \subseteq R$,

- ... *Ordnungsrelation*, falls R reflexiv, antisymmetrisch und transitiv ist. □

Man sagt abkürzend auch Ordnung statt Ordnungsrelation. Für konkrete Relationen entsprechen die obigen Festlegungen der Eigenschaften „Reflexivität", „Antisymmetrie" und „Transitivität" genau den üblichen prädikatenlogischen komponentenbehafteten Definitionen, wie man sie in den Mathematik-Anfängervorlesungen kennenlernt und wie auch wir sie am Beginn dieses Buchs eingeführt haben. Wir führen dies nachfolgend an allen drei Eigenschaften vor. Diese Rechnungen verwenden nur die komponentenbehafteten Definitionen der relationalen Operationen und etwas Logik. Sie werden in ähnlicher Form beim Erarbeiten von relationenalgebraischen Spezifikationen später vielfach wieder auftreten.

$$
\begin{aligned}
&\forall\, x : R_{xx} \\
\Longleftrightarrow\ &\forall\, x, y : x = y \Rightarrow R_{xy} && \text{Logik} \\
\Longleftrightarrow\ &\forall\, x, y : \mathsf{I}_{xy} \Rightarrow R_{xy} && \text{Definition } \mathsf{I} \\
\Longleftrightarrow\ &\mathsf{I} \subseteq R && \text{Inklusion}
\end{aligned}
$$

$$
\begin{aligned}
&\forall\, x, y : R_{xy} \wedge R_{yx} \Rightarrow x = y \\
\Longleftrightarrow\ &\forall\, x, y : R_{xy} \wedge R^\mathsf{T}{}_{xy} \Rightarrow \mathsf{I}_{xy} && \text{Definition } R^\mathsf{T}, \mathsf{I} \\
\Longleftrightarrow\ &\forall\, x, y : (R \cap R^\mathsf{T})_{xy} \Rightarrow \mathsf{I}_{xy} && \text{Definition } \cap \\
\Longleftrightarrow\ &(R \cap R^\mathsf{T}) \subseteq \mathsf{I} && \text{Inklusion}
\end{aligned}
$$

$$
\begin{aligned}
&\forall\, x, y, z : R_{xy} \wedge R_{yz} \Rightarrow R_{xz} \\
\Longleftrightarrow\ &\forall\, x, z : (\exists y : R_{xy} \wedge R_{yz}) \Rightarrow R_{xz} && \text{Logik} \\
\Longleftrightarrow\ &\forall\, x, z : (RR)_{xz} \Rightarrow R_{xz} && \text{Definition Komposition} \\
\Longleftrightarrow\ &RR \subseteq R && \text{Inklusion}
\end{aligned}
$$

Nach den Ordnungsrelationen/Ordnungen kommen wir nun zu einigen Modifikationen des Ordnungsbegriffes, die eigentlich alle auch schon aus dem Grundstudium und dem Anfangsteil dieses Buchs bekannt sind, nämlich den Quasiordnungen, Striktordnungen und linearen Ordnungen. Diese Begriffe können wie folgt algebraisiert werden.

7.3.2 Definition Eine homogene Relation R heißt ...

- ... *irreflexiv*, falls $R \subseteq \overline{\mathsf{I}}$,

- ... *asymmetrisch*, falls $R \cap R^{\mathsf{T}} \subseteq \mathsf{O}$,

- ... *Quasiordnung*, falls R reflexiv und transitiv ist,

- ... *Striktordnung*, falls R asymmetrisch und transitiv ist,

- ... *lineare Ordnung*, falls R eine Ordnung mit $R \cup R^{\mathsf{T}} = \mathsf{L}$ ist. $\square$

Statt von linearen Ordnungen spricht man auch von Totalordnungen. In komponentenbehafteter Schreibweise erhalten wir für die ersten beiden Eigenschaften dieser Definition und für die Linearität die nachfolgenden logischen Beschreibungen:

$$\begin{array}{ll} \text{Irreflexivität:} & \forall\, x, y : R_{xy} \Rightarrow x \neq y \ \text{ bzw. } \ \forall\, x : \neg R_{xx} \\ \text{Asymmetrie:} & \forall\, x, y : R_{xy} \Rightarrow \neg R_{yx} \\ \text{Linearität:} & \forall\, x, y : R_{xy} \vee R_{yx} \end{array}$$

Man vergleiche die bisher erhaltenen komponentenbehafteten Beschreibungen noch einmal mit den in Abschnitt 1.2 eingeführten Beschreibungen, welche auf die streng-formale Verwendung der Prädikatenlogik verzichten und so gehalten sind, wie man eben „üblicherweise" Mathematik betreibt.

Der nächste Satz zeigt, wie man einfache Eigenschaften der eben definierten Klassen von Relationen algebraisch beweist. Seine letzten zwei Aussagen haben wir schon früher bei den Ordnungen erwähnt, ohne jedoch explizite Beweise anzugeben. Im Grunde genommen holen wir diese nun auf relationenalgebraische Weise nach.

7.3.3 Satz Für eine homogene Relation R gelten die folgenden Eigenschaften:

1. $R \subseteq \mathsf{I}$ impliziert $RR = R$.

2. R ist genau dann eine Striktordnung, falls R irreflexiv und transitiv ist.

3. Ist R eine Ordnung, so ist $R \cap \overline{\mathsf{I}}$ eine Striktordnung.

4. Ist R eine Striktordnung, so ist $R \cup \mathsf{I}$ eine Ordnung.

Beweis: Wir gehen der Reihe nach vor.

1. Die Inklusion „$\supseteq$" folgt aus

$$R \subseteq \mathsf{I} \ \implies \ RR \subseteq R\mathsf{I} = R \hspace{3cm} \text{Satz 7.2.3}$$

und ein Beweis für die Inklusion „$\subseteq$" ist

$$\begin{aligned} R = R\mathsf{I} \cap R & \subseteq (R \cap R\mathsf{I}^\mathsf{T})(\mathsf{I} \cap R^\mathsf{T}R) && \text{Dedekind} \\ & \subseteq RR^\mathsf{T}R && \text{Monotonie} \\ & \subseteq RR && R \subseteq \mathsf{I} \Longrightarrow R^\mathsf{T} \subseteq \mathsf{I}^\mathsf{T} = \mathsf{I}. \end{aligned}$$

2. Wir beginnen mit der Richtung „$\Longrightarrow$". Die Transitivität ist Teil der Striktordnungs-eigenschaften. Zum Beweis der Irreflexivität starten wir mit den folgenden beiden Eigenschaften:

$$\begin{aligned} R \cap R^\mathsf{T} \subseteq \mathsf{O} \;&\Longleftrightarrow\; R^\mathsf{T}\mathsf{I} \subseteq \overline{R} \\ &\Longleftrightarrow\; RR \subseteq \overline{\mathsf{I}} && \text{Schröder} \end{aligned}$$

$$\begin{aligned} \mathsf{I} \cap R \;&=\; (\mathsf{I} \cap R)(\mathsf{I} \cap R) && \text{nach (1)} \\ &\subseteq\; \mathsf{II} \cap \mathsf{I}R \cap R\mathsf{I} \cap RR \\ &\subseteq\; RR \end{aligned}$$

Mit ihrer Hilfe erhalten wir dann das gewünschte Resultat wie folgt:

$$\begin{aligned} R \;&=\; (R \cap RR) \cup (R \cap \overline{RR}) \\ &\subseteq\; RR \cup (R \cap \overline{RR}) && \text{Monotonie} \\ &\subseteq\; \overline{\mathsf{I}} \cup \overline{\mathsf{I}} && R \cap \overline{RR} \subseteq \overline{\mathsf{I}} \Longleftrightarrow R \cap \mathsf{I} \subseteq RR \end{aligned}$$

Nun kommen wir zur anderen Richtung „$\Longleftarrow$". Die Transitivität der Relation R ist wiederum klar. Beim nachfolgenden Beweis der Asymmetrie von R geht die Transi-tivität von R ein:

$$\begin{aligned} RR \subseteq R, \; R \subseteq \overline{\mathsf{I}} \;&\Longrightarrow\; RR \subseteq \overline{\mathsf{I}} \\ &\Longleftrightarrow\; R^\mathsf{T}\overline{\overline{\mathsf{I}}} \subseteq \overline{R} && \text{Schröder} \\ &\Longleftrightarrow\; R^\mathsf{T} \subseteq \overline{R} \\ &\Longleftrightarrow\; R^\mathsf{T} \cap R \subseteq \mathsf{O} && \text{Verbandstheorie} \end{aligned}$$

3. Die Irreflexivität von $R \cap \overline{\mathsf{I}}$ ist klar und die Transitivität dieser Relation zeigt man (etwas komplizierter) wie folgt: Aufgrund von

$$\begin{aligned} (R \cap \overline{\mathsf{I}})R \subseteq RR \subseteq R \;&\Longleftrightarrow\; (R^\mathsf{T} \cap \overline{\mathsf{I}})\overline{R} \subseteq \overline{R} && \text{Schröder, } \mathsf{I} = \mathsf{I}^\mathsf{T} \\ &\Longrightarrow\; (R^\mathsf{T} \cap \overline{\mathsf{I}})\overline{R} \subseteq \overline{R} \cup \mathsf{I} \end{aligned}$$

$$\begin{aligned} R^\mathsf{T} \cap R \subseteq \mathsf{I} \;&\Longleftrightarrow\; R^\mathsf{T} \cap \overline{\mathsf{I}} \subseteq \overline{R} && \text{Verbandstheorie} \\ &\Longrightarrow\; R^\mathsf{T} \cap \overline{\mathsf{I}} \subseteq \overline{R} \cup \mathsf{I} \end{aligned}$$

erhalten wir die Inklusion

$$(R^\mathsf{T} \cap \overline{\mathsf{I}})\overline{R} \cup (R^\mathsf{T} \cap \overline{\mathsf{I}}) \subseteq \overline{R} \cup \mathsf{I}.$$

Nach der Vereinigungsdistributivität ist diese äquivalent zu

$$(R^\mathsf{T} \cap \overline{\mathsf{I}})(\overline{R} \cup \mathsf{I}) \subseteq \overline{R} \cup \mathsf{I}.$$

und damit, aufgrund einer der de Morganschen Regeln, auch zu

$$(R^\mathsf{T} \cap \overline{\mathsf{I}})\,\overline{R \cap \overline{\mathsf{I}}} \subseteq \overline{R \cap \overline{\mathsf{I}}}.$$

Wendet man auf diese letzte Formel eine der beiden Schröder-Äquivalenzen an, so folgt daraus die Transitivität von $R \cap \overline{\mathsf{I}}$.

4. Die Reflexivität von $R \cup \mathsf{I}$ ist offensichtlich. Aufgrund der Asymmetrie haben wir

$$
\begin{aligned}
(R \cup \mathsf{I}) \cap (R \cup \mathsf{I})^\mathsf{T} &= (R \cap R^\mathsf{T}) \cup (R \cap \mathsf{I}) \cup (\mathsf{I} \cap R^\mathsf{T}) \cup \mathsf{I} \qquad\qquad \mathsf{I} = \mathsf{I}^\mathsf{T} \\
&\subseteq \mathsf{I}.
\end{aligned}
$$

Folglich ist $R \cup \mathsf{I}$ auch antisymmetrisch. Die noch fehlende Transitivität von $R \cup \mathsf{I}$ rechnet man ebenso einfach nach, indem man die Transitivität $RR \subseteq R$ von R verwendet.   □

Das bisherige oft gezeigte Vorgehen bei der Erarbeitung von relationalen Begriffen und bei den Beweisen kann man wie folgt graphisch mit den zwei Ebenen „Relationenalgebra" (d.h. algebraisch, komponentenfrei, ohne auf die Elementbeziehung R_{xy} Bezug nehmend) und „Prädikatenlogik" (d.h. komponentenbehaftet, auf die Elementbeziehung R_{xy} Bezug nehmend) darstellen:

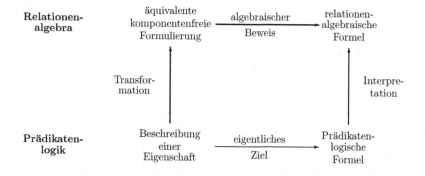

Abbildung 7.2: Transformation zwischen relationaler und logischer Ebene

Diese Transformation zwischen den beiden Ebenen ist typisch für viele Dinge, die wir im weiteren noch behandeln werden, insbesondere für die Algorithmenentwicklung mit relationenalgebraischen Methoden. Sie wird somit später immer wieder auftauchen. Für einen Neuling in abstrakter Relationenalgebra stellen sich oft bei allen drei in der Abbildung 7.2. aufgezeigten wichtigen Schritten (Transformation, relationenalgebraischer Beweis, Interpretation) gewisse Anfangsschwierigkeiten ein. Ein im relationalen Denken geübter Mensch wird hingegen insbesondere mit dem ersten und dem dritten Schritt – der Tranformation in bzw. aus der Relationenalgebra – gar keine Schwierigkeiten haben. Die Schwierigkeiten beim relationenalgebraischen Beweisen (d.h. beim zweiten Schritt) hängen hingegen oft sehr vom konkret vorliegenden Fall ab und können manchmal – auch bei scheinbar einfachen Sachverhalten – durchaus beträchtlich sein. Man vergleiche beispielsweise mit dem Transitivitätsbeweis von $R \cap \overline{\mathsf{I}}$ im letzten Satz. An dieser Stelle sollte jedoch bemerkt werden, daß auch der Schluß von $x < y$ und $y < z$ auf $x < z$ bei durch Ordnungen gegebenen Striktordnungen (zumindest für einen Anfänger) nicht ganz so offensichtlich ist. Man hat aus $x \leq y$, $x \neq y$, $y \leq z$ und $y \neq z$ auf $x \leq z$ und $x \neq z$ zu schließen. Aus der Transitivität der Ordnung folgt sofort $x \leq z$, der Beweis der Ungleichung kann z.B. durch einen Widerspruch unter Verwendung der Antisymmetrie erfolgen.

Durch den letzten Teil von Satz 7.3.3 wird eine Hüllenbildung im Sinne der Verbandstheorie beschrieben, die nicht auf Striktordnungen beschränkt ist.

7.3.4 Bemerkung   1. Man nennt die in Satz 7.3.3.3 eingeführte Striktordnung $R \cap \overline{\mathsf{I}}$ den *strikten Anteil* von R.

2. Für die in Satz 7.3.3.4 eingeführte Konstruktion $R \cup \mathsf{I}$ kann einfach gezeigt werden, daß, ohne Verwendung einer weiteren Annahme an R, die Gleichheit

$$R \cup \mathsf{I} \;=\; \bigcap \{X \mid R \subseteq X, X \text{ reflexiv}\}$$

gilt. Damit handelt es sich um eine Hüllenbildung mit dem Hüllensystem der reflexiven Relationen als Grundlage. Man vergleiche mit Abschnitt 3.4. Man nennt $R \cup \mathsf{I}$ die *reflexive Hülle* von R.   □

Nach den Ordnungen und ihren verwandten Klassen behandeln wir nun eine weitere wichtige Klasse von homogenen Relationen, die Äquivalenzen.

7.3.5 Definition   Eine homogene Relation R heißt ...

- ... *symmetrisch*, falls $R \subseteq R^{\mathsf{T}}$,

- ... *Äquivalenzrelation*, falls R reflexiv, symmetrisch und transitiv ist.   □

In der komponentenbehafteten Darstellung ist eine Relation R symmetrisch dann und nur dann, wenn die folgende prädikatenlogische Formel gilt:

$$\forall\, x, y : R_{xy} \Rightarrow R_{yx}$$

Offensichtlich ist die Inklusion $R \subseteq R^{\mathsf{T}}$ äquivalent zur Gleichheit $R = R^{\mathsf{T}}$. Damit kann man die Symmetrie einer Relation insbesondere sehr schnell bei der Darstellung von Relationen durch Boolesche Matrizen erkennen: Das Spiegeln einer Matrix an der Hauptdiagonale darf die Matrix nicht verändern. Listen- und ROBDD-Darstellungen von Relationen erfordern zur Symmetrieerkennung etwas kompliziertere Verfahren.

In Abschnitt 1.2 wurde nach Definition 1.2.3 angemerkt, daß eine Quasiordnung – wir nennen sie nun R – eine Äquivalenzrelation induziert, indem man wechselseitig untereinander vergleichbare Elemente als äquivalent definiert. Diese Äquivalenzrelation ist die größte in R enthaltene Äquivalenzrelation. Formal relationenalgebraisch beweist man diesen Sachverhalt wie folgt.

7.3.6 Satz Vorausgesetzt sei die Relation R als eine Quasiordnung. Dann gelten die drei folgenden Eigenschaften:

1. Die Relation $R \cap R^{\mathsf{T}}$ ist eine Äquivalenzrelation mit $R \cap R^{\mathsf{T}} \subseteq R$.

2. Ist S eine Äquivalenzrelation mit $S \subseteq R$, so gilt $S \subseteq R \cap R^{\mathsf{T}}$.

3. Die Relation $R \cap R^{\mathsf{T}}$ ist somit die größte in R enthaltene Äquivalenzrelation. Weiterhin gilt für diese spezielle Relation sogar die folgende Darstellung:

$$R \cap R^{\mathsf{T}} = \bigcup \{X \mid X \subseteq R, X \text{ Äquivalenzrelation}\}$$

Beweis: Wir gehen der Reihe nach vor.

1. Die Inklusion $R \cap R^{\mathsf{T}} \subseteq R$ ist trivial. Verifikation der Reflexivität: Es gilt $\mathsf{I} \subseteq R$, da R eine Quasiordnung ist. Dies impliziert $\mathsf{I} = \mathsf{I}^{\mathsf{T}} \subseteq R^{\mathsf{T}}$. Damit bekommen wir schließlich $\mathsf{I} \subseteq R \cap R^{\mathsf{T}}$. Die Symmetrie zeigt man durch $(R \cap R^{\mathsf{T}})^{\mathsf{T}} = R^{\mathsf{T}} \cap R^{\mathsf{T}^{\mathsf{T}}} = R \cap R^{\mathsf{T}}$. Bei der Transitivität geht man wie folgt vor:

$$\begin{aligned} (R \cap R^{\mathsf{T}})(R \cap R^{\mathsf{T}}) \ &\subseteq\ RR \cap RR^{\mathsf{T}} \cap R^{\mathsf{T}}R \cap R^{\mathsf{T}}R^{\mathsf{T}} \\ &\subseteq\ RR \cap (RR)^{\mathsf{T}} \\ &\subseteq\ R \cap R^{\mathsf{T}} \qquad\qquad\qquad R \text{ transitiv} \end{aligned}$$

2. Es sei nun S eine Äquivalenzrelation und es gelte $S \subseteq R$. Dann haben wir sofort $S = S^{\mathsf{T}}$ wegen der Symmetrie und somit auch $S \subseteq R^{\mathsf{T}}$, da $S^{\mathsf{T}} \subseteq R$ die Inklusion $S^{\mathsf{T}^{\mathsf{T}}} \subseteq R^{\mathsf{T}}$ impliziert. Insgesamt gilt also $S \subseteq R^{\mathsf{T}} \cap R$.

3. Die erste Aussage folgt sofort aus (1) und (2). Da die Vereinigung aller in R enthaltenen Äquivalenzrelationen auch in $R \cap R^{\mathsf{T}}$ enthalten ist, und $R \cap R^{\mathsf{T}}$ in der Menge $\{X \mid X \subseteq R, X \text{ Äquivalenzrelation}\}$ liegt, stimmt ihr größtes Element $R \cap R^{\mathsf{T}}$ mit ihrem Supremum überein. $\qquad\square$

Der Übergang von R zur symmetrischen Hülle $R \cup R^{\mathsf{T}}$ stellt eine verbandstheoretische Hüllenbildung dar, das zugehörige Hüllensystem besteht genau aus den symmetrischen Relationen eines vorgegebenen Typs. Ein weiteres Hüllensystem bilden die Äquivalenzrelationen eines vorgegebenen Typs, denn der Durchschnitt von beliebig vielen Äquivalenzrelationen ist wiederum eine Äquivalenzrelation. Dieses System ergibt sich als der Durchschnitt der Hüllensysteme der reflexiven, der symmetrischen und der transitiven Relationen. Auf das letztgenannte Hüllensystem werden wir in einem späteren Kapitel noch genauer eingehen, wenn wir uns der formalen relationenalgebraischen Auffassung der transitiven und der reflexiv-transitiven Hülle widmen, sowie entsprechenden relationalen Programmen zu deren Berechnungen. Man kann die aus dem Hüllensystem der Äquivalenzrelationen resultierende *Äquivalenzhülle* von R dadurch beschreiben, daß man die reflexiv-transitive Hülle (etwas übertrieben sogar: die reflexive Hülle von der transitiven Hülle) von der symmetrischen Hülle von R bildet. Im Hüllensystemverband der Äquivalenzrelationen ist das Supremum nicht die Vereinigung, im Gegensatz zum Hüllensystemverband der reflexiven oder symmetrischen Relationen.

7.4 Spezielle heterogene Relationen

Nachfolgend behandeln wir einige spezielle Klassen von heterogenen Relationen in algebraischer Art und Weise. Mittels komponentenbehafteter Vorgehensweise werden diese Klassen normalerweise am Anfang eines jeden Mathematik- und Informatikstudiums definiert. Auch wir haben diese Begriffe schon ständig im Laufe dieses Buchs verwendet. Da homogene Relationen einen Spezialfall von heterogenen Relationen darstellen, übertragen sich die nachfolgenden Begriffe und Eigenschaften natürlich sofort auf diesen Spezialfall.

7.4.1 Definition Eine Relation R heißt ...

- ... *eindeutig* (auch *funktional, partielle Funktion*), falls $R^{\mathsf{T}} R \subseteq \mathsf{I}$,

- ... *total*, falls $R\mathsf{L} = \mathsf{L}$,

- ... *injektiv*, falls R^{T} eindeutig ist (d.h. $RR^{\mathsf{T}} \subseteq \mathsf{I}$),

- ... *surjektiv*, falls R^{T} total ist (d.h. $\mathsf{L}R = \mathsf{L}$) .

Eine *Funktion* ist eine eindeutige und totale Relation. Eine injektive und surjektive Funktion heißt *bijektiv* oder *Bijektion*. □

Man beachte, daß wir die Eigenschaft der Bijektivität nur für Funktionen definiert haben. Benutzen wir eine Schreibweise mit Komponenten, so ist R eine funktionale Relation genau dann, wenn die prädikatenlogische Formel

$$\forall\, x,y : (\exists z : R_{zx} \wedge R_{zy}) \Rightarrow x = y$$

bzw. die dazu äquivalente prädikatenlogische Formel

$$\forall\, x,y,z : R_{zx} \wedge R_{zy} \Rightarrow x = y$$

gilt. Die Totalität einer Relation R wird in Komponentenschreibweise zur folgenden prädikatenlogischen Formel

$$\forall\, x\, \exists\, y : R_{xy}.$$

Man beachte weiterhin, daß wir durch die Definition 7.4.1 den Funktionsbegriff auf der Objektebene der Relationen, d.h. auf der Ebene der mit mathematischen Mitteln zu untersuchenden Gegenstände, eingeführt haben. Bisher hatten wir diesen Begriff nur auf der Metaebene verwendet und dafür fast immer den Namen Abbildung[4] benutzt. Diese Unterscheidung werden wir auch im folgenden konsequent beibehalten. *Funktionen sind also spezielle Relationen auf der Objektebene und Abbildungen stammen als spezielle Relationen aus der Metaebene.* Ist R eine eindeutige Relation, so schreibt man auf der Metaebene $y = R(x)$ statt R_{xy}. Der Ausdruck (genannt Funktionsanwendung oder -applikation) $R(x)$

---

[4] Auch weitere Bezeichnungen sind gängig und wurden von uns verwendet, etwa Operation im Fall der mengentheoretischen Abbildungen $\cup$ und $\cap$ oder Verknüpfung im Fall von Gruppen.

bezeichnet in der gängigen mathematischen Schreibweise für eine Abbildung R das existierende einzige Element, das mit x in der durch R gegebenen Relationsbeziehung steht. Gibt es hingegen zu einem x kein y mit R_{xy} und ist R eindeutig, so sagt man „$R(x)$ ist undefiniert" schreibt auf der Metaebene oft auch $R(x) = undef$.

Man kann die in Definition 7.4.1 eingeführten Eigenschaften auch anders beschreiben. Wie, das wird in dem folgenden Satz gezeigt. Dazu brauchen wir die Eigenschaft $\mathsf{L}_{mp} = \mathsf{L}_{mn}\mathsf{L}_{np}$, welche man für drei Allrelationen (mit Typangaben) mit Hilfe der Tarski-Regel beweisen kann: Aus $\mathsf{L}_{np} = \mathsf{L}_{np}\mathsf{I} \subseteq \mathsf{L}_{np}\mathsf{L}_{pp}$ folgt $\mathsf{L}_{mn}\mathsf{L}_{np} = \mathsf{L}_{mn}\mathsf{L}_{np}\mathsf{L}_{pp} = \mathsf{L}_{mp}$ wegen $\mathsf{L}_{np} \neq \mathsf{O}$ und der Tarski-Regel. M. Winter war im Jahr 1998 sogar in der Lage, zu zeigen, daß ein Beweis der Gleichheit $\mathsf{L} = \mathsf{LL}$ für *beliebige* (typpassende) Allrelationen die Tarski-Regel (oder ein dazu äquivalentes Axiom) zwingend erfordert. Dazu gab er ein Modell für die Axiome der Relationenalgebra mit Ausnahme der Tarski-Regel an, in dem LL echt ungleich L ist.

7.4.2 Satz Es sei R eine Relation. Dann gelten die folgenden Äquivalenzen:

1. R eindeutig $\iff$ $R\overline{\mathsf{I}} \subseteq \overline{R}$

2. R total $\iff$ $\mathsf{I} \subseteq RR^{\mathsf{T}} \iff \overline{R} \subseteq R\overline{\mathsf{I}}$

3. R Funktion $\iff$ $\overline{R} = R\overline{\mathsf{I}}$

Beweis: Wir gehen der Reihe nach vor.

1. Diese Äquivalenz ist einfach:

$$R^{\mathsf{T}}R \subseteq \mathsf{I} \iff R\overline{\mathsf{I}} \subseteq \overline{R} \qquad\qquad \text{Schröder-Äquivalenzen}$$

2. Wir beweisen erst die linke Äquivalenz. Ist R total, so gilt $\mathsf{I} \subseteq RR^{\mathsf{T}}$ wegen

$$
\begin{aligned}
\mathsf{I} &= R\mathsf{L} \cap \mathsf{I} && R\mathsf{L} = \mathsf{L} \\
&\subseteq (R \cap \mathsf{I}\mathsf{L}^{\mathsf{T}})(\mathsf{L} \cap R^{\mathsf{T}}\mathsf{I}) && \text{Dedekind} \\
&\subseteq RR^{\mathsf{T}} && \text{Monotonie.}
\end{aligned}
$$

Aus der eben gezeigten Inklusion $\mathsf{I} \subseteq RR^{\mathsf{T}}$ folgt aber umgekehrt auch

$$
\begin{aligned}
\mathsf{L} &= \mathsf{I}\mathsf{L} \\
&\subseteq RR^{\mathsf{T}}\mathsf{L} && \mathsf{I} \subseteq RR^{\mathsf{T}} \\
&\subseteq R\mathsf{L} && \text{Monotonie, } R^{\mathsf{T}}\mathsf{L} \subseteq \mathsf{L}.
\end{aligned}
$$

Wir kommen nun zum Beweis der Gleichwertigkeit von „R ist total" mit der rechten Inklusion $\overline{R} \subseteq R\overline{\mathsf{I}}$. Dazu zeigen wir zuerst für die homogene Allrelation L_1, für die $R\mathsf{L}_1$ definiert ist, und die Allrelation L_2, welche typgleich zu R ist, die Äquivalenz von $R\mathsf{L}_1 = \mathsf{L}_2$ und $R \cup R\overline{\mathsf{I}} = \mathsf{L}_2$, also von $R\mathsf{L}_1 = \mathsf{L}_2$ und $\overline{R} \subseteq R\overline{\mathsf{I}}$, wie folgt:

$$
\begin{aligned}
R\mathsf{L}_1 &= R(\mathsf{I} \cup \overline{\mathsf{I}}) && \text{Beachte: } \mathsf{L}_1 \text{ homogen wegen } \mathsf{L}_1 = \mathsf{I} \cup \overline{\mathsf{I}} \\
&= R\mathsf{I} \cup R\overline{\mathsf{I}} && \text{Distributivität} \\
&= R \cup R\overline{\mathsf{I}}
\end{aligned}
$$

Wegen $\mathsf{LL} = \mathsf{L}$ folgt aber aus $R\mathsf{L}_1 = \mathsf{L}_2$ auch $R\mathsf{L} = \mathsf{L}$ für alle Paare von Allrelationen mit der für diese Gleichung erforderlichen Typisierung. Gilt andererseits $R\mathsf{L} = \mathsf{L}$ für alle Paare von Allrelationen mit passender Typisierung, so auch für das L der linken Seite speziell als L_1 und das der rechten Seite dazu passend als L_2 gewählt. Daraus folgt nun aber $\overline{R} \subseteq R\overline{\mathsf{I}}$ wie oben gezeigt.

3. Diese Eigenschaft folgt unmittelbar aus (1) und (2). □

Es sei an dieser Stelle ausdrücklich noch einmal erwähnt: *Um $R\mathsf{L} = \mathsf{L}$ für alle Paare von Allrelationen passender Typisierung zu zeigen, genügt es $R\mathsf{L} = \mathsf{L}$ für ein passend typisiertes Paare von Allrelationen zu beweisen.*

Zum Schluß dieses Abschnitts geben wir in der Form von drei Sätzen noch einige wichtige Rechenregeln für eindeutige und totale Relationen an, die wir später immer wieder verwenden werden. Deren Beweise machen Gebrauch von den beiden Gleichungen $\mathsf{L} = \mathsf{L}^\mathsf{T}$ und $\mathsf{O} = \mathsf{O}^\mathsf{T}$. Für die homogenen Konstanten L und O wurden sie in dem diese speziellen Relationen behandelnden Abschnitt gezeigt; man vergleiche noch einmal mit Satz 7.2.5. Die Gleichungen gelten aber auch, wenn die linke Seite aus $\mathfrak{R}_{mn}$ und die rechte (gleichbezeichnete) Relation aus $\mathfrak{R}_{nm}$ ist. Zum Beweis im Fall der Allrelation verwenden wir Indizes, um die Typisierung zu verdeutlichen. D.h. wir nehmen $\mathsf{L}_{mn} \in \mathfrak{R}_{mn}$ und $\mathsf{L}_{nm} \in \mathfrak{R}_{nm}$ an. Die Implikation $\mathsf{L}_{mn} \supseteq \mathsf{L}_{nm}{}^\mathsf{T}$ gilt immer und daraus folgt $\mathsf{L}_{mn}{}^\mathsf{T} \supseteq \mathsf{L}_{nm}{}^{\mathsf{T}\mathsf{T}} = \mathsf{L}_{nm}$ mit Hilfe von Satz 7.2.3. Diese Inklusion bedeutet aber $\mathsf{L}_{mn}{}^\mathsf{T} = \mathsf{L}_{nm}$, denn L_{nm} ist das größte Element von $\mathfrak{R}_{nm}$. Da die Transposition eine involutorische Abbildung ist, zeigt dies $\mathsf{L}_{mn} = \mathsf{L}_{nm}{}^\mathsf{T}$. Analog beweist man $\mathsf{O}_{mn} = \mathsf{O}_{nm}{}^\mathsf{T}$.

7.4.3 Satz Für alle Relationen Q, R und S gelten die folgenden Implikationen:

1. R, S eindeutig $\implies$ RS eindeutig

2. S eindeutig, $R\mathsf{L} \supseteq S\mathsf{L}, R \subseteq S$ $\implies$ $R = S$

3. Q eindeutig $\implies$ $Q(R \cap S) = QR \cap QS$

4. Q eindeutig $\implies$ $Q\overline{R} = \overline{QR} \cap Q\mathsf{L}$

Beweis: Wir verzichten auf den ersten Beweis, da er trivial ist.

2. Hier gehen wir wie folgt vor:

$$
\begin{array}{llll}
S & = & R\mathsf{L} \cap S & \qquad S \subseteq S\mathsf{L} \subseteq R\mathsf{L} \\
& \subseteq & (R \cap S\mathsf{L}^\mathsf{T})(\mathsf{L} \cap R^\mathsf{T}S) & \qquad \text{Dedekind} \\
& \subseteq & RR^\mathsf{T}S & \qquad \text{Monotonie} \\
& \subseteq & RS^\mathsf{T}S & \qquad R \subseteq S \Rightarrow R^\mathsf{T} \subseteq S^\mathsf{T} \\
& \subseteq & R & \qquad S \text{ eindeutig}
\end{array}
$$

3. Die Inklusion „$\subseteq$" gilt nach Satz 7.2.3 immer; die umgekehrte Inklusion folgt aus der nachstehenden Rechnung:

$$QR \cap QS \subseteq (Q \cap QSR^\mathsf{T})(R \cap Q^\mathsf{T}QS) \qquad \text{Dedekind}$$
$$\subseteq Q(R \cap Q^\mathsf{T}QS) \qquad \text{Monotonie}$$
$$\subseteq Q(R \cap S) \qquad \text{Monotonie, } Q^\mathsf{T}Q \subseteq \mathsf{I}$$

4. „$\subseteq$": Es gilt $Q\overline{R} \subseteq \overline{QR}$ wegen der folgenden Rechnung:

$$R \subseteq R \implies Q^\mathsf{T}QR \subseteq R \qquad \qquad Q^\mathsf{T}Q \subseteq \mathsf{I}$$
$$\iff Q\overline{R} \subseteq \overline{QR} \qquad \qquad \text{Schröder}$$

Die Inklusion $Q\overline{R} \subseteq Q\mathsf{L}$ ist trivial. Beides zusammen bringt nun $Q\overline{R} \subseteq \overline{QR} \cap Q\mathsf{L}$.

„$\supseteq$": Hier schließt man wie folgt:

$$\mathsf{L} = \mathsf{L} \iff Q\mathsf{L} \cup \overline{Q\mathsf{L}} = \mathsf{L} \qquad \text{Verbandstheorie}$$
$$\iff Q(R \cup \overline{R}) \cup \overline{Q\mathsf{L}} = \mathsf{L} \qquad \text{Verbandstheorie}$$
$$\iff QR \cup Q\overline{R} \cup \overline{Q\mathsf{L}} = \mathsf{L} \qquad \text{Distributivität}$$
$$\iff \overline{\overline{QR} \cap Q\mathsf{L}} \cup Q\overline{R} = \mathsf{L} \qquad \text{Verbandstheorie}$$
$$\iff \overline{QR} \cap Q\mathsf{L} \subseteq Q\overline{R} \qquad \text{Verbandstheorie}$$

Da das erste Glied dieser Kette wahr ist, ist somit auch das letzte Glied wahr, also der Beweis beendet. □

Für totale Relationen gelten ebenfalls eine Reihe von Rechenregeln. Die wichtigsten sind in dem nachfolgenden Satz zusammengefaßt.

7.4.4 Satz Für alle Relationen Q und R gelten die folgenden Implikationen:

1. Q, R total $\implies QR$ total

2. Q total $\implies \overline{QR} \subseteq Q\overline{R}$

3. Q total $\implies (RQ = \mathsf{O} \iff R = \mathsf{O})$

Beweis: Der dritte der folgenden Beweise verwendet $\mathsf{L} = \mathsf{L}^\mathsf{T}$ und $\mathsf{O} = \mathsf{O}^\mathsf{T}$, wobei diese Relationen nicht unbedingt homogen sein müssen.

1. Dieser Beweis ist trivial.

2. Wir beginnen mit der folgenden Gleichung:

$$\mathsf{L} = Q\mathsf{L} \qquad \qquad Q \text{ total}$$
$$= Q(R \cup \overline{R}) \qquad \qquad \mathsf{L} = R \cup \overline{R}$$
$$= QR \cup Q\overline{R} \qquad \qquad \text{Distributivität}$$
$$= \overline{\overline{QR}} \cup Q\overline{R}$$

Diese Gleichung ist nun aber (vergleiche mit dem Kapitel zu den Booleschen Verbänden) äquivalent zur gewünschten Inklusion $\overline{QR} \subseteq Q\overline{R}$.

3. Beim Beweis der Äquivalenz unter der Voraussetzung $QL = L$ (d.h. der Totalität von Q) gehen wir wie folgt vor:

$$
\begin{aligned}
RQ \subseteq O &\iff LQ^\mathsf{T} \subseteq \overline{R} && \text{Schröder} \\
&\iff (QL)^\mathsf{T} \subseteq \overline{R} && L = L^\mathsf{T} \\
&\iff L^\mathsf{T} \subseteq \overline{R} && Q \text{ total} \\
&\iff R = O && O = O^\mathsf{T} \qquad \Box
\end{aligned}
$$

Wir kommen zum Schluß nun noch zu zwei Rechenregeln für Funktionen. Insbesondere die erste Regel ist oft von großem Vorteil wenn eine Relation mit einer komplementierten Relation von links zu multiplizieren ist.

7.4.5 Satz Es sei Q eine Funktion. Dann gilt für alle Relationen R, S:

1. $\overline{QR} = Q\overline{R}$

2. $RQ \subseteq S \iff R \subseteq SQ^\mathsf{T}$

Beweis: Der zweite der folgenden Beweise verwendet die Gleichung $L = L^\mathsf{T}$ für zwei (gleichbezeichnete) nicht-homogene Universalrelationen.

1. Diese Gleichung folgt sofort aus Satz 7.4.3.4 in Verbindung mit der Totalitätseigenschaft $QL = L$.

2. Wir beginnen mit der Richtung „$\Longrightarrow$": Aus $RQ \subseteq S$ folgt $\overline{S}Q^\mathsf{T} \subseteq \overline{R}$ mit Hilfe der Schröder-Äquivalenzen und diese Inklusion verwenden wir in der nachstehenden Rechnung im letzten Schritt:

$$
\begin{aligned}
L &= (QL)^\mathsf{T} && Q \text{ total}, L = L^\mathsf{T} \\
&= LQ^\mathsf{T} && L = L^\mathsf{T}, \text{ Satz } 7.2.3 \\
&= (\overline{S} \cup S)Q^\mathsf{T} && \text{Verbandstheorie} \\
&= \overline{S}Q^\mathsf{T} \cup SQ^\mathsf{T} && \text{Distributivität} \\
&\subseteq \overline{R} \cup SQ^\mathsf{T} && \text{siehe oben}
\end{aligned}
$$

Also bekommen wir $R \subseteq SQ^\mathsf{T}$ mit Hilfe von Verbandstheorie.

Nun kommen wir zum Beweis von „$\Longleftarrow$": Dieser Beweis ist jedoch recht einfach, denn $R \subseteq SQ^\mathsf{T}$ impliziert $RQ \subseteq SQ^\mathsf{T}Q \subseteq S$, da Q eindeutig ist. $\qquad \Box$

Neben den Funktionen[5] gibt es noch weitere wichtige Klassen von heterogenen Relationen. Beispiele sind Vektoren und Punkte und induzierte injektive Einbettungen, die zur Darstellung von Mengen und Elementen aus ihnen dienen, und die kanonischen Projektionen und Injektionen, wie sie sich bei direkten Produkten und direkten Summen ergeben. Auch Potenzmengen-Relationen, welche abstrakte Varianten der Ist-Element-von-Relation zwischen einer Menge M und ihrer Potenzmenge 2^M darstellen, sind hier zu nennen. Wir werden diese wichtigen heterogenen Relationen aber erst später in den Abschnitten einführen, welche ihre Hauptanwendungen demonstrieren bzw. vorbereiten..

---

[5]Aus den Sätzen 7.4.3 und 7.4.4 ergeben sich auch sofort Rechenregeln für injektive und surjektive Relationen.

7.5   Residuen und symmetrische Quotienten

In algebraischen zahlartigen Strukturen, wie Gruppen, Ringen oder Körpern, ist man an der Lösung von Gleichungen interessiert, beispielsweise der Lösung x von $a * x = b$ im Fall von Gruppen, wobei a und b gegeben sind und x die Unbekannte ist. Bei Ordnungsstrukturen machen Gleichungen oft keinen Sinn; hier untersucht man deshalb in der Regel Ungleichungen, genauer: Abschätzungen Transformiert man die obige Gleichung $a * x = b$ in so eine Form, so führt dies zu $a * x \leq b$, wobei zusätzlich zur Ordnung noch eine Multiplikation angenommen ist. Für Relationen hat man hier die nachfolgenden Resultate, welche man auf R.D. Luce (1952) zurückführen kann. Die Unterscheidung in zwei Fälle ist dadurch bedingt, daß die Komposition von Relationen nicht kommutativ ist.

7.5.1 Satz Gegeben seien zwei Relationen R und S. Dann gelten die Gesetze

1. $R\,\overline{R^{\mathsf{T}}\overline{S}} \subseteq S$

2. $RX \subseteq S \iff X \subseteq \overline{R^{\mathsf{T}}\overline{S}}$ für alle Relationen X,

d.h. die Konstruktion $\overline{R^{\mathsf{T}}\overline{S}}$ ist die größte Lösung X der Inklusion $RX \subseteq S$, sowie

3. $\overline{\overline{S}R^{\mathsf{T}}}\,R \subseteq S$

4. $XR \subseteq S \iff X \subseteq \overline{\overline{S}R^{\mathsf{T}}}$ für alle Relationen X,

d.h. die Konstruktion $\overline{\overline{S}R^{\mathsf{T}}}$ ist die größte Lösung X der Inklusion von $XR \subseteq S$.

Beweis: Entscheidend bei den folgenden Umformungen sind in allen Fällen die Schröder-Äquivalenzen.

1. Diese Inklusion beweist man wie folgt:

$$R^{\mathsf{T}}\overline{S} \subseteq R^{\mathsf{T}}\overline{S} \iff R^{\mathsf{T}}\overline{S} \subseteq \overline{\overline{R^{\mathsf{T}}\overline{S}}}$$
$$\iff R\,\overline{R^{\mathsf{T}}\overline{S}} \subseteq S \qquad\qquad \text{Schröder}$$

2. Es sei X eine beliebige Relation. Der nachstehende Beweis der zweiten Äquivalenz verwendet ebenfalls die Schröder-Äquivalenzen:

$$RX \subseteq S \iff R^{\mathsf{T}}\overline{S} \subseteq \overline{X} \qquad\qquad \text{Schröder}$$
$$\iff X \subseteq \overline{R^{\mathsf{T}}\overline{S}}$$

3. Diese Inklusion bekommt man analog zu (1):

$$\overline{S}R^{\mathsf{T}} \subseteq \overline{S}R^{\mathsf{T}} \iff \overline{S}R^{\mathsf{T}} \subseteq \overline{\overline{\overline{S}R^{\mathsf{T}}}}$$
$$\iff \overline{\overline{S}R^{\mathsf{T}}}\,R \subseteq S \qquad\qquad \text{Schröder}$$

4. Diese Eigenschaft beweist man für beliebige Relationen X schließlich analog zu (2):

$$XR \subseteq S \iff \overline{S} R^\mathsf{T} \subseteq \overline{X} \qquad\qquad \text{Schröder}$$
$$\iff X \subseteq \overline{\overline{S} R^\mathsf{T}} \qquad\qquad \square$$

Die in diesem Satz gezeigten größten Lösungen X der Inklusionen $RX \subseteq S$ bzw. $XR \subseteq S$ bei vorgegebenen Relationen R und S werden in der Literatur unter zwei eigenen Namen geführt.

7.5.2 Definition Zu Relationen R und S nennt man die Konstruktion

$$R\backslash S \ := \ \overline{R^\mathsf{T}\,\overline{S}} \qquad\qquad \text{das } \textit{Rechtsresiduum} \text{ von } S \text{ über } R,$$
$$S/R \ := \ \overline{\overline{S}\,R^\mathsf{T}} \qquad\qquad \text{das } \textit{Linksresiduum} \text{ von } S \text{ über } R. \qquad \square$$

Leider sind die Bezeichnungen der beiden Residuen in der Literatur nicht einheitlich. Manchmal wird, wie etwa von C.A.R. Hoare, der Ausdruck $R\backslash S$ auch als Bezeichnung für das Linksresiduum genommen und S/R dann als Bezeichnung für das Rechtsresiduum. Auch „schräge" Doppelpunkte sind insbesondere in der älteren Literatur im Gebrauch. Wir bleiben aber im folgenden immer bei der Notation, wie sie in Definition 7.5.2 eingeführt wurde. Im Sinne dieser Definition schreibt sich dann Satz 7.5.1 wie folgt: Die Inklusionen (1) und (3) werden zu den beiden folgenden Inklusionen:

$$R(R\backslash S) \ \subseteq \ S \qquad\qquad (S/R)R \ \subseteq \ S.$$

Man vergleiche diese mit den Bruchregeln $r\frac{s}{r} = s$ und $\frac{s}{r}r = s$ auf den Zahlen. Die verbleibenden Äquivalenzen (2) und (4) werden zu den folgenden Eigenschaften:

$$RX \subseteq S \iff X \subseteq R\backslash S \qquad\qquad XR \subseteq S \iff X \subseteq S/R$$

Bezüglich dieser Äquivalenzen vergleiche man mit der Gleichwertigkeit von $r * x = s$ und $x = \frac{s}{r}$ bzw. von $x * r = s$ und $x = \frac{s}{r}$ bei den Zahlen. Wegen dieser Ähnlichkeit spricht man bei den (relationalen) Residuen auch von (relationalen) Quotienten. Wir verwenden diesen Begriff aber später in einem anderen Zusammenhang.

Zwischen den beiden Residuen besteht ein sehr enger Zusammenhang. Insbesondere kann man sie gegenseitig ausdrücken, indem man die Komplementbildung und die Transposition verwendet. Wie dies geht, wird in dem nächsten Satz gezeigt.

7.5.3 Satz Für die in der Definition 7.5.2 eingeführten Links- und Rechtsresiduen gelten die folgenden vier Gleichungen:

1. $R\backslash S \ = \ (S^\mathsf{T}/R^\mathsf{T})^\mathsf{T}$

2. $S/R \ = \ (R^\mathsf{T}\backslash S^\mathsf{T})^\mathsf{T}$

3. $\overline{R\backslash \overline{S}} \ = \ R^\mathsf{T}/S^\mathsf{T}$

4. $\overline{S/\overline{R}} \ = \ S^\mathsf{T}\backslash R^\mathsf{T}$

Beweis: Bei der ersten Gleichung haben wir, von rechts nach links, die folgende Rechnung als Beweis:

$$
\begin{aligned}
(S^\mathsf{T}/R^\mathsf{T})^\mathsf{T} &= \overline{\overline{(S^\mathsf{T}\,\overline{R^\mathsf{T}})}}^{\,\mathsf{T}} && \text{Def. Linksresiduum} \\
&= \overline{\overline{(\overline{S}^\mathsf{T} R)}}^{\,\mathsf{T}} \\
&= \overline{R^\mathsf{T}\,\overline{S}} \\
&= R\backslash S && \text{Def. Rechtsresiduum}
\end{aligned}
$$

Die Beweise für die verbleibenden Gleichungen (2), (3) und (4) sind von ähnlicher Qualität und werden deshalb weggelassen.   □

Neben den Residuen braucht man bei bestimmten Anwendungen oft spezielle Relationen, die sowohl als Links- als auch als Rechtsresiduum beschrieben sind. Dies führt zu folgender Festlegung, welche im wesentlichen auf G. Schmidt und H. Zierer in den 1980er Jahren zurückgeht. Der Spezialfall mit zwei gleichen Argumenten R und S in Definition 7.5.4 wurde schon von J. Riguet um 1950 im Zusammenhang mit Äquivalenzrelationen und Ordnungen untersucht.

7.5.4 Definition Zu zwei Relationen R und S ist der *symmetrische Quotient* $\mathsf{syq}(R,S)$ von R und S definiert mittels

$$
\mathsf{syq}(R,S) \;=\; (R\backslash S)\cap(R^\mathsf{T}/S^\mathsf{T}) \;=\; \overline{R^\mathsf{T}\,\overline{S}} \cap \overline{\overline{R}^\mathsf{T} S}.
$$

□

Dem Leser ist sicherlich aufgefallen, daß der symmetrische Quotient $\mathsf{syq}(R,S)$ von zwei Relationen R und S keine symmetrische Relation in dem Sinne ist, daß $\mathsf{syq}(R,S)$ bei Transposition in sich abgebildet wird. Der erste Namensteil „symmetrisch" wurde von den Entwicklern des Begriffs nur wegen der Symmetrie der Konstruktion gewählt. Mit dem zweiten Namensteil „Quotient" wurde von G. Schmidt und H. Zierer versucht, wiederum die Verwandtheit mit der Division bei zahlartigen Strukturen analog zu den beiden Residuen auszudrücken. Wie für die beiden Residuen, so gelten auch für den symmetrischen Quotienten viele algebraische Eigenschaften. Im nächsten Satz geben wir eine erste Gruppe davon an.

7.5.5 Satz Für den symmetrischen Quotienten gelten die folgenden Rechenregeln:

1. $\mathsf{syq}(R,S) = \mathsf{syq}(S,R)^\mathsf{T}$

2. $\mathsf{syq}(R,S) = \mathsf{syq}(\overline{R},\overline{S})$

3. $\mathsf{I} \subseteq \mathsf{syq}(R,R)$

Beweis: Die Rechnungen zum Beweis der beiden Gleichungen (1) und (2) sind so einfach zu führen, daß wir sie dem Leser zur Übung überlassen. Für den Beweis von Gleichung (3) verwendet man zuerst, daß

$$RI \subseteq R \quad \Longleftrightarrow \quad R^{\mathsf{T}}\overline{R} \subseteq \overline{I} \qquad\qquad \text{Schröder}$$
$$\Longleftrightarrow \quad I \subseteq \overline{R^{\mathsf{T}}\overline{R}}$$

gilt und, durch Ersetzung der Relation R durch ihr Komplement $\overline{R}$, analog auch die Inklusion $I \subseteq \overline{\overline{R}^{\mathsf{T}}R}$ zutrifft. Dies erlaubt die Verifikation der gewünschten Inklusion mittels der Rechnung $I \subseteq \overline{R^{\mathsf{T}}\overline{R}} \cap \overline{\overline{R}^{\mathsf{T}}R} = \mathsf{syq}(R,R)$. $\qquad\square$

Von den zahlreichen weiteren algebraischen Eigenschaften des symmetrischen Quotienten und auch des Links- und Rechtsresiduums führen wir im nächsten Satz 7.5.6 nur diejenigen des symmetrischen Quotienten auf, die wir später bei den Anwendungen (insbesondere beim Beweis der Monomorphie der relationenalgebraischen Spezifikation der Potenzmengenrelation) noch brauchen werden. Wer sich mehr mit dem interessanten Gebiet der relationalen Division beschäftigen will, dem sei das in der Einleitung aufgeführte Buch von G. Schmidt und T. Ströhlein empfohlen. Auch der Bericht „A study of symmetric quotients" von H. Furusawa und W. Kahl (Dezember 1998, Fakultät für Informatik, Universität der Bundeswehr München) enthält viele interessante Eigenschaften.

7.5.6 Satz 1. Für den symmetrischen Quotienten haben wir die Gleichungen

(a) $R\,\mathsf{syq}(R,S) \;=\; S \cap \mathsf{L}\,\mathsf{syq}(R,S)$

(b) $\mathsf{syq}(Q,R)\,\mathsf{syq}(R,S) \;=\; \mathsf{syq}(Q,S) \cap \mathsf{L}\,\mathsf{syq}(R,S)$.

2. Ist Q eine bijektive Funktion, so gilt

(c) $\mathsf{syq}(QR,S) \;=\; \mathsf{syq}(R,Q^{\mathsf{T}}S)$.

Beweis: Schwierig ist hier nur der erste Teil. Insbesondere die Rechnungen bei (b) sind teils sehr technisch.

1. Wir beweisen (a), indem wir die beiden Inklusionen „$\subseteq$" und „$\supseteq$" zeigen, und beginnen mit „$\subseteq$": Aus $R^{\mathsf{T}}\overline{S} \subseteq \overline{R^{\mathsf{T}}S}$ folgt $R\,\overline{R^{\mathsf{T}}\overline{S}} \subseteq S$ mit Hilfe der Schröder-Äquivalenzen. Dies zeigt:

$$
\begin{aligned}
R\,\mathsf{syq}(R,S) \;&=\; R(\overline{R^{\mathsf{T}}\overline{S}} \cap \overline{\overline{R}^{\mathsf{T}}S}) && \text{Definition } \mathsf{syq}(R,S) \\
&\subseteq\; R\,\overline{R^{\mathsf{T}}\overline{S}} && \text{Monotonie} \\
&\subseteq\; S && \text{siehe oben}
\end{aligned}
$$

Weiterhin haben wir die folgende Inklusion:

$$R\,\mathsf{syq}(R,S) \;\subseteq\; \mathsf{L}\,\mathsf{syq}(R,S) \qquad\qquad \text{da } R \subseteq \mathsf{L}$$

Beide Inklusionen zeigen durch Durchschnittsbildung die gewünschte Inklusion „$\subseteq$" von (a).

Nun kommen wir zum Beweis von „$\supseteq$". Wir haben zuerst:

$$\overline{R}\,\mathsf{syq}(R,S) \;\subseteq\; \overline{S} \qquad\qquad\qquad\qquad (\dagger)$$

Die Inklusion $\overline{R}\,\mathsf{syq}(\overline{R},\overline{S}) \subseteq \overline{S}$ haben wir – mit R statt $\overline{R}$ und S statt $\overline{S}$ – gerade bewiesen. Mit Hilfe von Satz 7.5.5.2 bringt dies aber genau $\overline{R}\,\mathsf{syq}(R,S) \subseteq \overline{S}$. Nach dieser Vorbereitung starten wir nun den eigentlichen Beweis der Inklusion „$\supseteq$" der Aussage (a):

$$
\begin{aligned}
S \cap \mathsf{L}\,\mathsf{syq}(R,S) \;&=\; S \cap (R \cup \overline{R})\,\mathsf{syq}(R,S) \\
&=\; S \cap (R\,\mathsf{syq}(R,S) \cup \overline{R}\,\mathsf{syq}(R,S)) && \text{Distr.} \\
&=\; (S \cap R\,\mathsf{syq}(R,S)) \cup (S \cap \overline{R}\,\mathsf{syq}(R,S)) && \text{Distr.} \\
&\subseteq\; R\,\mathsf{syq}(R,S) \cup (S \cap \overline{S}) && \text{Mon., (\dag)} \\
&=\; R\,\mathsf{syq}(R,S)
\end{aligned}
$$

Für den Beweis von (b) starten wir mit einer Abschwächung der Aussage, nämlich der folgenden Inklusion:

$$
\mathsf{syq}(Q,R)\,\mathsf{syq}(R,S) \;\subseteq\; \mathsf{syq}(Q,S) \tag{$\ddagger$}
$$

Nach den Schröder-Äquivalenzen gilt die Eigenschaft ($\ddagger$) genau dann, wenn die Inklusion $\overline{\mathsf{syq}(Q,S)}\,\mathsf{syq}(R,S)^{\mathsf{T}} \subseteq \overline{\mathsf{syq}(Q,R)}$ zutrifft, und diese beweist man wie folgt:

$$
\begin{aligned}
&\;\;\overline{\mathsf{syq}(Q,S)}\,\mathsf{syq}(R,S)^{\mathsf{T}} \\
=&\;\; \overline{\mathsf{syq}(Q,S)}\,\mathsf{syq}(S,R) && \text{Satz 7.5.5.1} \\
=&\;\; (Q^{\mathsf{T}}\overline{S} \cup \overline{Q}^{\mathsf{T}}S)\,\mathsf{syq}(S,R) && \text{Def. Quotient, de Morgan} \\
=&\;\; Q^{\mathsf{T}}\overline{S}\,\mathsf{syq}(S,R) \cup \overline{Q}^{\mathsf{T}}S\,\mathsf{syq}(S,R) && \text{Distributivität} \\
=&\;\; Q^{\mathsf{T}}\overline{S}\,\mathsf{syq}(\overline{S},\overline{R}) \cup \overline{Q}^{\mathsf{T}}S\,\mathsf{syq}(S,R) && \text{Satz 7.5.5.2} \\
\subseteq&\;\; Q^{\mathsf{T}}\overline{R} \cup \overline{Q}^{\mathsf{T}}R && \text{(a) dieses Satzes} \\
=&\;\; \overline{\mathsf{syq}(Q,R)} && \text{Def Quotient, de Morgan}
\end{aligned}
$$

Nun kommen wir zum eigentlichen Beweis von (b). Wir beginnen mit „$\subseteq$": Nach ($\ddagger$) ist $\mathsf{syq}(Q,R)\,\mathsf{syq}(R,S)$ in $\mathsf{syq}(Q,S)$ enthalten. Wegen $\mathsf{syq}(Q,R) \subseteq \mathsf{L}$ ist das Produkt auch in $\mathsf{L}\,\mathsf{syq}(R,S)$ enthalten. Insgesamt liegt das Produkt somit im Durchschnitt. Bei der Verifikation von „$\supseteq$" gehen wir wie folgt vor:

$$
\begin{aligned}
&\;\;\mathsf{syq}(Q,S) \cap \mathsf{L}\,\mathsf{syq}(R,S) \\
=&\;\; \mathsf{L}\,\mathsf{syq}(R,S) \cap \mathsf{syq}(Q,S) \\
\subseteq&\;\; (\mathsf{L} \cap \mathsf{syq}(Q,S)\mathsf{syq}(R,S)^{\mathsf{T}})(\mathsf{syq}(R,S) \cap \mathsf{L}^{\mathsf{T}}\,\mathsf{syq}(Q,S)) && \text{Dedekind} \\
\subseteq&\;\; \mathsf{syq}(Q,S)\mathsf{syq}(R,S)^{\mathsf{T}}\,\mathsf{syq}(R,S) \\
=&\;\; \mathsf{syq}(Q,S)\,\mathsf{syq}(S,R)\,\mathsf{syq}(R,S) && \text{Satz 7.5.5.1} \\
\subseteq&\;\; \mathsf{syq}(Q,R)\,\mathsf{syq}(R,S) && \text{wie (\ddag)}
\end{aligned}
$$

2. Die Gleichung (c) rechnet man relativ einfach nach. Wir haben

$$
\begin{aligned}
\mathsf{syq}(QR,S) \;&=\; \overline{(QR)^{\mathsf{T}}\overline{S}} \cap \overline{\overline{QR}^{\mathsf{T}}S} && \text{Definition Quotient} \\
&=\; \overline{R^{\mathsf{T}}Q^{\mathsf{T}}\overline{S}} \cap \overline{(Q\,\overline{R})^{\mathsf{T}}S} && \text{Satz 7.4.5.1} \\
&=\; \overline{R^{\mathsf{T}}\overline{Q^{\mathsf{T}}S}} \cap \overline{\overline{R}^{\mathsf{T}}Q^{\mathsf{T}}S} && \text{Satz 7.4.5.1} \\
&=\; \mathsf{syq}(R,Q^{\mathsf{T}}S) && \text{Definition Quotient,}
\end{aligned}
$$

was den Beweis des Satzes insgesamt beendet. □

Im Fall von konkreten Relationen beschreiben die beiden Residuen spezielle allquantifizierte Implikationen und der symmetrische Quotient beschreibt eine spezielle allquantifizierte Äquivalenz. Wie diese aussehen, wird in dem folgenden Satz gezeigt. Die entsprechenden quantifizierten Formeln tauchen sehr oft auf, wenn man eine prädikatenlogische Spezifikation in eine gleichwertige relationenalgebraische transformiert.

7.5.7 Satz 1. Für konkrete Relationen $R : U \leftrightarrow V$ und $S : W \leftrightarrow V$ haben wir:

(a) $(S/R)_{wu} \iff \forall v : R_{uv} \Rightarrow S_{wv}$

2. Für konkrete Relationen $R : U \leftrightarrow V$ und $S : U \leftrightarrow W$ haben wir:

(b) $(R \backslash S)_{vw} \iff \forall u : R_{uv} \Rightarrow S_{uw}$

(c) $\mathsf{syq}(R, S)_{vw} \iff \forall u : R_{uv} \Leftrightarrow S_{uw}$

Beweis: Wir verwenden beim Beweis von allen drei Äquivalenzen die Definition der beiden Residuen und des symmetrischen Quotienten, sowie die komponentenbehafteten Definitionen der Basisoperationen und etwas Logik.

(a) Diese Äquivalenz zeit man wie folgt:

$$
\begin{array}{lll}
(S/R)_{wu} & \iff \overline{\overline{S}\,R^{\mathsf{T}}}_{wu} & \text{Def. Linksresiduum} \\
& \iff \neg \exists\, v : \overline{S}_{wv} \wedge R^{\mathsf{T}}_{vu} & \text{Def. Operationen} \\
& \iff \forall\, v : \neg\neg S_{wv} \vee \neg R_{uv} & \\
& \iff \forall\, v : R_{uv} \Rightarrow S_{wv} &
\end{array}
$$

(b) Hier geht man wie bei (a) vor:

$$
\begin{array}{lll}
(R \backslash S)_{vw} & \iff \overline{R^{\mathsf{T}}\,\overline{S}}_{vw} & \text{Def. Rechtsresiduum} \\
& \iff \neg \exists\, u : R^{\mathsf{T}}_{vu} \wedge \overline{S}_{uw} & \text{Def. Operationen} \\
& \iff \forall\, u : \neg R_{uv} \vee \neg\neg S_{uw} & \\
& \iff \forall\, u : R_{uv} \Rightarrow S_{uw} &
\end{array}
$$

(c) Diese Äquivalenz ergibt sich schließlich aus (a) und (b) wie folgt:

$$
\begin{array}{lll}
\mathsf{syq}(R, S)_{vw} & \iff (R \backslash S)_{vw} \wedge (R^{\mathsf{T}}/S^{\mathsf{T}})_{vw} & \\
& \iff (\forall\, u : R_{uv} \Rightarrow S_{uw}) \wedge (\forall\, u : S^{\mathsf{T}}_{wu} \Rightarrow R^{\mathsf{T}}_{vu}) & \text{(a), (b)} \\
& \iff \forall\, u : R_{uv} \Leftrightarrow S_{uw} & \square
\end{array}
$$

Mit Hilfe der Äquivalenzen von Satz 7.5.7 und der komponentenbehafteten Definition der Relationenkomposition kann man also bei konkreten Relationen wichtige Verbindungen zwischen gewissen (nicht allen!) allquantifizierten oder existentiellquantifizierten prädikatenlogischen Formeln und relationalen Ausdrücken herstellen. Diese werden wir später immer wieder zum Wechseln der Beschreibungsebenen anwenden, wenn wir in der in Abbildung 7.2 graphisch beschriebenen Art und Weise vorgehen. Nur Quantoren machen bei so einem Beschreibungswechsel Schwierigkeiten, denn es ist offensichtlich, daß die logischen Junktoren $\wedge$, $\vee$ und $\neg$ gerade den verbandstheoretischen Operationen der Relationenalgebra entsprechen und $\Rightarrow$ und $\Leftrightarrow$ der Inklusion bzw. der Gleichheit von Relationen.

Die beiden Residuen und der symmetrische Quotient sind aufgrund der verwendeten relationalen Komposition nicht für alle Paare von Relationen definiert. Es sind gewisse Forderungen an die Typen der beteiligten Relationen zu stellen. Man macht sich die Typisierung der Residuen und des symmetrischen Quotienten – und damit die Bereiche der Quantoren des eben bewiesenen Satzes – am besten an Pfeildiagrammen klar. Für das Linksresiduum haben wir das in der folgenden Abbildung 7.3 angegebene Diagramm:

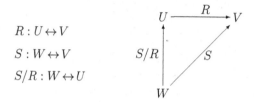

$$R : U \leftrightarrow V$$
$$S : W \leftrightarrow V$$
$$S/R : W \leftrightarrow U$$

Abbildung 7.3: Typisierung von Linksresiduen

Hingegen haben wir für das Rechtsresiduum und den symmetrischen Quotienten das in der nachfolgenden Abbildung 7.4 angegebene Typisierungsdiagramm:

$$R : U \leftrightarrow V$$
$$S : U \leftrightarrow W$$
$$R\backslash S : V \leftrightarrow W$$
$$\mathsf{syq}(R, S) : V \leftrightarrow W$$

Abbildung 7.4: Typisierung von Rechtsresiduen und symmetrischen Quotienten

Wir befassen uns im folgenden noch mit einer speziellen Situation, die aber weit verbreitet ist und deren vielfältigen Einsatz wir später – nach der Einführung von relationalen Vektoren – noch oft schätzen werden. Es sei $\mathbb{1}$ eine fixierte einelementige Menge. Dann entspricht eine konkrete Relation $S : M \leftrightarrow \mathbb{1}$ einer Booleschen Matrix mit genau einer Spalte, also einem Booleschen Spaltenvektor. Zwischen logischen Formeln und solchen „einspaltigen" Relationen haben wir die folgenden Verbindungen:

Formel der Logik	Relationale Formel
$\exists y : R_{xy}$	$(R\mathsf{L})_x$ mit $\mathsf{L} : N \leftrightarrow \mathbb{1}$
$\forall y : R_{xy}$	$(R/\mathsf{L})_x$ mit $\mathsf{L} : \mathbb{1} \leftrightarrow N$
$\forall y : R_{yx}$	$(\overline{R}\backslash\mathsf{O})_x$ mit $\mathsf{O} : M \leftrightarrow \mathbb{1}$

Zu dieser Tabelle ist noch eine Bemerkung zu machen. Ist $\mathbb{1} = \{\perp\}$ und stellt S jeweils die Relation der rechten Spalte dar, also beispielsweise $R\mathsf{L}$, so haben wir vereinfachend S_x statt $S_{x\perp}$ geschrieben. Diese Schreibweise ist auch in der linearen Algebra bei Vektoren üblich. Sie ist dadurch motiviert, daß der zweite Index nur $\perp$ sein kann, also eigentlich überflüssig ist. In den nachfolgenden Pfeildiagrammen sind die Typisierungen der Relationen dieser Tabelle noch einmal zum besseren Verständnis angegeben:

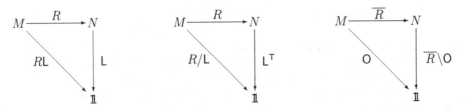

Abbildung 7.5: Spezielle Typisierung von Produkten und Linksresiduen

Der folgende Satz, welcher das Kapitel abschließt, gibt eine weitere Eigenschaft des Rechtsresiduums an. Es handelt sich um die Beschreibung der relationalen Inklusion durch einen speziellen relationalen Ausdruck. Wir beweisen zuerst den Satz und gehen erst dann auf seine fundamentale Bedeutung bei den Anwendungen ein.

7.5.8 Satz (Inklusion als relationaler Ausdruck) Definiert man mit Hilfe der speziellen Konstanten $\mathsf{O} : M \leftrightarrow \mathbb{1}$ und $\mathsf{L} : N \leftrightarrow \mathbb{1}$ die Abbildung

$$\mathsf{incl} : [M \leftrightarrow N] \times [M \leftrightarrow N] \to [\mathbb{1} \leftrightarrow \mathbb{1}]$$

durch die Festlegung

$$\mathsf{incl}(X, Y) = ((X \cap \overline{Y})\mathsf{L})\backslash\mathsf{O},$$

so gilt für alle Relationen $R, S : M \leftrightarrow N$ die Inklusion $R \subseteq S$ dann und nur dann, wenn $\mathsf{incl}(R, S) = \mathsf{L}$ gilt, also $\mathsf{incl}(R, S)$ gleich der Allrelation von $[\mathbb{1} \leftrightarrow \mathbb{1}]$ ist.

Beweis: Es sei $\perp$ das einzige Element von $\mathbb{1}$. Dann haben wir, wenn wir den zweiten Index $\perp$ nicht unterdrücken:

$$
\begin{array}{lll}
\mathsf{incl}(R, S)_{\perp\perp} & \Longleftrightarrow & (((R \cap \overline{S})\mathsf{L})\backslash\mathsf{O})_{\perp\perp} \qquad\qquad \text{Definition von incl} \\
& \Longleftrightarrow & \forall x : \overline{(R \cap \overline{S})\mathsf{L}}_{x\perp} \qquad\qquad\quad \text{siehe obige Tabelle}
\end{array}
$$

Nun vereinfachen wir den Rumpf dieser Quantifizierung. Da die Beziehung $\mathsf{L}_{y\perp}$ immer gilt, erhalten wir die Äquivalenz

$$
\begin{array}{lll}
\overline{(R \cap \overline{S})\mathsf{L}}_{x\perp} & \Longleftrightarrow & \neg\exists y : R_{xy} \wedge \overline{S}_{xy} \wedge \mathsf{L}_{y\perp} \qquad \text{Komplementbildung, Komposition} \\
& \Longleftrightarrow & \forall y : \overline{R}_{xy} \vee S_{xy} \qquad\qquad\qquad\quad \text{de Morgan} \\
& \Longleftrightarrow & \forall y : R_{xy} \Rightarrow S_{xy}
\end{array}
$$

und diese zeigt, mit der vorausgehenden Rechnung und einer Allrelation $\mathsf{L} : \mathbb{1} \leftrightarrow \mathbb{1}$, die gewünschte Eigenschaft wie folgt:

$$\begin{aligned}
\mathsf{incl}(R, S) = \mathsf{L} &\iff \mathsf{incl}(R, S)_{\perp\perp} && \text{weil } \mathbb{1} \text{ einelementig} \\
&\iff \forall\, x, y : R_{xy} \Rightarrow S_{xy} && \text{siehe oben} \\
&\iff R \subseteq S && \text{Eigenschaft Inklusion}
\end{aligned}$$

Damit ist der Satz bewiesen. $\square$

Durch diesen Satz ist es möglich, das Resultat einer Relationeninklusion als eine Relation, d.h. auf der Objektebene, zu definieren. Dabei spielen $\mathsf{O}, \mathsf{L} : \mathbb{1} \leftrightarrow \mathbb{1}$, die einzigen Elemente von $[\mathbb{1} \leftrightarrow \mathbb{1}]$, die Rolle der Wahrheitswerte. Es steht $\mathsf{O} : \mathbb{1} \leftrightarrow \mathbb{1}$ für den Wahrheitswert „falsch" und $\mathsf{L} : \mathbb{1} \leftrightarrow \mathbb{1}$ für den Wahrheitswert „wahr". Praktische Anwendungen findet dieser Satz im Kieler RELVIEW System, wo etwa Bedingungen von Schleifen relationale Ausdrücke sind, deren Wert jeweils eine Relation aus $[\mathbb{1} \leftrightarrow \mathbb{1}]$ ist. Somit steht für Bedingungen die gesamte Aussagenlogik mit Relationeninklusionen als atomaren Formeln zur Verfügung. Ein Beispiel ist der Test auf Gleichheit mittels

$$\mathsf{incl}(R, S) \cap \mathsf{incl}(S, R).$$

Es git $R = S$ genau dann, wenn die spezielle Relation $\mathsf{L} : \mathbb{1} \leftrightarrow \mathbb{1}$ der Wert dieses relationenalgebraischen Ausdrucks ist. Als ein weiteres Beispiel ist R genau dann eine Ordnung, wenn sich der relationenalgebraische Ausdruck

$$\mathsf{incl}(\mathsf{I}, R) \cap \mathsf{incl}(RR, R) \cap \mathsf{incl}(R \cap R^{\mathsf{T}}, \mathsf{I})$$

zur Universalrelation $\mathsf{L} : \mathbb{1} \leftrightarrow \mathbb{1}$ auswertet.

Wir haben für Satz 7.5.8 einen direkten, komponentenbehafteten Beweis angegeben, um die Technik, die wir später öfter noch verwenden werden, zu verdeutlichen. Es ist aber auch ein algebraischer Beweis möglich. Dazu formt man zuerst die Gleichung $\mathsf{incl}(R, S) = \mathsf{L}$ äquivalenterweise um in $\mathsf{L}(R \cap \overline{S})^{\mathsf{T}}\mathsf{L} = \mathsf{O}$, wobei die linke Allrelation einen einelementigen Argumentbereich und die rechte Allrelation einen einelementigen Resultatbereich besitzt. Aus dieser speziellen Typisierung folgt die Äquivalenz von $\mathsf{L}(R \cap \overline{S})^{\mathsf{T}}\mathsf{L} = \mathsf{O}$ und $(R \cap \overline{S})^{\mathsf{T}} = \mathsf{O}$ nach der Tarski-Regel. Der Rest des Beweises ist nun trivial.

Aufgrund der Tarski-Regel gilt für jede Relation R entweder $\mathsf{L}R\mathsf{L} = \mathsf{O}$ oder $\mathsf{L}R\mathsf{L} = \mathsf{L}$. Dies zeigt, daß die relationale Abbildung incl auch für $[P \leftrightarrow P]$ an Stelle von $[\mathbb{1} \leftrightarrow \mathbb{1}]$ als Resultatbereich nur eine All- oder eine Nullrelation berechnet, mit $\mathsf{incl}(R, S) = \mathsf{L}$ genau dann, wenn $R \subseteq S$, und $\mathsf{incl}(R, S) = \mathsf{O}$ genau dann, wenn $R \not\subseteq S$.

Kapitel 8

Strukturerhaltende Funktionen

Eine abstrakte Relationenalgebra im Sinne von Definition 7.2.1 ist eine algebraisch-relationale Struktur, also sehr ähnlich einem Verband, da auf ihr neben einigen Abbildungen auch eine Ordnungsrelation definiert ist. Somit stellt sich auch hier die Frage nach den strukturerhaltenden Abbildungen. Diese sind bei Relationenalgebren diejenigen Verbandshomomorphismen, die zusätzlich noch die Komplementbildung, Komposition und Transposition respektieren. Bei Relationen kann man die Strukturerhaltung aber auch auf der Objektebene untersuchen, d.h. als Eigenschaft von Elementen einer Relationenalgebra, statt auf der Metaebene. Die Ausarbeitung der Grundlagen dieser zweiten Auffassung von Strukturerhaltung und einiger Modifikationen davon ist das Ziel dieses Kapitels. Auf der Objektebene werden aus den strukturerhaltenden Abbildungen dann Funktionen im relationalen Sinn, an die noch spezielle zusätzliche Forderungen gestellt werden. Daher rührt der Titel „Strukturerhaltende Funktionen" dieses Kapitels. Zur Erleichterung der Darstellung beginnen wir mit dem Spezialfall der homogenen Relationen.

8.1   Der homogene Fall

Wir betrachten eine algebraische Struktur (oft vereinfachend auch eine Algebra genannt) $\mathfrak{A} = (A, f_1, \ldots, f_k)$ mit der Trägermenge A und den Abbildungen $f_i, 1 \leq i \leq k$. Zur Vereinfachung der folgenden Darstellung seien alle Abbildungen f_i unär (einstellig). Ist $\mathfrak{B} = (B, g_1, \ldots, g_k)$ eine weitere algebraische Struktur mit ebenfalls einer Trägermenge B und gleichvielen unären Abbildungen[1] $g_i, 1 \leq i \leq k$, wie $\mathfrak{A}$, so heißt eine Abbildung Φ von A nach B ein Homomorphismus (von $\mathfrak{A}$ nach $\mathfrak{B}$), falls die Gleichung

$$\Phi(f_i(a)) \;=\; g_i(\Phi(a)) \tag{†}$$

für alle i mit $1 \leq i \leq k$ und alle Elemente $a \in A$ zutrifft. Faßt man die Abbildung Φ und auch die Abbildungspaare $f_i, g_i, 1 \leq i \leq k$, nun jeweils als Relationen aus $[A \leftrightarrow B]$

---

[1]Man sagt in so einem Fall, daß die Signaturen der beiden algebraischen Strukturen gleich sind.

und $[A \leftrightarrow A]$ bzw. $[B \leftrightarrow B]$ auf, so wird die obige Eigenschaft (†) komponentenfrei für alle Indizes i mit $1 \leq i \leq k$ zur relationenalgebraischen Gleichung

$$f_i \Phi \;\; = \;\; \Phi g_i. \tag{‡}$$

Graphisch gesehen, beschreiben die beiden eben gezeigten Gleichungen (†) und (‡), daß das in der nachfolgenden Abbildung gegebene Diagramm für jeden Index i mit $1 \leq i \leq k$ kommutiert.

$$
\begin{array}{ccc}
A & \xrightarrow{\;\Phi\;} & B \\
{\scriptstyle f_i}\downarrow & & \downarrow{\scriptstyle g_i} \\
A & \xrightarrow[\;\Phi\;]{} & B
\end{array}
$$

Abbildung 8.1: Homomorphie-Eigenschaft als Diagramm

Was ist nun aber der Fall, wenn die Abbildungen oder Relationen (je nachdem, welche Auffassung man vertritt) f_i und g_i dieser Diagramme auch partiell sein können? Diese Situation liegt besonders oft bei algebraischen Strukturen vor, die in der Informatik Verwendung finden. Man denke beispielsweise an die Struktur der Keller mit den partiellen Operationen *top* für das oberste Kellerelement und *rest* für die Bildung des „Restkellers" ohne dieses Element. Ein anderes Beispiel sind knotenmarkierte Binärbäume, bei denen die Operationen zur Berechnung des linken und des rechten Teilbaums und auch die zur Berechnung der Wurzelmarkierung nur für nichtleere Binärbäume definiert sind. Bei allen diesen Strukturen gibt es mehrere Möglichkeiten, die bisherigen Gleichungen (†) bzw. (‡) zu modifizieren:

- Man fordert beispielsweise, daß beide Seiten einer Gleichung gleichzeitig definiert sind und das selbe Objekt beschreiben oder beide Seiten gleichzeitig undefiniert sind. Bei diesem Ansatz ersetzt man das übliche Gleichungssymbol oft durch das Symbol „$\equiv$" und spricht dann von der *starken Gleichheit*.

- Oder man fordert etwa in einem zweiten Ansatz, daß die Definiertheit der linken Seite einer Gleichung die Definiertheit ihrer rechten Seite impliziert und dann beide Seiten das selbe Objekt beschreiben.

In der Literatur kommen beide Varianten vor, die erste etwa bei den algebraischen Spezifikationen oder der Semantik von Programmiersprachen und die zweite insbesondere bei den Graphen und den Relationen. Weitere Möglichkeiten werden praktisch nicht diskutiert. Weil wir es mit Relationen zu tun haben, betrachten wir im folgenden die zweite Variante. Sie führt in einer komponentenfreien Formulierung bei homogenen Relationen zu der nachstehenden Festlegung.

8.1.1 Definition Gegeben seien homogene Relationen $R \in \mathfrak{R}_{mm}$ und $S \in \mathfrak{R}_{nn}$. Eine Relation $\Phi \in \mathfrak{R}_{mn}$ heißt ein *(relationaler) Homomorphismus* von R nach S, falls die beiden folgenden Eigenschaften gelten:

1. Φ ist eine Funktion.

2. $R\Phi \subseteq \Phi S$.

Ist auch die Transponierte Φ^{T} eines Homomorphismus Φ von R nach S ein Homomorphismus von S nach R, so nennt man Φ einen *(relationalen) Isomorphismus* zwischen R und S und bezeichnet R und S als *isomorphe Relationen*. □

Die Eigenschaft (2) von Definition 8.1.1 kann man äquivalenterweise auch noch dadurch beschreiben, daß man die Relation Φ zyklisch unter gleichzeitiger Transposition auf die andere Seite der Inklusion bringt, was zu $R \subseteq \Phi S \Phi^{\mathsf{T}}$ oder $\Phi^{\mathsf{T}} R \subseteq S \Phi^{\mathsf{T}}$ oder $\Phi^{\mathsf{T}} R \Phi \subseteq S$ führt. Das mögliche gleichwertige Ersetzen von $R\Phi \subseteq \Phi S$ durch jede dieser drei Inklusionen ist beim algebraischen Rechnen und bei praktischen Anwendungen oft sehr hilfreich. Seine Korrektheit wird formal in dem nächsten Satz bewiesen.

8.1.2 Satz Ist Φ eine Funktion, so sind für zwei beliebige Relationen R und S die folgenden vier Inklusionen äquivalent:

1. $R\Phi \subseteq \Phi S$

2. $R \subseteq \Phi S \Phi^{\mathsf{T}}$

3. $\Phi^{\mathsf{T}} R \subseteq S \Phi^{\mathsf{T}}$

4. $\Phi^{\mathsf{T}} R \Phi \subseteq S$

Beweis: Wir beweisen die Äquivalenz der Aussagen mittels eines Ringschlusses von (1) nach (2) nach (3) nach (4) und wieder zurück nach (1) wie folgt:

$$
\begin{aligned}
R\Phi \subseteq \Phi S \;\;\Longrightarrow\;\; & R \subseteq R\Phi\Phi^{\mathsf{T}} \subseteq \Phi S \Phi^{\mathsf{T}} && \text{da } \mathsf{I} \subseteq \Phi\Phi^{\mathsf{T}} \\
\Longrightarrow\;\; & \Phi^{\mathsf{T}} R \subseteq \Phi^{\mathsf{T}}\Phi S \Phi^{\mathsf{T}} \subseteq S \Phi^{\mathsf{T}} && \text{da } \Phi^{\mathsf{T}}\Phi \subseteq \mathsf{I} \\
\Longrightarrow\;\; & \Phi^{\mathsf{T}} R \Phi \subseteq S \Phi^{\mathsf{T}}\Phi \subseteq S && \text{da } \Phi^{\mathsf{T}}\Phi \subseteq \mathsf{I} \\
\Longrightarrow\;\; & R\Phi \subseteq \Phi\Phi^{\mathsf{T}} R \Phi \subseteq \Phi S && \text{da } \mathsf{I} \subseteq \Phi\Phi^{\mathsf{T}}
\end{aligned}
$$

Dabei werden die Eindeutigkeit der Funktion Φ in der Form $\Phi^{\mathsf{T}}\Phi \subseteq \mathsf{I}$ und die Totalität der Funktion Φ in der Form $\mathsf{I} \subseteq \Phi\Phi^{\mathsf{T}}$ verwendet. □

Die Äquivalenzen dieses Satzes gelten nicht mehr, wenn Φ keine Funktion ist. Der Leser mache sich das anhand von einfachen Gegenbeispielen klar (oder schaue in dem Buch von G. Schmidt und T. Ströhlein nach). Verwendet man für die Funktion Φ des Satzes die bei Abbildungen übliche mathematische Schreibweise, d.h. die Gleichung $\Phi(x) = y$ statt der Relationenbeziehung Φ_{xy}, so wird die Inklusion (2) von Satz 8.1.2 zur Implikation

$$
\begin{aligned}
R_{xy} \;\;\Longrightarrow\;\; & \exists u : \Phi_{xu} \wedge \exists v : S_{uv} \wedge \Phi^{\mathsf{T}}{}_{vy} && R \subseteq \Phi S \Phi^{\mathsf{T}} \\
\Longleftrightarrow\;\; & \exists u, v : \Phi(x) = u \wedge \Phi(y) = v \wedge S_{uv} && \text{Schreibweise} \\
\Longleftrightarrow\;\; & S_{\Phi(x),\Phi(y)}
\end{aligned}
$$

für alle Elemente x und y. Aufgrund der eben hergeleiteten Implikation erkennt man sofort einige bekannte Begriffe als Spezialisierungen des in Definition 8.1.1 eingeführten allgemeinen Konzepts.

8.1.3 Beispiel (für relationale Homomorphismen) Wir geben nachfolgend drei Instantiierungen des allgemeinen Homomorphie-Begriffs an.

1. Graphentheoretisch besagt die obige Implikation folgendes: Gibt es in dem gerichteten Graphen (ohne parallele Pfeile) $g = (V, R)$ mit der Knotenmenge V und der Relation $R : V \leftrightarrow V$ als der Menge seiner Pfeile einen Pfeil vom Knoten x zum Knoten y, so gibt es im Bildgraphen $g' = (V', S)$ auch einen Pfeil vom Bildknoten $\Phi(x)$ zum Bildknoten $\Phi(y)$. Relationale Homomorphismen im Sinne von Definition 8.1.1 sind also genau die *Graphenhomomorphismen*. Ein sehr bekanntes Beispiel eines Graphenhomomorphismus ist das Schrumpfen eines Teilgraphen (z.B. eines Kreises oder einer Zusammenhangskomponente) zu einem sogenannten Superknoten, wobei sich im Bildgraphen Verbindungen innerhalb des zu schrumpfenden Teilgraphen als Schlingen zeigen. Analog entsprechen relationale Isomorphismen den *Graphenisomorphismen*.

2. Sind R und S hingegen Ordnungsrelationen, so entspricht – wiederum aufgrund der obigen Implikation – ein relationaler Homomorphismus Φ von R nach S in der üblichen mathematischen Sprechweise genau einer monotonen Abbildung zwischen den durch R bzw. S geordneten Mengen und ein relationaler Isomorphismus Φ zwischen R und S entspricht genau einem Ordnungsisomorphismus.

3. Als dritte Spezialisierung betrachten wir nun Äquivalenzrelationen R und S und nehmen zusätzlich noch die Gleichheit von R und S an. Ist in dieser Situation Φ ein relationaler Homomorphismus von R nach R, so heißt dies aufgrund der obigen Implikation, daß die Φ-Bilder von zwei R-äquivalenten Elementen wiederum R-äquivalent sind. In der üblichen mathematischen Sprechweise ist die Relation R somit eine Kongruenz im Hinblick auf die Abbildung Φ.   □

Nach diesen drei Spezialisierungen wollen wir nun etwas auf algorithmische Fragestellungen im Umfeld von Homomorphie und Isomorphie eingehen.

8.1.4 Bemerkung (Komplexität von Tests) Aus der Definition von relationalen Homomorphismen folgt sofort: Liegen die drei Relationen R, S und Φ als Boolesche Matrizen vor, so kann man die Homomorphie-Eigenschaft von Φ in kubischer Zeit feststellen. Aufgrund der zur zweiten Forderung gleichwertigen Implikation von $S_{\Phi(x),\Phi(y)}$ aus R_{xy} für alle Paare x und y ist das natürlich nicht optimal. Eine Verbesserung des Homomorphismus-Tests zum Erreichen einer quadratischer Laufzeit ist offensichtlich durch jeweils zwei geschachtelte Schleifen für den Funktions- und den Inklusionstest möglich. Algebraisch geht dies aber auch, etwa dadurch, daß man ausnutzt, daß in jeder Zeile von R und von S wegen der Eindeutigkeitsforderung höchstens eine 1 auftaucht, und dann die Matrizenmultiplikationen entsprechend modifiziert.

Es ist, bei als Booleschen Matrizen gegebenen Relationen R, S und Φ, offensichtlich auch möglich, in quadratischer Zeit festzustellen, ob Φ ein Isomorphismus zwischen R und S ist. Hingegen ist es wesentlich komplizierter, die Frage zu beantworten, ob zwei gegebene Relationen R und S isomorph sind, es also einen Isomorphismus zwischen R und S gibt. Man kennt die genaue Schwierigkeit des Problems noch nicht, glaubt aber, daß die Frage nicht durch einen schnellen Algorithmus (d.h. einem mit einer polynomiellen Laufzeit) beantwortet werden kann. □

Bei der Komposition von zwei relationalen Homomorphismen und/oder relationalen Isomorphismen haben wir graphisch die folgende Situation vorliegen:

$$
\begin{array}{ccccc}
A & \xrightarrow{\Phi} & B & \xrightarrow{\Psi} & C \\
Q\downarrow & & R\downarrow & & S\downarrow \\
A & \xrightarrow[\Phi]{} & B & \xrightarrow[\Psi]{} & C
\end{array}
$$

Abbildung 8.2: Zur Komposition von relationalen Homomorphismen

Die Aussagen des nachfolgend angegebenen Satzes sind sehr einfach durch Nachrechnen zu verifizieren, deshalb verzichten wir auch auf die Beweise. Für den Spezialfall der monotonen Abbildungen haben wir die erste Aussage bereits früher erwähnt.

8.1.5 Satz Für relationale Homomorphismen und Isomorphismen gelten die beiden folgenden Aussagen:

1. Die Komposition $\Phi\Psi$ von zwei Homomorphismen Φ und Ψ ist wiederum ein Homomorphismus.

2. Die Komposition $\Phi\Psi$ von zwei Isomorphismen Φ und Ψ ist wiederum ein Isomorphismus. □

Bei algebraischen Strukturen $\mathfrak{A} = (A, f_1, \ldots, f_k)$ und $\mathfrak{B} = (B, g_1, \ldots, g_k)$ mit Abbildungen f_i und g_i erfüllt bei einer vorliegenden bijektiven Abbildung Φ die inverse Abbildung Φ^{-1} ebenfalls die am Anfang dieses Kapitels angegebene Gleichung (†), falls diese von Φ erfüllt wird. Hier kann man die Isomorphismus-Eigenschaft also durch die Bijektivität und die Homomorphismus-Eigenschaft charakterisieren. Relational wird der eben aufgezeigte Sachverhalt wie folgt beschrieben:

8.1.6 Satz (Isomorphismen bei Algebren) Es seien R und S zwei Funktionen und Φ ein bijektiver Homomorphismus von R nach S. Dann ist auch Φ^{T} ein Homomorphismus von S nach R, also insgesamt Φ ein Isomorphismus zwischen R und S.

Beweis: Wir haben für Φ^{T} zwei Eigenschaften zu verifizieren.

1. Die transponierte Relation Φ^{T} ist eindeutig, da Φ injektiv ist. Sie ist auch total, da Φ surjektiv ist. Also ist Φ^{T} eine Funktion.

2. Es gilt die Inklusion

$$
\begin{aligned}
\Phi S &= R\Phi\mathsf{L} \cap \Phi S \\
&\subseteq (R\Phi \cap \Phi S\mathsf{L}^\mathsf{T})(\mathsf{L} \cap (R\Phi)^\mathsf{T}\Phi S) \\
&\subseteq R\Phi(R\Phi)^\mathsf{T}\Phi S \\
&\subseteq R\Phi(\Phi S)^\mathsf{T}\Phi S \\
&\subseteq R\Phi
\end{aligned}
$$

$\qquad R\Phi\mathsf{L} = R\mathsf{L} = \mathsf{L}$

$\qquad$ Dedekind

$\qquad$ Monotonie

$\qquad \Phi$ Homomorphismus

$\qquad \Phi S$ eindeutig

und daraus folgt die Inklusion

$$
\begin{aligned}
S &= \Phi^\mathsf{T}\Phi S \\
&\subseteq \Phi^\mathsf{T}R\Phi \\
&= \Phi^\mathsf{T}R\Phi^{\mathsf{T}^\mathsf{T}},
\end{aligned}
$$

$\qquad \Phi$ bijektiv

$\qquad$ siehe oben

was, in Kombination mit Satz 8.1.2.2, den Beweis der zweiten Homomorphismus-Forderung von Φ^T beendet. $\qquad\qquad\qquad\qquad\qquad\qquad\qquad\qquad\qquad\qquad$ □

Der Beweis dieses Satzes zeigt auch, daß bei Funktionen R und S die Homomorphismus-Forderung (2) von Definition 8.1.1 zur Gleichung $R\Phi = \Phi S$ wird. Analoges gilt leider nicht für die Inklusionen (2) bis (4) von Satz 8.1.2. Weiterhin haben wir: Sind R und S *keine Funktionen* (genaugenommen: ist R nicht total und S nicht eindeutig, man vergleiche mit den im Beweis von Satz 8.1.6 tatsächlich verwendeten Eigenschaften), so muß ein bijektiver Homomorphismus nicht notwendigerweise ein Isomorphismus sein. Diese Tatsache wurde anhand eines Gegenbeispiels schon bei den Ordnungen gezeigt; man vergleiche mit Abschnitt 1.2 (genauer: der Abbildung 1.1 nach Satz 1.2.6).

Isomorphismen kann man jedoch, wie im folgenden Satz bewiesen, durch die Bijektivität der Funktion beschreiben, indem man zusätzlich in der die Homomorphie definierende Inklusion $R\Phi \subseteq \Phi S$ stattdessen die Gleichheit beider Seiten fordert.

8.1.7 Satz (Charakterisierung von Isomorphismen) Für Relationen Φ, R und S sind die folgenden zwei Aussagen äquivalent:

1. Φ ist ein Isomorphismus zwischen R und S.

2. Φ ist eine bijektive Funktion mit $R\Phi = \Phi S$.

Beweis: Richtung „(1) $\Longrightarrow$ (2)": Es ist nur die Gleichung $R\Phi = \Phi S$ zu beweisen, denn die Injektivität und Surjektivität folgen aus der Funktionseigenschaft von Φ^T. Wir beginnen mit der folgenden Rechnung:

$$
\begin{aligned}
S\Phi^\mathsf{T} &\subseteq \Phi^\mathsf{T}R \\
&\subseteq S\Phi^\mathsf{T}
\end{aligned}
$$

$\qquad \Phi^\mathsf{T}$ Homomorphismus

$\qquad$ Satz 8.1.2.3, Φ Homomorphismus

Also haben wir sogar Gleichheit $S\Phi^\mathsf{T} = \Phi^\mathsf{T}R$. Wegen $\Phi\Phi^\mathsf{T} = \mathsf{I}$ und $\Phi^\mathsf{T}\Phi = \mathsf{I}$ führt diese nun wie folgt zum gewünschten Resultat:

$$
\begin{aligned}
R\Phi &= \Phi\Phi^\mathsf{T} R\Phi && \Phi\Phi^\mathsf{T} = \mathsf{I} \\
&= \Phi S\Phi^\mathsf{T}\Phi && \text{siehe oben} \\
&= \Phi S && \Phi^\mathsf{T}\Phi = \mathsf{I}
\end{aligned}
$$

Richtung „(2) $\implies$ (1)": Es ist offensichtlich, daß Φ ein Homomorphismus ist. Da die Funktion Φ sogar bijektiv ist, hat man auch Φ^T als Funktion. Es bleibt für Φ^T noch die Forderung $S\Phi^\mathsf{T} \subseteq \Phi^\mathsf{T} R$ zu zeigen. Wir haben hier

$$
\begin{aligned}
S\Phi^\mathsf{T} &= \Phi^\mathsf{T}\Phi S\Phi^\mathsf{T} && \Phi \text{ bijektiv} \\
&= \Phi^\mathsf{T} R\Phi\Phi^\mathsf{T} && \text{Voraussetzung} \\
&= \Phi^\mathsf{T} R && \Phi \text{ bijektiv,}
\end{aligned}
$$

also sogar Gleichheit statt der nur per Definition geforderten Inklusion. $\qquad\square$

Man kann, wegen der Bijektivität von Φ, in Punkt (2) dieses Satzes die Gleichung $R\Phi = \Phi S$ durch $R = \Phi S\Phi^\mathsf{T}$, $\Phi^\mathsf{T} R = S\Phi^\mathsf{T}$ oder $\Phi^\mathsf{T} R\Phi = S$, ersetzen, ohne daß sich die Aussage des Satzes verändert. Für eine bijektive Funktion Φ sind nämlich diese vier Gleichungen äquivalent, wie der folgende Ringschluß zeigt. Er verwendet, daß die bijektive Funktion Φ die Gleichungen $\Phi^\mathsf{T}\Phi = \mathsf{I}$ und $\Phi\Phi^\mathsf{T} = \mathsf{I}$ erfüllt und stellt eine entsprechende Modifikation des Beweises von Satz 8.1.2 dar.

$$
\begin{aligned}
R\Phi = \Phi S &\implies R = R\Phi\Phi^\mathsf{T} = \Phi S\Phi^\mathsf{T} && \text{da } \mathsf{I} = \Phi\Phi^\mathsf{T} \\
&\implies \Phi^\mathsf{T} R = \Phi^\mathsf{T}\Phi S\Phi^\mathsf{T} = S\Phi^\mathsf{T} && \text{da } \Phi^\mathsf{T}\Phi = \mathsf{I} \\
&\implies \Phi^\mathsf{T} R\Phi = S\Phi^\mathsf{T}\Phi = S && \text{da } \Phi^\mathsf{T}\Phi = \mathsf{I} \\
&\implies R\Phi = \Phi\Phi^\mathsf{T} R\Phi = \Phi S && \text{da } \mathsf{I} = \Phi\Phi^\mathsf{T}
\end{aligned}
$$

Verwendet man für die Funktion Φ wiederum die bei Abbildungen übliche mathematische Schreibweise, so ist $R = \Phi S\Phi^\mathsf{T}$ äquivalent zur Gültigkeit von

$$
R_{xy} \iff S_{\Phi(x),\Phi(y)}
$$

für alle x und y. Graphentheoretisch besagt diese zweite Eigenschaft nun: Die beiden gerichteten Graphen $g = (V, R)$ und $g' = (V', S)$ sind genau dann isomorph, wenn es eine bijektive Abbildung Φ von V nach V' gibt, so daß für alle Knoten x und y von g das Paar $\langle x, y\rangle$ ein Pfeil in g genau dann ist, wenn das Paar $\langle \Phi(x), \Phi(y)\rangle$ der Bilder ein Pfeil in g' ist. Im Falle von Ordnungen haben wir aufgrund der obigen Eigenschaft die folgede Charakterisierung von Isomorphie: $(M, \sqsubseteq_1)$ und $(N, \sqsubseteq_2)$ sind genau dann ordnungsisomorph, falls es eine bijektive Abbildung Φ von M nach N gibt, so daß für alle $a, b \in M$ die Äquivalenz von $a \sqsubseteq_1 b$ und $\Phi(a) \sqsubseteq_2 \Phi(b)$ gilt.

Mit einigen beispielhaften Betrachtungen zur Graphenisomorphie wollen wir diesen Abschnitt beenden.

8.1.8 Beispiele (zur Graphenisomorphie) In der folgenden Abbildung 8.3 sind zwei gerichteten Graphen mit je 10 Knoten zeichnerisch angegeben. Sie sind graphisch mittels

zwei verschiedenen Zeichenverfahren dargestellt. Der linke Graph g_1 ist durch einen sogenannten Springembedder-Algorithmus gezeichnet, der auf ein physikalisches Federmodell
aufbaut, und der rechte Graph g_2 ist orthogonal auf einem imaginären Gitter dargestellt.
Beide Algorithmen sind in RELVIEW integriert und RELVIEW wurde auch verwendet, um
die Bilder zu erzeugen.

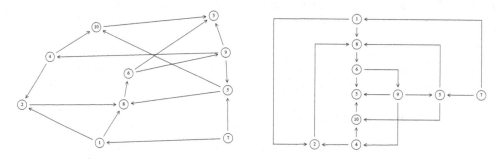

Abbildung 8.3: Zwei identische gerichtete Graphen

Obwohl die beiden Zeichnungen sehr verschieden sind, sind die (abstrakten) gerichteten
Graphen g_1 und g_2 sogar identisch, also insbesondere auch isomorph. Man prüft dies sehr
einfach nach, indem man zu den Relationen/Pfeilmengen von g_1 und g_2 die entsprechenden
Booleschen Matrizen bestimmt. Diese sind dann gleich.

Auch in der folgenden Abbildung 8.4 sind zwei gerichtete RELVIEW-Graphen mit je 10
Knoten zeichnerisch in einer orthogonalen Darstellung auf einem unsichtbaren Gitter angegeben. Wir nennen diese gerichteten Graphen g_3 und g_4.

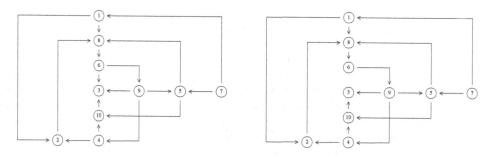

Abbildung 8.4: Zwei nicht-isomorphe gerichtete Graphen

Der linke Graph g_3 von Abbildung 8.4 ist wiederum isomorph zu den beiden Graphen
von Abbildung 8.3. Dabei ist der Isomorphismus in beiden Fällen die identische Funktion.
Hingegen ist der rechte Graph g_4 nicht isomorph zum linken Graphen g_3. Wie man nach
einer Weile sieht, fehlt, im Vergleich zu g_3, in g_4 genau der Pfeil von Knoten 6 zu Knoten
3. Somit ist die identische Abbildung nur ein Homomorphismus von der Relation von g_4
zur Relation von g_3.   □

8.2 Der heterogene Fall

Im homogenen Fall war ein (relationaler) Homomorphismus als eine Funktion definiert worden, die auf Relationen operiert, bei denen (im abstrakten Fall) Argumentsorten und Resultatsorten jeweils übereinstimmen bzw. (im konkreten Fall) Argumentbereich und Resultatbereich gleich sind. Damit kommt man mit einer Funktion aus. Dieser einfache Fall genügt etwa für gerichtete Graphen (ohne parallele Pfeile), da deren Pfeilmengen homogene Relationen sind. In vielen Anwendungen, insbesondere in der Informatik, treten jedoch heterogene Relationen auf. Allgemein kommen heterogene Relationen etwa immer dann vor, wenn man es mit Mehrsortigkeit zu tun hat. Als ein Beispiel seien Petri-Netze genannt. Hier braucht man zwei heterogene Relationen, und zwar eine für die Pfeile von den Stellen zu den Transitionen und eine für die umgekehrte Richtung, also die Pfeile von den Transitionen zu den Stellen. Auch die Inzidenz einer Geometrie ist beispielsweise eine heterogene Relation, da sie Punkte mit Geraden in die Beziehung „liegt auf" setzt

Bei heterogenen Relationen gehen wir nun bei der Festlegung des Homomorphismus-Begriffs von zwei Funktionen aus, von einer für die Argumentsorten und einer für die Resultatsorten. Haben wir es beispielsweise mit konkreten Relationen $R : A_1 \leftrightarrow B_1$ und $S : A_2 \leftrightarrow B_2$ zu tun, so operiert die erste Funktion also von A_1 nach A_2 und die zweite Funktion von B_1 nach B_2. Als Verallgemeinerung von Definition 8.1.1 erhalten wir unmittelbar die folgende Festlegung:

8.2.1 Definition Zu zwei Relationen $R \in \mathfrak{R}_{mn}$ und $S \in \mathfrak{R}_{m'n'}$ heißt ein Paar $\langle \Phi, \Psi \rangle$ von Relationen $\Phi \in \mathfrak{R}_{mm'}, \Psi \in \mathfrak{R}_{nn'}$ ein *(relationaler) Homomorphismus* von R nach S, falls die beiden folgenden Eigenschaften gelten:

1. Φ und Ψ sind Funktionen

2. $R\Psi \subseteq \Phi S$.

Ist für einen Homomorphismus $\langle \Phi, \Psi \rangle$ von R nach S auch das Paar $\langle \Phi^\mathsf{T}, \Psi^\mathsf{T} \rangle$ der transponierten Relationen ein Homomorphismus von S nach R, so heißt das Paar $\langle \Phi, \Psi \rangle$ ein *(relationaler) Isomorphismus* zwischen R und S und R und S heißen dann *isomorphe Relationen*. □

Graphisch liegt bei einem Homomorphismus $\langle \Phi, \Psi \rangle$ zwischen zwei konkreten heterogenen Relationen $R : A_1 \leftrightarrow B_1$ und $S : A_2 \leftrightarrow B_2$ die in der folgenden Abbildung 8.5 diagrammatisch dargestellte Situation mit Funktionen $\Phi : A_1 \leftrightarrow A_2$ und $\Psi : B_1 \leftrightarrow B_2$ vor:

$$
\begin{array}{ccc}
A_1 & \xrightarrow{\ \Phi\ } & A_2 \\
R \downarrow & & \downarrow S \\
B_1 & \xrightarrow[\Psi]{} & B_2
\end{array}
$$

Abbildung 8.5: Heterogener Homomorphismus als Diagramm

Sind R und S zwei homogene Relationen, so ist eine Relation Φ ein Homomorphismus (bzw. Isomorphismus) im Sinne von Definition 8.1.1 genau dann, wenn das Paar $\langle \Phi, \Phi \rangle$ ein Homomorphismus (bzw. Isomorphismus) im Sinne von Definition 8.2.1 ist. Bei dieser Verallgemeinerung der beiden Begriffe vom homogenen auf den heterogenen Fall werden auch alle Eigenschaften des letzten Abschnittes übertragen. Wir geben die Übertragungen in den nachfolgenden vier Punkten an; auf die entsprechenden Beweise verzichten wir jedoch, da sie sich unmittelbar aus den Beweisen des letzten Abschnittes durch leichte Modifikationen ergeben.

1. Die Forderung (2) von Definition 8.2.1 ist jeweils äquivalent zu den folgenden Inklusionen (siehe Satz 8.1.2):

$$R \subseteq \Phi S \Psi^{\mathsf{T}} \qquad \Phi^{\mathsf{T}} R \subseteq S \Psi^{\mathsf{T}} \qquad \Phi^{\mathsf{T}} R \Psi \subseteq S$$

2. Homo- und Isomorphismen sind abgeschlossen gegenüber Komposition (siehe Satz 8.1.5). Dabei ist, passende Typisierung vorausgesetzt, die Komposition von zwei Paaren $\langle \Phi_1, \Psi_1 \rangle$ und $\langle \Phi_2, \Psi_2 \rangle$ von Relationen definiert als das Paar $\langle \Phi_1 \Phi_2, \Psi_1 \Psi_2 \rangle$.

3. Isomorphismen sind dadurch charakterisiert, daß ihre Funktionen bijektiv sind und die Inklusion (2) von Definition 8.2.1 zur Gleichung $R\Psi = \Phi S$ wird. Damit werden auch die im ersten Punkt genannten drei Inklusionen ebenfalls zu Gleichungen (siehe Satz 8.1.7) und man kann sie statt $R\Psi = \Phi S$ verwenden.

4. Im algebraischen Fall, d.h. bei Homomorphismen von Funktionen zu Funktionen, wird die Inklusion (2) von Definition 8.2.1 zur Gleichung, leider jedoch nicht jede der im ersten Punkt aufgeführten drei Inklusionen.

Eine der Hauptanwendungen des Homomorphismus-Begriffs ist zu klären, wie sich dadurch Eigenschaften vererben. Wenn man die Isomorphie von Objekten untersucht, so prüft man im wesentlichen, ob es sich um „im Prinzip" gleiche Objekte handelt. Bisher haben wir nur die Isomorphie von zwei Relationen betrachtet. Wir werden im folgenden aber hauptsächlich an der Isomorphie von relationalen Strukturen interessiert sein, was heißt, daß wir die Isomorphie von zwei Relationen auf die Isomorphie von Paaren von gleichindizierten Folgen verallgemeinern. Formal werden relationale Strukturen und deren Isomorphie in der nachfolgenden Definition eingeführt.

8.2.2 Definition   1. Eine (abstrakte bzw. konkrete) *relationale Struktur* ist eine endliche, nichtleere Folge[2] $(R_1, \ldots, R_k)$ von (abstrakten bzw. konkreten) Relationen.

2. Es seien $(R_1, \ldots, R_k)$ und $(S_1, \ldots, S_k)$ zwei relationale Strukturen, indiziert mit dem gleichen Bereich. Dann heißen $(R_1, \ldots, R_k)$ und $(S_1, \ldots, S_k)$ *isomorph*, falls für alle i, $1 \le i \le k$, die Relationen R_i und S_i isomorph sind. $\square$

Die einfachsten Beispiele für relationale Strukturen sind einzelne Relationen, wie sie etwa bei geordneten Mengen $(M, \sqsubseteq)$ oder gerichteten Graphen (ohne parallele Pfeile) $g = (V, R)$

---

[2]Man könnte auch noch die Typisierung angeben, etwa als $(R_i : M_i \leftrightarrow N_i)_{1 \le i \le k}$ im konkreten Fall.

vorkommen. Hier ist der Indexbereich einer Struktur jeweils einelementig. Petrinetze sind ebenfalls relationale Strukturen; hier hat man es mit Paaren von Relationen, also zweielementigen Indexmengen, zu tun.

Anwendungen der Isomorphie von relationalen Strukturen werden im nächsten Kapitel behandelt. In ihm werden wir einige mathematische Standardkonstruktionen (wie Potenzmenge, direktes Produkt, direkte Summe, die von einem Vektor induzierte Injektion) relational charakterisieren (genauer: axiomatisch festlegen). Es wird sich zeigen, daß alle diese Konstruktionen im Fall der konkreten Relationen, d.h. in der ihnen zugrundeliegenden Mengentheorie, immer existieren. Sie müssen aber in abstrakten Relationenalgebren nicht immer existieren.

Die eben erwähnten Konstruktionen sind sehr wichtig, wenn die Aufgaben und Probleme, die man relational spezifizieren und beispielsweise mittels Programmen lösen will, komplizierter werden. Da man es bei solchen praktischen Anwendungen von Relationen eigentlich immer mit konkreten Relationen zu tun hat, gibt es nach der ersten der eben genannten Eigenschaften dann immer Modelle. Für das relationenalgebraische Rechnen mit den Konstruktionen ist nun wesentlich, daß

1. die Beschreibungen der Konstruktionen komponentenfrei erfolgen, d.h. durch relationenalgebraische Formeln (in diesem Zusammenhang Axiome genannt), und

2. jede Konstruktion „eindeutig" beschrieben ist.

Die letzte Eigenschaft ist wichtig, um sich zu vergewissern, daß man tatsächlich genau das mathematische Standardmodell getroffen hat. Die Eindeutigkeit einer mathematischen Konstruktion kann man vernünftigerweise aber nur bis auf Isomorphie fordern und das heißt nun aber genau, daß jedes Paar relationaler Strukturen, welche die sie definierenden Axiome erfüllen, isomorph im Sinne der obigen Definition sind. Eine axiomatische Spezifikation, bei der jedes Paar sie erfüllender relationaler Strukturen isomorph ist, wird auch **monomorph** genannt.

8.3 Modifikationen des Homomorphie-Begriffs

Neben den bisher eingeführten Begriffen sind auch einige Modifikationen bedeutend. Im folgenden betrachten wir solche. Dabei beschränken wir uns auf den homogenen Fall.

Nach Satz 8.1.2 sind für alle Funktionen Φ und alle (homogenen) Relationen R und S die vier Inklusionen $R\Phi \subseteq \Phi S$, $R \subseteq \Phi S \Phi^{\mathsf{T}}$, $\Phi^{\mathsf{T}} R \subseteq S \Phi^{\mathsf{T}}$ und $\Phi^{\mathsf{T}} R \Phi \subseteq S$ äquivalent. Fordert man von der Relation Φ hingegen nur mehr die Eindeutigkeit, so ergeben sich Beziehungen zwischen den Inklusionen, welche man, mit der Implikation als Ordnung, als vierelementigen Verband auffassen kann. Der nächste Satz zeigt, was das kleinste und das größte Element in diesem Verband ist.

8.3.1 Satz Ist Φ eine eindeutige Relation, so gelten für alle Relationen R und S die folgenden Eigenschaften:

1. Aus $R \subseteq \Phi S \Phi^\mathsf{T}$ folgt $\Phi^\mathsf{T} R \subseteq S \Phi^\mathsf{T}$ und auch $R \Phi \subseteq \Phi S$.

2. Sowohl $\Phi^\mathsf{T} R \subseteq S \Phi^\mathsf{T}$ als auch $R \Phi \subseteq \Phi S$ implizieren $\Phi^\mathsf{T} R \Phi \subseteq S$.

Beweis: Aus $R \subseteq \Phi S \Phi^\mathsf{T}$ folgt $\Phi^\mathsf{T} R \subseteq \Phi^\mathsf{T} \Phi S \Phi^\mathsf{T}$, also $\Phi^\mathsf{T} R \subseteq S \Phi^\mathsf{T}$ aufgrund der Eindeutigkeits-Eigenschaft $\Phi^\mathsf{T} \Phi \subseteq \mathsf{I}$. Analog zeigt man auch die restlichen Aussagen.   □

Hingegen stehen die Inklusionen $\Phi^\mathsf{T} R \subseteq S \Phi^\mathsf{T}$ und $R \Phi \subseteq \Phi S$ bei einer eindeutigen Relation Φ allgemein in keiner Implikationsbeziehung. Es gibt also eine eindeutige Relation Φ und Relationen R und S, so daß $\Phi^\mathsf{T} R \subseteq S \Phi^\mathsf{T}$ gilt, $R \Phi \subseteq \Phi S$ aber nicht, und es gibt auch eine eindeutige Relation Φ und Relationen R und S, so daß $R \Phi \subseteq \Phi S$ gilt, $\Phi^\mathsf{T} R \subseteq S \Phi^\mathsf{T}$ aber nicht. Entsprechende Beispiele werden nachfolgend angegeben. In der Interpretation des vierelementigen Verbands stellen diese beiden Inklusionen also genau die unvergleichbaren Elemente „in der Mitte" dar.

8.3.2 Beispiele (zur Unabhängigkeit von relationalen Inklusionen) Nachfolgend betrachten wir Relationen auf einer zweielementigen Menge und geben diese in Form von Booleschen Matrizen an.

Um zu zeigen, daß allgemein die Inklusion $\Phi^\mathsf{T} R \subseteq S \Phi^\mathsf{T}$ nicht $R \Phi \subseteq \Phi S$ impliziert, definieren wir spezielle Relationen Φ, R und S wie folgt:

$$\Phi = \begin{pmatrix} 0 & 0 \\ 0 & 1 \end{pmatrix} \qquad R = \begin{pmatrix} 1 & 1 \\ 1 & 0 \end{pmatrix} \qquad S = \begin{pmatrix} 1 & 1 \\ 1 & 0 \end{pmatrix}$$

Damit ist Φ eine eindeutige Relation. Wie man sofort durch Boolesche Matrizenmultiplikation berechnet, gelten die folgenden vier Gleichungen:

$$\Phi^\mathsf{T} R = \begin{pmatrix} 0 & 0 \\ 0 & 1 \end{pmatrix} \qquad S \Phi^\mathsf{T} = \begin{pmatrix} 0 & 1 \\ 0 & 1 \end{pmatrix} \qquad R \Phi = \begin{pmatrix} 0 & 1 \\ 0 & 1 \end{pmatrix} \qquad \Phi S = \begin{pmatrix} 0 & 0 \\ 0 & 1 \end{pmatrix}$$

Also haben wir $\Phi^\mathsf{T} R \subseteq S \Phi^\mathsf{T}$ und $R \Phi \not\subseteq \Phi S$ wie gewünscht. Wählen wir hingegen die eindeutige Relation Φ als

$$\Phi = \begin{pmatrix} 1 & 0 \\ 0 & 0 \end{pmatrix}$$

und die beiden Relationen R und S wie oben, so bekommen wir die folgenden Resultate:

$$\Phi^\mathsf{T} R = \begin{pmatrix} 1 & 1 \\ 0 & 0 \end{pmatrix} \qquad S \Phi^\mathsf{T} = \begin{pmatrix} 1 & 0 \\ 0 & 0 \end{pmatrix} \qquad R \Phi = \begin{pmatrix} 1 & 0 \\ 0 & 0 \end{pmatrix} \qquad \Phi S = \begin{pmatrix} 1 & 1 \\ 0 & 0 \end{pmatrix}$$

Diese zeigen die noch ausstehenden Eigenschaften $R \Phi \subseteq \Phi S$ und $\Phi^\mathsf{T} R \not\subseteq S \Phi^\mathsf{T}$.   □

Im Fall von Ordnungsrelationen R und S entspricht ein relationaler Homomorphismus Φ genau einer monotonen Abbildung. Ist nun Φ nur mehr eindeutig, so haben wir es auf der Metaebene mit einer monotonen partiellen Abbildung zu tun. Was ist hier aber der passende Monotonie-Begriff und wie stellt er sich auf der relationalen Ebene dar?

Die stärkste Inklusion $R \subseteq \Phi S \Phi^\mathsf{T}$, welche wir zur Veranschaulichung der Monotonie auch schon in Abschnitt 8.1 herangezogen haben, scheidet aus. Aufgrund der Reflexivität von R impliziert sie nämlich $\mathsf{L} = R\mathsf{L} \subseteq \Phi S \Phi^\mathsf{T}\mathsf{L} \subseteq \Phi\mathsf{L}$, also auch die nicht erwünschte zusätzliche Totalität von Φ. Die schwächste Forderung $\Phi^\mathsf{T} R \Phi \subseteq S$ besagt in der üblichen mathematischen Notation für Ordnungen $(M, \sqsubseteq_1)$ und $(N, \sqsubseteq_1)$ und alle $a, b \in M$: Gilt $a \sqsubseteq_1 b$ und sind sowohl $\Phi(a)$ als auch $\Phi(b)$ definiert, so gilt auch $\Phi(a) \sqsubseteq_2 \Phi(b)$. Sie läßt also zu, daß $a \sqsubseteq_1 b$ gilt, $\Phi(a)$ definiert ist, $\Phi(b)$ aber nicht. Auch dies ist nicht das, was man normalerweise will. Gerade in der Informatik beschreiben Ordnungen den Grad von Definiertheit und damit hat die Definiertheit von $\Phi(b)$ aus $a \sqsubseteq_1 b$ und der Definiertheit von $\Phi(a)$ zu folgen. Relationenalgebraisch formuliert sich die letzte Eigenschaft als $R^\mathsf{T}\Phi\mathsf{L} \subseteq \Phi\mathsf{L}$, denn $\Phi\mathsf{L}$ beschreibt den Definiertheitsbereich von Φ und $R^\mathsf{T}\Phi\mathsf{L}$ beschreibt die Vereinigung der oberen Schranken $\mathsf{Ma}(a)$ der Elemente a des Definiertheitsbereichs bezüglich der Ordnungsrelation R, also $\bigcup\{\mathsf{Ma}(a) \mid a \in D(\Phi)\}$ in der üblichen mathematischen Notation[3]. Es gilt nun:

8.3.3 Satz Es seien Φ eine eindeutige Relation und R und S zwei Ordnungsrelationen. Dann gilt die folgende Äquivalenz:

$$\Phi^\mathsf{T} R \Phi \subseteq S \text{ und } R^\mathsf{T}\Phi\mathsf{L} \subseteq \Phi\mathsf{L} \iff R^\mathsf{T}\Phi \subseteq \Phi S^\mathsf{T}$$

Beweis: „$\Longrightarrow$": Die folgende Rechnung zeigt die behauptete Inklusion:

$$
\begin{aligned}
R^\mathsf{T}\Phi &= R^\mathsf{T}\Phi\mathsf{L} \cap R^\mathsf{T}\Phi \\
&\subseteq \Phi\mathsf{L} \cap R^\mathsf{T}\Phi && \text{da } R^\mathsf{T}\Phi\mathsf{L} \subseteq \Phi\mathsf{L} \\
&\subseteq (\Phi \cap R^\mathsf{T}\Phi\mathsf{L})(\mathsf{L} \cap \Phi^\mathsf{T} R^\mathsf{T}\Phi) && \text{Dedekind} \\
&\subseteq \Phi\Phi^\mathsf{T} R^\mathsf{T}\Phi \\
&= \Phi(\Phi^\mathsf{T} R \Phi)^\mathsf{T} \\
&\subseteq \Phi S^\mathsf{T} && \text{da } \Phi^\mathsf{T} R \Phi \subseteq S
\end{aligned}
$$

„$\Longleftarrow$": Die erste Inklusion zeigt man wie folgt:

$$
\begin{aligned}
\Phi^\mathsf{T} R \Phi &= (R^\mathsf{T}\Phi)^\mathsf{T}\Phi \\
&\subseteq (\Phi S^\mathsf{T})^\mathsf{T}\Phi && \text{Voraussetzung} \\
&= S\Phi^\mathsf{T}\Phi \\
&\subseteq S && \text{da } \Phi \text{ eindeutig}
\end{aligned}
$$

Wegen $\mathsf{I} \subseteq R$ gilt $R^\mathsf{T}\Phi\mathsf{L} \subseteq \Phi\mathsf{L} \subseteq R^\mathsf{T}\Phi\mathsf{L}$, also sogar die Gleichheit $R^\mathsf{T}\Phi\mathsf{L} = \Phi\mathsf{L}$, ohne Verwendung der Vorausetzung. $\qquad\square$

Dieser Satz zeigt, daß auf der Ebene der Relationenalgebra durch die folgende Definition 8.3.4 (welche von H. Zierer stammt) der passende relationale Monotonie-Begriff für die partiellen Abbildungen der Metaebene festgelegt ist. Er entspricht auf dem Definitionsbereich der üblichen Monotonie und erzwingt zusätzlich noch, daß zu jedem Element aus dem Definitionsbereich der vorliegenden partiellen Abbildung auch seine oberen Schranken zum Definitionsbereich gehören.

---

[3]Die Bezeichnung $D(f)$ für den Definitionsbereich einer Abbildung f haben wir beim Beweis des Hauptsatzes über Wohlordnungen eingeführt

8.3.4 Definition Zu zwei Ordnungsrelationen R und S heißt eine eindeutige Relation Φ eine *partielle monotone Funktion* von R nach S, falls $R^\mathsf{T}\Phi \subseteq \Phi S^\mathsf{T}$ gilt.   □

Die Modifikation des originalen Begriffs von Definition 8.1.1 besteht hier in der Abschwächung der Forderung an Φ und dem Spezialisieren von R und S zu transponierten Ordnungsrelationen.

Weitere Modifikationen des Homomorphie-Begriffs führen zu Notationen, die aus der Theorie der Datenverfeinerung der Informatik bekannt sind. Dazu müssen wir etwas ausholen, wobei wir uns nachfolgend, aus Gründen der Einfachheit, auf Zustandsänderungen beschränken. Bei Datenverfeinerung betrachtet man zu einer Datenstruktur mit gewissen Operationen eine Menge Z_a von abstrakten Zuständen und eine Menge Z_k von konkreten Zuständen. Jede Operation α zum Abändern (des Zustands) der Datenstruktur ist sowohl auf der abstrakten Ebene als Relation $A^\alpha : Z_a \leftrightarrow Z_a$ als auch auf der konkreten Ebene als Relation $K^\alpha : Z_k \leftrightarrow Z_k$ vorliegend. Die Verbindung zwischen den beiden Ebenen wird durch eine Abstraktionsrelation $\Phi : Z_k \leftrightarrow Z_a$ hergestellt.

Bei einer gegebenen Relation $A^\alpha : Z_a \leftrightarrow Z_a$ bedeutet ein Verfeinerungsschritt die Festlegung der Menge Z_k der konkreten Zustände, das Formulieren einer geeigneten Abstraktionsrelation $\Phi : Z_k \leftrightarrow Z_a$ zwischen den beiden Ebenen und die Angabe einer Relation $K^\alpha : Z_k \leftrightarrow Z_k$ für jede zustandsverändernde Operation α der Datenstruktur. Durch den Übergang gemäß eines solchen Schritts soll natürlich die Korrektheit erhalten bleiben. Was dies genau heißt, hängt vom speziellen Ansatz ab. Beispielsweise kann Korrektheit bedeuten, daß die Darstellung $\Phi^\mathsf{T} K^\alpha \Phi : Z_a \leftrightarrow Z_a$ der abstrakten Relation A^α auf dem Definitionsbereich von A^α zwar deterministischer als A^α sein darf, eine echte Verkleinerung des Definitionsbereichs beim Übergang von A^α zu $\Phi^\mathsf{T} K^\alpha \Phi$ jedoch nicht erlaubt ist.

In der Literatur wird die Erhaltung von Korrektheit bei Datenverfeinerung normalerweise auf sogenannte Beweisverpflichtungen reduziert, welche Korrektheit implizieren. Eine sehr häufig vorkommende Beweisverpflichtung ist, daß für alle Operationen α die Abstraktionsrelation eine Vorwärts-Simulation von $K^\alpha : Z_k \leftrightarrow Z_k$ nach $A^\alpha : Z_a \leftrightarrow Z_a$ im Sinne der nächsten Definition darstellt.

8.3.5 Definition Eine Relation Φ heißt eine *Vorwärts-Simulation* von K nach A, falls $\Phi^\mathsf{T} K \subseteq A\Phi^\mathsf{T}$ gilt.   □

Eine Vorwärts-Simulation wird auch eine L-Simulation genannt. Die Modifikation des originalen Begriffs von Definition 8.1.1 besteht hier darin, an die Relation Φ gar keine Forderung mehr zu stellen und die Inklusion (3) von Satz 8.1.2 zu verwenden. Statt (3) werden bei anderen Simulations-Begriffen auch die restlichen Inklusionen dieses Satzes betrachtet und führen, etwa im Fall von Inklusion (1), zur Rückwärts-Simulation, welche auch als L^{-1}-Simulation bezeichnet wird.

8.3.6 Beispiel (zur Simulation) Wir betrachten eine Datenstruktur für das Aufsammeln von Objekten aus einer gegebenen Menge M und konzentrieren uns auf das Einfügen eines einzelnen Elements $a \in M$ in diese Datenstruktur mittels des Aufrufs $\alpha(a)$ der entsprechenden Operation α. Bei α handelt es sich also um eine Operation, deren Anwendung $\alpha(a)$ eine Zustandsänderung bewirkt.

Auf der abstrakten Ebene gehen wir von 2^M als Zustandsmenge Z_a aus und der Relation $A^{\alpha(a)} : 2^M \leftrightarrow 2^M$, die komponentenbehaftet wie folgt für alle $X, Y \in 2^M$ definiert ist:

$$A^{\alpha(a)}_{XY} \quad :\Longleftrightarrow \quad a \notin X \wedge X \cup \{a\} = Y$$

Offensichtlich ist $A^{\alpha(a)}$ eine partielle Funktion. Man beachte, daß aufgrund der Festlegung ein Aufruf $\alpha(a)$ auf der abstrakten Ebene undefiniert ist, falls a schon in der Datenstruktur enthalten ist.

Zur Darstellung der Datenstruktur auf der konkreten Ebene verwenden wir endliche Listen, was zur Menge M^* als konkrete Zustandsmenge Z_k führt. Das Einfügen des Elements a realisieren wir nun durch das Anhängen an eine endliche Liste von rechts, also die Relation $K^{\alpha(a)} : M^* \leftrightarrow M^*$. welche für alle endlichen Listen $s, t \in M^*$ durch

$$K^{\alpha(a)}_{st} \quad :\Longleftrightarrow \quad (\forall i \in \{1, \ldots, |s|\} : s_i \neq a) \wedge s \,\&\, a = t$$

definiert ist. In dieser Festlegung bezeichnet $|s|$ die Länge der Liste s, mit s_i ist das i-te Element von s gemeint und $s \,\&\, a$ ist die Liste, die durch das Anhängen von a an s von rechts entsteht. Auch die Relation $K^{\alpha(a)}$ ist eine partielle Funktion und ein Aufruf $\alpha(a)$ auf der konkreten Ebene ist wiederum undefiniert, falls das Element a schon in der Datenstruktur enthalten ist.

Die Abstraktionsrelation $\Phi : M^* \leftrightarrow 2^M$ ist schließlich in naheliegender Weise für alle $s \in M^*$ und $X \in 2^M$ wie folgt definiert, wobei $set(s)$ eine Abkürzung für die Menge $\{s_i \mid 1 \le i \le |s|\}$ der in s vorkommenden Elemente ist.

$$\Phi_{sX} \quad :\Longleftrightarrow \quad X = set(s)$$

Offensichtlich ist Φ sogar eine Funktion. Aufgrund von Satz 8.1.2 ist sie damit eine Vorwärts-Simulation von $K^{\alpha(a)}$ nach $A^{\alpha(a)}$ genau dann, falls die Inklusion $K^{\alpha(a)} \subseteq \Phi A^{\alpha(a)} \Phi^{\mathsf{T}}$ zutrifft. Wenn wir die Forderung $\forall i \in \{1, \ldots, |s|\} : s_i \neq a$ mittels $a \notin set(s)$ ausdrücken, so gilt diese Inklusion genau dann, wenn die Implikation

$$a \notin set(s) \wedge s \,\&\, a = t \quad \Longrightarrow \quad a \notin set(s) \wedge set(s) \cup \{a\} = set(t)$$

für alle $s, t \in M^*$ zutrifft. Letzteres ist aber offensichtlich der Fall. $\quad\square$

Verfeinerungsschritte können natürlich hintereinandergeschaltet werden. Dann wird die konkrete Ebene des ersten Schritts zur abstrakten Ebene des zweiten Schritts und so fort.

Es gilt der folgende Satz, der sich im Anwendungsfall der Datenverfeinerung auf die Komposition der Relationen der Operationen einer vorgegebenen Datenstruktur bezieht.

8.3.7 Satz (Horizontale Komposition) Ist Φ eine Vorwärts-Simulation von K_1 nach A_1 und von K_2 nach A_2, so ist Φ auch eine Vorwärts-Simulation von $K_1 K_2$ nach $A_1 A_2$.

Beweis: Es gilt $\Phi^{\mathsf{T}}(K_1 K_2) \subseteq A_1 \Phi^{\mathsf{T}} K_2 \subseteq (A_1 A_2) \Phi^{\mathsf{T}}$. $\quad\square$

Dieser einfache Satz ist wichtig beim Zusammenbau von Programmen. Wenn jede einzelne Operation korrekt verfeinert wird, so gilt das auch für deren Kompositionen. Weil in Verfeinerungsdiagrammen die Relationen von Operationen immer durch waagerechte Pfeile dargestellt werden, spricht man hier von horizontaler Komposition. Statt Relationen von Operationen zu komponieren kann man aber auch Abstraktionsrelationen komponieren. In Verfeinerungsdiagrammen werden diese immer durch senkrechte Pfeile dargestellt. Daher rührt die Bezeichnung des folgenden Satzes. Er besagt in Worten, daß das Hintereinanderausführen von zwei korrekten Verfeinerungsschritten wieder ein korrekter Verfeinerungsschritt ist.

8.3.8 Satz (Vertikale Komposition) Ist Φ eine Vorwärts-Simulation von K nach A und Ψ eine von R nach K, so ist $\Psi\Phi$ eine von R nach A.

Beweis: Dies zeigt man durch $(\Psi\Phi)^\mathsf{T} R = \Phi^\mathsf{T}\Psi^\mathsf{T} R \subseteq \Phi^\mathsf{T} K \Psi^\mathsf{T} \subseteq A\Phi^\mathsf{T}\Psi^\mathsf{T} = A(\Psi\Phi)^\mathsf{T}$. $\square$

Damit wollen wir diese knappen Betrachtungen zu den Modifikationen des Homomorphie-Begriffs im homogenen Fall abschließen. Wer sich z.B. näher mit Datenverfeinerung beschäftigen will, insbesondere auch mit Ansätzen, die es zulassen, daß Operationen nicht nur Zustände verändern sondern auch Werte berechnen, dem sei das Buch „Data refinement: Model-oriented proof methods and their composition" von W.-P. de Roever und K. Engelhardt empfohlen, das 1998 bei Cambridge University Press erschienen ist.

Kapitel 9

Relationenalgebraische Beschreibung von Datenstrukturen

Bei der Entwicklung von Algorithmen spielen Datenstrukturen eine herausragende Rolle, insbesondere Mengen, wenn man sich mit Graphen und anderen relationalen Gebilden beschäftigt. Bei einem relationalen Zugang zu Algorithmen stellt sich dann das Problem der Darstellung von Datenstrukturen in dieser Weise. In diesem Kapitel zeigen wir zuerst, wie man Mengen mit relationenalgebraischen Mitteln beschreiben kann. Über die Potenzmengenrelation führt dies dann zu einer allgemeinen Theorie der relationalen Bereichsdefinitionen, die wir aber nur anhand von zwei weiteren Beispielen kurz anreißen. Weiterhin gehen wir in diesem Kapitel auch auf das an der Universität Kiel in den letzten Jahren entwickelte Computersystem RELVIEW ein und demonstrieren einige Anwendungen.

9.1   Elementare Beschreibung von Mengen

Mengen spielen in vielen Algorithmen als Datenstruktur eine große Rolle. Bei Mengen gibt es als zwei fundamentale Beziehungen die Teilmengenbeziehung

$$N \subseteq M$$

zwischen zwei Mengen N und M und die Elementbeziehung

$$x \in M$$

zwischen einem Element x und einer Menge M. Relationenalgebra behandelt nur spezielle Mengen, nämlich Relationen, und sieht in der abstrakten, komponentenfreien Form die Elementbeziehung bei Relationen nicht vor. Man hat deshalb bei einem relationalen Ansatz allgemeine Mengen und insbesondere die beiden obigen Beziehungen zu modellieren. Erinnern wir uns an Abschnitt 7.5, in dem eine spezielle einelementige Menge $\mathbb{1}$ eingeführt wurde. Mit Hilfe von $\mathbb{1}$ kann man eine Teilmenge N von M darstellen als eine Relation $v : M \leftrightarrow \mathbb{1}$, so daß v_x (was wir in Abschnitt 7.5 als Kurzform für $v_{x\perp}$ eingeführt haben) genau dann gilt, wenn die Beziehung $x \in N$ zutrifft. In der Sprechweise des Matrixmodells für Relationen werden Teilmengen also durch Spaltenvektoren dargestellt. Ein Element x aus M entspricht einer einelementigen Teilmenge $\{x\}$ von M. So bietet es sich weiterhin an, relational für ein Element einen Spaltenvektor zu wählen, bei dem genau der ihm entsprechende Eintrag eine Eins ist.

Der Resultatbereich P (also die „Breite" oder Spaltenanzahl in der Matrixsprechweise) einer mengenmodellierenden Relation $v : M \leftrightarrow P$ ist dabei unerheblich zur Beschreibung einer Teilmenge N einer gegebenen Menge M. Beispielsweise charakterisieren alle drei folgenden Relationen, jeweils angegeben als Boolesche Matrix, die Menge $\{2, 3, 5, 7\}$ aller Primzahlen im Intervall von 0 bis 10.

$$
\begin{array}{c}
\mathbf{0} \\
\mathbf{1} \\
\mathbf{2} \\
\mathbf{3} \\
\mathbf{4} \\
\mathbf{5} \\
\mathbf{6} \\
\mathbf{7} \\
\mathbf{8} \\
\mathbf{9} \\
\mathbf{10}
\end{array}
\begin{pmatrix} 0 \\ 0 \\ 1 \\ 1 \\ 0 \\ 1 \\ 0 \\ 1 \\ 0 \\ 0 \\ 0 \end{pmatrix}
\begin{pmatrix} 0 & 0 \\ 0 & 0 \\ 1 & 1 \\ 1 & 1 \\ 0 & 0 \\ 1 & 1 \\ 0 & 0 \\ 1 & 1 \\ 0 & 0 \\ 0 & 0 \\ 0 & 0 \end{pmatrix}
\begin{pmatrix} 0 & 0 & 0 \\ 0 & 0 & 0 \\ 1 & 1 & 1 \\ 1 & 1 & 1 \\ 0 & 0 & 0 \\ 1 & 1 & 1 \\ 0 & 0 & 0 \\ 1 & 1 & 1 \\ 0 & 0 & 0 \\ 0 & 0 & 0 \\ 0 & 0 & 0 \end{pmatrix}
$$

Es kommt bei der Modellierung von Teilmengen mittels Relationen nur auf die Zeilenkonstanz an, d.h. eine Zeile darf nicht gleichzeitig Nullen und Einsen enthalten. Diesen Begriff kann man relational sehr einfach beschreiben. Man legt fest:

9.1.1 Definition   1. Eine Relation v heißt ein (Spalten-) *Vektor* oder *zeilenkonstant*, falls $v = v\mathsf{L}$ gilt.

     2. Ein *Punkt* ist ein injektiver und surjektiver Vektor, d.h. eine Relation p mit den Eigenschaften $p = p\mathsf{L}$, $pp^\mathsf{T} \subseteq \mathsf{I}$ und $\mathsf{L}p = \mathsf{L}$.   □

Im folgenden werden wir, wo immer möglich, für Vektoren und Punkte kleine Buchstaben verwenden – analog zum Vorgehen in der Linearen Algebra. Die Forderung $pp^\mathsf{T} \subseteq \mathsf{I}$ an einen Punkt p drückt aus, daß er im Matrixmodell höchstens eine Einsen-Zeile hat; durch $\mathsf{L}p = \mathsf{L}$ wird gefordert, daß es mindestens eine Einsen-Zeile in der Matrixdarstellung von p gibt. Aufgrund der Tarski-Regel ist $\mathsf{L}p = \mathsf{L}$ gleichwertig zu $p \neq \mathsf{O}$.

Für Vektoren gelten einige wichtige Abschlußeigenschaften. Diese sind in dem nachfolgenden Satz aufgeführt.

9.1.2 Satz   1. Ist v ein Vektor, so auch $\overline{v}$ und Rv mit R beliebig.

     2. Sind v und w Vektoren, so auch $v \cup w$ und $v \cap w$.

Beweis: Wir gehen der Reihe nach vor.

1. Bei der Negation gilt $\overline{v} \subseteq \overline{v}\mathsf{L}$ trivialerweise und $\overline{v}\mathsf{L} \subseteq \overline{v}$ ist äquivalent zu $v\mathsf{L}^{\mathsf{T}} \subseteq v$ (nach Schröder), gilt also auch, da v ein Vektor ist. Die verbleibende Gleichung ist trivial: $Rv\mathsf{L} = Rv$, da v ein Vektor ist.

2. Die erste Gleichung $v \cup w = (v \cup w)\mathsf{L}$ folgt aus der Distributivität und $v = v\mathsf{L}$ bzw. $w = w\mathsf{L}$. Die verbleibende Gleichung zeigt man wie folgt: Es gilt

$$
\begin{aligned}
(v \cap w)\mathsf{L} &\subseteq v\mathsf{L} \cap w\mathsf{L} && \text{Subdistributivität} \\
&\subseteq (v \cap w\mathsf{L}\mathsf{L}^{\mathsf{T}})(\mathsf{L} \cap v^{\mathsf{T}}w\mathsf{L}) && \text{Dedekind} \\
&= (v \cap w)(\mathsf{L} \cap v^{\mathsf{T}}w\mathsf{L}) && \\
&\subseteq (v \cap w)\mathsf{L} && \text{Monotonie}
\end{aligned}
$$

und $v\mathsf{L} \cap w\mathsf{L} = v \cap w$ (beides sind Vektoren) zeigt den Rest. □

Offensichtlich liefert Rechtskomposition einer Relation mit L immer einen Vektor. Für Vektoren dieser Bauart gelten spezielle Rechenregeln, die man im Modell der Booleschen Matrizen für Relationen als ein „Ausblenden" von Zeilen bzw. Spalten interpretieren kann. Ausblenden heißt hier, Zeilen und/oder Spalten mit lauter Nullen zu besetzen. Nachfolgend ist der entsprechende Satz angegeben:

9.1.3 Satz Für Relationen Q, R und S gilt:[1]

1. $(Q \cap R\mathsf{L})S = QS \cap R\mathsf{L}$

2. $(Q \cap \mathsf{L}R)S = Q(S \cap R^{\mathsf{T}}\mathsf{L})$

Beweis: Beide Beweise sind sehr ähnlich. Der zweite Beweis ist technisch etwas schwieriger, geht aber im Prinzip genau wie der erste Beweis.

1. Die Gleichung (1) zeigt man wie folgt:

$$
\begin{aligned}
(Q \cap R\mathsf{L})S &\subseteq QS \cap R\mathsf{L} && \text{Subdistributivität, } S \subseteq \mathsf{L} \\
&\subseteq (Q \cap R\mathsf{L}S^{\mathsf{T}})(S \cap Q^{\mathsf{T}}R\mathsf{L}) && \text{Dedekind} \\
&\subseteq (Q \cap R\mathsf{L})S && \mathsf{L}S^{\mathsf{T}} \subseteq \mathsf{L}
\end{aligned}
$$

2. Wir kommen nun zu Gleichung (2).

$$
\begin{aligned}
(Q \cap \mathsf{L}R)S &= (Q \cap \mathsf{L}R)S \cap \mathsf{L} && \\
&\subseteq (Q \cap \mathsf{L}R \cap \mathsf{L}S^{\mathsf{T}})(S \cap (Q \cap \mathsf{L}R)^{\mathsf{T}}\mathsf{L}) && \text{Dedekind} \\
&\subseteq Q(S \cap R^{\mathsf{T}}\mathsf{L}) && \text{Vereinfachung} \\
&= Q(S \cap R^{\mathsf{T}}\mathsf{L}) \cap \mathsf{L} && \\
&\subseteq (Q \cap \mathsf{L}(S \cap R^{\mathsf{T}}\mathsf{L})^{\mathsf{T}})((S \cap R^{\mathsf{T}}\mathsf{L}) \cap Q^{\mathsf{T}}\mathsf{L}) && \text{Dedekind} \\
&\subseteq (Q \cap \mathsf{L}R)S && \text{Vereinfachung}
\end{aligned}
$$

---

[1]In Worten besagt der Satz, daß Ausblenden und Rechts– bzw. Linkskomposition vertauschbar sind.

Damit ist der Beweis der Ausblenderegeln beendet. □

Wir kommen nun zu einigen Rechenregeln für Punkte. Der folgende Satz beschreibt, wie man Punkte durch Inklusionen „durchrollen" kann. □

9.1.4 Satz Es seien p, q Punkte und R, S beliebige Relationen. Dann gilt:

1. $R \subseteq Sp \iff Rp^{\mathsf{T}} \subseteq S$

2. $p \subseteq Rq \iff pq^{\mathsf{T}} \subseteq R \iff q \subseteq R^{\mathsf{T}}p$

Beweis: Die Äquivalenz (1) beweist man zyklisch wie folgt:

$$
\begin{aligned}
R \subseteq Sp &\implies Rp^{\mathsf{T}} \subseteq Spp^{\mathsf{T}} \\
&\implies Rp^{\mathsf{T}} \subseteq S && pp^{\mathsf{T}} \subseteq \mathsf{I} \;(p \text{ injektiv}) \\
&\implies Rp^{\mathsf{T}}p \subseteq Sp \\
&\implies R \subseteq Sp && \mathsf{I} \subseteq p^{\mathsf{T}}p \;(p \text{ surjektiv})
\end{aligned}
$$

Äquivalenz (2) ist eine einfache Folgerung von (1), wie die nachstehende Rechnung zeigt:

$$
\begin{aligned}
p \subseteq Rq &\iff pq^{\mathsf{T}} \subseteq R && \text{nach (1)} \\
&\iff qp^{\mathsf{T}} \subseteq R^{\mathsf{T}} && \text{Transposition} \\
&\iff q \subseteq R^{\mathsf{T}}p && \text{nach (1)} \quad \square
\end{aligned}
$$

Nun sei $\mathfrak{R}$ eine vorgegebene Relationenalgebra. Wir definieren für zwei Sorten $m, n \in T$ die folgenden Mengen:

$$
\begin{aligned}
\mathfrak{V}_{mn} &= \{v \in \mathfrak{R}_{mn} \mid v \text{ Vektor}\} && \textit{Menge der Vektoren des Typs } (m, n) \\
\mathfrak{P}_{mn} &= \{p \in \mathfrak{R}_{mn} \mid p \text{ Punkt}\} && \textit{Menge der Punkte des Typs } (m, n)
\end{aligned}
$$

Dann ist die Menge $\mathfrak{V}_{mn}$ mit der Vereinigung und dem Durchschnitt ein Unterverband von $(\mathfrak{R}_{mn}, \cup, \cap)$, denn sie ist abgeschlossen unter diesen Operationen. Kleinstes Element ist der Nullvektor, größtes Element der Universalvektor. *Mit der Komplementbildung werden die Vektoren sogar zu einem vollständigen Booleschen Verband.* Weiterhin ist die Menge $\mathfrak{P}_{mn}$ eine Teilmenge der Menge $\mathsf{At}(\mathfrak{V}_{mn})$ der Atome von $\mathfrak{V}_{mn}$. Hat man nämlich einen Punkt p und einen Vektor v mit der Eigenschaft $\mathsf{O} \subseteq v \subseteq p$ und $\mathsf{O} \neq v$, so gilt

$$
\begin{aligned}
p &= \mathsf{L} \cap p \\
&= \mathsf{L}v \cap p && \mathsf{L}v = \mathsf{L}v\mathsf{L} = \mathsf{L} \text{ nach Tarski} \\
&\subseteq (\mathsf{L} \cap pv^{\mathsf{T}})(v \cap \mathsf{L}^{\mathsf{T}}p) && \text{Dedekind} \\
&\subseteq pv^{\mathsf{T}}v && \text{Monotonie} \\
&\subseteq pp^{\mathsf{T}}v && v \subseteq p, \text{ also } v^{\mathsf{T}} \subseteq p^{\mathsf{T}} \\
&\subseteq v && p \text{ injektiv,}
\end{aligned}
$$

also die Gleichheit $p = v$. Daraus folgen sofort für Produkte von Punkten p und q der speziellen Form $p^{\mathsf{T}}q$ zwei Eigenschaften, die wir in dem nachfolgenden Satz formulieren und beweisen:

9.1.5 Satz Für Punkte p und q gelten die nachfolgenden Beschreibungen der Gleichheit bzw. Ungleichheit:

1. $p = q \iff p^\mathsf{T} q = \mathsf{L}$

2. $p \neq q \iff p^\mathsf{T} q = \mathsf{O}$

Beweis: Verifikation von (1): Es gilt:

$$
\begin{aligned}
p = q &\iff p \subseteq q & \mathsf{At}(\mathfrak{V}_{mn}) \supseteq \mathfrak{P}_{mn}, p \neq \mathsf{O} \\
&\iff \mathsf{L}p^\mathsf{T} \subseteq q^\mathsf{T} & p = p\mathsf{L}, \text{ Transposition} \\
&\iff \mathsf{L} \subseteq q^\mathsf{T}p & \text{Satz 9.1.4.1} \\
&\iff \mathsf{L} = p^\mathsf{T}q & \text{Transposition}
\end{aligned}
$$

Bei (2) verwendet man zuerst die Gleichwertigkeit von $p \neq q$ und $p \cap q = \mathsf{O}$ (Satz 1.5.4). Letzteres ist äquivalent zu $p\mathsf{L} = p \subseteq \overline{q}$ und eine der Schröder-Äquivalenzen bringt nun die Behauptung. $\qquad\square$

Dieser Satz erlaubt auch, Punkte mit einelementigem Bildbereich zu charakterisieren. Es gilt für die beiden Relationen $\mathsf{L}, \mathsf{I} : M \leftrightarrow M$ nämlich $\mathsf{L} = \mathsf{I}$ genau dann, wenn $|M| = 1$ ist, d.h. also $M \approx \mathbb{1}$ im Sinne von Definition 3.2.1 zutrifft. Ein Punkt p hat also genau dann einen einelementigen Bildbereich, falls $p^\mathsf{T}p = \mathsf{I}$ gilt.

Vor Satz 9.1.5 wurde die Inklusion

$$
\mathsf{At}(\mathfrak{V}_{mn}) \quad\supseteq\quad \{p \in \mathfrak{R}_{mn} \mid p \text{ Punkt}\} = \mathfrak{P}_{mn} \tag{$\dagger$}
$$

gezeigt. Wie sieht nun die Menge $\mathsf{At}(\mathfrak{R}_{mn})$ der Atome für die Menge $\mathfrak{R}_{mn}$ der Relationen des Typs (m, n) aus? Hier spielen die sogenannten *dyadischen Kompositionen* pq^T von Punkten eine Rolle. Es gilt nämlich die Inklusion

$$
\mathsf{At}(\mathfrak{R}_{mn}) \quad\supseteq\quad \{pq^\mathsf{T} \mid p, q \in \mathfrak{R}_{mn} \text{ Punkte}\}. \tag{$\ddagger$}
$$

Der Beweis dieser Inklusion ist nicht sehr schwierig und als Übung empfohlen. Im Fall von konkreten Relationen werden die beiden Inklusionen ($\dagger$) und ($\ddagger$), wie man sich ebenfalls sofort klarmacht, sogar zu Gleichungen. Hier entspricht dann das dyadische Produkt von zwei Punkten $p, q : M \leftrightarrow \mathbb{1}$ einer Relation mit einem einzelnen Paar, also $\{\langle x, y \rangle\}$, bzw. einer Booleschen Matrix mit genau einer Eins. Das folgende Beispiel zeigt dies noch einmal:

$$
p \mathrel{\hat{=}} \begin{pmatrix} 1 \\ 0 \\ 0 \end{pmatrix} \qquad q \mathrel{\hat{=}} \begin{pmatrix} 0 \\ 1 \\ 0 \end{pmatrix} \qquad pq^\mathsf{T} \mathrel{\hat{=}} \begin{pmatrix} 0 & 1 & 0 \\ 0 & 0 & 0 \\ 0 & 0 & 0 \end{pmatrix}
$$

Ist also beispielsweise $g = (V, R)$ ein gerichteter Graph mit der Relation $R : V \leftrightarrow V$ als der Menge der Pfeile, und beschreiben zwei Punkte $p, q : V \leftrightarrow \mathbb{1}$ zwei Knoten $x, y \in V$, so wird durch $pq^\mathsf{T} : V \leftrightarrow V$ eine Relation definiert, die als einziges Element den Pfeil von x nach y enthält. Als ein weiteres Beispiel enthält die Relation $v\overline{v}^\mathsf{T}$ alle Pfeile, die von der durch v dargestellten Knotenmenge in ihr Komplement führen.

9.1.6 Anwendung Verwendet man Vektoren und Punkte zur Modellierung von Mengen und Elementen, so entsprechen sich genau die Booleschen Operationen der relationalen und der mengentheoretischen Seite. Stellt also beispielsweise der Vektor $v : M \leftrightarrow \mathbb{1}$ eine Teilmenge N von M dar und der Punkt $p : M \leftrightarrow \mathbb{1}$ ein Element x von M, so modelliert trivialerweise der Term $v \cup p$ das Einfügen von x in N und der Term $v \cap \overline{p}$ das Entfernen von x aus N. Neben den Booleschen Operationen (inklusive dem Einfügen und Entfernen eines Elements wie eben beschrieben) haben sich noch zwei weitere Operationen als sehr bedeutsam für die Formulierung von relationalen Spezifikationen und Programmen herausgestellt. Die erste betrifft die Auswahl eines Elements aus einer nichtleeren Menge. Relational wird diese modelliert durch eine Operation point, die zu einem nichtleeren Vektor v einen in ihm enthaltenen Punkt point(v) liefert. Die Axiome für point(v) sind also:

1. point(v) ist ein Punkt.

2. point$(v) \subseteq v$.

Das Gegenstück zur Operation point auf der Ebene der allgemeinen Relationen ist gegeben durch die Operation atom. Mittels dieser Operation wird zu einer nichtleeren Relation R eine in R enthaltene Relation atom(R) berechnet, die genau ein Paar enthält. Diese letzte Eigenschaft kann man beispielsweise durch Punkte beschreiben. Insgesamt erhalten wir dann für atom(R) die folgende Axiomatisierung:

1. atom(R)L und atom$(R)^\mathsf{T}$L sind Punkte.

2. atom$(R) \subseteq R$.

In der graphentheoretischen Anwendung von Relationen wird, wie schon erwähnt, durch den Aufruf atom(R) ein einzelner Pfeil des nichtleeren gerichteten Graphen $g = (V, R)$ geliefert, was in zahlreichen Algorithmen benutzt wird.

Man beachte, daß point und atom deterministische partielle Abbildungen im üblichen mathematischen Sinne sind, also etwa point$(v) =$ point(v) wahr ist. $\square$

In unserem Ansatz sind Vektoren und Punkte heterogen. Praktisch, d.h. in entsprechenden Systemen und Algorithmen, ist der Bildbereich zusätzlich immer $\mathbb{1}$. In der Literatur über Relationenalgebra gibt es aber auch viele Autoren, die sich auf homogene Relationen – in der Regel zusätzlich auf einem Universum – beschränken. Damit kann man nämlich alle Operationen auf Relationen als total annehmen und die Typisierung entfällt vollständig. Beim homogenen Ansatz realisiert man eine Teilmenge N von M durch eine Relation $R : M \leftrightarrow M$ für die R_{xy} genau dann gilt, wenn $x = y$ und $x, y \in N$ zutreffen. Dies führt zur folgenden Festlegung:

9.1.7 Definition Eine Relation mit $R \subseteq \mathsf{I}$ heißt eine *partielle Identität*. $\square$

Partielle Identitäten sind also eine zweite Art, Teilmengen einer vorgegebenen Menge darzustellen. Diese Modellierung ist gleichwertig zu der Modellierung von Teilmengen durch Vektoren, denn für eine Teilmenge N von M gilt:

1. Stellt $v : M \leftrightarrow \mathbb{1}$ die Teilmenge N von M als Vektor dar, so stellt $\mathsf{I} \cap v\mathsf{L} : M \leftrightarrow M$ mit $\mathsf{L} : \mathbb{1} \leftrightarrow M$ die Teilmenge als partielle Identität dar.

2. Stellt $R : M \leftrightarrow M$ die Teilmenge N von M als partielle Identität dar, so stellt $R\mathsf{L} : M \leftrightarrow \mathbb{1}$ mit $\mathsf{L} : M \leftrightarrow \mathbb{1}$ die Teilmenge als Vektor dar.

Statt der speziellen Menge $\mathbb{1}$ kann man in (1) und (2) natürlich auch jede beliebige Menge wählen. Der Wechsel der Darstellung zwischen Vektoren und partiellen Identitäten ist also algebraisch durch Termbildungen beschreibbar. Im konkreten Fall erfordert die zweite Darstellungsform natürlich viel mehr Platz als die erste, wo man sich auf eine Spalte beschränken kann.

Auch die Menge der partiellen Identitäten eines festen Typs (m, m) bzw. $[M \leftrightarrow M]$ wird zu einem Unterverband aller Relationen des Typs (m, m) bzw. $[M \leftrightarrow M]$, da sie offensichtlich abgeschlossen unter Vereinigung und Durchschnitt ist. Sie wird sogar zu einem vollständigen Booleschen Verband (aber keinem Booleschen Unterverband), wenn man eine Negation definiert durch $\neg R = \overline{R} \cap \mathsf{I}$. In diesem Booleschen Verband ist O das kleinste und I das größte Element. Weiterhin ist, entsprechende Typisierung vorausgesetzt, die durch den obigen ersten Punkt motivierte Abbildung $f(v) = \mathsf{I} \cap v\mathsf{L}$ ein Boolescher Verbandshomomorphismus von den Vektoren zu den partiellen Identitäten, da man für alle Vektoren v und w die folgenden Gleichungen leicht zeigen kann:

$$f(v \cup w) = f(v) \cup f(w) \qquad f(v \cap w) = f(v) \cap f(w) \qquad f(\overline{v}) = \neg f(v)$$

Die Abbildung f ist aber sogar bijektiv. Dazu betrachtet man die durch den obigen zweiten Punkt motivierte Abbildung $g(R) = R\mathsf{L}$ von den partiellen Identitäten zu den Vektoren. Ist v ein Vektor, so folgt $g(f(v)) = (\mathsf{I} \cap v\mathsf{L})\mathsf{L} = \mathsf{IL} \cap v\mathsf{L} = v$ aufgrund von Satz 9.1.3.1. Die verbleibende Gleichung $f(g(R)) = R$ für alle partiellen Identitäten R bekommt man aus $f(g(R)) = \mathsf{I} \cap R\mathsf{LL} = R$, wobei $\mathsf{I} \cap R\mathsf{L} = R$ wegen $R\mathsf{L} \cap \mathsf{I} \subseteq (R \cap \mathsf{IL}^\mathsf{T})(\mathsf{L} \cap R^\mathsf{T}\mathsf{I}) \subseteq R = R \cap \mathsf{I} \subseteq R\mathsf{L} \cap \mathsf{I}$ (unter Verwendung der Dedekind-Regel und $R^\mathsf{T} \subseteq \mathsf{I}$) gilt. Zusammenfassend haben wir also im Fall abstrakter Relationen das folgende Resultat:

9.1.8 Satz (Vektoren und partielle Identitäten) Der vollständige Boolesche Verband $(\mathfrak{V}_{mn}, \cup, \cap, \overline{})$ und der vollständige Boolesche Verband $(\mathfrak{I}_m, \cup, \cap, \neg)$ der partiellen Identitäten von $\mathfrak{R}_{mm}$ sind isomorph vermöge der beiden Abbildungen

$$f : \mathfrak{V}_{mn} \to \mathfrak{I}_m \qquad g : \mathfrak{I}_m \to \mathfrak{V}_{mn},$$

welche definiert sind durch $f(v) = \mathsf{I} \cap v\mathsf{L}$ und $g(R) = R\mathsf{L}$. $\qquad\square$

Wir kommen nun noch zu einer dritten Art, Mengen relational zu modellieren. Ihr Hintergrund ist der folgende: In der Mathematik ist es allgemein üblich, Mengen zu identifizieren, die bijektiv aufeinander abbildbar sind. Dies bedeutet genauer: Ist N eine Teilmenge von M und $U \approx N$, so kann man auch U als Teilmenge von M auffassen. Ein bekanntes Beispiel ist etwa die Auffassung der reellen Zahlen als Teilmenge der komplexen Zahlen, indem man von $r \in \mathbb{R}$ zu $r + i * 0 \in \mathbb{C}$ übergeht, wobei i die imaginäre Einheit bezeichnet. Auch die Auffassung der Zeichen eines Zeichenvorrats A als Elemente der Menge A^* der endlichen

Zeichenreihen über A vermöge der Abbildung $a \mapsto "a"$ wird ständig verwendet. In konkreten Algebren von Relationen führt die Identifizierung von gleichmächtigen Mengen zur folgenden Festlegung:

9.1.9 Definition Ist $F : N \leftrightarrow M$ eine injektive Funktion, so bezeichnen wir N durch F als *Teilmenge von M beschrieben*. □

Unter Verwendung der üblichen Notation für die Anwendung einer Abbildung auf Mengen besagt diese Definition, daß die Inklusion $F(N) \subseteq M$ gilt.

Im folgenden stellen wir die Verbindung der Darstellung von N durch eine Injektion mit der Vektordarstellung her. Nach den oben aufgeführten beiden Verbindungen erhalten wir damit auch die Beziehung zur Darstellung von N durch eine partielle Identität.

1. Wird die Menge N durch die Funktion $F : N \leftrightarrow M$ im Sinne von Definition 9.1.9 dargestellt, so ist $F^{\mathsf{T}}\mathsf{L} : M \leftrightarrow \mathbb{1}$ (mit $\mathsf{L} : N \leftrightarrow \mathbb{1}$) ein Vektor, der die Teilmenge $F(N)$ von M „vektormäßig" beschreibt.

2. Ist die Teilmenge N von M durch einen Vektor $v : M \leftrightarrow \mathbb{1}$ gegeben, so bekommt man eine injektive Funktion $F : N \leftrightarrow M$ durch die komponentenweise Festlegung

$$F_{xy} \iff x = y$$

   für alle $x \in N$ und $y \in M$. Wegen $N \neq \emptyset$ (man beachte die Forderung nach Definition 7.1.1) muß dabei aber $v \neq \mathsf{O}$ gelten!

Es gibt keine Möglichkeit, in (2) die Konstruktion von F aus v algebraisch in Form eines Terms zu beschreiben, da in einer abstrakten Relationenalgebra zu einem Vektor v nicht immer so eine injektive Abbildung F existieren muß. Eine Möglichkeit ist jedoch, die Verbindung zwischen v und F axiomatisch zu fordern und dann zu beweisen, daß die angegebenen Axiome ein mengentheoretisches Modell besitzen und bei einer abstrakten, relationenalgebraischen Betrachtung dieses auch eindeutig ist, die angegebenen Axiome also nur von isomorphen Relationen (also einelementigen relationalen Strukturen im Sinne von Definition 8.2.2) erfüllt werden. Hier ist die axiomatische Festlegung von F mittels einer deterministischen partiellen Abbildung inj analog zu point und atom:

9.1.10 Definition Zu einem Vektor $v \neq \mathsf{O}$ ist die *Einbettungsfunktion* inj(v) (der durch v beschriebenen Menge) festgelegt durch:

1. inj(v) ist injektive Funktion.

2. inj$(v)^{\mathsf{T}}\mathsf{L} = v$. □

Bei konkreten Relationen existiert zu einem nichtleeren Vektor $v : M \leftrightarrow \mathbb{1}$ offensichtlich immer eine Funktion inj(v). Man nehme, wie oben beschrieben, die identische Funktion von der durch v beschriebenen Teilmenge von M in M. In der Darstellung als Boolesche

Matrix hat man aus der identischen Matrix nur alle Zeilen zu entfernen, die nicht zu der durch v beschriebenen Menge gehören. In abstrakten Relationenalgebren muß hingegen $\mathsf{inj}(v)$ nicht immer existieren. Wenn jedoch eine Einbettungsfunktion existiert, so ist sie, wie oben gefordert, eindeutig im folgenden Sinne.

9.1.11 Satz (Monomorphie) Es seien $v \neq \mathsf{O}$ ein Vektor und F_1 und F_2 zwei injektive Funktionen mit $F_1^\mathsf{T}\mathsf{L} = v$ und $F_2^\mathsf{T}\mathsf{L} = v$. Dann sind F_1 und F_2 isomorph.

Beweis: Wir beweisen, daß das Paar $\langle \Phi, \mathsf{I} \rangle$, mit der Relation Φ definiert als $\Phi = F_1 F_2^\mathsf{T}$, ein Isomorphismus zwischen den Relationen F_1 und F_2 ist. Wir haben dazu die von einem Isomorphismus zu erfüllenden Eigenschaften zu überprüfen:

1. Die identische Relation I ist trivialerweise eine bijektive Funktion.

2. Die Relation Φ ist ebenfalls eine bijektive Funktion. Ihre Eindeutigkeit und ihre Totalität zeigt man durch

$$
\begin{aligned}
\Phi^\mathsf{T}\Phi \;&=\; F_2 F_1^\mathsf{T} F_1 F_2^\mathsf{T} && \text{Definition } \Phi, \text{ Transposition} \\
&\subseteq\; F_2 F_2^\mathsf{T} && F_1 \text{ eindeutig} \\
&\subseteq\; \mathsf{I} && F_2 \text{ injektiv}
\end{aligned}
$$

bzw. durch

$$
\begin{aligned}
\Phi\mathsf{L} \;&=\; F_1 F_2^\mathsf{T}\mathsf{L} && \text{Definition } \Phi \\
&=\; F_1 v && \text{Voraussetzung} \\
&=\; F_1 F_1^\mathsf{T}\mathsf{L} && \text{Voraussetzung} \\
&\supseteq\; \mathsf{IL} && F_1 \text{ total, Satz 7.4.2.2} \\
&=\; \mathsf{L}
\end{aligned}
$$

und die Injektivität und die Surjektivität von Φ kann man auf die vollkommen gleiche Art und Weise zeigen.

3. Es gilt die Inklusion

$$
\begin{aligned}
\Phi F_2 \;&=\; F_1 F_2^\mathsf{T} F_2 && \text{Definition } \Phi \\
&\subseteq\; F_1 && F_2 \text{ eindeutig} \\
&=\; F_1 \mathsf{I}
\end{aligned}
$$

und die für Isomorphismen geforderte Gleichheit $F_1 \mathsf{I} = \Phi F_2$ folgt nun unmittelbar aus Satz 7.4.3.2, denn sowohl $F_1 \mathsf{I}$ als auch ΦF_2 ist, jeweils als Komposition von Funktionen, eine Funktion. $\qquad\square$

Durch eine Modifikation des gerade geführten Beweises bekommt man unmittelbar einen Beweis für die folgende Aussage:

9.1.12 Satz Sind die beiden Vektoren $v, w \neq \mathsf{O}$ isomorph vermöge des Isomorphismus $\langle \varphi, \psi \rangle$, so ist das Paar $\langle \Phi, \varphi \rangle$, mit Φ festgelegt durch $\Phi = \mathsf{inj}(v)\, \varphi\, \mathsf{inj}(w)^\mathsf{T}$, ein Isomorphismus zwischen $\mathsf{inj}(v)$ und $\mathsf{inj}(w)$. $\qquad\square$

Nach diesen theoretischen Resultaten beenden wir nun diesen Abschnitt mit einigen Zeilen zu den späteren praktischen Anwendungen der drei in ihm eingeführten Operationen. In dem schon erwähnten Computersystem RELVIEW ist die Berechnung der injektiven Abbildung $\mathsf{inj}(v)$ zu einem nichtleeren Vektor v sowohl als Befehlsknopf, als auch in der Programmiersprache des Systems implementiert und liefert, für $v : M \leftrightarrow \mathbb{1}$ ungleich O und N als die durch v beschriebene Teilmenge, genau die Identität als Relation des Typs $[N \leftrightarrow M]$. Man bekommt diese in der Matrixdarstellung aus der identischen Matrix, indem man aus ihr alle Zeilen entfernt, die nicht einem Element von N entsprechen. Auch die in der Anwendung 9.1.6 genannten Operationen point und atom sind in dem System vorimplementiert, jedoch nur in der Programmiersprache und nicht als Befehlsknöpfe.

9.2 Die Potenzmengen–Konstruktion

Im letzten Abschnitt übertrugen wir die grundlegende Konstruktion „$x \in N$" des Enthaltenseins eines Elements x in einer Menge N von der Mengenlehre in die Relationenalgebra, indem wir N als Vektor v auffaßten (mit einem Universum als Argumentbereich) und, darauf aufbauend, die Beziehung $x \in N$ mittels des Ausdrucks v_x modellierten. Im folgenden betrachten wir das Symbol $\in$ der Metaebene nun als Relation $\mathsf{E} : M \leftrightarrow 2^M$ auf der Objektebene, also der Ebene, mit deren Elementen wir uns in diesem Teil des Buchs beschäftigen. Komponentenbehaftet ist die Relation E definiert durch die Äquivalenz

$$\mathsf{E}_{aX} \iff a \in X \qquad\qquad\qquad \textit{Ist-Element-von Relation}$$

für alle Elemente $a \in M$ und Mengen $X \in 2^M$. Axiomatisch kann man mit relationenalgebraischen Mitteln die spezielle Relation E wie folgt festlegen.

9.2.1 Definition Gelten für eine Relation E die beiden Eigenschaften

1. $\mathsf{syq}(E, E) = \mathsf{I}$,

2. $\mathsf{L}\,\mathsf{syq}(E, R) = \mathsf{L}$ für alle Relationen R (d.h. $\mathsf{syq}(E, R)$ ist für alle Relationen R surjektiv),

so bezeichnen wir E als eine *Potenzmengenrelation*. □

Setzen wir in diese Definition die Ist-Element-von Relation $\mathsf{E} : M \leftrightarrow 2^M$ an Stelle des Platzhalters E ein, so bekommen wir die folgenden konkreten Bedeutungen der beiden Axiome:

1. Axiom (1) beschreibt die Gleichheit von Mengen. Dies folgt sofort aus der nachstehenden Rechnung, welche die komponentenweisen Beschreibungen der entsprechenden relationalen Konstruktionen verwendet:

$$\mathsf{syq}(\mathsf{E}, \mathsf{E}) = \mathsf{I} \iff \forall X, Y : \mathsf{syq}(\mathsf{E}, \mathsf{E})_{XY} \Leftrightarrow \mathsf{I}_{XY}$$
$$\iff \forall X, Y : (\forall x : x \in X \Leftrightarrow x \in Y) \Leftrightarrow X = Y$$

2. Ist $v : M \leftrightarrow \mathbb{1}$ ein Vektor, der eine Teilmenge N von M beschreibt, so hat $\mathsf{syq}(\mathsf{E}, v)$ den Typ $[2^M \leftrightarrow \mathbb{1}]$. Weiterhin gilt die Beziehung

$$
\begin{aligned}
\mathsf{syq}(\mathsf{E}, v)_X &\iff \forall x : x \in X \Leftrightarrow v_X \\
&\iff X = N
\end{aligned}
$$

für alle $X \in 2^M$. Damit ist $\mathsf{syq}(\mathsf{E}, v)$ der Punkt, der N als Element der Potenzmenge 2^M beschreibt. Abstrakt folgt die Injektivität von $\mathsf{syq}(\mathsf{E}, v)$ aus Axiom (1) in Verbindung mit den Sätzen 7.5.5 und 7.5.6; die noch fehlende Surjektivität von $\mathsf{syq}(\mathsf{E}, v)$ wird gerade durch Axiom (2) geliefert.

Ist nun statt einem Vektor v eine beliebige Relation $R : M \leftrightarrow P$ gegeben, so wählt man, in der Sprechweise der Booleschen Matrizen, die einzelnen Spalten v von R aus, führt damit die eben beschriebene Konstruktion $\mathsf{syq}(\mathsf{E}, v)$ durch, und baut dann die Resultate, welche alle paarweise verschiedene Vektoren aus $[2^M \leftrightarrow \mathbb{1}]$ sind, spaltenweise zur surjektiven Relation $\mathsf{syq}(\mathsf{E}, R) : 2^M \leftrightarrow P$ zusammen. Die vorangehend angestellten Überlegungen zeigen insgesamt:

9.2.2 Satz Für jede nichtleere Menge M ist die Ist-Element-von Relation $\mathsf{E} : M \leftrightarrow 2^M$, festgelegt durch E_{ms} genau dann, wenn $m \in s$, eine Potenzmengenrelation. $\qquad\square$

Somit haben wir ein Modell für die relationale Struktur, die in Definition 9.2.1 festgelegt wird. Wie bei der Einbettungsfunktion, so muß auch in abstrakten Relationenalgebren nicht immer eine Potenzmengenrelation existieren. Existiert sie jedoch, so ist sie – wiederum natürlich nur bis auf Isomorphie – eindeutig. Dies wird in dem nachfolgenden Satz formal relationenalgebraisch bewiesen. Um Isomorphie von Potenzmengenrelationen zu erhalten ist natürlich vorauszusetzen, daß die Grundmengen isomorph sind. Diese letzte Forderung ist durch die Existenz einer bijektiven Funktion, im Satz Φ genannt, gegeben.

9.2.3 Satz (Monomorphie) Es seien $E_1 \in \mathfrak{R}_{mn}$ und $E_2 \in \mathfrak{R}_{m'n'}$ zwei Potenzmengenrelationen. Ist $\Phi \in \mathfrak{R}_{mm'}$ eine bijektive Funktion, so sind E_1 und E_2 isomorph.

Beweis: Wir betrachten das folgende Diagramm:

$$
\begin{array}{ccc}
n & \xrightarrow{\ \Psi\ } & n' \\
{\scriptstyle E_1}\big\uparrow & & \big\uparrow{\scriptstyle E_2} \\
m & \xrightarrow[\ \Phi\ ]{} & m'
\end{array}
$$

Es bietet sich an, wegen dieses Diagramms und der syq-Funktionalität die Relation Ψ mittels $\Psi = \mathsf{syq}(E_1, \Phi E_2)$ zu definieren.

1. Φ ist nach Voraussetzung eine bijektive Funktion.

2. Ψ ist ebenfalls eine bijektive Funktion. Es gilt nämlich

$$\begin{aligned}
\Psi\Psi^\mathsf{T} &= \mathsf{syq}(E_1, \Phi E_2)\mathsf{syq}(E_1, \Phi E_2)^\mathsf{T} & \text{Definition } \Psi \\
&= \mathsf{syq}(E_1, \Phi E_2)\,\mathsf{syq}(\Phi E_2, E_1) & \text{Satz 7.5.5.1} \\
&= \mathsf{syq}(E_1, E_1) \cap \mathsf{L}\,\mathsf{syq}(\Phi E_2, E_1) & \text{Satz 7.5.6 (b)} \\
&= \mathsf{I} \cap \mathsf{L}\,\mathsf{syq}(\Phi E_2, E_1) & \text{Axiom 9.2.1.1} \\
&= \mathsf{I} \cap \mathsf{L}\,\mathsf{syq}(E_2, \Phi^\mathsf{T} E_1) & \text{Satz 7.5.6 (c)} \\
&= \mathsf{I} \cap \mathsf{L} & \text{Axiom 9.2.1.2} \\
&= \mathsf{I}
\end{aligned}$$

und auf die gleiche Art und Weise zeigt man auch die fehlende Gleichung

$$\Psi^\mathsf{T}\Psi = \mathsf{I}.$$

3. Die Isomorphie-Gleichung beweist man schließlich wie folgt:

$$\begin{aligned}
E_1\Psi &= E_1\,\mathsf{syq}(E_1, \Phi E_2) & \text{Definition } \Psi \\
&= \Phi E_2 \cap \mathsf{L}\,\mathsf{syq}(E_1, \Phi E_2) & \text{Satz 7.5.6 (a)} \\
&= \Phi E_2 \cap \mathsf{L} & \text{Axiom 9.2.1.2} \\
&= \Phi E_2
\end{aligned}$$

Damit ist das Paar $\langle \Phi, \Psi \rangle$ ein Isomorphismus zwischen den Potenzmengenrelationen E_1 und E_2. $\qquad\qquad\qquad\qquad\qquad\qquad\qquad\qquad\qquad\qquad\qquad\qquad\qquad\qquad\Box$

Man kann obige Definition von Ψ natürlich auch dadurch gewinnen, indem man zuerst komponentenbehaftet formuliert, daß E_1 ein Element a mit einer Menge X in Verbindung setzt genau dann, wenn E_2 das Φ-Bild von a mit dem Ψ-Bild von X in Verbindung setzt, und diese Formulierung dann relationenalgebraisch hinschreibt. Aus der Mengenlehre ist nun bekannt, daß man die grundlegenden Konstanten, Operationen und Relationen auf das Symbol $\in$ abstützen kann. Relational heißt dies, daß man sie durch relationale Terme oder Formeln mit E als (neben den relationalen Konstanten L, O und I) einziger Relation beschreiben kann. Wir geben nachstehend einige Beispiele für solche Beschreibungen an:

1. Punkt $\mathsf{e} : 2^M \leftrightarrow \mathbb{1}$, der die *leere Menge* darstellt:

$$\mathsf{e} = \mathsf{E}\setminus\mathsf{O} \qquad\qquad\qquad\qquad \text{mit } \mathsf{E} : M \leftrightarrow 2^M \text{ und } \mathsf{O} : M \leftrightarrow \mathbb{1}$$

2. Punkt $\mathsf{u} : 2^M \leftrightarrow \mathbb{1}$, der die *Universalmenge* darstellt:

$$\mathsf{u} = \overline{\mathsf{E}}\setminus\mathsf{O} \qquad\qquad\qquad\qquad \text{mit } \mathsf{E} : M \leftrightarrow 2^M \text{ und } \mathsf{O} : M \leftrightarrow \mathbb{1}$$

3. *Ausweitungsrelation* $\mathsf{S} : M \leftrightarrow 2^M$ mit S_{aX} genau dann, wenn $X = \{a\}$:

$$\mathsf{S} = \mathsf{syq}(\mathsf{I}, \mathsf{E}) = \mathsf{E} \cap \overline{\mathsf{I}\mathsf{E}} \qquad\qquad \text{mit } \mathsf{E} : M \leftrightarrow 2^M \text{ und } \mathsf{I} : M \leftrightarrow M$$

4. *Komplementrelation* $\mathsf{N} : 2^M \leftrightarrow 2^M$ mit N_{XY} genau dann, wenn $\overline{X} = Y$:

$$\mathsf{N} = \mathsf{syq}(\mathsf{E}, \overline{\mathsf{E}}) \qquad\qquad\qquad\qquad \text{mit } \mathsf{E} : M \leftrightarrow 2^M$$

5. *Mengeninklusionrelation* $\sqsubseteq\; : 2^M \leftrightarrow 2^M$ mit $\sqsubseteq_{XY}$ genau dann, wenn $X \subseteq Y$:

$$\sqsubseteq \;=\; \mathsf{E} \setminus \mathsf{E} \qquad\qquad\qquad \text{mit } \mathsf{E} : M \leftrightarrow 2^M$$

Man überprüft diese Beschreibungen sofort durch komponentenweises Nachrechnen. Den Fall (4) zeigt etwa die Rechnung

$$
\begin{array}{lll}
\mathsf{N}_{XY} &\Longleftrightarrow& \forall x : \mathsf{E}_{xX} \Leftrightarrow \overline{\mathsf{E}}_{xY} \qquad\qquad\qquad \text{Definition } \mathsf{N}, \text{ Satz 7.5.7 (c)}\\
&\Longleftrightarrow& \forall x : x \in X \Leftrightarrow x \notin Y \qquad\qquad\qquad\quad \text{Definition } \mathsf{E}\\
&\Longleftrightarrow& \overline{X} = Y \qquad\qquad\qquad\qquad\qquad \text{Festlegung Komplement}
\end{array}
$$

und im Fall (5) der Mengeninklusion bekommen wir das Resultat etwa aufgrund von

$$
\begin{array}{lll}
\sqsubseteq_{XY} &\Longleftrightarrow& \forall x : \mathsf{E}_{xX} \Rightarrow \mathsf{E}_{xY} \qquad\qquad\qquad \text{Definition } \sqsubseteq, \text{ Satz 7.5.7 (b)}\\
&\Longleftrightarrow& \forall x : x \in X \Rightarrow x \in Y \qquad\qquad\qquad\quad \text{Definition } \mathsf{E}\\
&\Longleftrightarrow& X \subseteq Y \qquad\qquad\qquad\qquad\qquad \text{Festlegung Inklusion}
\end{array}
$$

Die den beiden zweistelligen mengentheoretischen Operationen $\cup$ und $\cap$ entsprechenden Relationen V und D aus $[2^M \times 2^M \leftrightarrow 2^M]$ können wir an dieser Stelle noch nicht relationenalgebraisch behandeln, da sie einen Zugriff auf Komponenten von Paaren benötigen, wie man sich etwa an der komponentenbehafteten Spezifikation von $\mathsf{V}_{\langle X,Y \rangle, Z}$ sofort klar macht. Wenn wir im nächsten Abschnitt direkte Produkte und ihre kanonischen Projektionen relationenalgebraisch spezifizieren und damit die notwendigen Mittel zur Hand haben, ist es für den Leser eine sehr gute Übung, dies nachzuholen.

Zum Abschluß dieses Abschnitts sei noch eine Bemerkung zur Abbildung $f(v) = \mathsf{syq}(\mathsf{E}, v)$ von $[M \leftrightarrow \mathbb{1}]$ nach $[2^M \leftrightarrow \mathbb{1}]$ angebracht. Diese Abbildung bildet einen Vektor v in einen Punkt p so ab, daß beide die gleiche Menge beschreiben. Man macht sich das am besten klar, indem man die Äquivalenz von p_X und $\forall x : x \in X \Leftrightarrow v_x$ beweist. Die Abbildung f ist injektiv im üblichen Sinne, d.h. aus $\mathsf{syq}(\mathsf{E}, v) = \mathsf{syq}(\mathsf{E}, w)$ folgt $v = w$. Ihre Linksinverse auf den Punkten ist nämlich gegeben durch $g(p) = \mathsf{E}p$, welche p in den originalen Vektor v zurücktransformiert. Ein relationenalgebraischer Beweis von $g(f(v)) = \mathsf{E}\,\mathsf{syq}(\mathsf{E}, v) = v$ für alle Vektoren $v : M \leftrightarrow \mathbb{1}$ ist nicht allzu schwierig:

$$
\begin{array}{lll}
\mathsf{E}\,\mathsf{syq}(\mathsf{E}, v) &=& v \cap \mathsf{L}\,\mathsf{syq}(\mathsf{E}, v) \qquad\qquad\qquad \text{Satz 7.5.6 (a)}\\
&=& v \cap \mathsf{L} \qquad\qquad\qquad\qquad\qquad \text{Axiom 9.2.1.2}\\
&=& v
\end{array}
$$

Etwa den gleichen Beweisaufwand erfordert es, für alle Punkte $p : 2^M \leftrightarrow \mathbb{1}$ die Gleichung $\mathsf{syq}(\mathsf{E}, \mathsf{E}p) = \mathsf{syq}(\mathsf{E}, \mathsf{E})p = p$ zu verifizieren, welche nun umgekehrt zeigt, daß die Abbildung $f(v) = \mathsf{syq}(\mathsf{E}, v)$ nun ihrerseits eine Linksinverse von $g(p) = \mathsf{E}p$ ist. Damit hat man formal eine Bijektion zwischen den Vektoren $[M \leftrightarrow \mathbb{1}]$ und der Menge der Punkte aus $[2^M \leftrightarrow \mathbb{1}]$ hergestellt. Dieses Resultat gilt sogar in der folgenden Allgemeinheit abstrakter Relationen, da nirgends komponentenweises Argumentieren angewendet wird und man auch komponentenfrei zeigen kann, daß $\mathsf{syq}(\mathsf{E}, v)$ ein Punkt ist. Die Vektoreigenschaft folgt nämlich aus der Vektoreigenschaft von v, und wie man die Injektivität und die Surjektivität zeigt, haben wir vor Satz 9.2.2 angegeben.

9.2.4 Satz (Vektoren und Punkte) Ist $E \in \mathfrak{R}_{ms}$ eine Potenzmengenrelation im Sinne von Definition 9.2.1, so ist durch

$$f : \mathfrak{V}_{mn} \to \mathfrak{P}_{sn} \qquad f(v) = \mathsf{syq}(E, v)$$

eine bijektive Abbildung mit Umkehrabbildung $g(p) = Ep$ definiert,   □

Hier weitergehend sogar an eine Isomorphismus von Verbänden zu denken, macht keinerlei Sinn, da Mengen von relationalen Punkten offensichtlich nicht gegen die verbandstheoretischen Operationen abgeschlossen sind.

9.3   Weitere relationale Bereichskonstruktionen

Wir haben bisher mit der Einbettungsfunktion von Definition 9.1.10 und der Potenzmengenrelation von Definition 9.2.1 zwei relationale Bereichskonstruktionen angegeben, d.h. axiomatische Definitionen von entsprechenden relationalen Strukturen, die in der Mengenlehre ein sogenanntes „Standardmodell" besitzen. Dann haben wir nachgewiesen, daß wir dieses Modell in der Tat jeweils getroffen haben, indem wir verifizierten, daß es ein Modell der entsprechenden Axiome ist und – bis auf Isomorphie – auch das einzige solche Modell ist. Bei einer Verwendung von Relationenalgebra in Mathematik und Informatik sind noch andere Bereichskonstrukionen nötig. Wir betrachten im folgenden

1. das *direkte Produkt*, welches etwa bei relationaler Semantik zur Beschreibung von mehrstelligen Rechenvorschriften oder von Tupelbildungen benötigt wird,

2. die *direkte Summe*, welche man beispielsweise zur Behandlung von bipartiten Graphen und Petri–Netzen verwendet.

Bezüglich weiterer wichtiger Bereichskonstruktionen (verschiedene Funktionsbereiche, Lifting, usw.) müssen wir auf die Literatur verweisen.

Das direkte Produkt axiomatisiert man relationenalgebraisch, indem man die beiden *Projektionsabbildungen* $\pi_1 : M \times N \to M$ und $\pi_2 : M \times N \to N$ als abstrakte Relationen auffaßt und Gesetze angibt, die nur von diesen und dazu isomorphen Relationen erfüllt werden. Dies führt zur folgenden Festlegung:

9.3.1 Definition Erfüllt ein Paar (π_1, π_2) von Relationen die vier Gesetze

1. $\pi_1{}^{\mathsf{T}}\pi_1 = \mathsf{I}$,

2. $\pi_2{}^{\mathsf{T}}\pi_2 = \mathsf{I}$,

3. $\pi_1\pi_1{}^{\mathsf{T}} \cap \pi_2\pi_2{}^{\mathsf{T}} = \mathsf{I}$,

4. $\pi_1{}^{\mathsf{T}}\pi_2 = \mathsf{L}$,

so nennen wir die relationale Struktur (π_1, π_2) ein 2-stelliges *relationales direktes Produkt* und π_1, π_2 die Projektionsrelationen. $\qquad\qquad\qquad\qquad\qquad\qquad\qquad\qquad\qquad\square$

Aus den Axiomen (1) und (2) erhalten wir, daß die beiden Projektionsrelationen π_1 und π_2 eindeutig und surjektiv sind. Die Totalität dieser zwei Relationen ist eine unmittelbare Folge von Axiom (3). Es ist eine sehr nützliche Übung, die Axiome (1) bis (4) für die konkreten Projektionen – in der üblichen Abbildungsschreibweise – prädikatenlogisch zu formulieren. Dann haben wir etwa Axiom (4) in der Form

$$\forall\, x, y : \exists\, u : \pi_1(u) = x \wedge \pi_2(u) = y,$$

was besagt, daß für jedes $x \in M$ und $y \in N$ das Paar $u = \langle x, y \rangle$ in der Produktmenge $M \times N$ existiert.

Wie bei der Potenzmengenkonstruktion, so müssen wir auch beim folgenden Beweis der Eindeutigkeit des relationalen direkten Produkts voraussetzen, daß die zugrundeliegenden Mengen isomorph sind.

9.3.2 Satz (Monomorphie) Es seien (π_1, π_2) und (ρ_1, ρ_2) zwei relationale direkte Produkte mit $\pi_1 \in \mathfrak{R}_{pm}, \pi_2 \in \mathfrak{R}_{pn}, \rho_1 \in \mathfrak{R}_{p'm'}$ und $\rho_2 \in \mathfrak{R}_{p'n'}$. Sind $\Phi \in \mathfrak{R}_{mm'}$ und $\Psi \in \mathfrak{R}_{nn'}$ bijektive Funktionen, so sind (π_1, π_2) und (ρ_1, ρ_2) isomorphe relationale Strukturen.

Beweis: Wir geben hier nur eine Beweisskizze an und betrachten die Relation Ξ, definiert durch[2] $\Xi = \pi_1 \Phi \rho_1^{\mathsf{T}} \cap \pi_2 \Psi \rho_2^{\mathsf{T}}$. Dann bekommt man ziemlich schnell (die genauen Beweise findet man etwa in dem Buch von G. Schmidt und T. Ströhlein) die folgenden Eigenschaften:

1. Ξ ist eine bijektive Funktion.

2. $\pi_1 \Phi \;=\; \Xi \rho_1$.

3. $\pi_2 \Psi \;=\; \Xi \rho_2$.

Damit ist $\langle \Xi, \Phi \rangle$ ein Isomorphismus zwischen π_1 und ρ_1 und $\langle \Xi, \Psi \rangle$ ein Isomorphismus zwischen π_2 und ρ_2. $\qquad\qquad\qquad\qquad\qquad\qquad\qquad\qquad\qquad\qquad\square$

Die nachfolgend angegebene Konstruktion ist sehr bedeutend beim Arbeiten mit relationalen direkten Produkten, insbesondere im Fall von konkreten Relationen. Unsere Schreibweise entspricht genau der von J. Backus im Rahmen von funktionaler Programmierung eingeführten Schreibweise, denn auch in diesem Umfeld wird die Konstruktion oft verwendet.

9.3.3 Definition Es sei (π_1, π_2) ein relationales direktes Produkt mit $\pi_1 \in \mathfrak{R}_{pm}$ und $\pi_2 \in \mathfrak{R}_{pn}$ als Projektionsrelationen. Dann heißt zu zwei Relationen $R \in \mathfrak{R}_{am}$ und $S \in \mathfrak{R}_{an}$ die Relation $[R, S] = R\pi_1^{\mathsf{T}} \cap S\pi_2^{\mathsf{T}} \in \mathfrak{R}_{ap}$ das *Tupling* von R und S. $\qquad\qquad\square$

---

[2] In Komponentenschreibweise und unter Verwendung von Paaren heißt dies $\Xi(x, y) = \langle \Phi(x), \Psi(y) \rangle$. Diese Konstruktion wird in der funktionalen Programmierung oft auch *parallele Komposition* oder *Funktionsprodukt* genannt.

Sind nun $\pi_1 : M \times N \leftrightarrow M$ und $\pi_2 : M \times N \leftrightarrow N$ die beiden als Relationen aufgefaßten Projektionsabbildungen auf einem mengentheoretischen direkten Produkt und $R : A \leftrightarrow M$ und $S : A \leftrightarrow N$, so hat man die Typisierung $[R, S] : A \leftrightarrow M \times N$ und es gilt weiterhin

$$[R, S]_{a, \langle x, y \rangle} \iff R_{ax} \wedge S_{a, y}$$

für alle $a \in A$ und $\langle x, y \rangle \in M \times N$. Aufgrund dieser zweiten Eigenschaft bekommt man sofort für alle $a \in A$ und $\langle x, y \rangle \in M \times N$ die Äquivalenz von $[\mathsf{I}, \mathsf{L}]^{\mathsf{T}}_{\langle x, y \rangle, a}$ und $x = a$ und die Äquivalenz von $[\mathsf{L}, \mathsf{I}]^{\mathsf{T}}_{\langle x, y \rangle, a}$ und $y = a$. Folglich ist $[\mathsf{I}, \mathsf{L}]^{\mathsf{T}}$ identisch zu π_1 und $[\mathsf{L}, \mathsf{I}]^{\mathsf{T}}$ identisch zu π_2.

In der Literatur findet man, auf dies aufbauend, noch einen zweiten Ansatz zur relationenalgebraischen Spezifikation von direkten Produkten. In diesem wird das Tupling axiomatisch definiert und dann werden die Projektionsrelationen gemäß der gerade gezeigten Gleichungen definiert.

Auch die Relation Ξ von Satz 9.3.2 spielt bei relationalen direkten Produkten eine große Rolle. Sie wird normalerweise durch

$$R \otimes S = \pi_1 R \rho_1{}^{\mathsf{T}} \cap \pi_2 S \rho_2{}^{\mathsf{T}} = [\pi_1 R, \pi_2 S]$$

festgelegt, wobei nun das Tupling bezüglich des relationalen direkten Produkts. (ρ_1, ρ_2) zu bilden ist. In komponentenbehafteter Notation heißt dies. daß

$$(R \otimes S)_{\langle x, y \rangle, \langle a, b \rangle} \iff R_{xa} \wedge S_{yb}$$

für alle Paare $\langle x, y \rangle$ und $\langle a, b \rangle$ aus den entsprechenden mengentheoretischen direkten Produkten gilt. Sind R und S etwa Ordnungsrelationen, so ist $R \otimes S$ die Ordnungsrelation der Produktordnung. Wir nennen $R \otimes S$ die *parallele Komposition* der Relationen R und S.

Nun sei $R : M \leftrightarrow N$ eine beliebige Relation und es seien weiterhin $\pi_1 : M \times N \leftrightarrow M$ und $\pi_2 : M \times N \leftrightarrow N$ die zwei Projektionsrelationen von $M \times N$ und $\mathsf{L} : N \leftrightarrow \mathbb{1}$ ein Universalvektor Dann gilt für alle $\langle x, y \rangle \in M \times N$ die nachstehende Äquivalenz:

$$
\begin{aligned}
R_{xy} \iff{} & \exists b : \exists a : x = a \wedge y = b \wedge R_{ab} \\
\iff{} & \exists b : \exists a : \pi_1{}_{\langle x, y \rangle, a} \wedge R_{ab} \wedge \pi_2{}_{\langle x, y \rangle, b} \qquad \text{Eigenschaften } \pi_1 \text{ und } \pi_2 \\
\iff{} & \exists b : (\pi_1 R)_{\langle x, y \rangle, b} \wedge \pi_2{}_{\langle x, y \rangle, b} \\
\iff{} & \exists b : (\pi_1 R \cap \pi_2)_{\langle x, y \rangle, b} \\
\iff{} & ((\pi_1 R \cap \pi_2)\mathsf{L})_{\langle x, y \rangle}
\end{aligned}
$$

Wir bezeichnen deshalb die Konstruktion

$$\mathsf{vec}(R) = (\pi_1 R \cap \pi_2)\mathsf{L} : M \times N \leftrightarrow \mathbb{1}$$

als die Vektordarstellung von R. Umgekehrt kann man zu jeden Vektor $v : M \times N \leftrightarrow \mathbb{1}$ durch die Festlegung

$$\mathsf{rel}(v) = \pi_1^{\mathsf{T}}(\pi_2 \cap v\mathsf{L}) : M \leftrightarrow N$$

eine Relation angeben, so daß für alle $\langle x, y \rangle \in M \times N$ die Eigenschaften $v_{\langle x,y \rangle}$ und $\mathsf{rel}(v)_{xy}$ äquivalent sind. Man rechnet dies analog zu oben sofort nach. In dem Buch von G. Schmidt und T. Ströhlein wird rein relationenalgebraisch gezeigt, daß die Abbildungen vec und rel gegenseitig invers zueinander und sogar Boolesche Verbandsisomorphismen sind.

Durch das relationale direkte Produkt bieten sich nun drei verschiedene Möglichkeiten an, eine konkrete Relation darzustellen, nämlich als ein Element aus $[M \leftrightarrow N]$ oder als einen Vektor aus $[M \times N \leftrightarrow \mathbb{1}]$ oder als einen relationalen Punkt aus der Vektormenge $[2^{M \times N} \leftrightarrow \mathbb{1}]$. Alle Übergänge sind dabei durch relationale Termbildungen beschrieben.

Dual zum relationalen direkten Produkt axiomatisiert man die relationale direkte Summe (auch disjunkte Vereinigung oder Co-Produkt genannt), indem man die *Injektionsabbildungen* $\iota_1 : M \to M + N$ und $\iota_2 : N \to M + N$ als Relationen auffaßt und Gesetze angibt, die das Paar ι_1 und ι_2 bis auf Isomorphie festlegen, sofern die Komponentenmengen isomorph (gleichmächtig) sind. Normalerweise definiert man $M + N$ als Vereinigung aller Paare $\langle m, 1 \rangle$ und $\langle n, 2 \rangle$, wobei $m \in M$ und $n \in N$ gilt. Die Injektion ι_1 bildet dann, in der üblichen funktionalen Auffassung, $m \in M$ auf $\langle m, 1 \rangle \in M + N$ ab. Als Relation betrachtet heißt dies, daß sie m mit dem Paar $\langle m, 1 \rangle$ in Beziehung setzt. Analog ist die Injektion ι_2 komponentenbehaftet beschrieben. Eine relationenalgebraischen Beschreibung von ι_1 und ι_2 ist nachfolgend angegeben.

9.3.4 Definition Erfüllt ein Paar (ι_1, ι_2) von Relationen die vier Gesetze

1. $\iota_1 \iota_1^\mathsf{T} = \mathsf{I}$,

2. $\iota_2 \iota_2^\mathsf{T} = \mathsf{I}$,

3. $\iota_1^\mathsf{T} \iota_1 \cup \iota_2^\mathsf{T} \iota_2 = \mathsf{I}$,

4. $\iota_1 \iota_2^\mathsf{T} = \mathsf{O}$,

so nennen wir die relationale Struktur (ι_1, ι_2) eine 2-stellige *relationale direkte Summe* und ι_1, ι_2 die Injektionsrelationen. $\square$

Aus dieser Axiomatisierung folgt unmittelbar, daß ι_1 und ι_2 injektive Funktionen sind. Wie im Fall des relationalen direkten Produkts, ist es für den Leser eine gute Übung, sich die Axiome (1) bis (4) im oben beschriebenen Standardmodell $(M \times \{1\}) \cup (N \times \{2\})$ von $M + N$ der mengentheoretischen direkten Summe mit den injektiven Einbettungen von M und N in $M + N$ mit prädikatenlogischen und mengentheoretischen Mitteln klar zu machen.

In Analogie zu Satz 9.3.2 haben wir auch für die relationale direkte Summe ein Monomorphie-Resultat. Dieses ist in dem nachfolgenden Satz formuliert.

9.3.5 Satz (Monomorphie) Es seien (ι_1, ι_2) und (κ_1, κ_2) zwei relationale direkte Summen mit $\iota_1 \in \mathfrak{R}_{ms}, \iota_2 \in \mathfrak{R}_{ns}, \kappa_1 \in \mathfrak{R}_{m's'}$ und $\kappa_2 \in \mathfrak{R}_{n's'}$, sowie $\Phi \in \mathfrak{R}_{mm'}$ und $\Psi \in \mathfrak{R}_{nn'}$ bijektive Funktionen. Dann sind (ι_1, ι_2) und (κ_1, κ_2) isomorphe relationale Strukturen.

Beweis: Auch hier geben wir nur eine Beweisskizze an. Wir betrachten die Relation Ξ, festgelegt als $\Xi = \iota_1{}^\mathsf{T}\Phi\kappa_1 \cup \iota_2{}^\mathsf{T}\Psi\kappa_2$. Dann ist sofort klar, wie die Isomorphismen zwischen ι_1 und κ_1 bzw. ι_2 und κ_2 aussehen. Formal können wir, mit der Relation Ξ wie eben festgelegt, die folgenden drei Eigenschaften zeigen:

1. Ξ is eine bijektive Funktion.

2. $\iota_1\Xi \;=\; \Phi\kappa_1$.

3. $\iota_2\Xi \;=\; \Psi\kappa_2$.

Damit ist $\langle\Phi, \Xi\rangle$ ein Isomorphismus zwischen ι_1 und κ_1 und $\langle\Psi, \Xi\rangle$ ein Isomorphismus zwischen ι_2 und $\kappa_2{}^3$. $\qquad\square$

Die zum Tupling analoge Konstruktion bei relationalen direkten Summen wird relationale Summe genannt. Auf diese bedeutende Konstruktion werden wir in Kapitel 12 bei der relationalen Berechnung von Äquivalenzklassen genauer eingehen.

9.4 Das Computersystem RelView

RELVIEW ist ein in den letzten Jahren an der Christian-Albrechts-Universität Kiel entwickeltes interaktives und bildschirmorientiertes Computersystem zum prototypischen Manipulieren von diskreten Strukturen, die auf Relationen basieren. Es baut auf einen Prototyp auf, der ab 1986 an der Technischen Universität München und von 1989 bis 1993 an der Universität der Bundeswehr München entwickelt wurde. Das System ist in der Programmiersprache C geschrieben und läuft unter den Betriebssystemen Unix und Linux mit dem Fenstersystem X-Windows unter intensiver Verwendung der graphischen Benutzeroberfläche. Das Kieler RELVIEW System stellt nicht nur eine Neuimplementierung des ursprünglichen Prototyps dar. Es beinhaltet eine wesentliche Erweiterung von dessen Funktionalität, beispielsweise der Programmiersprache, und auch eine wesentlich effizientere Darstellung von Relationen mittels ROBDDs. RELVIEW ist weltweit in Gebrauch und wurde mehrmals auf anerkannten internationalen Tagungen vorgeführt, insbesondere auf den Tagungen „Relational Methods in Computer Science", die im Turnus von 18 ungefähr Monaten weltweit abgehalten werden.

Im RELVIEW-System werden alle Daten als Relationen dargestellt, für die es wiederum zwei Visualisierungsmöglichkeiten gibt. Einerseits kann man Relationen auf dem Bildschirm als Boolesche Matrizen anzeigen und mit der Maus bzw. entsprechenden Kommandoknöpfen

---

³In Komponentenschreibweise heißt dies $\Xi(x) = \Phi(u)$, falls sich $x \in M + N$ durch die Einbettung von $u \in M$ in die Summe ergibt, und $\Xi(x) = \Psi(v)$, falls sich x durch die Einbettung von $v \in N$ in die Summe ergibt. Einbettung heißt hier „Verzierung mit Diskriminatoren", z.B. in der Form $x = \langle u, 1\rangle$ bzw. $x = \langle v, 2\rangle$. Die Konstruktion von Ξ wird in der funktionalen Programmierung oft auch *Funktionssumme* genannt.

editieren. Stimmen Urbild- und Bildbereich überein, so ist für diese sogenannten homogenen Relationen auch eine Darstellung durch gerichtete Graphen möglich. Um einen Eindruck von der Benutzeroberfläche von RELVIEW zu vermitteln, ist in Abbildung 9.1 ein Bildschirm-Abzug angegeben.

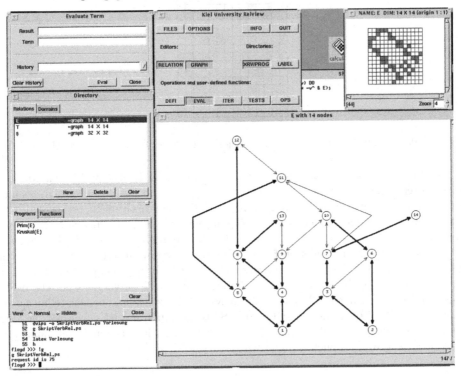

Abbildung 9.1: Der Bildschirm von RELVIEW

In diesem Bildschirmabzug sehen wir oben in der Mitte das Menüfenster des RELVIEW-Systems, welches die Bedienungselemente zur Steuerung (beispielsweise zum Verlassen des Systems oder zur Sicherung der derzeitigen Benutzeroberfläche) und die Kommandoknöpfe für benutzerdefinierte relationale Abbildungen und vordefinierte relationale Operationen enthält. Am linken Rand befindet sich in der Mitte das zweigeteilte Verzeichnisfenster, das den jeweiligen Zustand des Arbeitsbereichs des Systems angibt, also die definierten Relationen (derzeit E und T zusammen mit der Angabe, ob ein dazugehörender Graph als Visualisierung existiert), bzw. relationale Bereiche (diese sind derzeit verdeckt) oben und relationale Programme (derzeit Prim und Kruskal) bzw. relationale Abbildungen (diese sind derzeit ebenfalls verdeckt) unten. Die restlichen drei geöffneten Fenster dienen schließlich der oben erwähnten Darstellung von Relationen als Graphen bzw. Boolesche Matrizen und der Termauswertung.

Alle Fenster sind in ihrer Position und Größe zu verändern und die entsprechenden Voreinstellungen können den eigenen Vorstellungen angepaßt und dann, wie eben schon erwähnt,

gesichert werden. In Abbildung 9.2 ist die im Relationenfenster des obigen Bildschirmabzugs angezeigte Boolesche Matrix zur Relation E noch einmal vergrößert angegeben (wobei
ein dunkles Quadrat einer Eins und ein weißes Quadrat einer Null entspricht):

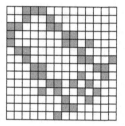

Abbildung 9.2: Darstellung einer Relation in RELVIEW als Boolesche Matrix

Für die Darstellung von Relationen durch Graphen sind im RELVIEW System eine Reihe von verschiedenen Verfahren zum „schönen" Zeichnen von sowohl beliebigen, als auch
speziellen Graphen (wie DAGs, symmetrische Graphen, planare Graphen, orthogonale Graphen oder Bäume) implementiert. In dem Bildschirmabzug von RELVIEW ist zu sehen, was
einer der Zeichenalgorithmen von RELVIEW, der schichtenweise vorgeht, als Graphdarstellung für die symmetrische Relation E des Arbeitsbereichs produziert. Dabei ist, um eine
zusätzliche Eigenschaft des Systems hervorzuheben, in dem dargestellten Graphen noch ein
spannender Baum als Teilgraph durch die fetten Doppelpfeile hervorgehoben. Die beiden
nachfolgenden Abbildungen 9.3 und 9.4 zeigen zwei andere zeichnerische Darstellungen von
Graphen bzw. Relationen, die das RELVIEW-System erlaubt. Zuerst geben wir die obige
Relation E in einer Art und Weise an, die in der Literatur auch orthogonale Zeichnung oder
Grid-Darstellung von Graphen genannt wird:

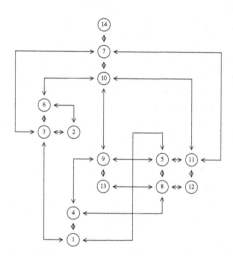

Abbildung 9.3: Darstellung einer Relation in RELVIEW als orthogonaler Graph

Das nächste Bild zeigt die Relation T des spannenden Baums des obigen Bildschirmabzugs von RELVIEW, wie sie durch den Baumzeichen-Algorithmus des Systems als (ungerichteter) Baum dargestellt wird:

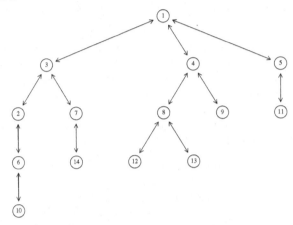

Abbildung 9.4: Darstellung einer Relation in RELVIEW als Baum

Das RELVIEW-System kann gleichzeitig soviele Relationen als Boolesche Matrizen und Graphen verwalten, wie die Größe des Arbeitsspeichers erlaubt. Wie schon erwähnt, können Relationen mit der Maus und durch Kommandos manipuliert werden. Die Kommandos beinhalten insbesondere alle bisher erwähnten Operationen auf den Relationen. Darüber hinaus ist es möglich, die den Kommandos entsprechenden Basisoperationen des Systems zu relationalen Termen zu komponieren, aus denen man durch Abstraktion dann *relationale Abbildungen* erhält. Durch Hinzunahme der grundlegendsten Kontrollstrukturen imperativer Programmiersprachen (wie Zuweisungen, Alternativen, Schleifen) erreicht man schließlich *relationale Programme*, die ähnlich den Funktionsprozeduren der klassischen Programmiersprachen Pascal oder Modula-2 sind. Man beachte, daß Aufrufe relationaler Programme frei von Seiteneffekten auf die Relationen des Arbeitsspeichers von RELVIEW sind. Sie und auch Aufrufe von relationalen Abbildungen können selbstverständlich beim Termaufbau verwendet werden.

Ein Beispiel für eine einfache relationale Abbildung ist nachfolgend angegeben:

$$\mathsf{TransRed} : [M \leftrightarrow M] \to [M \leftrightarrow M] \qquad \mathsf{TransRed}(R) = R \cap \overline{R R^+} \, .$$

Ist R die Relation eines gerichteten Graphen $g = (M, R)$ und ist der Graph kreisfrei (was man relationenalgebraisch mit Hilfe der transitiven Hülle durch $R^+ \subseteq \overline{\mathsf{I}}$ ausdrücken kann), so berechnet diese Abbildung die sogenannte transitive Reduktion von R (manchmal auch transitiv-irreduzibler Kern genannt), das ist die kleinste Relation S mit $S \subseteq R$ und $S^* = R^*$. In der RELVIEW-Syntax sieht die relationale Abbildung TransRed wie folgt aus:

```
TransRed(R) = R & -(R * trans(R))
```

Dabei verwendet das System die Bezeichnungen **&**, **-** und **trans** für die Bildung von Durchschnitt, Komplement und transitiver Hülle.

Man beachte, daß in der Programmiersprache von RELVIEW Abbildungen wie in der Mathematik definiert werden, also in der Form $f(x_1, \ldots, x_n) = t$ mit einem Term t. Rekursion ist zwar syntaktisch möglich, aber sinnlos, denn auf Termebene erlaubt RELVIEW keine Fallunterscheidung. Kompliziertere Algorithmen erfordern deshalb den Einsatz relationaler Programme.

Das in Abbildung 9.5 angegebene Beispiel `Reach` für ein einfaches relationales Programm in RELVIEW verwendet den senkrechten Strich | für die Vereinigungsoperation und das Zeichen ^ für die Operation zum Transponieren. Weiterhin benutzt es eine Basisoperation `empty`, die testet, ob eine Relation leer ist, oder nicht. Durch das Programm `Reach` werden für einen endlichen gerichteten Graphen $g = (V, R)$ mit Relation $R : V \leftrightarrow V$ und eine durch den Vektor $s : V \leftrightarrow \mathbb{1}$ dargestellte Knotenmenge die von dieser Menge aus erreichbaren Knoten in der Vektordarstellung $(R^\mathsf{T})^* s : V \leftrightarrow \mathbb{1}$ berechnet.

```
Reach(R,s)
  DECL u, v
  BEG  u = s;
       v = -u & R^*u;
       WHILE -empty(v) DO
         u = u | v;
         v = -u & R^*v OD
       RETURN u
  END.
```

Abbildung 9.5: Ein RELVIEW-Programm für Erreichbarkeit

An dieser Stelle muß auf eine Besonderheit von RELVIEW hingewiesen werden. Wie schon gesagt, werden alle Daten als Relationen dargestellt. Insbesondere entsprechen die beiden einzigen Relationen O, L von $[\mathbb{1} \leftrightarrow \mathbb{1}]$ den beiden Wahrheitswerten „falsch" und „wahr", wie schon am Ende von Abschnitt 7.5 erwähnt wurde. Auch die relationale Abbildung incl von Satz 7.5.8 zum Testen von Relationeninklusion ist in RELVIEW als Basisoperation gleichen Namens vorhanden. Als eine Konsequenz kann man im System alle aussagenlogischen Formeln mit Inklusionen zwischen relationalen Termen als Primformeln durch relationale Terme ausdrücken, da auf den zwei Relationen L und O von $[\mathbb{1} \leftrightarrow \mathbb{1}]$ die Operationen $\cup, \cap, \overline{}$ und $\subseteq$ genau den logischen Junktoren $\vee, \wedge, \neg$ und $\Rightarrow$ entsprechen. Auch dies hatten wir schon in Abschnitt 7.5 erwähnt.

Die Web-Seite mit URL `http://www.informatik.uni-kiel.de/~progsys/relview.html` zum RELVIEW-System an der Universität Kiel enthält unter anderem auch ein Benutzermanual und eine Sammlung von Anwendungsbeispielen.

9.5 Anwendungsbeispiele

In diesem Abschnitt geben wir einige Beispiele für die Verwendung von mengendarstellenden Vektoren und Potenzmengenrelationen an. Mit ihrer Hilfe wollen wir auch demonstrie-

ren, wie relationale Berechnungen und Manipulationen im Computersystem RELVIEW realisiert und visualisiert werden können. Wir beginnen mit Beispielen aus der Theorie der
Ordnungen.

9.5.1 Beispiel (Extreme Elemente) Bei den Ordnungen hatten wir in den Definitionen 1.2.7, 1.2.9 und 1.2.11 einige extreme Elemente bzw. Mengen von solchen Elementen
definiert. Diese Definitionen sind sehr einfach von der Metaebene auf die Objektebene der
Relationen übertragbar, d.h. als relationale Abbildungen komponentenfrei formalisierbar.
Wir geben nachfolgend einige Beispiele an.

1. *Untere und obere Schranken*: Es sei $E : M \leftrightarrow M$ eine Ordnung. Dann gilt für jede
   Teilmenge s von M bzw. jeden Vektor $s : M \leftrightarrow \mathbb{1}$ und jedes Element x in M die
   folgende Äquivalenz:

$$\begin{aligned}
x \text{ untere Schranke von } s \quad &\Longleftrightarrow \quad \forall\, y : y \in s \Rightarrow E_{xy} \\
&\Longleftrightarrow \quad \forall\, y : s_y \Rightarrow E_{xy} \qquad \text{Vektormodellierung} \\
&\Longleftrightarrow \quad (E \,/\, s^{\mathsf{T}})_x \qquad\qquad \text{Satz 7.5.7 (a)}
\end{aligned}$$

Schreibt man alle Indizes, so heißt es in der vorletzten Zeile dieser Rechnung eigentlich
$s_{y\perp}$, mit $\perp$ als dem einzigen Element von $\mathbb{1}$, und damit Eigenschaft (a) von Satz
7.5.7 anwendbar wird, brauchen wir $s^{\mathsf{T}}{}_{\perp y}$. Eine Transposition der Ordnung E liefert
in Verbindung mit Satz 7.5.3.1 für alle Elemente x in M die Äquivalenz

$$x \text{ obere Schranke von } s \quad \Longleftrightarrow \quad (s \setminus E)^{\mathsf{T}}{}_x.$$

Insgesamt haben wir also für die beiden relationalen Abbildungen

$$\mathsf{Mi}, \mathsf{Ma} : [M \leftrightarrow M] \times [M \leftrightarrow \mathbb{1}] \to [M \leftrightarrow \mathbb{1}]$$

zur Berechnung des Vektors der Minoranten bzw. Majoranten die nachstehenden
komponentenfreien Darstellungen hergeleitet:

$$\mathsf{Mi}(E, s) \;=\; E \,/\, s^{\mathsf{T}} \qquad\qquad \mathsf{Ma}(E, s) \;=\; (s \setminus E)^{\mathsf{T}}$$

2. *Kleinste und größte Elemente*: Zu einer Ordnung $E : M \leftrightarrow M$ und einer Teilmenge s
   von M ist ein Element x von M ein kleinstes (bzw. ein größtes) Element von s, falls
   es eine untere (bzw. eine obere) Schranke von s ist und zusätzlich noch in s liegt.
   Mit Hilfe der beiden eben hergeleiteten relationalen Abbildungen Mi und Ma ergeben
   sich somit für die beiden Abbildungen

$$\mathsf{Le}, \mathsf{Ge} : [M \leftrightarrow M] \times [M \leftrightarrow \mathbb{1}] \to [M \leftrightarrow \mathbb{1}]$$

zur Bestimmung des Vektors des kleinsten bzw. größten Elements sofort die folgenden
relationenalgebraischen Darstellungen:

$$\mathsf{Le}(E, s) \;=\; s \cap \mathsf{Mi}(E, s) \qquad\qquad \mathsf{Ge}(E, s) \;=\; s \cap \mathsf{Ma}(E, s)$$

3. *Infimum und Supremum*: Zwei entsprechende Abbildungen

$$\mathsf{Inf}, \mathsf{Sup} : [M \leftrightarrow M] \times [M \leftrightarrow \mathbb{1}] \to [M \leftrightarrow \mathbb{1}]$$

zur Berechnung des Infimums bzw. Supremums einer Teilmenge s von M bezüglich einer Ordnung $E : M \leftrightarrow M$ ergeben sich direkt aus den Definitionen unter Verwendung der bisherigen relationalen Abbildungen wie folgt:

$$\mathsf{Inf}(E, s) \;=\; \mathsf{Ge}(E, \mathsf{Mi}(E, s)) \qquad\qquad \mathsf{Sup}(E, s) \;=\; \mathsf{Le}(E, \mathsf{Ma}(E, s))$$

4. *Minima und Maxima*: Hier starten wir die Entwicklung von relationalen Abbildungen wie folgt, wobei im vorletzten Schritt wiederum Satz 7.5.7 verwendet wird:

$$
\begin{aligned}
x \text{ minimales Element von } s \;&\Longleftrightarrow\; x \in s \wedge \forall y : E_{yx} \wedge y \in s \Rightarrow x = y \\
&\Longleftrightarrow\; x \in s \wedge \forall y : E_{yx} \wedge y \neq x \Rightarrow y \notin s \\
&\Longleftrightarrow\; s_x \wedge \forall y : (E \cap \overline{\mathsf{I}})_{yx} \Rightarrow \overline{s}_y \\
&\Longleftrightarrow\; s_x \wedge ((E \cap \overline{\mathsf{I}}) \backslash \overline{s})_x \\
&\Longleftrightarrow\; (s \cap (E \cap \overline{\mathsf{I}}) \backslash \overline{s})_x
\end{aligned}
$$

Die beiden Abbildunge

$$\mathsf{Min}(E, s) \;=\; s \cap (E \cap \overline{\mathsf{I}}) \backslash \overline{s} \qquad\qquad \mathsf{Max}(E, s) \;=\; s \cap (E^{\mathsf{T}} \cap \overline{\mathsf{I}}) \backslash \overline{s}$$

sind dann unmittelbare Konsequenzen dieser Rechnung. $\square$

Aufbauend auf die eben hergeleiteten komponentenfreien Darstellungen kann man nun rein relationenalgebraisch die bekannten Beziehungen für die dargestellten Elemente zeigen. Die Eindeutigkeit des kleinsten Elements bedeutet dann etwa, daß für eine Ordnung E und einen Vektor s die Inklusion der Eindeutigkeit, d.h. $\mathsf{Le}(E, s)^{\mathsf{T}} \mathsf{Le}(E, s) \subseteq \mathsf{I}$, gilt. Beweise für die eben erwähnten Tatsachen findet man etwa in dem Buch von G. Schmidt und T. Ströhlein.

Wir wollen nun demonstrieren, wie man die eben hergeleiteten relationalen Abbildungen mit Hilfe von RELVIEW für konkrete Relationen auswerten kann.

9.5.2 Anwendung (Beispielrechnung in RelView) In Beispiel 9.5.1 hatten wir die acht Abbildungen Mi bis Max so definiert, daß das zweite Argument ein Vektor des Typs $[M \leftrightarrow \mathbb{1}]$ ist. Man kann die Definitionen aber auch für beliebige Relationen $S : M \leftrightarrow N$ statt Vektoren $s : M \leftrightarrow \mathbb{1}$ als zweite Argumente verwenden und bekommt dann Resultate des Typs $[M \leftrightarrow N]$. Damit werden, in der Sprechweise der Booleschen Matrizen, die extremen Elemente spaltenweise berechnet.

Wir erklären dies am Supremum genauer. Gegeben seien eine Ordnung $E : M \leftrightarrow M$ und eine Relation $S : M \leftrightarrow N$, beide o.B.d.A. über endlichen Mengen. In der Matrixdarstellung sind dann die Spalten von S Vektoren $s_i : M \leftrightarrow \mathbb{1}, 1 \leq i \leq |N|$. Wendet man Sup auf E und S an, so bekommt man $\mathsf{Sup}(E, S)$ vom Typ $[M \leftrightarrow N]$. Wiederum in Matrixdarstellung ist dann die i-te Spalte von $\mathsf{Sup}(E, S)$ der Vektor des Supremums von s_i bezüglich E.

Insbesondere bekommt man also für die Instantiierung von s durch die Ist-Element-von Relation $E : M \leftrightarrow 2^M$ die Vektoren der Suprema von allen Teilmengen von M, da dies genau die Spalten der Matrix von E sind. Damit kann man etwa testen, ob eine endliche Ordnung die Ordnung eines Verbands ist. (Später lernen wir einen effizienteren Test kennen).

Nachfolgend geben wir ein Beispiel an, welches mit dem RELVIEW System durchgerechnet wurde. Wir betrachten eine Ordnung E auf der Menge $M = \{1, \ldots, 7\}$ mit dem folgenden (von RELVIEW gezeichneten) Diagramm:

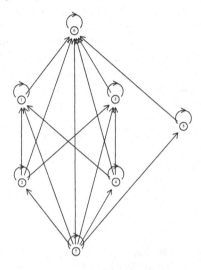

Dieses Ordnungsdiagramm beinhaltet die Pfeile für alle Ordnungsbeziehungen, also auch beispielsweise alle Schlingen für alle reflexiven Beziehungen. Es ist somit kein Hasse-Diagramm im früher definiertem Sinne. Die Darstellung der Ordnung E als Boolesche RELVIEW-Matrix sieht dann wie folgt aus:

Auch dieses Bild wurde vom RELVIEW-System erzeugt. Dabei entspricht sowohl die i-te Zeile als auch die i-te Spalte dem Element i aus M. Da $|M| = 7$, gilt $|2^M| = 128$, d.h. die Boolesche Matrix für $E : M \leftrightarrow 2^M$ besitzt genau 128 Spalten. Im folgenden Bild ist diese Matrix, wie von RELVIEW gezeichnet, angegeben.

Wendet man die, auch in RELVIEW definierbare, Abbildung Sup auf diese Boolesche Matrix an, so bekommt man das folgende Resultat für $\mathsf{Sup}(E, \mathsf{E})$:

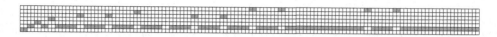

Aus der ersten Spalte dieses Bildes ersehen wir, daß das Supremum der leeren Menge das kleinste Element 7 ist. Die letzte Spalte besagt, daß das Supremum von M das größte Element 6 ist. Jedoch induziert die Ordnung keinen Verband, wie die Spalten[4] ohne Eintrag zeigen.   □

Nach dieser verbandstheoretischen Anwendung befassen wir uns nun noch mit einer graphentheoretischen Anwendung von Relationenalgebra und RELVIEW. Graphen sind in ihrer einfachsten Form (als ohne sogenannte Mehrpfeile und Bewertungen von Knoten und/oder Pfeilen) im Prinzip nichts anderes als Relationen. Andere Graphenklassen kann man ebenfalls relativ einfach relational modellieren. Relationenalgebra und ihre Mechanisierung durch das RELVIEW-System sind deswegen insbesondere zur Lösung von graphentheoretischen Problemen geeignet.

9.5.3 Beispiel (Kerne und Spiele) Gegeben sei ein gerichteter Graph $g = (V, R)$ mit der Knotenmenge V und der (die Pfeile beinhaltenden) Relation $R : V \leftrightarrow V$. Wir definieren die folgenden drei Klassen von Knotenmengen:

1. Eine Menge $X \in 2^V$ heißt *absorbierend*, falls die folgende Formel gilt:

$$\forall x : x \notin X \Rightarrow \exists y : y \in X \land R_{xy}$$

   Befindet man sich also außerhalb von X, so kann man immer in X hinein gelangen, indem man einem entsprechenden Pfeil folgt.

2. Eine Menge $X \in 2^V$ heißt *stabil*, falls die folgende Formel gilt:

$$\forall x, y : x \in X \land y \in X \Rightarrow \neg R_{xy}$$

   Befindet man sich also innerhalb von X und folgt dann einem Pfeil, so landet man immer außerhalb von X.

3. Eine Menge $K \in 2^V$ heißt ein *Kern*, falls K absorbierend und stabil ist.

Kerne sind bedeutend in der Theorie der kombinatorischen Spiele (wie Go, Hex, Nim und Schach), wenn man ein solches Spiel wie folgt interpretiert.

1. Das Spiel ist gegeben als ein gerichteter Graph mit den Spielsituationen als den Knoten und den erlaubten Spielzügen, d.h. den möglichen Situationsänderungen, als den Pfeilen.

2. Es spielen zwei Spieler, welche abwechselnd ziehen. Ziehen heißt dabei, im Situationsgraphen zu einem Nachfolgerknoten überzugehen.

---

[4]Vergleicht man die Relation der spaltenweisen Suprema mit der darüberliegenden Ist-Element-von Relation, so sieht man, daß genau die Teilmengen $\{2, 4\}$ und $\{2, 4, 7\}$ kein Supremum besitzen.

3. Verloren hat derjenige Spieler, der am Zug ist, aber eine Situation vorliegt, die keine Nachfolgersituation besitzt.

Beim bekannten Spiel des abwechelnden Wegnehmens von Streichhölzchen von einem Tisch – man darf maximal zwei und muß mindestens ein Hölzchen wegnehmen – bekommt man etwa bei anfangs sieben Hölzchen auf dem Tisch den folgenden Spielgraphen:

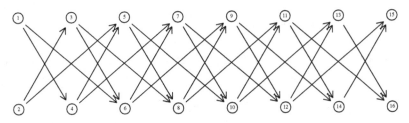

Die obere Reihe von Knoten beschreibt die Situationen, wo Spieler A am Zug ist und noch sieben (bzw. sechs usw.) Hölzchen auf dem Tisch liegen. In der unteren Reihe sind hingegen die Knoten angegeben, die besagen, daß Spieler B am Zug ist, und sich noch sieben (bzw. sechs usw.) Hölzchen auf dem Tisch befinden.

Ist ein Spieler am Zug und kennt einen Kern des Spielgraphen, so *kann er nicht verlieren*, falls er sich außerhalb des Kerns befindet. Die Strategie lautet: „Ziehe in den Kern". Dann kann der Gegner entweder nicht ziehen, hat also verloren, oder sein Zug verläßt den Kern und obige Strategie (mit der Definition des Kerns als absorbierend) ist wiederum anwendbar. Die obige Strategie sichert sogar Gewinn zu, falls der Spielgraph – wie beim abwechselnden Wegnehmen von Hölzchen – kreisfrei ist.

Zur Aufzählung aller absorbierenden Mengen des Graphen $g = (V, R)$ startet man mit der folgenden Rechnung, wobei $X \in 2^V$ beliebig vorausgesetzt ist:

$$
\begin{aligned}
X \text{ absorbierend} &\iff \forall x : x \notin X \Rightarrow \exists y : y \in X \land R_{xy} \\
&\iff \forall x : x \in X \lor \exists y : R_{xy} \land \mathsf{E}_{yX} \\
&\iff \forall x : \mathsf{E}_{xX} \lor (R\mathsf{E})_{xX} && \mathsf{E} : V \leftrightarrow 2^V \\
&\iff \forall x : (\mathsf{E} \cup R\mathsf{E})_{xX} \\
&\iff (\overline{(\mathsf{E} \cup R\mathsf{E}) \setminus \mathsf{O}})_X && \text{Tabelle nach 7.5.7}
\end{aligned}
$$

Damit bekommt man eine relationale Abbildung

$$\mathsf{AbsorbVec} : [V \leftrightarrow V] \to [2^V \leftrightarrow \mathbb{1}],$$

definiert durch die Gleichung

$$\mathsf{AbsorbVec}(R) = \overline{\mathsf{E} \cup R\mathsf{E} \setminus \mathsf{O}}$$

mit $\mathsf{E} : V \leftrightarrow 2^V$ als Ist-Element-von Relation und $\mathsf{O} : V \leftrightarrow \mathbb{1}$, so daß $\mathsf{AbsorbVec}(R)_X$ genau dann gilt, wenn X absorbierend ist. Der Vektor $\mathsf{AbsorbVec}(R) : 2^V \leftrightarrow \mathbb{1}$ stellt also die Menge der absorbierenden Mengen von $g = (V, R)$ dar; wir sagen auch, er zählt diese Mengen auf. Analog zum obigen Vorgehen kann man auch die stabilen Mengen von $g = (V, R)$ durch einen Vektor aufzählen. Es gilt für jede Menge $X \in 2^V$ die folgende Äquivalenz:

$$
\begin{aligned}
X \text{ stabil} &\iff \forall\, x, y : x \in X \land y \in X \Rightarrow \neg R_{xy} \\
&\iff \forall\, x : x \in X \Rightarrow \forall\, y : y \in X \Rightarrow \neg R_{xy} \\
&\iff \forall\, x : x \notin X \lor \forall\, y : y \notin X \lor \neg R_{xy} \\
&\iff \forall\, x : \overline{\mathsf{E}}_{xX} \lor \neg \exists\, y : R_{xy} \land \mathsf{E}_{yX} \\
&\iff \forall\, x : \overline{\mathsf{E}}_{xX} \lor \overline{R\mathsf{E}}_{xX} \\
&\iff \forall\, x : (\overline{\mathsf{E} \cup R\mathsf{E}})_{xX} \\
&\iff \forall\, x : \overline{\mathsf{E} \cap R\mathsf{E}}_{xX} \\
&\iff ((\mathsf{E} \cap R\mathsf{E}) \setminus \mathsf{O})_{X}
\end{aligned}
$$

$\mathsf{E} : V \leftrightarrow 2^{V}$

Tabelle nach 7.5.7

Mit Hilfe der Ist-Element-von Relation $\mathsf{E} : V \leftrightarrow 2^{V}$ und des Nullvektors $\mathsf{O} : V \leftrightarrow \mathbb{1}$ ergibt sich die relationale Abbildung

$$\mathsf{StableVec} : [V \leftrightarrow V] \to [2^{V} \leftrightarrow \mathbb{1}]$$

zur Bestimmung des Vektors aller stabilen Mengen von $g = (V, R)$ somit in der Form

$$\mathsf{StableVec}(R) = (\mathsf{E} \cap R\mathsf{E}) \setminus \mathsf{O}.$$

Zusammenfassend erhalten wir schließlich für die relationale Abbildung

$$\mathsf{KernelVec} : [V \leftrightarrow V] \to [2^{V} \leftrightarrow \mathbb{1}]$$

zur Berechnung des Vektors aller Kerne des gerichteten Graphen $g = (V, R)$ die Darstellung

$$\mathsf{KernelVec}(R) = \mathsf{AbsorbVec}(R) \cap \mathsf{StableVec}(R). \qquad \square$$

Wie im Fall der extremen Elemente, so kann man auch die Kerne-Enumeration sofort in RELVIEW ausführen. Dies soll nun demonstriert werden.

9.5.4 Anwendung (Beispielrechnung in RelView) Wir betrachten einen gerichteten Graphen $g = (V, R)$ mit einer Knotenmenge V, die aus den natürlichen Zahlen von 1 bis 16 besteht, und einer Relation R, die in RELVIEW wie folgt graphisch gezeichnet wird:

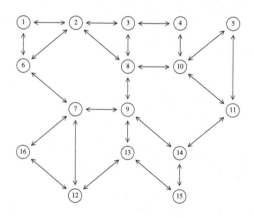

Dieser Graph ist symmetrisch, da mit einem Pfeil $\langle x, y \rangle$ auch der entgegengesetzte Pfeil $\langle y, x \rangle$ vorhanden ist. Relationenalgebraisch heißt dies $R = R^{\mathsf{T}}$. Der Graph ist auch schlingenfrei, da er keinen Pfeil besitzt, der in x beginnt und auch in x endet. Hier ist $R \subseteq \overline{\mathsf{I}}$ die entsprechende relationenalgebraische Charakterisierung. Für das Spiel, dessen Zugmöglichkeiten der Graph beschreibt, gilt also: Jeder Situationsübergang kann durch den Gegenspieler sofort rückgängig gemacht werden und kein Zug endet in der Situation, von der er ausgeht.

Gerichtete Graphen mit einer symmetrischen und irreflexiven Relation entsprechen genau den Graphen, die in der Literatur normalerweise ungerichtet genannt werden. Als symmetrische Boolesche Matrix zur Relation R erhalten wir in RELVIEW die in dem nachfolgenden Bild angegebene Matrix:

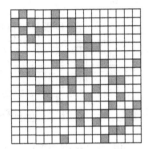

Mit Hilfe des RELVIEW-Systems und entsprechender Formulierungen der obigen relatioanlen Abbildungen in seiner Programmiersprache ist es einfach, einen Vektor der Länge $2^{16} = 65536$ zu berechnen, so daß in ihm eine Komponente genau dann 1 ist, wenn die entsprechende Teilmenge von V ein Kern von $g = (V, R)$ ist. Diese Darstellung von KernelVec$(R) : 2^V \leftrightarrow \mathbb{1}$ ist aber sehr rechenzeit- und speicherplatzintensiv. Man kann aus ihr auch nicht die mengentheoretische Darstellung der Kerne entnehmen, an der man doch eigentlich interessiert ist.

Der erste Nachteil des durch die Abbildung KernelVec gegebenen Algorithmus, die Ineffizienz, ist bei der von uns gewählten Vorgehensweise und auch bei allen anderen Algorithmen im Prinzip nicht zu vermeiden. Dies liegt an der Problemstellung. Das Bestimmen der Kerne von beliebigen Graphen ist ein NP-vollständiges Problem[5] und damit – nach der derzeit vorherrschenden Meinung – wahrscheinlich nicht effizient lösbar.

Der zweite Nachteil, die schlecht lesbare Darstellung des Resultats, kann jedoch vermieden werden. Es bietet sich nämlich die Darstellung eines einzelnen Kerns von $g = (V, R)$ als Vektor des Typs $[V \leftrightarrow \mathbb{1}]$ und die Darstellung aller Kerne folglich als Relation des Typs $[V \leftrightarrow \mathcal{K}]$ an. Hier bezeichnet $\mathcal{K}$ die Menge aller Kerne von $g = (V, R)$. Jeder Kern (in der Modellierung von Mengen durch Boolesche Vektoren) wird durch genau eine Spalte der resultierenden Matrix dargestellt. Die Umrechnung der Vektordarstellung der Menge aller

---

[5]Genaugenommen ist das folgende Ja/Nein-Problem NP-vollständig: Gibt es zu einem gerichteten Graphen g einen Kern von g?. Wenn schon dieses Testen sehr schwierig ist, so muß auch das Ausrechnen sehr schwierig sein.

Kerne in ihre spaltenweise Darstellung ist gegeben durch die relationale Abbildung

$$\mathsf{KernelList} : [V \leftrightarrow V] \rightarrow [V \leftrightarrow \mathcal{K}],$$

definiert mittels der Ist-Element-von Relation $\mathsf{E} : V \leftrightarrow 2^V$ und der Operation inj (wie in Definition 9.1.10 eingeführt) als

$$\mathsf{KernelList}(R) \;=\; \mathsf{E}\,\mathsf{inj}\,(\mathsf{KernelVec}(R))^{\mathsf{T}}.$$

Daß $\mathsf{KernelList}(R)$ wirklich alle Kerne von $g = (V, R)$ spaltenweise aufzählt, ergibt sich sofort durch komponentenbehaftetes Nachrechnen der Äquivalenz

$$\mathsf{KernelList}(R)_{xK} \;\Longleftrightarrow\; x \in K$$

für alle $x \in V$ und Kerne $K \in \mathcal{K}$. Für das obige Beispiel liefert RELVIEW die folgende spaltenweise Darstellung aller 71 Kerne:

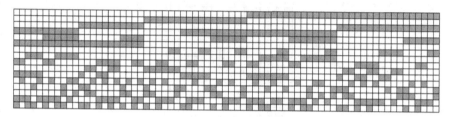

Es ist eine weitere einfache Übung, mittels des RELVIEW-Systems aus allen diesen Kernen die größten (bezüglich der Kardinalität) herauszufiltern. Dazu verwenden wir die Quasiordnung $\mathsf{C} : 2^V \leftrightarrow 2^V$, definiert durch

$$\mathsf{C}_{XY} \;\Longleftrightarrow\; |X| \leq |Y|.$$

Die *Kardinalitätsvergleichsrelation* kann mittels einer Basisoperation von RELVIEW effizient berechnet werden. Dann bestimmen wir den Vektor $\mathsf{Ge}(\mathsf{C}, \mathsf{KernelVec}(R)) : 2^V \leftrightarrow \mathbb{1}$ zur Aufzählung der größten Elemente von $\mathcal{K}$ bezüglich der Quasiordnung C. Schließlich stellen wir diesen Vektor ebenfalls spaltenweise dar. Das RELVIEW-Resultat mit den drei größten Kernen von $g = (V, R)$ ist in dem nachfolgenden Bild angegeben:

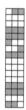

Man kann in RELVIEW homogene Relationen auch als gerichtete Graphen zeichnen, wobei, wie schon an früherer Stelle bemerkt, einige Algorithmen zum „schönen" Zeichnen von Graphen zur Verfügung stehen. Solche Graphen kann man auch auf mehrere Weisen markieren. Dabei werden etwa markierte Knoten durch Schwarzfärbung oder als Quadrate (anstelle der normal verwendeten Kreise) und markierte Pfeile durch dicke oder gestrichelte Linien hervorgehoben. Hier sehen wir ein Beispiel:

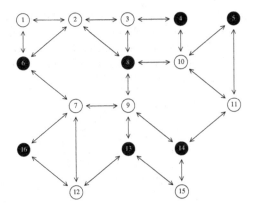

Es zeigt den Originalgraphen $g = (V, R)$, wobei zusätzlich zum obigen Bild noch die Knoten mit der ersten Spalte der spaltenweisen Darstellung der drei größten Kerne markiert sind. Diese markierten Knoten sind schwarz gefärbt. □

Im nächsten Beispiel entwickeln wir keine relationale Abbildung wie in den vorhergehenden Beispielen, sondern betrachten relationale direkte Produkte und die damit eng verbundenen Konstruktionen im Zusammenhang mit dem RELVIEW-System.

9.5.5 Beispiel (Direkte Produkte in RelView) Wie schon aus dem einfachen Erreichbarkeitsprogramm Reach von Abschnitt 9.4 ersichtlich ist, besteht ein RELVIEW-Programm aus der Kopfzeile, dem Deklarationsteil, dem Anweisungsteil (mit den üblichen Anweisungstypen) und einer RETURN-Klausel, die das Resultat als Term angibt. Im Deklarationsteil können auch relationale direkte Produkte und Summen eingeführt werden, womit dann die Projektions- und Injektionsrelationen durch Aufrufe entsprechender Basisoperationen zur Verfügung stehen.

In dem folgenden Beispiel werden zwei relationale direkte Produkte und ihre Projektionsrelationen verwendet. Das angegebene RELVIEW-Programm ist eine direkte Übertragung der parallelen Komposition in der Form $R \otimes S = \pi_1 R \rho_1^{\mathsf{T}} \cap \pi_2 S \rho_2^{\mathsf{T}}$ in die Programmiersprache des Systems, wobei (π_1, π_2) durch die Deklaration von P1 und (ρ_1, ρ_2) durch die Deklaration von P2 verwendbar wird.

```
ParComp(R,S)
   DECL P1 = PROD(R*R^,S*S^);
        P2 = PROD(R^*R,S^*S);
        Q1, Q2
   BEG  Q1 = p-1(P1)*R*p-1(P2)^;
        Q2 = p-2(P1)*S*p-2(P2)^
        RETURN Q1 & Q2
   END.
```

Abbildung 9.6: RELVIEW-Code für die parallele Kompositrion ...

Das RELVIEW-System erlaubt in seiner Programmiersprache und beim interaktiven Auswerten bei der Bildung von relationenalgebraischen Termen auch die Verwendung der Tupling-Operation, wobei die Schreibweise die gleiche wie in der Definition 9.3.3 ist. Weil der Typ eines Tuplings $[R, S]$ aus den Typen von R und S bestimmt werden kann, ist hier vorher auch keine Produktdeklaration notwendig.

```
ParComp(R,S)
   DECL P1 = PROD(R*R^,S*S^);
        Q1, Q2
   BEG  Q1 = p-1(P1)*R;
        Q2 = p-2(P1)*S
        RETURN [Q1,Q2]
   END.
```

Abbildung 9.7: ... und eine einfachere Variante mit Tupling

Wählt man also $R \otimes S = [\pi_1 R, \pi_2 S]$ als Definition der parallelen Komposition, so ergibt sich als Vereinfachung des Programms von Abbildung 9.6 das RELVIEW-Programm von Abbildung 9.7 mit nur einer Produktdeklaration.   □

Nun wenden wir die eben angegebenen RELVIEW-Implementierungen der parallelen Komposition von zwei Relationen auf zwei spezielle Ordnungsrelationen an, die wir als Verbandsordnungen von zwei früher eingeführten speziellen Verbänden erhalten.

9.5.6 Anwendung (Beispielrechnung in RelView) Wir betrachten die in den folgenden zwei Bildern angegebenen RELVIEW-Graphen, welche die Hasse-Diagramme der beiden Verbände $V_{\neg M}$ und $V_{\neg D}$ aus Kapitel 2 graphisch darstellen:

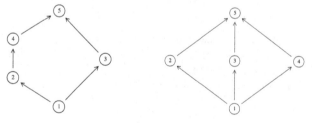

Es ist sehr einfach, aus diesen beiden mittels gewisser RELVIEW-Aktionen interaktiv auf dem Bildschirm gezeichneten Bildern die Ordnungsrelationen R von $V_{\neg M}$ und S von $V_{\neg D}$ zu bekommen. Man wandelt zuerst durch das Drücken eines Befehlsknopfs die Bilder jeweils in Relationen um und berechnet dann deren reflexiv-transitve Hüllen. Die nachfolgenden zwei Bilder zeigen die Ordnungsrelationen R und S als Boolesche RELVIEW-Matrizen; links ist die Matrix von R angegeben und rechts die von S.

Die parallele Komposition $R \otimes S$ von R und S ist genau die Ordnungsrelation des Produktverbands $V_{\neg M} \times V_{\neg D}$. Graphisch zeichnet das RELVIEW-System das Hasse-Diagramm der Ordnungsrelation $R \otimes S$ wie in dem nachstehenden Bild angegeben. In diesem Bild haben wir zusätzlich einen zu $V_{\neg M}$ isomorphen Unterverband durch dicke Pfeile markiert. Sie zeigen, daß der Produktverband $V_{\neg M} \times V_{\neg D}$ nicht modular ist.

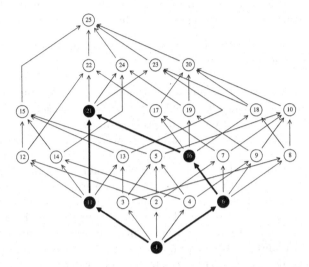

Nach dieser Graphdarstellung wenden wir uns nun noch der Matrix-Darstellung zu. Die RELVIEW-Matrix der Produktordnungsrelation $R \otimes S$ sieht wie folgt aus:

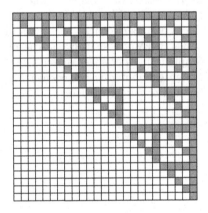

In Abschnitt 1.6 hatten wir beschrieben, wie man das Hasse-Diagramm der Ordnung eines Produktverbands $V \times W$ zeichnerisch sehr einfach aus den Hasse-Diagrammen der Ordnungen von V und W erstellen kann. Man hat zuerst im Hasse-Diagramm von V jeden Knoten durch eine Kopie des Hasse-Diagramms von W zu ersetzen und dann jeden Knoten einer Kopie mit dem jeweiligen Knoten jeder anderen Kopie genau dann zu verbinden, wenn die den Kopien entsprechenden Knoten im Hasse-Diagramm von V verbunden sind.

Die in dieser Anwendung angegebenen drei Booleschen Matrizen zeigen, daß die Konstruktion einer Produktordnungsrelation mittels Boolescher Matrizen mindestens genauso einfache ist. Sind R und S Ordnungen, so erhält man die Boolesche Matrix für die Produktordnung $R \otimes S$, indem man in der Matrix von R jede Eins durch eine Kopie der Matrix von S ersetzt und jede Null durch eine Nullmatrix der Dimension der S-Matrix. In der 25×25 Matrix taucht die rechte der obigen 5×5 Matrix genau 13-mal auf und zwar dort, wo in der linken obigen 5×5 Matrix eine Eins steht.

Im Prinzip basieren beide Verfahren auf dem gleichen abstrakten Prinzip, wenden es aber einmal auf Graphen und einmal auf Booleschen Matrizen an. $\square$

Wir wollen zum Ende dieses Abschnitts noch knapp auf die Bedeutung von RELVIEW bei der Entwicklung von relationalen Problemspezifikationen eingehen. Der Hauptanwendungsbereich des Systems ist hier deren Überprüfung durch stichprobenartige Tests, wobei insbesondere auch Randfälle wie leere Graphen bzw. Relationen und leere Mengen bzw. Vektoren abgedeckt werden sollten. Prototypische Tests ermöglichen einen Vergleich der relationalen Spezifikation sowohl mit der, ihrer Entwicklung zugrundeliegenden, formallogischen Problembeschreibung als auch mit der ganz ursprünglich in der Intuition verankerten und informellen Problemstellung. Durch den Vergleich der relationalen Spezifikation und der logischen Problemformalisierung kann man insbesondere die Korrektheit der Herleitung der ersten aus der zweiten überprüfen; man gewinnt also zusätzliche Sicherheit bezüglich der durchgeführten Rechnungen. Der stichprobenartige Vergleich der relationalen Spezifikation und der intuitiven Problemstellung hingegen erlaubt es zu überprüfen, ob die relationale Formalisierung die Intuition hinreichend genau beschreibt.

Nach den bisher gemachten Erfahrungen ist es wesentlich, daß bei einem relationenbasierten Ansatz mehrere leicht verständliche und intuitive Visualisierungen von Relationen zur Verfügung stehen, die es erlauben, gleiche Sachverhalte auch unter verschiedenen Blickwinkeln zu betrachten. Bei RELVIEW sind drei solche in der Form der Booleschen Matrizen, der gerichteten Graphen und der sogenannten Korrespondenzgraphen vorhanden, welche noch durch die eben erwähnten verschiedenen Markierungsmechanismen für Knoten, Pfeile, Zeilen und Spalten erweitert werden.

Kapitel 10

Erreichbarkeits- und Zusammenhangsfragen

Bei gerichteten Graphen $g = (V, R)$ mit Knotenmenge V und Pfeilmenge (Relation) $R : V \leftrightarrow V$ sind sehr viele Fragestellungen mit den beiden Begriffen „Weg" und „Erreichbarkeit" verbunden. Dabei ist ein Weg (manchmal in der Literatur auch Pfad genannt) in dem gerichteten Graphen g eine nichtleere, endliche Sequenz $\langle x_0, \ldots, x_n \rangle$ von Knoten $x_i \in V$, so daß $R_{x_i x_{i+1}}$ für alle i mit $0 \leq i \leq n-1$ gilt, und ein Knoten $y \in V$ ist in g von einem Knoten $x \in V$ aus erreichbar, wenn es einen Weg mit erstem (d.h. Anfangsknoten) x und letztem (d.h. Endknoten) y gibt. Die Anzahl der Pfeile $\langle x_i, x_{i+1} \rangle$ eines Wegen wird seine Länge genannt. In diesem Kapitel studieren wir einige der eben erwähnten Fragen mit relationenalgebraischen Mitteln. Zuerst behandeln wir Hüllen von Relationen, welche genau die Ja/Nein-Frage der Erreichbarkeit beschreiben, und entwickeln einige Hüllenalgorithmen. Dann befassen wir uns mit Algorithmen zur Bestimmung der Menge der von einem Knoten bzw. einer Menge von Knoten aus erreichbaren Knoten. Inhalt des dritten Abschnitts sind progressiv-endliche Relationen und Tests auf Kreisfreiheit. Der letzte Abschnitt dieses Kapitels ist schließlich noch Algorithmen zur Bestimmung von transitiven Reduktionen von Relationen (gewissermaßen den Gegenstücken der Hüllen) und von gerichteten spannenden Wurzelbäumen von gerichteten Graphen gewidmet, also Objekten, die ebenfalls eng mit Wegen und Erreichbarkeit in Verbindung stehen.

10.1   Berechnung von Erreichbarkeits-Hüllen

Wir haben im Laufe dieses Buchs, etwa in Definition 1.5.5 bei der Festlegung der Existenz von Hasse-Diagrammen oder in Abschnitt 3.4 bei der Behandlung von Hüllenbildungen und Hüllensystemen, schon die reflexiv-transitive Hülle R^* und die transitive Hülle R^+ einer homogenen Relation R in den vom Grundstudium her bekannten Darstellungen $R^* = \bigcup_{i \geq 0} R^i$ und $R^+ = \bigcup_{i \geq 1} R^i$ erwähnt. Diese beiden Darstellungen benötigen natürliche Zahlen und Potenzbildungen. Im weiteren machen wir uns von der Verwendung von natürlichen Zahlen und i-fachen Potenzen frei und führen diese beiden Hüllen rein verbands- bzw. relationentheoretisch über Hüllensystemen ein. Grundlegend hierzu ist die folgende einfache Tatsache:

10.1.1 Satz Es sei $\mathfrak{R}$ sei eine Relationenalgebra mit Sortenmenge T. Dann bilden für alle Sorten $m \in T$ die beiden folgenden Mengen jeweils ein Hüllensystem in $\mathfrak{R}_{mm}$:

$$
\begin{aligned}
\mathfrak{T}_{mm} &= \{R \in \mathfrak{R}_{mm} \mid R \text{ ist transitiv}\} \\
\mathfrak{R}\mathfrak{T}_{mm} &= \{R \in \mathfrak{R}_{mm} \mid R \text{ ist reflexiv und transitiv}\}
\end{aligned}
$$

Beweis: Wir haben jeweils die ein Hüllensystem definierende Bedingung zu verifizieren.

1. Es sei $\mathcal{M}$ eine Teilmenge von $\mathfrak{T}_{mm}$. Dann gilt für alle Relationen $R \in \mathcal{M}$ die nachstehende Inklusion:

$$
\begin{aligned}
(\textstyle\bigcap\mathcal{M})(\textstyle\bigcap\mathcal{M}) &\subseteq RR \qquad\qquad\qquad \textstyle\bigcap\mathcal{M} \subseteq R, \text{ Monotonie} \\
&\subseteq R \qquad\qquad\qquad\qquad\quad R \text{ transitiv}
\end{aligned}
$$

Folglich ist das Produkt $(\bigcap\mathcal{M})(\bigcap\mathcal{M})$ eine untere Schranke der Menge $\mathcal{M}$, was zu $(\bigcap\mathcal{M})(\bigcap\mathcal{M}) \subseteq \bigcap\mathcal{M}$, d.h. zu $\bigcap\mathcal{M} \in \mathfrak{T}_{mm}$, führt.

2. Den Fall der Menge der reflexiven und transitiven Relationen behandelt man vollkommen analog. $\square$

Nach dem Hauptsatz 3.4.6 über Hüllensysteme und Hüllenbildungen induziert jedes Hüllensystem eine Hüllenbildung. Wir können also für die eben verifizierten zwei Hüllensysteme jeweils die induzierten Hüllenbildungen wie folgt festlegen; dabei verzichten wir, wie auch schon früher, auf die formale Angabe der Relationenalgebra und setzen diese implizit voraus.

10.1.2 Definition Zu einer homogenen Relation R aus $\mathfrak{R}_{mm}$ heißt

$$
\begin{aligned}
R^{+} &= \textstyle\bigcap\{X \in \mathfrak{T}_{mm} \mid R \subseteq X\} \\
&= \textstyle\bigcap\{X \in \mathfrak{R}_{mm} \mid R \cup XX \subseteq X\}
\end{aligned}
$$

die *transitive Hülle* von R und

$$
\begin{aligned}
R^{*} &= \textstyle\bigcap\{X \in \mathfrak{R}\mathfrak{T}_{mm} \mid R \subseteq X\} \\
&= \textstyle\bigcap\{X \in \mathfrak{R}_{mm} \mid \mathsf{I} \cup R \cup XX \subseteq X\}
\end{aligned}
$$

die *reflexiv-transitive Hülle* von R. $\square$

Der Beweis, daß die in den Definitionen verwendeten Mengen jeweils tatsächlich gleich sind, ist in beiden Fällen sehr einfach. Er folgt unmittelbar aus der Gleichwertigkeit von $a \sqsubseteq c$ und $b \sqsubseteq c$ mit $a \sqcup b \sqsubseteq c$ für alle Elemente a, b und c eines Verbands.

Im folgenden konzentrieren wir uns nur auf die Berechnung der reflexiv-transitiven Hülle einer Relation. Hat man nämlich einen Algorithmus zur Berechnung von R^{*}, so bekommt man daraus, wegen $R^+ = RR^*$, sofort einen Algorithmus zur Bestimmung von R^+. Die eben erwähnte Gleichung folgt unmittelbar aus den bekannten Darstellungen $R^* = \bigcup_{i \geq 0} R^i$ und $R^+ = \bigcup_{i \geq 1} R^i$ und der *Distributivität der relationalen Komposition über beliebige Vereinigungen* (welche als Erweiterung des früher erwähnten Distributivgesetzes gilt)[1]. Sie kann aber auch auf Definition 10.1.2 aufbauend bewiesen werden. Wie dies möglich ist, das wird später gezeigt.

Wir erinnern uns an den Fixpunktsatz 3.1.1 von B. Knaster und A. Tarski und die Darstellung des kleinsten Fixpunktes μ_f einer monotonen Abbildung f als dem Infimum der von f kontrahierten Elemente. In Kombination mit Definition 10.1.2 erhalten wir die folgende Darstellung der reflexiv-transitiven Hülle einer Relation als kleinsten Fixpunkt einer monotonen Abbildung:

10.1.3 Satz Für eine homogene Relation $R \in \mathfrak{R}_{mm}$ sei die Abbildung $\tau_R : \mathfrak{R}_{mm} \to \mathfrak{R}_{mm}$ wie folgt definiert:

$$\tau_R(X) \ = \ \mathsf{I} \cup R \cup XX$$

Dann ist τ_R monoton und es gilt weiterhin $R^* = \mu_{\tau_R}$.

Beweis: Offensichtlich ist die Abbildung τ_R monoton, denn sowohl die relationale Vereinigung als auch die relationale Komposition sind monoton. Die behauptete Fixpunktdarstellung der reflexiv-transitiven Hülle R^* zeigt man nun wie folgt:

$$
\begin{aligned}
R^* \ &= \ \bigcap\{X \in \mathfrak{R}_{mm} \,|\, \mathsf{I} \cup R \cup XX \subseteq X\} && \text{Definition } R^* \\
&= \ \bigcap\{X \in \mathfrak{R}_{mm} \,|\, \tau_R(X) \subseteq X\} && \text{Definition } \tau_R \\
&= \ \mu_{\tau_R} && \text{Fixpunktsatz} \qquad \square
\end{aligned}
$$

Wir kennen bereits aus Abschnitt 3.1 einen schematischen Algorithmus zur Bestimmung des kleinsten Fixpunktes μ_f einer monotonen Abbildung f auf einem vollständigen Verband. Die homogenen Relationen eines Typs bilden einen vollständigen Verband. Aus dem eben bewiesenen Satz bekommen wir durch eine spezielle Instantiierung des schematischen Algorithmus also sofort einen ersten Algorithmus zur Bestimmung der reflexiv-transitiven Hülle einer Relation.

10.1.4 Algorithmus (Ein erster Hüllenalgorithmus) Es sei R eine konkrete homogene Relation. Nach Satz 10.1.3 gilt dann die Gleichung $R^* = \mu_{\tau_R}$, wobei die monotone Abbildung τ_R durch $\tau_R(X) = \mathsf{I} \cup R \cup XX$ festgelegt ist. Damit ist das Programmschema `COMP`$_\mu$ aus Anwendung 3.1.6 mit der Abbildung τ_R an Stelle von f instantiierbar und bringt, wenn wir zusätzlich Großbuchstaben für Relationen statt der im Schema gewählten Kleinbuchstaben verwenden, den in Abbildung 10.1 angegebenen Algorithmus; terminiert die `while`-Schleife dieses relationalen Programms, so besitzt die Variable X danach die reflexiv-transitive Hülle R^* als Wert.

---

[1]Analog erweitert sich auch die Subdistributivität der Komposition über den Durchschnitt von zwei auf beliebig viele Relationen. Auch Transposition distribuiert über beliebige Vereinigungen und Durchschnitte. Bezüglich der Beweise verweisen wir auf das Buch von G. Schmidt und T. Ströhlein.

$$rtc_1(R);$$
$$X := \mathsf{O};$$
$$Y := \mathsf{I} \cup R;$$
$$\underline{\text{while}}\ X \neq Y\ \underline{\text{do}}$$
$$\quad X := Y;$$
$$\quad Y := \mathsf{I} \cup R \cup YY\ \underline{\text{od}};$$
$$\underline{\text{return}}\ X$$

Abbildung 10.1: Programm $\underline{\text{RTC}}_1$

Bei konkreten Relationen auf einer unendlichen Menge muß das Programm $\underline{\text{RTC}}_1$ offensichtlich nicht immer terminieren. Für eine konkrete Relation $R : M \leftrightarrow M$ mit $|M| < \infty$ gilt jedoch die Terminierung. In der Variablen X wird nämlich die Kette $\mathsf{O} \subseteq \tau_R(\mathsf{O}) \subseteq \ldots$ berechnet und in der Variablen Y die Kette $\tau_R(\mathsf{O}) \subseteq \tau_R^2(\mathsf{O}) \subseteq \ldots$; da M endlich ist, müssen beide Ketten schließlich stationär werden. Folglich gilt irgendwann die Terminierungsbedingung $X = Y$ der $\underline{\text{while}}$-Schleife. In der Sprechweise der Informatik ist also bei endlichen Trägermengen das Programm von Abbildung 10.1 total korrekt bezüglich der Nachbedingung $X = R^*$.

Wir kommen nun zur asymptotischen Abschätzung des Aufwands des obigen Programms. Dazu sei eine Relation $R : M \leftrightarrow M$ mit M endlich und $m := |M|$ vorgegeben. Dann gilt R_{xy}^n genau dann, wenn es im gerichteten Graphen $g = (M, R)$ einen Weg von x nach y gibt, der genau n Pfeile besitzt. Diese einfach durch Induktion zu verifizierende Behauptung zeigt folglich $R^* = \bigcup_{i=0}^{m-1} R^i$, denn gibt es in g einen Weg von x nach y, so gibt es auch einen, der höchstens $m - 1$ Pfeile besitzt.. Weiterhin gilt für alle $i \geq 1$, daß

$$\tau_R^i(\mathsf{O}) \;=\; \bigcup_{j=0}^{2^{i-1}} R^j,$$

was man ebenfalls leicht durch Induktion zeigt. Somit wird die $\underline{\text{while}}$-Schleife $\mathcal{O}(\log_2 m)$-mal durchlaufen und man bekommt bei der *Standardimplementierung* von Relationen durch Boolesche Matrizen, in der die Vereinigung einen quadratischen und die Komposition einen kubischen Aufwand erfordert, einen $\mathcal{O}(m^3 \log_2 m)$-Algorithmus.   □

Normalerweise stellt man in der Literatur die reflexiv-transitive Hülle R^* als Fixpunkt einer anderen Abbildung als τ_R dar. Diese Darstellung wird im nachfolgenden Satz angegeben. Der erste Teil des Satzes ist dabei nur eine Hilfsaussage für den eigentlich interessanten zweiten Teil.

10.1.5 Satz Zu einer homogenen Relation $R \in \mathfrak{R}_{mm}$ sei die Abbildung $\delta_R : \mathfrak{R}_{mm} \to \mathfrak{R}_{mm}$ wie folgt festgelegt:

$$\delta_R(X) \;=\; \mathsf{I} \cup RX$$

Dann gelten die beiden folgenden Eigenschaften:

1. Die Abbildung δ_R ist monoton und ihr kleinster Fixpunkt μ_{δ_R} ist eine transitive Relation.

2. Es gilt $\mu_{\delta_R} = \mu_{\tau_R}$, mit der monotonen Abbildung τ_R wie in Satz 10.1.3 festgelegt. Dies heißt insbesondere, daß $R^* = \mu_{\delta_R}$ zutrifft.

Beweis: Die Hauptschwierigkeit des Beweises liegt im ersten Punkt.

1. Die Monotonie der Abbildung δ_R ist trivial. Wir starten den Beweis der Transitivität des kleinsten Fixpunktes wie folgt:

$$
\begin{aligned}
R\mu_{\delta_R} &\subseteq \mathsf{I} \cup R\mu_{\delta_R} & \\
&= \delta_R(\mu_{\delta_R}) & \text{Definition } \delta_R \\
&= \mu_{\delta_R} & \mu_{\delta_R} \text{ Fixpunkt}
\end{aligned}
$$

Daraus können wir sofort die folgende Inklusion zeigen:

$$
\begin{aligned}
R(\mu_{\delta_R} / \mu_{\delta_R})\mu_{\delta_R} &\subseteq R\mu_{\delta_R} & \text{Satz 7.5.1.3 } ((S/Q)Q \subseteq S) \\
&\subseteq \mu_{\delta_R} & \text{siehe oben}
\end{aligned}
$$

Diese Inklusion verwenden wir nun und beweisen

$$
\begin{aligned}
\delta_R(\mu_{\delta_R} / \mu_{\delta_R})\mu_{\delta_R} &= (\mathsf{I} \cup R(\mu_{\delta_R} / \mu_{\delta_R}))\mu_{\delta_R} & \text{Definition } \delta_R \\
&= \mu_{\delta_R} \cup R(\mu_{\delta_R} / \mu_{\delta_R})\mu_{\delta_R} & \\
&\subseteq \mu_{\delta_R} & \text{siehe oben,}
\end{aligned}
$$

woraus die Inklusion (Linksresiduen sind größte Lösungen)

$$
\delta_R(\mu_{\delta_R} / \mu_{\delta_R}) \subseteq \mu_{\delta_R} / \mu_{\delta_R} \qquad \text{Satz 7.5.1.4}
$$

folgt. Der Beweis des Fixpunktsatzes bringt nun $\mu_{\delta_R} \subseteq \mu_{\delta_R} / \mu_{\delta_R}$, denn der kleinste Fixpunkt ist das Infimum der kontrahierten Elemente, und eine erneute Anwendung von Satz 7.5.1.4 zeigt schließlich $\mu_{\delta_R}\mu_{\delta_R} \subseteq \mu_{\delta_R}$.

2. Es gilt die Inklusion

$$
\begin{aligned}
\tau_R(\mu_{\delta_R}) &= \mathsf{I} \cup R \cup \mu_{\delta_R}\mu_{\delta_R} & \text{Definition } \tau_R \\
&\subseteq \mathsf{I} \cup R \cup \mu_{\delta_R} & \mu_{\delta_R} \text{ transitiv} \\
&\subseteq \mu_{\delta_R} & \mathsf{I} \cup R = \delta_R^2(\mathsf{O}) \subseteq \mu_{\delta_R},
\end{aligned}
$$

wobei im abschließenden Schritt dieser Rechnung Satz 3.1.3 verwendet wird. Somit haben wir $\mu_{\tau_R} \subseteq \mu_{\delta_R}$ ebenfalls nach dem Beweis des Fixpunktsatzes. Es gilt aber auch noch die Eigenschaft

$$
\begin{aligned}
\delta_R(\mu_{\tau_R}) &= \mathsf{I} \cup R\mu_{\tau_R} & \text{Definition } \delta_R \\
&\subseteq \mathsf{I} \cup \mu_{\tau_R}\mu_{\tau_R} & R \subseteq \tau_R(\mu_{\tau_R}) = \mu_{\tau_R} \\
&= \mu_{\tau_R}\mu_{\tau_R} & \mathsf{II} = \mathsf{I} \text{ und } \mathsf{I} \subseteq \tau_R(\mu_{\tau_R}) = \mu_{\tau_R} \\
&\subseteq \mu_{\tau_R} & \mu_{\tau_R} \text{ transitiv,}
\end{aligned}
$$

und daraus folgt, mit einer dritten Anwendung des Beweises des Fixpunktsatzes, die noch fehlende Inklusion $\mu_{\delta_R} \subseteq \mu_{\tau_R}$. $\qquad \square$

Um $\mu_{\delta_R} = \mu_{\tau_R}$ beweisen zu können, brauchten wir vorher die Transitivität von μ_{δ_R}. Aus ihr und $\mu_{\delta_R} = \mu_{\tau_R}$ folgt nun auch sofort die Transitivität von μ_{τ_R}. Man beachte, daß die Transitivität von μ_{τ_R} aber auch unmittelbar aus der Eigenschaft folgt, daß ein Hüllensystem auch das Infimum jeder seiner Teilmengen enthält. Deshalb durften wir diese Transitivität im eben geführten Beweis auch verwenden. Aus dem gerade bewiesenen Satz bekommen wir nun einen zweiten Algorithmus zur Berechnung der reflexiv-transitiven Hülle einer homogenen Relation.

10.1.6 Algorithmus (Ein zweiter Hüllenalgorithmus) Es sei R wie beim ersten Hüllenalgorithmus wiederum eine homogene Relation. Aus der in Satz 10.1.5 verifizierten Darstellung von R^* als dem kleinsten Fixpunkt der monotonen Abbildung $\delta_R(X) = \mathsf{I} \cup RX$ folgt durch Instantiierung des Schemas $\underline{\mathtt{COMP}}_\mu$ sofort das folgende relationale Programm:

$$rtc_2(R);$$
$$X := \mathsf{O};$$
$$Y := \mathsf{I};$$
$$\underline{\mathtt{while}} \ X \neq Y \ \underline{\mathtt{do}}$$
$$X := Y;$$
$$Y := \mathsf{I} \cup RY \ \underline{\mathtt{od}};$$
$$\underline{\mathtt{return}} \ X$$

Abbildung 10.2: Programm $\mathtt{RTC}_2$

Wie bei $\underline{\mathtt{RTC}}_1$ gilt: Terminiert die $\underline{\mathtt{while}}$-Schleife, so besitzt die Variable X anschließend die reflexiv-transitive Hülle R^* als ihren Wert.

Es sei nun, zur asymptotischen Abschätzung des Aufwands, R eine konkrete Relation des Typs $[M \leftrightarrow M]$ mit einer endlichen Menge M und es sei m die Kardinalität von M. Dann wird, wegen der für alle $i > 0$ einfach durch Induktion beweisbaren Gleichung

$$\delta_R^i(\mathsf{O}) \ = \ \bigcup_{j=0}^{i-1} R^j, \tag{$*$}$$

die $\underline{\mathtt{while}}$-Schleife des relationalen Programms von Abbildung 10.2 größenordnungsmäßig $\mathcal{O}(m)$-mal durchlaufen, was in der Standardimplementierung von Relationen durch Boolesche Matrizen zu einem $\mathcal{O}(m^4)$-Algorithmus führt. □

Die Abbildung δ_R ist nicht nur monoton, sondern, wie man unter Verwendung der Distributivität der relationalen Komposition über beliebige Vereinigungen leicht verifiziert, sogar $\cup$-stetig. Aus der obigen Gleichung $(*)$ folgt damit mit dem Fixpunktsatz 3.1.5 für stetige Abbildungen die Gleichheit

$$R^* \ = \ \mu_{\delta_R} \ = \ \bigcup_{i \geq 0} \delta_R^i(\mathsf{O}) \ = \ \bigcup_{i \geq 0} \bigcup_{j=0}^{i-1} R^j \ = \ \bigcup_{j \geq 0} R^j,$$

also die bekannte und auch schon erwähnte Darstellung von R^*. Im Vergleich zur Originalabbildung τ_R führt die Verwendung der Abbildung δ_R zwar zu einem langsameren

Algorithmus, der Vorteil von δ_R gegenüber τ_R ist jedoch seine bessere Handhabbarkeit bei Beweisen und seine Anwendung beim Erreichbarkeitsproblem. Letztere ist bei τ_R nicht möglich. An dieser Stelle ist auch eine Bemerkung zum Beweis der Gleichung $R^+ = RR^*$ ohne die Verwendung von natürlichen Zahlen, also ohne die Verwendung von $R^* = \bigcup_{j\geq 0} R^j$ und $R^+ = \bigcup_{j\geq 1} R^j$, angebracht. Analog zur Darstellung $R^* = \mu_{\delta_R}$ kann man R^+ durch $R^+ = \mu_{\delta'_R}$ mit $\delta'_R(X) = R \cup RX$ darstellen. Der Beweis der Gleichung $\mu_{\delta'_R} = R\mu_{\delta_R}$ ist nun eine einfache Anwendung des Transfer-Lemmas 3.1.7; seine Durchführung wird dem Leser als Übung empfohlen. Ebenso sei dem Leser nahegelegt, zu Übungszwecken die Gleichung $R^* = I \cup R^+$ mittels der Fixpunktdarstellungen der beiden Hüllen zu verifizieren.

Bevor wir einen dritten und im Vergleich zum Algorithmus 10.1.4 noch schnelleren Algorithmus für R^* angeben, brauchen wir zwei Eigenschaften der reflexiv-transitiven Hülle.

10.1.7 Satz Es seien R und S homogene Relationen und v ein Vektor. Dann gilt:

1. $(R \cup S)^* = R^*(SR^*)^* = (R^*S)^*R^*$

2. $(vv^{\mathsf{T}}R)^* = I \cup vv^{\mathsf{T}}R$ $\square$

Auf den formalen Beweis der Gleichungen (1) wollen wir verzichten. Verwendet man die Hüllendarstellungen mit natürlichen Zahlen, also $R^* = \bigcup_{i\geq 0} R^i$ und $S^* = \bigcup_{i\geq 0} S^i$, so wird beispielsweise die linke Gleichheit von (1) plausibel mittels der Rechnung

$$(R \cup S)^* = \bigcup_{i\geq 0}(R \cup S)^i = \bigcup_{i\geq 0}R^*(SR^*)^i = R^*(SR^*)^*,$$

wenn man bei der zweiten Gleichheit nach S sortiert. Einen rein relationenalgebraischen Beweis von (1), der sich nur auf Fixpunkttheorie und die Abbildung δ_R von Satz 10.1.5 stützt und die Verwendung von natürlichen Zahlen vermeidet, findet man in dem Artikel „Fixed point calculus" von der MPC-Group der Universität Eindhoven, der in der Zeitschrift Information Processing Letters, Band 53, von Seite 131 bis 136 im Jahr 1995 publiziert wurde. Dieser Beweis basiert auf einer speziellen Fixpunktregel für binäre monotone Operatoren, der sogenannten *Diagonal-Regel*. Der (relationenalgebraische) Beweis von Gleichung (2) ist hingegen einfach; er ist eine unmittelbare Folge der Transitivität von $vv^{\mathsf{T}}R$.

Wir kommen nun zum schon angekündigten dritten Hüllenalgorithmus.

10.1.8 Algorithmus (Ein dritter Hüllenalgorithmus) Es sei wiederum R eine homogene Relation. Der nun zu besprechende Algorithmus basiert auf dem Ansatz, daß man, falls R eine konkrete Relation ist, zu Knoten x und y des gerichteten Graphen g mit Relation R und einer Teilmenge N von Knoten testet, ob es einen Weg $\langle x = x_0, \ldots, x_n = y\rangle$, $n > 0$ gibt, dessen innere Knoten $x_1, \ldots, x_{n-1}$ in der Menge N enthalten sind. Hat man dieses allgemeinere Problem gelöst, so hat man auch das Problem gelöst, ob es von x nach y einen Weg gibt, d.h. R^+_{xy} gilt. Man wähle dazu nur N als Menge aller Knoten.

Relationenalgebraisch läßt sich die eben erwähnte Einbettung der R^+-Berechnung in das allgemeinere Problem sehr elegant beschreiben. Dazu sei zu einem gegebenen Vektor v

durch $\mathsf{I}_v = \mathsf{I} \cap vv^\mathsf{T}$ die durch v induzierte partielle Identität definiert. Sowohl v als auch I_v beschreiben also im Fall von konkreten Relationen die gleiche Menge. Definiert man nun mittels der Gleichung

$$Q \;=\; R(\mathsf{I}_v R)^*$$

eine Relation Q, so gilt Q_{xy} genau dann, wenn es im gerichteten Graphen g mit Relation R einen Weg von x nach y mit mindestens einem Pfeil gibt, dessen innere Knoten in der durch v beschriebenen Menge enthalten sind. Zur Entwicklung eines relationalen Programms benutzen wir Q und v als Variablen und die obige Gleichung als Schleifeninvariante $Inv(Q, v)$.

Eine Initialisierung von Q und v, die $Inv(Q, v)$ wahr macht, ist trivial. Wegen

$$\begin{aligned}
R \;&=\; R\mathsf{O}^* &&\text{da } \mathsf{I} = \mathsf{O}^* \\
&=\; R(\mathsf{O}R)^* \\
&=\; R(\mathsf{I}_\mathsf{O} R)^* &&\text{da } \mathsf{I}_\mathsf{O} = \mathsf{I} \cap \mathsf{O}\mathsf{O}^\mathsf{T} = \mathsf{O}
\end{aligned}$$

haben wir $Inv(R, \mathsf{O})$, also Q mit R und v mit dem Nullvektor O vorzubesetzen.

Die auf diese Initialisierung von Q und v folgende <u>while</u>-Schleife muß genau solange ausgeführt werden, bis $v = \mathsf{L}$ gilt. Zusammen mit der Schleifeninvariante $Inv(Q, v)$ impliziert dies nämlich die Gleichung $Q = R(\mathsf{I}_\mathsf{L} R)^* = R(\mathsf{I}R)^* = RR^* = R^+$. Somit bekommen wir R^* durch eine der Initialisierung und der <u>while</u>-Schleife folgende Zuweisung $Q := Q \cup \mathsf{I}$.

Nachdem wir die Initialisierung, die Schleifenbedingung und die abschließende Zuweisung entwickelt haben, bleibt noch die Aufgabe, einen Schleifenrumpf zu entwickeln, der zur Terminierung führt und, unter $v \neq \mathsf{L}$, die Gültigkeit der Schleifeninvariante aufrechterhält. Es sei also $v \neq \mathsf{L}$ und es gelte $Q = R(\mathsf{I}_v R)^*$. Aufgrund der Initialisierung bietet es sich an, v zu vergrößern, also von v zu $v \cup p$ überzugehen, wobei $p \subseteq \overline{v}$ ein im Komplement von v enthaltener Punkt ist. Ist die Trägermenge von R endlich, so führt diese echte Vergrößerung von v zu $v \cup p$ schließlich irgendwann zur Terminierung. Als nächstes bestimmen wir für den neuen Vektor $v \cup p$ die von ihm induzierte partielle Identität aus der von v induzierten partiellen Identität. Die entsprechende Rechnung ist nachfolgend angegeben:

$$\begin{aligned}
\mathsf{I}_{v \cup p} \;&=\; \mathsf{I} \cap (v \cup p)(v \cup p)^\mathsf{T} &&\text{Definition } \mathsf{I}_v \\
&=\; \mathsf{I} \cap (vv^\mathsf{T} \cup pp^\mathsf{T}) &&vp^\mathsf{T} \subseteq \overline{\mathsf{I}} \text{ und } pv^\mathsf{T} \subseteq \overline{\mathsf{I}} \text{ (Schröder und } p \subseteq \overline{v}) \\
&=\; (\mathsf{I} \cap vv^\mathsf{T}) \cup pp^\mathsf{T} &&pp^\mathsf{T} \subseteq \mathsf{I} \\
&=\; \mathsf{I}_v \cup pp^\mathsf{T} &&\text{Definition } \mathsf{I}_v
\end{aligned}$$

Schließlich rechnen wir noch die Veränderung von Q aus. Aus

$$\begin{aligned}
R(\mathsf{I}_{v \cup p} R)^* \;&=\; R((\mathsf{I}_v \cup pp^\mathsf{T})R)^* &&\text{eben bewiesene Gleichung} \\
&=\; R(\mathsf{I}_v R \cup pp^\mathsf{T} R)^* \\
&=\; R(\mathsf{I}_v R)^* (pp^\mathsf{T} R(\mathsf{I}_v R)^*)^* &&\text{Satz 10.1.7.1} \\
&=\; Q(pp^\mathsf{T} Q)^* &&\text{Annahme } Inv(Q, v) \\
&=\; Q(\mathsf{I} \cup pp^\mathsf{T} Q) &&\text{Satz 10.1.7.2} \\
&=\; Q \cup Qpp^\mathsf{T} Q
\end{aligned}$$

bekommen wir $Inv(Q \cup Qpp^\mathsf{T}Q, v \cup p)$, also daß man Q zu $Q \cup Qpp^\mathsf{T}Q$ abändern muß, damit die Schleifeninvariante bei gleichzeitiger Veränderung von v zu $v \cup p$ gültig bleibt.

Insgesamt haben wir also bewiesen, daß (nach einer Sequentialisierung der kollateralen Zuweisungen) das folgende relationale Programm die reflexiv-transitive Hülle berechnet:

$$rtc_3(R);$$
$$Q := R;$$
$$v := \mathsf{O};$$
$$\underline{\text{while }} v \neq \mathsf{L} \underline{\text{ do}}$$
$$\quad p := \mathsf{point}(\overline{v});$$
$$\quad Q := Q \cup Qpp^\mathsf{T}Q;$$
$$\quad v := v \cup p \underline{\text{ od}};$$
$$Q := Q \cup \mathsf{I};$$
$$\underline{\text{return }} Q$$

Abbildung 10.3: Programm RTC$_3$

Nun sei R eine konkrete Relation auf einer endlichen Menge M mit m als ihre Kardinalität. Dann wird die $\underline{\text{while}}$-Schleife offensichtlich genau m-mal durchlaufen. In der schon zweimal erwähnten Standardimplementierung für Relationen durch Boolesche Matrizen sind sowohl die Booleschen Vektoren Qp und $p^\mathsf{T}Q$ (letzteres ist ein Boolescher Zeilenvektor!) als auch ihr dyadisches Produkt $(Qp)(p^\mathsf{T}Q)$ mit Aufwand $\mathcal{O}(m^2)$ berechenbar. Die Gesamtkomplexität von RTC$_3$ ist somit $\mathcal{O}(m^3)$. □

Faßt man, zu $R : M \leftrightarrow M$ wie eben betrachtet, einen Punkt $p : M \leftrightarrow \mathbb{1}$ als Knoten des gerichteten Graphen $g = (M, R)$ auf, so stellt man unmittelbar fest, daß die Relation $Qpp^\mathsf{T}Q$ alle Vorgänger Qp von p mit allen Nachfolgern $Q^\mathsf{T}p$ von p in Verbindung setzt. Bei der Implementierung von RTC$_3$ in einer gängigen Programmiersprache speichert man die Relation Q normalerweise in einem Booleschen Feld mit überschreibbaren Komponenten ab. Damit ist die Zuweisung $Q := Q \cup Qpp^\mathsf{T}Q$ durch zwei geschachtelte Schleifen realisierbar; in der Regel verwendet man hier $\underline{\text{for}}$-Schleifen. Auch das Durchlaufen aller Knoten p von M wird bei einer Feldimplementierung normalerweise mit einer $\underline{\text{for}}$-Schleife mit der Laufvariablen p erledigt. In dieser Form sieht dann das obige Programm wie folgt aus:

$$\underline{\text{for }} p := 1 \underline{\text{ to }} m \underline{\text{ do}}$$
$$\quad \underline{\text{for }} j := 1 \underline{\text{ to }} m \underline{\text{ do}}$$
$$\quad\quad \underline{\text{for }} k := 1 \underline{\text{ to }} m \underline{\text{ do}}$$
$$\quad\quad\quad Q[j,k] := Q[j,k] \vee (Q[j,p] \wedge Q[p,k]) \underline{\text{ od od od}};$$
$$\underline{\text{for }} p := 1 \underline{\text{ to }} m \underline{\text{ do}}$$
$$\quad Q[p,p] := \mathsf{true} \underline{\text{ od}}$$

In dieser Version mit den drei ineinandergeschachtelten Schleifen zur Berechnung der transitiven Hülle und der nachfolgenden Schleife zur Realisierung der fehlenden Reflexivität des Ergebnisses ist das obige relationale Programm RTC$_3$ als Algorithmus von B. Roy und S. Warshall in der Literatur bekannt.

Wir beenden diesen Abschnitt mit dem folgenden Satz, der angibt, wie man die Berechnung von. $(R \cup S)^*$ unter gewissen Umständen auf die von R^* reduzieren kann.

10.1.9 Satz Es seien $R, S \in \mathfrak{R}_{mm}$ mit $SLS \subseteq S$. Dann gilt

$$(R \cup S)^* = R^* \cup R^* S R^*.$$

Beweis: Aufgrund von $SR^* SR^* \subseteq SLSR^* \subseteq SR^*$ erhalten wir

$$
\begin{aligned}
(R \cup S)^* &= R^*(SR^*)^* && \text{Satz 10.1.7.1}\\
&= R^*(I \cup (SR^*)^+)\\
&= R^*(I \cup SR^*) && \text{weil } (SR^*)^+ = SR^*\\
&= R^* \cup R^* SR^*,
\end{aligned}
$$

denn die Transitivität von SR^* impliziert $(SR^*)^+ = SR^*$. $\square$

Wegen $O^* = I$ und $pp^\mathsf{T} RL pp^\mathsf{T} R \subseteq pp^\mathsf{T} R$ für alle Punkte p erlaubt dieser Satz beispielsweise eine Berechnung der reflexiv-transitiven Hülle von R durch den schrittweisen Aufbau von R Zeile für Zeile. Statt Zeilen kann man auch Spalten verwenden. Wir werden Satz 10.1.9 später in einem anderen Kontext verwenden.

10.2   Erreichbarkeitsalgorithmen

Gegeben sei ein Graph $g = (V, R)$. Dann ist zu $N \subseteq V$ die Menge der von N aus erreichbaren Knoten definiert als $\{y \in V \mid \exists x : R^*_{xy} \wedge x \in N\}$. Nimmt man nun N durch einen Vektor $v : V \leftrightarrow \mathbb{1}$ dargestellt an, so wird (wegen $(R^*)^\mathsf{T} = (R^\mathsf{T})^*$) die Bedingung der Mengenkomprehension zu $((R^\mathsf{T})^* v)_y$. Folglich beschreibt der Vektor $(R^\mathsf{T})^* v : V \leftrightarrow \mathbb{1}$ die von v aus erreichbaren Knoten in komponentenfreier Weise und wir definieren deshalb:

10.2.1 Definition Zu einem Vektor v heißt der Vektor $\mathsf{Reach}(R, v) = (R^\mathsf{T})^* v$ der Vektor der von v aus *R-erreichbaren Elemente*. $\square$

Sind die Relation R und der Vektor v auf einer endlichen Menge definiert, so ist $\mathsf{Reach}(R, v)$ in dieser Definition algorithmisch spezifiziert und mit Hilfe von <u>RTC</u>$_3$ in kubischer Zeit berechenbar. Diese Berechnungsweise ist jedoch sehr nachteilig, wenn man es mit Relationen mit wenigen Paaren und/oder „dünnen" Graphen zu tun hat und diese sparsam repräsentiert werden, beispielsweise durch die Listen der Nachfolger. In solchen Fällen möchte man die Berechnung der eventuell „dicken" reflexiv-transitiven Hülle vermeiden und statt dessen nur mit R und Knotenmengen, relational also Vektoren, arbeiten. In diesem Abschnitt demonstrieren wir, wie dies möglich ist. Grundlegend hierzu ist die folgende Eigenschaft:

10.2.2 Satz Für eine homogene Relation $R \in \mathfrak{R}_{mm}$ und einen Vektor $v \in \mathfrak{V}_{mn}$ sei die Abbildung $\rho_{R,v} : \mathfrak{V}_{mn} \to \mathfrak{V}_{mn}$ durch

$$\rho_{R,v}(x) = v \cup R^\mathsf{T} x$$

definiert. Dann ist $\rho_{R,v}$ monoton und es gilt die Gleichung $\mathsf{Reach}(R,v) = \mu_{\rho_{R,v}}$.

Beweis: Die Monotonie von $\rho_{R,v}$ ist trivial zu verifizieren und die angegebene Gleichung beweist man folgendermaßen: Für die Abbildung $\delta_{R^\mathsf{T}}(X) = \mathsf{I} \cup R^\mathsf{T} X$ gilt nach Satz 10.1.5.2 die Gleichung $\mu_{\delta_{R^\mathsf{T}}} = (R^\mathsf{T})^*$. Also haben wir $\mu_{\delta_{R^\mathsf{T}}} v = \mu_{\rho_{R,v}}$ zu beweisen. Mit Blick auf das Transfer-Lemma 3.1.7 definieren wir dazu die „Transfer-Abbildung" h durch

$$h(X) = Xv.$$

Dann gilt offensichtlich die Gleichung $h(\mathsf{O}) = \mathsf{O}$ und, weiterhin, auch die Gleichung

$$
\begin{aligned}
h(\delta_{R^\mathsf{T}}(X)) &= (\mathsf{I} \cup R^\mathsf{T} X)v && \text{Definition von } \delta_{R^\mathsf{T}} \text{ und } h \\
&= v \cup R^\mathsf{T} Xv && \text{Distributivität} \\
&= \rho_{R,v}(h(X)) && \text{Definition von } h \text{ und } \rho_{R,v}
\end{aligned}
$$

für alle Relationen $X \in \mathfrak{R}_{mm}$. Da alle drei Abbildungen δ_{R^T}, h und $\rho_{R,v}$ offensichtlich auch $\cup$-stetig sind, ist das Transfer-Lemma 3.1.7 anwendbar und liefert das gewünschte Resultat $\mu_{\delta_{R^\mathsf{T}}} v = h(\mu_{\delta_{R^\mathsf{T}}}) = \mu_{\rho_{R,v}}$. $\qquad\square$

Wir haben die Abbildung $\rho_{R,v}$ in diesem Satz direkt angegeben. Mittels der aus der funktionalen Programmierung bekannten Technik des Expandierens und Komprimierens kann man $\rho_{R,v}$ auch wie folgt herleiten:

$$
\begin{aligned}
(R^\mathsf{T})^* v &= (\mathsf{I} \cup R^\mathsf{T}(R^\mathsf{T})^*)v && \text{Eigenschaft } (R^\mathsf{T})^* \\
&= v \cup R^\mathsf{T}(R^\mathsf{T})^* v && \text{Distributivität}
\end{aligned}
$$

Nun ersetzt man den Ausdruck $(R^\mathsf{T})^* v$ durch x und bekommt dadurch die Fixpunktgleichung $x = \rho_{R,v}(x)$. Der Vektor der erreichbaren Elemente sollte nun eigentlich die kleinste Lösung dieser Gleichung sein, da auch $(R^\mathsf{T})^*$ die kleinste Lösung von $X = \mathsf{I} \cup R^\mathsf{T} X$ ist. Auf dieser letzten Annahme basiert die Formulierung von Satz 10.2.2.

10.2.3 Algorithmus (Ein erster Erreichbarkeitsalgorithmus) Es sei R eine homogene Relation. Nach Satz 10.2.2 ist der Vektor $\mathsf{Reach}(R,v)$ der kleinste Fixpunkt der monotonen Abbildung $\rho_{R,v}(x) = v \cup R^\mathsf{T} x$. Eine Instantiierung des Schemas <u>COMP</u>$_\mu$ liefert also das folgende Programm und dieses speichert, sofern seine <u>while</u>-Schleife terminiert, am Ende in der Variablen x den Erreichbarkeitsvektor $(R^\mathsf{T})^* v$ ab:

$$
\begin{aligned}
&reach_1(R,v); \\
&x := \mathsf{O}; \\
&y := v; \\
&\underline{\text{while }} x \neq y \ \underline{\text{do}} \\
&\quad x := y \\
&\quad y := v \cup R^\mathsf{T} y \ \underline{\text{od}}; \\
&\underline{\text{return }} x
\end{aligned}
$$

Abbildung 10.4: Programm <u>REACH</u>$_1$

Man beachte, daß das relationale Programm REACH₁ von Abbildung 10.4 nur mit Variablen für Vektoren auskommt, während der Berechnung die reflexiv-transitive Hülle also nicht verwendet, und somit der anfangs gestellten Anforderung der Vermeidung des „großen" Zwischenergebnisses genügt.

Es ist leicht zu zeigen, daß im Falle einer konkreten Relation $R : M \leftrightarrow M$ mit M endlich und $m := |M|$ Terminierung der while-Schleife vorliegt und $\mathcal{O}(m^3)$ die Zeitkomplexität von REACH₁ bei der Matrizen-Standardimplementierung von Relationen ist.   □

Wir wollen nun noch einen zweiten Erreichbarkeitsalgorithmus entwickeln, welcher der bekannten Breitensuche auf Graphen entspricht und – in einer gängigen Programmiersprache entsprechend implementiert – effizienter als das Programm REACH₁ ist. Dabei beginnen wir die Entwicklung mit einer Umformulierung der Anforderung an das Resultat. Diese wird in dem nächsten Satz formuliert.

10.2.4 Satz Für eine homogene Relation $R \in \mathfrak{R}_{mm}$ und zwei Vektoren $u, v \in \mathfrak{V}_{mn}$ gilt $u = \mathsf{Reach}(R, v)$ genau dann, wenn $v \subseteq u \subseteq (R^\mathsf{T})^* v$ und $R^\mathsf{T} u \subseteq u$.

Beweis: „$\Longrightarrow$" Die erste Inklusion verwendet im linken Teil $v \subseteq u$ die Voraussetzung $u = (R^\mathsf{T})^* v$ und $\mathsf{I} \subseteq (R^\mathsf{T})^*$; ihr rechter Teil $u \subseteq (R^\mathsf{T})^* v$ ist trivial.

Aus $R^\mathsf{T} u = R^\mathsf{T}(R^\mathsf{T})^* v = (R^\mathsf{T})^+ v \subseteq (R^\mathsf{T})^* v = u$ folgt die zweite Inklusion.

„$\Longleftarrow$" Beim Beweis der Gleichung $u = (R^\mathsf{T})^* v$ ist die Inklusion „$\subseteq$" vorgegeben. Die nun folgende Rechnung

$$
\begin{aligned}
v \subseteq u, R^\mathsf{T} u \subseteq u \quad &\Longrightarrow \quad v \cup R^\mathsf{T} u \subseteq u \\
&\Longleftrightarrow \quad \rho_{R,v}(u) \subseteq u && \text{Definition } \rho_{R,v} \\
&\Longrightarrow \quad \mu_{\rho_{R,v}} \subseteq u && \text{Fixpunktsatz (Induktionsregel)} \\
&\Longleftrightarrow \quad (R^\mathsf{T})^* v \subseteq u && \text{Satz 10.2.2}
\end{aligned}
$$

zeigt die verbleibende Inklusion.   □

Nach dieser Vorarbeit können wir nun die Algorithmenentwicklung angehen. Wir verwenden wiederum die Invariantenmethode.

10.2.5 Algorithmus (Ein zweiter Erreichbarkeitsalgorithmus) Es seien wiederum R eine homogene Relation und v ein Vektor. Wir wollen eine while-Programm mit einer Variablen u entwickeln, so daß u nach dessen Abarbeitung den Wert $\mathsf{Reach}(R, v)$ besitzt, also, nach Satz 10.2.4, die Eigenschaften $v \subseteq u \subseteq (R^\mathsf{T})^* v$ und $R^\mathsf{T} u \subseteq u$ erfüllt.

In einem ersten Ansatz bietet es sich an, $v \subseteq u \subseteq (R^\mathsf{T})^* v$ als Schleifeninvariante und $R^\mathsf{T} u \subseteq u$ als Negation der Schleifenbedingung zu verwenden. Die Inklusion $R^\mathsf{T} u \subseteq u$ ist äquivalent zur Gleichung $R^\mathsf{T} u \cap \overline{u} = \mathsf{O}$. Aus Effizienzgründen halten wir den Wert von $R^\mathsf{T} u \cap \overline{u}$ in einer weiteren Variablen w fest. Dies führt zur Konjunktion der Formeln

$$
v \subseteq u \subseteq (R^\mathsf{T})^* v \qquad\qquad w = R^\mathsf{T} u \cap \overline{u}
$$

als Schleifeninvariante $Inv(u, w)$ und $w \neq O$ als Bedingung für die `while`-Schleife. In Worten beschreibt $Inv(u, v)$, daß u eine Teilmenge der von v aus erreichbaren Knoten beschreibt und w die Menge der unmittelbaren Nachfolger von u beschreibt, die nicht in u liegen (d.h. die „echte" Nachfolger von u sind).

Die Initialisierung der Variablen ist trivial. Wegen $v \subseteq v \subseteq (R^\mathsf{T})^* v$ und $R^\mathsf{T} v \cap \overline{v} = R^\mathsf{T} v \cap \overline{v}$ gilt die Schleifeninvariante $Inv(u, v)$, wenn die Variable u mit v und die Variable w mit $R^\mathsf{T} v \cap \overline{v}$ initialisiert wird.

Zur Entwicklung des Rumpfes gelte nun die Schleifenbedingung $w \neq O$ und auch die Schleifeninvariante $Inv(u, w)$. Geleitet durch die obige wörtliche Beschreibung der Schleifeninvariante bietet es sich an, u um w zu vergrößern. Damit wird der erste Teil von $Inv(u, v)$ aufrechterhalten, wie die folgende Rechnung zeigt:

$$
\begin{aligned}
v \;\subseteq\;\; & u & \text{wegen } Inv(u, w) \\
\subseteq\;\; & u \cup w \\
\subseteq\;\; & (R^\mathsf{T})^* v \cup w & \text{wegen } Inv(u, w) \\
\subseteq\;\; & (R^\mathsf{T})^* v \cup R^\mathsf{T} u & \text{wegen } Inv(u, w) \\
\subseteq\;\; & (R^\mathsf{T})^* v \cup R^\mathsf{T} (R^\mathsf{T})^* v & \text{wegen } Inv(u, w) \\
=\;\; & (R^\mathsf{T})^* v & R^\mathsf{T}(R^\mathsf{T})^* v = (R^\mathsf{T})^+ v \subseteq (R^\mathsf{T})^* v
\end{aligned}
$$

Offensichtlich wird der zweite Teil der Schleifeninvariante $Inv(u, v)$ wahr, wenn wir w gleichzeitig durch $R^\mathsf{T}(u \cup w) \cap \overline{(u \cup w)}$ ersetzen. Dies heißt, wir sammeln in w alle echten Nachfolger von $u \cup w$. Es genügt aber, in w alle Nachfolger nur von w (statt von $u \cup w$) aufzusammeln, die nicht in $u \cup w$ liegen. Hier ist der Beweis:

$$
\begin{aligned}
R^\mathsf{T}(u \cup w) \cap \overline{u \cup w} \;=\;\; & R^\mathsf{T}(u \cup w) \cap \overline{u} \cap \overline{w} \\
=\;\; & (R^\mathsf{T} u \cup R^\mathsf{T} w) \cap \overline{u} \cap \overline{w} \\
=\;\; & ((R^\mathsf{T} u \cap \overline{u}) \cup (R^\mathsf{T} w \cap \overline{u})) \cap \overline{w} \\
=\;\; & (w \cup (R^\mathsf{T} w \cap \overline{u})) \cap \overline{w} & \text{wegen } Inv(u, w) \\
=\;\; & (w \cap \overline{w}) \cup (R^\mathsf{T} w \cap \overline{u} \cap \overline{w}) \\
=\;\; & R^\mathsf{T} w \cap \overline{u \cup w}
\end{aligned}
$$

Insgesamt haben wir also: Gelten die Schleifenbedingung $w \neq O$ und die Schleifeninvariante $Inv(u, w)$, so gilt auch $Inv(u \cup w, R^\mathsf{T} w \cap \overline{u \cup w})$.

Wenn wir die kollaterale Zuweisung des Schleifenrumpfes so sequentialisieren, daß erst u zu $u \cup w$ abgeändert wird, so erhalten wir schließlich das folgende Programm:

$$
\begin{aligned}
& reach_2(R, v); \\
& \quad u := v; \\
& \quad w := R^\mathsf{T} v \cap \overline{v}; \\
& \quad \underline{\text{while }} w \neq O \underline{\text{ do}} \\
& \quad\quad u := u \cup w \\
& \quad\quad w := R^\mathsf{T} w \cap \overline{u} \underline{\text{ od}}; \\
& \quad \underline{\text{return }} u
\end{aligned}
$$

Abbildung 10.5: Programm REACH₂

Terminiert dieses Programm, so hat nach Beendigung die Variable u den Wert $\mathsf{Reach}(R, v)$. Für eine konkrete Relation $R : M \leftrightarrow M$ auf einer endlichen Menge gilt immer Terminierung. Der Vektor u wird nämlich bei jedem Durchlauf der Schleife echt vergrößert, so daß irgendwann die Gleichung $u = \mathsf{L}$, d.h. die Bedingung $w = \mathsf{O}$ gilt. Damit ist die Terminierungsbedingung der `while`-Schleife erreicht.

Der eben hergeleitete Algorithmus entspricht im wesentlichen dem RELVIEW-Programm `reach` von Abschnitt 9.4. Daß $\underline{\text{REACH}}_2$ tatsächlich eine Breitensuche durchführt, folgt daraus, daß in jeder Iteration der `while`-Schleife die Menge der schon erreichten Knoten durch seine echten Nachfolger vergrößert wird. Die schon erreichten Knoten werden dabei durch den Vektor u dargestellt, die echten Nachfolger durch den Vektor w. Implementiert man die Relation R durch ein Feld von Nachfolgerlisten und alle Vektoren durch Boolesche Felder, so liegt die Laufzeit von $\underline{\text{REACH}}_2$ in $\mathcal{O}(|R|)$. $\square$

Wir wollen zum Ende dieses Abschnitts noch zeigen, wie man das Programm von Abbildung 10.5 mit Hilfe von Fixpunkttheorie statt der Invariantenmethode herrechnen kann. Dazu betrachten wir zu einer (bis zum Ende dieses Abschnitts als global unterstellten) homogenen Relation $R \in \mathfrak{R}_{mm}$ die Abbildung

$$f_R(u, v) \;\; = \;\; u \cup \mathsf{Reach}(R \cap \mathsf{L}\overline{u}^{\mathsf{T}}, v) \tag{$\dagger$}$$

der Funktionalität $f_R : \mathfrak{V}_{mn} \times \mathfrak{V}_{mn} \to \mathfrak{V}_{mn}$. Durch komponentenweise Betrachtung macht man sich sofort klar, daß im konkreten Fall eines gerichteten Graphen $g = (M, R)$ und bei einer Identifizierung der Vektoren und der durch sie dargestellten Knotenmengen die Abbildung $f_R(u, v)$ diejenigen Knoten bestimmt, welche in u enthalten sind oder von v aus auf einem Weg erreicht werden, der nicht durch u führt. Die Zurückführung von Reach auf die Abbildung f_R und der Terminierungsfall von f_R sind klar:

10.2.6 Satz Für die in ($\dagger$) definierte Abbildung f_R und für alle Vektoren $u, v \in \mathfrak{V}_{mn}$ gelten die folgenden beiden Eigenschaften:

1. $\mathsf{Reach}(R, v) = f_R(\mathsf{O}, v)$

2. $f_R(u, \mathsf{O}) = u$ $\square$

Es verbleibt also noch die Aufgabe, eine Rekursion für f_R zu entwickeln, wobei die Terminierung, wegen Satz 10.2.6, durch das zweite Argument v gesteuert wird. Grundlegend hierzu ist:

10.2.7 Satz Wir betrachten die in ($\dagger$) definierte Abbildung f_R. Dann gelten die folgenden beiden Eigenschaften:

1. Es gilt $f_R(u, v) = u \cup \mu_{\gamma_R(u,v)}$, wobei die $\cup$-stetige Abbildung $\gamma_R(u, v) : \mathfrak{V}_{mn} \to \mathfrak{V}_{mn}$ definiert ist durch[2]
$$\gamma_R(u, v)(x) \;\; = \;\; v \cup (R^{\mathsf{T}}x \cap \overline{u}).$$

---

[2]Bei γ_R handelt es sich also um eine Abbildung vom direkten Produkt $\mathfrak{V}_{mn} \times \mathfrak{V}_{mn}$ in die Menge $\mathfrak{V}_{mn}^{\mathfrak{V}_{mn}}$ aller Abbildungen auf $\mathfrak{V}_{mn}$.

2. Für die in (1) verwendete Abbildung γ_R gilt die Gleichung

$$\overline{u} \cap \overline{v} \cap R^{\mathsf{T}} \mu_{\gamma_R(u,v)} \;=\; \mu_{\gamma_R(u \cup v,\, \overline{u \cup v} \cap R^{\mathsf{T}} v)}.$$

Beweis: Da die $\cup$-Stetigkeit von $\gamma_R(u,v)$ für alle Vektoren u und v trivial ist, beweisen wir nur die in (1) und (2) angegebenen Gleichungen.

1. Es seien $u, v \in \mathfrak{V}_{mn}$. Dann gilt die folgende Gleichheit:

$$
\begin{aligned}
f_R(u,v) \;&=\; u \cup \mathsf{Reach}(R \cap \mathsf{L}\overline{u}^{\mathsf{T}}, v) & \text{Definition } f_R \\
&=\; u \cup \mu_{\rho_{(R \cap \mathsf{L}\overline{u}^{\mathsf{T}}),v}} & \text{Satz 10.2.2}
\end{aligned}
$$

Der Rest des Beweises folgt nun aus der nachstehenden Rechnung:

$$
\begin{aligned}
\rho_{(R \cap \mathsf{L}\overline{u}^{\mathsf{T}}),v}(x) \;&=\; v \cup (R \cap \mathsf{L}\overline{u}^{\mathsf{T}})^{\mathsf{T}} x & \text{Satz 10.2.2} \\
&=\; v \cup (R^{\mathsf{T}} \cap \overline{u}\mathsf{L})x \\
&=\; v \cup (R^{\mathsf{T}} x \cap \overline{u}) & \text{Satz 9.1.3.2, } \overline{u} \text{ Vektor} \\
&=\; \gamma_R(u,v)(x) & \text{Definition } \gamma_R(u,v)
\end{aligned}
$$

2. Wir verwenden, geleitet durch die Behauptung, das Transfer-Lemma 3.1.7 mit

$$h(x) = \overline{u} \cap \overline{v} \cap R^{\mathsf{T}} x$$

als „Transfer-Abbildung". Offensichtlich gilt $h(\mathsf{O}) = \mathsf{O}$. Wie schon bemerkt, sind die Abbildungen $\gamma_R(u,v)$ und $\gamma_R(u \cup v, \overline{u \cup v} \cap R^{\mathsf{T}} v)$ beide $\cup$-stetig. Auch h ist $\cup$-stetig. Wegen der Gleichung

$$
\begin{aligned}
h(\gamma_R(u,v)(x)) \;&=\; \overline{u} \cap \overline{v} \cap R^{\mathsf{T}}(v \cup (R^{\mathsf{T}} x \cap \overline{u})) & \text{Def. } h, \gamma_R(u,v) \\
&=\; \overline{u \cup v} \cap R^{\mathsf{T}}(v \cup (R^{\mathsf{T}} x \cap \overline{u} \cap \overline{v})) \\
&=\; \overline{u \cup v} \cap R^{\mathsf{T}}(v \cup h(x)) & \text{Def. } h \\
&=\; (\overline{u \cup v} \cap R^{\mathsf{T}} v) \cup (\overline{u \cup v} \cap R^{\mathsf{T}} h(x)) \\
&=\; \gamma_R(u \cup v, \overline{u \cup v} \cap R^{\mathsf{T}} v)(h(x)) & \text{Def. } \gamma_R
\end{aligned}
$$

ist schließlich auch noch die letzte Voraussetzung des Transfer-Lemmas 3.1.7 erfüllt und seine Anwendung bringt genau die gewünschte Gleichung. Das beendet den Beweis des Satzes. $\square$

Jetzt haben wir alles beisammen, um die fehlende Rekursion für die Abbildung f_R von ($\dagger$) beweisen zu können.

10.2.8 Satz Die in oben in ($\dagger$) definierte Abbildung $f_R : \mathfrak{V}_{mn} \times \mathfrak{V}_{mn} \to \mathfrak{V}_{mn}$. erfüllt für alle Vektoren $u, v \in \mathfrak{V}_{mn}$ die folgende Gleichung:

$$f(u,v) = f(u \cup v, \overline{u \cup v} \cap R^{\mathsf{T}} v)$$

Beweis: Wir gehen wie folgt vor:

$$
\begin{aligned}
f_R(u,v) \;&=\; u \cup \mu_{\gamma_R(u,v)} && \text{Satz 10.2.7.1}\\
&=\; u \cup \gamma_R(u,v)(\mu_{\gamma_R(u,v)}) && \mu_{\gamma_R(u,v)} \text{ Fixpunkt}\\
&=\; u \cup v \cup (R^{\mathsf T}\mu_{\gamma_R(u,v)} \cap \overline{u}) && \text{Definition } \gamma_R(u,v)\\
&=\; u \cup v \cup (R^{\mathsf T}\mu_{\gamma_R(u,v)} \cap \overline{u} \cap \overline{v}) && a \sqcup b = a \sqcup (b \sqcap \overline{a})\\
&=\; u \cup v \cup \mu_{\gamma_R(u\cup v,\,\overline{u\cup v}\cap R^{\mathsf T}v)} && \text{Satz 10.2.7.2}\\
&=\; f(u \cup v,\, \overline{u \cup v} \cap R^{\mathsf T}v) && \text{Satz 10.2.7.1} \qquad \square
\end{aligned}
$$

Die Kombination von Satz 10.2.6 und Satz 10.2.8 bringt nun ebenfalls den Breitensuche-Algorithmus zur Lösung des Erreichbarkeitsproblems. Die Gleichung von Satz 10.2.8 gilt nämlich insbesondere für $v \neq \mathsf{O}$. Wir bekommen also durch eine Fallunterscheidung die folgende Rekursion für die Abbildung f_R von (†):

$$
f_R(u,v) = \begin{cases} f_R(u \cup v,\, \overline{u \cup v} \cap R^{\mathsf T}v) & \text{falls } v \neq \mathsf{O}\\[4pt] u & \text{falls } v = \mathsf{O}. \end{cases}
$$

Da diese Rekursion keine sogenannte „nachklappernde Operation" nach dem rekursiven Aufruf besitzt (man spricht in diesem Zusammenhang auch von repetitiver oder endständiger Rekursion), kann man ihre Berechnung – zusammen mit dem die Berechnung initialisierenden Aufruf $f_R(\mathsf{O}, s)$ – sofort als <u>while</u>-Programm mit zwei kollateralen Zuweisungen bewerkstelligen. Die kollaterale Initialisierung der Variablen u und v entspricht dem Aufruf $f_R(\mathsf{O}, s)$ und die kollaterale Zuweisung des Schleifenrumpfes ergibt sich aus den Argumenten des rekursiven Aufrufs. Wir erhalten:

$$
\begin{aligned}
&(u,v) := (\mathsf{O}, s);\\
&\underline{\text{while}} \; v \neq \mathsf{O} \; \underline{\text{do}}\\
&\qquad (u,v) := (u \cup v,\, \overline{u \cup v} \cap R^{\mathsf T}v) \; \underline{\text{od}}
\end{aligned}
$$

Eine Sequentialisierung der beiden kollateralen Zuweisungen ist offensichtlich; man kann dabei sogar noch eine Vereinigungsoperation sparen. Wir erhalten schließlich ein Programm <u>REACH</u>$_3$, das fast identisch zum Programm <u>REACH</u>$_2$ von Abbildung 10.5 ist.

$$
\begin{aligned}
&reach_3(R, s);\\
&u := \mathsf{O};\\
&v := s;\\
&\underline{\text{while}} \; v \neq \mathsf{O} \; \underline{\text{do}}\\
&\quad u := u \cup v\\
&\quad v := R^{\mathsf T}v \cap \overline{u} \; \underline{\text{od}};\\
&\underline{\text{return}} \; u
\end{aligned}
$$

Abbildung 10.6: Programm <u>REACH</u>$_3$

Neben den Variablenbezeichnungen hat sich nur die Initialisierung geändert. Die Initialisierung von <u>REACH</u>$_2$ ergibt sich aber sofort, indem man in Programm <u>REACH</u>$_3$ die <u>while</u>-Schleife genau einmal „abrollt". Beide Programme der Abbildungen 10.5 und 10.6 sind also faktisch identisch.

10.3 Progressiv-endliche Relationen und Kreisfreiheit

Es sei $g = (V, R)$ ein gerichteter Graph mit Pfeilrelation $R : V \leftrightarrow V$. Dann nennt man einen Weg $\langle x_0, \ldots, x_n \rangle$ in g einen Kreis, falls $n > 0$ und $x_0 = x_n$ gelten. Orientiert man sich an der Darstellung der transitiven Hülle R^+ als $R^+ = \bigcup_{i>0} R^i$, so drückt die prädikatenlogische Formel $\exists x, y : R^+_{xy} \wedge x = y$ genau aus, daß in g ein Kreis existiert. Negiert man diese Formel zur Formel $\forall x, y : R^+_{xy} \Rightarrow \overline{\mathsf{I}}_{xy}$ und geht dann zu einer komponentenfreien Darstellung über, so gelangt man zu der folgenden relationenalgebraischen Definition, die wir schon in Abschnitt 9.4 erwähnt haben.

10.3.1 Definition Eine homogene Relation R heißt *kreisfrei*, falls $R^+ \subseteq \overline{\mathsf{I}}$ gilt. $\qquad\qquad\square$

Man beachte, daß in dieser Definition das Objekt „Kreis" als Sequenz von Knoten nicht vorkommt. Aus dieser Definition erhält man auch sofort einen Algorithmus zum Testen von Kreisfreiheit, indem man etwa R^+ durch das Programm $\mathtt{RTC_3}$ ohne die letzte Zuweisung $Q := Q \cup \mathsf{I}$ berechnet. Der Nachteil dieser Berechnungsweise ist, daß bei Relationen mit wenigen Paaren und/oder „dünnen" Graphen man auf die Berechnung der eventuell „dicken" transitiven Hülle zurückgreift und deren Berechnungskomplexität die Berechnungskomplexität des Tests auf Kreisfreiheit bestimmt. Nachfolgend zeigen wir, wie man diesen Nachteil vermeiden kann, und entwickeln einen Algorithmus, der die Kreisfreiheit mittels eines Programms mit Vektoren testet und die Berechnung der transitiven Hülle vermeidet.

Zuerst verallgemeinern wir kreisfreie zu progressiv-endlichen Relationen. Letztere sind Relationen R, die, in der Auffassung als gerichtete Graphen $g = (V, R)$, keine *unendlichen Wege* $\langle x_0, x_1, \ldots \rangle$ besitzen, also keine unendlichen Knotensequenzen $\langle x_i \rangle_{i \geq 0}$ mit $R_{x_i x_{i+1}}$ für alle natürlichen Zahlen i. Sie sind in der Mathematik und der Informatik von besonderem Interesse, beispielsweise beim speziellen Beweisverfahren der Noetherschen Induktion und bei der Untersuchung von Terminierungen von Ersetzungssystemen oder Programmen. Erinnert man sich an Satz 2.4.11, so hat man im ersten Fall statt R die transponierte Relation zu betrachten und zusätzlich zu fordern, daß diese eine Ordnungsrelation ist. Dann heißt progressiv-endlich im Fall von R^T, daß jede echt abzählbar-absteigende Kette endlich sein muß, also R^T die Ordnungsrelation einer Noetherschen Ordnung ist. Der zweite Fall wird insbesondere bei der Terminierung von Ersetzungssystemen klar, wie sie in der Definition 6.3.1 formal erklärt wurde. Unter Verwendung des neuen Begriffs haben wir, daß ein Ersetzungssystem $(E, \rightarrow)$ genau dann terminiert, wenn die Einschritt-Berechnungsrelation $\rightarrow$ progressiv-endlich ist.

Zur Herleitung einer relationenalgebraischen Charakterisierung von progressiver Endlichkeit nehmen wir den gerichteten Graphen $g = (V, R)$ wie oben gegeben an und starten mit der folgenden Äquivalenz:

$$\text{Es gibt einen unendlichen Weg } \langle x_0, x_1, \ldots \rangle$$
$$\iff \exists N \in 2^V : N \neq \emptyset \wedge \forall x : x \in N \Rightarrow \exists y : y \in N \wedge R_{xy}$$

Ist nämlich der unendliche Weg $\langle x_0, x_1, \ldots \rangle$ gegeben, so ist $N = \{x_i \mid i \in \mathbb{N}\}$ eine Menge mit der geforderten Eigenschaft. Umgekehrt kann man aus einer gegebenen Menge N mittels

Induktion (und dem Auswahlaxiom) immer einen unendlichen Weg $\langle x_0, x_1, \ldots \rangle$ konstruieren. Durch Kontraposition der obigen Äquivalenz erhalten wir die folgende Eigenschaft:

$$\text{Es gibt keinen unendlichen Weg } \langle x_0, x_1, \ldots \rangle$$
$$\Longleftrightarrow \quad \forall N \in 2^V : (\forall x : x \in N \Rightarrow \exists y : y \in N \wedge R_{xy}) \Rightarrow N = \emptyset$$

Nun stellen wir Teilmengen von V durch Vektoren des Typs $[V \leftrightarrow \mathbb{1}]$ dar. Dann erhalten wir die rechte Seite der letzten Äquivalenz als

$$\forall v \in [V \leftrightarrow \mathbb{1}] : v \subseteq Rv \Rightarrow v = \mathsf{O}.$$

Nun verallgemeinern wir konkrete Vektoren aus $[V \leftrightarrow \mathbb{1}]$ zu beliebigen (auch abstrakten) Vektoren und legen, geleitet durch die letzte der obigen Formeln, fest:

10.3.2 Definition Eine homogene Relation R heißt *progressiv-endlich*[3], falls für alle Vektoren v gilt: $v \subseteq Rv$ impliziert $v = \mathsf{O}$. □

Wegen der in ihr vorkommenden Allquantifizierung über Vektoren ist diese Definition offensichtlich nicht algorithmisch. Es ist jedoch nicht schwierig, die Eigenschaft „ist progressiv-endlich" durch ein relationales Programm algorithmisch zu entscheiden. Grundlegend hierzu ist die folgende Fixpunktbeschreibung:

10.3.3 Satz Für eine homogene Relation $R \in \mathfrak{R}_{mm}$ sei die Abbildung $\lambda_R : \mathfrak{V}_{mn} \to \mathfrak{V}_{mn}$ auf Vektoren wie folgt definiert:

$$\lambda_R(x) \;=\; Rx$$

Dann ist λ_R monoton und es ist R genau dann eine progressiv-endliche Relation, wenn für der größten Fixpunkt von λ_R die Gleichung $\nu_{\lambda_R} = \mathsf{O}$ gilt.

Beweis: Offensichtlich ist die Abbildung λ_R monoton und folglich existiert ihr größter Fixpunkt ν_{λ_R}. Die zweite Behauptung verifiziert man nun wie folgt:

$$
\begin{array}{rll}
R \text{ progressiv-endlich} & \Longleftrightarrow \quad \forall v \in \mathfrak{V}_{mn} : v \subseteq Rv \Rightarrow v = \mathsf{O} & \text{Definition 10.3.2} \\
& \Longleftrightarrow \quad \bigcup \{ v \in \mathfrak{V}_{mn} \mid v \subseteq Rv \} = \mathsf{O} & (*) \\
& \Longleftrightarrow \quad \bigcup \{ v \in \mathfrak{V}_{mn} \mid v \subseteq \lambda_R(v) \} = \mathsf{O} & \text{Definition } \lambda_R \\
& \Longleftrightarrow \quad \nu_{\lambda_R} = \mathsf{O} & \text{Fixpunktsatz}
\end{array}
$$

Die Richtung „$\Longrightarrow$" von $(*)$ folgt dabei aus der Tatsache, daß O eine obere Schranke von $\{ v \in \mathfrak{V}_{mn} \mid v \subseteq Rv \}$ ist. Damit ist O nämlich gleich dem Supremum der Menge. Ein Beweis der Richtung „$\Longleftarrow$" von $(*)$ verwendet hingegen, daß jedes Element einer Menge kleiner oder gleich ihrem Supremum ist. □

---

[3]Manchmal werden in der Literatur progressiv-endliche Relationen auch Noethersch genannt. Wie schon bei den Noetherschen und Artinschen Ordnungen erwähnt, ist die Namensgebung insgesamt noch nicht eindeutig und teils sogar widersprüchlich. Wir verwenden deshalb, wie G. Schmidt und T. Ströhlein, für beliebige Relationen den Begriff "progressiv-endlich", da dies der Anschauung am ehesten entspricht. Ist die Transponierte von R progressiv-endlich, so sagen wir, daß R regressiv-endlich ist.

In allen bisherigen Anwendungen haben wir nur das Schema $\underline{\text{COMP}}_\mu$ aus zur Berechnung von kleinsten Fixpunkten instantiiert. Der vorhergehende Satz zeigt nun, wie man die Eigenschaft, progressiv-endlich zu sein, durch eine Instantiierung des Schemas $\underline{\text{COMP}}_\nu$ für größte Fixpunkte aus Anwendung 3.1.6 feststellen kann. Wir werden später noch darauf zurückkommen. Zuerst aber brauchen wir noch drei Eigenschaften. Die erste Eigenschaft ist eine Hilfseigenschaft zum Beweis der eigentlich interessanten und im nächsten Satz erst angegebenen Eigenschaften. Hier ist sie:

10.3.4 Satz Ist R eine progressiv-endliche Relation, so auch die transitive Hülle R^+.

Beweis: Wir verwenden die schon erwähnten Gleichungen $R^+ = RR^*$ und $R^* = \mathsf{I} \cup R^+$. Nun sei v ein Vektor mit $v = R^+v$. Dann gilt:

$$
\begin{aligned}
v &= RR^*v & \text{da } R^+ = RR^* \\
&= R(\mathsf{I} \cup R^+)v & \text{da } R^* = \mathsf{I} \cup R^+ \\
&= R(v \cup R^+v) \\
&= Rv & \text{Annahme } v = R^+v
\end{aligned}
$$

Weil $v = Rv$ impliziert $v \subseteq Rv$ und R progressiv-endlich ist, folgt $v = \mathsf{O}$. Somit ist jeder Fixpunkt von λ_{R^+} der Nullvektor, also insbesondere auch der größte Fixpunkt $\nu_{\lambda_{R^+}}$. Satz 10.3.3 zeigt nun die Behauptung. $\square$

Nach dieser Hilfsaussage können wir nun eine Beziehung zwischen der Kreisfreiheit und der Eigenschaft, progressiv-endlich zu sein, herstellen.

10.3.5 Satz 1. Jede progressiv-endliche Relation ist kreisfrei.

2. Jede Relation, bei der eine n-te Potenz verschwindet, d.h. O wird, ist progressiv-endlich.

Beweis: Gegeben sei eine homogene Relation R.

1. Es sei R progressiv-endlich. Wir beginnen mit der Inklusion

$$
\begin{aligned}
(R^+ \cap \mathsf{I})\mathsf{L} &= (R^+ \cap \mathsf{I})(R^+ \cap \mathsf{I})\mathsf{L} & \text{Satz 7.3.3.1} \\
&\subseteq R^+(R^+ \cap \mathsf{I})\mathsf{L}
\end{aligned}
$$

und erhalten daraus $(R^+ \cap \mathsf{I})\mathsf{L} = \mathsf{O}$, denn nach Satz 10.3.4 ist auch die transitive Hülle R^+ progressiv-endlich. Diese Gleichung impliziert $\mathsf{L}(R^+ \cap \mathsf{I})\mathsf{L} = \mathsf{O}$. Nun ist die Tarski-Regel anwendbar und zeigt $R^+ \cap \mathsf{I} = \mathsf{O}$, was äquivalent zu $R^+ \subseteq \overline{\mathsf{I}}$ ist.

2. Wir verwenden Satz 3.1.3 und erhalten die Inklusion

$$
\nu_{\lambda_R} \subseteq \bigcap_{i \geq 0} \lambda_R^i(\mathsf{L}) = \bigcap_{i \geq 0} R^i\mathsf{L} = \mathsf{O}.
$$

Dabei beweist man $\lambda_R^i(\mathsf{L}) = R^i\mathsf{L}$ für alle natürlichen Zahlen i unmittelbar durch Induktion und die letzte Gleichung folgt aus der Annahme, daß eine n-te Potenz von R verschwindet. $\square$

Nun wenden wir diesen Satz an, um die Kreisfreiheit einer Relation in der schon angekündigten Weise mittels eines Programms mit Variablen nur für Vektoren zu testen.

10.3.6 Algorithmus (Testen von Kreisfreiheit) Gegeben sei eine homogene Relation R. Dann folgt aus dem vorhergehenden Satz 10.3.5 in Kombination mit dem Schema `COMP`, zur Berechnung von größten Fixpunkten, daß nach der Terminierung der `while`-Schleife des Programms der folgenden Abbildung 10.7 die Variable x genau dann den Wert O besitzt, wenn R progressiv-endlich ist. Als Ergebnis wird also der Wahrheitswert der Gleichung $x = \mathsf{O}$, also genau der Wahrheitswert der Aussage „R ist progressiv-endlich" ausgegeben.

$$acyclic(R);$$
$$x := \mathsf{L};$$
$$y := R\mathsf{L};$$
$$\underline{\text{while }} x \neq y \underline{\text{ do}}$$
$$x := y;$$
$$y := Ry \underline{\text{ od}};$$
$$\underline{\text{return }} (x = \mathsf{O})$$

Abbildung 10.7: Programm `ACYCLIC`

Nun sei R zusätzlich konkret und habe den Typ $[M \leftrightarrow M]$ mit einer endlichen Menge M, wobei $m := |M|$ gelte. Dann terminiert das Programm `ACYCLIC`, weil die ihm zugrundeliegende Kette $\mathsf{L} \supseteq R\mathsf{L} \supseteq \ldots$ zur Berechnung des größten Fixpunkts ν_{λ_R} stationär wird. Für die konkrete Relation R gilt aber:

$$R \text{ ist progressiv-endlich} \iff R \text{ ist kreisfrei}$$

Satz 10.3.5.1 zeigt sofort die Richtung „$\Longrightarrow$" dieser Äquivalenz. Die noch verbleibende Richtung „$\Longleftarrow$" folgt aus Satz 10.3.5.2. Aus der Kreisfreiheit von R folgt nämlich, daß im gerichteten Graphen $g = (M, R)$ jeder Weg höchstens $m - 1$ Pfeile besitzen darf, also insbesondere $R^m = \mathsf{O}$ gilt. Somit entscheidet das obige Programm `ACYCLIC` für diesen (endlichen und deswegen in der Praxis immer vorliegenden) Fall, ob R kreisfrei ist.

In der Standardimplementierung von Relationen durch Boolesche Matrizen ist $\mathcal{O}(m^3)$ die Komplexität von `ACYCLIC`, denn die `while`-Schleife wird $\mathcal{O}(m)$-mal durchlaufen. Im schlechtesten Fall ist man also nicht schneller als die am Anfang dieses Abschnitts erwähnte Methode, die direkt auf die Definition der Kreisfreiheit aufbaut. Jedoch vermeidet das relationale Programm `ACYCLIC` das eventuell „dicke" Zwischenergebnis R^+ und terminiert in den günstigen Fällen, daß der Graph $g = (M, R)$ kreisfrei ist und nur kurze Wege besitzt, auch eher. $\square$

Wir beenden diesen Abschnitt mit dem folgenden Resultat:

10.3.7 Satz Es sei R eine progressiv-endliche Relation. Dann gilt für jeden Vektor v:

$$\overline{R\overline{v}} \subseteq v \implies v = \mathsf{L}$$

Beweis: Aus $\overline{Rv} \subseteq v$ folgt $\overline{v} \subseteq R\overline{v}$, also $\overline{v} = \mathsf{O}$, denn R ist progressiv-endlich. Somit haben wir $v = \mathsf{L}$. □

Dieser einfach zu beweisende Satz hat eine weitreichende Konsequenz. Stellen wir nämlich seine Implikation komponentenweise dar, so sieht diese, nach einigen äquivalenten logischen Umformungen, wie nachfolgend gegeben aus:

$$\forall x : (\forall y : R_{xy} \Rightarrow v_y) \Rightarrow v_x \implies \forall x : v_x$$

Nun sei die Relation R von Satz 10.3.7 eine konkrete Relation auf der Menge M. Wenn wir $x \sqsupset y$ statt R_{xy} schreiben, so heißt die Eigenschaft, progressiv-endlich zu sein, daß es in M keine echt absteigenden abzählbar-unendlichen Sequenzen/Ketten $x_0 \sqsupset x_1 \sqsupset x_2 \sqsupset \ldots$ gibt. Wenn wir nun zusätzlich P als das charakteristische Prädikat der von v dargestellten Menge annehmen, so wird die letzte Implikation zu

$$\forall x : (\forall y : x \sqsupset y \Rightarrow P(y)) \Rightarrow P(x) \implies \forall x : P(x)$$

Satz 10.3.7 drückt also aus, daß für progressiv-endliche Relationen das Beweisprinzip der Noetherschen Induktion gilt. Dieses Prinzip, als Verallgemeinerung von Satz 2.4.13, ist, wie Satz 10.3.7 zeigt, keinesfalls auf Noethersche Ordnungen beschränkt.

10.4   Berechnung von transitiven Reduktionen

Wir haben in Abschnitt 9.4 für den Spezialfall einer kreisfreien Relation R schon erwähnt, was eine transitive Reduktion von R ist und auch schon (jedoch noch ohne einen Korrektheitsbeweis) eine Berechnungsmethode in Form einer relationalen Abbildung TransRed angegeben. Dieser Abschnitt behandelt nun die Berechnung von transitiven Reduktionen genauer. So eine Berechnung ist beispielsweise wesentlich, wenn man daran interessiert ist, die Ja/Nein-Erreichbarkeitsinformation eines Graphen mit möglichst wenig Aufwand an Platz abzuspeichern und dafür zur Berechnung der Ja/Nein-Erreichbarkeitsinformation lieber jedesmal Rechenzeit investiert. Zuerst präzisieren wir, was wir unter einer transitiven Reduktion verstehen.

10.4.1 Definition Es sei R eine homogene Relation. Eine Relation S heißt *transitive Reduktion* von R, wenn S ein minimales Element von $\{X \subseteq R \mid X^* = R^*\}$ ist. □

Minimalität in dieser Definition ist natürlich bezüglich Inklusion gemeint. Man macht sich anhand von Beispielen sofort klar, daß für eine beliebige Relation R die Menge der minimalen Elemente von $\{X \subseteq R \mid X^* = R^*\}$ sowohl leer als auch mehrelementig sein kann. Erweitert man etwa die natürlichen Zahlen um ein neues größtes Element, so besitzt die entsprechende Ordnungsrelation keine transitive Reduktion. Eine Allrelation hat hingegen in der Regel eine Fülle von transitiven Reduktionen. Beispielsweise hat die auf drei Elementen a, b, c mindestens $\{\langle a, b\rangle, \langle b, c\rangle, \langle c, a\rangle\}$ und $\{\langle a, b\rangle, \langle b, a\rangle, \langle a, c\rangle, \langle c, a\rangle\}$ als transitive Reduktionen. Transitive Reduktionen müssen also weder existieren noch bei Existenz eindeutig sein.

In Abschnitt 9.4 haben wir schon erwähnt, daß bei einer kreisfreien Relation R durch den Term $R \cap \overline{RR^+}$ die einzige transitive Reduktion als kleinstes Element der Menge $\{X \subseteq R \mid X^* = R^*\}$ gegeben ist. Genaugenommen gilt dieses Resultat eigentlich nur, wenn R eine konkrete Relation auf einer endlichen Menge ist. Hier ist der Beweis:

10.4.2 Satz Es sei $R : M \leftrightarrow M$ kreisfrei und M endlich Dann ist $R \cap \overline{RR^+}$ die einzige transitive Reduktion von R.

Beweis: Wir zeigen zuerst, daß $R \cap \overline{RR^+}$ eine untere Schranke von $\{X \subseteq R \mid X^* = R^*\}$ ist. Dazu sei X mit $X \subseteq R$ und $X^* = R^*$ vorgegeben. Dann gilt $R \cap \overline{RR^+} \cap \overline{X} = \mathsf{O}$, weil

$$R \cap \overline{RR^+} \cap \overline{X} \quad \subseteq \quad R \qquad\qquad\qquad\qquad \text{Monotonie}$$

und aus $\mathsf{I} \cup X^+ = X^* = R^* = \mathsf{I} \cup R^+$ wegen $X^+ \subseteq \overline{\mathsf{I}}$ und $R^+ \subseteq \overline{\mathsf{I}}$ die Gleichheit $X^+ = R^+$ folgt, welche zur noch fehlenden Inklusion

$$
\begin{aligned}
R \cap \overline{RR^+} \cap \overline{X} \quad &\subseteq \quad \overline{R^+R^+} \cap \overline{X} & \text{Eigenschaft Hülle}\\
&= \quad \overline{X^+X^+ \cup X} & \text{wegen } X^+ = R^+ \text{ und de Morgan}\\
&= \quad \overline{X^+} & \text{Eigenschaft Hülle}\\
&= \quad \overline{R^+} & \text{da } X^+ = R^+\\
&\subseteq \quad \overline{R} & \text{da } R \subseteq R^+
\end{aligned}
$$

führt. Satz 2.3.8.3 bringt also die Schrankeneigenschaft $R \cap \overline{RR^+} \subseteq X$.

Es ist aber die Relation $R \cap \overline{RR^+}$ auch in der Menge $\{X \subseteq R \mid X^* = R^*\}$ enthalten. Die Inklusion $R \cap \overline{RR^+} \subseteq R$ ist trivial; zum Beweis der Gleichung $(R \cap \overline{RR^+})^* = R^*$ zeigen wir zwei Inklusionen.

Die Inklusion $(R \cap \overline{RR^+})^* \subseteq R^*$ folgt aus der Monotonie der Hüllenbildung. Beim Beweis der umgekehrten Inklusion $R^* \subseteq (R \cap \overline{RR^+})^*$ geht nun die Endlichkeit von M ein. Wir argumentieren komponentenweise. Seien $x, y \in M$ mit R^*_{xy}. Da M endlich und R kreisfrei ist, gibt es somit einen längsten Weg $\langle x_0, \ldots, x_n \rangle$ von x nach y. Folglich gilt $R_{x_i x_{i+1}}$ für alle i mit $0 \le i \le n - 1$. Es gilt aber auch $(\overline{RR^+})_{x_i x_{i+1}}$ für alle i mit $0 \le i \le n - 1$, denn aus $(RR^+)_{x_j x_{j+1}}$ würde folgen, daß $\langle x_0, \ldots, x_j, \ldots, x_{j+1}, \ldots, x_n \rangle$, also die Ersetzung des Pfeils $\langle x_j, x_{j+1} \rangle$ im Originalweg durch einen Weg von x_j nach x_{j+1} mit mindestens zwei Pfeilen, ein echt längerer Weg von x nach y ist. Insgesamt haben wir somit $(R \cap \overline{RR^+})^*_{xy}$. $\qquad\square$

An diesem Beweis zeigt sich ein gewisser Nachteil des relationenalgebraischen Vorgehens: Die Endlichkeit von Mengen ist relational nur unschön zu erfassen. Geht sie wesentlich in einem Beweis ein, so heißt dies in der Regel, daß man an dieser Stelle die Algebra verlassen und komponentenbehaftet argumentieren muß. Aus methodischen Gründen wollen wir dieses Verlassen so weit wie möglich verhindern.

Die Berechnung einer transitiven Reduktion einer konkreten Relation stellt einen Spezialfall eines allgemeinen Minimierungsproblems dar, nämlich zu einer Menge M und einem Prädikat P auf der Potenzmenge 2^M eine inklusionsminimale Teilmenge von M zu berechnen, die P erfüllt. Nachfolgend entwickeln wir einen Algorithmus zur Lösung dieses allgemeineren Problems für den Fall, daß das Prädikat P *nach oben vererbend* ist, was heißt, daß für alle $X, Y \in 2^M$ gilt: Aus $X \subseteq Y$ und $P(X)$ folgt $P(Y)$. Solche Prädikate sind bei Minimierungsproblemen typisch; die Beschränkung auf sie stellt also für die Praxis keine wesentliche Einschränkung dar.

10.4.3 Algorithmus (Minimierung auf Potenzmengen) Gegeben seien eine endliche Menge M und ein sich nach oben vererbendes Prädikat P auf der Potenzmenge 2^M. Da P nach oben vererbend ist, haben wir offensichtlich, daß die Negation $\neg P$ von P die Implikation

$$X \supseteq Y \wedge \neg P(X) \implies \neg P(Y) \tag{$*$}$$

für alle $X, Y \in 2^M$ erfüllt. Nachfolgend entwickeln wir formal mit Hilfe der Invariantenmethode ein Programm, das für die Eingabe M eine inklusionsminimale Teilmenge von M berechnet, die P erfüllt.

Wenn wir die Variable A dazu verwenden, das Resultat abzuspeichern, dann ist die Nachbedingung $Post(A)$ formal gegeben als

$$Post(A) \iff P(A) \wedge \forall X \in 2^A : P(X) \Rightarrow X = A.$$

Bei der folgenden Entwicklung des Programms schreiben wir für eine Menge X und ein Element x vereinfachend $X - x$ statt $X \setminus \{x\}$ und $X + x$ statt $X \cup \{x\}$ um die Lesbarkeit zu verbessern. Wir zielen auf ein Programm ab, das aus einer Initialisierung und einer sich daran anschließenden <u>while</u>-Schleife besteht. Die Herleitung eines solchen Programms geschieht üblicherweise in drei Teilen.

Zuerst haben wir die Nachbedingung zu verstärken, um eine Invariante und eine Bedingung zum Verlassen der <u>while</u>-Schleife zu bekommen. Hier folgen wir der schon beispielsweise bei der Entwicklung von $\underline{RTC}_3$ erfolgreichen Technik der Problemverallgemeinerung. Die entsprechende Rechnung führt eine neue Variable B ein und ist wie folgt:

$$
\begin{aligned}
Post(A) &\iff P(A) \wedge \forall X \in 2^A : P(X) \Rightarrow X = A \\
&\iff P(A) \wedge \forall X \in 2^A : X \neq A \Rightarrow \neg P(X) \\
&\iff P(A) \wedge \forall x \in A : \neg P(A - x) \\
&\Longleftarrow P(A) \wedge B = \emptyset \wedge B \subseteq A \wedge \forall x \in A \setminus B : \neg P(A - x)
\end{aligned}
$$

Nur die Richtung „$\Longleftarrow$" des dritten Schritts ist nicht trivial und bedarf einer Erklärung: Falls $X \subset A$ zutrifft, dann gibt es ein Element $x \in A$ mit $X \subseteq A - x$ und aus $\neg P(A - x)$ folgt somit $\neg P(X)$ wegen der oben angegebenen Eigenschaft $(*)$. Geleitet von der gerade gezeigten Implikation definieren wir nun

$$Inv(A, B) \iff P(A) \wedge B \subseteq A \wedge \forall x \in A \setminus B : \neg P(A - x)$$

als Invariante $Inv(A, B)$ und wählen $B = \emptyset$ als Abbruchbedingung für die <u>while</u>-Schleife.

Als nächstes haben wir die (kollaterale) Initialisierung der Variablen A und B zu betrachten. Wir tun dies in Kombination mit der Wahl einer günstigen Vorbedingung $Pre(M)$, also einer Forderung an die Eingabe M, die hinreichend allgemein für das betrachtete Problem ist und außerdem sicherstellt, daß die Initialisierung die Invariante etabliert. Da wir eine inklusionsminimale Teilmenge von M berechnen wollen, die P erfüllt, und zusätzlich P als sich nach oben vererbend angenommen haben, scheint es vernünftig zu sein,

$$Pre(M) \iff P(M)$$

als Vorbedingung zu wählen, d.h. zu fordern, daß die Eingabe M des Programms ebenfalls P erfüllt. Dieser Ansatz funktioniert und liefert eine Initialisierung, die sowohl A als auch B mit M vorbesetzt. Hier ist die formale Rechtfertigung, daß diese die Invariante etabliert:

$$
\begin{aligned}
Pre(M) \quad &\iff \quad P(M) \land \forall x \in \emptyset : \neg P(M - x) \\
&\iff \quad P(M) \land M \subseteq M \land \forall x \in M \setminus M : \neg P(M - x) \\
&\iff \quad Inv(M, M)
\end{aligned}
$$

Nachdem wir die Initialisierung entwickelt haben, bleibt als dritter Teil noch die Herleitung des Schleifenrumpfs, dessen Ausführung die Gültigkeit der Invariante aufrechterhält und zur Terminierung führt. Dazu sei $B \neq \emptyset$ und b ein beliebig gewähltes Element von B. Wir unterscheiden zwei Fälle. Zuerst gelte $P(A - b)$. Hier bekommen wir:

$$
\begin{aligned}
& Inv(A, B) \\
\iff \quad & P(A) \land B \subseteq A \land \forall x \in A \setminus B : \neg P(A - x) \\
\implies \quad & P(A) \land B - b \subseteq A - b \land \forall x \in A \setminus B : \neg P(A - x) \\
\implies \quad & P(A - b) \land B - b \subseteq A - b \land \forall x \in A \setminus B : \neg P((A - b) - x) \\
\implies \quad & P(A - b) \land B - b \subseteq A - b \land \forall x \in (A \setminus B) - b : \neg P((A - b) - x) \\
\iff \quad & P(A - b) \land B - b \subseteq A - b \land \forall x \in (A - b) \setminus (B - b) : \neg P((A - b) - x) \\
\iff \quad & Inv(A - b, B - b)
\end{aligned}
$$

Diese Rechnung verwendet im dritten Schritt die Gültigkeit von $P(A - b)$ und Eigenschaft $(*)$, da $(A - b) - x \subseteq A - x$ gilt. Es bleibt noch der Fall zu behandeln, daß $P(A - b)$ nicht wahr ist. Hier rechnen wir wie folgt, wobei die Gültigkeit von $\neg P(A - b)$ im dritten Schritt verwendet wird:

$$
\begin{aligned}
Inv(A, B) \quad &\iff \quad P(A) \land B \subseteq A \land \forall x \in A \setminus B : \neg P(A - x) \\
&\implies \quad P(A) \land B - b \subseteq A \land \forall x \in A \setminus B : \neg P(A - x) \\
&\iff \quad P(A) \land B - b \subseteq A \land \forall x \in (A \setminus B) + b : \neg P(A - x) \\
&\iff \quad P(A) \land B - b \subseteq A \land \forall x \in A \setminus (B - b) : \neg P(A - x) \\
&\iff \quad Inv(A, B - b)
\end{aligned}
$$

Im Hinblick auf die eben hergeleiteten Implikationen haben wir bei jedem Durchlauf der <u>while</u>-Schleife den Wert von B in $B - b$ abzuändern und den Wert von A in $A - b$ abzuändern; letzteres jedoch nur, falls $P(A - b)$ gilt. Die Veränderung des Werts von A kann man offensichtlich mit Hilfe einer bedingten Anweisung erreichen. Wir erhalten schließlich das nachfolgend angegebene vollständig sequentialisierte Programm <u>SETMIN</u>. In diesem Programm nehmen wir zusätzlich an, daß der Aufruf elem(B) der primitiven Operation elem für $B \neq \emptyset$ irgendein Element von B liefert:

$$setmin(M);$$
$$A := M;$$
$$B := M;$$
$$\underline{\text{while}}\ B \neq \emptyset\ \underline{\text{do}}$$
$$\quad b := \text{elem}(B);$$
$$\quad \underline{\text{if}}\ P(A - b)\ \underline{\text{then}}\ A := A - b\ \underline{\text{fi}};$$
$$\quad B := B - b\ \underline{\text{od}};$$
$$\underline{\text{return}}\ A$$

Abbildung 10.8: Programm SETMIN

Wegen der vorausgesetzten Endlichkeit der Eingabemenge M terminiert dieses Programm. Seine Effizienz hängt entscheidend von zwei Faktoren ab, nämlich

1. der Anzahl der Schleifendurchläufe und

2. den Kosten zur Auswertung von $P(A - b)$ in jedem Schleifendurchlauf,

den der Test auf Leersein und das Entfernen bzw. die Auswahl eines Elements sind eigentlich bei allen Implementierungen von Mengen billige Operationen. Die Anzahl der Schleifendurchläufe wird durch die Kardinalität der Eingabe M bestimmt. Im Hinblick auf eine Effizienzverbesserung bietet sich deshalb an, die Initialisierung von A und B nicht mit M erfolgen zu lassen, sondern mit einer möglichst kleinen Teilmenge von M, die ebenfalls P erfüllt. Geschieht diese Vorberechnung durch ein Programmstück ≫Vorberechnung≪, das in einer weiteren Variablen C die gesuchte Menge abspeichert, so führt, wegen der Äquivalenz von $P(C)$ und $Inv(C, C)$, dieser Ansatz zur Ersetzung der Initialisierung in SETMIN durch ≫Vorberechnung≪ gefolgt von den Initialisierungen von A und B mit C. Je einfacher die Vorberechnungsphase und je kleiner die Kardinalität ihres Resultats C im Vergleich zu der von M ist, um so effizienter ist das verfeinerte Programm im Vergleich zum Originalprogramm.

Um die Kosten zur Auswertung von $P(A - b)$ zu senken, versucht man in der Praxis in der Regel, das Prädikat P „fortzuschreiben". Dies besteht darin, $P(A - b)$ als äquivalent zu $P(A) \wedge \mathcal{Q}(A, b)$ zu beweisen, wobei $\mathcal{Q}$ ein neues Prädikat auf $2^M \times M$ ist. Da $P(A)$ ein Teil der Schleifeninvariante ist, kann man dadurch in der while-Schleife von SETMIN den Test $P(A - b)$ durch den Test $\mathcal{Q}(A, b)$ ersetzen. Dies führt natürlich nur dann zu einer Senkung der Laufzeit, wenn die Auswertung von $\mathcal{Q}(A, b)$ billiger als die von $P(A - b)$ ist. □

Wir kehren nun zur Berechnung einer transitiven Reduktion einer endlichen homogenen Relation zurück und machen uns von der Kreisfreiheit frei.

10.4.4 Algorithmus (Transitive Reduktionen von endlichen Relationen)
Gegeben sei eine Relation $R : M \leftrightarrow M$ auf einer endlichen Menge M. Dann vererbt sich das Prädikat $P(X)$ auf der Menge 2^R der Teilrelationen von R, definiert durch $X^* = R^*$, nach oben. Aus $X \subseteq R, Y \subseteq R, X^* = R^*$ und $X \subseteq Y$ folgt nämlich $R^* = X^* \subseteq Y^* = R^*$. Wir können somit das Schema SETMIN von Abbildung 10.8 instantiieren, wenn wir die Auswahl

eines Elements aus einer Relation durch die Operation atom aus der Anwendung 9.1.6 und das Entfernen eines Elements aus einer Relation durch Durchschnittsbildung und Negation modellieren. Dies bringt das folgende Programm für transitive Reduktionen:

$$transred_1(R);$$
$$A := R;$$
$$B := R;$$
$$\underline{\text{while }} B \neq O \underline{\text{ do}}$$
$$\quad b := \text{atom}(B);$$
$$\quad \underline{\text{if }} (A \cap \overline{b})^* = R^* \underline{\text{ then }} A := A \cap \overline{b} \underline{\text{ fi}};$$
$$\quad B := B \cap \overline{b} \underline{\text{ od}};$$
$$\underline{\text{return }} A$$

Abbildung 10.9: Programm <u>TRANSRED</u>$_1$

Nachteilig ist hier die aufwendige Berechnung von $(A \cap \overline{b})^*$ bei jedem Schleifendurchlauf. Man kann nun aber aufgrund der atom-Axiomatisierung relativ einfach zeigen, daß $bLb \subseteq b$ gilt; siehe Beweis von Satz 10.4.7.3. Also ist Satz 10.1.9 mit b als S anwendbar. Dies bringt:

$$(A \cap \overline{b})^* = R^* \iff A^* = R^* \wedge b \subseteq (A \cap \overline{b})^*$$

Die Richtung "$\Longrightarrow$" folgt hier aus $R^* = (A \cap \overline{b})^* \subseteq A^* \subseteq R^*$ und $b \subseteq B \subseteq R^* = (A \cap \overline{b})^*$ unter Verwendung von $A \subseteq R$ und $B \subseteq R$, d.h. der Typisierung von A und B in <u>SETMIN</u>.

Ein Beweis von "$\Longleftarrow$" ist hier gegeben:

$$
\begin{aligned}
R^* &= A^* && \text{Voraussetzung} \\
&= ((A \cap \overline{b}) \cup b)^* && \text{da } b \subseteq B \subseteq A \text{ nach Invariante} \\
&= (A \cap \overline{b})^* \cup (A \cap \overline{b})^* b (A \cap \overline{b})^* && \text{Satz 10.1.9} \\
&\subseteq (A \cap \overline{b})^* \cup (A \cap \overline{b})^* (A \cap \overline{b})^* (A \cap \overline{b})^* && \text{Voraussetzung} \\
&\subseteq (A \cap \overline{b})^* && \text{Transitivität der Hülle} \\
&\subseteq R^* && \text{weil } A \subseteq R \text{ wegen Typisierung}
\end{aligned}
$$

Nach den obigen Bemerkungen zu möglichen Verbesserungen von <u>SETMIN</u> reduziert sich damit der Test $(A \cap \overline{b})^* = R^*$ auf $b \subseteq (A \cap \overline{b})^*$ und wir erhalten die folgende Variante des obigen Programms zur Berechnung einer transitiven Reduktion von R:

$$transred_2(R);$$
$$A := R;$$
$$B := R;$$
$$\underline{\text{while }} B \neq O \underline{\text{ do}}$$
$$\quad b := \text{atom}(B);$$
$$\quad \underline{\text{if }} b \subseteq (A \cap \overline{b})^* \underline{\text{ then }} A := A \cap \overline{b} \underline{\text{ fi}};$$
$$\quad B := B \cap \overline{b} \underline{\text{ od}};$$
$$\underline{\text{return }} A$$

Abbildung 10.10: Programm <u>TRANSRED</u>$_2$

Die Inklusion $b \subseteq (A \cap \overline{b})^*$ besagt, daß im gerichteten Graphen mit der Pfeilmenge $A \cap \overline{b}$ der Endknoten des durch b beschriebenen Pfeils von seinem Anfangsknoten aus erreichbar ist. Dies ist bei einer geeigneten Implementierung in $\mathcal{O}(|A \cap \overline{b}|)$ Schritten – graphentheoretisch gesprochen: linear in der Pfeilanzahl – beispielsweise durch das Breitensuche-Programm REACH$_2$ feststellbar. Die `while`-Schleife von TRANSRED wird $\mathcal{O}(|R|)$ mal durchlaufen. Somit bekommen wir insgesamt eine Laufzeit von $\mathcal{O}(|R|^2)$ oder, wenn man die Kardinalität m von M als Größe der Eingabe verwendet, eine Laufzeit von $\mathcal{O}(m^4)$. Man beachte, daß das Originalprogramm von Abbildung 10.9 den Zeitbedarf $\mathcal{O}(m^5)$ hat, wenn ein Hüllenalgorithmus mit kubischer Laufzeit verwendet wird. □

Nach diesem allgemeinen Fall betrachten wir nun den speziellen Fall, daß zusätzlich $R^* = \mathsf{L}$ gilt. Ist R die Relation eines gerichteten Graphen $g = (V, R)$, so ist diese Gleichheit genau dann erfüllt, wenn g stark zusammenhängend ist. Bei solchen Graphen ist die Berechnung einer transitiven Reduktion besonders interessant, denn sie besitzen oft sehr viele Pfeile. Hingegen sind nicht stark zusammenhängende Graphen im Normalfall relativ „dünn" und deshalb bringt hier eine Ersetzung durch die transitive Reduktion beim Abspeichern der Ja/Nein-Erreichbarkeitsinformation recht wenig. Es sollte an dieser Stelle bemerkt werden, daß man die Berechnung einer transitiven Reduktion einer beliebigen endlichen Relation auf den Spezialfall der stark zusammenhängenden Relation zurückführen kann. Ein entsprechendes RELVIEW-Programm findet man z.B. in der Arbeit „Rechnergestützte Erstellung von Prototypen für Programme auf relationalen Strukturen" von R. Berghammer, T. Hoffmann und B. Leoniuk, die im Jahr 1999 als Bericht 9905 des Instituts für Informatik und Praktische Mathematik der Universität Kiel erschienen ist.

Im Rest des Abschnitts zeigen wir nun, wie man eine transitive Reduktion einer endlichen Relation $R : M \leftrightarrow M$ mit $R^* = \mathsf{L}$ in quadratischer Zeit $\mathcal{O}(m^2)$ in der Größe m der Trägermenge M berechnen kann. Dazu greifen wir die frühere Idee wieder auf, die Minimierung mit einer möglichst kleinen Menge (hier: Relation) C zu beginnen, die in R enthalten ist und die $P(C)$ (hier: $C^* = R^* = \mathsf{L}$) erfüllt. Grundlegend dazu sind gerichtete Bäume (auch Arboreszenzen genannt). Graphentheoretisch handelt es sich dabei um Paare, bestehend aus einem gerichteten Graphen $t = (V, T)$ und einem Knoten $r \in V$, so daß von r aus alle Knoten von t erreichbar sind und die Relation T kreisfrei und injektiv ist. Relationenalgebraisch kann man gerichtete Bäume wie folgt festlegen:

10.4.5 Definition Es seien T eine homogene Relation und r ein Punkt. Dann heißt T ein *gerichteter Baum mit Wurzel r*, falls $r\mathsf{L} \subseteq T^*$, $TT^\mathsf{T} \subseteq \mathsf{I}$ und $T^+ \subseteq \overline{\mathsf{I}}$. □

Der nachfolgende Satz zeigt, wie man nun im Fall $R^* = \mathsf{L}$ aus zwei in R bzw. R^T enthaltenen gerichteten Bäumen mit gleicher Wurzel eine Relation C bekommen kann, die in R enthalten ist und $C^* = R^*$ erfüllt.

10.4.6 Satz Es sei R eine homogene Relation mit $R^* = \mathsf{L}$. Sind T_1 und T_2 zwei gerichtete Bäume mit gleicher Wurzel r und gelten $T_1 \subseteq R$ und $T_2 \subseteq R^\mathsf{T}$, so gelten auch $T_1 \cup T_2^\mathsf{T} \subseteq R$ und $(T_1 \cup T_2^\mathsf{T})^* = R^*$.

Beweis: Der Beweis von $T_1 \cup T_2^\mathsf{T} \subseteq R$ folgt aus $T_1 \subseteq R$ und $T_2^\mathsf{T} \subseteq R$ und

$$
\begin{aligned}
R^* &= (r\mathsf{L})^\mathsf{T} r \mathsf{L} && R^* = \mathsf{L} \text{ und Satz } 9.1.5.1 \\
&\subseteq (T_2^*)^\mathsf{T} T_1^* && \text{Wurzeleigenschaft} \\
&= (T_2^\mathsf{T})^* T_1^* && \text{Eigenschaft Hülle} \\
&\subseteq (T_1 \cup T_2^\mathsf{T})^* && \text{Monotonie und Transitivität Hülle}
\end{aligned}
$$

zeigt, zusammen mit $(T_1 \cup T_2^\mathsf{T})^* \subseteq R^*$, die zweite behauptete Eigenschaft. □

Nun setzen wir ein relationales Programm *dirtree* voraus, welches zu einer homogenen Relation $R : M \leftrightarrow M$ auf einer endlichen Menge M und einer Wurzel $r : M \leftrightarrow \mathbb{1}$ einen in R enthaltenen gerichteten Baum $T : M \leftrightarrow M$ mit Wurzel r bestimmt. Dann berechnet die folgende Verfeinerung von $\underline{\text{TRANSRED}}_2$ eine transitive Reduktion von R, falls $R^* = \mathsf{L}$ gilt.

```
transred_sc(R);
  p := point(L);
  C := dirtree(R,p) ∪ dirtree(R^T,p)^T;
  A := C;
  B := C;
  while B ≠ O do
    b := atom(B);
    if b^T L ⊆ reach_3(A ∩ b̄, bL) then A := A ∩ b̄ fi;
    B := B ∩ b̄ od;
  return A
```

Abbildung 10.11: Programm $\underline{\text{TRANSRED}}_{sc}$

Für $m := |M|$ haben gerichteten Bäume bekannterweise genau $m-1$ Pfeile und damit hat C höchstens $2*(m-1)$ Pfeile. Wegen $|C| \in \mathcal{O}(m)$ ist somit $\mathcal{O}(m^2)$ die Laufzeit des Endstücks des Programms $\underline{\text{TRANSRED}}_{sc}$, welches mit der Initialisierung von A beginnt. Transposition und Vereinigung von Relationen über M sind ebenfalls leicht in $\mathcal{O}(m^2)$ implementierbar. Somit liegt die Laufzeit des gesamten Programms in $\mathcal{O}(m^2)$, wenn wir es schaffen, eine Realisierung von *dirtree* zu entwickeln, deren Laufzeit quadratisch in m ist.

Wie dies geht, wird im folgenden demonstriert. In graphentheoretischer Terminologie zeigen wir, wie man, ausgehend von einer Wurzel, ein *gerichtetes Gerüst* eines stark zusammenhängenden Graphen bestimmt. Dazu brauchen wir noch einige Eigenschaften, die in dem nachfolgenden Satz zusammengefaßt sind.

10.4.7 Satz Es seien R und S Relationen. Dann gelten die folgenden Eigenschaften:

1. Aus $RS = \mathsf{O}$ folgt $SR \subseteq \overline{\mathsf{I}}$.

2. Sind R und S injektiv mit $SR^\mathsf{T} = \mathsf{O}$, dann ist auch $R \cup S$ injektiv.

3. Für $R \neq \mathsf{O}$ ist $\mathsf{atom}(R)$ injektiv und transitiv.

4. Sind R und S homogen, so gilt $(R \cup S)^+ = S^+ \cup (S^*R)^+ S^*$.

Beweis: Wir verifizieren die Eigenschaften der Reihe nach, wobei der letzte Beweis der weitaus schwierigste ist.

1. Es ist $SR \subseteq \overline{\mathsf{I}}$ nach den Schröder-Äquivalenzen gleichwertig zu $S^\mathsf{T}\mathsf{I} \subseteq \overline{R}$, also zu $S^\mathsf{T} \cap R = \mathsf{O}$. Diese letzte Gleichung gilt aber:

$$
\begin{aligned}
S^\mathsf{T} \cap R &= \mathsf{I}S^\mathsf{T} \cap R \\
&\subseteq (\mathsf{I} \cap RS)(S^\mathsf{T} \cap \mathsf{I}R) && \text{Dedekind} \\
&= \mathsf{O} && \text{Annahme } RS = \mathsf{O}
\end{aligned}
$$

2. Dieser Beweis ist trivial.

3. Es sei A eine Abkürzung für die Auswahl $\mathsf{atom}(R)$. Dann gilt die Injektivität von A nach der folgenden Rechnung:

$$
\begin{aligned}
AA^\mathsf{T} &\subseteq A\mathsf{L}A^\mathsf{T} \\
&= (A\mathsf{L})(A\mathsf{L})^\mathsf{T} \\
&\subseteq \mathsf{I} && \text{Axiomatisierung } \mathsf{atom}
\end{aligned}
$$

Aufgrund der folgenden Rechnung ist A aber auch transitiv:

$$
\begin{aligned}
AA &\subseteq \mathsf{L}A \cap A\mathsf{L} && AA \subseteq \mathsf{L}A \text{ und } AA \subseteq A\mathsf{L} \\
&\subseteq (\mathsf{L} \cap A\mathsf{L}A^\mathsf{T})(A \cap \mathsf{L}A\mathsf{L}) && \text{Dedekind} \\
&\subseteq A && \text{da } A\mathsf{L}A^\mathsf{T} \subseteq \mathsf{I} \text{ nach oben}
\end{aligned}
$$

4. Wir verwenden Satz 10.1.7.1 und Eigenschaften der Hüllen.

$$
\begin{aligned}
(R \cup S)^+ &= (S \cup R)(S \cup R)^* && Q^+ = QQ^* \\
&= (S \cup R)(S^*R)^*S^* && \text{Satz } 10.1.7.1 \\
&= S(S^*R)^*S^* \cup R(S^*R)^*S^* \\
&= S(\mathsf{I} \cup (S^*R)^+)S^* \cup R(S^*R)^*S^* && Q^* = \mathsf{I} \cup Q^+ \\
&= SS^* \cup S(S^*R)^+S^* \cup R(S^*R)^*S^* \\
&= S^+ \cup SS^*R(S^*R)^*S^* \cup R(S^*R)^*S^* && Q^+ = QQ^* \\
&= S^+ \cup S^+R(S^*R)^*S^* \cup R(S^*R)^*S^* && Q^+ = QQ^* \\
&= S^+ \cup (S^+R \cup R)(S^*R)^*S^* \\
&= S^+ \cup S^*R(S^*R)^*S^* && S^* = \mathsf{I} \cup S^+ \\
&= S^+ \cup (S^*R)^+S^* && Q^+ = QQ^* \qquad \square
\end{aligned}
$$

Nach diesen Vorbereitungen können wir nun das gewünschte relationale Programm zur Berechnung eines gerichteten Gerüsts mit vorgegebener Wurzel in einem stark zusammenhängenden Graphen herleiten. Wir verwenden dazu wiederum die Invariantentechnik.

10.4.8 Algorithmus (Gerichtetes Gerüst) Gegeben seien eine Relation R mit $R^* = \mathsf{L}$ und ein Punkt r. Wir wollen einen gerichteten Baum T berechnen, der r als Wurzel hat und in R enthalten ist. Mit Blick auf Definition 10.4.5 führt dies zur Konjunktion von

$$
T \subseteq R \qquad r\mathsf{L} \subseteq T^* \qquad TT^\mathsf{T} \subseteq \mathsf{I} \qquad T^+ \subseteq \overline{\mathsf{I}}
$$

als Nachbedingung $Post(T)$. Um eine Invariante zu bekommen, bietet sich an, die Konstante L des zweiten Konjunktionsglieds ihrer rechten Seite zu einem beliebigen transponierten Vektor v^T zu verallgemeinern. Ist N die Menge, die durch v dargestellt wird, so besagt die verallgemeinerte Formel $rv^\mathsf{T} \subseteq T^*$ in der Sprache der Graphentheorie, daß im Baum von der Wurzel aus jeder Knoten in N erreichbar ist. Damit ist anschaulich klar, daß N mindestens die Wurzel und alle Endknoten von Baumpfeilen enthält. Relationenalgebraisch formuliert sich diese Aussage als $v \subseteq r \cup T^\mathsf{T}\mathsf{L}$. Wenn wir diese Inklusion zu einer Gleichung verstärken, dann beschreibt N genau die Knotenmenge des gerichteten Baums, den wir berechnen wollen. Aus Gründen, die erst später deutlich werden, empfiehlt es sich noch, während des Algorithmus auch die echten Nachfolger von N mit Hilfe eines weiteren Vektors w zu berechnen. Insgesamt basieren wir die Programmentwicklung auf eine Schleifeninvariante $Inv(T, v, w)$, die sich als Konjunktion der folgende Formeln ergibt:

$$T \subseteq R \qquad rv^\mathsf{T} \subseteq T^* \qquad TT^\mathsf{T} \subseteq \mathsf{I} \qquad T^+ \subseteq \overline{\mathsf{I}} \qquad v = r \cup T^\mathsf{T}\mathsf{L} \qquad w = R^\mathsf{T}v \cap \overline{v}$$

Offensichtlich wird $Post(T)$ von $Inv(T, \mathsf{L}, w)$ impliziert. Wenn wir also auf ein Programm mit einer Initialisierung und einer darauffolgenden `while`-Schleife abzielen, dann ist die Wahl von $v \neq \mathsf{L}$ als Schleifenbedingung vernünftig. Die Wahl von

$$(T, v, w) := (\mathsf{O}, r, R^\mathsf{T}r \cap \overline{r})$$

als kollaterale Initialisierung zur Etablierung der Invariante ergibt sich, wenn man die Baumberechnung mit v als der Wurzel startet und sich die Werte für T und w anhand der Invariante $Inv(T, r, w)$ überlegt; die Korrektheit zeigen $\mathsf{O} \subseteq R$, $rr^\mathsf{T} \subseteq \mathsf{I} \subseteq T^*$, $\mathsf{OO}^\mathsf{T} \subseteq \mathsf{I}$, $\mathsf{O}^+ = \mathsf{O} \subseteq \overline{\mathsf{I}}$, $r = r \cup \mathsf{O}^\mathsf{T}\mathsf{L}$ und $R^\mathsf{T}r \cap \overline{r} = R^\mathsf{T}r \cap \overline{r}$.

Wir haben schließlich noch den Schleifenrumpf auszuarbeiten. Hier ist es natürlich, zu dem bereits berechneten Baum T einen Pfeil hinzuzufügen, der an einem Blatt von T beginnt und in einem Knoten endet, der nicht zu T gehört. Da der Vektor v die Knoten von T beschreibt und der Vektor w die unmittelbaren Nachfolger dieser Knoten, bietet sich an, einen Punkt $q = \mathsf{point}(w)$ zu wählen, und T durch einen Pfeil aus $vq^\mathsf{T} \cap R$ zu vergrößern. Natürlich sind dann auch v und w so abzuändern, daß diese Abänderungen wiederum die Knoten des neuen Baums bzw. die unmittelbaren Nachfolger davon beschreiben. Hier ist die entsprechende kollaterale Zuweisung:

$$(T, v, w) := (T \cup \mathsf{atom}(vq^\mathsf{T} \cap R), v \cup q, (w \cap \overline{q}) \cup (R^\mathsf{T}q \cap \overline{v \cup q}))$$

Zur Korrektheit des Programms bleibt noch zu zeigen, daß diese Zuweisung im Fall $v \neq \mathsf{L}$ die Invariante aufrechterhält. Dazu nehmen wir $Inv(T, v, w)$ und $v \neq \mathsf{L}$ an und zeigen, mit $q = \mathsf{point}(w)$, daß w nicht leer (also q definiert) ist und die sechs Eigenschaften der Invariante auch für die neuen Werte von T, v und w gelten.

Wäre w leer, so gilt, wegen $w = R^\mathsf{T}v \cap \overline{v}$, die Inklusion $R^\mathsf{T}v \subseteq v$. Diese impliziert $\mathsf{L}v = (R^*)^\mathsf{T}v = (R^\mathsf{T})^*v \subseteq v$, also $v = \mathsf{L}$ unter Zuhilfenahme von $\mathsf{O} \neq r \subseteq v$ und der Tarski-Regel, und dies ist ein Widerspruch zur Annahme $v \neq \mathsf{L}$. Es sei nun im weiteren Korrektheitsbeweis A eine Abkürzung für den Term $\mathsf{atom}(vq^\mathsf{T} \cap R)$. Dann ist auch A definiert, d.h. $vq^\mathsf{T} \cap R \neq \mathsf{O}$. Aus $vq^\mathsf{T} \cap R = \mathsf{O}$ kann man nämlich, wegen $q \subseteq w \subseteq \overline{v}$, wiederum $R^\mathsf{T}v \subseteq v$, also den Widerspruch $v = \mathsf{L}$, zeigen.

Nach diesen Definiertheitsbetrachtungen kommen wir nun zum Beweis der oben erwähnten sechs Eigenschaften.

1. Die erste Eigenschaft zeigt man wie folgt:

$$
\begin{aligned}
T \cup A \;&\subseteq\; T \cup (vq^{\mathsf{T}} \cap R) && \text{Axiomatisierung atom} \\
&\subseteq\; R && \text{da } T \subseteq R
\end{aligned}
$$

2. Zum Beweis der zweiten Eigenschaft starten wir mit der Gleichung $\overline{v}^{\mathsf{T}}A = \mathsf{O}$, die man aus der nachstehenden Rechnung bekommt:

$$
\begin{aligned}
A \subseteq vq^{\mathsf{T}} \cap R \subseteq v\mathsf{L} \;&\Longleftrightarrow\; \overline{v}\mathsf{L} \subseteq \overline{A} && \text{Axiom. atom, } v \text{ ist Vektor} \\
&\Longleftrightarrow\; \overline{v}^{\mathsf{T}}A \subseteq \mathsf{O} && \text{Schröder}
\end{aligned}
$$

Weiterhin haben wir $A^{\mathsf{T}}\mathsf{L} = q$, weil

$$
\begin{aligned}
A^{\mathsf{T}}\mathsf{L} \;&\subseteq\; (vq^{\mathsf{T}} \cap R)^{\mathsf{T}}\mathsf{L} && \text{Axiomatisierung atom} \\
&\subseteq\; qv^{\mathsf{T}}\mathsf{L} && \\
&\subseteq\; q && \text{weil } q = q\mathsf{L}
\end{aligned}
$$

und $A^{\mathsf{T}}\mathsf{L}$ und q nach den Axiomatisierungen von **atom** bzw. **point** beide Punkte, also Atome unter den Vektoren sind. Nun können wir den Beweis der zweiten Eigenschaft wie folgt beenden:

$$
\begin{aligned}
r(v \cup q)^{\mathsf{T}} \;&=\; r(v \cup A^{\mathsf{T}}\mathsf{L})^{\mathsf{T}} && \text{siehe oben} \\
&=\; rv^{\mathsf{T}} \cup rv^{\mathsf{T}}A && \mathsf{L}A = (v^{\mathsf{T}} \cup \overline{v}^{\mathsf{T}})A = v^{\mathsf{T}}A \\
&\subseteq\; T^{*} \cup rv^{\mathsf{T}}AT^{*} && \text{weil } rv^{\mathsf{T}} \subseteq T^{*} \text{ und } \mathsf{I} \subseteq T^{*} \\
&=\; (\mathsf{I} \cup rv^{\mathsf{T}}A)T^{*} && \\
&=\; (rv^{\mathsf{T}}A)^{*}T^{*} && rv^{\mathsf{T}}A \text{ ist transitiv} \\
&\subseteq\; (T^{*}A)^{*}T^{*} && \text{weil } rv^{\mathsf{T}} \subseteq T^{*} \\
&=\; (T \cup A)^{*} && \text{Satz 10.1.7.1}
\end{aligned}
$$

3. Um die Injektivität von $T \cup A$ zu zeigen, verwenden wir, daß T und A nach der Invariante bzw. Satz 10.4.7.3 injektiv sind. Um Satz 10.4.7.2 anwenden zu können, haben wir noch $AT^{\mathsf{T}} = \mathsf{O}$ zu zeigen. Ein Beweis ist nachfolgend angegeben:

$$
\begin{aligned}
AT^{\mathsf{T}} \;&\subseteq\; (vq^{\mathsf{T}} \cap R)T^{\mathsf{T}} && \text{Axiomatisierung atom} \\
&\subseteq\; v\overline{v}^{\mathsf{T}}T^{\mathsf{T}} && q \subseteq w \subseteq \overline{v}, \text{ Axiomatisierung point} \\
&\subseteq\; v\overline{v}^{\mathsf{T}}(r \cup T^{\mathsf{T}}\mathsf{L}) && \\
&\subseteq\; \mathsf{O} && \overline{v}v^{\mathsf{T}}\mathsf{L} \subseteq \overline{v}\mathsf{L} = \overline{v} = \overline{r \cup T^{\mathsf{T}}\mathsf{L}}, \text{ Schröder}
\end{aligned}
$$

4. Es gilt $AT = \mathsf{O}$; der Beweis ist analog zum Beweis von $AT^{\mathsf{T}} = \mathsf{O}$ in (3). Weiterhin haben wir:

$$
\begin{aligned}
v^{\mathsf{T}}\mathsf{I} \subseteq v^{\mathsf{T}} \;&\Longleftrightarrow\; v\overline{v}^{\mathsf{T}} \subseteq \overline{\mathsf{I}} && \text{Schröder} \\
&\Longrightarrow\; vq^{\mathsf{T}} \subseteq \overline{\mathsf{I}} && q \subseteq w \subseteq \overline{v}, \text{ Axiomatisierung point} \\
&\Longrightarrow\; A \subseteq \overline{\mathsf{I}} && \text{Axiomatisierung atom}
\end{aligned}
$$

Die nachstehende Rechnung zeigt nun die gewünschte vierte Eigenschaft:

$$
\begin{aligned}
(T \cup A)^+ &= A^+ \cup (A^*T)^+ A^* && \text{Satz } 10.4.7.4 \\
&= A \cup ((\mathsf{I} \cup A)T)^+ (\mathsf{I} \cup A) && A^+ = A \text{ wegen Satz } 10.4.7.3 \\
&= A \cup T^+ \cup T^+ A && \text{weil } AT = \mathsf{O} \\
&\subseteq \overline{\mathsf{I}} \cup T^+ A && A \subseteq \overline{\mathsf{I}} \text{ und } T^+ \subseteq \overline{\mathsf{I}} \\
&\subseteq \overline{\mathsf{I}} && AT^+ = \mathsf{O}, \text{ Satz } 10.4.7.1
\end{aligned}
$$

5. Die fünfte Eigenschaft verifiziert man wie folgt:

$$
\begin{aligned}
v \cup q &= v \cup A^\mathsf{T} \mathsf{L} && q = A^\mathsf{T} \mathsf{L} \text{ wurde in (2) gezeigt} \\
&= r \cup T^\mathsf{T} \mathsf{L} \cup A^\mathsf{T} \mathsf{L} && \text{da } v = r \cup T^\mathsf{T} \mathsf{L} \\
&= r \cup (T^\mathsf{T} \cup A^\mathsf{T}) \mathsf{L} \\
&= r \cup (T \cup A)^\mathsf{T} \mathsf{L}
\end{aligned}
$$

6. Die sechste Eigenschaft für die neuen Werte zeigt man wie folgt:

$$
\begin{aligned}
(w \cap \overline{q}) \cup (R^\mathsf{T} q \cap \overline{v \cup q}) &= (R^\mathsf{T} v \cap \overline{v} \cap \overline{q}) \cup (R^\mathsf{T} q \cap \overline{v \cup q}) && \text{Invar.} \\
&= (R^\mathsf{T} v \cap \overline{v \cup q}) \cup (R^\mathsf{T} q \cap \overline{v \cup q}) \\
&= (R^\mathsf{T} v \cup R^\mathsf{T} q) \cap \overline{v \cup q} \\
&= R^\mathsf{T} (v \cup q) \cap \overline{v \cup q}
\end{aligned}
$$

Wenn wir die obigen zwei kollateralen Zuweisungen sequentialisieren, dann erhalten wir das nachfolgend angegebene relationale Programm `DIRTREE`, das zu den Eingaben R und r einen in R enthaltenen gerichteten Baum T berechnet, dessen Wurzel r isti

```
dirtree(R, r);
   T := O;
   v := r;
   w := Rᵀr ∩ r̄;
   while v ≠ L do
      q := point(w);
      T := T ∪ atom(vqᵀ ∩ R);
      v := v ∪ q;
      w := (w ∩ q̄) ∪ (Rᵀv ∩ v̄) od;
   return T
```

Abbildung 10.12: Programm `DIRTREE`

Ist R nun eine konkrete Relation des Typs $[M \leftrightarrow M]$ mit m als der endlichen Mächtigkeit von M, so braucht dieses Programm bei einer Matrixdarstellung von Relationen unter Verwendung der relationalen Operationen $\mathcal{O}(m^3)$ Schritte, denn die `while`-Schleife wird $\mathcal{O}(m)$-mal durchlaufen und ihr Rumpf erfordert offensichtlich den Aufwand $\mathcal{O}(m^2)$.

Man kann jedoch für `DIRTREE` bei einer Matrixdarstellung von R und T und einer Darstellung von v und w durch Boolesche Vektoren auch eine Laufzeit von $\mathcal{O}(m^2)$ erreichen, wenn man sich bei der Auswahl des in T einzufügenden Pfeils und der Neuberechnung von w nicht auf die relationalen Operationen stützt. Die Auswahl des Pfeils in der zweiten Zuweisung des Schleifenrumpf erfordert nämlich nur die Bestimmung eines Vorgänges von q in v. Dies ist durch einen Durchlaufen der q-Spalte der Matrix von R zu bewerkstelligen. Auch der neue Wert von w kann in $\mathcal{O}(m)$ Schritten bestimmt werden. Das neue w ergibt sich nämlich aus dem alten w, indem man daraus q entfernt und dann alle Nachfolger von q hinzunimmt, die nicht im neuen v enthalten sind. Dies erfordert offensichtlich nur das Durchlaufen der q-Zeile der Matrix von R. $\square$

Damit ist die gesamte Entwicklung des Algorithmus **TRANSRED**$_{sc}$ beendet. Transitive Reduktionen einer homogenen Relation können durchaus unterschiedliche Größen besitzen; wir haben dies schon am Anfang dieses Abschnitts erwähnt. Eine transitive Reduktion kleinster Größe wird in der Graphentheorie *minimaler Äquivalenzgraph* genannt. Die Bestimmung eines minimalen Äquivalenzgraphen ist viel schwieriger als die Bestimmung einer transitiven Reduktion; für das entsprechende Ja/Nein-Entscheidungsproblem wurde nämlich gezeigt, daß es NP-vollständig ist. Wir beenden den Abschnitt mit einer Demonstration der entwickelten Programme anhand von zwei RELVIEW-Bildern.

10.4.9 Anwendung (Transitive Reduktionen) In dem nachfolgenden Bild von Abbildung 10.14 ist ein mittels RELVIEW gezeichneter gerichteter Graph angegeben, der offensichtlich auch stark zusammenhängend ist. Weiterhin sind in dem Graphen die Pfeile einer transitiven Reduktion durch fettes Zeichnen hervorgehoben.

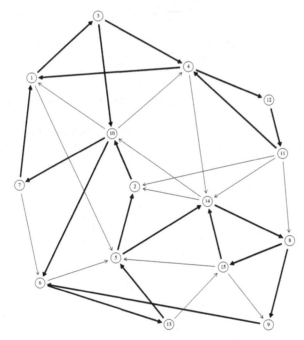

Abbildung 10.13: Gerichteter Graph mit transitiver Reduktion

Die in diesem Bild eingezeichnete transitive Reduktion wurde mit der RELVIEW-Implementierung der Programme der Abbildungen 10.11 und 10.12 bestimmt. Sie hat keine minimale Größe. Der gezeichnete Graph besitzt nämlich einen sogenannten Hamiltonschen Kreis, also einen Kreis, der alle Knoten beinhaltet und bei dem (bildlich gesprochen) in jeden Knoten genau ein Pfeil des Kreises hineinführt und aus jedem Knoten genau ein Pfeil des Kreises entspringt. In der folgenden Figur ist so ein Hamiltonscher Kreis angegeben.

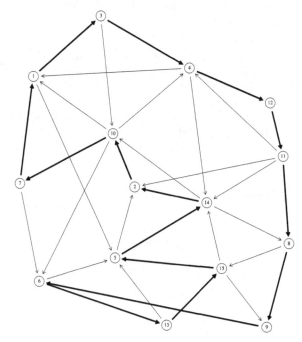

Abbildung 10.14: Gerichteter Graph mit kleinster transitiver Reduktion

Berechnet wurde dieser Hamiltonsche Kreis mit einem RELVIEW-Programm, das von T. Hoffmann im Rahmen seiner Doktorarbeit an der Universität Kiel entwickelt wurde. □

Kapitel 11

Berechnung von Kernen

In Abschnitt 9.5 wurde der Begriff eines Kerns eines gerichteten Graphen eingeführt, welcher insbesondere in der graphentheoretischen Behandlung von kombinatorischen Spielen sehr wichtig ist. Es wurde weiterhin ein relationales Verfahren zur Aufzählung aller Kerne angegeben, welches exponentiellen Speicherplatz und exponentielle Laufzeit benötigt. In diesem Kapitel behandeln wir nun das speziellere Problem, einen einzelnen Kern zu bestimmen, und entwickeln für bestimmte Klassen von Graphen bzw. Relationen relationenalgebraisch effiziente Algorithmen dafür.

11.1 Grundlegendes zur Kernberechnung

Für das Problem der Kernberechnung gelten die beiden folgenden wichtigen Tatsachen:

1. Es gibt gerichtete Graphen, die keinen Kern besitzen.

2. Das Problem der Kernberechnung ist ein sehr schwieriges Problem.

Das einfachste Beispiel zur ersten Eigenschaft ist der nachfolgend von RELVIEW gezeichnete gerichtete Graph g mit drei Knoten:

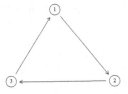

Ist R die Relation dieses gerichteten Graphen, und wendet man die relationale Funktion KernelVec von Beispiel 9.5.3 zur Berechnung des die Kerne darstellenden Vektors auf R an, so bekommt man als Resultat KernelVec(R) den Nullvektor der Länge $2^3 = 8$. Dies bestätigt nochmals die auch anschaulich klare Tatsache, daß g keinen Kern besitzt.

Zur zweiten Eigenschaft haben wir bereits in Abschnitt 9.5 bemerkt, daß das folgende Ja/Nein-Problem NP-vollständig ist: Gibt es zu einem gerichteten Graphen g einen Kern von g? Dieses Resultat wurde im Jahr 1973 von V. Chvátal in dem technischen Bericht CRM-300 der Universität Montreal (Centre der Recherches Mathématiques) mit dem Titel „On the computational complexity of finding a kernel" gezeigt. Da derzeit die Frage P = NP immer noch ungelöst ist, existieren bisher nur exponentielle Algorithmen zu Kernbestimmung in beliebigen Graphen. Damit ist das relationale Aufzählungsverfahren von Beispiel 9.5.3 gar nicht so schlecht, insbesondere, wenn man an den äußerst einfachen Korrektheitsbeweis denkt. Mit Hilfe des RELVIEW-Systems und der Implementierung von Relationen durch sogenannte binäre Entscheidungsdiagramme kann man auf einer modernen Workstation Graphen mit über 100 Knoten behandeln.

Wenn ein Berechnungsproblem sehr schwierig ist, braucht man die Flinte dennoch nicht sogleich ins Korn zu werfen. Es gibt nämlich mehrere Möglichkeiten, schwierige Berechnungsprobleme doch noch effizient zu lösen. Bei sogenannten Optimierungsproblemen wendet man beispielsweise Näherungsmethoden an, und entwickelt Approximationsalgorithmen, die eine gewisse Genauigkeit bewiesenermaßen einhalten. Für Kerne hat sich ein anderer Ansatz als erfolgreich erwiesen: Man beschränkt sich hier auf die Berechnung eines Kerns und schränkt zusätzlich noch die Eingabe ein, d.h. betrachtet dieses Problem nur für bestimmte Klassen von Graphen.

Der Berechnung eines einzelnen Kerns mit relationalen Methoden liegt die in dem folgenden Satz angegebene Problemspezifikation zugrunde:

11.1.1 Satz Es sei $g = (V, R)$ ein gerichteter Graph und es stelle der Vektor $v : V \leftrightarrow \mathbb{1}$ die Teilmenge K von V dar. Dann gilt:

$$K \text{ ist ein Kern} \quad \Longleftrightarrow \quad v = \overline{Rv}$$

Beweis: Zuerst berechnen wir (man vergleiche noch einmal mit Beispiel 9.5.3):

$$
\begin{array}{lll}
K \text{ absorbierend} & \Longleftrightarrow \forall x : x \notin K \Rightarrow \exists y : y \in K \wedge R_{xy} & \text{Def. Absorption} \\
& \Longleftrightarrow \forall x : \overline{v}_x \Rightarrow \exists y : v_y \wedge R_{xy} & v \text{ stellt } K \text{ dar} \\
& \Longleftrightarrow \forall x : \overline{v}_x \Rightarrow (Rv)_x & \\
& \Longleftrightarrow \overline{v} \subseteq Rv &
\end{array}
$$

Auf die gleiche Weise bekommen wir die folgende Äquivalenz (auch hier vergleiche man noch einmal mit Beispiel 9.5.3):

$$
\begin{array}{lll}
K \text{ stabil} & \Longleftrightarrow \forall x, y : x \in K \wedge y \in K \Rightarrow \neg R_{xy} & \text{Def. Stabilität} \\
& \Longleftrightarrow \forall x : x \in K \Rightarrow \neg \exists y : y \in K \wedge R_{xy} & \\
& \Longleftrightarrow \forall x : v_x \Rightarrow \neg \exists y : v_y \wedge R_{xy} & v \text{ stellt } K \text{ dar} \\
& \Longleftrightarrow \forall x : v_x \Rightarrow \overline{Rv}_x & \\
& \Longleftrightarrow v \subseteq \overline{Rv} &
\end{array}
$$

Insgesamt ist K also absorbierend und stabil, d.h. ein Kern, genau dann, wenn die Gleichung $v = \overline{Rv}$ gilt. $\square$

Nun befreien wir uns vom Spezialfall der gerichteten Graphen mit konkreten Relationen zur Beschreibung der Pfeile und konzentrieren uns auf den abstrakten Fall. Wegen Satz 11.1.1 definieren wir hier Kerne wie folgt:

11.1.2 Definition Ein Vektor v heißt ein *Kern* einer homogenen Relation R, falls die Gleichung $v = \overline{Rv}$ gilt. Gilt hingegen nur $\overline{Rv} \subseteq v$ bzw. $v \subseteq \overline{Rv}$, so heißt v *absorbierender Vektor* bzw. *stabiler Vektor*. □

Einen Kern von R zu bestimmen, heißt also, eine Lösung v der Gleichung $v = \overline{Rv}$ zu berechnen. Da nicht jeder Graph einen Kern besitzt, besitzt diese Gleichung nicht immer Lösungen. In den nächsten beiden Abschnitten werden wir deshalb diese Gleichung für die gegebene Relation R bezüglich bestimmter Klassen von Relationen genauer untersuchen, und jeweils (in der Regel algorithmisch) nachweisen, daß dann Lösungen (teilweise sogar genau eine) existieren.

11.2 Kerne von ungerichteten Graphen

Bisher hatten wir nur gerichtete Graphen betrachtet, bei denen Pfeile eine Richtung besitzen und, da sie dadurch exakt Paaren von Knoten entsprechen, die Menge aller Pfeile eine Relation auf den Knoten ist. Neben den gerichteten Graphen gibt es noch die ungerichteten Graphen. Bei solchen Graphen sind die Pfeile ungerichtet und entsprechen somit keinen Paaren von Knoten, sondern zweielementigen Knotenmengen. Ungerichtete Graphen besitzen also auch keine sogenannten Schlingen. Statt von Pfeilen spricht man bei ungerichteten Graphen zur besseren Unterscheidung der „anderen Art von Verbindungen" oft von *Kanten*. Auch wir werden im folgenden diese Terminologie verwenden.

Ist nun $g = (V, E)$ ein ungerichteter Graph mit Knotenmenge V und Kantenmenge E, so kann man g auch durch einen gerichteten Graphen $g' = (V, R)$ modellieren. Man definiert R_{xy} genau dann, wenn $\{x, y\}$ eine Kante aus E ist. Damit wird R eine symmetrische und irreflexive Relation; man vergleiche etwa noch einmal mit Anwendung 9.5.4. Ungerichtete Graphen werden also durch gerichtete Graphen mit symmetrischen und irreflexiven Relationen modelliert und somit dem relationenalgebraischen Ansatz zugänglich. Insbesondere reduziert sich die Kernberechnung im Fall von ungerichteten Graphen relational auf die Kernberechnung von symmetrischen und irreflexiven Relationen.

Ein erster Schritt in Richtung Problemlösung ist durch die folgenden zwei trivial zu verifizierenden (und in der graphentheoretischen Interpretation auch anschaulich klaren) Implikationen motiviert:

$$v \text{ absorbierend}, v \subseteq w \implies w \text{ absorbierend} \tag{†}$$
$$v \text{ stabil}, w \subseteq v \implies w \text{ stabil} \tag{‡}$$

Es bietet sich wegen (†) und (‡) nämlich an, nach nicht mehr zu verkleinernden absorbierenden und nicht mehr zu vergrößernden stabilen, also inklusionsminimalen absorbierenden und inklusionsmaximalen stabilen Vektoren zu suchen. Diese Suche führt zu Gleichheiten bei den die Absorption und Stabilität definierenden Inklusionen, also zu Kernen, wie der nachfolgende Satz zeigt:

11.2.1 Satz Ein Vektor v ist genau dann ein Kern der homogenen Relation R, wenn er inklusionsminimal absorbierend und inklusionsmaximal stabil ist.

Beweis: „$\Longrightarrow$": Es sei v ein Kern und w ein absorbierender Vektor mit $w \subseteq v$. Dann gilt die nachstehende Eigenschaft:

$$
\begin{aligned}
v \;&=\; \overline{Rv} && v \text{ ist Kern} \\
&\subseteq\; \overline{Rw} && \text{da } w \subseteq v \\
&\subseteq\; w && \text{da } w \text{ absorbierend}
\end{aligned}
$$

Aus $w \subseteq v$ und dieser Inklusion folgt $w = v$ und somit ist v minimal bezüglich der Inklusion in der Menge der absorbierenden Vektoren.

Nun sei w ein stabiler Vektor mit $v \subseteq w$. Dann kann man zeigen:

$$
\begin{aligned}
w \;&\subseteq\; \overline{Rw} && w \text{ ist stabil} \\
&\subseteq\; \overline{Rv} && \text{da } v \subseteq w \\
&=\; v && v \text{ ist Kern}
\end{aligned}
$$

Aus dieser Rechnung folgt nun zusammen mit $v \subseteq w$ die Gleichheit $v = w$ und damit die Inklusionsmaximalität von v.

„$\Longleftarrow$": Diese Richtung ist trivial. $\square$

Beide Bedingungen dieses Satzes sind für die Kerneigenschaft eines Vektors notwendig. Daß man auf keine verzichten kann, verdeutlichen die beiden folgenden einfachen Beispiele. Wir verwenden dabei, der Deutlichkeit halber, im ersten Fall eine zeichnerische Darstellung von Graphen in der üblichen Form.

1. Die Relation, welche zu dem nachfolgenden gerichteten Graphen als Pfeilmenge gehört, hat den die Menge $\{1, 2\}$ darstellenden Vektor offensichtlich als inklusionsminimalen absorbierenden Vektor.

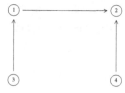

Wegen des Pfeils von Knoten 1 nach Knoten 2 ist dieser Vektor jedoch nicht stabil, also insbesondere auch kein Kern.

2. Die Allrelation $\mathsf{L} : \mathbb{1} \leftrightarrow \mathbb{1}$, die, als gerichteter Graph gezeichnet, genau aus einem Knoten und einer Schlinge an diesem besteht, hat $\mathsf{O} : \mathbb{1} \leftrightarrow \mathbb{1}$ – mengentheoretisch also die leere Menge – als einzigen (und damit auch inklusionsmaximalen) stabilen Vektor. Dieser ist jedoch kein Kern, denn er ist nicht absorbierend.

Wegen der gleichzeitigen Inklusionsminimalität bezüglich der Absorptionseigenschaft und Inklusionsmaximalität bezüglich der Stabilität bei Kernen folgt aus Satz 11.2.1 noch kein effizienter Algorithmus zur Berechnung von Kernen. Ein solcher ergibt sich erst, wenn man eine der beiden Richtungen, bezüglich denen man ein extremes Element zu bestimmen hat, ausschließen kann.

Der folgende Satz zeigt eine Klasse von Relationen auf, bei der man nur in eine Richtung nach einer extremen Relation im Sinne von Satz 11.2.1 suchen muß.

11.2.2 Satz Es seien $R : M \leftrightarrow M$ eine symmetrische und irreflexive Relation und $v : M \leftrightarrow N$ ein Vektor. Dann gilt:

$$v \text{ ist ein Kern} \quad \Longleftrightarrow \quad v \text{ ist inklusionsmaximal stabil}$$

Beweis: „$\Longrightarrow$": Diese Richtung wurde schon in Satz 11.2.1 gezeigt.

„$\Longleftarrow$": Wir führen einen Widerspruchsbeweis und nehmen an, daß v kein Kern sei. Da v stabil ist, kann also die Absorptionseigenschaft $\overline{Rv} \subseteq v$ nicht gelten. Somit haben wir $\overline{Rv} \cap \overline{v} \neq \mathsf{O}$. Es sei nun p ein Punkt mit $p \subseteq \overline{Rv} \cap \overline{v}$. Dann gelten die folgenden drei Eigenschaften:

$$(1) \quad Rv \subseteq \overline{p} \qquad (2) \quad Rp \subseteq \overline{v} \qquad (3) \quad Rp \subseteq \overline{p}$$

Aus der Annahme folgt nämlich $p \subseteq \overline{Rv}$ und dies ist offensichtlich äquivalent zu (1) und auch noch zu (2), wenn man auf (1) die Schröder-Äquivalenzen und $R = R^\mathsf{T}$ anwendet. Zum Beweis von (3) starten wir mit der Inklusion $pp^\mathsf{T} \subseteq \mathsf{I} \subseteq \overline{R}$, welche aus der Injektivität des Punkts p und der Irreflexivität von R folgt. Nun wenden wir darauf die Schröder-Äquivalenzen an und erhalten $Rp \subseteq \overline{p}$.

Mit Hilfe der eben bewiesenen drei Inklusionen und der Voraussetzung an v bekommen wir nun die folgenden zwei Inklusionen:

$$\begin{aligned} R(v \cup p) &= Rv \cup Rp \\ &\subseteq \overline{v} \end{aligned} \qquad\qquad v \text{ stabil und (2)}$$

$$\begin{aligned} R(v \cup p) &= Rv \cup Rp \\ &\subseteq \overline{p} \end{aligned} \qquad\qquad (1) \text{ und (3)}$$

Dies bringt $R(v \cup p) \subseteq \overline{v} \cap \overline{p} = \overline{v \cup p}$, also die Stabilität von $v \cup p$. Es gilt offensichtlich $v \subseteq v \cup p$ und auch $v \neq v \cup p$, denn aus $v = v \cup p$ würde $p \subseteq v$ folgen, und somit der Widerspruch $p = \mathsf{O}$ wegen der Voraussetzung $p \subseteq \overline{v}$.

Dies alles zusammen zeigt, daß $v \cup p$ ein echt größerer stabiler Vektor als v ist, im Widerspruch zur Inklusionsmaximalität von v.   □

Wir haben in diesem Satz R und v als konkrete Relationen gewählt. Bezüglich der Anwendung in der Praxis ist dies keine Einschränkung. Die Notwendigkeit der Konkretheit wird im Beweis klar, der an einer Stelle, nämlich bei der Existenz von p, nicht reinrelationenalgebraisch ist. Bei konkreten Relationen gibt es zu einem nichtleeren Vektor immer einen Punkt, der in ihm enthalten ist; bei abstrakten Relationen muß dies hingegen nicht immer der Fall sein.

Eine Verallgemeinerung der Forderung, daß es zu jedem nichtleeren Vektor einen Punkt gibt, der in ihm enthalten ist, nämlich die (implizit allquantifizierte) Implikation

$$R \neq \mathsf{O} \quad \Longrightarrow \quad \text{Es gibt Punkte } p, q \text{ mit } pq^\mathsf{T} \subseteq R,$$

welche auch das *Punkteaxiom* genannt wird. Dieses Axiom schränkt die abstrakten Relationenalgebren sehr stark ein. Nimmt man es nämlich zu den Axiomen von Definition 7.2.1 hinzu, so bleiben, bis auf Isomorphie, nur mehr konkrete Algebren von Relationen als Modelle übrig. Relationenalgebren, die das Punkteaxiom erfüllen sind also darstellbar. Für weitere Einzelheiten bezüglich des Punkteaxioms verweisen wir auf das in der Einleitung genannte Buch von G. Schmidt und T. Ströhlein.

Nach dieser kleinen Abschweifung kehren wir nun zum eigentlichen Thema zurück, der Kernberechnung. Hier ist ein erster Algorithmus für die Klasse von Relationen, die den ungerichteten Graphen entspricht.

11.2.3 Algorithmus (Kerne symmetrischer, irreflexiver Relationen) In dem Abschnitt 10.4 hatten wir mit Hilfe der Invariantentechnik einen Algorithmus <u>SETMIN</u> entwickelt, der zu einer endlichen Menge M und einem sich nach oben vererbenden Prädikat P auf der Potenzmenge 2^M eine inklusionsminimale Teilmenge von M berechnet, die P erfüllt. Auf die gleiche Weise kann man den folgenden Algorithmus <u>SETMAX</u> von Abbildung 11.1 herleiten, welcher eine inklusionsmaximale Teilmenge von M berechnet, die P erfüllt, sofern P sich nun *nach unten* statt nach oben vererbt:

$$
\begin{aligned}
&setmax(M); \\
&A := \emptyset; \\
&B := \emptyset; \\
&\underline{\text{while }} B \neq M \ \underline{\text{do}} \\
&\qquad b := \mathsf{elem}(\overline{B}); \\
&\qquad \underline{\text{if }} P(A + b) \ \underline{\text{then }} A := A + b \ \underline{\text{fi}}; \\
&\qquad B := B + b \ \underline{\text{od}}; \\
&\underline{\text{return }} A
\end{aligned}
$$

Abbildung 11.1: Programm <u>SETMAX</u>

In dem Algorithmus <u>SETMAX</u> verwenden wir $\overline{B}$ als Notation für das absolute Komplement der Menge B bezüglich des Universums M. Weiterhin verwenden wir, wie schon früher, das Pluszeichen für diejenige Operation, welche ein Element zu einer Menge hinzufügt, und elem als Operation zur Auswahl eines Elements aus einer nichtleeren Menge. Das Resultat der Berechnung wird in A abgespeichert und am Ende ausgegeben.

Die Eigenschaft, stabil zu sein, vererbt sich nach der am Anfang dieses Abschnitts angegebenen Implikation (‡) nach unten. Somit können wir, wegen Satz 11.2.2, im Fall einer symmetrischen und irreflexiven Relation R eine Instantiierung des Schemas SETMAX von Abbildung 11.1 zur Berechnung eines Kerns verwenden. Diese Instantiierung KERNEL$_U$ ist in der folgenden Abbildung 11.2 angegeben. Im Vergleich zum Originalschema haben wir die Großbuchstaben A und B von SETMAX durch Kleinbuchstaben a und b ersetzt, weil letztere Variable für Vektoren sind. Weiterhin haben wir die Variable b aus SETMAX in p umbenannt. Und schließlich haben wir noch die sich durch die Instantiierung ergebende Bedingung $a \cup p \subseteq \overline{R(a \cup p)}$ der bedingten Anweisung zu $a \subseteq \overline{Rp}$ vereinfacht. Diese Vereinfachung verwendet die Invariante $a \subseteq \overline{Ra}$ (man vergleiche mit der Herleitung von SETMIN) und die Vorbedingungen $R = R^\mathsf{T}$ und $R \subseteq \overline{\mathsf{I}}$.

$$
\begin{aligned}
&kernel_u(R); \\
&\quad a := \mathsf{O}; \\
&\quad b := \mathsf{O}; \\
&\quad \underline{\text{while }} b \neq \mathsf{L} \ \underline{\text{do}} \\
&\qquad p := \mathsf{point}(\overline{b}); \\
&\qquad \underline{\text{if }} a \subseteq \overline{Rp} \ \underline{\text{then }} a := a \cup p \ \underline{\text{fi}}; \\
&\qquad b := b \cup p \ \underline{\text{od}}; \\
&\quad \underline{\text{return }} a
\end{aligned}
$$

Abbildung 11.2: Programm KERNEL$_u$

Bei der vor der Programm KERNEL$_u$ erwähnten Äquivalenz

$$
a \cup p \subseteq \overline{R(a \cup p)} \iff a \subseteq \overline{Ra} \text{ und } a \subseteq \overline{Rp}
$$

ist ein Beweis der Richtung „$\Longrightarrow$" trivial. Für einen Beweis der verbleibenden Richtung „$\Longleftarrow$" verwenden wir zuerst die Gleichheit

$$
\overline{R(a \cup p)} = \overline{Ra \cup Rp} = \overline{Ra} \cap \overline{Rp}
$$

und haben damit für $a \cup p \subseteq \overline{R(a \cup p)}$ die vier Inklusionen $a \subseteq \overline{Ra}$, $a \subseteq \overline{Rp}$, $p \subseteq \overline{Ra}$ und $p \subseteq \overline{Rp}$ zu zeigen. Die erste und zweite Inklusion sind vorausgesetzt. Bei der dritten Inklusion starten wir mit $a \subseteq \overline{Rp}$ und folgern daraus $Ra \subseteq R\overline{Rp} \subseteq \overline{p}$ wegen der mittels der Schröder-Äquivalenzen und $R = R^\mathsf{T}$ leicht zu zeigenden Eigenschaft $R\overline{Rp} \subseteq \overline{p}$. Die vierte Inklusion ist schließlich äquivalent zur Formel (3) im Beweis von Satz 11.2.2.

Ist R eine Relation auf M und m die Kardinalität von M und stellt man Relationen durch Boolesche Matrizen dar, so ist die Laufzeit dieses Programms, welches den berechneten Kern in a abspeichert, $\mathcal{O}(m^2)$. Die while-Schleife wird nämlich $\mathcal{O}(m)$-mal durchlaufen und der Test $a \subseteq \overline{Rp}$ ist ebenfalls in $\mathcal{O}(m)$ Schritten durchführbar. Man hat hier nämlich nur zu testen, ob a in der Negation der p-Spalte von R enthalten ist. □

Mit Hilfe des relationalen Programms <u>KERNEL</u>$_u$ ist es nun einfach, einen Kern eines ungerichteten Graphen $g = (V, E)$ zu bestimmen. Man berechnet zuerst, wie am Anfang des Abschnitts beschrieben, die zur Kantenmenge E gehörende symmetrische und irreflexive Relation R auf den Knoten V. Dann berechnet man einen Kern der Relation R mittels des Aufrufs $kernel_u(R)$ und transformiert den dadurch entstehenden Vektor ggf. noch in die gewünschte Mengendarstellung.

11.3 Kernberechnung als Fixpunktproblem

Es seien $R \in \mathfrak{R}_{mm}$ eine homogene Relation und $v \in \mathfrak{V}_{mn}$ ein Vektor. Aus der Definition von Kernen erhalten wir sofort, daß v genau dann ein Kern von R ist, wenn v ein Fixpunkt der Abbildung $\varphi_R : \mathfrak{V}_{mn} \to \mathfrak{V}_{mn}$ mit

$$\varphi_R(x) \;=\; \overline{Rx} \qquad\qquad\qquad (*)$$

ist. In diesem Abschnitt verwenden wir Methoden der Fixpunkttheorie, um für die Relation R aus einigen speziellen Klassen von Relationen die Existenz von Fixpunkten für die Abbildung φ_R zu beweisen.

Da die Abbildung $\varphi_R : \mathfrak{V}_{mn} \to \mathfrak{V}_{mn}$ nicht monoton ist, sondern antiton (d.h. aus $v \subseteq w$ folgt $\varphi_R(w) \subseteq \varphi_R(v)$), sind die Ergebnisse von Kapitel 3 nicht unmittelbar anwendbar. Mittelbar werden sie jedoch über die Komposition von φ_R mit sich selbst in's Spiel kommen, also mittels $\varphi_R \circ \varphi_R : \mathfrak{V}_{mn} \to \mathfrak{V}_{mn}$ mit $(\varphi_R \circ \varphi_R)(x) = \overline{R\,\overline{Rx}}$, denn diese Abbildung ist offensichtlich monoton.

Der folgende Satz beweist als erste Resultate für zwei Klassen von Relationen die Existenz von Fixpunkten für die Abbildung φ_R.

11.3.1 Satz Es sei eine homogene Relation R vorliegend. Dann gelten die folgenden beiden Eigenschaften:

1. Ist R transitiv mit $R^* \overline{RL} = L$, so ist $\overline{RL}$ der einzige Fixpunkt von φ_R, also der einzige Kern von R.

2. Gelten $R^* = L$ und $R(RR)^* \subseteq \overline{I}$ und ist p ein Punkt, so ist $(RR)^* p$ ein Fixpunkt von φ_R, also ein Kern von R.

Beweis: Wir gehen der Reihe nach vor.

1. Es gilt $RL = R\,\overline{RL}$, denn die Inklusion „$\subseteq$" folgt aus

$$
\begin{array}{lll}
L &=& R^* \overline{RL} \qquad\qquad & \text{Voraussetzung} \\
&=& (I \cup R^+)\,\overline{RL} & \text{Hülleneigenschaft} \\
&=& (I \cup R)\,\overline{RL} & R \text{ transitiv} \\
&=& \overline{RL} \cup R\,\overline{RL} & \text{Distributivität}
\end{array}
$$

und die verbleibende Inklusion „$\supseteq$" ist trivial. Also gilt $\varphi_R(\overline{R\mathsf{L}}) = \overline{R\,\overline{R\mathsf{L}}} = \overline{R\mathsf{L}}$.
Um die Eindeutigkeit des Fixpunkts zu zeigen, iterieren wir die Abbildung $\varphi_R \circ \varphi_R$ und erhalten:

$$
\begin{aligned}
\varphi_R(\varphi_R(\mathsf{O})) &= \overline{R\,\overline{R\mathsf{O}}} && \text{Definition } \varphi_R \\
&= \overline{R\mathsf{L}} \\
&= \overline{R\,\overline{R\mathsf{L}}} && \text{siehe oben} \\
&= \varphi_R(\varphi_R(\mathsf{L})) && \text{Definition } \varphi_R
\end{aligned}
$$

Wegen Satz 3.1.3 fallen damit der größte und der kleinste Fixpunkt der monotonen Abbildung $\varphi_R \circ \varphi_R$ zusammen. Jeder Fixpunkt von φ_R ist auch ein Fixpunkt von $\varphi_R \circ \varphi_R$ und wegen $\mu_{\varphi_R \circ \varphi_R} = \nu_{\varphi_R \circ \varphi_R}$ also eindeutig.

2. Wir starten mit der zweiten Voraussetzung wie folgt:

$$
\begin{aligned}
R(RR)^* \subseteq \overline{\mathsf{I}} &\iff R(RR)^*(RR)^* \subseteq \overline{\mathsf{I}} && \text{Hülleneigenschaft} \\
&\iff (R(RR)^*)^{\mathsf{T}}\mathsf{I} \subseteq \overline{(RR)^*} && \text{Schröder} \\
&\iff (R(RR)^*)^{\mathsf{T}} \subseteq \overline{(RR)^*}
\end{aligned}
$$

Wegen der ersten Voraussetzung haben wir $\mathsf{L} = R^* = (RR)^* \cup R(RR)^*$, indem wir die Vereinigung $\bigcup_{i \geq 0} R^i$ in die geraden und die ungeraden Potenzen aufspalten. Dies bringt, zusammen mit oben,

$$
(R(RR)^*)^{\mathsf{T}} \subseteq \overline{(RR)^*} \subseteq R(RR)^*, \tag{$\dagger$}
$$

also die Symmetrie von $R(RR)^*$. Verwenden wir diese in der Inklusion ($\dagger$), so bekommen wir $R(RR)^* = \overline{(RR)^*}$. Der Rest ist nun einfach: Man hat

$$
\varphi_R((RR)^*p) = \overline{R\,\overline{(RR)^*p}} = \overline{R(RR)^*\,p} = (RR)^*p,
$$

weil man nach Satz 7.4.5.1 eine bijektive Relation, also insbesondere einen Punkt, von rechts aus einem Komplement herausziehen darf. $\qquad\square$

Die Bedingungen dieses Satzes haben anschauliche graphentheoretische Bedeutungen. Es sei R die Relation des gerichteten Graphen g. Dann besagt $R^*\,\overline{R\mathsf{L}} = \mathsf{L}$, daß von jedem Knoten aus ein Knoten ohne Nachfolger erreichbar ist. Diese Eigenschaft wird beispielsweise erfüllt, wenn g endlich und kreisfrei ist. Nach Satz 11.3.1.1 besitzen damit endliche, transitive und kreisfreie Graphen die Menge der nachfolgerlosen Knoten als einzigen Kern. Die Bedeutung von $R^* = \mathsf{L}$ als „g ist stark zusammenhängend" haben wir bereits früher erwähnt, und die Inklusion $R(RR)^* \subseteq \overline{\mathsf{I}}$ beschreibt schließlich, daß g keine Kreise ungerader Länge besitzt. Damit besagt Satz 11.3.1.2 in Worten: Ist g ein stark zusammenhängender gerichteter Graph ohne Kreise ungerader Länge, und betrachtet man zu einem beliebigen Knoten x die Menge K derjenigen Knoten, von denen aus man x auf Wegen gerader Länge erreichen kann, so ist K ein Kern von g.

Wir haben im letzten Satz verwendet, daß die monotone Abbildung $\varphi_R \circ \varphi_R$ Fixpunkte besitzt. Es stellt sich nun die Frage, ob unter gewissen zusätzlichen Bedingungen diese auch Fixpunkte von φ_R sind. Eine solche Bedingung wird im zweiten Teil des folgenden Satzes angegeben. Diese Bedingung haben wir implizit bereits in Satz 11.3.1.1 angewendet.

11.3.2 Satz   1. Für die extremen Fixpunkte der monotonen Abbildung $\varphi_R \circ \varphi_R$ gelten die folgenden Eigenschaften:

$$(a) \quad \varphi_R(\nu_{\varphi_R \circ \varphi_R}) \;=\; \mu_{\varphi_R \circ \varphi_R} \qquad (b) \quad \varphi_R(\mu_{\varphi_R \circ \varphi_R}) \;=\; \nu_{\varphi_R \circ \varphi_R}$$

2. Besitzt die Abbildung $\varphi_R \circ \varphi_R$ genau einen Fixpunkt, so ist dieser auch der einzige Fixpunkt von φ_R und folglich auch der einzige Kern von R.

Beweis: Im ersten Teil des folgenden Beweises verwenden wir einen oberen Index am Fixpunktoperator μ der angibt, in welchem Verband wir uns bewegen.

1. Die Abbildung $\varphi_R : \mathfrak{V}_{mn} \to \mathfrak{V}_{mn}$ ist antiton. Sie wird somit zu einer monotonen Abbildung, wenn wir im Urbereich die Ordnung revertieren, d.h. zum dualen vollständigen Verband $(\mathfrak{V}_{mn}, \cap, \cup \supseteq)$ übergehen. Nun wenden wir Satz 3.1.8, die Roll-Regel, an, und erhalten die folgende Gleichheit:

$$\varphi_R(\mu^{\supseteq}_{\varphi_R \circ \varphi_R}) \;=\; \mu^{\subseteq}_{\varphi_R \circ \varphi_R}$$

Gleichung (a) folgt nun aus $\mu^{\supseteq}_{\varphi_R \circ \varphi_R} = \nu^{\subseteq}_{\varphi_R \circ \varphi_R}$.

Analog beweist man Gleichung (b) mit Hilfe der Roll-Regel, indem man den Bildbereich von φ_R dualisiert.

2. Besitzt die Abbildung $\varphi_R \circ \varphi_R$ genau einen Fixpunkt, so folgt daraus

$$\varphi_R(\nu_{\varphi_R \circ \varphi_R}) \;=\; \mu_{\varphi_R \circ \varphi_R} \;=\; \nu_{\varphi_R \circ \varphi_R}$$

mit Hilfe von (a) und der Annahme. Damit ist die Existenz eines Fixpunkts von φ_R gezeigt. Die Eindeutigkeit dieses Fixpunkts folgt nun unmittelbar aus der Tatsache, daß jeder Fixpunkt von φ_R auch ein Fixpunkt von $\varphi_R \circ \varphi_R$ ist. $\square$

Dieser Satz gilt auch für eine beliebige antitone Abbildung $f : V \to V$ auf einem vollständigen Verband V und kann sogar auf Paare $f : V \to W$ und $g : W \to V$ von antitonen Abbildungen verallgemeinert werden. Wir haben uns an dieser Stelle auf die gewählte spezielle Formulierung beschränkt, weil sie unmittelbar auf die nachfolgenden Anwendungen paßt. Hier ist die erste Anwendung.

11.3.3 Satz Ist die Relation R progressiv-endlich, so besitzt die Abbildung $\varphi_R \circ \varphi_R$ genau einen Fixpunkt.

Beweis: Es sei der Vektor v eine Abkürzung für $\nu_{\varphi_R \circ \varphi_R}$. Dann gilt $R^{\mathsf{T}} v \subseteq Rv$ nach der folgenden Rechnung:

$$
\begin{aligned}
v = (\varphi_R \circ \varphi_R)(v) \quad &\Longleftrightarrow \quad v = \overline{R\,\overline{Rv}} && \text{Definition } \varphi_R \\
&\Longrightarrow \quad R\,\overline{Rv} \subseteq \overline{v} \\
&\Longleftrightarrow \quad R^{\mathsf{T}} v \subseteq Rv && \text{Schröder}
\end{aligned}
$$

Daraus folgt weiterhin:

$$
\begin{aligned}
Rv \cap v \;\; &\subseteq \;\; (R \cap vv^{\mathsf{T}})(v \cap R^{\mathsf{T}}v) && \text{Dedekind} \\
&\subseteq \;\; R(v \cap R^{\mathsf{T}}v) \\
&\subseteq \;\; R(v \cap Rv) && R^{\mathsf{T}}v \subseteq Rv
\end{aligned}
$$

Weil die Relation R progressiv-endlich und $Rv \cap v$ ein Vektor ist, bringt die eben bewiesene Inklusion sofort die Gleichheit $Rv \cap v = \mathsf{O}$, also die dazu äquivalente Inklusion $v \subseteq \overline{Rv} = \varphi_R(v)$. Die Definition von v als $\nu_{\varphi_R \circ \varphi_R}$ und (a) von Satz 11.3.2 zeigen nun $\nu_{\varphi_R \circ \varphi_R} \subseteq \varphi_R(\nu_{\varphi_R \circ \varphi_R}) = \mu_{\varphi_R \circ \varphi_R} \subseteq \nu_{\varphi_R \circ \varphi_R}$, woraus Existenz und Eindeutigkeit des Fixpunkts folgt. $\square$

Im praktisch relevanten Fall der konkreten Relationen auf endlichen Mengen fallen die Begriffe „progressiv-endlich" und „kreisfrei" zusammen; man vergleiche noch einmal mit Abschnitt 10.3. Damit bekommen wir aus den bisherigen Resultaten sofort einen Algorithmus zur Bestimmung des einzigen Kerns für solche Relationen.

11.3.4 Algorithmus (Kerne kreisfreier Relationen) Es sei $R : M \leftrightarrow M$ eine kreisfreie Relation auf einer endlichen Menge M. Dann ist der einzige Kern von R der einzige Fixpunkt der monotonen Abbildung $\varphi_R \circ \varphi_R$. Die Berechnung dieses Fixpunkts kann beispielsweise durch eine Instantiierung des schon in Kapitel 10 mehrfach verwendeten Schemas $\underline{\mathtt{COMP}}_\mu$ erfolgen. Wir erhalten dann, nach einer Vereinfachung von $\varphi_R(\varphi_R(\mathsf{O}))$ zu $\overline{RL}$ das folgende relationale Programm:

$$
\begin{aligned}
&kernel_{cf}(R); \\
&\quad x := \mathsf{O}; \\
&\quad y := \overline{RL}; \\
&\quad \underline{\text{while }} x \neq y \underline{\text{ do}} \\
&\qquad x := y; \\
&\qquad y := \overline{R\,\overline{Ry}} \underline{\text{ od}}; \\
&\quad \underline{\text{return }} x
\end{aligned}
$$

Abbildung 11.3: Programm $\underline{\mathtt{KERNEL}}_{cf}$

Wie man sich sofort klar macht, erfordert die Berechnung des einzigen Kerns von R mit Hilfe dieses Programms in der Standardimplementierung von Relationen durch Boolesche Matrizen $\mathcal{O}(m^3)$ Schritte, wobei m die Kardinalität von M ist. $\square$

Der eben vorgestellte Algorithmus kann als eine Verallgemeinerung des Verfahrens betrachtet werden, das aus Satz 11.3.1.1 folgt. Wie der Beweis dieses Satzes nämlich zeigt, terminiert bei einer kreisfreien und transitiven Relation die $\underline{\text{while}}$-Schleife von $\underline{\mathtt{KERNEL}}_{cf}$ sofort nach dem ersten Durchlauf.

Die nachfolgenden Untersuchungen zur Existenz von Kernen bei zwei weiteren Klassen von Relationen basieren auf der graphentheoretischen Beschreibung von kombinatorischen Spielen, wie sie in Abschnitt 9.4 gegeben und am Streichholzspiel illustriert wurde. Gegeben sei ein Spielgraph mit der Relation $R : V \leftrightarrow V$. Wenn man sich die Charakterisierungen und Zugmöglichkeiten der Gewinn-, Verlust- und Remisstellungen (man spricht hier von Stellungen statt Situationen) für den *sich am Zuge befindlichen Spieler* vor Augen führt, so gelangt man recht schnell zu den folgenden einfachen Fixpunktbeschreibungen:

1. Der die Gewinnsstellungen darstellende Vektor $g : V \leftrightarrow \mathbb{1}$ ist gegeben als das Komplement des größten Fixpunkts der Abbildung $\varphi_R \circ \varphi_R$:

$$g \;=\; \overline{\nu_{\varphi_R \circ \varphi_R}}$$

2. Der die Verluststellungen darstellende Vektor $v : V \leftrightarrow \mathbb{1}$ ist gegeben als der kleinsten Fixpunkt der Abbildung $\varphi_R \circ \varphi_R$:

$$v \;=\; \mu_{\varphi_R \circ \varphi_R}$$

3. Der die Remisstellungen darstellende Vektor $r : V \leftrightarrow \mathbb{1}$ ist gegeben als das Komplement von $g \cup v$:

$$r \;=\; \overline{g \cup v}$$

Diese Beschreibungen liegen auch dem folgenden Satz anschaulich zugrunde[1]. Beispielsweise besagt die erste Gleichung von Satz 11.3.5, daß eine Stellung genau dann eine Gewinnstellung ist, wenn es mindestens einen Zug in eine Verluststellung (für den dann anziehenden Spieler, also für den Gegner) gibt. Als ein anderes Beispiel liest sich die dritte Aussage des Satzes wie folgt: Befindet man sich in einer Remisstellung, so gibt es immer mindestens einen Zug, der wiederum in eine Remisstellung (nun aber natürlich für den Gegenspieler) führt. Die Beschreibungen werden aber nirgends im formalen relationenalgebraischen Beweis von Satz 11.3.5 verwendet. Sie dienen nur zur Motivation der Aussagen.

11.3.5 Satz Zu einer homogenen Relation R seien die Vektoren g, v und r definiert durch $g = \overline{\nu_{\varphi_R \circ \varphi_R}}$, $v = \mu_{\varphi_R \circ \varphi_R}$ und $r = \overline{g \cup v}$. Dann bilden die drei Vektoren eine Partition von L und es gelten die folgenden Eigenschaften:

1. $g = Rv$

2. $v = \overline{R\overline{g}}$

3. $r \subseteq Rr$

4. $Rr \subseteq r \cup g$

Beweis: Nach den Definitionen gilt $v \subseteq \overline{g}$, also $v \cap g = \mathsf{O}$. Die Gleichungen $g \cap r = \mathsf{O}$, $v \cap r = \mathsf{O}$ und $g \cup v \cup r = \mathsf{L}$ sind unmittelbare Konsequenzen der Definition von r. Damit bilden die drei Vektoren eine Partition von L. Den Rest zeigt man wie folgt:

---

[1]Auf Einzelheiten zur Fixpunktbeschreibung der Gewinn-, Verlust- und Remisstellungen können wir leider nicht eingehen. Der interessierte Leser findet hierzu beispielsweise mehr Informationen in dem schon öfter erwähnten Buch von G. Schmidt und T. Ströhlein.

1. Nach Gleichung (b) von Satz 11.3.2 ist das erste Glied der folgenden Kette gültig, also auch das letzte:

$$\varphi_R(\mu_{\varphi_R \circ \varphi_R}) = \nu_{\varphi_R \circ \varphi_R} \quad \Longleftrightarrow \quad \varphi_R(v) = \overline{g} \qquad \text{Definition } v, g$$
$$\Longleftrightarrow \quad \overline{Rv} = \overline{g} \qquad \text{Definition } \varphi_R$$
$$\Longleftrightarrow \quad Rv = g$$

2. Diese Gleichung beweist man analog zur ersten Gleichung mit Hilfe von Gleichung (a) von Satz 11.3.2 wie folgt:

$$\varphi_R(\nu_{\varphi_R \circ \varphi_R}) = \mu_{\varphi_R \circ \varphi_R} \quad \Longleftrightarrow \quad \varphi_R(\overline{g}) = v \qquad \text{Definition } v, g$$
$$\Longleftrightarrow \quad \overline{R\overline{g}} = v \qquad \text{Definition } \varphi_R$$

3. Die folgende Rechnung zeigt $R\overline{g} \cap \overline{Rv} \subseteq R(\overline{g} \cap \overline{v})$:

$$\overline{g} \subseteq v \cup (\overline{g} \cap \overline{v}) \quad \Longrightarrow \quad R\overline{g} \subseteq R(v \cup (\overline{g} \cap \overline{v})) \qquad \text{Monotonie}$$
$$\Longleftrightarrow \quad R\overline{g} \subseteq Rv \cup R(\overline{g} \cap \overline{v}) \qquad \text{Distributivität}$$
$$\Longleftrightarrow \quad R\overline{g} \cap \overline{Rv} \subseteq R(\overline{g} \cap \overline{v}) \qquad \text{Verbandstheorie}$$

Damit können wir nun den Beweis wie folgt beenden:

$$r \quad = \quad \overline{v} \cap \overline{g} \qquad\qquad \text{Definition } r, \text{ de Morgan}$$
$$= \quad R\overline{g} \cap \overline{Rv} \qquad\qquad \text{nach (2) und (1)}$$
$$\subseteq \quad R(\overline{g} \cap \overline{v}) \qquad\qquad \text{siehe oben}$$
$$= \quad Rr \qquad\qquad \text{Definition } r, \text{ de Morgan}$$

4. Diese Gleichung zeigt man durch die nachstehende Rechnung:

$$Rr \quad \subseteq \quad R\overline{g} \qquad\qquad \text{da } r = \overline{g \cup v} \subseteq \overline{g}$$
$$= \quad \overline{v} \qquad\qquad \text{nach (2)}$$
$$= \quad r \cup g \qquad\qquad \text{da } g, v, r \text{ Partition von } \mathsf{L} \qquad \square$$

Da bei einem Spiel auf einem Graphen ein sich nicht im Kern befindlicher Spieler nicht verlieren kann, falls er immer in den Kern zieht, ist anschaulich klar, daß ein Kern alle Verluststellungen enthalten muß und keine Gewinnstellung enthalten darf. Die Schwierigkeit liegt in der Aufteilung der Remisstellungen. Der nachfolgende Satz zeigt, wie man einen Kern eines Graphen erhalten kann, wenn man, in der spieltheoretischen Interpretation, einen Kern seines „Remisanteils" kennt.

11.3.6 Satz Zu einer homogenen Relation R seien die Vektoren g, v und r wie in Satz 11.3.5 definiert. Dann gilt für jeden Vektor h:

$$h \subseteq r, \; Rh \cap r = \overline{h} \cap r \quad \Longrightarrow \quad h \cup v \text{ ein Kern von } R$$

Beweis: Es seien die Voraussetzungen $h \subseteq r$ und $Rh \cap r = \overline{h} \cap r$ wahr. Dann bekommt man die zu zeigende Gleichung für $h \cup v$ wie folgt:

$$
\begin{aligned}
R(h \cup v) &= Rh \cup Rv \\
&= Rh \cup g & \text{Satz 11.3.5.1} \\
&= (Rh \cap (r \cup g)) \cup g & Rh \subseteq Rr \subseteq r \cup g, \text{Satz 11.3.5.4} \\
&= (Rh \cap r) \cup (Rh \cap g) \cup g \\
&= (Rh \cap r) \cup g & \text{Verbandstheorie} \\
&= (\overline{h} \cap r) \cup g & \text{Annahme} \\
&= (\overline{h} \cup g) \cap (r \cup g) \\
&= \overline{h} \cap (r \cup g) & \text{da } g \subseteq \overline{r} \subseteq \overline{h}, \text{Partition} \\
&= \overline{h} \cap \overline{v} & \text{Partition} \\
&= \overline{h \cup v} & \text{de Morgan} \qquad \square
\end{aligned}
$$

Nach diesem Satz kann man das Problem, einen Kern der Relation R zu bestimmen, darauf zurückführen, den Vektor r der Remisstellungen zu berechnen und dann einen in ihm enthaltenen Vektor h mit $Rh \cap r = \overline{h} \cap r$ zu finden. Nachfolgend wird diese Strategie für eine Klasse von Relationen angewendet, die wir, in Anlehnung an die graphentheoretische Sprechweise, *bichromatisch* nennen. Graphentheoretisch besagt die in Satz 11.3.7 geforderte Darstellung von R als $R = B \cup G$ mit $BB = \mathsf{O}$ und $GG = \mathsf{O}$ nämlich, daß man die Pfeile des gerichteten Graphen $g = (V, R)$ mit zwei Farben so einfärben kann, so daß keine zwei Pfeile gleicher Farbe aufeinanderfolgen.

11.3.7 Satz Die homogene Relation R habe die Darstellung $R = B \cup G$ mit Relationen B und G, die $BB = \mathsf{O}$ und $GG = \mathsf{O}$ erfüllen. Weiterhin seien die Vektoren g, v und r wie in Satz 11.3.5 definiert. Dann ist der Vektor $(r \cap \overline{Br}) \cup v$ ein Kern von R.

Beweis: Wir beweisen, daß $r \cap \overline{Br}$ die Voraussetzungen an den Vektor h in der Implikation von Satz 11.3.6 erfüllt. Die erste Eigenschaft $r \cap \overline{Br} \subseteq r$ ist trivial. Zum Beweis der zweiten Eigenschaft $R(r \cap \overline{Br}) \cap r = \overline{r \cap \overline{Br}} \cap r$ starten wir mit der nachstehenden Rechnung:

$$
\begin{aligned}
B(r \cap \overline{Br}) &= BBr \cup B(r \cap \overline{Br}) & \text{da } BB = \mathsf{O} \\
&= B(Br \cup (r \cap \overline{Br})) & \text{Distributivität} \\
&= B((Br \cup r) \cap (Br \cup \overline{Br})) & \text{Verbandstheorie} \\
&= B(Br \cup r) & \text{Verbandstheorie} \\
&= BBr \cup Br & \text{Distributivität} \\
&= Br & \text{da } BB = \mathsf{O}
\end{aligned}
$$

Der Rest des Beweises sieht schließlich wie folgt aus:

$$
\begin{aligned}
& r \subseteq Rr = (B \cup G)r = Br \cup Gr & \text{Satz 11.3.5.3, } R = B \cup G \\
\implies\; & r \cap \overline{Br} \subseteq Gr & \text{Verbandstheorie} \\
\implies\; & G(r \cap \overline{Br}) \subseteq GGr = \mathsf{O} & \text{da } GG = \mathsf{O} \\
\implies\; & R(r \cap \overline{Br}) = B(r \cap \overline{Br}) & R = (B \cup G), \text{Distr.} \\
\implies\; & R(r \cap \overline{Br}) = Br & \text{siehe oben} \\
\implies\; & R(r \cap \overline{Br}) \cap r = Br \cap r = \overline{r \cap \overline{Br}} \cap r & \text{Verbandstheorie} \qquad \square
\end{aligned}
$$

Man beachte, daß die Aufteilung der Relation R in $B \cup G$ in diesem Satz nicht disjunkt sein muß. Normalerweise wählt man die Aufteilung jedoch disjunkt. Anschaulich besagt dies, daß man jeden Pfeil entweder mit der B oder mit der G entsprechenden Farbe färbt. Man bekommt aus jeder Aufteilung $R = B \cup G$ eine disjunkte Aufteilung, also eine Partition von R, indem man den überlappenden Teil $B \cap G$ aus einer der beiden Relationen B oder G entfernt. Man entscheidet sich bei zwei Färbungsmöglichkeiten also immer für eine der beiden Farben.

Wenn wir die beiden Vektoren g und v der letzten drei Sätze mit Hilfe der beiden Schemata $\underline{\text{COMP}}_\nu$ und $\underline{\text{COMP}}_\mu$ für größte bzw. kleinste Fixpunkte berechnen (die Berechnung von r ist dann trivlal), so bekommen wir aus dem eben bewiesenen Satz sofort einen Algorithmus zur Berechnung eines Kerns einer bichromatischen Relation.

11.3.8 Algorithmus (Kerne bichromatischer Relationen) Es sei $R : M \leftrightarrow M$ eine bichromatische Relation auf M und sie habe die Darstellung $R = B \cup G$ mit Relationen B und G, die $BB = \mathsf{O}$ und $GG = \mathsf{O}$ erfüllen. Dann berechnet das folgende relationale Programm zuerst den Vektor v der Verluststellungen und den Vektor w als das Komplement des Vektors g der Gewinnstellungen, dann den Vektor r der Remisstellungen und schließlich einen Kern von R nach der in Satz 11.3.7 beschriebenen Konstruktion. Der berechnete Kern wird in der Variablen k abgespeichert und deren Wert als Ergebnis ausgegeben.

$$
\begin{aligned}
&kernel_{bc}(R, B); \\
&\quad x := \mathsf{O}; \\
&\quad v := \overline{R\mathsf{L}}; \\
&\quad \underline{\text{while }} x \neq v \ \underline{\text{do}} \\
&\qquad x := v; \\
&\qquad v := \overline{R\,\overline{Rv}} \ \underline{\text{od}}; \\
&\quad x := \mathsf{L}; \\
&\quad w := \overline{R\,\overline{R\mathsf{L}}}; \\
&\quad \underline{\text{while }} x \neq w \ \underline{\text{do}} \\
&\qquad x := w; \\
&\qquad w := \overline{R\,\overline{Rw}} \ \underline{\text{od}}; \\
&\quad r := \overline{v \cup \overline{w}}; \\
&\quad k := (r \cap \overline{Br}) \cup v; \\
&\quad \underline{\text{return }} k
\end{aligned}
$$

Abbildung 11.4: Programm $\underline{\text{KERNEL}}_{bc}$

In der Standardimplementierung von Relationen durch Boolesche Matrizen hat dieses Programm eine Laufzeitkomplexität von $\mathcal{O}(m^3)$. Dabei ist $m = |M|$ angenommen. Weiterhin setzen wir voraus, daß die Darstellung von R als Vereinigung von B und G gegeben ist. Wenn diese Darstellung nicht gegeben ist, so muß man sie vorher berechnen. Es ist nicht schwer, ein entsprechendes relationales Programm anzugeben, welches die Laufzeit des gesamten Algorithmus nicht negativ verändert, wenn es dem Programm $\underline{\text{KERNEL}}_{bc}$ vorangestellt wird. □

Bei einer bichromatischen Relation R ist die Aufteilung von R in die Vereinigung $B \cup G$ von zwei Relationen mit $BB = GG = \mathsf{O}$ vollkommen symmetrisch. Damit ist natürlich auch der Vektor $(r \cap \overline{Gr}) \cup v$ ein Kern von R. Die beiden Kerne $(r \cap \overline{Br}) \cup v$ und $(r \cap \overline{Gr}) \cup v$ können natürlich auch zusammenfallen.

Man beachte, daß im obigen relationalen Programm KERNEL$_{bc}$ die Relation G nicht zu Berechnungszwecken verwendet wird. Wichtig ist nur ihre Existenz, denn diese garantiert aufgrund von Satz 11.3.7 die Korrektheit des Verfahrens.

Bei kombinatorischen Spielen treten sehr häufig sogenannte bipartite gerichtete Spielgraphen auf, das sind gerichtete Graphen $g = (V, R)$, bei denen die Knotenmenge V in zwei disjunkte und nichtleere Teilmengen A und B so aufgeteilt werden kann, daß Pfeile nur von A nach B oder umgekehrt von B nach A führen. Beispielsweise ist der Spielgraph des Streichholzspiels von Abschnitt 9.5 bipartit. Seine Knotenmenge $\{1, 2, \ldots, 15, 16\}$ kann disjunkt aufgeteilt werden in $\{1, 3, \ldots, 13, 15\}$ und $\{2, 4, \ldots, 14, 16\}$ und es gibt Pfeile nur zwischen geraden und ungeraden Knoten.

Wir nennen, in Anlehnung an die graphentheoretische Sprechweise, eine homogene Relation R *bipartit*, wenn es einen Vektor v mit $R \subseteq v\overline{v}^\mathsf{T} \cup \overline{v}v^\mathsf{T}$ gibt. Der folgende Satz zeigt, daß jede bipartite Relation bichromatisch ist. Weiterhin gibt er an, wie man aus dem eine Knotenpartition beschreibenden Vektor v ein Paar B, G von Relationen mit $BB = \mathsf{O} = GG$ bekommen kann, das eine Aufteilung von R beschreibt.

11.3.9 Satz Es seien R eine homogene Relation und v ein Vektor mit $R \subseteq v\overline{v}^\mathsf{T} \cup \overline{v}v^\mathsf{T}$. Definiert man Relationen B und G durch

$$B = R \cap v\overline{v}^\mathsf{T} \qquad G = R \cap \overline{v}v^\mathsf{T},$$

so gelten die drei Gleichungen $R = B \cup G$, $BB = \mathsf{O}$ und $GG = \mathsf{O}$.

Beweis: Da $\overline{v}$ ein Vektor ist, gilt $\overline{v}\mathsf{L} = \overline{v\mathsf{L}} \subseteq \overline{v}$. Aus dieser Inklusion folgt $\overline{v}^\mathsf{T}v = \mathsf{O}$ mit Hilfe der Schröder-Äquivalenzen, und diese letzte Gleichung ist wiederum äquivalent zu $v^\mathsf{T}\overline{v} = \mathsf{O}$. Nach diesen Vorbereitungen sind die Beweise der drei Gleichungen recht einfach.

Der Beweis für die erste Gleichung $R = B \cup G$ folgt aus

$$
\begin{aligned}
R &= R \cap R \\
&\subseteq R \cap (v\overline{v}^\mathsf{T} \cup \overline{v}v^\mathsf{T}) && \text{Voraussetzung} \\
&= (R \cap v\overline{v}^\mathsf{T}) \cup (R \cap \overline{v}v^\mathsf{T}) \\
&\subseteq R \cup R \\
&= R
\end{aligned}
$$

und den Definitionen von B und G. Die zweite Gleichung $BB = \mathsf{O}$ zeigt man wie nachstehend angegeben

$$
\begin{aligned}
BB &= (R \cap v\overline{v}^\mathsf{T})(R \cap v\overline{v}^\mathsf{T}) && \text{Definition } G \\
&\subseteq v\overline{v}^\mathsf{T}v\overline{v}^\mathsf{T} \\
&= \mathsf{O} && \text{wegen } \overline{v}^\mathsf{T}v = \mathsf{O}
\end{aligned}
$$

Auf genau die gleiche Weise zeigt man auch die dritte Gleichung $GG = \mathsf{O}$ mit Hilfe der Eigenschaft $v^\mathsf{T}\overline{v} = \mathsf{O}$. □

Dieser Satz zeigt auch, wie man das relationale Programm $\mathtt{KERNEL}_{bc}$ verwenden kann, um einen Kern einer bipartiten Relation R zu bestimmen, wenn der eine Bipartition definierende Vektor v gegeben ist.

11.3.10 Algorithmus (Kerne bipartiter Relationen) Es sei $R : M \leftrightarrow M$ eine bipartite Relation auf M, wobei die Bipartition von R durch einen Vektor des Typs $[M \leftrightarrow \mathbb{1}]$ beschrieben ist. Zur Bestimmung eines Kerns von R hat man in dem Programm $\mathtt{KERNEL}_{bc}$ den Parameter B durch den Parameter für die Bipartition der Menge M zu ersetzen – wir nennen diesen Vektor b, da eine Variable namens v schon in $\mathtt{KERNEL}_{bc}$ vorkommt – und die zusätzliche Zuweisung $B := R \cap b\,\overline{b}^\mathsf{T}$ am Programmanfang einzufügen.

Das durch diese Modifikationen entstehende relationale Programm $\mathtt{KERNEL}_{bp}$ ist in der nachfolgenden Abbildung 11.5 gegeben. Unter der Annahme $m = |M|$ und der Verwendung der Standardimplementierung von Relationen durch Boolesche Matrizen hat es wiederum eine Laufzeitkomplexität von $\mathcal{O}(m^3)$.

$$
\begin{aligned}
&kernel_{bp}(R, b);\\
&\quad B := R \cap b\,\overline{b}^\mathsf{T};\\
&\quad x := \mathsf{O};\\
&\quad v := \overline{R\mathsf{L}};\\
&\quad \underline{\mathtt{while}}\ x \neq v\ \underline{\mathtt{do}}\\
&\quad\quad x := v;\\
&\quad\quad v := \overline{R\,\overline{Rv}}\ \underline{\mathtt{od}};\\
&\quad x := \mathsf{L};\\
&\quad w := \overline{R\,\overline{R\mathsf{L}}};\\
&\quad \underline{\mathtt{while}}\ x \neq w\ \underline{\mathtt{do}}\\
&\quad\quad x := w;\\
&\quad\quad w := \overline{R\,\overline{Rw}}\ \underline{\mathtt{od}};\\
&\quad r := \overline{v \cup \overline{w}};\\
&\quad k := (r \cap \overline{Br}) \cup v;\\
&\quad \underline{\mathtt{return}}\ k
\end{aligned}
$$

Abbildung 11.5: Programm $\mathtt{KERNEL}_{bp}$

Ist der Vektor b nicht gegeben, so muß man ihn vorher durch ein relationales Programm berechnen, was aber recht einfach ist. □

Jede bipartite Relation ist bichromatisch und jede bichromatische Relation erfüllt die Inklusion $R(RR)^* \subseteq \overline{\mathsf{I}}$ von Satz 11.3.1.2. Die letzte Implikation kann man zeigen, indem man im Fall $R = B \cup G$ die Relation $R(RR)^*$ als Vereinigung $B(GB)^* \cup G(BG)^*$ schreibt. Die Umkehrungen gelten im allgemeinen nicht. So ist etwa die durch den RELVIEW-Graphen von Abbildung 11.6 beschriebene Relation bichromatisch, wobei die Partition durch die fetten Pfeile dargestellt ist, aber offensichtlich nicht bipartit.

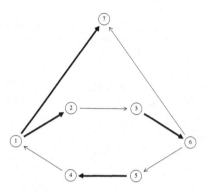

Abbildung 11.6: Graph einer bichromatischen aber nicht bipartiten Relation

Derzeit ist $R(RR)^* \subseteq \overline{\mathsf{I}}$ (graphentheoretisch ausgedrückt also die Nichtexistenz von Kreisen ungerader Länge) im praktisch relevanten Fall von konkreten Relationen auf endlichen Mengen die allgemeinste bekannte Bedingung, welche die Existenz von Kernen zusichert.

Man kann in Satz 11.3.1.2 also auf die Bedingung $R^* = \mathsf{L}$ verzichten, wenn R konkret und auf einer endlichen Menge M definiert ist. Das entsprechende Resultat geht auf M. Richardson (1953) zurück. Die Endlichkeit von M ist erforderlich, weil der Beweis durch Induktion nach $|M|$ geführt wird. Unter Verwendung von graphentheoretischer Notation ist hier die Idee wie folgt: Der Induktionsanfang $|M| = 1$ wird durch Satz 11.3.1.2 gezeigt. Zum Induktionsschluß spaltet man vom gerichteten Graphen $g = (M, R)$ eine starke Zusammenhangskomponente C ab, von der keine Pfeile in andere starke Zusammenhangskomponenten führen. Nach Satz 11.3.1.2 besitzt dann der durch C induzierte Teilgraph g_1 einen Kern K_1. Nun entfernt man aus dem von $M \setminus C$ induzierten Restgraphen diejenigen Knoten, welche Vorgänger von K_1 sind. Das Resultat sei der Graph g_2. Nach der Induktionsvoraussetzung besitzt auch g_2 einen Kern K_2. Die Vereinigung $K_1 \cup K_2$ ist schließlich der gesuchte Kern von g. Bezüglich einer formalen Herleitung eines entsprechenden relationalen Programms sei auf den Artikel „Deriving relational programs for computing kernels by reconstructing a proof of Richardson's theorem" von R, Berghammer und T. Hoffmann aus dem Jahr 2000 verwiesen (Science of Computer Programming 18, Seiten 1-25).

Kapitel 12

Äquivalenzklassen und kanonische Epimorphismen

Zwei in der Graphentheorie wichtige Aufgaben sind die Bestimmung der Zusammenhangskomponenten und der starken Zusammenhangskomponenten eines gerichteten Graphen $g = (V, R)$. Dabei handelt es sich um die Bestimmung von Äquivalenzklassen von speziellen Äquivalenzrelationen, nämlich der von $(R \cup R^\mathsf{T})^*$ im ersten Fall und der von $R^* \cap (R^\mathsf{T})^*$ im zweiten Fall[1]. In diesem Kapitel zeigen wir, wie man mit Hilfe von Relationen für eine beliebige Äquivalenzrelation deren Klassen spaltenweise berechnen kann. Dazu werden wir eine relationale Modellierung von Sequenzen von Vektoren verwenden. Die spaltenweise Aufzählung der Äquivalenzklassen kann man auch als eine Bestimmung des kanonischen Epimorphismus in Form einer Relation sehen. Dieser Tatsache wenden wir uns am Schluß des Kapitels zu. Wir geben dort eine monomorphe relationale Charakterisierung des kanonischen Epimorphismus an und zeigen, daß die entsprechenden Axiome vom Resultat des Äquivalenzklassen-Algorithmus erfüllt werden.

12.1 Ein relationales Modell für Sequenzen

Wie wir oben eben erwähnt haben, wollen wir, analog zur früheren Aufzählung aller Kerne bei Graphen, auch die Menge der Äquivalenzklassen einer Äquivalenzrelation spaltenweise aufzählen. Ist also $R : M \leftrightarrow M$ die gegebene Äquivalenzrelation auf M und $M/R \subseteq 2^M$ die Menge der Äquivalenzklassen von R, so wollen wir eine Relation $C : M \leftrightarrow M/R$ berechnen, mit C_{xX} genau dann, wenn x in der Äquivalenzklasse X enthalten ist, also die Gleichung $X = [x]_R$ gilt. Als Vorbereitung hierzu benötigen wir die relationale Modellierung von Sequenzen von Vektoren, was insbesondere die Modellierung von Teilmengen einer gegebenen Menge umfaßt. Wir greifen hier auf die relationale Modellierung der direkten Summe zurück. Zur Erinnerung seien hier noch einmal die vier Axiome $\iota_1 \iota_1^\mathsf{T} = \mathsf{I}$,

---

[1] Es sei dem Leser als einfache Übungsaufgabe empfohlen, zu beweisen, daß diese beiden Relationen tatsächlich Äquivalenzrelationen sind.

$\iota_2\iota_2{}^\mathsf{T} = \mathsf{I}$, $\iota_1{}^\mathsf{T}\iota_1 \cup \iota_2{}^\mathsf{T}\iota_2 = \mathsf{I}$ und $\iota_1\iota_2{}^\mathsf{T} = \mathsf{O}$ der 2-stelligen relationalen direkten Summe (ι_1, ι_2) von Definition 9.3.4. angegeben.

12.1.1 Definition Es sei das Paar (ι_1, ι_2) von Relationen eine 2-stellige direkte Summe. Dann ist zu zwei Relationen R und S (passenden Typs) durch

$$R + S = \iota_1{}^\mathsf{T} R \cup \iota_2{}^\mathsf{T} S$$

die *relationale Summe* von R und S definiert.   □

Sind nun $R : M \leftrightarrow P$ und $S : N \leftrightarrow P$ zwei konkrete Relationen mit dem gleichen Resultatbereich P, so bilden die beiden Injektionsabbildungen – aufgefaßt als Relationen $\iota_1 : M \leftrightarrow M + N$ und $\iota_2 : N \leftrightarrow M + N$ – eine 2-stellige direkte Summe und die relationale Summe $R + S$ hat dann den Typ $[M + N \leftrightarrow P]$ und verhält sich wie die Relation R für alle Elemente der mengentheoretischen direkten Summe $M + N$, die aus M kommen, und wie die Relation S für alle Elemente aus $M + N$, die aus N kommen. Nachfolgend sind in der Darstellung des RELVIEW-Systems, in welchem auch die relationale Summe als Basisfunktion + vorhanden ist, zwei Relationen R und S sowie ihre relationale Summe $R + S$ angegeben. Zum besseren Verständnis sind in den drei Bildern zusätzlich noch die Zeilen und Spalten der Booleschen Matrizen mit den Elementen der Argumentbereiche bzw. des Resultatbereichs markiert.

Nach dieser Vorbereitung können wir uns nun der relationalen Modellierung von Sequenzen von Vektoren (Teilmengen) zuwenden.

12.1.2 Anwendung (Sequenzen und deren Konkatenation) Die Idee zur Modellierung von Sequenzen ist sehr einfach: Man kann eine konkrete Relation $R : M \leftrightarrow N$ mit $|N| = n$ auch als eine Sequenz von Vektoren $v_i : M \leftrightarrow \mathbb{1}$ auffassen, wobei – in der Matrixdarstellung – der Vektor v_i als die i-te Spalte von R definiert ist $(1 \leq i \leq n)$. In dieser Sichtweise modelliert R die nichtleere Sequenz der durch ihre Spalten dargestellten Mengen. Der Konkatenationsoperation auf den Sequenzen entspricht dann auf relationaler Ebene die Abbildung

$$@ : [M \leftrightarrow N] \times [M \leftrightarrow P] \to [M \leftrightarrow N + P],$$

welche – in Infix-Notation – definiert ist als $R \,@\, S = (R^\mathsf{T} + S^\mathsf{T})^\mathsf{T}$. Man mache sich diese Definition noch einmal anhand der obigen drei Booleschen Matrizen klar.

Die eben spezifizierte Konkatenationsoperation werden wir später bei der Äquivalenzklassenberechnung nur für den Spezialfall benötigen, daß wir – in Matrixterminologie – einen Vektor $v : M \leftrightarrow \mathbb{1}$, der eine Teilmenge der Menge M darstellt, von rechts als zusätzliche Spalte an eine Relation mit Argumentbereich M anfügen, was der Sequenzoperation „postfix" entspricht. Damit werden wir, beginnend mit einem einzelnen Vektor des Typs $[M \leftrightarrow \mathbb{1}]$, iterativ schließlich eine Relation $C : M \leftrightarrow \{1, \ldots, n\}$ erhalten, die eine Sequenz $X_1, \ldots, X_n$ von verschiedenen Mengen beschreibt, also eine Menge $\{X_1, \ldots, X_n\}$. Diese Menge ist genau die Menge M/R der Äquivalenzklassen der Eingabe $R : M \leftrightarrow M$, was zum Typ $[M \leftrightarrow M/R]$ für C führt. $\qquad\qquad\square$

Für die relationale Konkatenationsoperation gelten einige Gesetze, die in dem folgenden Satz aufgeführt sind und die wir bei der späteren Programmentwicklung brauchen werden.

12.1.3 Satz Gegeben seien Relationen R, S und T. Dann erfüllt die relationale Konkatenationsoperation die folgenden vier Eigenschaften:

1. $\overline{R @ S} \;=\; \overline{R} @ \overline{S}$

2. $(R @ S)\mathsf{L} \;=\; R\mathsf{L} \cup S\mathsf{L}$

3. Aus $\mathsf{syq}(R, R) = \mathsf{I}, \mathsf{syq}(S, S) = \mathsf{I}$ und $\mathsf{syq}(R, S) = \mathsf{O}$ folgt $\mathsf{syq}(R @ S, R @ S) = \mathsf{I}$.

4. $\mathsf{syq}(R, S @ T) \;=\; \mathsf{syq}(R, S) @ \mathsf{syq}(R, T)$

Beweis: Es sei $(\imath_1, \imath_2)$ die den Summen $R + S$ und $\overline{R} + \overline{S}$ von (1) bis (3) zugrundeliegende 2-stellige Summe, d.h. $R + S = \imath_1^{\mathsf{T}} R \cup \imath_2^{\mathsf{T}} S$ und $\overline{R} + \overline{S} = \imath_1^{\mathsf{T}} \overline{R} \cup \imath_2^{\mathsf{T}} \overline{S}$. Daraus folgen $R @ S = R\imath_1 \cup S\imath_2$ und $\overline{R} @ \overline{S} = \overline{R}\imath_1 \cup \overline{S}\imath_2$. Nun können wir die ersten drei Aussagen des Satzes wie folgt beweisen:

1. „$\subseteq$“: Die Summenaxiome implizieren, daß $\imath_1$ und $\imath_2$ beides surjektive Relationen sind. Dies zeigt

$$
\begin{aligned}
\mathsf{L} \;&=\; \mathsf{L}\imath_1 \cup \mathsf{L}\imath_2 && \imath_1, \imath_2 \text{ surjektiv} \\
&=\; (R \cup \overline{R})\imath_1 \cup (S \cup \overline{S})\imath_2 \\
&=\; \overline{R}\imath_1 \cup \overline{S}\imath_2 \cup R\imath_1 \cup S\imath_2 && \text{Distributivität}
\end{aligned}
$$

und daraus folgt $\overline{R @ S} = \overline{R\imath_1 \cup S\imath_2} \subseteq \overline{R}\imath_1 \cup \overline{S}\imath_2 = \overline{R} @ \overline{S}$ mittels der Definition der Konkatenationsoperation.

„$\supseteq$“: Wir beginnen mit den Inklusionen $(R\imath_1 \cup S\imath_2)\imath_1^{\mathsf{T}} \subseteq R$ und $(R\imath_1 \cup S\imath_2)\imath_2^{\mathsf{T}} \subseteq S$, welche sich aus den Axiomen der 2-stelligen direkten Summe ergeben. Mit Hilfe der Schröder-Äquivalenzen erhalten wir daraus $\overline{R}\imath_1 \subseteq \overline{R\imath_1 \cup S\imath_2}$ und $\overline{S}\imath_2 \subseteq \overline{R\imath_1 \cup S\imath_2}$ und diese Inklusionen und die Definition der Konkatenationsoperation zeigen

$$
\overline{R} @ \overline{S} \;=\; \overline{R}\imath_1 \cup \overline{S}\imath_2 \;\subseteq\; \overline{R\imath_1 \cup S\imath_2} \;=\; \overline{R @ S}.
$$

2. Aus den Axiomen der 2-stelligen direkten Summe folgt auch, daß $\imath_1$ und $\imath_2$ total sind. Damit bekommen wir:

$$
\begin{aligned}
(R @ S)\mathsf{L} \;&=\; (R\imath_1 \cup S\imath_2)\mathsf{L} && \text{Definition Konkatenation} \\
&=\; R\imath_1\mathsf{L} \cup S\imath_2\mathsf{L} \\
&=\; R\mathsf{L} \cup S\mathsf{L} && \imath_1, \imath_2 \text{ total}
\end{aligned}
$$

3. Wenn wir (1) in Verbindung mit der Definition der Konkatenationsoperation und der Definition des symmetrischen Quotienten anwenden, so erhalten wir:

$$
\begin{aligned}
&\mathsf{syq}(R\,@\,S, R\,@\,S) \\
&= \overline{(R\,@\,S)^{\mathsf{T}}(\overline{R\,@\,S})} \cap \overline{(\overline{R\,@\,S})^{\mathsf{T}}(R\,@\,S)} \\
&= \overline{(R\,@\,S)^{\mathsf{T}}(\overline{R}\,@\,\overline{S})} \cup \overline{(\overline{R}\,@\,\overline{S})^{\mathsf{T}}(R\,@\,S)} \\
&= \overline{(R\imath_1 \cup S\imath_2)^{\mathsf{T}}(\overline{R}\,\imath_1 \cup \overline{S}\,\imath_2)} \cup \overline{(\overline{R}\,\imath_1 \cup \overline{S}\,\imath_2)^{\mathsf{T}}(R\imath_1 \cup S\imath_2)} \\
&= \overline{\imath_1{}^{\mathsf{T}}(R^{\mathsf{T}}\overline{R} \cup \overline{R}^{\mathsf{T}}R)\imath_1 \cup \imath_2{}^{\mathsf{T}}(S^{\mathsf{T}}\overline{S} \cup \overline{S}^{\mathsf{T}}S)\imath_2 \cup \imath_1{}^{\mathsf{T}}(\dots)\imath_2 \cup \imath_2{}^{\mathsf{T}}(\dots)\imath_1} \\
&= \imath_1{}^{\mathsf{T}}\,\mathsf{syq}(R,R)\,\imath_1 \cup \imath_2{}^{\mathsf{T}}\,\mathsf{syq}(S,S)\,\imath_2 \cup \imath_1{}^{\mathsf{T}}\,\mathsf{syq}(R,S)\,\imath_2 \cup \imath_2{}^{\mathsf{T}}\,\mathsf{syq}(S,R)\,\imath_1
\end{aligned}
$$

Das gewünschte Resultat ergibt sich nun aus dem letzten Glied dieser Kette mittels der nachstehenden Rechnung:

$$
\begin{aligned}
&\mathsf{syq}(R\,@\,S, R\,@\,S) \\
&= \imath_1{}^{\mathsf{T}}\overline{\mathsf{I}}\imath_1 \cup \imath_2{}^{\mathsf{T}}\overline{\mathsf{I}}\imath_2 \cup \imath_1{}^{\mathsf{T}}\mathsf{L}\imath_2 \cup \imath_2{}^{\mathsf{T}}\mathsf{L}\imath_1 && \text{siehe oben, Annahmen} \\
&= (\imath_1{}^{\mathsf{T}}\overline{\mathsf{I}} \cup \imath_2{}^{\mathsf{T}}\mathsf{L})\imath_1 \cup (\imath_2{}^{\mathsf{T}}\overline{\mathsf{I}} \cup \imath_1{}^{\mathsf{T}}\mathsf{L})\imath_2 \\
&= (\imath_1{}^{\mathsf{T}}\overline{\mathsf{I}} \cup \imath_2{}^{\mathsf{T}}\mathsf{L})\,@\,(\imath_2{}^{\mathsf{T}}\overline{\mathsf{I}} \cup \imath_1{}^{\mathsf{T}}\mathsf{L}) \\
&= \overline{\imath_1{}^{\mathsf{T}}\overline{\mathsf{I}} \cup \imath_2{}^{\mathsf{T}}\mathsf{L}} \,@\, \overline{\imath_2{}^{\mathsf{T}}\overline{\mathsf{I}} \cup \imath_1{}^{\mathsf{T}}\mathsf{L}} && \text{nach (1)} \\
&= \overline{\overline{\mathsf{I}\imath_1} \cup \mathsf{L}\imath_2}{}^{\mathsf{T}} \,@\, \overline{\overline{\mathsf{I}\imath_2} \cup \mathsf{L}\imath_1}{}^{\mathsf{T}} && \overline{\mathsf{I}}^{\mathsf{T}} = \overline{\mathsf{I}} \text{ und } \mathsf{L}^{\mathsf{T}} = \mathsf{L} \\
&= \overline{\overline{\mathsf{I}}\,@\,\mathsf{L}}{}^{\mathsf{T}} \,@\, \overline{\mathsf{L}\,@\,\overline{\mathsf{I}}}{}^{\mathsf{T}} \\
&= (\mathsf{I}\,@\,\mathsf{O})^{\mathsf{T}} \,@\, (\mathsf{O}\,@\,\mathsf{I})^{\mathsf{T}} && \text{nach (1)} \\
&= \imath_1{}^{\mathsf{T}} \,@\, \imath_2{}^{\mathsf{T}} \\
&= \imath_1{}^{\mathsf{T}}\imath_1 \cup \imath_2{}^{\mathsf{T}}\imath_2 \\
&= \mathsf{I} && \text{Summenaxiom}
\end{aligned}
$$

4. Diesen Beweis kann man ähnlich dem Beweis der dritten Aussage führen; er sei dem Leser zur Übung überlassen.   □

Es sollte an dieser Stelle nachdrücklich betont werden, daß die Beziehungen des letzten Satzes nicht vom Himmel fallen, sondern die relationalen Beschreibungen von recht anschaulichen Eigenschaften von Sequenzen darstellen. Wir wollen dies am Beispiel der dritten Aussage demonstrieren.

Aus der komponentenbehafteten Beschreibung des symmetrischen Quotienten von Satz 7.5.7 erkennt man unter Verwendung der Matrizensprechweise unmittelbar: Die Gleichungen $\mathsf{syq}(R,R) = \mathsf{I}$, $\mathsf{syq}(S,S) = \mathsf{I}$ bzw. $\mathsf{syq}(R\,@\,S, R\,@\,S) = \mathsf{I}$ beschreiben, daß alle Spalten von R, S bzw. $R\,@\,S$ paarweise verschieden sind, und die Gleichung $\mathsf{syq}(R,S) = \mathsf{O}$ drückt aus, daß R und S keine gemeinsame Spalte besitzen. Somit besagt die dritte Aussage von Satz 12.1.3 in Worten: Sind alle Spalten von R und S paarweise verschieden und besitzen beide Relationen keine gemeinsame Spalte, so sind auch alle Spalten ihrer Konkatenation paarweise verschieden.

Ebenso sollte erwähnt werden, daß die Modellierung von Sequenzen durch die Spalten einer Relation in Matrixdarstellung auf eine Aufzählung der Argument- und Resultatbereiche aufbaut, wie sie insbesondere im RELVIEW-System vorliegt. Wesentlich ist hier, daß die Bildung der direkten Summe von Mengen diese Aufzählung respektiert. Konkret heißt dies: Ist $x_1, \ldots, x_m$ eine Aufzählung von M und $y_1, \ldots, y_n$ eine Aufzählung von N, so ist $x_1, \ldots, x_m, y_1, \ldots, y_n$ eine Aufzählung von $M + N$. Ohne diese Eigenschaft werden durch den gewählten Ansatz nur sogenannte Multimengen modelliert, bei denen ein mehrfaches Vorkommen von Elementen erlaubt ist, die Reihenfolge aber, im Gegensatz zu den Sequenzen, keine Rolle spielt.

12.2 Spaltenweises Berechnen von Äquivalenzklassen

Nach den relationenalgebraischen Vorbereitungen des vorangegangenen Abschnitts kommen wir nun zur schon angekündigten Beispielanwendung, der spaltenweisen Berechnung der Äquivalenzklassen. Die oben besprochene Respektierung der Aufzählung wird in dieser Anwendung an keiner Stelle Verwendung finden. Dies ist anschaulich auch klar, denn wir berechnen ja eigentlich keine Sequenz, sondern eine Menge von Mengen.

Wir beginnen die Algorithmenentwicklung mit der relationenalgebraischen Spezifikation des Problems, die Äquivalenzklassen spaltenweise aufzuzählen.

12.2.1 Algorithmus (Äquivalenzklassen, Spezifikation) Es sei $R : M \leftrightarrow M$ eine Äquivalenzrelation auf einer endlichen Menge M. Wir wollen mittels der Invariantenmethode ein relationales Programm herleiten, das die Menge M/R der Äquivalenzklassen von R als Sequenz von Vektoren in Form einer Relation $C : M \leftrightarrow M/R$ berechnet. Formal besitzt das gesuchte Programm also eine Eingabevariable R und eine Resultatvariable C. Die Vorbedingung $Pre(R)$ bekommen wir sofort aus Definition 7.3.5 als Konjunktion der folgenden Formeln:

$$\mathsf{I} \subseteq R \qquad R \subseteq R^\mathsf{T} \qquad RR \subseteq R$$

Wir haben also noch die Nachbedingung des gesuchten Programms relationenalgebraisch zu formulieren. Dazu berechnen wir zu einer Menge $X \in 2^M$:

$$
\begin{aligned}
X \text{ Äquivalenzklasse} \quad &\Longleftrightarrow \quad \exists\, x\, \forall\, y : y \in X \Leftrightarrow R_{yx} \\
&\Longleftrightarrow \quad \exists\, x\, \forall\, y : \mathsf{E}_{yX} \Leftrightarrow R_{yx} \qquad && \text{mit } \mathsf{E} : M \leftrightarrow 2^M \\
&\Longleftrightarrow \quad \exists\, x : \mathsf{syq}(\mathsf{E}, R)_{Xx} \qquad && \text{Satz 7.5.7 (c)} \\
&\Longleftrightarrow \quad (\mathsf{syq}(\mathsf{E}, R)\mathsf{L})_X \qquad && \text{mit } \mathsf{L} : M \leftrightarrow \mathbb{1}
\end{aligned}
$$

Dies zeigt, daß der Vektor $\mathsf{syq}(\mathsf{E}, R)\mathsf{L} : 2^M \leftrightarrow \mathbb{1}$ die Menge der Äquivalenzklassen von R als Teilmenge von 2^M darstellt. Eine erste aus dieser Darstellung sich ergebende Forderung an das Resultat C ist die Gleichheit $\mathsf{syq}(\mathsf{E}, R)\mathsf{L} = \mathsf{syq}(\mathsf{E}, C)\mathsf{L}$, denn diese beschreibt, daß, in Matrixsprechweise, jede Spalte von C eine Äquivalenzklasse von R darstellt und umgekehrt jede Äquivalenzklasse von R durch mindestens eine Spalte von C dargestellt wird. Damit haben wir jedoch noch nichts über die Vielfachheit der Spalten von C gesagt. Beabsichtigt ist natürlich, daß alle Spalten von C paarweise verschieden sind, d.h. im Resultat keine Äquivalenzklasse mehrfach auftaucht. Wie wir oben schon gesehen haben, kann man diese Eigenschaft relationenalgebraisch sehr einfach mit Hilfe des symmetrischen Quotienten ausdrücken. Fassen wir die bisherigen Überlegungen zusammen, so ergibt sich die Konjunktion der beiden Gleichungen

$$\mathsf{syq}(\mathsf{E}, R)\mathsf{L} = \mathsf{syq}(\mathsf{E}, C)\mathsf{L} \qquad \mathsf{syq}(C, C) = \mathsf{I}$$

als Nachbedingung $Post(C)$ des gesuchten relationalen Programms.   □

Die Nachbedingung des zu entwickelnden Programms basiert wesentlich auf symmetrischen Quotienten. Folglich werden bei der Programmentwicklung Eigenschaften dieser Konstruktion eine entscheidende Rolle spielen. Diejenigen, die wir zusätzlich zu den bisherigen (hauptsächlich die dritte und vierte Aussage von Satz 12.1.3) noch brauchen werden, sind im nachfolgenden Satz zusammengestellt. Dessen zweite und dritte Aussage haben wir im Abschnitt über die Potenzmengen-Konstruktion schon erwähnt und verwendet. Wir holen hier also quasi die Beweise nach.

12.2.2 Satz Es seien R und S Relationen, v ein Vektor und p ein Punkt. Dann gelten die folgenden Eigenschaften:

1. $p^{\mathsf{T}}p = \mathsf{I} \implies \mathsf{syq}(Rp, Rp) = \mathsf{I}$

2. $\mathsf{syq}(R, S)p = \mathsf{syq}(R, Sp)$

3. $\mathsf{syq}(R, v)$ ist ein Vektor.

4. R Äquivalenzrelation $\implies \mathsf{syq}(S, R)R = \mathsf{syq}(S, R)$

5. $v \neq \mathsf{O}, RL \subseteq \overline{v} \implies \mathsf{syq}(R, v) = \mathsf{O}$

Beweis: Wir gehen der Reihe nach vor. Am umfangreichsten wird dabei der Beweis der vierten Aussage.

1. Die Vektoreigenschaft von p zeigt $Rp\mathsf{L} \subseteq Rp$ und damit gilt $(Rp)^{\mathsf{T}}\overline{Rp} \subseteq \mathsf{O}$ wegen der Schröder-Äquivalenzen. Auf die gleiche Weise zeigt man $\overline{Rp}^{\mathsf{T}}Rp \subseteq \mathsf{O}$. Dies bringt:

$$
\begin{aligned}
\mathsf{syq}(Rp, Rp) &= \overline{(Rp)^{\mathsf{T}}\overline{Rp}} \cap \overline{\overline{Rp}^{\mathsf{T}}Rp} && \text{Definition Quotient} \\
&= \mathsf{L} && \text{siehe oben} \\
&= p^{\mathsf{T}}p && \text{Satz 9.1.5.1} \\
&= \mathsf{I} && \text{Voraussetzung}
\end{aligned}
$$

2. Aus den Sätzen 7.4.3.3 und 7.4.5.1 folgt durch zweifaches Transponieren, daß p bei Komposition von rechts über den Durchschnitt distributiert und man p auch unter ein Komplement ziehen kann. Der Rest ist nun triviales Nachrechnen.

3. Die eine Inklusion beweist man wie folgt:

$$
\begin{aligned}
\mathsf{syq}(R,v)\mathsf{L} \;&\subseteq\; \overline{R^\mathsf{T}\overline{v}}\,\mathsf{L} \cap \overline{\overline{R}^\mathsf{T}v}\,\mathsf{L} && \text{Def. Quotient, Subdistributivität}\\
&=\; \overline{R^\mathsf{T}\overline{v}} \cap \overline{\overline{R}^\mathsf{T}v} && \text{Eigenschaften Vektoren}\\
&=\; \mathsf{syq}(R,v) && v\ \text{Vektor, Def. Quotient}
\end{aligned}
$$

Die verbleibende Inklusion $\mathsf{syq}(R,v) \subseteq \mathsf{syq}(R,v)\mathsf{L}$ ist trivial.

4. Es sei R eine Äquivalenzrelation. Dann gilt $\mathsf{syq}(R,R) = R$. Die Inklusion „$\subseteq$" zeigt man wie folgt:

$$
\begin{aligned}
\mathsf{syq}(R,R) \;&\subseteq\; R\,\mathsf{syq}(R,R) && \text{da } \mathsf{I} \subseteq R\\
&\subseteq\; R && \text{Satz 7.5.6 (a)}
\end{aligned}
$$

Zum Beweis der verbleibenden Inklusion verwendet man zuerst die Transitivität und die Schröder-Äquivalenzen und rechnet wie folgt:

$$
RR \subseteq R \;\Longleftrightarrow\; R^\mathsf{T}\overline{R} \subseteq \overline{R} \;\Longleftrightarrow\; R \subseteq \overline{R^\mathsf{T}\overline{R}}
$$

Auf die gleiche Weise bekommt man $R \subseteq \overline{\overline{R}^\mathsf{T}R}$, wenn man mit der, wegen der Symmetrie ebenfalls gültigen, Inklusion $RR^\mathsf{T} \subseteq R^\mathsf{T}$ startet. Insgesamt haben wir also $R \subseteq \overline{R^\mathsf{T}\overline{R}} \cap \overline{\overline{R}^\mathsf{T}R} = \mathsf{syq}(R,R)$.

Aufbauend auf die eben bewiesene Gleichung[2] ist der Beweis der gewünschten Eigenschaft nun recht einfach:

$$
\begin{aligned}
\mathsf{syq}(S,R)R \;&=\; \big(R\,\mathsf{syq}(R,S)\big)^\mathsf{T} && R = R^\mathsf{T},\ \text{Satz 7.5.5.1}\\
&=\; \big(\mathsf{syq}(R,R)\,\mathsf{syq}(R,S)\big)^\mathsf{T} && \text{siehe oben}\\
&=\; \big(\mathsf{syq}(R,S) \cap \mathsf{L}\,\mathsf{syq}(R,S)\big)^\mathsf{T} && \text{Satz 7.5.6 (b)}\\
&=\; \mathsf{syq}(R,S)^\mathsf{T} && \mathsf{syq}(R,S) \subseteq \mathsf{L}\,\mathsf{syq}(R,S)\\
&=\; \mathsf{syq}(S,R) && \text{Satz 7.5.5.1}
\end{aligned}
$$

5. Wir starten den Beweis wie folgt:

$$
\begin{aligned}
\mathsf{syq}(R,v) \;&=\; \overline{R^\mathsf{T}\overline{v}} \cap \overline{\overline{R}^\mathsf{T}v} && \text{Definition Quotient}\\
&\subseteq\; \overline{\overline{R}^\mathsf{T}v}\\
&\subseteq\; \overline{Lv^\mathsf{T}v} && RL \subseteq \overline{v} \Leftrightarrow v\mathsf{L}^\mathsf{T} \subseteq \overline{R}\ (\text{Schröder})
\end{aligned}
$$

Aus der Ungleichung $v \neq \mathsf{O}$ folgt die Ungleichung $v^\mathsf{T}v \neq \mathsf{O}$. Wäre nämlich $v^\mathsf{T}v \subseteq \mathsf{O}$, so folgt daraus $v = v\mathsf{L} \subseteq \overline{v}$ mit Hilfe der Schröder-Äquivalenzen, also der Widerspruch $v = \mathsf{O}$ zur Voraussetzung. Nun wenden wir die Tarski-Regel und die Vektor-Eigenschaft $v = v\mathsf{L}$ an und bekommen $\mathsf{L} = \mathsf{L}v^\mathsf{T}v\mathsf{L} = v^\mathsf{T}v$. Dies zeigt schließlich als Weiterführung der obigen Rechnung $\mathsf{syq}(R,v) \subseteq \overline{\mathsf{L}} = \mathsf{O}$. □

---

[2]Diese Gleichung charakterisiert, nach J. Riguet, sogar Äquivalenzrelationen, d.h. es gilt $\mathsf{syq}(R,R) = R$ genau dann, wenn R eine Äquivalenzrelation ist. Man hat dazu nur noch zu zeigen, daß $\mathsf{syq}(R,R)$ eine Äquivalenzrelationen ist.

Nach allen diesen Vorbereitungen sind wir nun endlich in der Lage, das gewünschte relationale Programm zur Äquivalenzklassenberechnung mittels der Invariantenmethode aus der oben angegebenen Spezifikation herzuleiten.

12.2.3 Algorithmus (Äquivalenzklassen, Programmentwicklung) Es sei im folgenden also $R : M \leftrightarrow M$ als die Äquivalenzrelation auf einer Menge M angenommen, deren Äquivalenzklassen M/R wir berechnen und, wie mittels der Nachbedingung $Post(C)$ spezifiziert, spaltenweise in einer Relation $C : M \leftrightarrow M/R$ abspeichern wollen. C entspricht somit *genau der kanonischen Abbildung* $x \mapsto [x]_R$ von M nach den Äquivalenzklassen M/R von R in einer relationalen Auffassung. Wegen ihrer Surjektivität wird diese Abbildung in der Literatur auch der *kanonische Epimorphismus* genannt.

Wie schon in all den früheren Beispielen, besteht der erste Schritt der nun folgenden Programmentwicklung ebenfalls in der Verstärkung der Nachbedingung, hier $Post(C)$, um eine geeignete Invariante und auch die Abbruchbedingung der Schleife zu bekommen. In dem vorliegenden Fall bietet sich an, einen zusätzlichen Vektor v des Typs $[M \leftrightarrow \mathbb{1}]$ einzuführen, der die noch *nicht abgearbeiteten* Elemente von M darstellt. Dies führt zum Ansatz für eine Schleifeninvariante $Inv(C, v)$ als Konjunktion der folgenden drei Formeln:

$$\mathsf{syq}(\mathsf{E}, R)\overline{v} = \mathsf{syq}(\mathsf{E}, C)\mathsf{L} \qquad \mathsf{syq}(C, C) = \mathsf{I} \qquad Rv \cap C\mathsf{L} = \mathsf{O}$$

Wenn wir eine Sprechweise mit Matrizen verwenden, so besagt diese Invariante, daß die Spalten von C genau die Äquivalenzklassen der schon abgearbeiteten und durch $\overline{v}$ dargestellten Elemente sind (erste Gleichung), alle Spalten von C paarweise verschieden sind (zweite Gleichung) und kein Element einer noch nicht berechneten Äquivalenzklasse in einer der Spalten von C vorkommt (dritte Gleichung).

Nach der Intention hinter dem Vektor v wird $v \neq \mathsf{O}$ die Schleifenbedingung; dies ist auch formal in Ordnung, da $Inv(C, \mathsf{O})$ offensichtlich $Post(C)$ impliziert. Wir haben also noch eine Initialisierung von v und C zu finden, welche die Invariante etabliert, sowie einen Schleifenrumpf, der ihre Gültigkeit aufrechterhält.

Wir beginnen mit der Initialisierung. Hier bietet sich an, mit einer beliebigen Äquivalenzklasse zu starten, d.h. C durch Rp zu initialisieren, wobei $p : M \leftrightarrow \mathbb{1}$ ein beliebiger Punkt ist. Eine Konsequenz davon ist, daß v mit $\overline{Rp}$ zu initialisieren ist. Mit dieser Initialisierung gilt die Schleifeninvariante, wie wir nachfolgend durch den Beweis der drei entsprechenden Gleichungen zeigen:

1. Die erste Gleichung $\mathsf{syq}(\mathsf{E}, R)\,\overline{\overline{Rp}} = \mathsf{syq}(\mathsf{E}, Rp)\mathsf{L}$ zeigt man wie folgt:

$$
\begin{aligned}
\mathsf{syq}(\mathsf{E}, R)\,\overline{\overline{Rp}} &= \mathsf{syq}(\mathsf{E}, R)Rp \\
&= \mathsf{syq}(\mathsf{E}, R)p && \text{Satz 12.2.2.4} \\
&= \mathsf{syq}(\mathsf{E}, Rp) && \text{Satz 12.2.2.2} \\
&= \mathsf{syq}(\mathsf{E}, Rp)\mathsf{L} && \text{Satz 12.2.2.3}
\end{aligned}
$$

2. Die zweite Gleichung $\mathsf{syq}(Rp, Rp) = \mathsf{I}$ folgt unmittelbar aus Satz 12.2.2.1, denn p ist ein Punkt, und wegen $p : M \leftrightarrow \mathbb{1}$ gilt $p^{\mathsf{T}}p = \mathsf{I}$.

3. Zum Beweis der dritten Gleichung $R\overline{Rp} \cap Rp\mathsf{L} = \mathsf{O}$ starten wir mit der offensichtlichen Äquivalenz

$$R\overline{Rp} \cap Rp\mathsf{L} = \mathsf{O} \iff R\overline{Rp} \subseteq \overline{Rp} \qquad (*)$$

und haben dessen rechte Seite zu beweisen. Aus der Symmetrie und der Transitivität von R, also der Vorbedingung $Pre(R)$, erhalten wir $R^{\mathsf{T}}R \subseteq R$. Dies impliziert $R^{\mathsf{T}}Rp \subseteq Rp$. Nun zeigen die Schröder-Äquivalenzen die rechte Seite von $(*)$.

Als nächstes entwickeln wir einen Schleifenrumpf. Da das Resultat C die Äquivalenzklassen spaltenweise aufzählen soll, und v die Elemente von M beschreibt, deren Äquivalenzklassen noch nicht Spalten von C sind, ist eine sich direkt anbietende Vorgehensweise, mittels eines in v enthaltenen Punkts p und der Zuweisung $C := C @ Rp$ dem Resultat eine neue Äquivalenzklasse als Spalte anzufügen. Natürlich sind dann die Elemente dieser hinzugefügten Äquivalenzklasse aus v zu entfernen, was durch $v := v \cap \overline{Rp}$ möglich ist. Damit sieht das vollständige Programm wie in der folgenden Abbildung 12.1 angegeben aus. In diesem Programm ist $[M \leftrightarrow \mathbb{1}]$ als Typ der Allrelation der Initialisierung unterstellt. Damit haben auch p, v und O jeweils diesen Typ.

$$
\begin{aligned}
&classes(R); \\
&p := \mathsf{point}(\mathsf{L}); \\
&C := Rp; \\
&v := \overline{Rp}; \\
&\underline{\text{while}}\ v \neq \mathsf{O}\ \underline{\text{do}} \\
&\quad p := \mathsf{point}(v); \\
&\quad C := C @ Rp; \\
&\quad v := v \cap \overline{Rp}\ \underline{\text{od}}; \\
&\underline{\text{return}}\ C
\end{aligned}
$$

Abbildung 12.1: Programm CLASSES

Zur Korrektheit von CLASSES ist noch zu verifizieren, daß die beiden Zuweisungen des Schleifenrumpfs die Gültigkeit der Invariante $Inv(C, v)$ aufrechterhalten. Es gelte also die Invariante $Inv(C, v)$ und es sei p eine Abkürzung für $\mathsf{point}(v)$. Wir haben die drei Gleichungen der Invariante für die neuen Variablenwerte zu beweisen.

1. Hier ist der Beweis für die Gleichung $\mathsf{syq}(\mathsf{E}, R)\overline{v \cap \overline{Rp}} = \mathsf{syq}(\mathsf{E}, C @ Rp)\mathsf{L}$:

$$
\begin{aligned}
\mathsf{syq}(\mathsf{E}, R)\overline{v \cap \overline{Rp}} &= \mathsf{syq}(\mathsf{E}, R)\overline{v} \cup \mathsf{syq}(\mathsf{E}, R)Rp & \\
&= \mathsf{syq}(\mathsf{E}, R)\overline{v} \cup \mathsf{syq}(\mathsf{E}, R)p\mathsf{L} & \text{Satz 12.2.2.4, } p = p\mathsf{L} \\
&= \mathsf{syq}(\mathsf{E}, R)\overline{v} \cup \mathsf{syq}(\mathsf{E}, Rp)\mathsf{L} & \text{Satz 12.2.2.2} \\
&= \mathsf{syq}(\mathsf{E}, C)\mathsf{L} \cup \mathsf{syq}(\mathsf{E}, Rp)\mathsf{L} & \mathsf{syq}(\mathsf{E}, R)\overline{v} = \mathsf{syq}(\mathsf{E}, C)\mathsf{L} \\
&= (\mathsf{syq}(\mathsf{E}, C) @ \mathsf{syq}(\mathsf{E}, Rp))\mathsf{L} & \text{Satz 12.1.3.2} \\
&= \mathsf{syq}(\mathsf{E}, C @ Rp)\mathsf{L} & \text{Satz 12.1.3.4}
\end{aligned}
$$

2. Wir wollen Satz 12.1.3.3 zum Beweis von $\mathsf{syq}(C @ Rp, C @ Rp) = \mathsf{I}$ anwenden, haben also die drei Prämissen der Implikation des Satzes zu zeigen.

Die Gleichung $\mathsf{syq}(C, C) = \mathsf{I}$ gilt wegen der vorausgesetzten Invariante. Der Beweis von $\mathsf{syq}(Rp, Rp) = \mathsf{I}$ wird durch Satz 12.2.2.1 erbracht, denn p ist wegen des Typs $[M \leftrightarrow \mathbb{1}]$ von v ein Punkt mit $p^\mathsf{T} p = \mathsf{I}$.

Die dritte Prämisse folgt schließlich aus $Rv \cap C\mathsf{L} = \mathsf{O}$, denn dieser Teil der Invariante und $p \subseteq v$ implizieren $C\mathsf{L} \subseteq \overline{Rv} \subseteq \overline{Rp}$ und in Verbindung mit der Vektoreigenschaft von Rp und $\mathsf{O} \neq p \subseteq Rp$ (hier gehen die Surjektivität von p und die Reflexivität von R ein) zeigt Satz 12.2.2.5 das Gewünschte.

3. Zum Beweis der dritten Gleichung $R(v \cap \overline{Rp}) \cap (C @ Rp)\mathsf{L} = \mathsf{O}$ starten wir mit der folgenden Inklusion:

$$
\begin{aligned}
& R(v \cap \overline{Rp}) \cap (C @ Rp)\mathsf{L} \\
={} & R(v \cap \overline{Rp}) \cap (C\mathsf{L} \cup Rp\mathsf{L}) && \text{Satz 12.1.3.2} \\
\subseteq{} & Rv \cap R\overline{Rp} \cap (C\mathsf{L} \cup Rp) && \text{Subdistributivität, } p = p\mathsf{L} \\
={} & R\overline{Rp} \cap ((Rv \cap C\mathsf{L}) \cup (Rv \cap Rp)) \\
={} & R\overline{Rp} \cap Rp && Rv \cap C\mathsf{L} = \mathsf{O}, \, p \subseteq v
\end{aligned}
$$

Wir haben somit noch $R\overline{Rp} \cap Rp = \mathsf{O}$ zu zeigen. Doch diese Gleichung folgt, analog zur Etablierung der Invariante, aus der Inklusion $R^\mathsf{T} Rp \subseteq Rp$ gefolgt von einer Anwendung der Schröder-Äquivalenzen.

Es ist schließlich trivial, noch zu verifizieren, daß das Programm CLASSES terminiert, falls M eine endliche Menge ist. Ebenso trivial ist es, mit m als der Mächtigkeit von M, im Matrixmodell die asymptotische Laufzeit von CLASSES als $\mathcal{O}(m^3)$ zu berechnen.   □

Wenn man in dem eben entwickelten relationalen Programm CLASSES jedes Vorkommen von R im Rumpf durch $(R \cup R^\mathsf{T})^*$ ersetzt, so werden durch diese Modifikation – nachfolgend mit einer Hilfsvariablen zur Vermeidung von Mehrfachberechnungen von $(R \cup R^\mathsf{T})^*$ – die Zusammenhangskomponenten des gerichteten Graphen $g = (V, R)$ berechnet.

$$
\begin{aligned}
& components(R); \\
& S := (R \cup R^\mathsf{T})^*; \\
& p := \mathsf{point}(\mathsf{L}); \\
& C := Sp; \\
& v := \overline{Sp}; \\
& \underline{\text{while }} v \neq \mathsf{O} \ \underline{\text{do}} \\
& \quad p := \mathsf{point}(v); \\
& \quad C := C @ Sp; \\
& \quad v := v \cap \overline{Sp} \ \underline{\text{od}}; \\
& \underline{\text{return }} C
\end{aligned}
$$

Abbildung 12.2: Programm COMPONENTS

Analog führt eine Ersetzung von R im Rumpf von **CLASSES** durch $R^* \cap (R^\mathsf{T})^*$, also im Programm **COMPONENTS** von der Anweisung $S := (R \cup R^\mathsf{T})^*$ durch $S := R^* \cap (R^\mathsf{T})^*$, zur Berechnung der starken Zusammenhangskomponenten von $g = (V, R)$. Man vergleiche hierzu noch einmal mit den Bemerkungen am Anfang dieses Abschnitts.

Aus der eben beschriebenen Modifikation des relationalen Programms **COMPONENTS** von Abbildung 12.2 bekommt man auch sehr schnell ein relationales Programm zur Berechnung der sogenannten *initialen starken Zusammenhangskomponenten* von $g = (V, R)$. Jene sind, in Vektordarstellung, diejenigen starken Zusammenhangskomponenten $v : V \leftrightarrow \mathbb{1}$ von $g = (V, R)$, in die kein Pfeil von außen führt, d.h. für welche die Inklusion $Rv \subseteq v$ gilt. Man hat C am Anfang (z.B. mittels einer Schleife) mit einer initialen Komponente zu belegen und dann bei der Iteration darauf zu achten, daß an C nur solche Vektoren v angefügt werden, die die Bedingung $Rv \subseteq v$ erfüllen. Nimmt man dann aus jeder initialen starken Zusammenhangskomponente von $g = (V, R)$ genau einen Knoten, so bildet die Menge $B \subseteq V$ dieser Knoten eine inklusionsminimale Menge, von deren Knoten aus alle anderen Knoten aus V erreichbar sind. So eine Menge heißt eine *Knotenbasis* von g.

Wir wollen diesen Abschnitt mit einer Anwendung des relationalen Programms **CLASSES** beenden, die nicht aus der Graphentheorie stammt.

12.2.4 Anwendung (Entfernen von Vielfachspalten) Bei der spaltenweisen Aufzählung von Objekten (z.B. Elementen oder Mengen) in Form einer Relation kommt es manchmal vor, daß gewisse Spalten mehrfach vorhanden sind. Hier ist so ein Beispiel als RELVIEW-Bild angegeben:

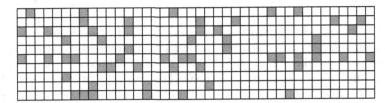

Abbildung 12.3: Eine Boolesche Matrix vor ...

Es stellt sich dann manchmal die Aufgabe, von den mehrfach vorkommenden Spalten alle Kopien bis auf eine zu entfernen. Führt man dies beim Beispiel von Abbildung 12.3 durch, so ist die Boolesche Matrix von Abbildung 12.4 das Resultat:

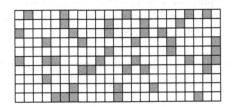

Abbildung 12.4: ... und nach dem Entfernen mehrfach vorkommenden Spalten

Die allgemeine Methode zum Entfernen von Vielfachspalten in einer Relation $R : M \leftrightarrow N$ basiert auf der *Spaltenäquivalenzrelation* $\mathsf{syq}(R, R) : N \leftrightarrow N$. Aufgrund der Ergebnisse von Abschnitt 7.5 ist $\mathsf{syq}(R, R)$ eine Äquivalenzrelation und es gilt $\mathsf{syq}(R, R)_{xy}$ genau dann, wenn – in der Terminologie der Matrizen – die x-Spalte von R mit der y-Spalte von R übereinstimmt. Durch $R\,classes(\mathsf{syq}(R, R))$ werden somit, wie man sich sehr schnell überlegt, alle Vielfachspalten bis auf ein Vorkommen entfernt.

Ein konkretes Anwendungsbeispiel ist die Bestimmung des für Strukturuntersuchungen wichtigen *Verbands der maximalen Antiketten* einer Ordnungsrelation $R : M \leftrightarrow M$. Die Ordnung dieses Verbands ist gegeben durch die Festlegung

$$A_1 \leq A_2 \iff \forall a \in A_1 \exists b \in A_2 : R_{ab}$$

für alle maximalen Antiketten A_1 und A_2. Zur relationalen Berechnung dieser Ordnung startet man mit $R \cap \overline{\mathsf{I}}$. Dann entfernt man von den mehrfach vorkommenden Spalten dieser Relation alle bis auf eine Kopie. Das Resultat beschreibt somit spaltenweise die Menge $\{\mathsf{Mi}(a) \setminus \{a\} \mid a \in M\}$ der echten Minorantenmengen. Schließt man diese Menge nun unter beliebigen Vereinigungen ab, was relational relativ einfach durch eine Konkatenation zu bewerkstelligen ist (siehe Abschnitt 13.5), dann bekommt man eine Relation S, die spaltenweise eine Teilmenge $\mathcal{N}$ von 2^M beschreibt. Die obige Ordnung $\leq$ ist schließlich isomorph zu $(S \setminus S)^{\mathsf{T}}$, also zur Obermengenbeziehung $\supseteq$ auf $\mathcal{N}$.   □

12.3   Charakterisierung kanonischer Epimorphismen

Es seien $R : M \leftrightarrow M$ eine Äquivalenzrelation und $C : M \leftrightarrow M/R$ der kanonische Epimorphismus als Relation aufgefaßt, der also, in mengentheoretischer Terminologie, genau die Paare $\langle x, [x]_R \rangle$ für alle $x \in M$ enthält. Weil C eine Funktion ist, gelten die Inklusionen $C^{\mathsf{T}}C \subseteq \mathsf{I}$ und $\mathsf{I} \subseteq CC^{\mathsf{T}}$. Es ist C auch surjektiv. Also haben wir noch die Inklusion $\mathsf{I} \subseteq C^{\mathsf{T}}C$. Für C gilt schließlich auch noch die Gleichung $CC^{\mathsf{T}} = R$, denn $CC^{\mathsf{T}} \subseteq R$ besagt, daß aus der Gleichheit der Äquivalenzklassen von $x, y \in M$ die Eigenschaft R_{xy} folgt, und $CC^{\mathsf{T}} \supseteq R$ besagt, daß aus R_{xy} die Existenz einer gemeinsamen Äquivalenzklasse folgt.

Die Gleichung $CC^{\mathsf{T}} = R$ impliziert $\mathsf{I} \subseteq CC^{\mathsf{T}}$ und wir können diese Inklusion somit als mögliches Axiom für eine relationenalgebraische Charakterisierung kanonischer Epimorphismen streichen. Wie wir im folgenden zeigen werden, genügen die restlichen Eigenschaften für eine monomorphe relationenalgebraische Charakterisierung. Wir halten aber zuerst fest, daß wir überhaupt ein Modell für die Axiome haben. Dabei ziehen wir die verbleibenden Inklusionen zu einer Gleichung zusammen.

12.3.1 Satz Es seien $R : M \leftrightarrow M$ eine Äquivalenzrelation und $C : M \leftrightarrow M/R$ der kanonische Epimorphismus als Relation. Dann gelten die beiden Gleichungen $C^{\mathsf{T}}C = \mathsf{I}$ und $CC^{\mathsf{T}} = R$.   □

Und hier ist nun der Beweis, daß die in diesem Satz angegebenen beiden Gleichungen in der Tat den kanonischen Epimorphismus zu einer Äquivalenzrelation bis auf Isomorphie eindeutig bestimmen.

12.3.2 Satz (Monomorphie) Es seien R eine Äquivalenzrelation und C_1 und C_2 zwei Relationen mit $C_1{}^\mathsf{T} C_1 = \mathsf{I}$, $C_1 C_1{}^\mathsf{T} = R$, $C_2{}^\mathsf{T} C_2 = \mathsf{I}$ und $C_2 C_2{}^\mathsf{T} = R$, Dann sind C_1 und C_2 isomorph.

Beweis: Wir beweisen, daß das Paar $\langle \mathsf{I}, \Phi \rangle$, mit der Relation Φ definiert als $\Phi = C_1{}^\mathsf{T} C_2$, ein Isomorphismus zwischen den Relationen C_1 und C_2 ist. Dazu haben wir drei Eigenschaften zu überprüfen:

1. Die identische Relation I ist trivialerweise eine bijektive Funktion.

2. Die Relation Φ ist ebenfalls eine bijektive Funktion. Die Gleichung $\Phi^\mathsf{T}\Phi = \mathsf{I}$ zeigt man durch die Rechnung

$$
\begin{aligned}
\Phi^\mathsf{T}\Phi &= C_2{}^\mathsf{T} C_1 C_1{}^\mathsf{T} C_2 && \text{Definition } \Phi, \text{ Transposition} \\
&= C_2{}^\mathsf{T} R C_2 && \text{Voraussetzung an } C_1 \\
&= C_2{}^\mathsf{T} C_2 C_2{}^\mathsf{T} C_2 && \text{Voraussetzung an } C_2 \\
&= \mathsf{I}\,\mathsf{I} && \text{Voraussetzung an } C_2 \\
&= \mathsf{I}
\end{aligned}
$$

und die verbleibende Gleichung $\Phi\Phi^\mathsf{T} = \mathsf{I}$, welche mit der gerade bewiesenen die geforderte Eigenschaft zeigt, kann man auf die gleiche Weise nachrechnen.

3. Es gilt die Gleichung

$$
\begin{aligned}
C_1 \Phi &= C_1 C_1{}^\mathsf{T} C_2 && \text{Definition } \Phi \\
&= R C_2 && \text{Voraussetzung an } C_1 \\
&= \mathsf{I} C_2 && R C_2 = C_2 C_2{}^\mathsf{T} C_2 = C_2
\end{aligned}
$$

und damit ist insgesamt alles gezeigt. $\qquad\square$

Im letzten Abschnitt haben wir aus einer prädikatenlogischen Spezifikation der Äquivalenzklassen-Eigenschaft eine relationale Spezifikation entwickelt, die beschreibt, daß eine Relation C die Äquivalenzklassen einer Äquivalenzrelation $R : M \leftrightarrow M$ spaltenweise darstellt. Weiterhin haben wir dann am Beginn der danach folgenden Programmentwicklung bemerkt, daß C dem kanonischen Epimorphismus entspricht. Nach den bisherigen Sätzen 12.3.1 und 12.3.2 kann man das Wort „entspricht" nun genauer durch „ist isomorph zum kanonischen Epimorphismus" interpretieren. Weil wir im relationalen Programm *classes* (siehe Abbildung 12.1) das Resultat C nämlich, beginnend mit einem einzelnen Vektor des Typs $[M \leftrightarrow \mathbb{1}]$, iterativ durch Rechtsanfügen von Vektoren des gleichen Typs aufbauen, kann man den Bildbereich von C auch durchaus als $|M/R|$-fache direkte Summe $\mathbb{1} + \ldots + \mathbb{1}$ auffassen.

Intuitiv ist also klar, daß das Resultat C des relationalen Programms zur Äquivalenzklassenberechnung isomorph zum kanonischen Epimorphismus der Eingaberelation R von *classes* ist. Formal wird dies nun auch noch durch den nächsten Satz in Kombination mit den obigen zwei Sätzen 12.3.1 und 12.3.2 bewiesen.

12.3.3 Satz Es seien R eine Äquivalenzrelation und C das Resultat des Aufrufs $classes(R)$ des relationalen Programms $classes$ von Abbildung 12.1. Dann gelten die beiden Gleichungen $C^{\mathsf{T}}C = \mathsf{I}$ und $CC^{\mathsf{T}} = R$.

Beweis: Wir fügen der Schleifeninvariante $Inv(C, v)$ der Programmentwicklung 12.2.3 noch die folgenden drei Formeln konjunktiv hinzu:

$$C^{\mathsf{T}}C = \mathsf{I} \qquad\qquad CC^{\mathsf{T}} = R \cap \overline{v}\,\overline{v}^{\mathsf{T}} \qquad\qquad Rv \subseteq v$$

Wenn wir zeigen können, daß die Initialisierung von C und v im Programm $classes$ auch diese zusätzlichen Formeln etabliert und der Schleifenrumpf von $classes$ auch ihre Gültigkeit aufrechterhält, so sind wir fertig. Die Terminierungsbedingung $v = \mathsf{O}$ bringt dann nämlich $CC^{\mathsf{T}} = R \cap \overline{\mathsf{O}}\,\overline{\mathsf{O}}^{\mathsf{T}} = R$.

Bei den Beweisen zur Initialisierung sei $p = \mathsf{point}(\mathsf{L})$ wie am Programmanfang definiert und es sei weiterhin, wie früher, $[M \leftrightarrow \mathbb{1}]$ der Typ von L und damit auch von p.

1. Hier ist der Beweis der ersten Gleichung:

$$
\begin{aligned}
(Rp)^{\mathsf{T}}Rp &= p^{\mathsf{T}}R^{\mathsf{T}}Rp \\
&\supseteq p^{\mathsf{T}}p && \text{wegen } R^{\mathsf{T}}R = RR = R \supseteq \mathsf{I} \\
&= \mathsf{L} && \text{Satz 9.1.5.2} \\
&= \mathsf{I} && \text{da } [\mathbb{1} \leftrightarrow \mathbb{1}] \text{ Typ von } p^{\mathsf{T}}p
\end{aligned}
$$

2. Die zweite Gleichung verifiziert man wie folgt:

$$
\begin{aligned}
Rp(Rp)^{\mathsf{T}} &= Rpp^{\mathsf{T}}R \\
&= R \cap Rpp^{\mathsf{T}}R && \text{da } Rpp^{\mathsf{T}}R \subseteq R\mathsf{I}R \subseteq R \\
&= R \cap Rp(Rp)^{\mathsf{T}} \\
&= R \cap \overline{\overline{Rp}}\,\overline{\overline{Rp}}^{\mathsf{T}}
\end{aligned}
$$

3. Ein Beweis von $R\overline{Rp} \subseteq \overline{Rp}$ folgt aus einer Schröder-Äquivalenz in Kombination mit $R^{\mathsf{T}}R = RR = R$, wobei $RR \subseteq R$ die Transitivität ist und $R \subseteq RR$ aus der Reflexivität folgt.

Wir zeigen nun, daß die Gültigkeit der obigen zusätzlichen Formeln aufrechterhalten wird. Hierzu sei $v \neq \mathsf{O}$ und es gelte $p = \mathsf{point}(v)$. Da sich der Typ von v im Laufe des Programms nicht ändert, ist $[M \leftrightarrow \mathbb{1}]$ wiederum der Typ von p. Schließlich sei (ι_1, ι_2) die der Summe $C^{\mathsf{T}} + (Rp)^{\mathsf{T}}$ der Konkatenation $C \,@\, Rp = \left(C^{\mathsf{T}} + (Rp)^{\mathsf{T}}\right)^{\mathsf{T}}$ zugrundeliegende 2-stellige direkte Summe, was $C \,@\, Rp = C\iota_1 \cup Rp\iota_2$ bedeutet.

Nach diesen Vorbereitungen sind wir nun in der Lage, aus $C^{\mathsf{T}}C = \mathsf{I}$, $CC^{\mathsf{T}} = R \cap \overline{v}\,\overline{v}^{\mathsf{T}}$ und $Rv \subseteq v$ auf die Gültigkeit dieser Formeln für die neuen Werte $C \,@\, Rp$ und $v \cap \overline{Rp}$ von C bzw. v zu schließen. Man beachte, daß wir bei den entsprechenden Beweisen auch die originale Schleifeninvariante $Inv(C, v)$ verwenden dürfen.

1. Der Beweis für die erste Formel kann wie folgt geführt werden:

$$
\begin{aligned}
&(C \,@\, Rp)^{\mathsf{T}}(C \,@\, Rp) \\
=\ & (\iota_1{}^{\mathsf{T}}C^{\mathsf{T}} \cup \iota_2{}^{\mathsf{T}}p^{\mathsf{T}}R^{\mathsf{T}})(C\iota_1 \cup Rp\iota_2) \\
=\ & \iota_1{}^{\mathsf{T}}C^{\mathsf{T}}C\iota_1 \cup \iota_1{}^{\mathsf{T}}C^{\mathsf{T}}Rp\iota_2 \cup \iota_2{}^{\mathsf{T}}p^{\mathsf{T}}R^{\mathsf{T}}C\iota_1 \cup \iota_2{}^{\mathsf{T}}p^{\mathsf{T}}R^{\mathsf{T}}Rp\iota_2 \\
=\ & \iota_1{}^{\mathsf{T}}\iota_1 \cup \iota_1{}^{\mathsf{T}}C^{\mathsf{T}}Rp\iota_2 \cup \iota_2{}^{\mathsf{T}}p^{\mathsf{T}}R^{\mathsf{T}}C\iota_1 \cup \iota_2{}^{\mathsf{T}}p^{\mathsf{T}}R^{\mathsf{T}}Rp\iota_2 \qquad C^{\mathsf{T}}C = \mathsf{I} \\
=\ & \iota_1{}^{\mathsf{T}}\iota_1 \cup \iota_2{}^{\mathsf{T}}\iota_2 \\
=\ & \mathsf{I}
\end{aligned}
$$

Interessant ist hier nur der vorletzte Übergang, denn der letzte Schritt entspricht dem dritten Axiom der direkten Summe. Wegen $Inv(C, v)$ gilt $C\mathsf{L} \cap Rv \subseteq \mathsf{O}$, also, gemeinsam mit $p \subseteq v$, auch $C\mathsf{L} \subseteq \overline{Rv} \subseteq \overline{Rp}$. Nun zeigt eine Schröder-Regel die Inklusion $C^{\mathsf{T}}Rp \subseteq \mathsf{O}$ und dies bringt auch $p^{\mathsf{T}}R^{\mathsf{T}}C \subseteq \mathsf{O}$. Also verschwinden die mittleren Terme der Vereinigung. Die Vereinfachung von $p^{\mathsf{T}}R^{\mathsf{T}}Rp = (Rp)^{\mathsf{T}}Rp$ (letzter Term in der vierten Zeile) zu I haben wir schon bei der Etablierung der neuen Eigenschaften gezeigt.

2. Zum Beweis der zweiten Formel starten wir wie folgt:

$$
\begin{aligned}
&(C \,@\, Rp)(C \,@\, Rp)^{\mathsf{T}} \\
=\ & (C\iota_1 \cup Rp\iota_2)(\iota_1{}^{\mathsf{T}}C^{\mathsf{T}} \cup \iota_2{}^{\mathsf{T}}p^{\mathsf{T}}R^{\mathsf{T}}) \\
=\ & C\iota_1\iota_1{}^{\mathsf{T}}C^{\mathsf{T}} \cup C\iota_1\iota_2{}^{\mathsf{T}}p^{\mathsf{T}}R^{\mathsf{T}} \cup Rp\iota_2\iota_1{}^{\mathsf{T}}C^{\mathsf{T}} \cup Rp\iota_2\iota_2{}^{\mathsf{T}}p^{\mathsf{T}}R^{\mathsf{T}} \\
=\ & CC^{\mathsf{T}} \cup Rpp^{\mathsf{T}}R^{\mathsf{T}}
\end{aligned}
$$

Hier verschwinden die beiden mittleren Vereinigungs-Terme der dritten Zeile wegen des letzten Summenaxioms und der erste und der letzte Term vereinfachen sich wegen der ersten beiden Axiome der direkten Summe so, wie es in der letzten Zeile der Gleichungskette angegeben ist.

Nun starten wir mit der rechten Seite der zu beweisenden Gleichung und erhalten die folgende Gleichungskette:

$$
\begin{aligned}
&R \cap \overline{v \cap \overline{\overline{Rp}}} \cap \overline{v \cap \overline{Rp}}^{\mathsf{T}} \\
=\ & R \cap (\overline{v} \cup Rp)(\overline{v}^{\mathsf{T}} \cup (Rp)^{\mathsf{T}}) \\
=\ & R \cap (\overline{v}\,\overline{v}^{\mathsf{T}} \cup \overline{v}(Rp)^{\mathsf{T}} \cup Rp\overline{v}^{\mathsf{T}} \cup Rp(Rp)^{\mathsf{T}}) \\
=\ & (R \cap \overline{v}\,\overline{v}^{\mathsf{T}}) \cup (R \cap \overline{v}(Rp)^{\mathsf{T}}) \cup (R \cap Rp\overline{v}^{\mathsf{T}}) \cup (R \cap Rp(Rp)^{\mathsf{T}}) \\
=\ & (R \cap \overline{v}\,\overline{v}^{\mathsf{T}}) \cup (R \cap Rp(Rp)^{\mathsf{T}})
\end{aligned}
$$

Für das Verschwinden der mittleren Terme der Vereinigung in der vierten Zeile sorgt hier $Rv \subseteq v$. Aus dieser Inklusion folgt nämlich $Rp \subseteq v$ und $RR = R$ bringt somit $RRp \subseteq v$. Wenden wir nun Schröder an, so erhalten wir $\overline{v}(Rp)^{\mathsf{T}} \subseteq \overline{R}$ und wir sind fertig.

Aufgrund von $Rp(Rp)^{\mathsf{T}} = Rpp^{\mathsf{T}}R^{\mathsf{T}} \subseteq RR^{\mathsf{T}} = R$ kann man den letzten Term der rechten Seite noch zu $(R \cap \overline{v}\,\overline{v}^{\mathsf{T}}) \cup Rpp^{\mathsf{T}}R^{\mathsf{T}}$ umformen. Nun zeigt $CC^{\mathsf{T}} = R \cap \overline{v}\,\overline{v}^{\mathsf{T}}$ die gewünschte Gleichung.

3. Der letzte Teilbeweis

$$\begin{aligned} R(v \cap \overline{Rp}) \; &\subseteq \; Rv \cap R\,\overline{Rp} \\ &\subseteq \; v \cap R\,\overline{Rp} && \text{wegen } Rv \subseteq v \\ &\subseteq \; v \cap \overline{Rp} && R\,\overline{Rp} \subseteq \overline{Rp} \Leftrightarrow R^{\mathsf{T}}Rp \subseteq Rp \Leftrightarrow Rp \subseteq Rp \end{aligned}$$

(welcher im letzten Schritt eine Schröder-Umformung verwendet) beendet schließlich die gesamte Verifikation.   □

Nun seien $g = (V, R)$ ein gerichteter Graph und $C : V \leftrightarrow V/S$ der kanonische Epimorphismus bezüglich der Äquivalenzrelation $S = R^* \cap (R^{\mathsf{T}})^*$. Man nennt $g_{red} = (V/S, C^{\mathsf{T}}RC)$ den reduzierten Graphen. Wegen $RC = \mathsf{I}RC \subseteq SRC = CC^{\mathsf{T}}RC$ (die letzte Gleichheit folgt hier aus Satz 12.3.1) liegt durch C ein Graphenhomomorphismus vor, bei dem die starken Zusammenhangskomponenten von g zu Superknoten in g_{red} schrumpfen. Mit der kreisfreien Variante $g_{red}^{cf} = (V/S, C^{\mathsf{T}}RC \cap \overline{\mathsf{I}})$ von g_{red} kann man die initialen starken Zusammenhangskomponenten von g sehr einfach spaltenweise aufzuzählen. Mit dieser Lösung der schon nach Abbildung 12.,2 erwähnten Aufgabe wollen wir dieses Kapitel beenden.

12.3.4 Anwendung (Initiale starke Zusammenhangskomponenten) Nachfolgend gehen wir von den eben gemachten Voraussetzungen aus. Dann liefert das relationale Programm von Abbildung 12.5 zur Eingaberelation $R : V \leftrightarrow V$ eine Ausgaberelation $I : V \leftrightarrow \mathfrak{J}$ ab, deren Spalten paarweise verschieden sind und genau die Menge $\mathfrak{J} \subseteq V/(R^* \cap (R^*)^{\mathsf{T}})$ der initialen starken Zusammenhangskomponenten von $g = (V, R)$ darstellen.

$$\begin{aligned} &\mathit{initscc}(R); \\ &\quad S := R^* \cap (R^*)^{\mathsf{T}}; \\ &\quad C := \overline{\mathit{classes}(S)}; \\ &\quad v := \overline{(C^{\mathsf{T}}R^{\mathsf{T}}C \cap \overline{\mathsf{I}})\mathsf{L}}; \\ &\quad I := C\,\mathsf{inj}(v)^{\mathsf{T}}; \\ &\quad \underline{\text{return}}\; I \end{aligned}$$

Abbildung 12.5: Programm **INITSCC**

Im Programm **INITSCC** wird, nach der Berechnung von S und C, in der dritten Anweisung ein Vektor $v : V/(R^* \cap (R^*)^{\mathsf{T}}) \leftrightarrow \mathbb{1}$ berechnet. Dieser stellt die initialen Knoten des gerichteten Graphen g_{red}^{cf} dar, also diejenigen Knoten, in die kein Pfeil führt. Mittels des Terms $C\,\mathsf{inj}(v)^{\mathsf{T}}$ werden aus der spaltenweisen Aufzählung C aller starken Zusammenhangskomponenten von g diejenigen Spalten ausgewählt, die mittels C auf initiale Knoten von g_{red}^{cf} abgebildet werden. Dies sind genau die initialen starken Zusammenhangskomponenten.   □

Kapitel 13

Ordnungs- und verbandstheoretische Fragestellungen

Ordnungsrelationen sind spezielle Relationen. Damit bietet es sich an, ordnungstheoretische Probleme auch mit relationenalgebraischen Mitteln zu untersuchen. Eine natürliche Konsequenz ist, diesen Ansatz auch auf Verbände auszudehnen, da man diese ja, wie ganz am Anfang des Buchs gezeigt, auch mit Hilfe von Ordnungen beschreiben kann. Das nun folgende Kapitel ist insbesondere algorithmischen Fragestellungen der Ordnungs- und Verbandstheorie gewidmet. Wie in den vorangegangenen zwei Kapiteln bei den Graphproblemen werden wir auch hier formal relationale Abbildungen und Programme entwickeln, die man direkt in RELVIEW-Code überführen kann. Somit ist es in den gezeigten Fällen (und auch oft sonst) möglich, ordnungs- und verbandstheoretische Fragestellungen algorithmisch durch das System zu lösen und die berechneten Lösungen zu visualisieren. Durch die relationale Untersuchung von ordnungs- und verbandstheoretischen Fragestellungen wird in einer natürlichen Weise im letzten Kapitel dieser Vorlesungsausarbeitung wieder der Bogen zurück zum Anfangsteil geschlagen.

13.1 Einige grundlegende Algorithmen

Bei einem relationalen Vorgehen ist es natürlich, einen Verband V durch eine Ordnungsrelation $R : V \leftrightarrow V$ zu beschreiben und nicht durch die beiden binären Abbildungen $\sqcup, \sqcap : V \times V \to V$. Letztere braucht man bei einem relationalen Ansatz natürlich auch, jedoch nicht als Abbildungen in der üblichen mathematischen Auffassung, sondern als Funktionen (im relationalen Sinn) des Typs $[V \times V \leftrightarrow V]$. Der nachfolgende Satz zeigt, wie man diese aus der Ordnungsrelation R mittels relationaler Terme bestimmen kann. Wir formulieren die Aussage für allgemeine Ordnungsrelationen auf Mengen M.

13.1.1 Satz Es sei eine Ordnungsrelation $R : M \leftrightarrow M$ gegeben. Definiert man eine Relation $\mathsf{InfFct}(R) : M \times M \leftrightarrow M$ durch die Festlegung

$$\mathsf{InfFct}(R) \;=\; [R, R]^\mathsf{T} \cap \overline{[R, R]^\mathsf{T}\overline{R}}$$

so gilt für alle Paare $u = \langle a, b \rangle \in M \times M$ und $x \in M$ die Beziehung $\mathsf{InfFct}(R)_{ux}$ genau dann, wenn x das Infimum von a und b ist. Dual dazu ist $\mathsf{SubFct}(R) : M \times M \leftrightarrow M$ mit

$$\mathsf{SubFct}(R) \;=\; \mathsf{InfFct}(R^\mathsf{T})$$

eine relationale Spezifikation der (partiellen) Abbildung, die $u = \langle a, b \rangle \in M \times M$ das Supremum zuordnet, sofern es existiert.

Beweis: Wir starten für alle Paare $u = \langle a, b \rangle \in M \times M$ und Elemente $x \in M$ mit der folgenden Herleitung:

$$
\begin{aligned}
& R_{xa} \wedge R_{xb} \wedge \forall y : R_{ya} \wedge R_{yb} \Rightarrow R_{yx} \\
&\Longleftrightarrow\; R_{xa} \wedge R_{xb} \wedge \neg \exists y : R_{ya} \wedge R_{yb} \wedge \overline{R}_{yx} \\
&\Longleftrightarrow\; [R, R]_{xu} \wedge \neg \exists y : [R, R]_{yu} \wedge \overline{R}_{yx} \qquad\qquad \text{Tupling, } u = \langle a, b \rangle \\
&\Longleftrightarrow\; [R, R]^\mathsf{T}{}_{ux} \wedge \neg \exists y : [R, R]^\mathsf{T}{}_{uy} \wedge \overline{R}_{yx} \\
&\Longleftrightarrow\; [R, R]^\mathsf{T}{}_{ux} \wedge (\,\overline{[R, R]^\mathsf{T}\overline{R}}\,)_{ux} \\
&\Longleftrightarrow\; ([R, R]^\mathsf{T} \cap \overline{[R, R]^\mathsf{T}\overline{R}}\,)_{ux}
\end{aligned}
$$

Die erste Formel besagt genau, daß x das Infimum von a und b ist, und der relationale Term in der Klammer der letzten Formel ist genau die Definition von $\mathsf{InfFct}(R)$.

Die zweite Behauptung ergibt sich durch eine Dualisierung der Ordnung.   □

Aufgrund dieses Satzes sind wir sofort in der Lage, nachzuprüfen, ob $R : M \leftrightarrow M$ die Ordnungsrelation eines Verbands ist. Die relationalen Tests der drei Ordnungseigenschaften kennen wir schon. Die Ordnungsrelation $R : M \leftrightarrow M$ induziert nun einen Verband genau dann, wenn die Gleichungen $\mathsf{InfFct}(R)\mathsf{L} = \mathsf{L}$ und $\mathsf{SubFct}(R)\mathsf{L} = \mathsf{L}$ gelten (d.h. die Relationen $\mathsf{InfFct}(R)$ und $\mathsf{SubFct}(R)$ total sind).

Nach dem algorithmischen Testen der Verbandseigenschaft widmen wir uns nun dem Testen von weiteren Eigenschaften, die spezielle Verbände definieren. Dazu setzen wir im weiteren immer eine Ordnungsrelation voraus und nehmen zur Vereinfachung noch an, daß diese die Ordnungsrelation eines Verbands ist.

Wir beginnen mit den modularen Verbänden, behandeln dann die distributiven Verbände und schließlich noch die Booleschen Verbände. Bei den Herleitungen der entsprechenden relationenalgebraischen Formeln und Terme kommen auch Projektionsrelationen von direkten Produkten ins Spiel. Um eine doppelte Indizierung zu vermeiden, bezeichnen wir diese nachfolgend mit π (Projektion auf die erste Komponente) und ρ (Projektion auf die zweite Komponente) statt, wie früher, mit π_1 und π_2. Weiterhin schreiben wir im Falle eines Paars $u = \langle a, b \rangle$ auch u_1 für die erste Komponente a und u_2 für die zweite Komponente b, statt $a \sqcup b$ auch $\sqcup u$ und statt $a \sqcap b$ auch $\sqcap u$.

13.1.2 Satz (Modulare Verbände) Es sei $R : V \leftrightarrow V$ die Ordnungsrelation eines Verbands $(V, \sqcup, \sqcap)$. Dann gilt

$$V \text{ ist modular} \iff \pi^\mathsf{T}(\rho\rho^\mathsf{T} \cap II^\mathsf{T} \cap SS^\mathsf{T})\pi \cap R \subseteq \mathsf{I},$$

wobei $\pi, \rho : V \times V \leftrightarrow V$ die beiden Projektionsrelationen sind und I bzw. S Abkürzungen für $\mathsf{InfFct}(R)$ und $\mathsf{SubFct}(R)$.

Beweis: Nach Satz 2.1.7 und einer schon mehrfach verwendeten logischen Umformung ist V genau dann modular, wenn die Formel

$$\forall x, y : (\exists z : x \sqcap z = y \sqcap z \wedge x \sqcup z = y \sqcup z) \wedge R_{x,y} \Rightarrow x = y$$

gilt. Wir formen nun, für $x, y \in V$ beliebig gewählt, die linke Seite der Implikation dieser Formel wie folgt um:

$$
\begin{aligned}
& (\exists z : x \sqcap z = y \sqcap z \wedge x \sqcup z = y \sqcup z) \wedge R_{xy} \\
\iff & (\exists u, v : u_1 = x \wedge v_1 = y \wedge u_2 = v_2 \wedge \sqcap u = \sqcap v \wedge \sqcup u = \sqcup v) \wedge R_{xy} \\
\iff & (\exists u : u_1 = x \wedge \exists v : v_1 = y \wedge u_2 = v_2 \wedge \sqcap u = \sqcap v \wedge \sqcup u = \sqcup v) \wedge R_{xy} \\
\iff & (\exists u : \pi_{ux} \wedge \exists v : \pi_{vy} \wedge (\rho\rho^\mathsf{T})_{uv} \wedge (II^\mathsf{T})_{uv} \wedge (SS^\mathsf{T})_{uv}) \wedge R_{xy} \\
\iff & (\exists u : \pi^\mathsf{T}_{xu} \wedge \exists v : (\rho\rho^\mathsf{T} \cap II^\mathsf{T} \cap SS^\mathsf{T})_{uv} \wedge \pi_{vy}) \wedge R_{xy} \\
\iff & (\exists u : \pi^\mathsf{T}_{xu} \wedge ((\rho\rho^\mathsf{T} \cap II^\mathsf{T} \cap SS^\mathsf{T})\pi)_{uy}) \wedge R_{xy} \\
\iff & (\pi^\mathsf{T}(\rho\rho^\mathsf{T} \cap II^\mathsf{T} \cap SS^\mathsf{T})\pi)_{xy} \wedge R_{xy} \\
\iff & (\pi^\mathsf{T}(\rho\rho^\mathsf{T} \cap II^\mathsf{T} \cap SS^\mathsf{T})\pi \cap R)_{xy}
\end{aligned}
$$

Damit ist V ein modularer Verband genau dann, wenn die Implikation

$$(\pi^\mathsf{T}(\rho\rho^\mathsf{T} \cap II^\mathsf{T} \cap SS^\mathsf{T})\pi \cap R)_{xy} \Rightarrow \mathsf{I}_{xy}$$

für alle $x, y \in V$ zutrifft. Dies wiederum ist äquivalent zur behaupteten Inklusion. $\square$

Bei der Charakterisierung von distributiven Verbänden durch Satz 2.2.8 fehlte, im Vergleich zu Satz 2.1.7, nur eine Ordnungsbeziehung. In der obigen relationenalgebraischen Formel heißt dies genau, daß auf der linken Seite der Inklusion nicht mit R geschnitten werden darf. Wir erhalten also durch eine Modifikation des obigen Satzes und seines Beweises sofort den folgenden relationalen Test für distributive Verbände.

13.1.3 Satz (Distributive Verbände) Es seien ein Verband $(V, \sqcup, \sqcap)$ und die Relationen R, π, ρ, I und S wie in Satz 13.1.2 vorausgesetzt. Dann gilt:

$$V \text{ ist distributiv} \iff \pi^\mathsf{T}(\rho\rho^\mathsf{T} \cap II^\mathsf{T} \cap SS^\mathsf{T})\pi \subseteq \mathsf{I} \qquad \square$$

Um Boolesche Verbände relational zu charakterisieren, genügt es, aus der Ordnungsrelation $R : V \leftrightarrow V$ eines Verbands und zwei Punkten $t, b : V \leftrightarrow \mathbb{1}$ zur Beschreibung des größten bzw. des kleinsten Elements von V eine Relation des Typs $[V \leftrightarrow V]$ zu bestimmen, die zwei Elemente genau dann in Beziehung setzt, wenn eines das Komplement des anderen ist. Wie das geht, wird nachfolgend gezeigt. Dabei verwenden wir die relationale Abbildung rel von Abschnitt 9.3, die zu einem Vektor mit einem direkten Produkt $M \times N$ als Argumentbereich die Darstellung als Relation des Typs $[M \leftrightarrow N]$ berechnet,

13.1.4 Satz (Komplemente) Es seien wiederum ein Verband $(V, \sqcup, \sqcap)$ und die Relationen R, I und S wie in Satz 13.1.2 vorausgesetzt. Weiterhin sei angenommen, daß, mit dem Allvektor $\mathsf{L} : V \leftrightarrow \mathbb{1}$, die beiden Vektoren $t := \mathsf{Ge}(\mathsf{L}) : V \leftrightarrow \mathbb{1}$ und $b := \mathsf{Le}(\mathsf{L}) : V \leftrightarrow \mathbb{1}$ Punkte sind. Definiert man die Relation $\mathsf{ComplFct}(R) : V \leftrightarrow V$ mittels

$$\mathsf{ComplFct}(R) \;=\; \mathsf{rel}(Ib \cap St),$$

so gilt für alle Elemente $x, y \in V$ die Beziehung $\mathsf{ComplFct}(R)_{xy}$ genau dann, wenn x ein Komplement von y ist.

Beweis: Weil $\mathsf{Ge}(\mathsf{L})$ und $\mathsf{Le}(\mathsf{L})$ Punkte sind und der Allvektor $\mathsf{L} : V \leftrightarrow \mathbb{1}$ die gesamte Trägermenge V charakterisiert, beschreibt t das größte Element[1] L von V und b das kleinste Element O von V. Man vergleiche hierzu mit dem Beispiel 9.5.1.2. Nun haben wir für alle Paare $u = \langle x, y \rangle \in V \times V$ die folgende Eigenschaft:

$$
\begin{aligned}
x \sqcap y = \mathsf{O} \wedge x \sqcup y = \mathsf{L} \;&\Longleftrightarrow\; \sqcap u = \mathsf{O} \wedge \sqcup u = \mathsf{L} && u = \langle x, y \rangle \\
&\Longleftrightarrow\; (\exists\, x : I_{ux} \wedge b_x) \wedge (\exists\, x : S_{u,x} \wedge t_x) && \text{Eig. } I, S, b, t \\
&\Longleftrightarrow\; (Ib)_u \wedge (St)_u \\
&\Longleftrightarrow\; (Ib \cap St)_u
\end{aligned}
$$

Folglich beschreibt der Vektor $Ib \cap St : V \times V \leftrightarrow \mathbb{1}$ die Teilmenge (Relation)

$$\{ \langle x, y \rangle \in V \times V \mid x \text{ ist Komplement von } y \}$$

von $V \times V$ und eine Anwendung der relationalen Abbildung rel von Abschnitt 9.3 auf diesen Vektor spezifiziert die gewünschte Relation durch einen relationenalgebraischen Term. $\square$

Aufgrund dieses Satzes ist es algorithmisch wie folgt möglich, festzustellen, ob die Ordnungsrelation R eines Verbands zu einem Booleschen Verband gehört. Man testet zuerst, ob der Verband distributiv ist. Im Erfolgsfalle prüft man dann, ob die Vektoren $\mathsf{Ge}(\mathsf{L})$ und $\mathsf{Le}(\mathsf{L})$ Punkte sind. Trifft auch dies zu, so berechnet man schließlich die Komplementrelation $\mathsf{ComplFct}(R)$ und schaut nach, ob diese total ist.

Bei der Charakterisierung von modularen und distributiven Verbänden haben wir auch die „verbotenen Unterverbände" $V_{\neg M}$ und $V_{\neg D}$ benutzt und z.B. schon in der Anwendung 9.5.5 anhand eines RELVIEW-Bildes demonstriert, wie man mittels RELVIEW in der Graphdarstellung oder dem Hasse-Diagramm eines nicht-modularen Verbands eine isomorphe Kopie von $V_{\neg M}$ visualisieren kann. Wir beenden diesen Abschnitt mit der Herleitung eines entsprechenden relationalen Programms. Analog dazu kann man auch in nicht-distributiven Verbänden eine isomorphe Kopie des Verbands $V_{\neg D}$ mittels eines ähnlichen relationalen Programms und RELVIEW visualisieren.

13.1.5 Algorithmus (Visualisieren von $V_{\neg M}$) Für die nun folgende Programmherleitung sei ein nicht-modularer Verband $(V, \sqcup, \sqcap)$ vorausgesetzt, der durch seine Ordnungsrelation $R : V \leftrightarrow V$ gegeben ist. Weiterhin seien $\pi, \rho : V \times V \leftrightarrow V$ als die beiden Projektionsrelationen angenommen und I bzw. S als Abkürzungen für die Funktionen $\mathsf{InfFct}(R)$

---

[1] Man beachte, daß hier die Symbole L und O überlagert sind. Einerseits stehen sie für die extremen Elemente von V, andererseits aber auch für den All- bzw. den Nullvektor.

und $\mathsf{SubFct}(R)$. Die Aufgabe ist, ein relationales Programm herzuleiten, das einen Vektor $v : V \leftrightarrow \mathbb{1}$ so bestimmt, daß die durch v beschriebene Teilmenge von V ein Unterverband von V und isomorph zu $V_{\neg M}$ ist. Im folgenden beziehen wir uns auf die einzelnen Elemente von $V_{\neg M}$ in der Numerierung des RELVIEW-Bildes des Hasse-Diagramms in Anwendung 9.5.5. Hier ist dieses Bild noch einmal angegeben:

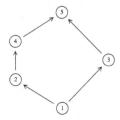

Wir beginnen die Programmentwicklung mit der Definition einer Relation $U : V \leftrightarrow V$, die je zwei Elemente x und y des Verbands V genau dann in Beziehung setzt, wenn sie bezüglich der Ordnungsrelation R unvergleichbar sind, also $\neg R_{xy}$ und $\neg R_{yx}$ zutreffen. Offensichtlich gilt die folgende Gleichung:

$$U \;=\; \overline{R \cup R^{\mathsf{T}}} \tag{1}$$

Im zweiten Schritt verwenden wir nun U, um relationenalgebraisch eine Relation $C : V \leftrightarrow V$ zu spezifizieren, welche für alle $x, y \in V$ die Äquivalenz

$$C_{xy} \;\Longleftrightarrow\; \exists\, z : x \sqcap z = y \sqcap z \wedge x \sqcup z = y \sqcup z \wedge U_{xz} \wedge U_{yz}$$

erfüllt. Aus dieser komponentenbehafteten Beschreibung folgt sofort, daß $C \cap R \cap \overline{\mathsf{I}}$ genau die Paare $\langle x, y \rangle$ aus $V \times V$ enthält, so daß in einer isomorphen Kopie von $V_{\neg M}$ in V das Element x dem Knoten 2 und das Element y dem Knoten 4 in dem obigen RELVIEW-Bild entspricht. Die nachstehend angegebene relationenalgebraische Spezifikation von C ergibt sich analog dem Beweis von Satz 13.1.2:

$$C \;=\; \pi^{\mathsf{T}}(\rho\rho^{\mathsf{T}} \cap II^{\mathsf{T}} \cap SS^{\mathsf{T}} \cap \pi U \rho^{\mathsf{T}} \cap \rho U \pi^{\mathsf{T}})\pi \tag{2}$$

Weil V als nicht-modularer Verband vorausgesetzt ist, gilt offensichtlich $C \cap R \cap \overline{\mathsf{I}} \neq \mathsf{O}$. Die Wahl von zwei Punkten $p, q : V \leftrightarrow \mathbb{1}$ mittels der Auswahloperation atom durch

$$p \;=\; \mathsf{atom}(C \cap R \cap \overline{\mathsf{I}})\mathsf{L} \tag{3}$$

für den ersten Punkt und

$$q \;=\; \mathsf{atom}(C \cap R \cap \overline{\mathsf{I}})^{\mathsf{T}}\mathsf{L} \tag{4}$$

für den zweiten Punkt impliziert nun die folgende Eigenschaft: Wird $x \in V$ durch p und $y \in V$ durch q beschrieben, so entsprechen x und y in einer isomorphen Kopie von $V_{\neg M}$ in V den Knoten 2 bzw. Knoten 4 des obigen RELVIEW-Bildes.

Der nun folgende dritte Schritt der Programmentwicklung ist der schwierigste. Er besteht in der relationenalgebraischen Spezifikation eines Vektors $c : V \leftrightarrow \mathbb{1}$, so daß für alle $z \in V$ die Beziehung c_z genau dann gilt, wenn x, y und z zu einer isomorphen Kopie von $V_{\neg M}$ in V ergänzt werden können, wobei das Element z dem Knoten 3 des obigen RELVIEW-Bildes entspricht. Es hat z also genau die in der komponentenbehafteten Beschreibung von C angegebenen vier Forderungen zu erfüllen. Wenn wir für ein durch einen Buchstaben bezeichnetes Paar aus $V \times V$ die erste und zweite Komponente jeweils durch Indizes 1 und 2 angeben, so führt die erste Forderung $x \sqcap z = y \sqcap z$ an z wegen der Rechnung

$$
\begin{aligned}
x \sqcap z = y \sqcap z \iff{}& \exists\, u : u_1 = x \land u_2 = z \land \exists\, v : v_1 = y \land v_2 = z \land (II^\mathsf{T})_{uv} \\
\iff{}& \exists\, u : (\pi p)_u \land \rho_{uz} \land \exists\, v : (\pi q)_v \land \rho_{vz} \land (II^\mathsf{T})_{uv} \\
\iff{}& \exists\, u : (\pi p \mathsf{L} \cap \rho)_{uz} \land \exists\, v : (II^\mathsf{T})_{uv} \land (\pi q \mathsf{L} \cap \rho)_{vz} \\
\iff{}& \exists\, u : A^\mathsf{T}_{zu} \land (II^\mathsf{T} B)^\mathsf{T}_{zu} \\
\iff{}& \exists\, u : (A \cap II^\mathsf{T} B)^\mathsf{T}_{zu} \land \mathsf{L}_u \\
\iff{}& ((A \cap II^\mathsf{T} B)^\mathsf{T} \mathsf{L})_z
\end{aligned}
$$

(die Äquivalenz von $u_1 \sqcap u_2 = v_1 \sqcap v_2$ und $(II^\mathsf{T})_{uv}$ ist trivial zu zeigen) zur Bedingung $((A \cap II^\mathsf{T} B)^\mathsf{T} \mathsf{L})_z$, wobei wir im Laufe der Rechnung die Relation $A : V \times V \leftrightarrow V$ durch

$$
A = \pi p \mathsf{L} \cap \rho \tag{5}
$$

und die Relation $B : V \times V \leftrightarrow V$ durch

$$
B = \pi q \mathsf{L} \cap \rho \tag{6}
$$

eingeführt haben. Analog bekommen wir die Bedingung $((A \cap SS^\mathsf{T} B)^\mathsf{T} \mathsf{L})_z$ aufgrund der zweiten Forderung $x \sqcup z = y \sqcup z$ an z. Die verbleibenden beiden Forderungen U_{xz} und U_{yz} der Unvergleichbarkeit von z mit x und y werden offensichtlich zu zu $(Up)_z$ bzw. $(Uq)_z$. Fassen wir also alle Forderungen in der relationalen Form zusammen und streichen dabei den Index z, so bekommen wir c in der folgenden Form:

$$
c = (A \cap II^\mathsf{T} B)^\mathsf{T} \mathsf{L} \cap (A \cap SS^\mathsf{T} B)^\mathsf{T} \mathsf{L} \cap Up \cap Uq \tag{7}
$$

Der Vektor c beschreibt alle Kandidaten für z. Mittels der Auswahl

$$
r = \mathsf{point}(c) \tag{8}
$$

filtern wir genau einen Kandidaten heraus, der durch den Punkt $r : V \leftrightarrow \mathbb{1}$ beschrieben wird. Nun fehlen nur noch das größte und das kleinste Element des Unterverbands. Ersteres ergibt sich als Supremum von y und z, relationenalgebraisch also durch $\mathsf{Sup}(R, q \cup r)$, letzteres ergibt sich als Infimum von x und z, relationenalgebraisch also durch $\mathsf{Inf}(R, p \cup r)$. Insgesamt bekommen wir schließlich den gewünschten Vektor v wie folgt:

$$
v = p \cup q \cup r \cup \mathsf{Sup}(R, q \cup r) \cup \mathsf{Inf}(R, p \cup r) \tag{9}
$$

Es verbleibt nun noch die Aufgabe, die relationenalgebraischen Spezifikationen (1) bis (9) mit den vorher notwendigen Berechnungen von I und S und den Projektionsrelationen zu einem Programm zusammenzufassen. Dieses Programm ist in der nachfolgenden Abbildung 13.1 angegeben. Dabei ist unterstellt, daß die Anwendungen pr-1(R) und pr-2(R) der Basisoperationen pr-1 und pr-2 die Projektionsrelationen π und ρ berechnen.

$$vnotmod(R);$$
$$I := \mathsf{InfFct}(R);$$
$$S := \mathsf{SubFct}(R);$$
$$\pi := \mathsf{pr\text{-}1}(R);$$
$$\rho := \mathsf{pr\text{-}2}(R);$$
$$U := \overline{R \cup R^\mathsf{T}}$$
$$C := \pi^\mathsf{T}(\rho\rho^\mathsf{T} \cap II^\mathsf{T} \cap SS^\mathsf{T} \cap \pi U\rho^\mathsf{T} \cap \rho U\pi^\mathsf{T})\pi;$$
$$p := \mathsf{atom}(C \cap R \cap \overline{\mathsf{I}})\mathsf{L};$$
$$q := \mathsf{atom}(C \cap R \cap \overline{\mathsf{I}})^\mathsf{T}\mathsf{L};$$
$$A := \pi p\mathsf{L} \cap \rho;$$
$$B := \pi q\mathsf{L} \cap \rho;$$
$$c := (A \cap II^\mathsf{T}B)^\mathsf{T}\mathsf{L} \cap (A \cap SS^\mathsf{T}B)^\mathsf{T}\mathsf{L} \cap Up \cap Uq;$$
$$r := \mathsf{point}(c);$$
$$v := p \cup q \cup r \cup \mathsf{Sup}(R, q \cup r) \cup \mathsf{Inf}(R, p \cup r);$$
$$\underline{\mathsf{return}}\ v$$

Abbildung 13.1: Programm VNOTMOD

Um nun eine isomorphe Kopie von $V_{\neg M}$ in V mittels RELVIEW zu visualisieren, zeichnet man zuerst die Ordnung von V als gerichteten Graphen. Dann markiert man dessen Knoten mit dem Resultatvektor v des Programms VNOTMOD. Will man auch die Pfeile des Unterverbands markieren, so bestimmt man dazu zuerst die Relation $R \cap vv^\mathsf{T}$ und markiert anschließend damit die Pfeile des gezeichneten Graphen. Aus Gründen der Übersichtlichkeit empfiehlt es sich oft, statt der Ordnung nur das Hasse-Diagramm zu verwenden. $\qquad\square$

13.2 Diskretheit und Hasse-Diagramme

Bei der Diskussion von Nachbarschaftsbeziehungen wurde in Definition 1.5.5 das Hasse-Diagramm (auch Überdeckungs-Relation genannt) einer Ordnung als die Relation der unteren Nachbarschaft eingeführt. Dann wurde erwähnt, daß jede endliche Ordnung ein Hasse-Diagramm besitzt und etwas später auch noch angemerkt, daß die Voraussetzung "Endlichkeit" zu "Diskretheit" abgeschwächt werden kann. In diesem Abschnitt wird nun relationenalgebraisch gezeigt, daß jede diskrete Ordnungsrelation R ein Hasse-Diagramm H_R besitzt.

Wir beginnen mit einer relationenalgebraischen Definition des Hasse-Diagramms, welche sich sofort aus Definition 1.5.5 ergibt.

13.2.1 Definition Zu einer Ordnungsrelation R mit striktem Anteil $S := R \cap \overline{\mathsf{I}}$ heißt $H_R := S \cap \overline{SS}$ das (relationale) *Hasse-Diagramm*. Gilt $H_R^* = R$, so *besitzt R ein Hasse-Diagramm*. $\qquad\qquad\qquad\qquad\qquad\qquad\qquad\qquad\qquad\qquad\qquad\qquad\qquad\qquad\quad$ □

Nach der relationenalgebraischen Formalisierung des Begriffs Hasse-Diagramm wenden wir uns nun einer Formalisierung von Diskretheit mit den gleichen Mitteln zu. Anschaulich versteht man unter einer diskreten Ordnung, daß keine Kette K zwischen zwei verschiedenen Elementen beliebig oft verfeinert werden kann. Seien K_1 und K_2 Ketten von a nach b, d.h. $a = \min(K_1) = \min(K_2)$ und $b = \max(K_1) = \max(K_2)$. K_2 verfeinert K_1, falls $K_1 \subset K_2$ gilt. Unter Verwendung der folgenartigen Schreibweise ist etwa in der üblichen Ordnung der natürlichen Zahlen die Kette $1 < 2 < 3 < 4$ eine Verfeinerung der Kette $1 < 2 < 4$ und diese wiederum eine Verfeinerung der Kette $1 < 4$. Die Kette K von a nach b kann beliebig oft verfeinert werden, wenn es eine unendliche Folge $(K_n)_{n\in\mathbb{N}}$ von Ketten von a nach b gibt, so daß $K = K_0$ gilt und für alle $n \in \mathbb{N}$ die Kette K_{n+1} die Kette K_n verfeinert. Der nun folgende Satz birgt den Schlüssel zu einer relationenalgebraischen Formalisierung der Diskretheit von Ordnungen.

13.2.2 Satz Es sei $R : M \leftrightarrow M$ eine Ordnungsrelation mit striktem Anteil $S := R \cap \overline{\mathsf{I}}$. Dann existiert in der Ordnung (M, R) eine Kette zwischen zwei verschiedenen Elementen, die beliebig oft verfeinert werden kann, genau dann, wenn es eine Relation $\mathsf{O} \neq C \subseteq S$ gibt mit $C \subseteq SC \cup CS$.

Beweis: "$\Longrightarrow$": Es sei K eine Kette zwischen $a \neq b$, die beliebig oft verfeinert werden kann. Weiterhin gelte o.B.d.A., daß $a = \min(K)$ und $b = \max(K)$. Wir definieren eine Relation $C : M \leftrightarrow M$ durch

$$C_{xy} :\Longleftrightarrow S_{xy} \text{ und die Kette } \{x, y\} \text{ kann beliebig oft verfeinert werden}$$

für alle $x, y \in M$. Wegen C_{ab} gilt $C \neq \mathsf{O}$. Auch $C \subseteq S$ trifft zu. Zum Beweis von $C \subseteq SC \cup CS$ seien $x, y \in M$ mit C_{xy} beliebig vorgegeben. Weil dies $x \neq y$ bringt und auch, daß die Kette $\{x, y\}$ beliebig oft (also mindestens einmal) verfeinert werden kann, gibt es ein $z \in M$ mit S_{xz} und S_{zy}. Es muß weiterhin eine der beiden Teilketten $\{x, z\}$ und $\{z, y\}$ von $\{x, z, y\}$ beliebig oft verfeinert werden können. Ist dies bei $\{z, y\}$ der Fall, so gilt definitionsgemäß C_{zy} und wir erhalten insgesamt $(SC)_{xy}$. Im anderen Fall bekommen wir analog $(CS)_{xy}$. Zusammengenommen gilt also $(SC \cup CS)_{xy}$.

"$\Longleftarrow$": Nun sei $\mathsf{O} \neq C \subseteq S$ mit $C \subseteq SC \cup CS$ vorgegeben und es gelte C_{ab} für die Elemente $a, b \in M$. Wegen $C \subseteq S$ ist $\{a, b\}$ eine Kette mit $a \neq b$. Gilt nun $(SC)_{ab}$, so gibt es $c_1 \in M$ mit S_{a,c_1} und $C_{c_1,b}$. Wegen $C \subseteq S$ zeigt dies, daß $\{a, c_1, b\}$ die Kette $\{a, b\}$ verfeinert. Analog bekommt man auch im Fall $(CS)_{ab}$ eine Verfeinerung $\{a, c_1, b\}$ von $\{a, b\}$. Wendet man im Fall $(SC)_{ab}$ das Verfahren wiederum auf die Kette $\{c_1, b\}$ und im Fall $(CS)_{ab}$ auf die Kette $\{a, c_1\}$ an, so ist das Resultat eine Verfeinerung $\{a, c_1, c_2, b\}$ von $\{a, c_1, b\}$ (wobei einmal c_1 kleiner als c_2 ist und einmal c_2 kleiner als c_1 ist). So erreicht man schließlich (formal durch Induktion) eine beliebige Verfeinerung der Ausgangskette $\{a, b\}$. $\qquad$ □

Der eben gezeigte Satz führt zu folgender Festlegung.

13.2.3 Definition Eine Ordnungsrelation R mit striktem Anteil $S := R \cap \overline{I}$ heißt *diskret*, falls für alle Relationen C mit $C \subseteq S \cap (SC \cup CS)$ gilt $C = \mathsf{O}$. $\qquad\square$

Mit Hilfe des Fixpunktsatzes von B. Knaster und A. Tarski (erster Teil) kann man dies auch so beschreiben:

13.2.4 Satz Eine Ordnungsrelation R mit striktem Anteil S ist genau dann diskret, falls der größte Fixpunkt der Abbildung $\alpha_S(X) = S \cap (SX \cup XS)$ gleich O ist, wobei α_S auf der Menge der Relationen des Typs von R definiert ist. $\qquad\square$

Die relationenalgebraische Formalisierung von Diskretheit erlaubt einen relativ einfachen Beweis der Tatsache, daß diskrete Ordnungen ein Hasse-Diagramm besitzen. Wir werden dies gleich demonstrieren. Auch Beweise anderer Eigenschaften werden oft einfach. Hier ist etwa ein Beispiel.

13.2.5 Satz (Vererbungseigenschaft) Es seien Q und R zwei Ordnungsrelationen mit $Q \subseteq R$. Ist R diskret, dann ist auch Q diskret.

Beweis: Es bezeichne S_R den strikte Anteil von R und S_Q den von Q. Dann gilt für alle Relationen C:

$$
\begin{aligned}
C \subseteq S_Q \cap (S_Q C \cup C S_Q) &\implies C \subseteq S_R \cap (S_R C \cup C S_R) && S_Q \subseteq S_R \\
&\implies C = \mathsf{O} && R \text{ ist diskret}
\end{aligned}
$$

Also ist auch Q diskret. $\qquad\square$

Um aber die Diskretheit einer konkreten Ordnung festzustellen, ist die ursprüngliche Idee mit den beliebigen Verfeinerungen von Ketten natürlich wesentlich hilfreicher. Sie zeigt zum Beispiel, daß alle endlichen Ordnungen diskret sind. Auch die übliche Ordnung der ganzen Zahlen ist diskret. Adjungiert man hier hingegen ein zusätzliches kleinstes Element $-\infty$, so entsteht eine nicht-diskrete Ordnung, in der etwa die Kette $-\infty < 0$ durch $-\infty < -1 < 0$, $-\infty < -2 < -1 < 0$ usw. beliebig oft verfeinert werden kann.

Das folgende technische Resultat bereitet den eigentlichen Hauptsatz dieses Abschnitts vor. Die darin benutzte Hilfsrelation D verallgemeinert die in Definition 13.2.1 eingeführte Konstruktion $S \cap \overline{SS}$ von Striktordnungen auf beliebige Relationen.

13.2.6 Satz Zu einer Relation Q sei eine Relation D mittels $D := Q \cap \overline{QQ}$ definiert. Dann gilt die Inklusion

$$
Q \cap \overline{D^+} \subseteq Q(Q \cap \overline{D^+}) \cup (Q \cap \overline{D^+})Q.
$$

Beweis: Wir starten mit folgender Rechnung:

$$
\begin{aligned}
Q \cap \overline{D^+} &= Q \cap \overline{D} \cap \overline{D^+} && D \subseteq D^+ \\
&= Q \cap (\overline{Q} \cup QQ) \cap \overline{D^+} && \text{Definition } D, \text{ de Morgan} \\
&\subseteq QQ \cap \overline{D^+}
\end{aligned}
$$

Als nächstes schätzen wir den Ausdruck QQ nach oben wie folgt ab:

$$
\begin{aligned}
QQ &= ((Q \cap D^+) \cup (Q \cap \overline{D^+}))((Q \cap D^+) \cup (Q \cap \overline{D^+})) && \text{Zerlegung} \\
&\subseteq D^+ D^+ \cup Q(Q \cap \overline{D^+}) \cup (Q \cap \overline{D^+})Q \\
&\subseteq D^+ \cup Q(Q \cap \overline{D^+}) \cup (Q \cap \overline{D^+})Q && D^+ \text{ transitiv}
\end{aligned}
$$

Also gilt die Inklusion

$$
QQ \cap \overline{D^+} \subseteq Q(Q \cap \overline{D^+}) \cup (Q \cap \overline{D^+})Q
$$

und diese ergibt, zusammen mit der in der ersten Rechnung bewiesenen Abschätzung, die Behauptung.   □

Und hier ist nun das Hauptresultat:

13.2.7 Satz (Existenz von Hasse-Diagrammen) Jede diskrete Ordnungsrelation R besitzt ein Hasse-Diagramm.

Beweis: Es sei $S := R \cap \mathsf{I}$ der strikte Anteil von R. Dann entspricht, mit S an Stelle von Q, die Relation D von Satz 13.2.6 genau dem Hasse-Diagramm H_R von R. Also haben wir aufgrund des Satzes 13.2.6 die Inklusion

$$
S \cap \overline{H_R^+} \subseteq S \cap (S(S \cap \overline{H_R^+}) \cup (S \cap \overline{H_R^+})S),
$$

denn $S \cap \overline{H_R^+} \subseteq S$ gilt trivialerweise. Aus der Diskretheit von R folgt nun $S \cap \overline{H_R^+} = \mathsf{O}$ und dies bringt $S \subseteq H_R^+$ bzw. $R = S \cup \mathsf{I} \subseteq H_R^*$.

Die noch fehlende Inklusion $H_R^* \subseteq R$ folgt aus $H_R \subseteq S \subseteq R$, der Monotonie der Hüllenbildung und $R^* = R$.   □

Es sollte bemerkt werden, daß man den Begriff der Diskretheit auch auf beliebige homogene Relationen R erweitern kann, indem man fordert, daß in dem gerichteten Graphen $g = (V, R)$ mit Pfeilrelation R kein Weg durch das Hinzufügen von neuen Zwischenknoten beliebig oft verfeinert werden kann. Analog zu den Sätzen 13.2.2 und 13.2.4 bekommt man dann, daß R genau dann diskret ist, wenn $\nu_{\alpha R} = \mathsf{O}$ gilt. Im Fall eines endlichen Graphen $g = (V, R)$ stimmt Diskretheit im Sinne der Verfeinerungsdefinition offensichtlich mit Kreisfreiheit überein. Somit liefert der Ansatz einen weiteren relationalen Algorithmus zum Testen von Kreisfreiheit im Fall von endlichen Graphen. Dieses Verfahren ist jedoch dem Programm `ACYCLIC` von Abschnitt 10.3 unterlegen, weil, im Matrixmodell, jenes in der Schleife mit Vektoren auskommt, während die Iteration zur Bestimmung von $\nu_{\alpha R}$ quadratische Matrizen verarbeitet.

13.3   Berechnung von linearen Erweiterungen

Bei vielen Verfahren, die mit Ordnungen arbeiten, ist ein wesentlicher Vorbereitungsschritt, eine lineare Erweiterung zu berechnen und die Elemente der Trägermenge der Ordnung gemäß dieser Erweiterung anzuordnen. Lineare Erweiterungen haben aber auch sonst viele Anwendungen, beispielsweise wenn es gilt, gewisse Tätigkeiten in einer Reihenfolge abzuarbeiten und dabei eine Menge von Restriktionen zu respektieren ist.

13.3.1 Beispiel (Reihenfolgeprobleme und Projektplanung) Gegeben sei ein Gesamtprojekt, welches in einzelne Tätigkeiten zerlegt sei. Weiterhin sei eine Menge von Beziehungen zwischen Tätigkeiten in der Form von Regeln

$$\boxed{\text{wenn } T_{i_1}, \dots, T_{i_k} \text{ beendet sind, dann kann man } T \text{ starten}}$$

angegeben. In dieser Situation stellen sich viele Fragen, insbesondere die folgende: Ist die Projektplanung konsistent, d.h. gibt es keine zyklischen Abhängigkeiten, und wenn ja, wie kann man die Tätigkeiten so nacheinander ausführen, daß die durch die Regeln gegebenen Restriktionen eingehalten werden?

Zur Lösung dieser Frage konstruiert man zuerst aus den Regeln eine Relation R auf den Tätigkeiten, indem man T_i und T_j genau dann zu R hinzunimmt, wenn T_j erst dann begonnen werden kann, falls T_i beendet ist. Offensichtlich ist die Projektplanung genau dann konsistent, wenn R kreisfrei ist, also R^* eine Ordnungsrelation darstellt. In diesem Fall ergibt sich eine sequentielle Abarbeitungsreihenfolge, welche die Restriktionen einhält, unmittelbar aus einer linearen Erweiterung von R^*, indem man diese, wie in Abschnitt 6.4 vorgestellt, als lineare Liste angibt. □

Manchmal ist es sogar sinnvoll alle linearen Erweiterungen zu bestimmen. Man vergleiche auch hierzu mit Abschnitt 6.4. Den mit diesen Fragen zusammenhängenden Algorithmen ist dieser Abschnitt gewidmet. Wir beginnen die Entwicklung eines relationalen Programms zur Berechnung einer linearen Erweiterung mit der folgenden Aussage:

13.3.2 Satz Es sei R eine Ordnungsrelation mit $R \cup R^{\mathsf{T}} \neq \mathsf{L}$. Weiterhin sei eine Relation A durch $A := \mathsf{atom}(\overline{R \cup R^{\mathsf{T}}})$ definiert. Dann ist auch $R \cup RAR$ eine Ordnungsrelation.

Beweis: Es gilt $ALA \subseteq LA \cap AL \subseteq A$ (vergl. Beweis von Satz 10.4.7.3) und damit

$$
\begin{aligned}
R \cup RAR &= R^* \cup R^* A R^* && R \text{ reflexiv und transitiv}\\
&= (R \cup A)^* && \text{Satz 10.1.9.}
\end{aligned}
$$

Dies zeigt die Reflexivität und Transitivität von $R \cup RAR$. Zum Beweis der Antisymmetrie stellen wir $(R \cup RAR) \cap (R \cup RAR)^{\mathsf{T}}$ als Vereinigung der folgenden vier Ausdrücke dar:

$$R \cap R^{\mathsf{T}} \qquad R \cap R^{\mathsf{T}} A^{\mathsf{T}} R^{\mathsf{T}} \qquad RAR \cap R^{\mathsf{T}} \qquad RAR \cap R^{\mathsf{T}} A^{\mathsf{T}} R^{\mathsf{T}}$$

Da R antisymmetrisch ist, reicht es, die letzten drei Ausdrücke als gleich zur Nullrelation zu beweisen. Die Gleichung $R \cap R^{\mathsf{T}} A^{\mathsf{T}} R^{\mathsf{T}} = \mathsf{O}$ folgt aus

$$
\begin{aligned}
R^{\mathsf{T}} A^{\mathsf{T}} R^{\mathsf{T}} &\subseteq R^{\mathsf{T}} \overline{R} R^{\mathsf{T}} && A \subseteq \overline{R \cup R^{\mathsf{T}}} \subseteq \overline{R^{\mathsf{T}}}\\
&\subseteq \overline{R} R^{\mathsf{T}} && \text{Schröder, } RR \subseteq R\\
&\subseteq \overline{R} && \text{Schröder, } RR \subseteq R
\end{aligned}
$$

und dies impliziert auch $RAR \cap R^\mathsf{T} = \mathsf{O}$ aufgrund von $RAR \cap R^\mathsf{T} = (R \cap R^\mathsf{T} A^\mathsf{T} R^\mathsf{T})^\mathsf{T}$. Die Behandlung des letzten Ausdrucks ist etwas komplizierter. Wir starten wie folgt:

$$
\begin{aligned}
RAR \cap R^\mathsf{T} A^\mathsf{T} R^\mathsf{T} \;&\subseteq\; (R \cap R^\mathsf{T} A^\mathsf{T} R^\mathsf{T} R^\mathsf{T} A^\mathsf{T})(AR \cap R^\mathsf{T} R^\mathsf{T} A^\mathsf{T} R^\mathsf{T}) && \text{Dedekind} \\
&\subseteq\; (RARARAR)^\mathsf{T} && RR \subseteq R
\end{aligned}
$$

Es verbleibt noch die Aufgabe, den letzten Ausdruck dieser Rechnung als gleich zur Nullrelation zu beweisen. Dies geschieht durch

$$
\begin{aligned}
A \subseteq \overline{R^\mathsf{T}} \;&\Longrightarrow\; ALA \subseteq \overline{R^\mathsf{T}} && ALA \subseteq A \\
&\Longleftrightarrow\; A^\mathsf{T} \mathsf{L}(AL)^\mathsf{T} = A^\mathsf{T} \mathsf{L} A^\mathsf{T} \subseteq \overline{R} \\
&\Longrightarrow\; A^\mathsf{T} \mathsf{L} \subseteq \overline{R}\, AL = \overline{RAL} && AL \text{ ist Punkt} \\
&\Longrightarrow\; A^\mathsf{T} \mathsf{L} \subseteq \overline{RA} \\
&\Longleftrightarrow\; ARA \subseteq \mathsf{O} && \text{Schröder}
\end{aligned}
$$

und damit ist der gesamte Beweis beendet. $\qquad\qquad\qquad\qquad\qquad\qquad\qquad\qquad$ $\square$

In einer mengentheoretischen Beschreibung entspricht die Relation $R \cup RAR$ – unter der Annahme $A = \{\langle a, b \rangle\}$ – dem Hinzufügen von allen Paaren $\langle x, y \rangle$ zu R, die R_{xa} und R_{by} erfüllen. Dies ist genau die Konstruktion des Beweises von Satz 6.4.5 von E. Szpilrajn. Aus dem Beweis von Satz 13.3.2 geht noch hervor, daß die Konstruktion von Satz 6.4.5 auch wie folgt beschrieben werden kann: $\sqsubseteq_*$ entsteht aus $\sqsubseteq$, indem man erst das Paar $\langle a, b \rangle$ einfügt und anschließend die reflexiv-transitive Hülle bildet.

Nun sind wir in der Lage, ein erstes relationales Programm zur Berechnung einer linearen Erweiterung zu formulieren und als korrekt zu beweisen.

13.3.3 Algorithmus (Lineare Erweiterung nach E. Szpilrajn) Es sei $R : M \leftrightarrow M$ eine Ordnungsrelation auf einer endlichen Menge M mit $m := |M|$. Dann berechnet das folgende relationale Programm eine lineare Erweiterung von R:

$$
\begin{aligned}
&szpilrajn(R); \\
&\quad S := R; \\
&\quad \underline{\text{while}}\ S \cup S^\mathsf{T} \neq \mathsf{L}\ \underline{\text{do}} \\
&\qquad A := \mathsf{atom}(\overline{S \cup S^\mathsf{T}}); \\
&\qquad S := S \cup SAS\ \underline{\text{od}}; \\
&\quad \underline{\text{return}}\ S
\end{aligned}
$$

Abbildung 13.2: Programm SZPILRAJN

Ein Korrektheitsbeweis für das Programm SZPILRAJN ist einfach. Wir verwenden als Schleifeninvariante $Inv(S)$, daß S eine R enthaltende Ordnungsrelation ist, also formal die Konjunktion der folgenden Formeln:

$$
R \subseteq S \qquad \mathsf{I} \subseteq S \qquad S \cap S^\mathsf{T} \subseteq \mathsf{I} \qquad SS \subseteq S
$$

Damit etabliert die Initialisierung die Schleifeninvariante, d.h. es gilt $Inv(R)$, aufgrund der Vorbedingung an R. Aus $R \subseteq S \subseteq S \cup SAS$ und Satz 13.3.2 folgt weiterhin, daß jeder Schleifendurchlauf die Gültigkeit der Schleifeninvariante aufrechterhält: $S \cup S^\mathsf{T} \neq \mathsf{L}$ und $Inv(S)$ implizieren $Inv(S \cup SAS)$. Terminiert das Programm von Abbildung 13.2, so gilt zusätzlich $S \cup S^\mathsf{T} = \mathsf{L}$. Folglich ist dann S eine lineare Erweiterung von R.

Aufgrund der Wahl von A in SZPILRAJN gilt $A \subseteq \overline{S}$. Mit Hilfe der Invariante bekommen wir auch $A = |A| \subseteq SAS$. Folglich wird S bei jedem Schleifendurchlauf mindestens um das Paar aus A echt vergrößert und die Endlichkeit von M impliziert somit die Terminierung von SZPILRAJN. Wie man sich auch sofort klar macht, erfordert die Auswertung von SAS in der Standardimplementierung von Relationen durch Boolesche Matrizen $\mathcal{O}(m^2)$ Schritte. Insgesamt kommt man also im schlechtesten Fall auf eine Laufzeit von $\mathcal{O}(m^4)$. $\qquad \square$

Ist R die Pfeilrelation eines kreisfreien gerichteten Graphen $g = (V, R)$, so nennt man eine lineare Ordnung S mit $R \subseteq S$ eine *topologische Sortierung* von g. In der Graphentheorie werden topologische Sortierungen von endlichen Graphen auch gerne als lineare Listen von Knoten oder als Abbildungen von den Knoten in die natürlichen Zahlen definiert. Im zweiten Fall definiert man etwa $f : V \to \{1, \ldots, |V|\}$ als topologische Sortierung von g, falls $f(x) < f(y)$ für alle $\langle x, y \rangle \in R$ gilt. Alle diese Modelle sind für $|V| < \infty$ natürlich gleichwertig. Man kann das Programm SZPILRAJN sofort verwenden, um eine topologische Sortierung von $g = (V, R)$ zu bestimmen. Aufgrund von $R^+ \subseteq \mathsf{I}$ ist nämlich R^* eine Ordnungsrelation und, weiterhin, S eine lineare Erweiterung von R^* genau dann, wenn S eine topologische Sortierung von g ist. Graphentheoretiker haben jedoch effizientere Verfahren zum topologischen Sortieren entwickelt. Ein solches wollen wir nun nachfolgend relational behandeln. Es gehr auf A.B. Kahn (1962) zurück und stellt für Ordnungsrelationen als Eingaben einen weiteren relationalen Algorithmus für lineare Erweiterungen dar.

13.3.4 Algorithmus (Lineare Erweiterung nach A.B. Kahn) Es sei $R : M \leftrightarrow M$ eine Ordnungsrelation auf einer endlichen Menge M mit m Elementen. Dann kann man das Verfahren von A.B. Kahn wie folgt beschreiben: Man wählt zuerst ein minimales Element $x_1 \in M$. Dann wählt man ein minimales Element $x_2 \in M \setminus \{x_1\}$, ein weiteres minimales Element $x_3 \in M \setminus \{x_1, x_2\}$ und so fort. Diese Vorgehensweise führt man m-mal durch. Dadurch entsteht eine lineare Liste $x_1, x_2, \ldots, x_m$ und diese induziert durch ihre Reihenfolge die gewünschte lineare Ordnung auf M, welche R enthält.

$$
\begin{aligned}
&topsort(R); \\
&\quad S := \mathsf{I}; \\
&\quad v := \mathsf{O}; \\
&\quad \underline{\text{while }} v \neq \mathsf{L} \ \underline{\text{do}} \\
&\qquad p := \mathsf{point}(\mathsf{Min}(R, \overline{v})); \\
&\qquad S := S \cup vp^\mathsf{T}; \\
&\qquad v := v \cup p \ \underline{\text{od}}; \\
&\quad \underline{\text{return }} S
\end{aligned}
$$

Abbildung 13.3: Programm TOPSORT

Überträgt man die eben beschriebene informelle Vorgehensweise in ein relationales Programm, so bekommt man das in Abbildung 13.3 angegebene Programm TOPSORT. In diesem Programm werden durch den Vektor v diejenigen Elemente dargestellt, die schon in die oben beschriebene lineare Liste eingefügt wurden, und S entspricht dann der durch diese Liste erzeugten Ordnungsrelation. Folglich sind zu jedem Zeitpunkt des Programmablaufs verschiedene Elemente bezüglich S genau dann vergleichbar, wenn sie in der durch v dargestellten Menge enthalten sind. Aus dieser anschaulichen Interpretation ergibt sich auch, daß nur diejenigen Paare von R in S enthalten sind, deren Komponenten ebenfalls aus der durch v dargestellten Menge stammen.

Übertragen in die Sprache der Relationenalgebra sehen die beiden zuletzt beschriebenen Eigenschaften wie folgt aus:

$$S \cup S^{\mathsf{T}} = vv^{\mathsf{T}} \cup \mathsf{I} \qquad R \cap vv^{\mathsf{T}} \subseteq S$$

Diese Formeln – genauer natürlich ihre Konjunktion – stellen den ersten Teil der Schleifeninvariante $Inv(S, v)$ dar, auf die wir den späteren Korrektheitsbeweis aufbauen. Der zweite Teil von $Inv(S, v)$ ist durch die Ordnungseigenschaft von S gegeben, also formal als die Konjunktion der nachstehenden drei Formeln:

$$\mathsf{I} \subseteq S \qquad S \cap S^{\mathsf{T}} \subseteq \mathsf{I} \qquad SS \subseteq S$$

Schließlich brauchen wir noch die folgende Formel als dritten Teil von $Inv(S, v)$:

$$Rv \subseteq v$$

Sie besagt, daß die durch v dargestellte Menge nur Vorgänger innerhalb ihr enthält. Während die obigen Formeln sich in einer natürlichen Weise aus dem Ablauf von TOPSORT ergeben, wird die Notwendigkeit der letzten Formel in der Schleifeninvariante erst im Laufe des Beweises klar.

Die Terminierung von TOPSORT ergibt sich aus der Wahl von p, denn dadurch wird die durch v dargestellte Menge echt vergrößert. Wenn das Programm terminiert ist, so impliziert die Terminierungsbedingung $v = \mathsf{L}$ zusammen mit dem ersten und zweiten Teil der Schleifeninvariante, daß S eine R enthaltende lineare Ordnung ist. Also haben wir noch zu zeigen, daß die Schleifeninvariante durch die Initialisierung etabliert und ihre Gültigkeit durch den Schleifenrumpf aufrechterhalten wird.

Es ist trivial zu zeigen, daß $Inv(\mathsf{I}, \mathsf{O})$ gilt, also die Initialisierung von TOPSORT die Schleifeninvariante etabliert. Zum Beweis der Aufrechterhaltung nehmen wir nun $v \neq \mathsf{L}$ und die Gültigkeit der obigen Formeln an und beweisen diese nacheinander für die neuen Werte von S und v. Dabei sei p als ein in $\mathsf{Min}(R, \overline{v})$ enthaltener Punkt angenommen. Unter diesen Voraussetzungen gelten die folgenden Eigenschaften:

$$(1) \ Sv \subseteq v \qquad (2) \ S^{\mathsf{T}}p \subseteq p$$

Eigenschaft (1) folgt aus $Sv \subseteq (S \cup S^{\mathsf{T}})v = (vv^{\mathsf{T}} \cup \mathsf{I})v = vv^{\mathsf{T}}v \cup v \subseteq v\mathsf{L} \cup v = v$ und Eigenschaft (2) aus $S^{\mathsf{T}}p \subseteq (S \cup S^{\mathsf{T}})p = (vv^{\mathsf{T}} \cup \mathsf{I})p = vv^{\mathsf{T}}p \cup p \subseteq vv^{\mathsf{T}}\overline{v} \cup p = p$, weil p aus $\overline{v}$ gewählt wird und $v^{\mathsf{T}}\overline{v} \subseteq \mathsf{O}$ zu $v\mathsf{L} \subseteq v$ äquivalent ist.

Hier ist der Beweis, daß die Gültigkeit der linken Formel des ersten Teils der Invariante durch den Schleifenrumpf aufrechterhalten wird:

$$
\begin{aligned}
(S \cup vp^\mathsf{T}) \cup (S \cup vp^\mathsf{T})^\mathsf{T}
&= S \cup S^\mathsf{T} \cup vp^\mathsf{T} \cup pv^\mathsf{T} \\
&= vv^\mathsf{T} \cup \mathsf{I} \cup vp^\mathsf{T} \cup pv^\mathsf{T} \qquad & S \cup S^\mathsf{T} = vv^\mathsf{T} \cup \mathsf{I} \\
&= vv^\mathsf{T} \cup vp^\mathsf{T} \cup pv^\mathsf{T} \cup pp^\mathsf{T} \cup \mathsf{I} \qquad & \text{da } p \text{ Punkt} \\
&= (v \cup p)(v \cup p)^\mathsf{T} \cup \mathsf{I}
\end{aligned}
$$

Der entsprechende Beweis für die rechte Formel dieses Teils sieht wie folgt aus:

$$
\begin{aligned}
& R \cap (v \cup p)(v \cup p)^\mathsf{T} \\
={}& R \cap (vv^\mathsf{T} \cup vp^\mathsf{T} \cup pv^\mathsf{T} \cup pp^\mathsf{T}) \\
={}& (R \cap vv^\mathsf{T}) \cup (R \cap vp^\mathsf{T}) \cup (R \cap pv^\mathsf{T}) \cup (R \cap pp^\mathsf{T}) \\
\subseteq{}& (R \cap vv^\mathsf{T}) \cup vp^\mathsf{T} \cup (R \cap pv^\mathsf{T}) \cup \mathsf{I} \qquad & p \text{ Punkt} \\
\subseteq{}& S \cup vp^\mathsf{T} \cup (R \cap pv^\mathsf{T}) \cup \mathsf{I} \qquad & \text{da } R \cap vv^\mathsf{T} \subseteq S \\
={}& S \cup vp^\mathsf{T} \cup (R \cap pv^\mathsf{T}) \qquad & \mathsf{I} \subseteq S \\
={}& S \cup vp^\mathsf{T} \qquad & R \cap pv^\mathsf{T} = \mathsf{O}
\end{aligned}
$$

Hier folgt die Begründung $R \cap pv^\mathsf{T} = \mathsf{O}$ aus $pv^\mathsf{T} \cap R \subseteq (p \cap Rv)(v^\mathsf{T} \cap p^\mathsf{T}R) = \mathsf{O}$ aufgund der Dedekind-Formel und $Rv \subseteq v \subseteq \overline{p}$ (Invariante und Wahl von p).

Nun beweisen wir, daß auch $S \cup vp^\mathsf{T}$ eine Ordnungsrelation ist, sofern $Inv(S, v)$ gilt. Die Reflexivität ist offensichtlich. Beim Beweis der Antisymmetrie starten wir wie folgt:

$$
\begin{aligned}
& (S \cup vp^\mathsf{T}) \cap (S \cup vp^\mathsf{T})^\mathsf{T} \\
={}& (S \cap S^\mathsf{T}) \cup (S \cap pv^\mathsf{T}) \cup (S \cap pv^\mathsf{T})^\mathsf{T} \cup (vp^\mathsf{T} \cap pv^\mathsf{T}) \\
\subseteq{}& \mathsf{I} \cup (S \cap pv^\mathsf{T}) \cup (S \cap pv^\mathsf{T})^\mathsf{T} \cup (vp^\mathsf{T} \cap pv^\mathsf{T}) \qquad & S \cup S^\mathsf{T} \subseteq \mathsf{I} \\
\subseteq{}& \mathsf{I} \qquad & \text{siehe nachfolgend}
\end{aligned}
$$

Die mittleren beiden Terme der Vereinigung des vorletzten Schritts werden nämlich jeweils zu O. Wir haben nur einen Fall zu beweisen: $pv^\mathsf{T} \cap S \subseteq (p \cap Sv)(v^\mathsf{T} \cap p^\mathsf{T}S) = \mathsf{O}$ wegen der Dedekind-Formel und $Sv \subseteq v \subseteq \overline{p}$ (Hilfsaussage (1) und Wahl von p). Weiterhin ist der rechte Term dieses Schritts noch in I enthalten, was man (beachte, daß p ein Punkt ist) durch die Rechnung $vp^\mathsf{T} \cap pv^\mathsf{T} \subseteq (v \cap pv^\mathsf{T}p)(p^\mathsf{T} \cap v^\mathsf{T}pv^\mathsf{T}) \subseteq (v \cap p\mathsf{L})p^\mathsf{T} \subseteq pp^\mathsf{T} \subseteq \mathsf{I}$ verifiziert. Und hier ist schließlich noch der Beweis für die Transitivität, der, neben Hilfsaussage (1) im zweiten Schritt, im dritten Schritt noch Hilfsaussage (2) verwendet:

$$
\begin{aligned}
(S \cup vp^\mathsf{T})(S \cup vp^\mathsf{T})
&= SS \cup Svp^\mathsf{T} \cup vp^\mathsf{T}S \cup vp^\mathsf{T}vp^\mathsf{T} \\
&\subseteq S \cup vp^\mathsf{T} \cup vp^\mathsf{T}S \cup vp^\mathsf{T}vp^\mathsf{T} \qquad & SS \subseteq S,\ Sv \subseteq v \\
&\subseteq S \cup vp^\mathsf{T} \cup vp^\mathsf{T}vp^\mathsf{T} \qquad & p^\mathsf{T}S = (S^\mathsf{T}p)^\mathsf{T} \subseteq p^\mathsf{T} \\
&\subseteq S \cup vp^\mathsf{T} \qquad & vp^\mathsf{T}vp^\mathsf{T} \subseteq v\mathsf{L}p^\mathsf{T} = vp^\mathsf{T}
\end{aligned}
$$

Es verbleibt noch, die einzige Formel des dritten Teils von $Inv(S, v)$ für die neuen Werte von S und v zu verifizieren. Hier beginnen wir folgendermaßen:

$$
\begin{aligned}
R(v \cup p) &= Rv \cup Rp \\
&\subseteq v \cup Rp && \text{da } Rv \subseteq v \\
&\subseteq v \cup p && \text{da } Rp \subseteq v \cup p
\end{aligned}
$$

Interessanterweise ist nun die Begründung

$$
\begin{aligned}
p \subseteq \mathsf{Min}(R, \overline{v}) &\implies p \subseteq \overline{(R^\mathsf{T} \cap \overline{\mathsf{I}})\overline{v}} && \text{Def. } \mathsf{Min} \text{ und Rechtsresiduum} \\
&\iff (R^\mathsf{T} \cap \overline{\mathsf{I}})\overline{v} \subseteq \overline{p} \\
&\iff (R \cap \overline{\mathsf{I}})p \subseteq v && \text{Schröder} \\
&\iff Rp \cap \overline{\mathsf{I}}p \subseteq v && p \text{ ist Punkt} \\
&\iff Rp \cap \overline{p} \subseteq v && p \text{ ist Punkt} \\
&\iff Rp \subseteq v \cup p
\end{aligned}
$$

des letzten Schritts der obigen Rechnung die einzige Stelle in der gesamten Programmverifikation, wo verwendet wird, daß der Punkt p nicht nur in $\overline{v}$ sondern sogar in $\mathsf{Min}(R, \overline{v})$ enthalten ist (also ein Minimum darstellt).

Im Hinblick auf die Laufzeit ergibt sich für das Programm von Abbildung 13.3 in der Standardimplementierung von Relationen durch Boolesche Matrizen der Aufwand $\mathcal{O}(m^3)$, denn die Berechnung von $\mathsf{Min}(R, \overline{v})$ erfordert in der früher angegebenen Termdarstellung $\mathcal{O}(m^2)$ Schritte. Es ist aber leicht möglich, $\mathcal{O}(m^2)$ als Gesamtaufwand einer Variante von TOPSORT zu erhalten. Dazu verwendet man ein Hilfsfeld, in dem man zu jedem $x \in M$ die Anzahl der echt kleineren Elemente y mit $\overline{v}_y$ abspeichert. Beim Entfernen eines minimalen Elements y_0 wird dieses Hilfsfeld entsprechend verändert. Durch diesen Trick wird dann die Suche eines minimalen Elements y mit $\overline{v}_y$, also die Implementierung von $\mathsf{point}(\mathsf{Min}(R, \overline{v}))$, in linearer Zeit möglich. □

Dem aufmerksamen Leser ist sicher aufgefallen, daß während der gesamten Verifikation des Programms TOPSORT nirgends verwendet wurde, daß die Eingabe R eine Ordnungsrelation ist. Und in der Tat ist TOPSORT auch für allgemeinere Eingaben anwendbar. Die einzige weitere Forderung neben der Endlichkeit der Trägermenge M von R ist, daß im Fall $v \neq \mathsf{L}$ der Vektor $\overline{v} \cap \overline{(R^\mathsf{T} \cap \overline{\mathsf{I}})\overline{v}}$ nicht leer ist und man somit einen darin enthaltenen Punkt auswählen kann. Im Fall einer Ordnungsrelation R stellt $\overline{v} \cap \overline{(R^\mathsf{T} \cap \overline{\mathsf{I}})\overline{v}}$ die minimalen Elemente der durch $\overline{v}$ dargestellten endlichen, nichtleeren Menge dar. Daß es solche minimalen Elemente gibt, haben wir in Satz 1.2.8 gezeigt.

Allgemeiner genügt es zu fordern, daß R regressiv-endlich ist, was bei $|M| < \infty$ gleichwertig zur Kreisfreiheit von R^T, also auch zu der von R ist. Aus der Kreisfreiheit von R^T folgt $R^\mathsf{T} \subseteq (R^\mathsf{T})^+ \subseteq \overline{\mathsf{I}}$ und dies zeigt

$$
\overline{v} \cap \overline{(R^\mathsf{T} \cap \overline{\mathsf{I}})\overline{v}} \neq \mathsf{O} \iff \overline{v} \cap \overline{R^\mathsf{T}\overline{v}} \neq \mathsf{O}.
$$

Die rechte Seite dieser Äquivalenz gilt aber in dem oben angesprochenen Fall eines nichtvollen Vektors. Es ist nämlich $v \neq \mathsf{L}$ äquivalent zu $\overline{v} \neq \mathsf{O}$. Weil R regressiv-endlich ist, folgt daraus $\overline{v} \not\subseteq R^\mathsf{T}\overline{v}$. Letzteres ist aber $\overline{v} \cap \overline{R^\mathsf{T}\overline{v}} \neq \mathsf{O}$. Wir halten also fest:

13.3.5 Satz Ist $R : M \leftrightarrow M$ eine kreisfreie Relation auf einer endlichen Menge M, so wird durch <u>TOPSORT</u> eine lineare Ordnung S mit $R \subseteq S$ berechnet, also eine topologische Sortierung des gerichteten Graphen $g = (M, R)$. $\square$

In der nachfolgenden Anwendung geben wir nun zu einer Ordnungsrelation eine mittels des RELVIEW-Systems bestimmte lineare Erweiterung an. Das angegebene Beispiel verwenden wir auch dazu, einige weitere wichtige Begriffe der Ordnungstheorie einzuführen, die in enger Beziehung zu linearen Erweiterungen stehen.

13.3.6 Anwendung (Lineare Erweiterungen und Sprünge) Das nachfolgend in der Abbildung 13.4 angegebene RELVIEW-Bild zeigt eine als gerichteten Graphen dargestellte Ordnungsrelation R auf den Zahlen von 1 bis 10. Dabei wird nur auf das Zeichnen der Schlingen verzichtet, die sich aufgrund der Reflexivität ergeben. Hingegen sind alle sich aufgrund der Transitivität ergebenden „Überbrückungspfeile" eingezeichnet.

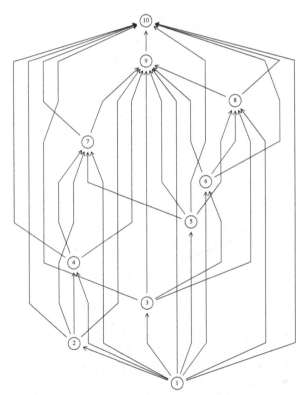

Abbildung 13.4: Eine Ordnungsrelation als gerichteter Graph ...

Fast das gleiche Bild ist in der nächsten Abbildung 13.5 zu sehen. Im Vergleich zu Abbildung 13.4 sind im gerichteten Graphen von Abbildung 13.5 drei Pfeile des Graphen der Abbildung 13.4 nun fett gezeichnet und es sind sechs zusätzliche fett-gestrichelt gezeichnete Pfeile vorhanden. Diese fetten oder fett-gestrichelten Pfeile stellen das Hasse-Diagramm H_S einer linearen Erweiterung S von R dar. Geben wir, wie in Abschnitt 6.4 vorgestellt, die lineare Ordnung S (oder ihr Hasse-Diagramm) als lineare Liste an, so erhalten wir die Liste $1, 2, 3, 4, 5, 6, 7, 8, 9, 10$. Aus dem Graph von Abbildung 13.5 erkennt man ziemlich schnell: Die drei fetten Pfeile von H_S sind genau die Paare $\langle x, y \rangle$ mit R_{xy} und die sechs fett-gestrichelten Pfeile von H_S sind genau die Paare $\langle x, y \rangle$ mit $\neg R_{xy}$ und $\neg R_{yx}$, also genau die Paare von R-unvergleichbaren Elementen. Letztere nennt man auch *Sprünge*.

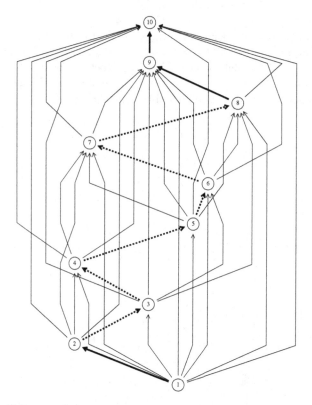

Abbildung 13.5: ... und ergänzt um eine lineare Erweiterung und deren Sprünge

Das soeben angegebene Beispiel verallgemeinernd, bezeichnet man zu einer Ordnungsrelation $R : M \leftrightarrow M$ auf einer endlichen Menge M und einer linearen Erweiterung $S : M \leftrightarrow M$ von R die Relation $\mathsf{J}(R, S) := H_S \cap \overline{R} \cap \overline{R^\mathsf{T}}$ als die *Sprungrelation* von R bezüglich S. Ist S_0 eine lineare Erweiterung von R, so daß die Anzahl der Paare (Sprünge) der Sprungrelation $\mathsf{J}(R, S_0)$ minimal unter allen Sprungrelationen ist, also

$$|\mathsf{J}(R, S_0)| = \min\{|\mathsf{J}(R, S)| \,|\, S \text{ lineare Erweiterung von } R\},$$

so heißt S_0 eine *optimale lineare Erweiterung* der Ordnungsrelation R und $|\mathsf{J}(R, S_0)|$ die *Sprungzahl* von R.　　　　　　　　　　　　　　　　　　　　　　　　　　　　　　　□

Das Interesse an Sprüngen rührt von dem folgenden Problem her. Wir setzen wiederum, wie in Beispiel 13.3.1, ein Reihenfolgeproblem mit einer sequentiellen Abarbeitung von Tätigkeiten unter gewissen Restriktionen voraus, wobei die Restriktionen gegeben sind durch Regeln der Form „wenn $T_{i_1}, \ldots, T_{i_k}$ beendet sind, dann kann man T starten". Im Vergleich zu Beispiel 13.3.1 nehmen wir nun aber zusätzlich an, daß bei einer Abarbeitung der Übergang von T nach T' keinen Aufwand verursacht, wenn (aufgrund einer der Regeln) die Beendigung von T eine Voraussetzung zum Starten von T' ist, ansonsten aber ein gewisser Aufwand (z.B. Einrichten der Maschine) anfällt. Die Regeln definieren wiederum eine Ordnungsrelation, die sequentiellen Abarbeitungsreihenfolgen, welche die Restriktionen einhalten, entsprechen wiederum genau den linearen Erweiteungen und die Übergänge, die einen Aufwand verursachen, werden nun zu den Sprüngen. Da man den Aufwand minimieren will, sind nun die durch optimale lineare Erweiterungen gegebenen Abarbeitungsreihenfolgen die, an denen man interessiert ist.

Leider ist die Bestimmung einer optimalen linearen Erweiterung im allgemeinen ein NP-vollständiges Problem und man ist deshalb auf Approximationsalgorithmen oder andere Näherungsansätze angewiesen. Nur für sehr wenige Ordnungstypen, beispielsweise Boolesche Verbände, kennt man effiziente Verfahren. Bezüglich der Sprungzahl von Booleschen Verbänden verweisen wir auf Z. Füredi und K. Reuters Artikel „The jump number of suborders of the power set order", der 1988 in Band 6 der Zeitschrift Order auf den Seiten 101-103 erschienen ist,

13.4 Bestimmung von Untergruppenverbänden

Bei der Behandlung von Hüllen haben wir in Beispiel 3.4.9 gezeigt, daß die Menge $\mathcal{U}(G)$ aller Untergruppen einer Gruppe $(G, \cdot)$ mit der Inklusion als Ordnung einen vollständigen Verband induziert. Nimmt man statt der Menge aller Untergruppen die Menge $\mathcal{N}(G)$ aller Normalteiler, so ist der durch $(\mathcal{N}(G), \subseteq)$ induzierte vollständige Verband sogar modular; siehe Beispiel 2.1.5.1. In diesem Abschnitt geben wir zuerst ein relationales Modell für Gruppen an. Dann zeigen wir, wie man darauf aufbauend zu einer Gruppe $(G, \cdot)$ die Mengen $\mathcal{U}(G)$ und $\mathcal{N}(G)$ durch Vektoren des Typs $[2^G \leftrightarrow \mathbb{1}]$ darstellen kann. Aus den entsprechenden relationalen Abbildungen ergeben sich sofort ebensolche zur spaltenweisen Darstellung von $\mathcal{U}(G)$ und $\mathcal{N}(G)$ durch Relationen des Typs $[G \leftrightarrow \mathcal{U}(G)]$ bzw. $[G \leftrightarrow \mathcal{N}(G)]$ und auch die Inklusionsordnungen auf $\mathcal{U}(G)$ bzw. $\mathcal{N}(G)$.

Im Laufe dieses Abschnitts werden Paare eine große Rolle spielen. Deshalb verwenden wir zur Vereinfachung wiederum die schon in Abschnitt 13.1 eingeführten Bezeichnungen, d.h. π für die Projektionsrelation bezüglich der ersten Komponente, ρ für die bezüglich der zweiten Komponente und u_1 bzw. u_2 für die beiden Komponenten eines Paars u.

Die nachfolgend angegebene relationale Modellierung von Gruppen ist sehr einfach.

13.4.1 Definition Eine Relation $R : G \times G \leftrightarrow G$ *modelliert* eine Gruppe $(G, \cdot)$, wenn die Äquivalenz von R_{ux} und $u_1 \cdot u_2 = x$ für alle Paare $u \in G \times G$ und Elemente $x \in G$ gilt. $\quad \square$

Somit ist die modellierende Relation nichts anderes als die Gruppenoperation als Relation dargestellt. Aus ihr kann man auch die restlichen Elemente der Gruppensignatur, also das neutrale Element und die Inversenbildung erhalten. Wie dies geht, wird nun gezeigt.

13.4.2 Satz Die Relation $R : G{\times}G \leftrightarrow G$ modelliere die Gruppe $(G, \cdot)$ und es seien π und ρ die Projektionsrelationen des direkten Produkts $G \times G$. Definiert man

$$n := \overline{\rho^{\mathsf{T}} \overline{(\pi \cap R)\mathsf{L}}} \qquad I := \pi^{\mathsf{T}}(\rho \cap Rn\mathsf{L}),$$

so stellt der Punkt $n : G \leftrightarrow \mathbb{1}$ das neutrale Element von G dar und $I : G \leftrightarrow G$ ist die Inversenbildung $x \mapsto x^{-1}$ von G als Relation.

Beweis: Für alle $x \in G$ gilt:

$$
\begin{aligned}
\overline{\rho^{\mathsf{T}} \overline{(\pi \cap R)\mathsf{L}}}_x &\iff \neg\exists u : \rho^{\mathsf{T}}{}_{xu} \wedge \overline{(\pi \cap R)\mathsf{L}}_u \\
&\iff \forall u : \rho_{u,x} \Rightarrow ((\pi \cap R)\mathsf{L})_u \\
&\iff \forall u : u_2 = x \Rightarrow \exists y : \pi_{uy} \wedge R_{uy} \wedge \mathsf{L}_y && \rho \text{ Projektion} \\
&\iff \forall u : u_2 = x \Rightarrow \exists y : u_1 = y \wedge R_{uy} && \pi \text{ Projektion} \\
&\iff \forall u : u_2 = x \Rightarrow u_1 \cdot u_2 = u_1 && R \text{ modelliert}
\end{aligned}
$$

Dies zeigt, daß x (rechts-)neutral ist, also die erste Behauptung. Analog kann man auch die zweite Behauptung nachrechnen.   □

Ist die Gruppenoperation von $(G, \cdot)$ z.B. tabellarisch gegeben, so muß man bei einem relationalen Ansatz natürlich vorher die modellierende Relation R berechnen. Aus dieser bekommt man dann den Punkt n und die Relation I wie oben angegeben. Statt R alleine könnte man natürlich auch n und I ebenfalls berechnen und die relationale Struktur (R, n, I) als relationales Modell für G festlegen.

Nun behandeln wir ein konkretes Beispiel, das wir schon von früher her kennen.

13.4.3 Beispiel (Klein'sche Vierergruppe) In Abschnitt 2.2 wurde bei der Behandlung distributiver Verbände die Klein'sche Vierergruppe V_4 mit der Trägermenge $\{e, a, b, c\}$ eingeführt. Dabei wurden die Gruppenoperation und die Inversenbildung tabellarisch beschrieben. Nachfolgend sind beide nun als Relationen angegeben, zusammen mit dem das neutrale Element $e \in V_4$ darstellenden Punkt. Aus Platzgründen ist die die Gruppe V_4 modellierende Relation in ihrer transponierten Form gezeichnet.

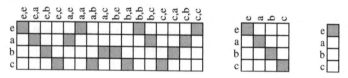

Abbildung 13.6: Relationale Modellierung der Klein'schen Vierergruppe

Aus dem mittleren dieser RELVIEW-Bilder erkennt man sofort die die Gruppe V_4 festlegende Bedingung $a \cdot a = b \cdot b = c \cdot c = e$.   □

In Abschnitt 2.2 haben wir auch erwähnt, daß die Gruppe V_4 isomorph zur Produktgruppe $\mathbb{Z}_2 \times \mathbb{Z}_2$ ist. Bei Produktgruppen werden die Operationen komponentenweise definiert. Sind also $(G, \cdot)$ und $(G', *)$ zwei Gruppen, so wird auch $(G \times G', \circ)$ zu einer Gruppe, genannt *Produktgruppe*, indem man deren Operation durch $\langle a, b \rangle \circ \langle x, y \rangle = \langle a \cdot x, b * y \rangle$ festlegt. Auch dies kann man in die Relationenalgebra übertragen. Wie das geht, wird in dem nachfolgenden Satz angegeben.

13.4.4 Satz (Produktgruppe) Es sei angenommen, daß die beiden Gruppen $(G, \cdot)$ und $(G', *)$ jeweils von den Relationen $R : G \times G \leftrightarrow G$ und $S : G' \times G' \leftrightarrow G'$ modelliert seien. Dann wird durch die Relation $\mathsf{PmRel}(R, S) : (G \times G') \times (G \times G') \leftrightarrow (G \times G')$, festgelegt als

$$\mathsf{PmRel}(R, S) = [(\pi \otimes \pi)R, (\rho \otimes \rho)S],$$

die Produktgruppe $(G \times G', \circ)$ modelliert. In der Spezifikation der relationalen Abbildung PmRel ist $\otimes$ der Operator der parallelen Komposiition und π und ρ sind die Projektionsrelationen des direkten Produkts $G \times G'$.

Beweis: Es seien drei beliebige Paare $u, v, w \in G \times G'$ gegeben. Dann gilt:

$$
\begin{aligned}
&[(\pi \otimes \pi)R, (\rho \otimes \rho)S]_{\langle u,v \rangle, w} \\
\Longleftrightarrow\quad & ((\pi \otimes \pi)R)_{\langle u,v \rangle, w_1} \wedge ((\rho \otimes \rho)S)_{\langle u,v \rangle, w_2} && \text{Tupling} \\
\Longleftrightarrow\quad & (\exists z : (\pi \otimes \pi)_{\langle u,v \rangle, z} \wedge R_{z, w_1}) \wedge \\
& (\exists z : (\rho \otimes \rho)_{\langle u,v \rangle, z} \wedge S_{z, w_2}) \\
\Longleftrightarrow\quad & (\exists z : \pi_{u, z_1} \wedge \pi_{v, z_2} \wedge R_{z, w_1}) \wedge \\
& (\exists z : \rho_{u, z_1} \wedge \rho_{v, z_2} \wedge S_{z, w_2}) && \text{parallele Komposition} \\
\Longleftrightarrow\quad & (\exists z : u_1 = z_1 \wedge v_1 = z_2 \wedge R_{z, w_1}) \wedge \\
& (\exists z : u_2 = z_1 \wedge v_2 = z_2 \wedge S_{z, w_2}) && \text{Eigenschaften } \pi \text{ und } \rho \\
\Longleftrightarrow\quad & (\exists z : u_1 = z_1 \wedge v_1 = z_2 \wedge z_1 \cdot z_2 = w_1) \wedge \\
& (\exists z : u_2 = z_1 \wedge v_2 = z_2 \wedge z_1 * z_2 = w_2) && R \text{ und } S \text{ modellieren} \\
\Longleftrightarrow\quad & u_1 \cdot v_1 = w_1 \wedge u_2 * v_2 = w_2 \\
\Longleftrightarrow\quad & w = \langle u_1 \cdot v_1, u_2 * v_2 \rangle
\end{aligned}
$$

Insgesamt haben wir also, daß die Relation $\mathsf{PmRel}(R, S)$ das Paar $\langle u, v \rangle \in (G \times G') \times (G \times G')$ mit dem Paar $\langle u_1 \cdot v_1, u_2 * v_2 \rangle \in G \times G'$ in Verbindung setzt. Sie entspricht somit genau einer relationalen Auffassung der Gruppenoperation von $G \times G'$. $\qquad\square$

Nachdem wir gezeigt haben, wie man Gruppen relational modellieren kann und wie diese Modellierung auch erlaubt, bekannte Konstruktionsprinzipien[2] zu beschreiben, wenden wir uns nun dem eigentlichen Thema des Abschnitts zu. Wir beginnen mit dem Untergruppenverband. Entscheidend hierzu ist die folgende Konstruktion. In ihr behandeln wir nur endliche Gruppen. Unter algorithmischen Gesichtspunkten ist dies keine Einschränkung. Sie dient nur der Vereinfachung des Beweises und der Effizienz der angegebenen relationalen Abbildung.

---

[2]In diesem Abschnitt beschränken wir uns auf die Produktbildung. Nach der gleichen Technik kann man etwa auch die Konstruktion von Quotientengruppen G/N beschreiben, wobei diese nach einem Normalteiler N erfolgt, der durch einen Vektor des Typs $[G \leftrightarrow \mathbb{1}]$ dargestellt wird.

13.4.5 Satz Es sei die endliche Gruppe $(G, \cdot)$ durch die Relation $R : G{\times}G \leftrightarrow G$ modelliert. Weiterhin sei, aufbauend auf $\mathsf{E} : G \leftrightarrow 2^G$ als Ist-Element-von Relation und π und ρ als die Projektionsrelationen des direkten Produkts $G \times G$ durch

$$\mathsf{SgVec}(R) \;=\; \mathsf{E}^\mathsf{T}\mathsf{L} \cap \overline{(\pi\mathsf{E} \cap \rho\mathsf{E} \cap \overline{RE})^\mathsf{T}\mathsf{L}}$$

ein Vektor des Typs $[2^G \leftrightarrow 1\!\!1]$ festgelegt. Dann stellt $\mathsf{SgVec}(R)$ die Menge $\mathcal{U}(G)$ der Untergruppen von G als Teilmenge von 2^G dar.

Beweis: Es sei $Y \in 2^G$ beliebig vorgegeben. Dann haben wir die folgende Äquivalenz, wobei bei (1) die komponentenbehafteten Definitionen von E, π und ρ verwendet werden und (2) benutzt, daß G von R modelliert wird.

$$
\begin{aligned}
&\left(\mathsf{E}^\mathsf{T}\mathsf{L} \cap \overline{(\pi\mathsf{E} \cap \rho\mathsf{E} \cap \overline{RE})^\mathsf{T}\mathsf{L}}\right)_Y \\
\iff\;& (\mathsf{E}^\mathsf{T}\mathsf{L})_Y \wedge \neg\exists\, u : (\pi\mathsf{E} \cap \rho\mathsf{E} \cap \overline{RE})^\mathsf{T}_{\,Yu} \wedge \mathsf{L}_u \\
\iff\;& (\mathsf{E}^\mathsf{T}\mathsf{L})_Y \wedge \neg\exists\, u : (\pi\mathsf{E})_{uY} \wedge (\rho\mathsf{E})_{uY} \wedge \overline{RE}_{\,uY} \\
\iff\;& (\mathsf{E}^\mathsf{T}\mathsf{L})_Y \wedge \forall\, u : (\pi\mathsf{E})_{uY} \wedge (\rho\mathsf{E})_{uY} \Rightarrow (RE)_{uY} \\
\iff\;& (\exists\, x : \mathsf{E}_{xY} \wedge \mathsf{L}_x) \wedge \forall\, u : (\pi\mathsf{E})_{uY} \wedge (\rho\mathsf{E})_{uY} \Rightarrow \exists\, z : R_{uz} \wedge \mathsf{E}_{zY} \\
\iff\;& (\exists\, x : x \in Y) \wedge \forall\, u : u_1 \in Y \wedge u_2 \in Y \Rightarrow \exists\, z : R_{uz} \wedge z \in Y & (1) \\
\iff\;& Y \neq \emptyset \wedge \forall\, u : u_1 \in Y \wedge u_2 \in Y \Rightarrow \exists\, z : u_1 \cdot u_2 = z \wedge z \in Y & (2) \\
\iff\;& Y \neq \emptyset \wedge \forall\, u : u_1 \in Y \wedge u_2 \in Y \Rightarrow u_1 \cdot u_2 \in Y
\end{aligned}
$$

Folglich stellt $\mathsf{SgVec}(R)$ die Teilmenge von 2^G dar, welche genau die nichtleeren und unter der Gruppenoperation abgeschlossenen Teilmengen von G enthält. Normalerweise ist eine Menge $\emptyset \neq N \subseteq G$ genau dann eine Untergruppe von G, wenn sie abgeschlossen unter der Gruppenoperation und der Inversenbildung ist. Im Fall von endlichen Gruppen folgt die zweite Bedingung aber aus der ersten; siehe etwa K. Meyberg, Algebra I (Hanser Verlag, 1975), Satz 1.6.3. $\square$

Man kann diesen Satz aufgrund der Rechnung in seinem Beweis auch viel allgemeiner sehen: Wenn eine Relation $R : M{\times}M \leftrightarrow M$ eine binäre Operation auf einer Menge M analog zu den Gruppen modelliert, dann stellt $\mathsf{SgVec}(R)$ die Teilmenge von 2^M dar, welche genau die nichtleeren und unter der Operation abgeschlossenen Teilmengen von M enthält. In Verbindung mit den relationalen Abbildungen InfFct und SubFct von Satz 13.1.1 kann man dies etwa zur Vektordarstellung der Menge aller Unterverbände nutzen.

Aus Satz 13.4.5 erhalten wir nun sehr schnell einen relationalen Algorithmus, der zu der eine Gruppe modellierenden Relation als Eingabe die Ordnungsrelation des Untergruppenverbands als Ausgabe liefert.

13.4.6 Algorithmus (Untergruppenverband) Es sei angenommen, daß die Relation $R : G{\times}G \leftrightarrow G$ die endliche Gruppe $(G, \cdot)$ modelliert. Weiterhin sei $\mathsf{E} : G \leftrightarrow 2^G$ die Ist-Element-von Relation. Dann bestimmt das relationale Programm von Abbildung 13.7 die Ordnungsrelation des Untergruppenverbands $\mathcal{U}(G)$, also die Mengeninklusion auf den Untergruppen.

$$sglattice(R);$$
$$v := \mathsf{SgVec}(R);$$
$$S := \mathsf{E}\ \mathsf{inj}(v)^{\mathsf{T}};$$
$$\underline{\mathtt{return}}\ S \setminus S$$

Abbildung 13.7: Programm **SGLATTICE**

Durch die zweite Anweisung dieses Programms wird, aufbauend auf den Vektor v zur Darstellung der Menge der Untergruppen, eine Relation $S : G \leftrightarrow \mathcal{U}(G)$ berechnet, deren Spalten genau die Untergruppen von G sind. Wir kennen dieses Verfahren zur spaltenweisen Darstellung von Mengen von Mengen schon von den Kernen her; man vergleiche noch einmal mit Anwendung 9.5.4. Das Rechtsresiduum $S \setminus S$ hat den Typ $[\mathcal{U}(G) \leftrightarrow \mathcal{U}(G)]$. Weil nun S_{xY} und $x \in Y$ für alle $x \in G$ und $Y \in \mathcal{U}(G)$ äquivalent sind, folgt aus Satz 7.5.7 (b) sofort die Äquivalenz von $(S \setminus S)_{YZ}$ und $Y \subseteq Z$ für alle $Y, Z \in \mathcal{U}(G)$. $\quad\square$

Um den Algorithmus von Abbildung 13.7 zur Berechnung der Ordnungsrelation des Normalteilerverbands anwenden zu können, ist nur der Aufruf $\mathsf{SgVec}(R)$ der relationalen Abbildung SgVec durch einen Aufruf $\mathsf{NsgVec}(R)$ einer relationalen Abbildung NsgVec zu ersetzen, welcher einen Vektor liefert, der $\mathcal{N}(G)$ als Teilmenge von 2^G darstellt. Der folgende Satz beschreibt relationenalgebraisch die dazu noch notwendige Eigenschaft.

13.4.7 Satz Es seien die Gruppe G und die Relationen R, E, π und ρ wie in Satz 13.4.5 vorausgesetzt. Weiterhin sei $I : G \leftrightarrow G$ die Inversenbildung von G als Relation wie in Satz 13.4.2 angegeben. Dann stellt der Vektor

$$\overline{\left(\rho\mathsf{E} \cap \overline{[R, \pi I]R\mathsf{E}}\right)^{\mathsf{T}}\mathsf{L}} : 2^G \leftrightarrow \mathbb{1}$$

genau die Menge der Teilmengen Y von G dar, für die $u_1 \cdot u_2 \cdot u_1^{-1} \in Y$ für alle Paare $u = \langle u_1, u_2 \rangle \in G \times Y$ gilt.

Beweis: Es sei also $Y \in 2^G$ beliebig vorgegeben. Dann haben wir:

$$\overline{\left(\rho\mathsf{E} \cap \overline{[R, \pi I]R\mathsf{E}}\right)^{\mathsf{T}}\mathsf{L}}_Y$$
$$\iff \neg\exists\, u : \left(\rho\mathsf{E} \cap \overline{[R, \pi I]R\mathsf{E}}\right)^{\mathsf{T}}_{Yu} \wedge \mathsf{L}_u$$
$$\iff \neg\exists\, u : (\rho\mathsf{E})^{\mathsf{T}}_{Yu} \wedge \overline{[R, \pi I]R\mathsf{E}}^{\mathsf{T}}_{Yu}$$
$$\iff \forall\, u : (\rho\mathsf{E})_{uY} \Rightarrow ([R, \pi I]R\mathsf{E})_{uY}$$
$$\iff \forall\, u : (\rho\mathsf{E})_{uY} \Rightarrow \exists\, v : [R, \pi I]_{uv} \wedge (R\mathsf{E})_{vY}$$
$$\iff \forall\, u : (\rho\mathsf{E})_{uY} \Rightarrow \exists\, v : [R, \pi I]_{uv} \wedge \exists\, z : R_{vz} \wedge \mathsf{E}_{zY} $$
$$\iff \forall\, u : (\rho\mathsf{E})_{uY} \Rightarrow \exists\, v : [R, \pi I]_{uv} \wedge \exists\, z : v_1 \cdot v_2 = z \wedge z \in Y \qquad R\ \text{mod.}$$
$$\iff \forall\, u : (\rho\mathsf{E})_{uY} \Rightarrow \exists\, v : R_{u, v_1} \wedge (\pi I)_{u, v_2} \wedge v_1 \cdot v_2 \in Y \qquad \text{Tupling}$$
$$\iff \forall\, u : (\rho\mathsf{E})_{uY} \Rightarrow \exists\, v : u_1 \cdot u_2 = v_1 \wedge (\pi I)_{u, v_2} \wedge v_1 \cdot v_2 \in Y \qquad R\ \text{mod.}$$
$$\iff \forall\, u : (\rho\mathsf{E})_{uY} \Rightarrow \exists\, v : u_1 \cdot u_2 = v_1 \wedge u_1^{-1} = v_2 \wedge v_1 \cdot v_2 \in Y \qquad I\ \text{Inv.}$$
$$\iff \forall\, u : u_2 \in Y \Rightarrow u_1 \cdot u_2 \cdot u_1^{-1} \in Y$$

Diese Rechnung zeigt genau die behauptete Eigenschaft.   □

Eine Untergruppe U einer Gruppe $(G, \cdot)$ ist bekanntlich ein Normalteiler, falls für alle $x \in G$ und $y \in U$ gilt $x \cdot y \cdot x^{-1} \in U$. Durch die Kombination der beiden Sätze 13.4.5 und 13.4.7 ergibt sich folglich

$$\mathsf{NsgVec}(R) \ = \ \mathsf{E}^\mathsf{T}\mathsf{L} \cap \overline{(\pi\mathsf{E} \cap \rho\mathsf{E} \cap \overline{R\mathsf{E}})^\mathsf{T}\mathsf{L}} \cap \overline{(\rho\mathsf{E} \cap \overline{[R, \pi I]R\mathsf{E}})^\mathsf{T}\mathsf{L}}$$

als Definition der oben erwähnten relationalen Abbildung $\mathsf{NsgVec} : [G \leftrightarrow G] \to [2^G \leftrightarrow \mathbb{1}]$ zur Vektordarstellung der Menge der Normalteiler von G. Ein relationales Programm für die Ordnungsrelation des Normalteilerverbands sieht dann wie folgt aus:

$$nsglattice(R);$$
$$v := \mathsf{NsgVec}(R);$$
$$S := \mathsf{E\ inj}(v)^\mathsf{T};$$
$$\underline{\text{return }} S \setminus S$$

Abbildung 13.8: Programm **NSGLATTICE**

Wir haben schon öfter erwähnt, daß der Normalteilerverband einer jeden Gruppe modular ist. Für Untergruppenverbände gilt diese Eigenschaft im allgemeinen nicht mehr. Wir geben nachfolgend ein Gegenbeispiel an. Zu dessen Verifikation haben wir einige der bisherigen relationalen Konstruktionen in der Sprache von RELVIEW implementiert und auf ein spezielles Beispiel angewendet.

13.4.8 Anwendung (Alternierende Gruppe A_4) Die sogenannte alternierende Gruppe A_4 besteht aus den 12 geraden Permutationen auf der Menge $\{1, 2, 3, 4\}$ mit der Abbildungskomposition als Operation. Wie das Geradesein von Permutationen definiert ist, ist für das weitere Vorgehen unerheblich. Gleiches gilt auch für das konkrete Aussehen der Elemente der A_4. (Wir verweisen den Leser hierzu etwa wiederum auf das Buch Algebra I von K. Meyberg.) Was wir für diese Anwendung nur brauchen, ist die folgende tabellarische Angabe der Gruppenoperation der A_4.

·	1	2	3	4	5	6	7	8	9	10	11	12
1	1	2	3	4	5	6	7	8	9	10	11	12
2	2	1	4	3	12	10	11	9	8	6	7	5
3	3	4	1	2	8	11	10	5	12	7	6	9
4	4	3	2	1	9	7	6	12	5	11	10	8
5	5	9	12	8	6	1	3	10	11	4	2	7
6	6	11	7	10	1	5	12	4	2	8	9	3
7	7	10	6	11	4	9	8	1	3	12	5	2
8	8	12	9	5	11	3	1	7	6	2	4	10
9	9	5	8	12	7	4	2	11	10	1	3	6
10	10	7	11	6	2	12	5	3	1	9	8	4
11	11	6	10	7	3	8	9	2	4	5	12	1
12	12	8	5	9	10	2	4	6	7	3	1	11

In dieser Gruppentafel der A_4 steht die Zahl i als Abkürzung für das i-the Element $p_i \in A_4$, $1 \leq i \leq 12$. Man erkennt aus der Tafel sofort, daß das erste Element p_1 das neutrale Element der Gruppe A_4 ist, also die identische Abbildung auf der Menge $\{1, 2, 3, 4\}$.

Die RELVIEW-Matrix zur Modellierung der A_4 hat $12*12 = 144$ Zeilen und 12 Spalten. Wir verzichten deshalb auf eine bildliche Darstellung. Wegen der Länge $2^{12} = 4096$ verbietet sich auch die Angabe des die Untergruppenmenge darstellenden Vektors. Wie bei den Kernen geben wir stattdessen die 10 Untergruppen der A_4 in Abbildung 13.9 spaltenweise an.

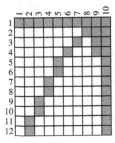

Abbildung 13.9: Die 10 Untergruppen der Gruppe A_4

Die Spaltenmarkierungen der RELVIEW-Matrix von Abbildung 13.9 entsprechen dabei den 10 Untergruppen der alternierenden Gruppe A_4, nennen wir sie $U_1 = \{p_1\}$ bis $U_{10} = A_4$. Bildet man das Rechtsresiduum dieser Booleschen Matrix mit sich selbst, so ist das Resultat die Ordnungsrelation des Untergruppenverbands der A_4. In der Abbildung 13.10 ist das Hasse-Diagramm dieser Ordnungsrelation als RELVIEW-Graph gezeichnet.

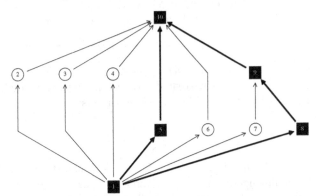

Abbildung 13.10: Der Untergruppenverband der Gruppe A_4

In diesem Bild sind weiterhin fünf Knoten schwarz markiert und es ist der durch diese Knoten erzeugte Teilgraph mittels fetter Pfeile hervorgehoben. Dies zeigt, daß der Untergruppenverband der A_4 einen Unterverband enthält, bestehend aus den Untergruppen $U_1 = \{p_1\}$, $U_5 = \{p_5, p_6\}$, $U_8 = \{p_1, p_2\}$, $U_9 = \{p_1, p_2, p_3, p_4\}$ und $U_{10} = A_4$, der isomorph zum Verband $V_{\neg M}$ ist. Er ist somit nicht modular. Die Markierung der Knoten und Pfeile geschah dabei unter Zuhilfenahme des relationalen Programms VNOTMOD von Abbildung 13.1 in der Art und Weise, wie es am Ende von Abschnitt 13.1 beschrieben ist.

Es sollte übrigens noch erwähnt werden, daß genau die drei Untergruppen U_1, U_9 und U_{10} die Normalteiler der alternierenden Gruppe A_4 sind. Damit wird der Normalteilerverband der A_4 zur Kette $U_1 \subseteq U_9 \subseteq U_{10}$.   □

13.5   Algorithmen zu Vervollständigungen

In Kapitel 4 haben wir drei Arten von Vervollständigungen kennengelernt: durch Ideale, durch Schnitte und durch Abwärtsmengen. Hauptsächliches Ziel dieses Abschnitts ist es, aus einer Ordnungsrelation die Ordnungsrelation der jeweiligen Vervollständigung mittels relationaler Methoden zu bestimmen und zwar in einer Art und Weise, die direkt in REL-VIEW formulierbar und dadurch auch unmittelbar ausführbar ist. Es ist deshalb vernünftig, sich auf endliche Eingaben zu beschränken. Nach Satz 4.3.11 fallen aber unter dieser Voraussetzung Schnitte und Ideale zusammen. Deshalb behandeln wir nachfolgend, neben den Abwärtsmengen, nur noch die Schnitte, da die Schnittvervollständigung allgemeiner anwendbar ist als die Idealvervollständigung.

Wir beginnen mit der Schnittvervollständigung von Ordnungen. Das folgende Beispiel zeigt, daß wir bei einer beliebigen Ordnungsrelation als Eingabe im schlimmsten Fall mit einer exponentiellen Anzahl von Schnitten im Schnittverband zu rechnen haben, also kein polynomielles Verfahren erwarten dürfen[3].

13.5.1 Beispiel (Exponentielle Schnittanzahl) Zu $n > 0$ sei die Teilmenge M von $\mathbb{N}$ der Kardinalität $2 * n$ definiert durch $M = \{1, \dots, n, n+1, \dots, 2*n\}$. Weiterhin sei die Ordnung $\sqsubseteq$ auf M durch ihren strikten Anteil $\sqsubset$ gegeben, wobei dieser durch

$$a \sqsubset b \quad :\Longleftrightarrow \quad 1 \leq a \leq n \wedge n+1 \leq b \leq 2*n \wedge b \neq a+n$$

festgelegt ist. Bei einer Anordnung der Elemente von M in der oben angegebenen Reihenfolge $1, \dots, n, n+1, \dots, 2*n$ besteht die Boolesche Matrix zu dieser Ordnung aus vier Teilmatrizen und sieht wie nachfolgend angegeben aus:

$$\begin{pmatrix} \mathsf{I} & \overline{\mathsf{I}} \\ \mathsf{O} & \mathsf{I} \end{pmatrix}$$

Es ist relativ einfach zu zeigen, daß die Menge der Schnitte der Ordnung $(M, \sqsubseteq)$ genau aus den echten Teilmengen von $\{1, \dots, n\}$ und der Trägermenge M besteht. Also hat man genau 2^n Schnitte. Die Schnittvervollständigung ist ordnungsisomorph zum Potenzmengenverband $(2^{\{1,\dots,n\}}, \cup, \cap)$ mit der Inklusion als Ordnung. Man zeigt dies, indem man die echten Teilmengen von $\{1, \dots, n\}$ auf sich selbst und M auf $\{1, \dots, n\}$ abbildet.   □

Der folgende Satz ist zentral für die relationenalgebraische Bestimmung der Schnittvervollständigung einer Ordnung.

---

[3]Weil die Schnittvervollständigung aufgrund von Satz 4.3.5 schmächtiger (im Sinne von Definition 3.2.1.2) als jede andere Vervollständigung ist, wird die Situation bei der Vervollständigung durch Abwärtsmengen nicht besser, höchstens noch schlechter.

13.5.2 Satz Es seien $R : M \leftrightarrow M$ eine Ordnungsrelation und $\mathsf{E} : M \leftrightarrow 2^M$ eine Ist-Element-von Relation. Definiert man den Vektor $\mathsf{CutVec}(R) : 2^M \leftrightarrow \mathbb{1}$ durch

$$\mathsf{CutVec}(R) = (\mathsf{syq}(\mathsf{E}, \mathsf{Mi}(R, \mathsf{Ma}(R, \mathsf{E}))) \cap \mathsf{I})\mathsf{L},$$

so gilt für alle $S \in 2^M$ die Beziehung $\mathsf{CutVec}(R)_S$ genau dann, wenn S ein Schnitt in der Ordnung (M, R) ist.

Beweis: Es sei $S \in 2^M$ beliebig vorgegeben. Dann gilt:

$$
\begin{aligned}
S \text{ Schnitt} &\iff S = \mathsf{Mi}(\mathsf{Ma}(S)) \\
&\iff \forall x : x \in S \leftrightarrow x \in \mathsf{Mi}(\mathsf{Ma}(S)) \\
&\iff \forall x : \mathsf{E}_{xS} \leftrightarrow \mathsf{Mi}(R, \mathsf{Ma}(R, \mathsf{E}))_{xS} \quad\quad (*) \\
&\iff \mathsf{syq}(\mathsf{E}, \mathsf{Mi}(R, \mathsf{Ma}(R, \mathsf{E})))_{SS} \quad\quad \text{Satz 7.5.7 (c)} \\
&\iff \exists T : S = T \wedge \mathsf{syq}(\mathsf{E}, \mathsf{Mi}(R, \mathsf{Ma}(R, \mathsf{E})))_{ST} \\
&\iff \exists T : \mathsf{syq}(\mathsf{E}, \mathsf{Mi}(R, \mathsf{Ma}(R, \mathsf{E})))_{ST} \wedge S = T \wedge \mathsf{L}_T \\
&\iff ((\mathsf{syq}(\mathsf{E}, \mathsf{Mi}(R, \mathsf{Ma}(R, \mathsf{E}))) \cap \mathsf{I})\mathsf{L})_S
\end{aligned}
$$

Dabei sind Mi und Ma in der ersten Zeile der Herleitung die Abbildungen von Definition 1.2.9, wobei wir damals die Ordnung unterdrückten, und die zweistelligen Abbildungen Mi und Ma im Rest der Rechnung sind ihre relationenalgebraischen Entsprechungen von Beispiel 9.5.1.1.

Es gilt nun noch für alle $x \in M$ die folgende Äquivalenz:

$$
\begin{aligned}
x \in \mathsf{Mi}(\mathsf{Ma}(S)) &\iff \forall y : y \in \mathsf{Ma}(S) \Rightarrow R_{xy} \\
&\iff \forall y : (\forall z : z \in S \Rightarrow R_{zy}) \Rightarrow R_{xy} \\
&\iff \forall y : (\forall z : \mathsf{E}_{zS} \Rightarrow R_{zy}) \Rightarrow R_{xy} \\
&\iff \forall y : (\mathsf{E} \backslash R)_{Sy} \Rightarrow R_{xy} \quad\quad \text{Satz 7.5.7 (b)} \\
&\iff (R / (\mathsf{E} \backslash R))_{xS} \quad\quad \text{Satz 7.5.7 (a)} \\
&\iff (R / \mathsf{Ma}(R, \mathsf{E})^{\mathsf{T}})_{xS} \quad\quad \text{Beispiel 9.5.1.1} \\
&\iff \mathsf{Mi}(R, \mathsf{Ma}(R, \mathsf{E}))_{xS} \quad\quad \text{Beispiel 9.5.1.1}
\end{aligned}
$$

Damit ist auch der oben mit $(*)$ markierte Übergang als korrekt bewiesen. $\qquad\square$

Man kann sich die Bedeutung des Vektors $\mathsf{CutVec}(R)$ anschaulich wie folgt vorstellen: Zeichnet man die drei Booleschen Matrizen zu E, $\mathsf{Mi}(R, \mathsf{Ma}(R, \mathsf{E}))$ und $\mathsf{CutVec}(R)^{\mathsf{T}}$ genau übereinander, so ist der Eintrag in Spalte n des Booleschen Zeilenvektors $\mathsf{CutVec}(R)^{\mathsf{T}}$ genau dann eine Eins, wenn die n-te Spalte von E und von $\mathsf{Mi}(R, \mathsf{Ma}(R, \mathsf{E}))$ übereinstimmen. Nach dieser Bemerkung wenden wir uns nun der Berechnung der Ordnung der Schnittvervollständigung und der entsprechenden Einbettung zu.

13.5.3 Algorithmus (Schnittvervollständigung) Es sei das Paar (M, R) als eine Ordnung vorausgesetzt. Nach Satz 13.5.2 stellt dann der Vektor $\mathsf{CutVec}(R) : 2^M \leftrightarrow \mathbb{1}$ genau die Menge $\mathcal{S}(M)$ aller Schnitte von (M, R) als Teilmenge der Potenzmenge 2^M dar. Wie schon mehrfach gezeigt, bekommt man damit mittels der entsprechenden Ist-Element-von Relation $\mathsf{E} : M \leftrightarrow 2^M$ und der relationalen Abbildung inj eine spaltenweise Aufzählung von $\mathcal{S}(M)$

durch einer Relation C des Typs $[M \leftrightarrow \mathcal{S}(M)]$, wobei $C = \mathsf{E} \ \mathsf{inj}(\mathsf{CutVec}(R))^\mathsf{T}$. Weiterhin ergibt sich die Inklusionsordnung auf $\mathcal{S}(M)$, also genau die Ordnung des Schnittverbands $(\mathcal{S}(M), \sqcup_s, \sqcap_s)$, relationenalgebraisch als Rechtsresiduum $C \setminus C$. Zusammengefaßt in ein relationales Programm sieht dies alles wie folgt aus:

$$cutcompletion(R);$$
$$v := \mathsf{CutVec}(R);$$
$$C := \mathsf{E} \ \mathsf{inj}(v)^\mathsf{T};$$
$$\underline{\mathtt{return}} \ C \setminus C$$

Abbildung 13.11: Programm `CUTCOMPLETION`

Will man Schnittvervollständigungen visualisieren, etwa unter Verwendung des RELVIEW-Systems, so ist es von großer Bedeutung, auch die Einbettung von M in $\mathcal{S}(M)$ durch eine Relation $cutemb(R)$ des Typs $[M \leftrightarrow \mathcal{S}(M)]$ zu beschreiben. Nach Satz 4.2.9 hat $cutemb(R)$ ein Element $a \in M$ mit einem Schnitt $S \in \mathcal{S}(M)$ genau dann in Beziehung zu setzen, wenn $S = \{x \in M \mid R_{xa}\}$ gilt. Dies bringt das folgende relationale Programm:

$$cutemb(R);$$
$$v := \mathsf{CutVec}(R);$$
$$C := \mathsf{E} \ \mathsf{inj}(v)^\mathsf{T};$$
$$\underline{\mathtt{return}} \ \mathsf{syq}(R, C)$$

Abbildung 13.12: Programm `CUTEMB`

Zum Korrektheitsbeweis seien $a \in M$ und $S \in \mathcal{S}(M)$ beliebig vorgegeben. Dann gilt:

$$
\begin{array}{llll}
\mathsf{syq}(R, C)_{aS} & \Longleftrightarrow & \forall x : R_{xa} \Leftrightarrow C_{xS} & \text{Satz 7.5.7 (c)} \\
& \Longleftrightarrow & \forall x : R_{xa} \Leftrightarrow x \in S & \text{siehe unten} \\
& \Longleftrightarrow & S = \{x \in M \mid R_{xa}\} &
\end{array}
$$

Dieser Beweis verwendet im zweiten Schritt, daß die Relation $C : M \leftrightarrow \mathcal{S}(M)$, aufgrund der Festlegung $C = \mathsf{E} \ \mathsf{inj}(\mathsf{CutVec}(R))^\mathsf{T}$, die Schnitte spaltenweise darstellt. Dadurch sind nämlich für alle $x \in M$ die Beziehungen C_{xS} und $x \in S$ gleichwertig. $\qquad\qquad \Box$

Analog zur Schnittvervollständigung kann man zu einer Ordnung (M, R) auch die Mengeninklusion auf den Abwärtsmengen, also die Ordnung des Abwärtsmengenverbands $(\mathcal{A}(M), \cup, \cap)$, und die entsprechende Einbettungsrelation relational bestimmen. Wir geben im nachfolgenden Satz nur die Konstruktion des die Menge $\mathcal{A}(M)$ darstellenden Vektors an; die Ergänzung zu entsprechenden relationalen Programmen analog denen der Abbildungen 13.11 und 13.12 ist dann trivial.

13.5.4 Satz Gegeben seien $R : M \leftrightarrow M$ als Ordnungsrelation und $\mathsf{E} : M \leftrightarrow 2^M$ als Ist-Element-von Relation. Dann stellt der Vektor

$$\mathsf{DownsetVec}(R) = \overline{(\mathsf{E}^\mathsf{T} \cap \overline{\mathsf{E}}^\mathsf{T} R)\mathsf{L}}$$

des Typs $[2^M \leftrightarrow \mathbb{1}]$ die Menge $\mathcal{A}(M)$ der Abwärtsmengen der Ordnung (M, R) als Teilmenge von 2^M dar.

Beweis: Es sei $A \in 2^M$ beliebig vorgegeben. Dann können wir wie folgt umformen:

$$\overline{(\mathsf{E}^\mathsf{T} \cap \overline{\mathsf{E}^\mathsf{T} R}) \mathsf{L}}_A \iff \neg \exists x : \mathsf{E}^\mathsf{T}_{Ax} \wedge (\overline{\mathsf{E}^\mathsf{T}} R)_{Ax}$$
$$\iff \forall x : \mathsf{E}_{xA} \Rightarrow \overline{\mathsf{E}^\mathsf{T} R}_{Ax}$$
$$\iff \forall x : x \in A \Rightarrow \neg \exists y : y \notin A \wedge R_{yx} \qquad \text{Eigensch. } \mathsf{E}$$
$$\iff \forall x : x \in A \Rightarrow \forall y : R_{yx} \Rightarrow y \in A$$
$$\iff \forall x, y : x \in A \wedge R_{yx} \Rightarrow y \in A$$

Die letzte Formel dieser Rechnung besagt aber genau, daß A eine Abwärtsmenge ist. $\quad\square$

Wir haben das sich aus $\mathsf{DownsetVec}(R)$ ergebende relationale Programm zur Berechnung der Inklusionsordnung auf $\mathcal{A}(M)$ mit einem relationalen Programm zur Bestimmung aller längsten (d.h. größten bezüglich ihrer Kardinalität) Ketten[4] einer Ordnung kombiniert, um zu den in den Beispielen 6.4.2 und 6.4.9 behandelten verteilten Systemen die Verbände der globalen Zustände als auch jeweils die Anzahl der Läufe zu bestimmen. Der Verband der globalen Zustände eines verteilten Systems ist ja genau der Abwärtsmengenverband bezüglich der entsprechenden Happened-before-Ordnung und jeder Lauf (d.h. jede listenmäßige Angabe einer linearen Erweiterung der Happened-before-Ordnung) korrespondiert zu genau einer längsten Kette in diesem Verband. Man vergleiche gegebenenfalls nochmals mit den Sätzen 6.4.6 und 6.4.8.

Nachfolgend demonstrieren wir nun, wie man mit RELVIEW Schnitt- und Abwärtsmengenvervollständigungen berechnen und visualisieren kann. Dabei setzen wir beide Vervollständigungen auch in die Beziehung, wie sie in voller Allgemeinheit in Satz 4.3.7 angegeben ist.

13.5.5 Anwendung (Visualisierung von Vollständigungen) Wir setzen eine Ordnung (M, R) mit sechs Elementen voraus, die in Form eines gerichteten Graphen in dem folgenden RELVIEW-Bild angegeben ist.

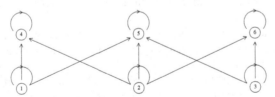

Abbildung 13.13: Eine Ordnungsrelation . . .

Offensichtlich liegt hier kein vollständiger Verband vor. Um die Ordnung $(M.R)$ in einen solchen einzubetten, sind mindestens vier zusätzliche Elemente notwendigt, wie die in Abbildung 13.14 dargestellte Schnittvervollständigung von (M, R) zeigt. In diesem mittels

---

[4]Die Herleitung eines solchen Programms, die im wesentlichen aus der Herleitung des alle Ketten darstellenden Vektors besteht, sei dem Leser als Übung überlassen.

der RELVIEW-Implementierungen von **CUTCOMPLETION** und **CUTEMB** erstellten Bild sind, wie auch in Abbildung 13.13 im Fall der Grundordnung (M, R), alle Ordnungsbeziehungen des Schnittverbands eingezeichnet. Zu Visualisierungszwecken sind von den insgesamt 10 Knoten diejenigen, die den sechs Elementen von M entsprechen, schwarz dargestellt, das Hasse-Diagramm von R ist mittels fett-gestrichelter Pfeile gezeichnet und dem Hasse-Diagramm der Ordnung auf $\mathcal{S}(M)$ entsprechen die fett-durchgezogenen Pfeile.

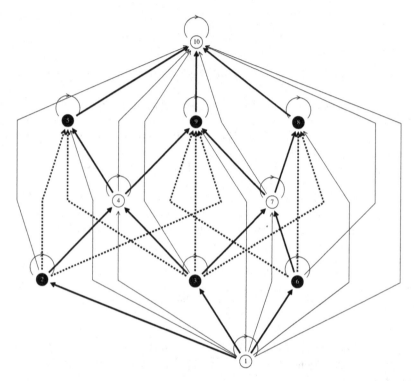

Abbildung 13.14: ... eingebettet in die Schnittvervollständigung ...

Analog zu diesem Bild haben wir auch die Abwärtsmengenvervollständigung von (M, R) mittels RELVIEW berechnet. Im Vergleich zur Schnittvervollständigung kommen hier nochmals sieben Knoten hinzu, d.h. es gibt insgesamt 17 Abwärtsmengen. Die Einbettung von $\mathcal{S}(M)$ in $\mathcal{A}(M)$ ist in Abbildung 13.15 dargestellt. Der dort angegebene gerichtete Graph stellt das Hasse-Diagramm der Abwärtsmengenvervollständigung von (M, R) dar, wobei zusätzlich noch diejenigen Pfeile hinzugenommen sind, die Ordnungsbeziehungen im Hasse-Diagramm der Schnittvervollständigung entsprechen, welche aber nicht im Hasse-Diagramm der Abwärtsmengenvervollständigung vorkommen. Der dem Hasse-Diagramm der Schnittvervollständigung entsprechende Teilgraph ist durch schwarze Knoten und fette Pfeile hervorgehoben. Alle Beziehungen der Abwärtsmengenvervollständigung anzugeben, wie dies in Abbildung 13.14 für die Schnittvervollständigung getan ist, und in dem entsprechenden gerichteten Graphen dann den Teilgraphen des Schnittverbands hervorzuheben, macht wegen der Vielzahl der Pfeile und der daraus folgenden Unübersichtlichkeit der Zeichnung keinen Sinn.

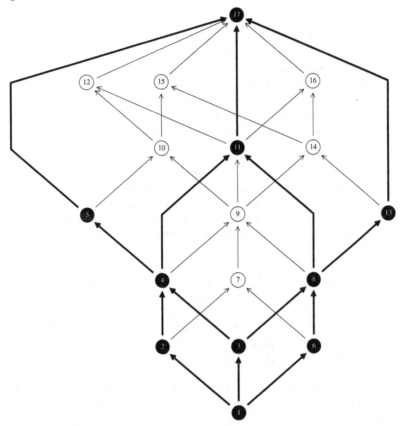

Abbildung 13.15: ... und diese als Teil der Abwärtsmengenvervollständigung

Entscheidend zur Erstellung des Bildes von Abbildung 13.15 war der relationale Ausdruck (bzw. seine RELVIEW-Implementierung)

$$\overline{C^{\mathsf{T}} \overline{FQ}} \cap \overline{\overline{C^{\mathsf{T}} \overline{FQ}}\, \overline{Q}^{\mathsf{T}}} \tag{$*$}$$

des Typs $[\mathcal{S}(M) \leftrightarrow \mathcal{A}(M)]$. Wenn $C : M \leftrightarrow \mathcal{S}(M)$ die Relation zur spaltenweisen Aufzählung der Schnitte ist, $F : M \leftrightarrow \mathcal{A}(M)$ die Relation zur Einbettung von M in $\mathcal{A}(M)$ (also das Resultat der Entsprechung von CUTEMB im Fall von Abwärtsmengen) und $Q : \mathcal{A}M \leftrightarrow \mathcal{A}(M)$ die Ordnungsrelation des Abwärtsmengenverbands, dann stellt $(*)$ nämlich die Abbildung $g : \mathcal{S}(M) \to \mathcal{A}(M)$ von Satz 4.3.7 als Relation dar. Zum Beweis setzt man F, wie im Satz, als Abbildung f gegeben voraus und transformiert dann $(\overline{C^{\mathsf{T}} \overline{FQ}} \cap \overline{\overline{C^{\mathsf{T}} \overline{FQ}}\, \overline{Q}^{\mathsf{T}}})_{SA}$ schrittweise in die prädikatenlogische Formel

$$(\forall\, y : y \in S \Rightarrow Q_{f(y),A}) \wedge (\forall\, X : (\forall\, y : y \in S \Rightarrow Q_{f(y),X}) \Rightarrow Q_{AX}).$$

Diese Formel besagt, daß $A \in \mathcal{A}(M)$ gleich dem Supremum der Menge $\{f(x) \mid x \in S\}$ (mit $S \in \mathcal{S}(M)$) bezüglich der Ordnungsrelation Q ist. Damit ist man fertig. $\qquad\square$

Wegen der Verwendung der Relation E stellen die Programme `CUTCOMPLETION` und `CUTEMB` der Abbildungen 13.11 und 13.12 keine polynomiellen Verfahren dar. Zwei in allen Fällen effiziente Programme konnten wir aufgrund des eingangs des Abschnitts gegebenen Beispiels auch nicht erwarten. Allerdings existieren Algorithmen zur Berechnung der Menge aller Schnitte einer Ordnung (M, R), bei denen man eine polynomielle Komplexität bekommt, wenn man die Anzahl $s = |\mathcal{S}(M)|$ der Schnitte als Konstante auffaßt. Beispielsweise hat B. Ganter im Umfeld der formalen Begriffsanalyse einen $\mathcal{O}(s * m^3)$-Algorithmus entwickelt, mit $m = |M|$. Für nicht zu sehr „explodierende" Schnittvervollständigungen sind solche Algorithmen also durchaus effizient.

Wir behandeln nun im Rest dieses Abschnitts einen solchen Algorithmus. Seine wesentliche Idee ist, eine Menge von Mengen bezüglich der Durchschnittsbildung abzuschließen. Wie dies möglich ist und welche Eigenschaft dann gilt, wird im folgenden Satz gezeigt. In diesem Satz verwenden wir, um die Formeln knapper und lesbarer formulieren zu können, für eine Menge $\mathcal{X}$ von Mengen die Notation $\bigcap \mathcal{X}$ für den Durchschnitt $\bigcap\{X \mid X \in \mathcal{X}\}$ aller in $\mathcal{X}$ enthaltenen Mengen.

13.5.6 Satz Es sei $\mathcal{B} = \{X_1, \ldots, X_n\}$ eine Teilmenge von 2^M. Definiert man induktiv eine Kette $\mathcal{M}_0 \subseteq \mathcal{M}_1 \subseteq \ldots \subseteq \mathcal{M}_n$ in $(2^M, \subseteq)$ durch

$$\mathcal{M}_0 = \{M\} \qquad \mathcal{M}_{i+1} = \mathcal{M}_i \cup \{Y \cap X_{i+1} \mid Y \in \mathcal{M}_i\},$$

so gilt $\mathcal{M}_n = \{\bigcap \mathcal{X} \mid \mathcal{X} \subseteq \mathcal{B}\}$ und diese Menge ist das kleinste Hüllensystem im Potenzmengenverband $(2^M, \cup, \cap)$, das $\mathcal{B}$ umfaßt.

Beweis: Wir verwenden die Abkürzung $\mathcal{B}_i = \{X_1, \ldots, X_i\}$ und zeigen durch Induktion, daß $\mathcal{M}_i = \{\bigcap \mathcal{X} \mid \mathcal{X} \subseteq \mathcal{B}_i\}$ für alle i mit $0 \leq i \leq n$ gilt. Wegen $\mathcal{B}_n = \mathcal{B}$ folgt daraus die erste Behauptung.

Der Induktionsbeginn $\{\bigcap \mathcal{X} \mid \mathcal{X} \subseteq \mathcal{B}_0\} = \{\bigcap \emptyset\} = \{M\} = \mathcal{M}_0$ verwendet, daß das Infimum der leeren Menge $\emptyset \subseteq 2^M$ das größte Element der Ordnung $(2^M, \subseteq)$ ist. Hier ist die Rechnung für den Induktionsschritt:

$$
\begin{aligned}
& \{\textstyle\bigcap \mathcal{X} \mid \mathcal{X} \subseteq \mathcal{B}_{i+1}\} \\
={} & \{\textstyle\bigcap \mathcal{X} \mid \mathcal{X} \subseteq \mathcal{B}_{i+1}, X_{i+1} \notin \mathcal{X}\} \cup \{\textstyle\bigcap \mathcal{X} \mid \mathcal{X} \subseteq \mathcal{B}_{i+1}, X_{i+1} \in \mathcal{X}\} \\
={} & \{\textstyle\bigcap \mathcal{X} \mid \mathcal{X} \subseteq \mathcal{B}_i\} \cup \{\textstyle\bigcap \mathcal{X} \mid \mathcal{X} \subseteq \mathcal{B}_{i+1}, X_{i+1} \in \mathcal{X}\} \\
={} & \mathcal{M}_i \cup \{\textstyle\bigcap \mathcal{X} \mid \mathcal{X} \subseteq \mathcal{B}_{i+1}, X_{i+1} \in \mathcal{X}\} && \text{Ind. Hyp.} \\
={} & \mathcal{M}_i \cup \{(\textstyle\bigcap \mathcal{X}) \cap X_{i+1} \mid \mathcal{X} \subseteq \mathcal{B}_i\} \\
={} & \mathcal{M}_i \cup \{Y \cap X_{i+1} \mid Y \in \{\textstyle\bigcap \mathcal{X} \mid \mathcal{X} \subseteq \mathcal{B}_i\}\} \\
={} & \mathcal{M}_i \cup \{Y \cap X_{i+1} \mid Y \in \mathcal{M}_i\} && \text{Ind. Hyp} \\
={} & \mathcal{M}_{i+1} && \text{Def. } \mathcal{M}_{i+1}
\end{aligned}
$$

Zum Beweis der Hüllensystem-Eigenschaft von $\mathcal{M}_n$ haben wir aufgrund der Endlichkeit von $\mathcal{M}_n$ nur zu zeigen, daß $M \in \mathcal{M}_n$ und für alle $\bigcap \mathcal{X}_1, \bigcap \mathcal{X}_2 \in \mathcal{M}_n$ (wobei $\mathcal{X}_1, \mathcal{X}_2 \subseteq \mathcal{B}$)

auch $(\bigcap \mathcal{X}_1) \cap (\bigcap \mathcal{X}_2) \in \mathcal{M}_n$ gilt. Die erste Eigenschaft haben wir oben schon gezeigt, die zweite folgt aus $(\bigcap \mathcal{X}_1) \cap (\bigcap \mathcal{X}_2) = \bigcap(\mathcal{X}_1 \cup \mathcal{X}_2)$ und $\mathcal{X}_1 \cup \mathcal{X}_2 \subseteq \mathcal{B}$.

Um $\mathcal{B} \subseteq \mathcal{M}_n$ zu verifizieren, verwenden wir $X_i = \bigcap\{X_i\}$ und $\{X_i\} \subseteq \mathcal{B}$ für alle i mit $1 \leq i \leq n$.

Nun sei $\mathcal{N} \subseteq 2^M$ ein weiteres Hüllensystem in $(2^M, \cup, \cap)$ mit $\mathcal{B} \subseteq \mathcal{N}$. Ist $\bigcap \mathcal{X} \in \mathcal{M}_n$, wobei $\mathcal{X} \subseteq \mathcal{B}$, dann gilt auch $\mathcal{X} \subseteq \mathcal{N}$. Da $\mathcal{N}$ ein Hüllensystem ist, bekommen wir $\bigcap \mathcal{X} \in \mathcal{N}$. Weil dieses Argument für alle Elemente von $\mathcal{M}_n$ gilt, folgt $\mathcal{M}_n \subseteq \mathcal{N}$. □

Man nennt die Menge $\mathcal{B}$ von Satz 13.5.6 auch die Basis und bezeichnet dann $\mathcal{M} := \mathcal{M}_n$ als die durch den Abschluß unter Durchschnittsbildung aus der Basis erzeugte Menge. Weil $\mathcal{M}$ ein Hüllensystem ist, induziert die Ordnung $(\mathcal{M}, \subseteq)$ einen vollständigen Verband, mit dem Durchschnitt als Infimumsoperation, der Supremumsoperation wie in Satz 2.4.2.1 (dem Satz von der oberen Grenze) definiert, $\emptyset$ als dem kleinsten Element und M als dem größten Element.

Bei der Entwicklung des nachfolgenden Algorithmus zur Berechnung aller Schnitte wenden wir Satz 13.5.6 auf eine spezielle Basis an.

13.5.7 Algorithmus (Aufzählung aller Schnitte) Es sei (M, R) eine endliche Ordnung mit m als Kardinalität von M. Wenn wir die Menge $\mathcal{H}(M) = \{\mathsf{Mi}(a) \,|\, a \in M\}$ der Hauptschnitte von (M, R) als Basis wählen, denn berechnet der nachstehende Algorithmus aufgrund von Satz 13.5.6 die Trägermenge $\mathcal{M} \subseteq 2^M$ des kleinsten vollständigen Verbands $(\mathcal{M}, \cup, \cap, \subseteq)$, dessen sämtliche Elemente Teilmengen von M sind und der alle Hauptschnitte als Elemente enthält.

Dieser Verband ist identisch zum Schnittverband von (M, R). Die Inklusion $\mathcal{M} \subseteq \mathcal{S}(M)$ folgt aus dem zweiten Teil von Satz 13.5.6 und der Tatsache, daß $\mathcal{S}(M)$ ein Hüllensystem mit $\mathcal{H}(M) \subseteq \mathcal{S}(M)$ ist. Wegen der Endlichkeit von $\mathcal{M}$ und $\mathcal{S}(M)$ folgt nun $\mathcal{M} = \mathcal{S}(M)$ aus $|\mathcal{S}(M)| \leq |\mathcal{M}|$. Zum Beweis dieser Abschätzung verwenden wir zuerst Satz 4.2.9. Er besagt, daß die Abbildung $e_s(a) = \mathsf{Mi}(a)$ ein Ordnungsisomorphismus zwischen (M, R) und $(\mathcal{H}(M), \subseteq)$ ist. Aufgrund von $\mathcal{H}(M) \subseteq \mathcal{M}$ liegt folglich durch die Abbildung $f : M \to \mathcal{M}$ mit $f(a) = \mathsf{Mi}(a)$ eine Ordnungseinbettung von (M, R) in $(\mathcal{M}, \subseteq)$ vor. Nach Satz 4.3.7 führt f zu einer Ordnungseinbettung g von $(\mathcal{S}(M), \subseteq)$ in $(\mathcal{M}, \subseteq)$. Aus der Injektivität von g folgt nun $|\mathcal{S}(M)| \leq |\mathcal{M}|$.

Hier ist nun der angekündigte Algorithmus. Die in ihm verwendete <u>forall</u>-Schleife führt dabei ihren Rumpf für alle Elemente der angegebenen Menge aus.

$$\mathcal{M} := \{M\};$$
$$\underline{\text{forall}} \ a \in M \ \underline{\text{do}}$$
$$\mathcal{G} := \mathcal{M};$$
$$\underline{\text{forall}} \ Y \in \mathcal{G} \ \underline{\text{do}}$$
$$\mathcal{M} := \mathcal{M} \cup \{Y \cap \mathsf{Mi}(a)\} \ \underline{\text{od}} \ \underline{\text{od}};$$

Die äußere Schleife dieses Algorithmus wird m-mal durchlaufen, die innere maximal s-mal, mit $s = |(\mathcal{S}(M)|$. Der Gesamtaufwand hängt damit von der Darstellung der Mengen, der Mengen von Mengen und der Ordnungsrelation R ab. Implementiert man etwa Teilmengen von M als Boolesche Vektoren, Mengen von solchen Teilmengen als lineare Listen von Booleschen Vektoren und R durch eine Boolesche Matrix, so erfordert die Berechnung von $Y \cap \mathsf{Mi}(a)$ den Aufwand $\mathcal{O}(m)$ und das Einfügen dieser Menge in $\mathcal{M}$ den Aufwand $\mathcal{O}(m * |\mathcal{M}|)$. Insgesamt kommt man damit auf eine Laufzeit in $\mathcal{O}(s^2 * m^2)$. Setzt man hingegen auf M eine fest vorgegebene Anordnung der Elemente voraus und implementiert man Teilmengen von M durch sortierte lineare Listen und Mengen von solchen Teilmengen als Binärbäume von sortierten linearen Listen, so ist eine Laufzeit von $\mathcal{O}(s * m^2)$ möglich, weil nun das Einfügen von $Y \cap \mathsf{Mi}(a)$ nur mehr den Aufwand $\mathcal{O}(m)$ erfordert.

Eine Übertragung des obigen Mengenalgorithmus in ein relationales Programm ist ohne Schwierigkeiten möglich. Nachfolgend ist das Resultat angegeben. In dem Programm werden Teilmengen von M durch Vektoren des Typs $[M \leftrightarrow \mathbb{1}]$ dargestellt und Mengen von Teilmengen von M durch die einzelnen Spalten von Relationen. Insbesondere stellt R die gewählte Basis $\mathcal{H}(M)$ spaltenweise dar. Das Hinzufügen einer Menge wird bei dieser Modellierung durch die bei der Äquivalenzklassenberechnung eingeführte Konkatenations-operation bewerkstelligt. Der vorgeschaltete syq-Test überprüft dabei, ob der Vektor schon als Spalte vorhanden ist. Um eine Übertragung in RELVIEW möglichst einfach zu gestalten, ist auch die nicht in der Sprache des Systems enthaltene <u>forall</u>-Schleife jeweils durch eine entsprechende <u>while</u>-Schleifen-Konstruktion implementiert.

$$
\begin{aligned}
&cutlist(R); \\
&\quad C := \mathsf{L}; \\
&\quad m := \mathsf{L}; \\
&\quad \underline{\text{while }} m \neq \mathsf{O} \underline{\text{ do}} \\
&\quad\quad p := \mathsf{point}(m); \\
&\quad\quad G := C; \\
&\quad\quad g := \mathsf{L}; \\
&\quad\quad \underline{\text{while }} g \neq \mathsf{O} \underline{\text{ do}} \\
&\quad\quad\quad q := \mathsf{point}(g); \\
&\quad\quad\quad v := Gq \cap Rp; \\
&\quad\quad\quad \underline{\text{if }} \mathsf{syq}(C, v) = \mathsf{O} \underline{\text{ then }} C := C\,@\,v \underline{\text{ fi}}; \\
&\quad\quad\quad g := g \cap \overline{q} \underline{\text{ od}}; \\
&\quad\quad m := m \cap \overline{p} \underline{\text{ od}}; \\
&\quad \underline{\text{return }} C
\end{aligned}
$$

Abbildung 13.16: Programm CUTLIST

Die Variable C des relationalen Programms CUTLIST entspricht genau der Variablen $\mathcal{M}$ des Mengenalgorithmus und dient zum spaltenweisen Aufsammeln aller Schnitte und die Variable G von CUTLIST entspricht genau der Variablen $\mathcal{G}$ des Mengenalgorithmus. Damit anfangs C genau die Menge $\{M\}$ darstellt, muß der Allvektor der Zuweisung $C := \mathsf{L}$ natürlich den Typ $[M \leftrightarrow \mathbb{1}]$ besitzen. Auch wesentlich ist der Typ des Allvektors L in der Zuweisung $g := \mathsf{L}$. Weil die Variable g zum Durchlaufen aller Spalten von G dient, muß hier der Argumentbereich von L mit dem Bildbereich von G übereinstimmen[5]. In RELVIEW sind beide Typisierungen mittels entsprechender Basisoperationen möglich, nämlich `Ln1(R)` im ersten Fall und `L1n(G)^` im zweiten Fall.

Daß sich die Inklusionsordnung auf $\mathcal{S}(M)$, also die Ordnung des Schnittverbands, aus der spaltenweisen Aufzählung C der Schnitte als Rechtsresiduum $C \setminus C$ ergibt, wurde schon bei der Entwicklung des relationalen Programms `CUTCOMPLETION` erwähnt. □

Durch eine Modifikation des Beweises von Satz 13.5.6 erhält man, daß zu einer Basis $\mathcal{B} = \{X_1, \ldots, X_n\}$ durch das letzte Glied $\mathcal{J}_n$ der Kette $\mathcal{J}_0 \subseteq \mathcal{J}_1 \subseteq \ldots \subseteq \mathcal{J}_n$, welche durch

$$\mathcal{J}_0 = \{\emptyset\} \qquad \mathcal{J}_{i+1} = \mathcal{J}_i \cup \{Y \cup X_{i+1} \mid Y \in \mathcal{J}_i\}$$

induktiv definiert ist, die Menge $\mathcal{J} := \{\bigcup \mathcal{X} \mid \mathcal{X} \subseteq \mathcal{B}\}$ berechnet wird. Nach Konstruktion ist diese Menge von Mengen abgeschlossen gegenüber beliebigen Vereinigungen und sogar die $\subseteq$-kleinste $\mathcal{B}$ enthaltende Teilmenge von 2^M mit dieser Eigenscheft. Wie $(\mathcal{M}, \subseteq)$ induziert auch $(\mathcal{J}, \subseteq)$ einen vollständigen Verband. Für die Menge $\mathcal{H}(M)$ der Hauptschnitte einer Ordnung (M, R) als Basis ist dieser isomorph zum Abwärtsmengenverband $(\mathcal{A}(M), \cup, \cap)$. Somit kann man auch diesen im Fall einer nicht zu sehr „explodierenden" Vervollständigung durchaus noch effizient berechnen.

Wählt man hingegen die Menge $\{\mathsf{Mi}(a) \setminus \{a\} \mid a \in M\}$ als Basis, so ist der durch die Ordnung $(\mathcal{J}, \supseteq)$ induzierte vollständige Verband isomorph zum Verband der maximalen Antiketten. Um die aus der Kette $\mathcal{J}_0 \subseteq \mathcal{J}_1 \subseteq \ldots \subseteq \mathcal{J}_n$ und dieser Basis sich ergebende Modifikation des relationalen Programms `CUTLIST` anwenden zu können, muß aber die Eingaberelation die gewählte Basis $\{\mathsf{Mi}(a) \setminus \{a\} \mid a \in M\}$ spaltenweise darstellen, darf also insbesondere keine Spalten mehrfach enthalten. Wie dies möglich ist, wurde schon am Ende von Abschnitt 12.2 gezeigt.

13.6 Testen von Erfüllbarkeit

In Beispiel 3.4.10 hatten wir die Menge $\mathfrak{A}$ der Aussageformen über einer Menge V von Aussagevariablen definiert und dabei beim Aufbau nur Negation und Implikation als Junktoren benutzt. In diesem Abschnitt unterstellen wir nun, daß $\mathfrak{A}$ die Menge der Aussageformen über der Menge V von Aussagevariablen bezeichne, wobei nun Negation, Konjunktion und Disjunktion beim Aufbau der Aussageformen zugelassen seien. Weiterhin unterstellen wir, daß Negation stärker bindet als Disjunktion und Konjunktion und lassen alle überflüssigen Klammern weg.

Wir sind in diesem Abschnitt an der Erfüllbarkeit von Aussageformen interessiert. In Worten heißt dies, daß wir zu einer gegebenen Aussageform $\varphi \in \mathfrak{A}$ eine Belegung der einzelnen

---

[5]Wie man sich leicht klar macht, wird in `CUTLIST` durch den Term Gq diejenige Spalte von G berechnet, welche, aufgefaßt als Vektor, die durch q dargestellte Teilmenge von M darstellt. Analog dazu ist Rp die durch p festgelegte Spalte von R und stellt als solche genau die Menge der unteren Schranken desjenigen Elements von M dar, welches durch p dargestellt wird. Der Vektor v in `CUTLIST` entspricht also genau der Menge $Y \cap \mathsf{Mi}(a)$ des Mengenalgorithmus.

Aussagevariablen durch Wahrheitswerte suchen, welche φ wahr macht. Beispielsweise wird $x \wedge y \wedge \neg z$ wahr, wenn wir $x \in V$ und $y \in V$ mit „wahr" und $z \in V$ mit „falsch" belegen. Belegungen kann man entweder als Abbildungen von V in die Menge $\mathbb{B}$ oder als Teilmengen von V auffassen. Wir wählen in der nachfolgenden formalen Definition von Erfüllbarkeit die zweite Möglichkeit. Durch den ersten Punkt der Definition wird dann festgelegt, daß eine Belegung genau diejenigen Aussagevariablen enthält, welchen man „wahr" zuordnet.

13.6.1 Definition Die *Erfüllbarkeitsrelation* $\models$ zwischen Belegungen und Aussageformen ist induktiv für alle Belegungen $b \in 2^V$ und $\varphi \in \mathfrak{A}$ wie folgt definiert:

1. Ist φ eine Aussagevariable $x \in V$, so gilt $b \models \varphi$ genau dann, wenn $x \in b$ gilt.

2. Ist φ eine Negation $\neg\psi$ einer Aussageform ψ, so gilt $b \models \varphi$ genau dann, wenn $b \models \psi$ nicht gilt.

3. Ist φ eine Konjunktion $\psi_1 \wedge \psi_2$ zweier Aussageformen ψ_1 und ψ_2, so gilt $b \models \varphi$ genau dann, wenn $b \models \psi_1$ und $b \models \psi_2$ gelten.

4. Ist φ eine Disjunktion $\psi_1 \vee \psi_2$ zweier Aussageformen ψ_1 und ψ_2, so gilt $b \models \varphi$ genau dann, wenn $b \models \psi_1$ oder $b \models \psi_2$ gilt.

Im Fall $b \models \varphi$ sagt man auch, daß die Belegung b die Aussageform φ erfüllt. Gibt es zu φ eine Belegung b mit $b \models \varphi$, so heißt φ *erfüllbar*. $\qquad\square$

Aussageformen stehen in einer engen Beziehung zu Schaltabbildungen, denn jede Aussageform definiert im Grunde genommen eine Schaltabbildung. Von den Schaltabbildungen her kennen wir die disjunktive Normalform. Bei der Erfüllbarkeit von Aussageformen spielt die nachfolgend eingeführte konjunktive Normalform eine ausgezeichnete Rolle.

13.6.2 Definition   1. Eine Aussageform heißt (analog zur Notation bei den Schaltabbildungen) ein *Literal*, falls sie eine Aussagevariable x oder eine negierte Aussagevariable $\neg x$ ist, und eine *Klausel*, falls sie eine Disjunktion $\lambda_1 \vee \ldots \vee \lambda_n$ von $n > 0$ Literalen ist.

2. Eine Aussagevariable $x \in V$ kommt in einer Klausel $\lambda_1 \vee \ldots \vee \lambda_n$ *positiv* (bzw. *negativ*) vor, wenn eines der Literale λ_i gleich x (bzw. $\neg x$) ist.

3. Hat die Aussageform die Gestalt $\psi_1 \wedge \ldots \wedge \psi_k$ mit $k > 0$ Klauseln, so heißt sie in *konjunktiver Normalform* gegeben. $\qquad\square$

Das Erfüllbarkeitsproblem der Aussageformen – in der Literatur auch SAT genannt (von Satisfiability) lautet nun: Gegeben sei eine Aussageform φ in konjunktiver Normalform. Ist φ erfüllbar? Dieses Problem spielt in der Komplexitätstheorie eine zentrale Rolle. Es wurde nämlich von S. Cook im Jahr 1971 als erstes NP-vollständiges Problem verifiziert. Darauf aufbauend wurden dann, beginnend 1972 mit einer Arbeit von R. Karp, eine Vielzahl von Problemen durch Reduktion ebenfalls als zur Klasse der NP-vollständigen Probleme gehörend nachgewiesen. Einzelheiten findet man in vielen gängigen Lehrbüchern zur theoretischen Informatik, etwa in Kapitel 10 von „Einführung in die Automatentheorie, Formale Sprachen und Komplexitätstheorie" von J. Hopcroft, R. Motwani und J.D. Ullman (Pearson Verlag, 2. Auflage, 2002).

Aufgrund von SAT $\in$ NP ist wohl kaum mit einem effizienten Verfahren zum Testen von Erfüllbarkeit für beliebige Aussageformen in konjunktiver Normalform zu rechnen. Nachfolgend gehen wir nun das Problem mit relationalen Methoden an. Wir entwickeln, aufbauend auf eine relationale Modellierung von Aussageformen in konjunktiver Normalform, eine relationale Abbildung zur Darstellung aller erfüllenden Belegungen durch einen Vektor. Zwar verwendet diese eine Ist-Element-von Relation und ist somit nicht polynomiell, auf Grund der sehr effizienten ROBDD-Implementierung von Relationen in RELVIEW können mit Hilfe des Systems aber auch durchaus größere Beispiele (einfach und) erfolgreich behandelt werden.

13.6.3 Definition Es sei $\varphi \in \mathfrak{A}$ eine Aussageform, welche in konjunktiver Normalform $\psi_1 \wedge \ldots \wedge \psi_k$ gegeben ist. Weiterhin sei $K^\varphi := \{\psi_1, \ldots, \psi_k\}$ die Menge der Klauseln von φ. Dann heißt ein Paar von Relationen

$$P^\varphi : V \leftrightarrow K^\varphi \qquad N^\varphi : V \leftrightarrow K^\varphi$$

eine *relationale Modellierung* von φ, falls für alle $x \in V$ und alle $\psi_i \in K^\varphi$ zutrifft: P^φ_{x,ψ_i} gilt genau dann, wenn x in ψ_i positiv vorkommt, und N^φ_{x,ψ_i} gilt genau dann, wenn x in ψ_i negativ vorkommt. $\quad\square$

Da wir zukünftig immer nur eine feste Aussageform betrachten, lassen wir den oberen Index in K^φ, P^φ und N^φ immer weg. Nachfolgend geben wir ein Beispiel für eine relationale Modellierung im Sinne von Definition 13.6.3 an.

13.6.4 Beispiel (Aussageform und Relationen) Wir betrachten die nachfolgend angegebene Aussageform φ in konjunktiver Normalform. Sie besitzt 10 Klauseln und ist über der Menge $V = \{a, b, c, d\}$ von Aussagevariablen aufgebaut.

$$(a \vee \neg b) \wedge (a \vee c \vee \neg d) \wedge (b \vee \neg a) \wedge (a \vee d \vee \neg c)$$
$$\wedge\ (b \vee c \vee \neg d) \wedge (a \vee \neg c) \wedge c \wedge (a \vee d) \wedge (\neg a \vee \neg c) \wedge a$$

In den nächsten zwei Bildern ist eine relationale Modellierung von φ angegeben. Links ist die RELVIEW-Matrix von P zu sehen und rechts die von N.

 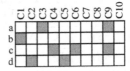

Abbildung 13.17: Relationale Modellierung einer Aussageform

Da es im RELVIEW-System nicht möglich ist, Zeilen und Spalten mit griechischen Buchstaben zu markieren, haben wir in Abbildung 13.17 die Bezeichnungen C_1 bis C_{10} für die Klauseln gewählt. $\quad\square$

Die folgende Aussage zeigt, daß im Fall von Klauseln die Erfüllbarkeit rein syntaktisch entscheidbar ist.

13.6.5 Satz Es seien $\psi \in \mathfrak{A}$ eine Klausel und $b \in 2^V$ eine Belegung. Es gilt $b \models \psi$ genau dann, wenn ein $x \in b$ positiv in ψ vorkommt oder ein $x \in V \setminus b$ negativ in ψ vorkommt.

Beweis: „$\Longrightarrow$" Es habe ψ die Form $\lambda_1 \vee \ldots \vee \lambda_n$. Aus $b \models \psi$ folgt $b \models \lambda_i$ für ein $i, 1 \leq i \leq n$. Ist λ_i eine Aussagevariable x, so gilt $b \models x$, also $x \in b$. Das x kommt weiterhin positiv in ψ vor. Ist λ_i hingegen von der Form $\neg x$, so gilt $b \models x$ nicht, also auch $x \in b$ nicht. Nun kommt x negativ in ψ vor.

„$\Longleftarrow$" Hat ψ die Form $\lambda_1 \vee \ldots \vee x \vee \ldots \vee \lambda_n$ mit $x \in b$, so gilt $b \models x$, also auch $b \models \psi$. Im Fall der Form $\lambda_1 \vee \ldots \vee \neg x \vee \ldots \vee \lambda_n$ von ψ mit $x \in V \setminus b$ gilt hingegen offensichtlich $b \models \neg x$, also wiederum $b \models \psi$. $\square$

Nach dieser Vorbereitung sind wir nun in der Lage, die relationale Abbildung SatVec zur Vektordarstellung aller erfüllenden Belegungen anzugeben.

13.6.6 Satz Das Paar $P : V \leftrightarrow K$ und $N : V \leftrightarrow K$ sei eine relationale Modellierung der in konjunktiver Normalform gegebenen Aussageform φ. Weiterhin sei $\mathsf{E} : V \leftrightarrow 2^V$ die Ist-Element-von Relation. Definiert man den Vektor $\mathsf{SatVec}(P,N) : 2^V \leftrightarrow \mathbb{1}$ durch

$$\mathsf{SatVec}(P,N) = \overline{\mathsf{L}^\mathsf{T}\, \overline{P^\mathsf{T}\mathsf{E} \cup N^\mathsf{T}\overline{\mathsf{E}}}^\mathsf{T}}\, ,$$

so gilt für alle Belegungen $b \in 2^V$ die Äquivalenz von $\mathsf{SatVec}(P,N)_b$ und $b \models \varphi$. Der Vektor stellt also die Menge der φ erfüllenden Belegungen als Teilmenge von 2^V dar.

Beweis: Zuerst gehen wir wie folgt vor (wobei, wegen der Typisierung von P und N, der Bereich der beiden Quantoren von ψ die Klauselmenge K und der Bereich des Quantors von x die Variablenmenge V ist):

$$
\begin{aligned}
b \models \varphi \quad &\Longleftrightarrow\quad \forall\, \psi : b \models \psi \\
&\Longleftrightarrow\quad \forall\, \psi : (\exists\, x : x \in b \wedge P_{x\psi}) \vee (\exists\, x : x \notin b \wedge N_{x\psi}) \qquad \text{Satz 13.6.5}\\
&\Longleftrightarrow\quad \forall\, \psi : (\exists\, x : \mathsf{E}_{xb} \wedge P_{x\psi}) \vee (\exists\, x : \overline{\mathsf{E}}_{xb} \wedge N_{x\psi}) \\
&\Longleftrightarrow\quad \forall\, \psi : (P^\mathsf{T}\mathsf{E})_{\psi b} \vee (N^\mathsf{T}\overline{\mathsf{E}})_{\psi b} \\
&\Longleftrightarrow\quad \forall\, \psi : (P^\mathsf{T}\mathsf{E} \cup N^\mathsf{T}\overline{\mathsf{E}})_{\psi b} \\
&\Longleftrightarrow\quad \neg\exists\, \psi : \neg(P^\mathsf{T}\mathsf{E} \cup N^\mathsf{T}\overline{\mathsf{E}})_{\psi b} \\
&\Longleftrightarrow\quad \neg\exists\, \psi : \overline{P^\mathsf{T}\mathsf{E} \cup N^\mathsf{T}\overline{\mathsf{E}}}^\mathsf{T}_{\;b\psi} \\
&\Longleftrightarrow\quad \neg\exists\, \psi : \overline{P^\mathsf{T}\mathsf{E} \cup N^\mathsf{T}\overline{\mathsf{E}}}^\mathsf{T}_{\;b\psi} \wedge \mathsf{L}_\psi \\
&\Longleftrightarrow\quad \overline{\overline{P^\mathsf{T}\mathsf{E} \cup N^\mathsf{T}\overline{\mathsf{E}}}^\mathsf{T}\mathsf{L}}_{\,b}
\end{aligned}
$$

Die Gleichwertigkeit von $\overline{\overline{P^\mathsf{T}\mathsf{E} \cup N^\mathsf{T}\overline{\mathsf{E}}}^\mathsf{T}\mathsf{L}}$ und $\overline{\mathsf{L}^\mathsf{T}\,\overline{P^\mathsf{T}\mathsf{E} \cup N^\mathsf{T}\overline{\mathsf{E}}}^\mathsf{T}}$ folgt mittels einer trivialen relationenalgebraischen Umformung und die Definition von $\mathsf{SatVec}(P,N)$ beendet somit den Beweis. $\square$

Wir haben $\overline{\mathsf{L}^\mathsf{T} \overline{P^\mathsf{T}\mathsf{E} \cup N^\mathsf{T}\mathsf{E}}}^\mathsf{T}$ als Ausdruck zur Definition von $\mathsf{SatVec}(P, N)$ gewählt, um das, auch in einer ROBDD-Implementierung sehr aufwendige, Transponieren der Ist-Element-von Relation E zu vermeiden. (Das Transponieren eines Vektors ist hingegen trivial, da das ROBDD nicht verändert wird.) Aus der eben verifizierten Abbildung erhalten wir das relationale Programm <u>SATLIST</u> von Abbildung 13.18 zur spaltenweisen Darstellung aller erfüllenden Belegungen gemäß der schon mehrfach verwendeten Standardmethode.

$$satlist(P, N);$$
$$v := \mathsf{SatVec}(P, N);$$
$$S := \mathsf{E}\,\mathsf{inj}(v)^\mathsf{T};$$
$$\underline{\text{return }} S$$

Abbildung 13.18: Programm <u>SATLIST</u>

Wenn man in RELVIEW die relationale Abbildung SatVec auf die Relationen P und N von Abbildung 13.17 anwendet, liefert das System einen leeren Vektor als Resultat. Die Aussageform φ von Beispiel 13.6.4 ist somit nicht erfüllbar.

Aus der spaltenweisen Darstellung der erfüllenden Belegungen von φ läßt sich sofort – unter Verwendung der gleichen Sprechweise wie bei den Schaltabbildungen – eine disjunktive Normalform von φ ablesen. Jede Spalte stellt genau einen Min-Term $\lambda_1 \wedge \ldots \wedge \lambda_n$ (mit $n = |V|$) dar, in dem $x \in V$ positiv vorkommt, wenn in der Spalte die x-Komponente 1 (oder L bzw. „wahr") ist, und x negativ vorkommt, wenn die x-Komponente 0 (oder O bzw. „falsch") ist. Man vergleiche ggf. noch einmal mit Beispiel 6.1.4.

Auch weitere Probleme lassen sich mit Hilfe der erfüllenden Belegungen sehr einfach lösen, beispielsweise die Berechnung derjenigen Aussagevariablen, von denen eine Aussageform unabhängig ist, oder derjenigen Aussagevariablen, die „gefroren" sind. Das letzte Problem behandeln wir nun etwas detaillierter.

13.6.7 Anwendung (Gefrorene Aussagevariablen) Es sei $\varphi \in \mathfrak{A}$ eine Aussageform. Dann heißt $x \in V$ bezüglich φ gefroren, wenn x entwender in allen φ erfüllenden Belegungen enthalten ist, oder in keiner dieser Belegungen. Nun nehmen wir noch an, daß φ in konjunktiver Normalform vorliege und durch das Paar $P : V \leftrightarrow K$ und $N : V \leftrightarrow K$ relational modelliert sei. Unter Verwendung der Ist-Element-von Relation $\mathsf{E} : V \leftrightarrow 2^V$ und der Abkürzung $v = \mathsf{SatVec}(P, N)$ berechnen wir für alle $x \in V$:

$$
\begin{aligned}
x \text{ gefroren} &\iff (\forall b : b \models \varphi \Rightarrow x \in b) \vee (\forall b : b \models \varphi \Rightarrow x \notin b) \\
&\iff (\forall b : v_b \Rightarrow \mathsf{E}_{xb}) \vee (\forall b : v_b \Rightarrow \overline{\mathsf{E}}_{xb}) \qquad \text{Satz 13.6.6} \\
&\iff (\neg\exists b : v_b \wedge \overline{\mathsf{E}}_{xb}) \vee (\neg\exists b : v_b \wedge \mathsf{E}_{xb}) \\
&\iff \overline{\overline{\mathsf{E}}\,v}_x \vee (\overline{\mathsf{E}\,v})_x \\
&\iff (\overline{\overline{\mathsf{E}}\,v} \cup \overline{\mathsf{E}\,v})_x
\end{aligned}
$$

Aus dem letzten Glied dieser Herleitung folgt, daß $\overline{\overline{\mathsf{E}}\,v} \cup \overline{\mathsf{E}\,v} : V \leftrightarrow \mathbb{1}$ die Vektordarstellung der Menge der bezüglich φ gefrorenen Aussagevariablen ist. $\qquad\square$

Wir wollen diesen Abschnitt mit einigen Betrachtungen zur sogenannten *Phasentransition* bei Aussageformen in konjunktiver Normalform beenden. Da Klauseln Restriktionen darstellen, ist damit zu rechnen, daß für das Erfüllbarsein von solchen Aussageformen φ das Verhältnis $\frac{k}{m}$ der Klauselanzahl k von φ zur Anzahl m der in φ vorkommenden Aussagevariablen entscheidend ist. Beim genaueren Untersuchen hat sich dann sogar folgendes herausgestellt. Es werde irgendeine fest vorgegebene Literalanzahl pro Klausel gewählt und auch irgendeine feste Variablenanzahl m. Erzeugt man dann in einem Experiment zufällig Aussageformen in konjunktiver Normalform dieser Klasse, wobei man die Klauselanzahl k ständig vergrößert, so werden bei allen Experimenten die erzeugten Aussageformen bei ziemlich genau dem gleichen Wert t von $\frac{k}{m}$ plötzlich unerfüllbar.

Für 3-SAT-Aussageformen, d.h. 3 Literale pro Klausel, gilt $t \approx 4.2$. Wir haben dies mit RELVIEW nachgeprüft. Einige Resultate findet man in der folgenden Tabelle. Diese wurde durch das Auswerten von 250 zufälligen 3-SAT-Aussageformen mit jeweils 50 Aussagevariablen erstellt, wobei 50 Experimente pro Verhältnis $\frac{k}{50}$ durchgeführt wurden. Als Rechner wurde eine Sun Fire 880 unter dem Betriebssystem Solaris 9 eingesetzt.

Verh.	erfüllende Belegungen			Rechenzeit (Sek.)		
	Minimum	Mittel	Maximum	Minimum	Mittel	Maximum
3.0	453615	12392518	53870974	99	280	593
3.6	1556	51766	233759	169	509	1451
4.2	0	5032	98009	375	720	1998
4.8	0	0	14	369	843	1501
5.4	0	0	0	280	817	1854

Zu jedem Verhältnis ist in der dritten Spalte die bei den 50 Experimenten im Durchschnitt gefundene Anzahl von erfüllenden Belegungen angegeben und in der sechsten Spalte die dazu im Durchschnitt benötigte Rechenzeit. Die Spalten 2, 4, 5 und 7 zeigen die extremen Resultate der jeweils 50 Experimente sowohl im Hinblick auf die gefundene Anzahl von erfüllenden Belegungen als auch der benötigten Rechenzeit. Beim Verhältnis 4.8 waren 49 der 50 getesteten Aussageformen unerfüllbar, im einzigen erfüllbaren Fall gab es genau 14 erfüllende Belegungen.

Wie man an der Tabelle sieht, ist der Übergang von „erfüllbar" zu „nicht erfüllbar" bei 4.2 tatsächlich scharf. Was man aber auch sieht, ist, daß diese Phasentransition eigentlich das Resultat eines kontinuierlichen Prozesses ist, bei dem die Anzahl der erfüllenden Belegungen mit dem Vergrößern der Klauselanzahl ständig abnimmt. Dies ist nicht überraschend. Daß aber die Variablenanzahl immer bei etwa dem gleichen Wert t Null wird, ist überraschend.

Index